Photoshop CS6 商业应用案例实战

尚 峰 尼春雨 编著

清华大学出版社
北 京

内 容 简 介

本书使用通俗易懂的语言，以实例为载体，详细地介绍了如何利用 Photoshop CS6 的各种功能来创建图形或编辑图形，以及如何进行各种商业平面设计。

全书共 12 个章节，主要包括字效设计、标志设计、名片设计、广告设计、海报设计、DM 单设计、封面设计、包装设计等内容。编者从读者的角度出发，以生动的方式将 Photoshop CS6 展现在了读者的面前。希望读者在阅读本书的过程中，可以掌握软件及平面设计的各种操作方法和技巧，以便在日后的实践中得以充分发挥，实现创作理想。

本书适用于对 Photoshop 的基本操作有一定了解的读者群体，可作为电脑平面设计人员以及图像设计相关工作人员学习和工作的参考用书。

图书在版编目 (CIP) 数据

Photoshop CS6 商业应用案例实战 / 尚峰，尼春雨编著．—北京：清华大学出版社，2016（2022.1 重印）

ISBN 978-7-302-42217-4

Ⅰ．① P…　Ⅱ．①尚… ②尼…　Ⅲ．①图像处理软件　Ⅳ．① TP391.41

中国版本图书馆 CIP 数据核字（2015）第 279053 号

责任编辑： 黄　芝
封面设计： 熊藕英
责任校对： 徐俊伟
责任印制： 刘海龙

出版发行： 清华大学出版社
网　　址：http://www.tup.com.cn, http://www.wqbook.com
地　　址：北京清华大学学研大厦 A 座　　邮　　编：100084
社 总 机：010-62770175　　邮　　购：010-83470235
投稿与读者服务：010-62776969, c-service@tup.tsinghua.edu.cn
质 量 反 馈：010-62772015, zhiliang@tup.tsinghua.edu.cn
印 装 者： 涿州市京南印刷厂
经　　销： 全国新华书店
开　　本： 185mm×260mm　　**印张：** 26.25　　**字　数：** 968 千字
版　　次： 2016 年 3 月第 1 版　　**印次：** 2022 年 1 月第 6 次印刷
印　　数： 4301 ～ 4600
定　　价： 99.00 元

产品编号： 060639-01

前 言

Photoshop是一款图像处理软件，是Adobe公司旗下最为出名的软件之一，也是此类软件中使用范围较广、性能较为优秀的软件之一。该软件功能强大，集图像扫描、编辑修改、图像制作、广告创意，图像输入与输出于一体，深受广大用户喜欢。Adobe Photoshop CS6 是 Photoshop 的最新版本，与之前的版本相比，Photoshop CS6 无论是在使用界面还是在操作性能等方面都有了改进与增强，特别是操作性能，在很大程度上为用户提供了更加便利的应用环境。

使用 Photoshop CS6 可以制作出非常精美的作品。本书是一本讲述 Photoshop CS6 实际应用的书，它以大量的实例为载体，向大家展示了软件各项功能的使用方法和技巧，也展示了如何使用该软件来创建和制作各种不同效果。

本书主要内容：

全书共 12 章，分别对使用 Photoshop 如何创建特殊效果、字效设计、标志设计、名片设计、广告设计、海报设计、DM 单设计、封面设计、包装设计等内容进行讲述。通过大量的实例操作，使读者在掌握软件操作技巧的同时，可以对平面设计中各个类别的内容有一个全面的了解和认识，并通过这种大量实例的学习，掌握标志、名片、广告、封面等设计类别的设计制作方法和技巧。

本书特点：

● 案例精彩、美观实用。本书所做的案例就有很强的实用性，如名片设计、海报设计、包装设计等内容吧，能够达到即学即用的效果。

● 结构清晰、案例步骤讲解详细、语言通俗易懂。

● 不仅提供本书所有源文件和素材，还提供了 800 分钟的多媒体语言教学视频，以帮助读者更快、更好地学习该软件。这些资料可以从清华大学出版社网站（www.tup.tsinghua.edu.cn）下载。

本书作者：

本书由尚峰、尼春雨、郭敏、牛欣颖编著。作者均从事广告设计多年，不仅有多年的Photoshop使用经验，同时还有着丰富的广告设计经验。本书在编著的过程中，得到了出版社的领导、编辑老师的大力帮助与支持，在此对他们表示衷心的感谢。

参与本书编辑、校对工作的人员还有蔡大庆、伏银恋、刘松云、刘攀攀、王海龙、唐龙、张旭、张志强、任海香、魏砚雨、王雪丽、张丽、孟倩、马倩倩、胡文华、张悦、曹祥朵等人。在此表示感谢！

由于时间仓促，书中难免有不足和失误，望广大读者提出批评建议。读者可将意见和建议发至邮箱：it_book@126.com，我们将在最短的时间内给予回复。

编　者

目录

第01章

无所不能的图像特效

01 光感特效制作 2
02 画中画图片特效制作 5
03 3D 瓶子特效制作 7
04 火焰特效制作 10
05 空间转换特效制作 13
06 水中倒影特效制作 16
07 制作玉佩特殊质感 18
08 3D 空间特效制作 22
09 制作锈迹特效 24
10 制作水晶水果 28
11 纸上的城市特效制作 33
12 图像合成特效制作 36

第02章

百变的文字特效

01 字母变形特效字 41
02 偏旁变形字效 44
03 像素化文字 46
04 设计木纹文字 50
05 设计豹纹文字 54
06 描边的立体文字 59
07 线框文字 63
08 发光文字 66
09 设计霓虹灯效果文字 69
10 设计灯管效果文字 74
11 变换大小的动态文字 77
12 变换色彩的动态文字 79
13 变换位置的动态文字 81
14 光效动态文字 83
15 卡通的动态文字 85
16 马赛克动态文字 87
17 旋转的动态文字 89

第03章

标志设计

01 餐具的标志设计 94
02 葡萄酒的标志设计 97
03 主题餐厅的标志设计 99
04 茶馆的标志设计 101
05 儿童画室的标志设计 103
06 品牌服装的标志设计 106
07 商务酒店的标志设计 108
08 设计室的标志设计 111
09 视觉设计公司的标志设计 113
10 摄影工作室的标志设计 118
11 果汁的标志设计 123
12 电子商务公司的标志设计 127
13 精品标志设计赏析 132

第04章

名片设计

01 美发店的名片设计 138
02 超市经理的名片设计 140
03 聚宾楼的名片设计 143
04 商务会所大堂经理的名片设计 147
05 房地产公司的名片设计 150
06 画室的名片设计 155
07 城市论坛的名片设计 159
08 小吃店的名片设计 162
09 摄影师的个性名片设计 166
10 环保协会负责人名片设计 169
11 电脑销售业务员名片设计 173
12 VIP 金卡设计欣赏........................176

户外广告设计

01 沙滩啤酒户外广告设计 183
02 汽车户外广告设计 186
03 酒业户外广告设计 189
04 运动鞋户外广告设计 192
05 房地产户外广告设计 196
06 家庭音响户外广告设计 199
07 手机户外广告设计 201
08 墙面漆户外广告设计 205
09 灯箱户外广告设计 210
10 高立柱户外广告设计 214
11 环境保护的户外广告设计 217

第06章

海报设计

01 舞林大会的海报设计......................222
02 音乐节的海报设计..........................227
03 保护动物的海报设计......................230
04 房产海报设计..................................233
05 男士服装的海报设计......................235
06 画展海报设计..................................236
07 俱乐部年会海报设计......................238
08 模特大赛的海报设计......................240
09 皮鞋海报设计..................................243
10 摄影展海报设计..............................246
11 幼儿园汇报演出海报......................248
12 运动手表海报设计..........................252

第07章

POP 广告设计

01 蛋糕房的 POP 广告.........................255
02 服装商店的 POP 广告......................259
03 冷饮店的 POP 广告.........................261
04 西式餐点的 POP 广告......................265
05 悬挂式化妆品 POP 广告..................268
06 平板电脑 POP 广告.........................269
07 精品 POP 广告.................................272
08 张贴式啤酒 POP 广告 275
09 悬挂式啤酒 POP 广告......................279
10 台式啤酒 POP 广告.........................281
11 啤酒展架 POP 广告 283

第08章

DM 单设计

01 笔记本电脑 DM 单设计....................286
02 健身俱乐部的 DM 单设计.................289
03 数码市场的 DM 单设计....................293
04 舞蹈班的 DM 单设计.......................297

报纸广告设计

01 汽车报纸广告设计......302
02 地产报纸广告设计......303
03 新能源研讨会报纸广告设计......305
04 橱柜报纸广告设计......307
05 木地板报纸广告设计......308
06 超市报纸广告设计......310
07 设计公司的报纸广告设计......313

封面设计

01 儿歌图书封面设计......317
02 妈咪讲故事图书封面设计......321
03 儿童画教材封面设计......323
04 少儿读物图书封面设计......326
05 外国童话故事选封面设计......328
06 小学生看图作文图书封面设计......332
07 世界名著图书封面设计......335
08 传统文化图书封面设计......339
09 戏曲秘笈封面设计......341
10 旅游指南封面设计......344
11 精品封面设计赏析......348

包装设计

01 袋装薯片包装设计......353
02 香脆椒包装设计......357
03 瓶装饮料包装设计......360
04 咖啡包装设计......364
05 感冒药包装设计......368
06 香皂包装设计......372
07 内衣包装设计......377

第12章

插画设计

01 散文书插画设计......383
02 时尚沙发的插画设计......389
03 杂志刊物的插画设计......396
04 个性插画设计......400

第01章 无所不能的图像特效

图像特效是指创建特殊的图像效果，目的是为了增强画面的视觉效果，以便给浏览的人们留下较为深刻的印象。这是一种图像创作的方法，可以针对图片、文字等内容进行编辑，使其出现诸如光感、错位、三维空间、实物模拟等效果。在本书的第1章中，将带领读者一起制作图像特效。

实例 01 光感特效制作

1. 实例特点：

该案件画面唯美饱满，在暗色调的基础上绘制发光效果，可以增强立体感，绚丽的光感效果给人以梦幻的感觉。可用于招贴、插画、DM 单等平面应用上。

2. 注意事项：

在制作发光效果的时候，背景越暗，所强调的发光效果愈加明显，应注意发光效果与背景的融合。

3. 操作思路：

整个实例将分为两个部分进行制作，首先利用图层的混合模式，制作出具有层次感的背景颜色，然后通过画笔工具和图层样式的应用，制作出发光的图像效果，并反复多个图像制作出光感效果。

最终效果图

资源 / 第 01 章 / 源文件 / 光感特效制作 .psd

具体步骤如下：

1. 背景的制作

（1）执行【文件】|【新建】命令，创建一个宽度为 5.5 厘米，高度为 8 厘米，分辨率为 300 像素的新文档。

（2）打开“资源 / 第 01 章 / 素材 / 牛皮纸背景 .jpg”文件，使用【移动工具】将其拖至正在编辑的文档中，效果如图 01-001-1 所示。

（3）新建“图层 2”，并填充黑色，调整图层混合模式为“叠加”，使用【橡皮擦工具】擦除部分图像，效果如图 01-001-2 所示。

图 01-001-1 【新建】对话框

图 01-001-2 调整图层混合模式

（4）打开“资源 / 第 01 章 / 素材 / 树根 .jpg”文件，使用【移动工具】将其拖至正在编辑的文档中，并执行【编辑】|【自由变换】命令，参照如图 01-001-3 所示，调整图像的大小及位置。

（5）使用【加深工具】在图像下方进行绘制，加深图像的颜色，效果如图 01-001-4 所示。

图 01-001-3 调整图像大小及位置

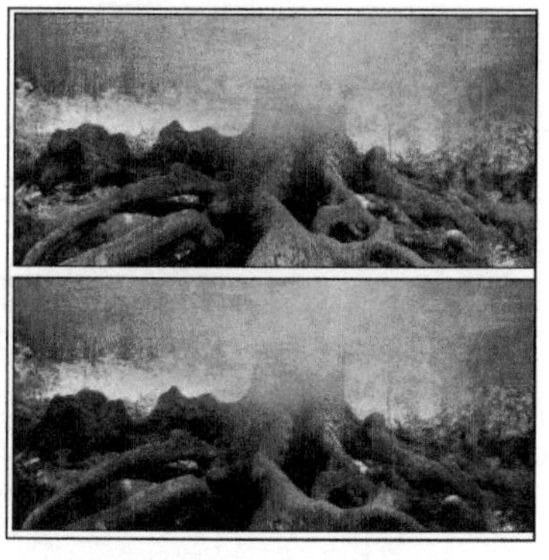

图 01-001-4 加深图像颜色

（6）隐藏“树根”图像，打开“资源 / 第 01 章 / 素材 / 葡萄酒瓶子 .tif”文件，将其拖至当前正在编辑的文档中。

（7）使用【橡皮擦工具】擦除部分图像，将图像载入选区，单击【图层】调板底部的【创建新的填充或调整图层】按钮，在弹出的菜单中选择【曲线】命令，参照图 01-001-5 所示，调整图像的亮度。

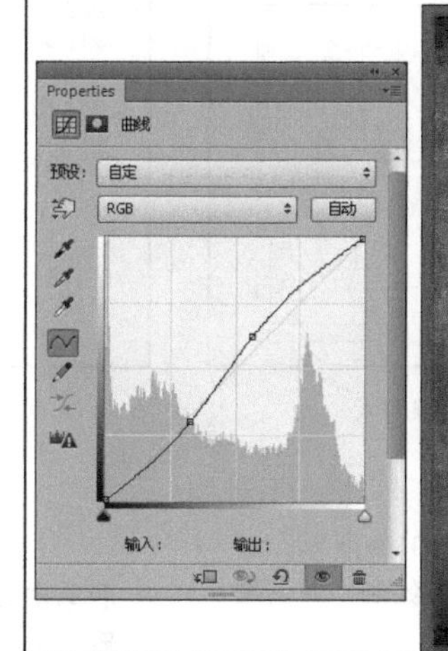

图 01-001-5 调整图像亮度

2. 发光画笔的制作

（1）隐藏除“图层 1”外的所有图层，参照图 01-001-6 所示，使用柔边缘【画笔工具】在视图中单击，绘制一个点，然后使用【矩形选框工具】删除一半图像，最后使用【自由变换】命令，变换并调整图像。

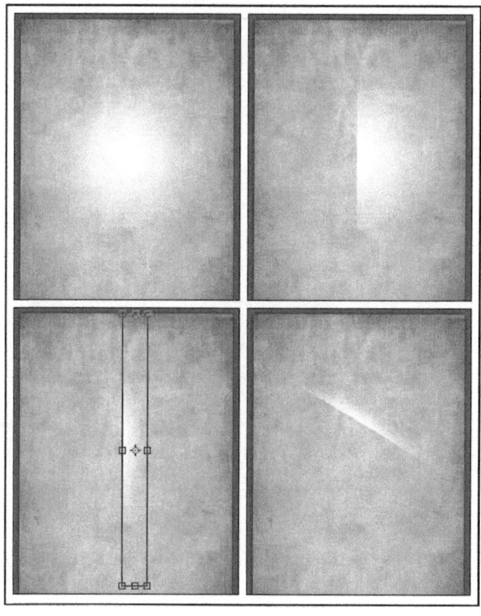

图 01-001-6 绘制笔触图像

(2) 双击上一步骤图层缩览图，参照图 01-001-7 所示，在弹出的【图层样式】对话框中进行设置，为图像添加【渐变叠加】图层样式。

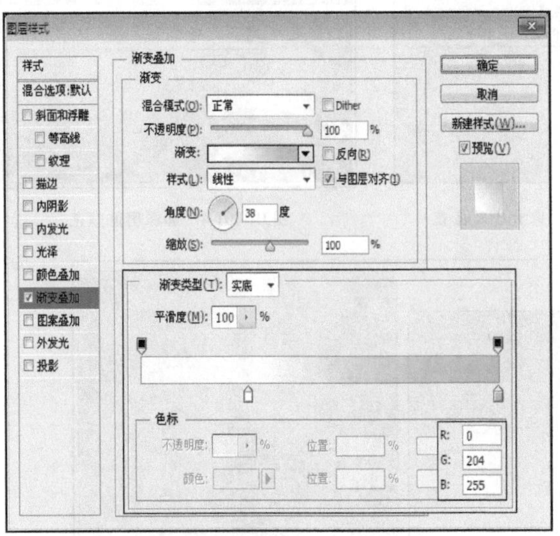

图 01-001-7 添加【渐变叠加】图层样式

(3) 参照图 01-001-8 所示，继续上一步骤的操作，为图像添加“内发光”图层样式，然后单击【确定】按钮，关闭对话框。

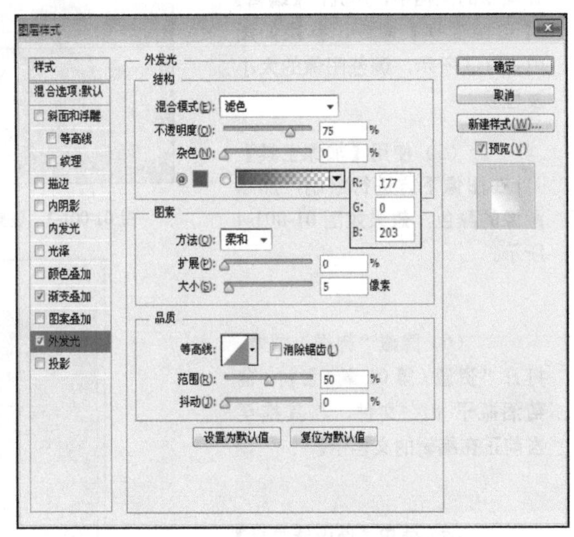

图 01-001-8 添加【内发光】图层样式

(4) 新建图层，参照图 01-001-9 所示，继续使用【画笔工具】在视图中进行绘制，并调整图层混合模式为【叠加】。

图 01-001-9 图像发光效果

(5) 新建图层，单击【画笔工具】，然后单击其选项栏中的【切换画笔面板】按钮，设置“大小”为 25px、“间距”为 100%、“散布”为 1000%、“数量抖动”为 100%，然后在视图中进行绘制，效果如图 01-001-10 所示。

图 01-001-10 设置画笔

(6) 双击上一步骤的图层缩览图，参照图 01-001-11 所示，在弹出的【图层样式】对话框中进行设置，为图像添加【内发光】图层样式。

(7) 使用快捷键 Ctrl+Shift+Alt+E 盖印图层，并执行【滤镜】|【渲染】|【镜头光晕】命令，参照图 01-001-12 所示，在弹出的【镜头光晕】对话框中进行设置，然后单击【确定】按钮，创建镜头光晕特效，完成本实例的制作。

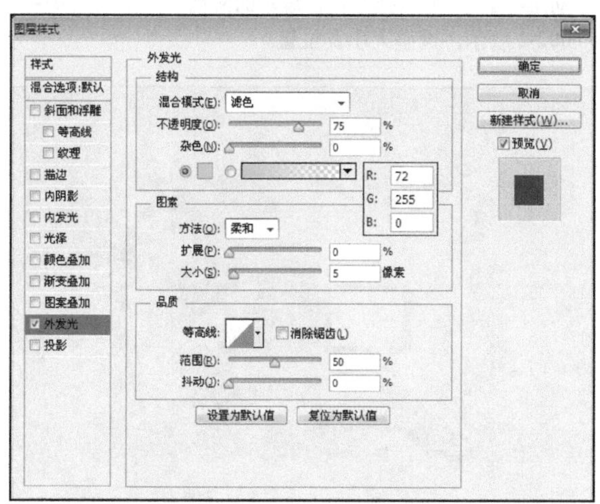

图 01-001-11 添加【内发光】图层样式

图 01-001-12 【镜头光晕】对话框

实例 02 画中画图片特效制作

1. 实例特点：

富有空间感和视觉冲击力的，重叠画面，通过大小的变化增强空间感，使画面看起来真实并富有趣味，且让人印象深刻。

2. 注意事项：

在进行图像变形和对图像进行高斯模糊等处理的时候，最好能将图像复制一层再做调整，以备不时之需。

3. 操作思路：

首先将素材复制并缩小图像将其放置在相机上，再通过高斯模糊的应用使距离拉伸的更远，视觉冲击力增强，最后通过对纸张的变形，以及投影的添加，使画面真实生动富有表现力。

最终效果图

资源 / 第 01 章 / 源文件 / 画中画图片特效制作 .psd

具体步骤如下：

（1）创建一个宽度为 7 厘米，高度为 5 厘米，分辨率为 300 像素的新文档。

（2）打开“资源 / 第 01 章 / 素材 / 木纹 .jpg”文件，使用【移动工具】将其拖至正在编辑的文档中，分别使用【减淡工具】和【加深工具】对图像进行调整，强化光照效果，如图 01-002-1 所示。

（3）打开“资源 / 第 01 章 / 素材 / 花朵摄影 .jpg”、“资源 / 第 01 章 / 素材 / 手拿相机 .jpg”文件，使用【移动工具】将其拖至正在编辑的文档中，参照图 01-002-2 所示，调整大小及位置。

图 01-002-1　加深减淡图像

图 01-002-2　添加素材图像

（4）复制并缩小花朵摄影图像，将其放置在相机屏幕上，效果如图 01-002-3 所示。

（5）将相机图层底部的花朵摄影图像载入选区，并执行【滤镜】|【模糊】|【高斯模糊】命令，设置模糊【半径】为 3 像素，模糊图像，效果如图 01-002-4 所示。

图 01-002-3　复制并缩小图像

图 01-002-4　高斯模糊图像

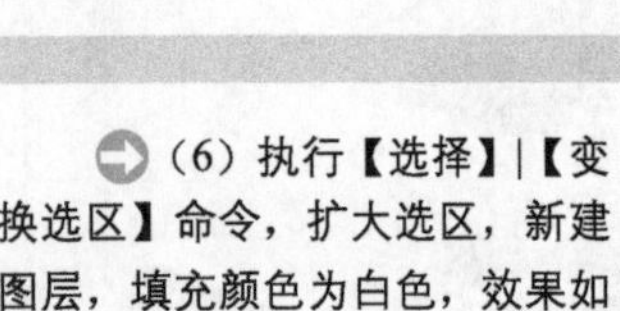

（6）执行【选择】|【变换选区】命令，扩大选区，新建图层，填充颜色为白色，效果如图 01-002-5 所示。

（7）合并白色矩形、花朵摄影、手拿相机图像所在图层，使用快捷键 Ctrl+T 展开图像变换框，并单击其选项栏中的【自由变形】按钮，拖动节点变换图像，效果如图 01-002-6 所示。

图 01-002-5　扩大选区

图 01-002-6　自由变形图像

（8）将上一步骤创建的图像载入选区，新建图层，填充颜色为黑色，调整图像的位置作为阴影，执行【半径】为 5 像素的高斯模糊命令，效果如图 01-002-7 所示。

（9）使用【横排文字工具】T，在视图中添加文字，效果如图 01-002-8 所示。

图 01-002-7 创建阴影

图 01-002-8 添加文字

实例 03 3D 瓶子特效制作

1. 实例特点：

该案例画面清新，富有质感和意境，给人以温馨浪漫的感觉。

2. 注意事项：

在蒙版中进行绘制的时候注意查看画笔的颜色，也就是前景色的颜色。

3. 操作思路：

首先利用高斯模糊命令为瓶子创建阴影效果，然后在瓶子图层上创建图层蒙版，并使用画笔在蒙版中进行绘制，创建出透明效果，接下来添加素材图像，并绘制瓶子上的阴影及高光，丰富瓶子颜色，最后为作品添加文字装饰。

最终效果图

资源 / 第 01 章 / 源文件 /3D 瓶子特效制作 .psd

具体步骤如下：

（1）打开“资源 / 第 01 章 / 素材 / 沙滩 .jpg”、“资源 / 第 01 章 / 素材 /3D 瓶子 .tif” 文件，将瓶子图像拖至沙滩文档中。

（2）复制瓶子图像，执行【图像】|【调整】|【色相 / 饱和度】命令，调整明度参数为 0，使用快捷键 Ctrl+T 对图像进行变形，然后将图像进行高斯模糊，创建出阴影效果，如图 01-003-1 所示。

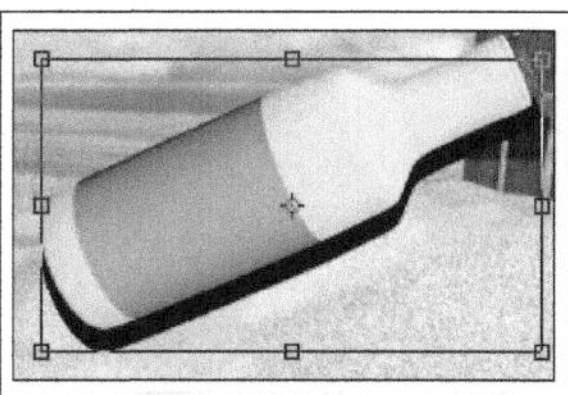
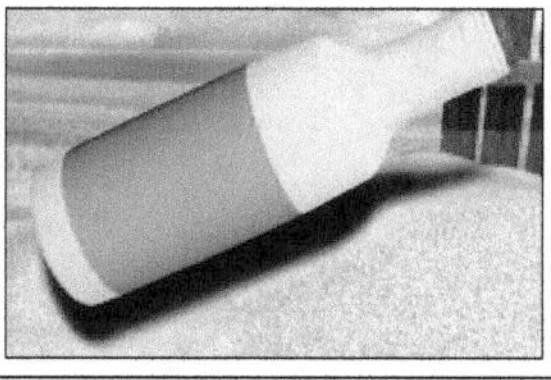

图 01-003-1 创建阴影

(3)调整阴影图层的混合模式为【叠加】，并使用快捷键 Ctrl+J 复制图层，效果如图 01-003-2 所示。

图 01-003-2　调整阴影

(4)为瓶子图像所在图层添加图层蒙版，并参照图 01-003-3 所示，在图层蒙版中进行绘制，将瓶子进行透明处理。

(5)打开“资源/第 01 章/素材/信纸.jpg”、“资源/第 01 章/素材/瓶塞.tif”、“资源/第 01 章/素材/信封.jpg”文件，将图像拖至沙滩文档中，调整其大小和位置，如图 01-003-4 所示。

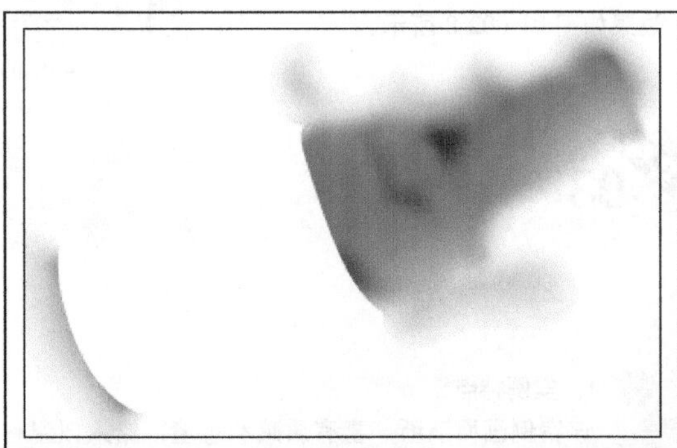

图 01-003-3　制作透明瓶子

图 01-003-4　添加素材图像

(6)分别为瓶塞和信封图像所在图层添加图层蒙版隐藏部分图像，效果如图 01-003-5 所示。

图 01-003-5　添加图层蒙版

(7)新建图层，设置颜色为深绿色（R：91，G：116，B：121）使用柔边缘【画笔工具】在瓶子上进行绘制，为瓶子上色，如图 01-003-6 所示。

图 01-003-6　创建瓶子上的阴影

（8）新建图层，设置前景色为黑色，继续使用柔边缘【画笔工具】，在瓶子上进行绘制，并调整图层混合模式为【柔光】，效果如图 01-003-7 所示。

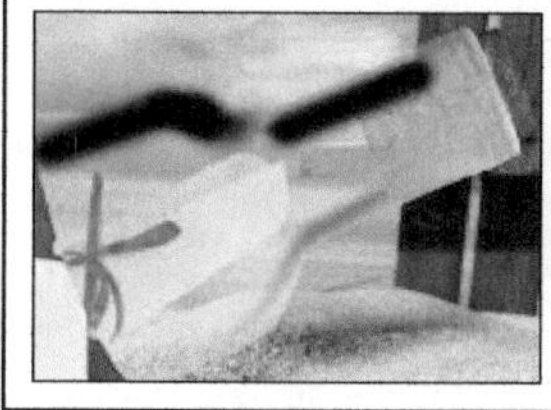
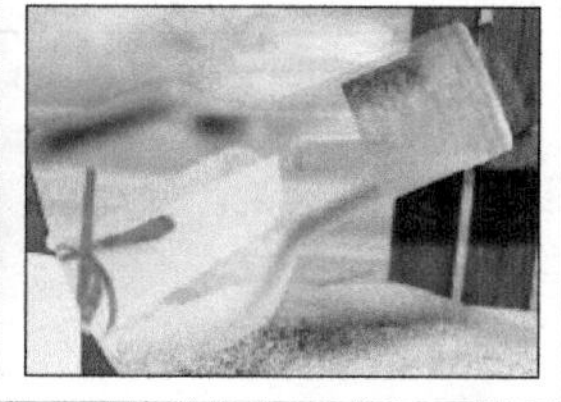
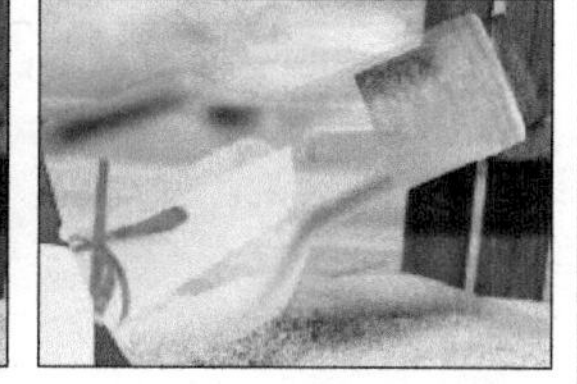

图 01-003-7 调整图层混合模式

（9）新建图层，设置前景色为湖蓝色（R：12，G：128，B：179），使用柔边缘【画笔工具】在瓶子上进行绘制，并调整图层混合模式为【叠加】，效果如图 01-003-8 所示。

图 01-003-8 细化瓶子颜色

（10）新建图层，使用【钢笔工具】绘制路径，并将路径载入选区填充颜色为浅蓝色（R：125，G：178，B：235），效果如图 01-003-9 所示。

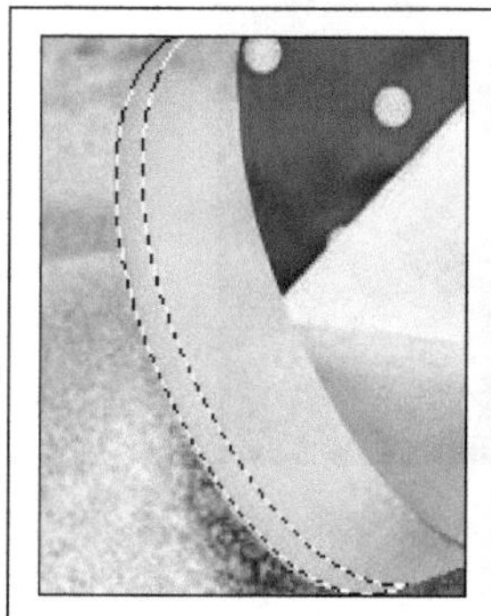

图 01-003-9 调整瓶子底部颜色

（11）新建图层，使用【进行选框工具】绘制选区，并填充颜色为蓝色（R：147，G：208，B：239），参照图 01-003-10 所示，添加图层蒙版隐藏部分图像。

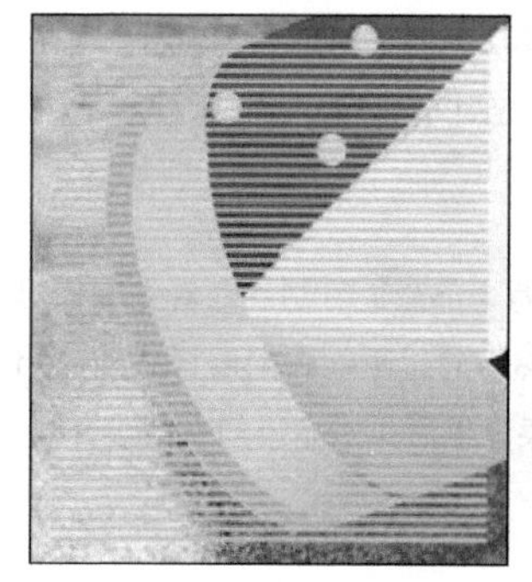

图 01-003-10 绘制瓶底花纹

（12）参照图 01-003-11 所示，将信封图像所在图层的图层蒙版载入选区，然后新建图层填充黑色到透明的线性渐变，调整图层混合模式为【叠加】。

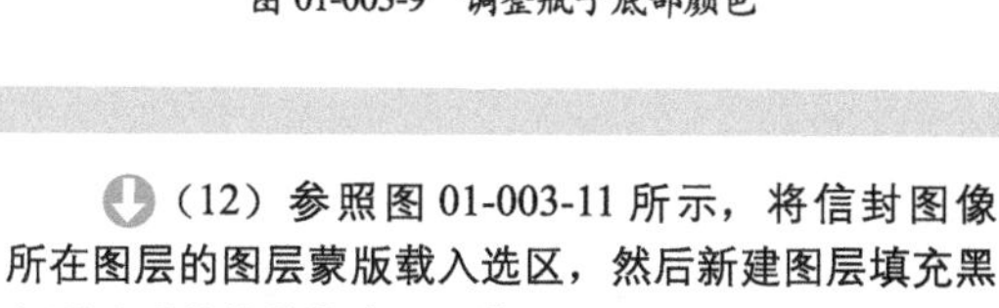

图 01-003-11 丰富瓶子上的阴影

（13）新建“组 1”图层组，使用【画笔工具】配合【自由变换】命令，绘制瓶子上的高光，效果如图 01-003-12 所示。

图 01-003-12 绘制高光

（14）最后使用【横排文字工具】，在视图左上角添加文字，效果如图 01-003-13 所示。

Wishing bottle
小小的梦想 能改变世界
带来明天的盼望

图 01-003-13 添加文字

实例 04 火焰特效制作

1. 实例特点：

画面以红色调为主，火焰给人以热情和神秘的感觉，柔美的线条使画面富有动感。

2. 注意事项：

在制作火焰的时候不宜在一个图层上绘制多个火焰，因为这样在添加图层样式的时候画面就显得不真实，通过复制火焰的方法比较合适。

3. 操作思路：

整个实例将分为两个部分进行制作，首先制作出正在燃烧的扑克牌，然后通过画笔和图层样式的应用制作出燃烧的火焰效果，最后为作品添加文字装饰。

最终效果图

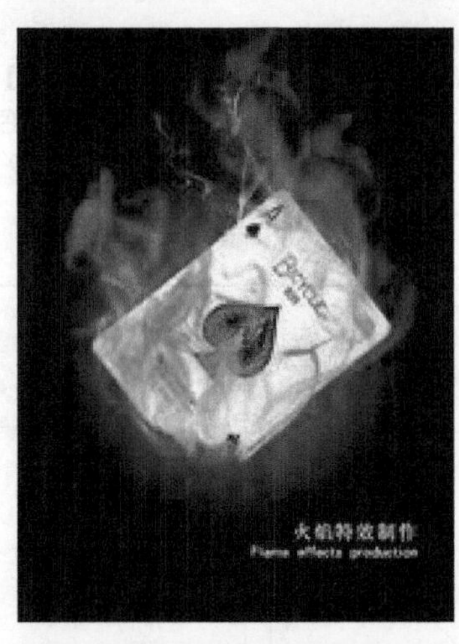

资源 / 第 01 章 / 源文件 / 火焰特效制作 .psd

具体步骤如下：

1. 燃烧扑克牌

（1）创建一个宽度为 6 厘米，高度为 8 厘米，分辨率为 300 像素 / 英寸的新文档，使用【渐变工具】，参照图 01-004-1 中的参数设置，将背景填充为红到黑的径向渐变。

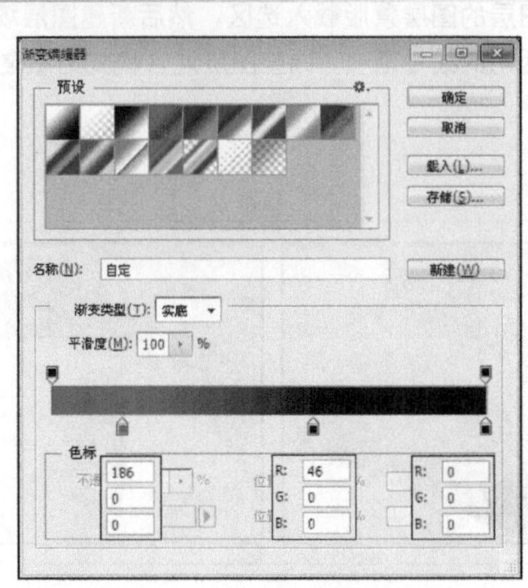

图 01-004-1 【渐变编辑器】对话框

（2）打开“资源/第01章/素材/扑克牌.tif”文件，使用【移动工具】将其拖至正在编辑的文档中，并添加图层蒙版，用钢笔工具在蒙版中绘制图像隐藏扑克牌一角的图像，效果如图01-004-2所示。

（3）设置前景色为深红色（R：147，G：0，B：0），使用【矩形工具】绘制矩形，并参照图01-004-3所示，配合【钢笔工具】调整矩形形状，呈现纸张燃烧痕迹效果，然后新建图层，继续使用钢笔工具绘制路径，并将路径载入选区，填充颜色深红色到白色的线性渐变。

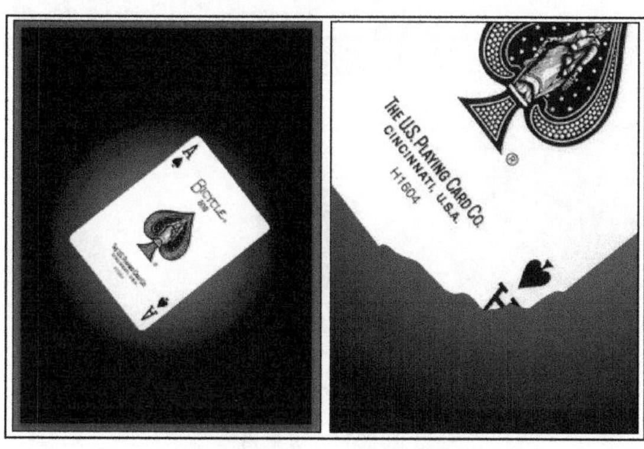

图 01-004-2　添加素材文件

图 01-004-3　渐变填充效果

（4）为上一步骤创建的图像添加红色（R：255，G：0，B：0）内发光效果，如图01-004-4所示。

（5）新建图层，参照图01-004-5所示的步骤，将扑克牌图像载入选区，并填充颜色为黄色（R：252，G：255，B：0），执行【选择】|【变换选区】命令，调整选区，并删除选区中的内容，复制两个相同的图像分别放在扑克牌的另外两角。

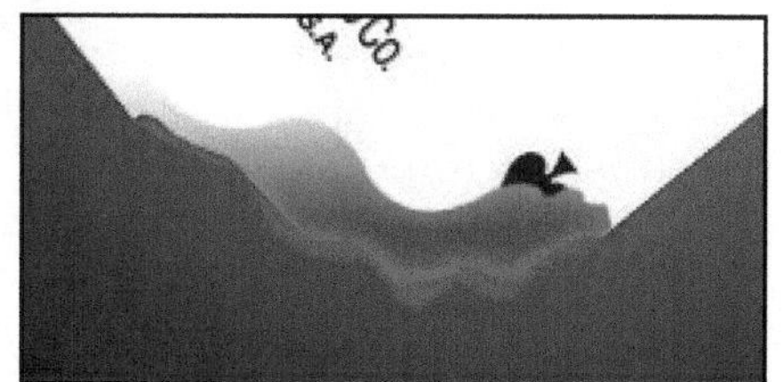

图 01-004-4　添加内发光效果

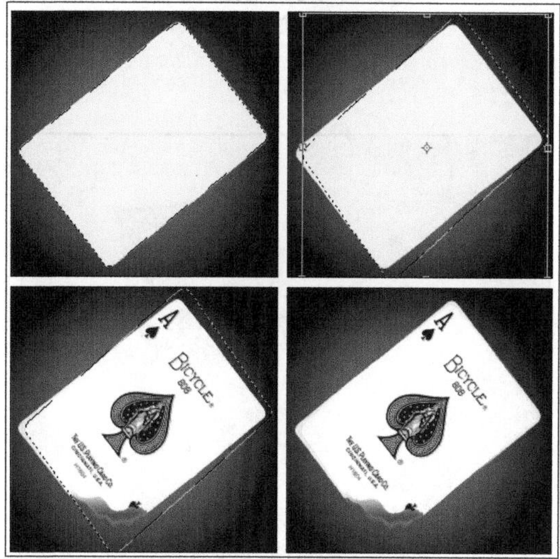

图 01-004-5　制作纸张燃烧效果图

2. 制作火焰效果

（1）选择【画笔工具】，打开【画笔预设选取器】，单击右侧的按钮，在弹出的菜单中选择【载入画笔】命令，载入“资源/第01章/素材/火焰笔刷.adr”笔刷文件。

（2）参照图01-004-6所示，新建图层，使用【画笔工具】在视图中绘制图像。

图 01-004-6　图像

(3) 双击上一步骤创建的图层缩览图，参照图 01-004-7 所示。在打开的【图层样式】对话框中进行设置，为图像添加【渐变叠加】效果。

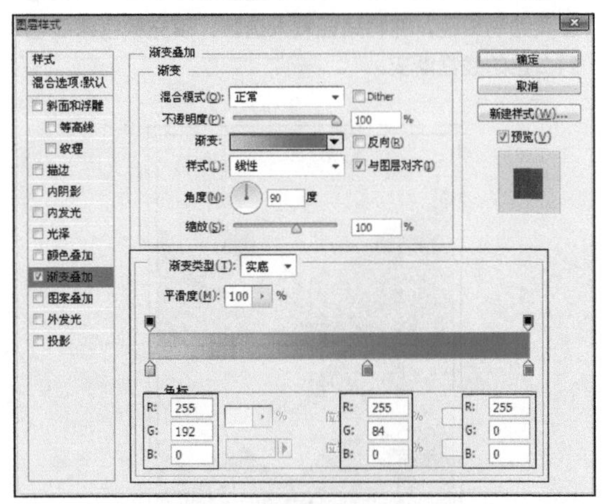

图 01-004-7 添加【渐变叠加】效果图

(4) 按住键盘上的 Alt 键拖动上一步骤创建的图形移动其位置，效果如图 01-004-8 所示。

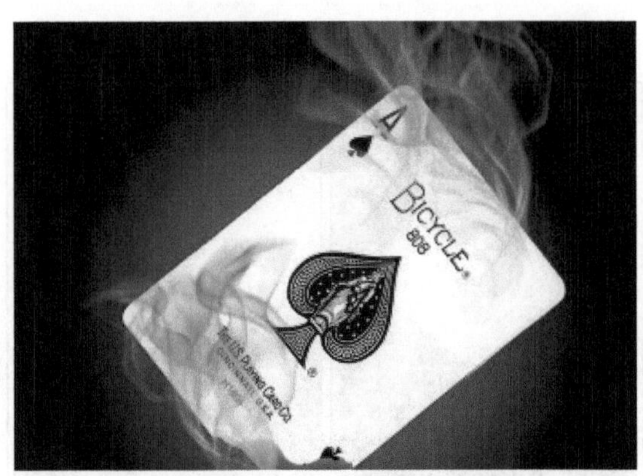
图 01-004-8 复制图像

(5) 继续使用【画笔工具】绘制图像，添加与前一步骤相同的渐变叠加效果，如图 01-004-9 所示。

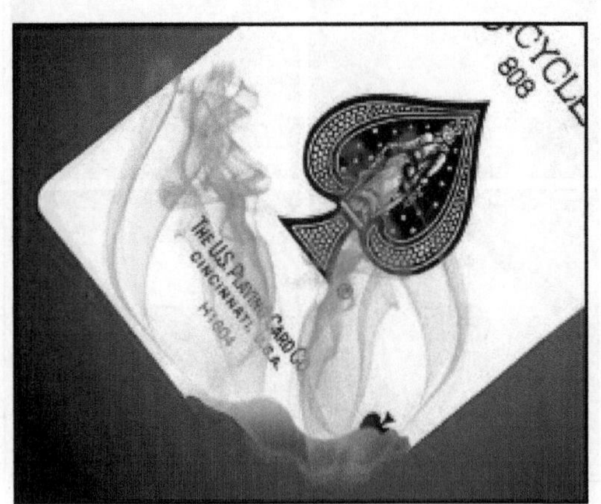
图 01-004-9 绘制图像

(6) 继续使用【画笔工具】绘制图像，添加与前一步骤相同的渐变叠加效果，如图 01-004-10 所示。

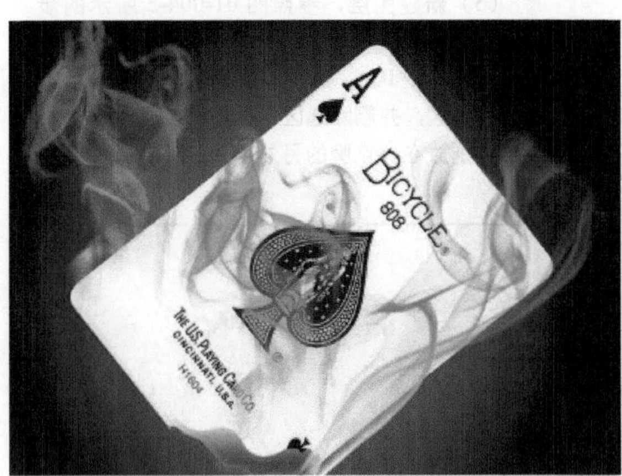
图 01-004-10 绘制图像

(7) 继续使用【画笔工具】绘制图像，添加与前一步骤相同的渐变叠加效果，如图 01-004-11 所示。最后使用【横排文字工具】添加文字，完成本实例的制作。效果如图 01-004-12 所示。

图 01-004-11 绘制图像

图 01-004-12 添加文字

05 空间转换特效制作

1. 实例特点：

画面时尚、前卫，富有空间感，通过添加高光，使画面更加晶莹剔透。

2. 注意事项：

因为绘制图像的时候出现的图层较多，为了方便后期的更改，要适时将图层进行编组。

3. 操作思路：

整个实例将分为两个部分进行制作，首先利用形状工具制作出用来包装产品的狗狗包装效果，然后继续利用形状工具制作出骨头塑胶产品。

最终效果图

资源/第01章/源文件/空间转换特效制作.psd

具体步骤如下：

1. 平面图像制作

（1）创建一个宽度为 8 厘米，高度为 6 厘米，分辨率为 300 像素 / 英寸的新文档。

（2）单击【图层】调板底部的【创建新的填充或调整图层】按钮，在弹出的菜单中选择【渐变】命令，参照图 01-005-1 所示的参数设置添加渐变填充效果。

（3）新建“组 1”图层组，设置颜色为咖啡色（R：103，G：21，B：3），然后使用【椭圆工具】绘制椭圆形状，并配合【钢笔工具】调整形状，复制并缩小椭圆形状，设置颜色为土黄色（R：238，G：182，B：123），效果如图 01-005-2 所示。

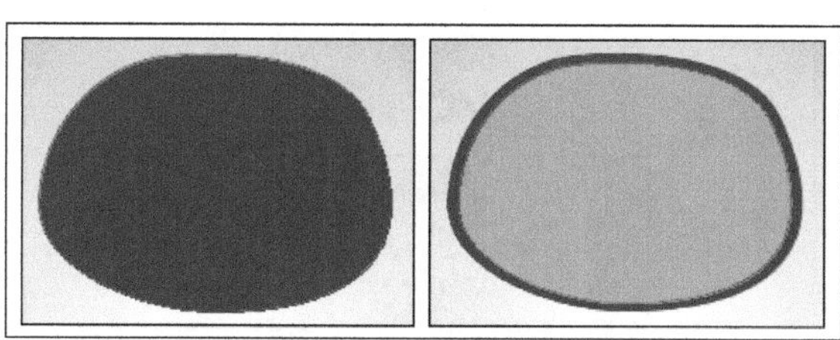

图 01-005-2 绘制椭圆形状

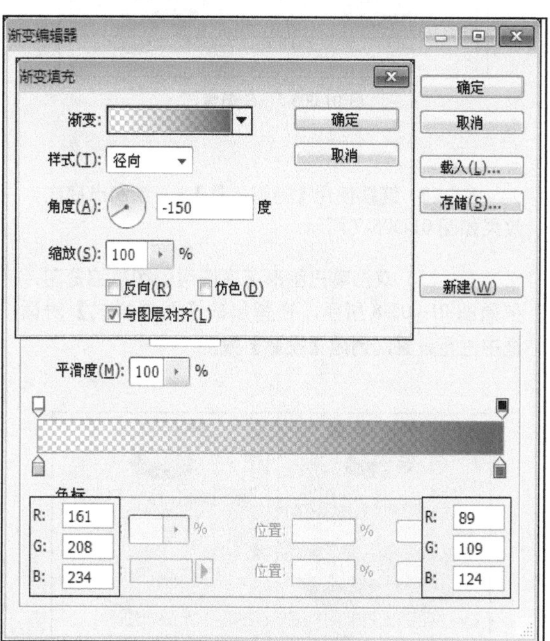

图 01-005-1 填充渐变

（4）将黄色形状载入选区，然后使用【椭圆选框工具】绘制椭圆，填充相交选区为褐色（R：60，G：5，B：5），效果如图 01-005-3 所示。

（5）继续使用【椭圆选框工具】绘制眼睛，参照图 01-005-4 所示的步骤绘制眼睛。

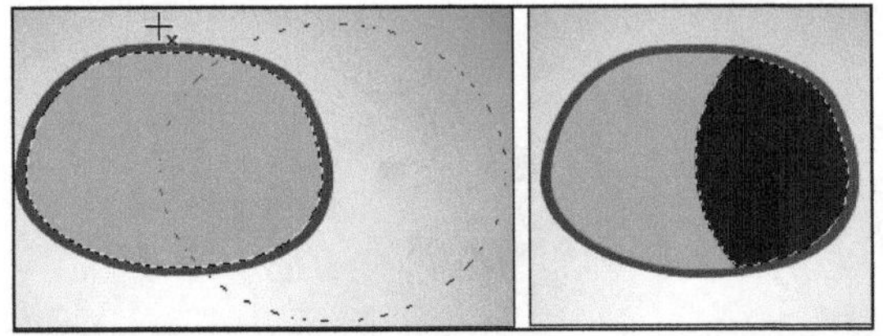

图 01-005-3　编辑选区

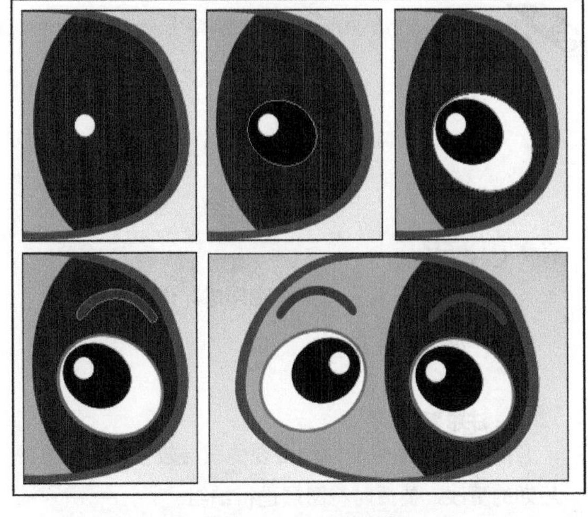

图 01-005-4　绘制眼睛

（6）新建"组 2"图层组，参照图 01-005-5 所示的步骤，使用【椭圆工具】绘制嘴巴图形。

图 01-005-5　绘制嘴巴

（7）新建"组 3"图层组，继续使用【椭圆工具】绘制形状并配合【钢笔工具】调整路径，绘制出耳朵图形，效果如图 01-005-6 所示。

图 01-005-6　绘制耳朵

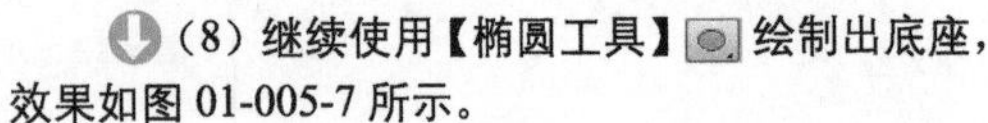

（8）继续使用【椭圆工具】绘制出底座，效果如图 01-005-7 所示。

（9）双击嘴巴图形所在图层的图层缩览图，参照图 01-005-8 所示，在弹出的【图层样式】对话框中进行设置，创建【投影】效果。

图 01-005-7　绘制底座

图 01-005-8　添加投影

2. 立体图像制作

（1）新建“组 4”图层组，使用【椭圆工具】绘制形状，并配合【钢笔工具】调整路径，绘制出骨头图形，效果如图 01-005-9 所示。

（2）复制底座图层并将其栅格化图层，分别将其进行高斯模糊 20 像素，并添加图层蒙版隐藏与骨头图形相交以外的图像，效果如图 01-005-10 所示。

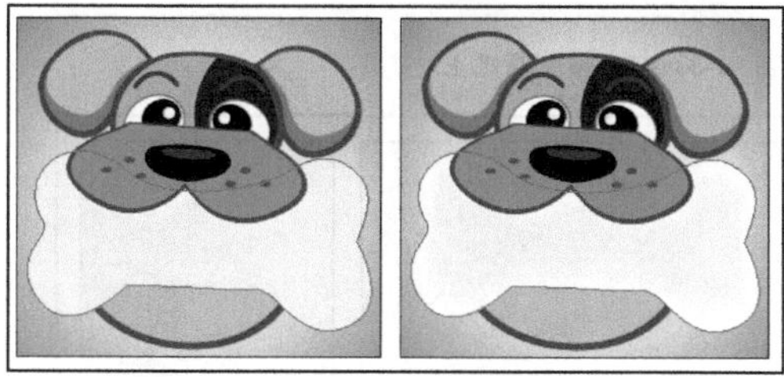

图 01-005-9　绘制骨头

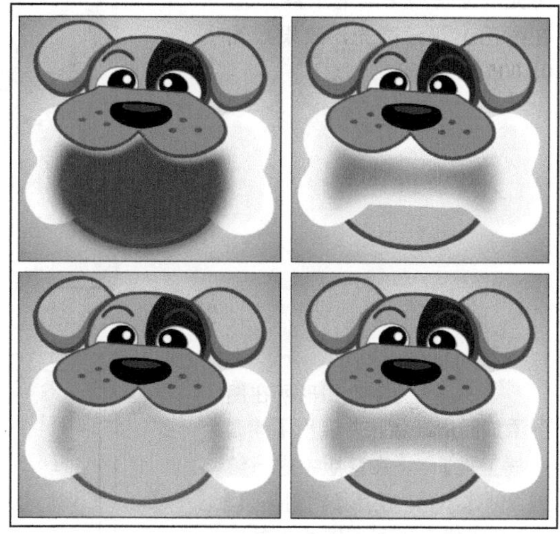

图 01-005-10　制作透明骨头

（3）使用【钢笔工具】绘制选区，并填充从灰色到白色的渐变，然后将其添加白色内发光效果，制作金属条图像，效果如图 01-005-11 所示。

（4）新建图层，使用柔边缘【画笔工具】绘制高光和骨头中的彩色豆豆，增强立体效果，效果如图 01-005-12 所示。

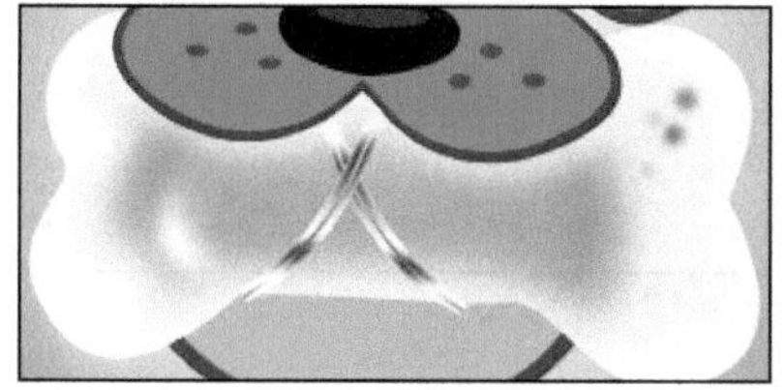

图 01-005-12　绘制高光

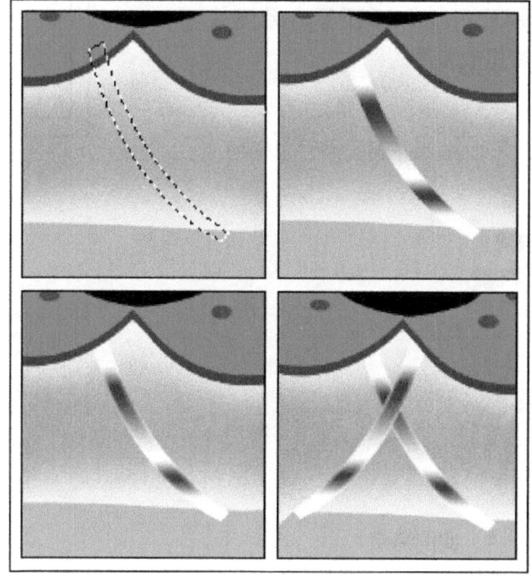

图 01-005-11　绘制绑带

（5）新建“组 5”图层组，并新建图层，将耳朵图形载入选区，使用【渐变工具】，填充白色到透明的线性渐变，效果如图 01-005-13 所示。

（6）新建图层，将脑袋图形载入选区，参照图 01-005-14 所示的步骤，选择【椭圆选框工具】，并在其选项栏中单击【与选区相交】按钮绘制选区，然后填充从白色到透明的渐变。

图 01-005-13　绘制耳朵上的高光

图 01-005-14　绘制脑袋上的高光

（7）新建图层，参照前面介绍的方法，绘制嘴巴上的高光，并使用【画笔工具】在嘴巴上点出高光，效果如图01-005-15所示。

图 01-005-15　绘制嘴巴上的高光

（8）为底座图形所在图层添加图层蒙版，并使用【椭圆选框工具】在蒙版中进行绘制，创建小孔，使用【椭圆工具】在脑袋上绘制正圆并为其添加【斜面和浮雕】图层样式，效果如图01-005-16所示。最终效果参见效果图。

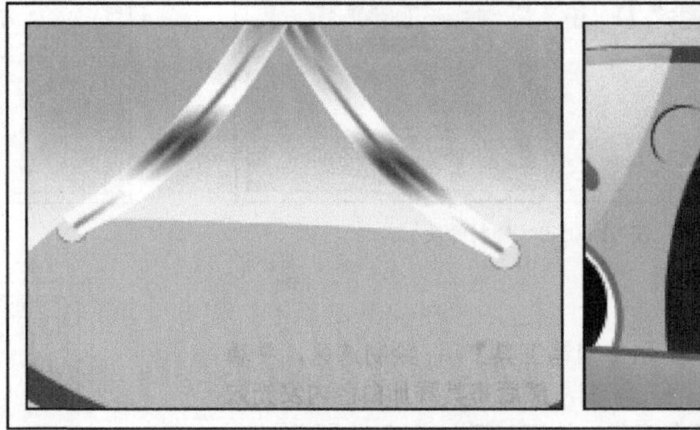

图 01-005-16　绘制嘴巴上的高光

实例 06　水中倒影特效制作

1. 实例特点：

利用【液化】和【水波】滤镜制作出仿真水面效果，画面逼真。可用于网站、DM单、海报等平面应用上。

2. 注意事项：

在对水面进行变形的过程中，要注意使图像中的细节呈左右方向变化。

3. 操作思路：

首先打开素材复制图像并扩展画布，分别为图像添加液化和水波滤镜效果，制作出仿真水面，使用曲线命令调整画面亮度。

最终效果图

资源/第01章/源文件/水中倒影特效制作.psd

具体步骤如下：

(1) 打开“资源 / 第 01 章 / 素材 / 水中倒影 .jpg”文件，使用快捷键 Ctrl+J 复制图层，然后垂直翻转图像，效果如图 01-006-1 所示。

(2) 执行【图像】|【画布大小】命令，更改画布高度为 36 厘米，移动“背景副本”图层上的图像至视图下方，效果如图 01-006-2 所示。

图 01-006-1 复制并垂直翻转图像

图 01-006-2 调整画布大小

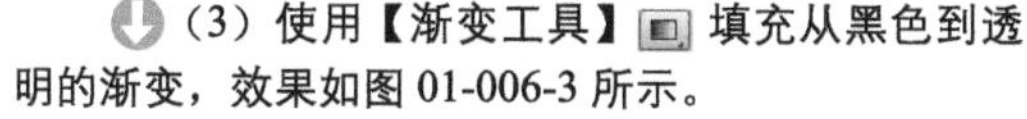

(3) 使用【渐变工具】填充从黑色到透明的渐变，效果如图 01-006-3 所示。

图 01-006-3 填充渐变

(4) 执行【滤镜】|【液化】命令，参照图 01-006-4 所示的参数设置，对图像进行变形处理。在变形的过程中，要注意使图像中的细节呈左右方向变化。

图 01-006-4 添加滤镜效果

（5）执行【滤镜】|【扭曲】|【水波】命令，参照图 01-006-5 所示，在弹出的【水波】对话框中进行设置，为图像添加水波滤镜效果。最后使用快捷键 Ctrl+M 参照图 01-006-6 的参数设置调整图像的亮度，完成本实例的制作。

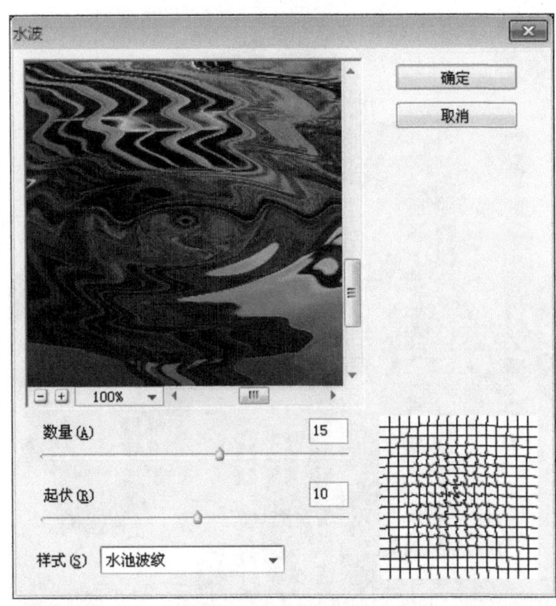

图 01-006-5　添加水波滤镜

图 01-006-6　调整图像亮度

实例 07　制作玉佩特殊质感

1. 实例特点：

画面真实，佩玉晶莹剔透。

2. 注意事项：

在【图层样式】对话框中，为图层添加不同特效的时候，要注意混合模式的选择。

3. 操作思路：

首先打开背景素材调整图像颜色，然后打开佩玉形状，添加图层样式制作出佩玉效果，栅格化图层之后再次添加图层样式，丰富佩玉的质感，最后添加素材图像和装饰文字，丰富画面。

最终效果图

资源/第01章/源文件/制作玉佩特殊质感.psd

具体步骤如下：

(1) 打开“资源 / 第 01 章 / 素材 / 木纹 2.jpg”文件，单击【图层】调板底部的【创建新的填充或调整图层】按钮 ，在弹出的菜单中选择【色相 / 饱和度】命令，参照图 01-007-1 中的参数设置，调整图像的颜色。

(2) 继续单击【图层】调板底部的【创建新的填充或调整图层】按钮 ，在弹出的菜单中选择【曲线】命令，参照图 01-007-2 中的参数设置，调整图像亮度。

(3) 打开“资源 / 第 01 章 / 素材 / 中国纹样 .tif”文件，将其拖至当前正在编辑的文档中，并调整图像的大小及位置，如图 01-007-3 所示。

图 01-007-1 复制并垂直翻转图像

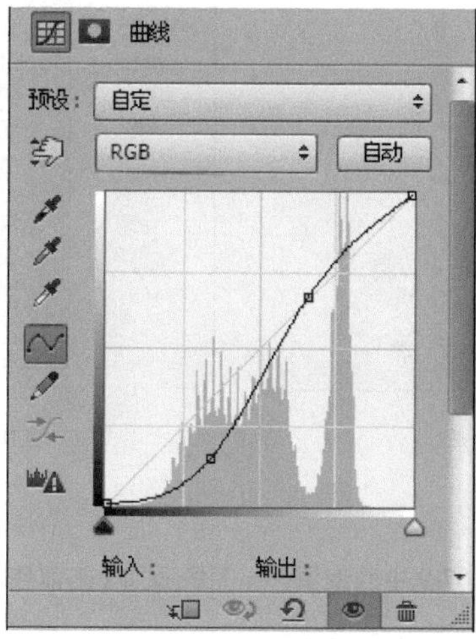

图 01-007-2 调整图像亮度

图 01-007-3 添加素材图像

(4) 双击图层缩览图，参照图 01-007-4、图 01-007-5 所示，在弹出的【图层样式】对话框中进行设置，为图像添加【斜面和浮雕】图层样式。

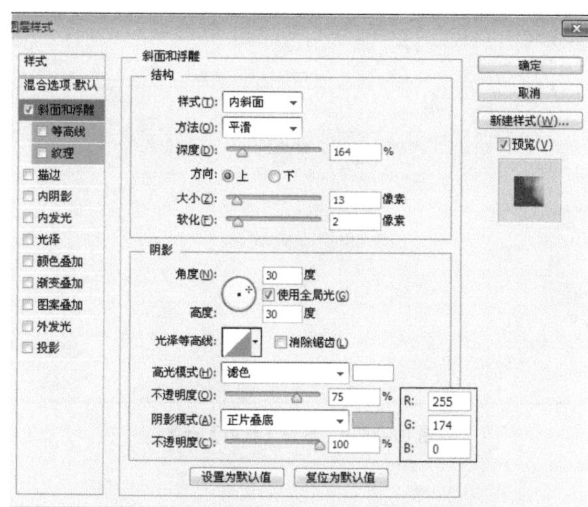

图 01-007-4 设置【斜面和浮雕】图层样式

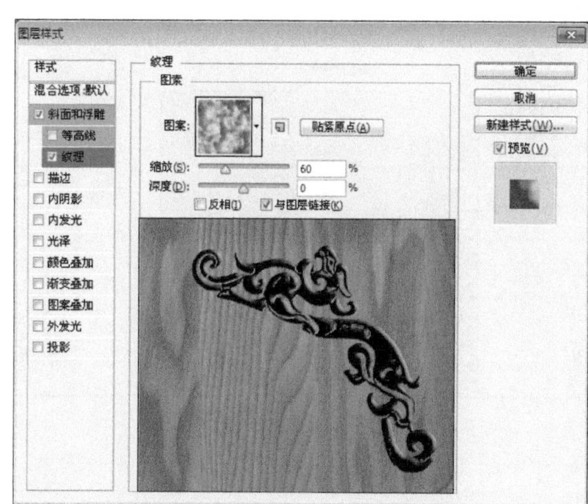

图 01-007-5 添加【纹理】效果

（5）参照图 01-007-6 和图 01-007-7 中的设置，继续在【图层样式】对话框中添加【内阴影】和【颜色叠加】效果。

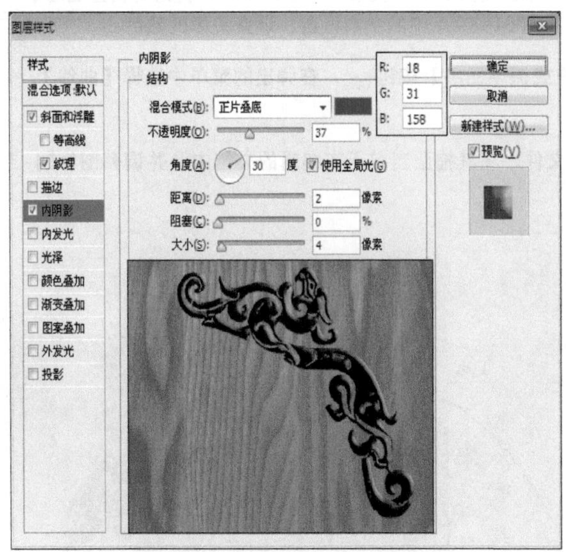

图 01-007-6　添加【内阴影】效果

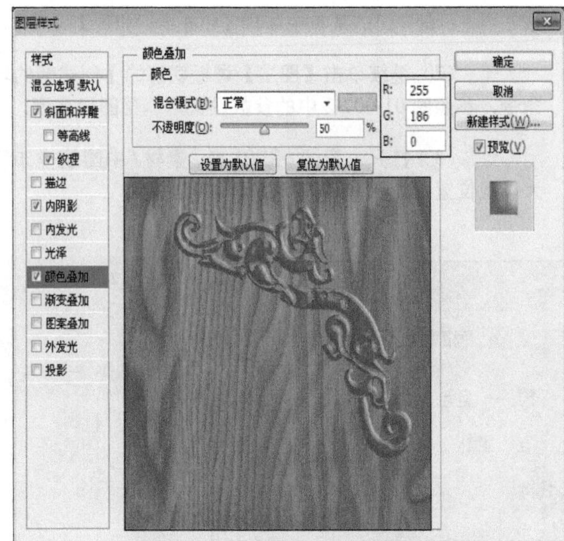

图 01-007-7　添加【颜色叠加】效果

（6）参照图 01-007-8 和图 01-007-9 中的设置，为图像添加【图案叠加】和【投影】效果，然后单击【确定】按钮，关闭对话框。

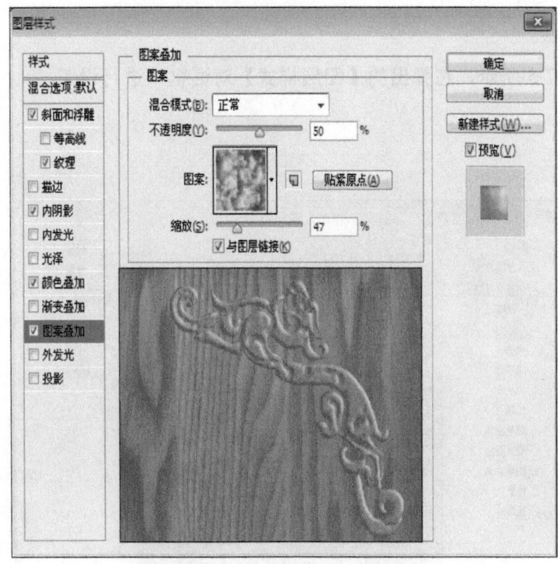

图 01-007-8　添加【图案叠加】效果

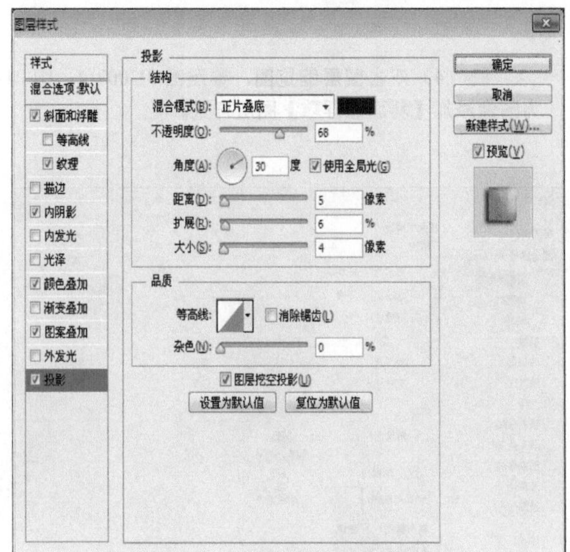

图 01-007-9　添加【投影】效果

(7) 调整图层【填充】参数为 0%，并栅格化图层，参照图 01-007-10 和图 01-007-11 中的设置继续为图像添加图层样式。

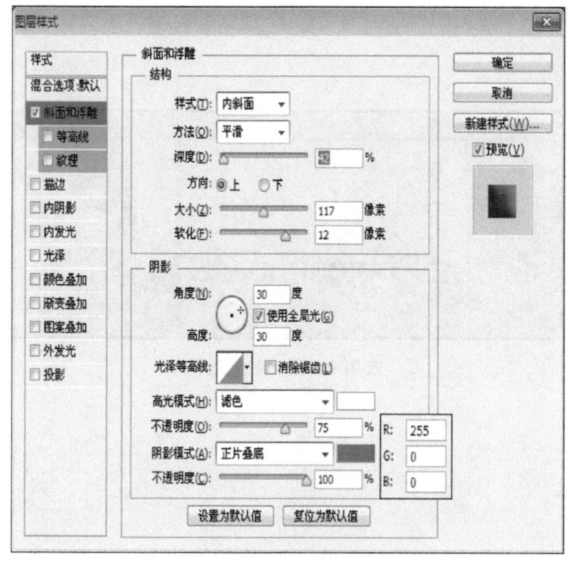

图 01-007-10　添加【斜面和浮雕】效果

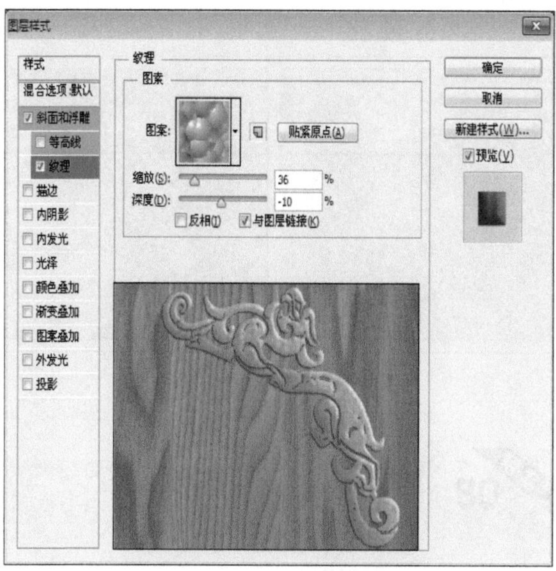

图 01-007-11　添加【纹理】效果

(8) 参照图 01-007-12 和图 01-007-13 中的设置，为图像添加【内阴影】和【投影】图层样式。

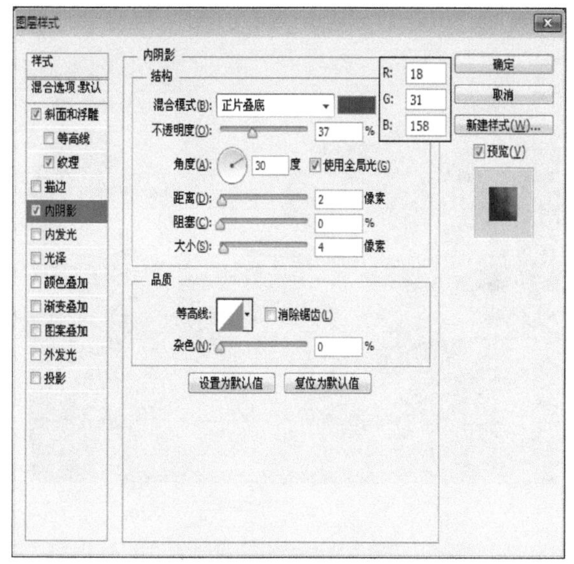

图 01-007-12　添加【内阴影】效果

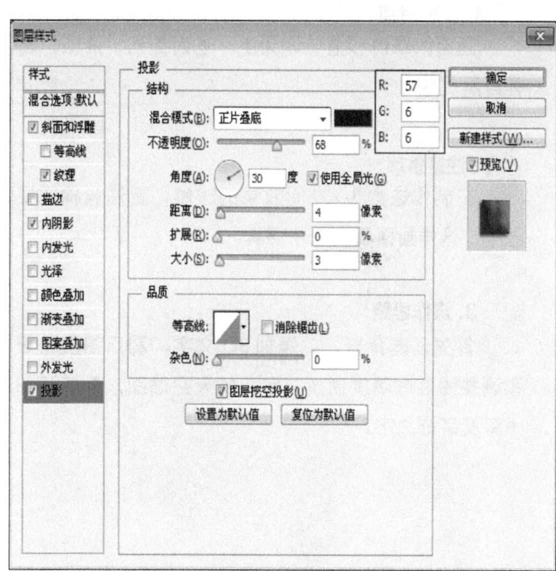

图 01-007-13　添加【投影】效果

(9) 打开“资源 / 第 01 章 / 素材 / 中国结 .jpg”文件，将其拖至正在编辑的文档中，使用【魔术橡皮擦工具】去除白色背景，并调整图像的大小及位置，然后添加图层蒙版，隐藏部分图像，效果如图 01-007-14 所示。最后参照图 01-007-15 所示，使用【横排文字工具】在视图中输入文字。至此实例制作完毕。

图 01-007-14 添加素材图像

图 01-007-15 创建文字

实例 08 3D 空间特效制作

最终效果图

资源 / 第 01 章 / 源文件 /3D 空间特效制作 .psd

1. 实例特点：

画面以绿色和蓝色调为主，画面简洁、清新，富有自然气息。

2. 注意事项：

在制作这类 3D 空间效果的时候，要注意构图要舒服，这样画面看起来才逼真。

3. 操作思路：

首先创建背景，并添加 3D 文字，利用图层蒙版和调整图层透明度创建文字上的天空贴图，最后添加小草及装饰文字。

具体步骤如下：

（1）打开“资源/第 01 章/素材/草坪.jpg”、“资源/第 01 章/素材/3D 文字.tif”文件，并将 3D 文字图像拖至草坪文档中，参照图 01-008-1 所示，调整位置。

（2）打开“附带光盘/Chapter-01/素材/天空.jpg”文件，将其拖至当前正在编辑的文档中，参照图 01-008-2 所示，调整图像的位置。

图 01-008-2　添加素材图像

图 01-008-1　打开素材图像

（3）隐藏天空图像，使用【魔棒工具】将字母 G 图像载入选区，然后选中天空图像所在图层，单击【图层】调板底部的【创建新的填充或调整图层】按钮，添加图层蒙版，隐藏部分图像，效果如图 01-008-3 所示。

（4）继续使用上前面介绍的方法，分别为图像 R 和 E 添加天空图像，并调整图层的【不透明度】参数为 50%，效果如图 01-008-4 所示。

图 01-008-3　添加图层蒙版

图 01-008-4　调整图层透明度

(5) 参照图 01-008-5 所示，将天空图像载入选区，然后单击【图层】调板底部的【创建新的填充或调整图层】按钮，在弹出的菜单中选择【曲线】命令，调整图像亮度。

(6) 新建图层，参照图 01-008-6 所示的步骤，填充选区为蓝色（R：67，G：83，B：101），添加图层蒙版隐藏部分图像，并调整图层混合模式为【叠加】。

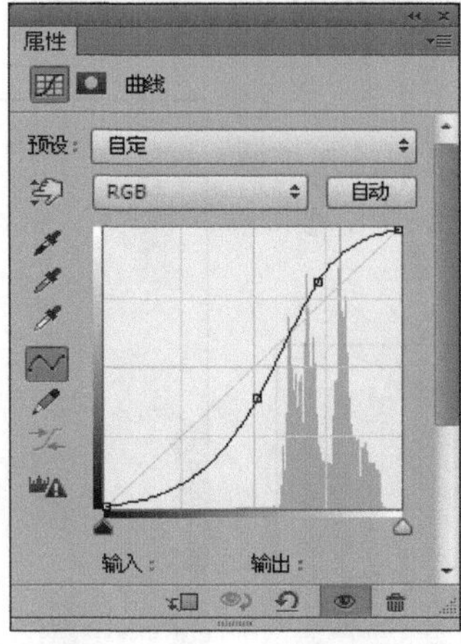

图 01-008-5 调整图像亮度

图 01-008-6 加深图像颜色

(7) 打开“资源 / 第 01 章 / 素材 / 小草 .tif”文件，将其拖至当前正在编辑的文档中，参照图 01-008-7 所示的效果，复制并摆放其位置，添加图层蒙版隐藏多余的图像。

(8) 最后使用【横排文字工具】创建文字，效果如图 01-008-8 所示。

图 01-008-7 【图层样式】对话框

图 01-008-8 添加文字

实例 09 制作锈迹特效

1. 实例特点：

画面真实具有空间感和质感，视觉冲击力强。

2. 注意事项：

在对纹理进行制作的时候要明确想要的纹理，有时候要经过几次实验才能得到想要的效果。

3. 操作思路：

该实例由两部分内容组成，首先创建背景，利用滤镜制作锈迹纹理，然后通过图层蒙版的应用制作出文字上的锈迹贴图，最后添加阴影和高光丰富图像。

最终效果图

资源 / 第 01 章 / 源文件 / 制作锈迹特效 .psd

具体步骤如下：

1. 创建锈迹纹理

（1）新建一个宽度为 8 厘米，高度为 6 厘米，分辨率为 300 像素的新文档。

（2）使用快捷键 Shift+D 恢复默认前景色和背景，然后新建“图层 1”，执行【滤镜】|【渲染】|【云彩】命令，效果如图 01-009-1 所示。

（3）继续执行【滤镜】|【渲染】|【分层云彩】命令，然后使用两次快捷键 Ctrl+F 进一步渲染，效果如图 01-009-2 所示。

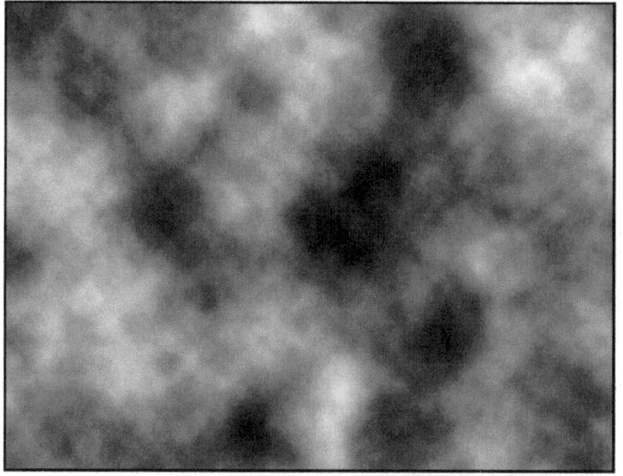

图 01-009-1 云彩效果

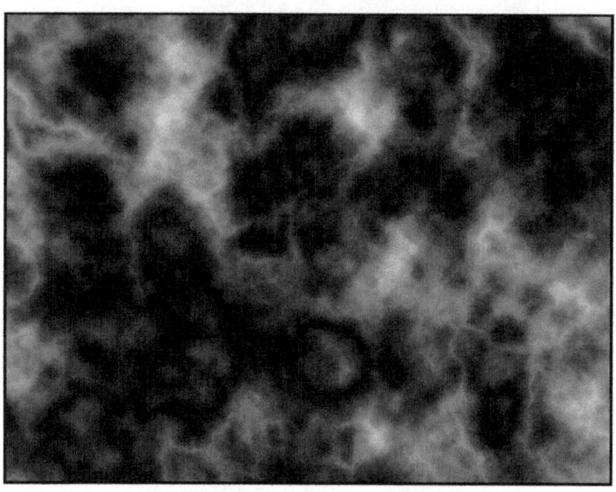

图 01-009-2 分层云彩效果

（4）执行【滤镜】|【渲染】|Lighting Effects Classic 命令，参照图 01-009-3 所示，在弹出的对话框中进行设置，创建光照效果。

（5）执行【滤镜】|【滤镜库】|【艺术效果】|【塑料包装】命令，参照图 01-009-4 所示的参数进行设置，创建塑料包装效果。

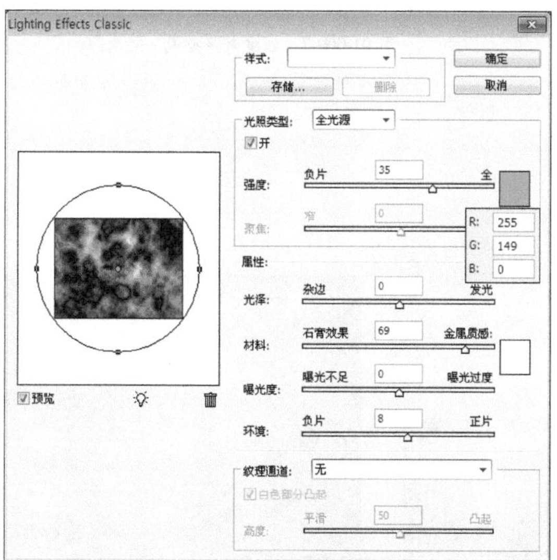

图 01-009-3 光照效果

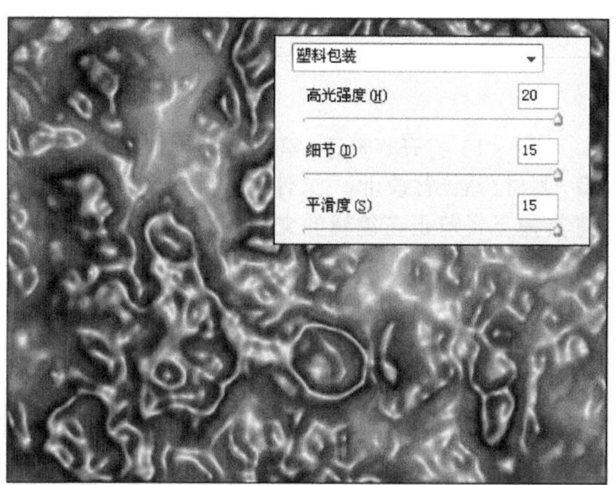

图 01-009-4 塑料包装效果

（6）执行【滤镜】|【扭曲】|【波纹】命令，参照图 01-009-5 所示，在弹出的【波纹】对话框中设置参数，单击【确定】按钮，应用波纹效果。

图 01-009-5 【波纹】对话框

（7）执行【滤镜】|【滤镜库】|【纹理】|【玻璃】命令，参照图 01-009-6 中的参数设置，调整玻璃效果。

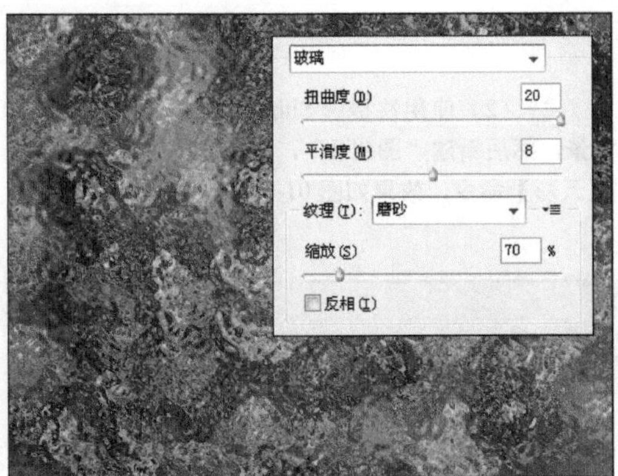

图 01-009-6 玻璃效果

（8）执行【滤镜】|【渲染】|Lighting Effects Classic 命令，参照图 01-009-7 所示，在弹出的对话框中进行设置，创建光照效果。

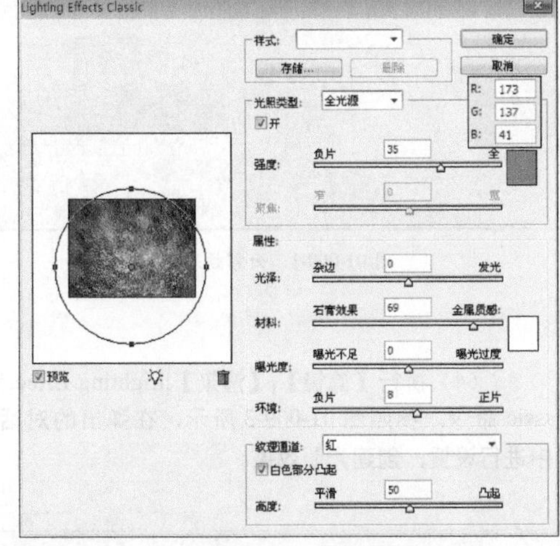

图 01-009-7 创建光照效果

2. 创建锈迹文字

（1）打开“资源 / 第 01 章 / 素材 / 锈迹背景 .jpg”文件，将其拖至当前正在编辑的文档中，并调整图像的大小及位置，复制并垂直翻转图像，效果如图 01-009-8 所示。

（2）添加图层蒙版，隐藏部分图像，效果如图 01-009-9 所示。

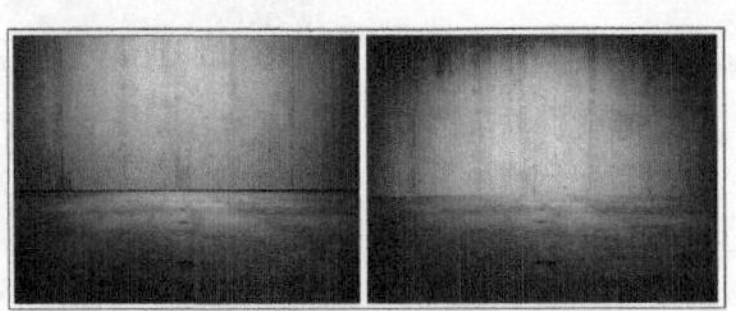

图 01-009-8 添加素材图像

图 01-009-9 创建图层蒙版

(3) 单击【图层】调板底部的【创建新的填充或调整图层】按钮，在弹出的菜单中选择【亮度 / 对比度】命令，参照图 01-009-10 所示的参数进行设置，调整图像的亮度及对比度。

(4) 打开“资源 / 第 01 章 / 素材 /PE.tif”文件，将其拖至当前正在编辑的文档中，效果如图 01-009-11 所示。

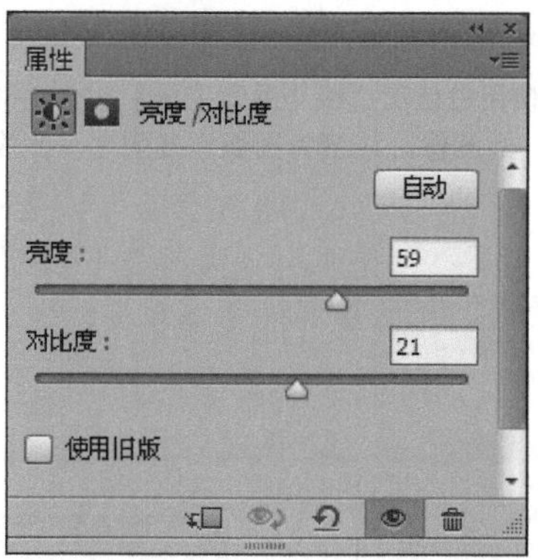

图 01-009-10 调整图像的亮度及对比度

图 01-009-11 添加素材图像

(5) 参照图 01-009-12 所示，使用【魔棒工具】将文字图像载入选区，选中“图层 1”然后使用快捷键 Ctrl+J 创建新图层，并调整图层顺序到最上方，效果如图 01-009-12 所示。

(6) 复制“图层 1”图层，调整图层顺序到上一步骤创建的图层的下方，调整图层混合模式为【正片叠底】，缩小图像，将文字图像载入选区，反选选区，单击【添加矢量蒙版】按钮，隐藏选区中的图像，效果如图 01-009-13 所示。

图 01-009-12 制作锈迹贴图

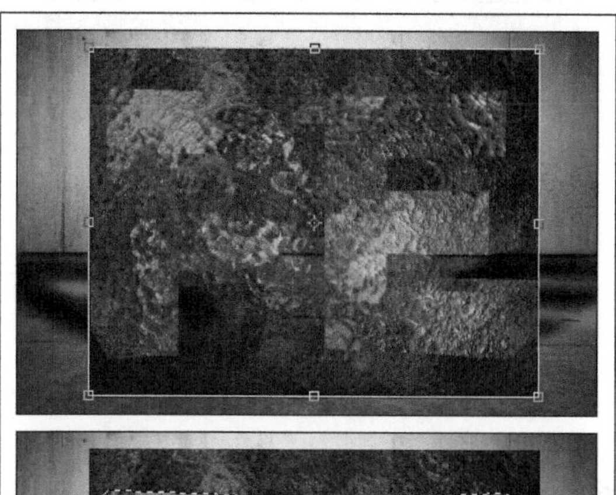

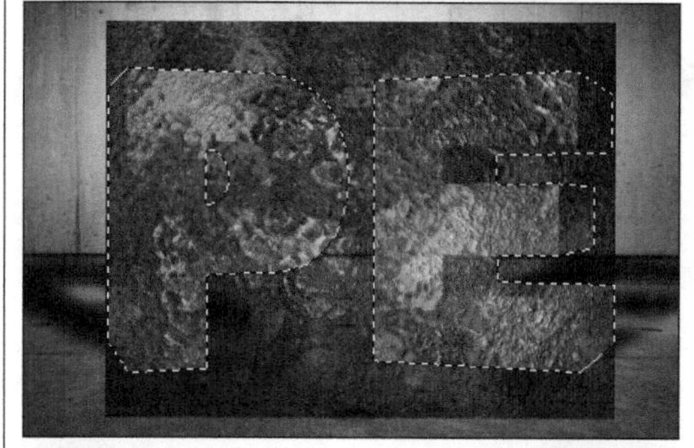

图 01-009-13 制作锈迹文字

（7）参照图 01-009-14 所示，使用白色柔边缘【画笔工具】绘制高光，调整图层混合模式为【叠加】，将文字图像载入选区，并删除选区以外的图像。继续为图像创建阴影，并添加文字装饰，完成本实例的制作。效果如图 01-009-15 所示。

图 01-009-14 创建高光

图 01-009-15 添加装饰文字

实例 10 制作水晶水果

1. 实例特点：

仿真的果品和果肉。

2. 注意事项：

在【通道】调板中制作图像的时候注意新建图层。

3. 操作思路：

整个实例将分为三个部分进行制作，首先使用椭圆形状工具绘制果肉形状，并通过添加图层蒙版丰富果肉图像，然后继续使用形状工具绘制果品形状，并在通道中制作果皮上的纹理，将纹理载入选区，通过在果皮图层上添加图层蒙版，制作出果皮，最后通过画笔工具和钢笔工具以及渐变工具相结合制作出果实的枝干。

最终效果图

资源 / 第 01 章 / 源文件 / 制作水晶水果 .psd

具体步骤如下：

1. 制作果肉

（1）新建一个宽度为 5 厘米，高度为 6 厘米，分辨率为 300 像素 / 英寸的新文档。

（2）新建“组 1”图层组，使用【椭圆工具】绘制椭圆形状，并配合【钢笔工具】调整形状，效果如图 01-010-1 所示。

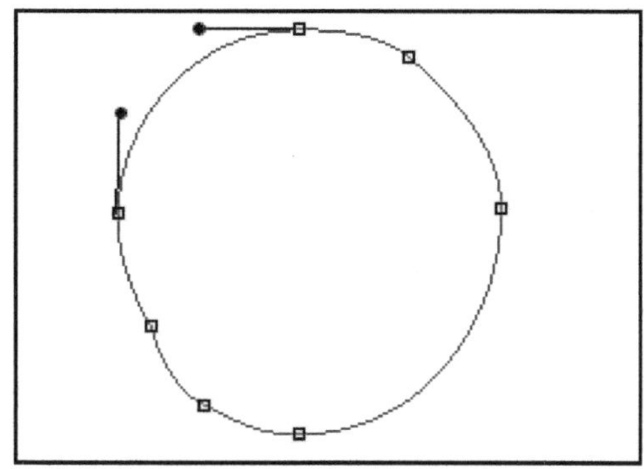

图 01-010-1 绘制并调整椭圆形状

（3）双击图层缩览图，参照图 01-010-2 所示，在弹出的【图层样式】对话框中进行设置，为图像添加渐变叠加特效。

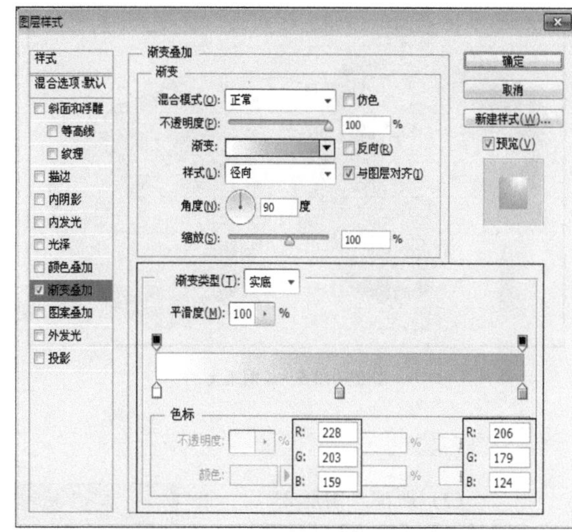

图 01-010-2 添加【渐变叠加】图层样式

（4）参照图 01-010-3 所示继续在【图层样式】对话框中进行设置，为图像添加【内发光】效果。

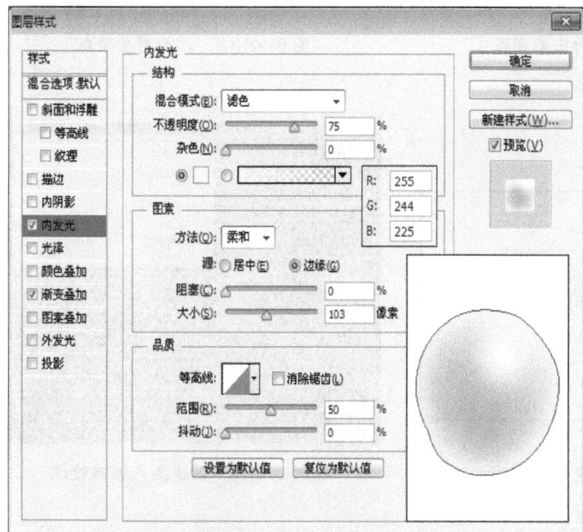

图 01-010-3 添加【内发光】效果

（5）新建“图层 1”，使用【钢笔工具】绘制路径并进行 3 像素的描边路径，效果如图 01-010-4 所示。

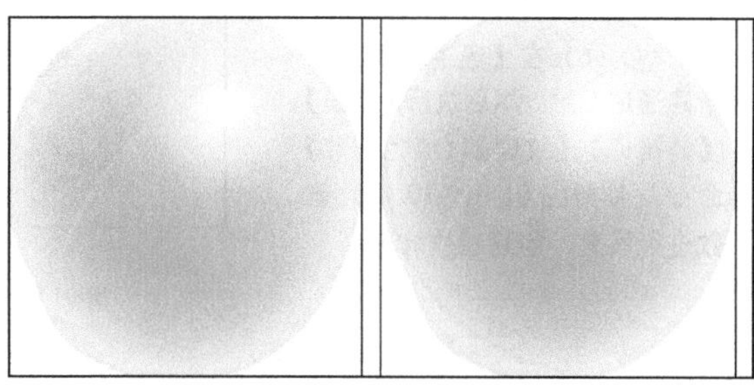

图 01-010-4 绘制果肉

2. 制作果皮

（1）设置前景色为红色（R：182，G：0，B：0），使用【椭圆工具】绘制椭圆形状，并配合【钢笔工具】调整形状，效果如图 01-010-5 所示。

（2）双击上一步骤创建图层的缩览图，参照图 01-010-6 所示，在弹出的【图层样式】对话框中进行设置，创建【内发光】效果。

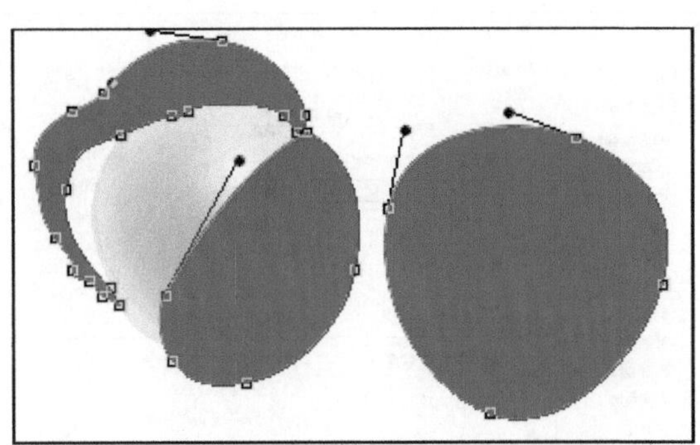

图 01-010-5　绘制果皮

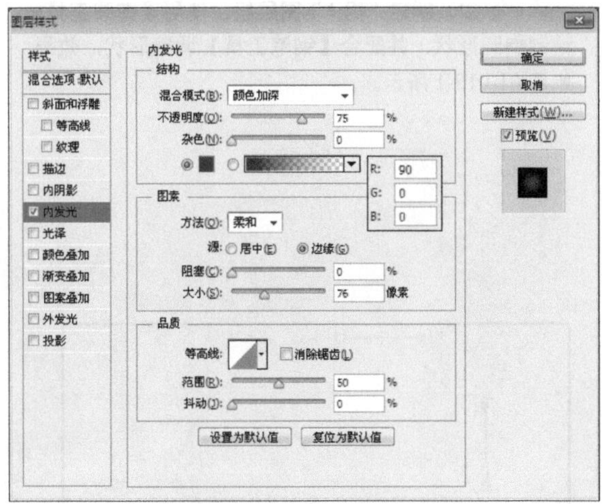

图 01-010-6　添加【内发光】效果

（3）新建“图层 2”，执行【滤镜】|【渲染】|【云彩】命令，创建云彩图像，设置图层混合模式为【颜色加深】，效果如图 01-010-7 所示。

（4）添加图层蒙版将云彩的部分图像隐藏，效果如图 01-010-8 所示。

图 01-010-7　制作云彩图像

图 01-010-8　添加图层蒙版

（5）复制果皮形状，更改颜色为大红色（R：255，G：0，B：0），效果如图 01-010-9 所示。

（6）在【通道】调板中新建通道图层，然后执行【滤镜】|【滤镜库】|【纹理】|【染色玻璃】命令，参照图 01-010-10 中的参数进行设置，创建特效纹理。

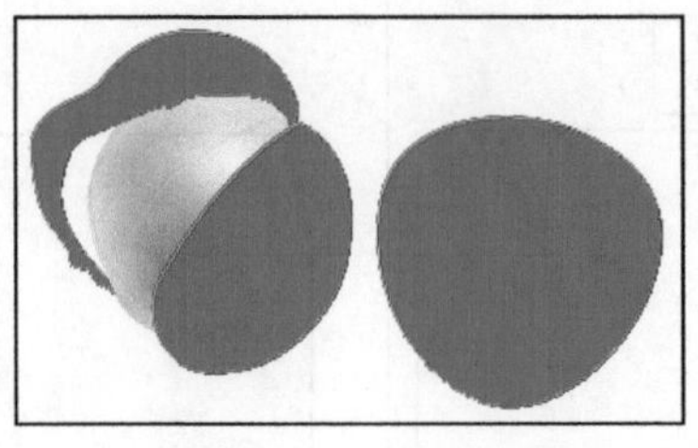

图 01-010-9　复制形状

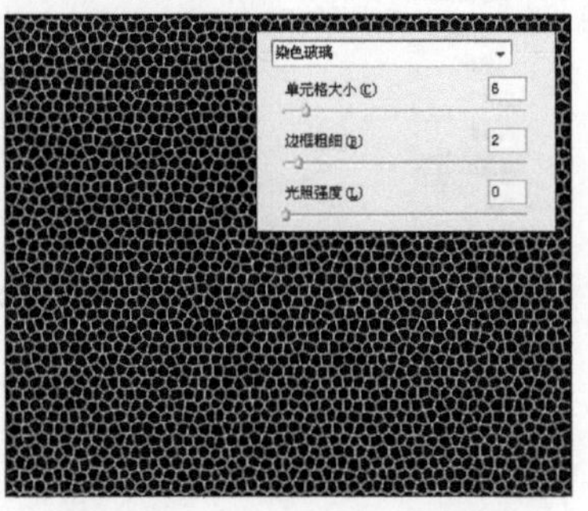

图 01-010-10　创建染色玻璃纹理

(7) 在【通道】调板中新建通道图层，然后执行【滤镜】|【滤镜库】|【艺术效果】|【霓虹灯光】命令，效果如图 01-010-11 所示。

(8) 继续执行【滤镜】|【风格化】|【浮雕效果】命令，参照图 01-010-12 所示，在弹出的【浮雕效果】对话框中进行设置，创建浮雕效果。

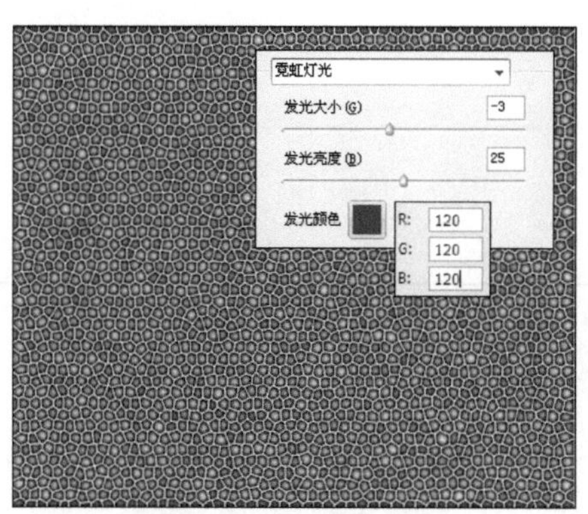

图 01-010-11　绘制固定线

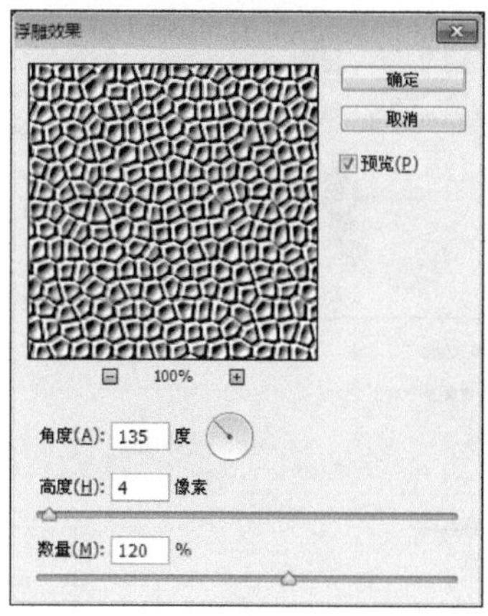

图 01-010-12　【浮雕效果】对话框

(9) 选中大红果皮形状所在图层，将通道载入选区，然后为图层添加图层蒙版，效果如图 01-010-13 所示。

(10) 再次复制果皮图形，并更改颜色为橘黄色（R：255，G：108，B：0），效果如图 01-010-14 所示。

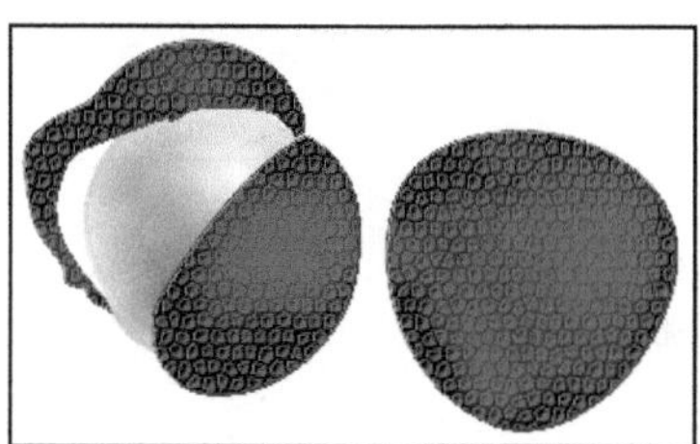

图 01-010-13　添加图层蒙版

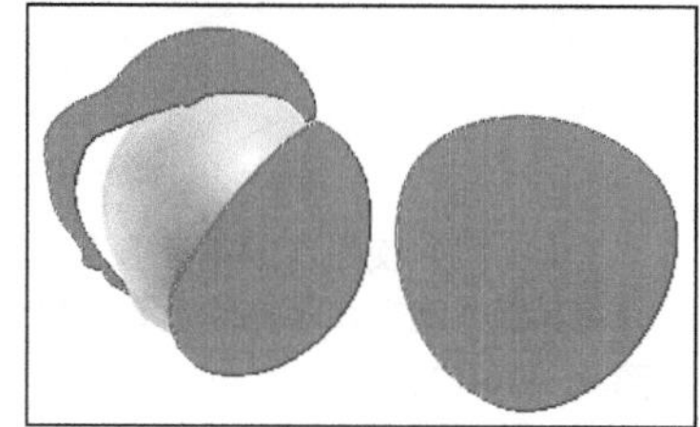

图 01-010-14　复制果皮图形

(11) 在【通道】对话框中选中之前编辑的通道，使用快捷键 Ctrl+I 反转颜色，然后使用快捷键 Ctrl+L 打开【色阶】对话框，参照图 01-010-15 所示的参数进行设置，调整图像的对比度。

(12) 选中橘红色果皮所在图层，将通道载入选区，然后为图层添加图层蒙版，效果如图 01-010-16 所示。

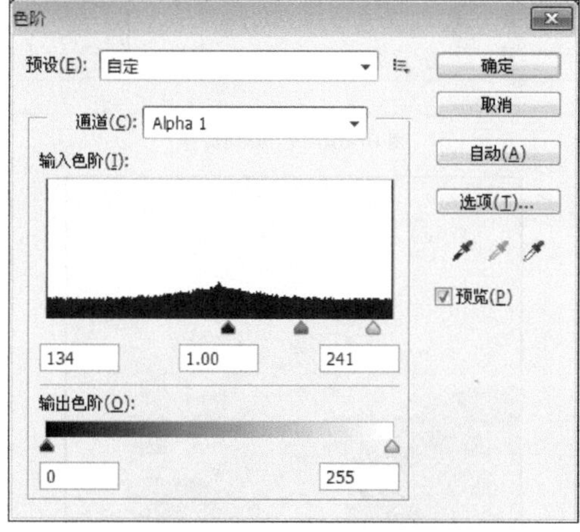

图 01-010-15　【色阶】对话框

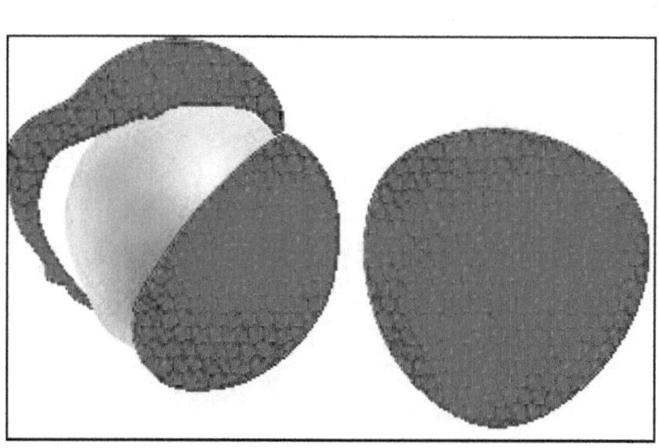

图 01-010-16　添加图层蒙版

(13) 使用【椭圆选框工具】绘制选区，并使用【渐变工具】填充渐变，效果如图 01-010-17 所示。

(14) 使用褐色（R：119，G：79，B：6）硬边缘【画笔工具】绘制枝干部分，效果如图 01-010-18 所示。

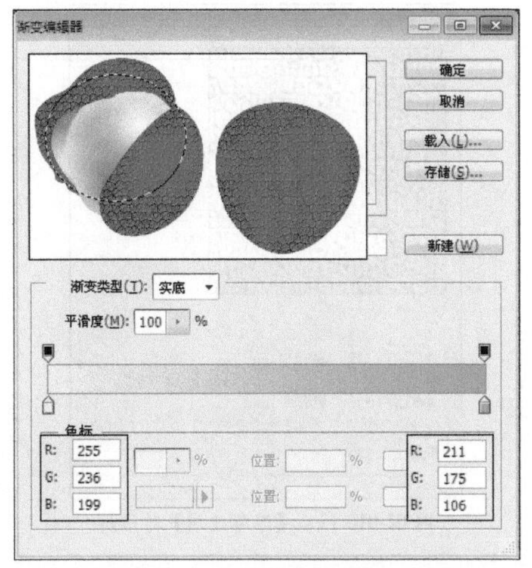

图 01-010-17　绘制选区并填充渐变

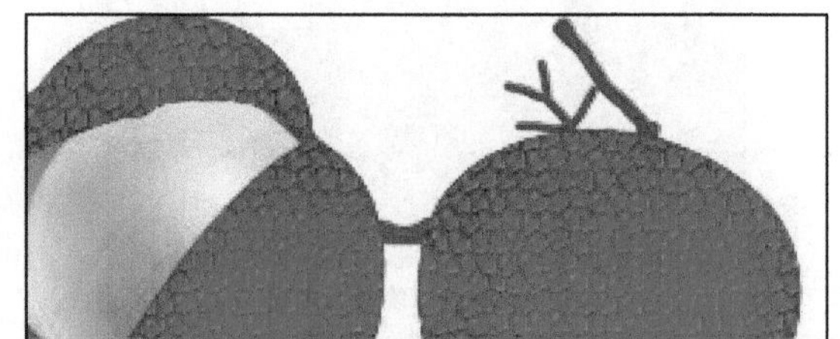

图 01-010-18　绘制枝干

3. 作枝叶

(1) 使用【钢笔工具】绘制树叶形状，并将其载入选区，填充绿色到浅绿色的渐变，效果如图 01-010-19 所示。

(2) 使用柔边缘【画笔工具】绘制白色圆点，并调整图层混合模式为【柔光】，增强叶子立体感，效果如图 01-010-20 所示。

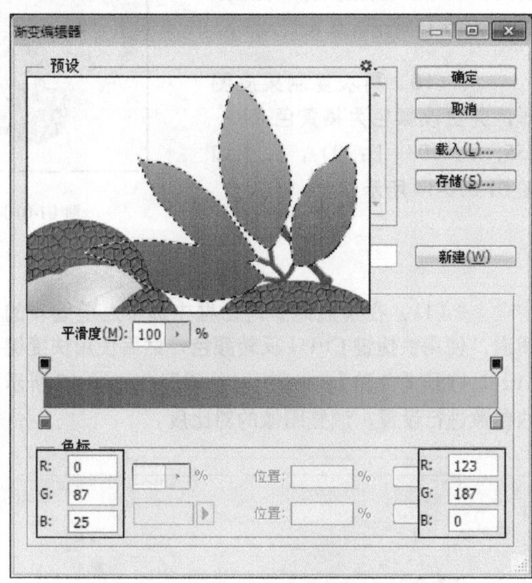

图 01-010-19　绘制树叶

图 01-010-20　创建高光

(3) 打开“资源 / 第 01 章 / 素材 / 叶子纹理 .tif”文件，将其拖至当前正在编辑的文档中，参照图 01-010-21 所示，复制并调整图像的位置。

图 01-010-21　添加素材图像

（4）复制并合并果皮图形所在图层，放大图像，并为其添加图层蒙版，效果如图 01-010-22 所示。

（5）使用柔边缘【画笔工具】配合【自由变换】命令和调整图层【不透明度】参数为 30%，创建阴影效果，然后打开“资源 / 第 01 章 / 素材 / 荔枝诗词 .jpg”文件，将其拖至当前正在编辑的文档中，效果如图 01-010-23 所示。

图 01-010-22 添加图层蒙版

图 01-010-23 创建阴影并添加素材图像

实例 11 纸上的城市特效制作

1. 实例特点：

画面应以清新、简洁为主，以中色调作为主色调，增加了画面的时尚氛围。

2. 注意事项：

运用通道进行抠图的时候，现将相应的通道进行复制，然后再进行色阶的调整。

3. 操作思路：

首先使用钢笔工具制作纸张图像，然后添加天空、草地等素材图像，利用图层蒙版使其巧妙地结合在一起，然后利用钢笔工具和通道分别对高楼和树木进行抠图，将其放置在合适的位置。

最终效果图

资源 / 第 01 章 / 源文件 / 纸上的城市特效制作 .psd

具体步骤如下：

（1）新建一个宽度为 43 厘米，高度为 30.7 厘米，分辨率为 150 像素 / 英寸的新文档。

（2）使用【渐变工具】填充渐变效果如图 01-011-1 所示。

（3）参照图 01-011-2 所示，使用【钢笔工具】绘制路径。

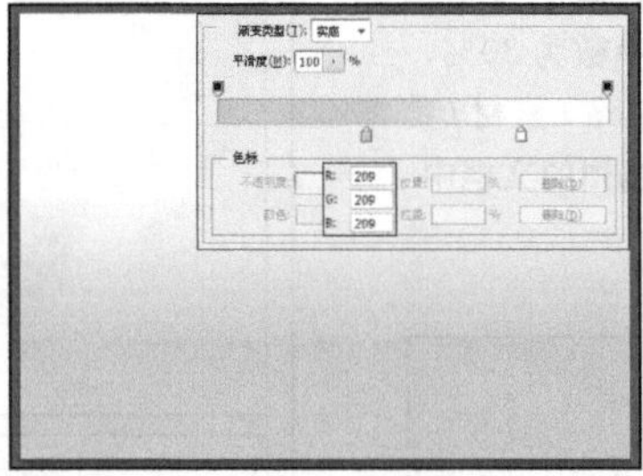

图 01-011-1　填充渐变

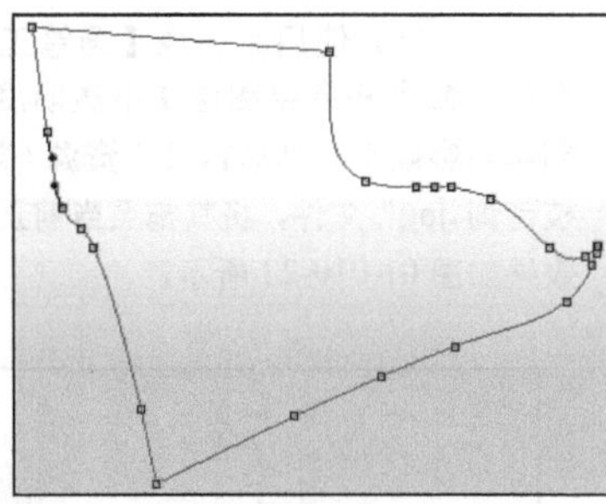

图 01-011-2　绘制路径

（4）新建"图层 1"，将路径载入选区，填充颜色为黄色，效果如图 01-011-3 所示。

（5）复制"图层 1"，使用快捷键 Ctrl+U 展开【色相 / 饱和度】对话框，调整【明度】参数为 0%，并使用【自由变换】命令调整形状，然后执行【滤镜】|【模糊】|【高斯模糊】命令将图像模糊 20 像素，效果如图 01-011-4 所示。

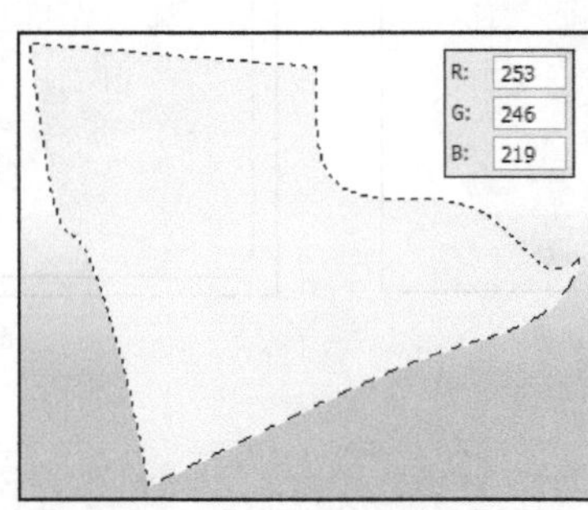

图 01-011-3　将路径载入选区

图 01-011-4　复制并调整图像

（6）打开"资源 / 第 01 章 / 素材 / 天空草地 .psd"文件，将草地图像拖至当前正在编辑的文档中，将"图层 1"上的图像载入选区，然后单击【图层】调板底部的【添加矢量蒙版】按钮，为图层添加蒙版，效果如图 01-011-5 所示。

（7）然后将天空图像拖至当前正在编辑的文档中，参照图 01-011-6 所示，调整图像的大小及位置，并为其添加图层蒙版隐藏部分图像。

图 01-011-5　添加图层蒙版

图 01-011-6　添加素材图像

(8)继续将云彩图像拖至当前正在编辑的文档中，并为其添加图层蒙版隐藏部分图像，效果如图 01-011-7 所示。

(9)打开“资源 / 第 01 章 / 素材 / 纸上的城市 1.jpg”、“资源 / 第 01 章 / 素材 / 纸上的城市 2.jpg”文件，使用【钢笔工具】进行抠图，并将其拖至当前正在编辑的文档中，参照图 01-011-8 所示调整图像的大小及位置。

图 01-011-7 添加图层蒙版

图 01-011-8 抠图

(10)分别为上一步骤创建的图层添加图层蒙版，使用黑色柔边缘【画笔工具】 在蒙版中进行绘制，隐藏部分图像，效果如图 01-011-9 所示。

图 01-011-9 添加图层蒙版

(11)打开“资源 / 第 01 章 / 素材 / 树木 .jpg”文件，然后在【通道】调板中复制蓝色通道，如图 01-011-10 所示。

图 01-011-10 复制通道

(12)使用快捷键 Ctrl+L 打开【色阶】调板，参照图 01-011-11 中的参数设置，调整图像的对比度。

(13)按住 Ctrl 键单击通道图层的缩览图，将通道载入选区，然后回到【图层】调板，按下 Delete 键删除背景图像，效果如图 01-011-12 所示。

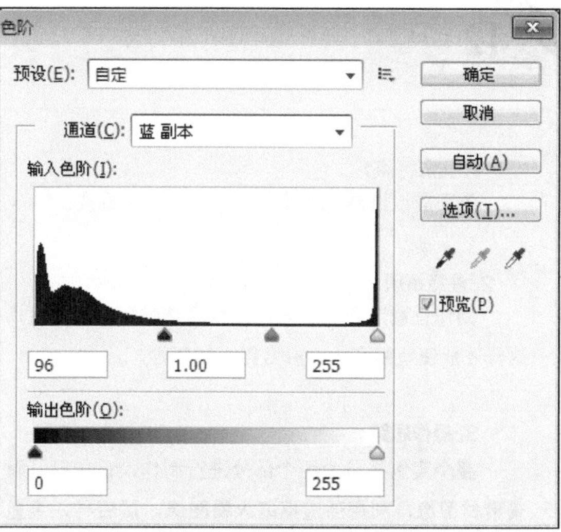

图 01-011-11 【色阶】对话框

图 01-011-12 删除背景图像

(14)将树木图像拖至当前正在编辑的文档中，参照图 01-011-13 中所示，摆放位置。

(15) 使用【钢笔工具】绘制路径，并将路径载入选区，填充颜色为灰色，创建出道路图像，效果如图 01-011-14 所示。

图 01-011-13 种植树木

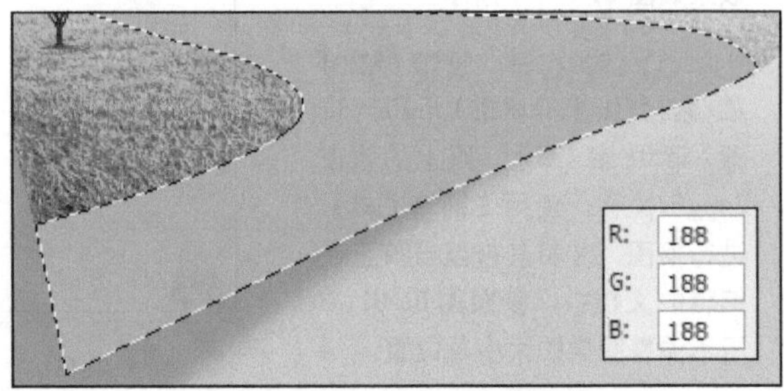

图 01-011-14 绘制道路

(16) 继续使用【钢笔工具】绘制路径，设置画笔为硬边缘 8 像素，新建图层，在【路径】调板中右击路径图层名称空白处，在弹出的菜单中选择【描边路径】命令，绘制导航线，复制图层得到双重导航线，效果如图 01-011-15 所示。

(17) 将花朵图像拖至当前文档中，调整位置，然后使用【横排文字工具】添加文字，新建图层，使用【矩形选框工具】绘制矩形装饰，最终效果如图 01-011-16 所示。

图 01-011-15 描边路径

图 01-011-16 添加素材及文字

实例 12 图像合成特效制作

1. 实例特点：

画面应以清新、简洁为主，画面合成真实。

2. 注意事项：

制作鱼鳞贴图的时候，注意调整好金鱼的角度，这样才能使鱼鳞和人物融合得更加巧妙。

3. 操作思路：

整个实例将分为两个部分进行制作，首先打开背景素材图像，利用通道抠取人物图像，然后导入金鱼素材，通过添加图层蒙版制作出人鱼身体。

最终效果图

资源/第01章/源文件/图像合成特效制作.psd

具体步骤如下：

1. 抠取人物图像

（1）新建一个宽度为 60.7 厘米，高度为 34.9 厘米，分辨率为 72 像素 / 英寸的新文档。

（2）打开“资源 / 第 01 章 / 素材 / 天空草地 .psd”文件，将天空和白云图像拖至当前正在编辑的文档中，效果如图 01-012-1 所示。

（3）打开“附带光盘 /Chapter-01/ 素材 / 人物 .jpg”文件，在【通道】中复制蓝色通道，并参照图 01-012-2 所示，调整蓝色通道的对比度。

图 01-012-1　添加素材图像

图 01-012-2　【色阶】对话框

（4）使用硬边缘黑色【画笔工具】在通道上进行绘制，遮盖灰色部分，将通道载入选区，然后回到【图层】调板，使用 Delete 键删除背景图像，效果如图 01-012-3 所示。

图 01-012-3　在通道中进行绘制

（5）将人物图像拖至当前正在编辑的文档中，首先载入选区，然后单击【图层】调板底部的【创建新的填充或调整图层】按钮，在弹出的菜单中选择【曲线】命令，参照图 01-012-4 中的参数设置，调整人物的亮度。

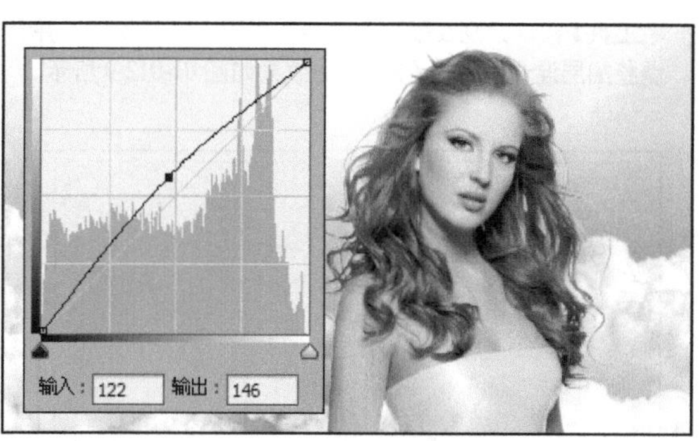

图 01-012-4　调整图像亮度

2. 创建鱼鳞效果

(1) 打开“资源/第01章/素材/金鱼.jpg”文件，并拖至当前正在编辑的文档中，添加图层蒙版，隐藏部分图像，效果如图 01-012-5 所示。

(2) 复制金鱼图层，调整图像的位置，并设置图层混合模式为【叠加】，效果如图 01-012-6 所示。

图 01-012-5 添加图层蒙版

图 01-012-6 调整图层混合模式

(3) 添加图层蒙版隐藏部分图像，制作出手臂上的鱼鳞，然后继续复制金鱼图像调整图层混合模式为【叠加】，利用图层蒙版制作出脸上的鱼鳞，效果如图 01-012-7 所示。

图 01-012-7 添加图层蒙版

(4) 复制金鱼图像，使用【快速选择工具】抠出鱼鳍，复制鱼鳍并使用【自由变形】命令调整图像，参照图 01-012-8 所示，调整图像的位置作为美人鱼的耳朵。

图 01-012-8 使用【快速选择工具】抠图

(5) 新建图层，先后设置颜色为橘红色（R: 231, G: 78, B: 33）、蓝色（R: 16, G: 171, B: 234）和橘黄色（R: 237, G: 128, B: 45），使用【画笔工具】分别在眼皮、眼睛和嘴巴上进行绘制，并调整图层混合模式为【叠加】，效果如图 01-012-9 所示。

图 01-012-9 给人物化妆

(6) 新建图层，设置颜色为黄色（R: 255, G: 246, B: 2），使用柔边缘【画笔工具】在人物上进行绘制，并调整图层混合模式为【叠加】，创建出人物身上的高光，效果如图 01-012-10 所示。

图 01-012-10 绘制光感效果

（7）复制金鱼图像，使用【魔术橡皮擦工具】 去除白色背景，然后为图层添加图层蒙版，隐藏部分图像，创建出人鱼身体图像，效果如图 01-012-11 所示。

（8）继续复制金鱼图像，并利用图层蒙版创建出人鱼尾巴图像，效果如图 01-012-12 所示。

图 01-012-11 【色阶】对话框

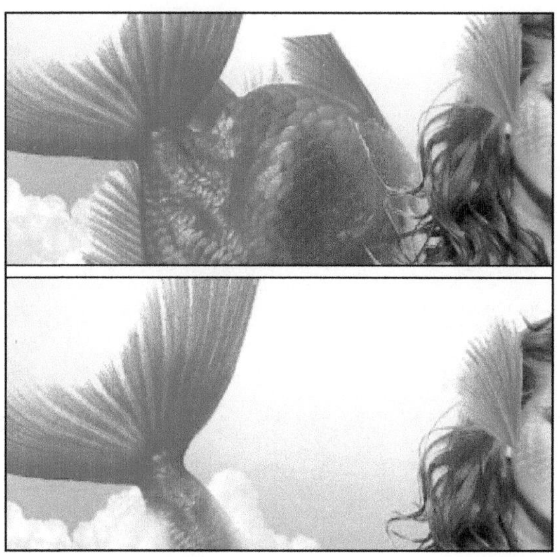

图 01-012-12 删除背景图像

（9）最后使用【横排文字工具】在视图中添加文字，完成本实例的制作，效果如图 01-012-13 所示。

图 01-012-13 添加文字

第02章 百变的文字特效

文字作为设计作品中的信息传递来源，其重要作用毋庸置疑。很多设计作品都会在一些较为重要的文字上做一些变化，或多或少地制作一些特效，目的就是为了强化文字的信息传播，增强设计作品的美感。而文字的特效制作可以说是百般变化，它根据所宣传的不同内容、不同对象、不同文字、不同的宣传环境，会有各种各样的设计方法，本章将从形态、质感、空间感等多个角度阐述文字特效制作的方法。

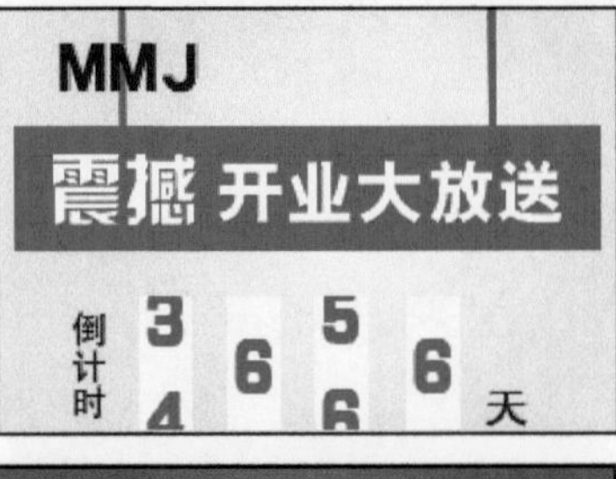

实例 01 字母变形特效字

1. 实例特点：

时尚、夸张是该字效的特点，画面应以清新、简洁为主，以中色调作为主色调，增加了画面的时尚氛围。该实例中的字体效果，可用于网站、插画、DM单等平面应用上。

2. 注意事项：

从【路径】调板中将路径载入选区，然后在【图层】调板中进行填充的时候要新建图层，方便后期的调整。

3. 操作思路：

整个实例将分为两个部分进行制作，首先使用路径创建出变形的字母，然后通过添加图层样式为字母上色。

最终效果图

资源 / 第 02 章 / 源文件 / 字母变形特效字 .psd

具体步骤如下：

1. 字母变形文字的制作

(1) 执行【文件】|【新建】命令，打开【新建】对话框，参照图 02-001-1 所示在对话框中进行设置，然后单击【确定】按钮，创建一个新文件。

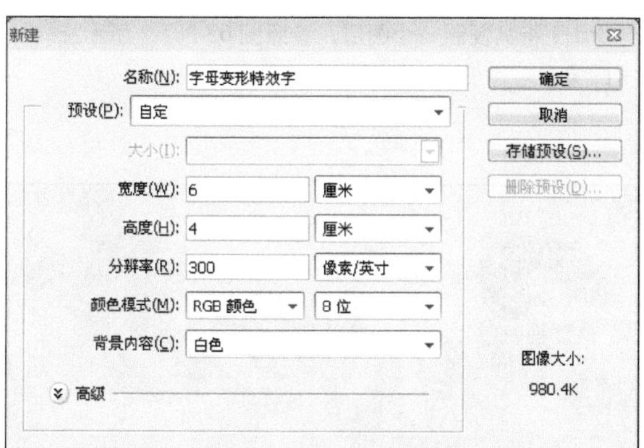

图 02-001-1 【新建】对话框

(2) 新建“图层 1”，填充颜色为灰色（R：107，G：107，B：107），选择【橡皮擦工具】，并在其选项栏中设置画布大小为 900px，在视图正中间双击，效果如图 02-001-2 所示。

图 02-001-2 使用橡皮工具创建渐变填充效果

（3）参照图 02-001-3 所示，使用【横排文字工具】在视图中创建字母。

图 02-001-3 创建字母

（4）按住 Ctrl 键，单击文字图层缩览图，将文字载入选区，然后单击【路径】调板底部的【从选区生成工作路径】按钮，创建工作路径，效果如图 02-001-4 所示。

图 02-001-4 从选区生成工作路径

（5）隐藏文字所在图层，使用【直接选择工具】，配合【钢笔工具】参照图 02-001-5 所示的效果，对路径进行调整 。

图 02-001-5 调整工作路径

2. 给字母上色

（1）单击【路径】调板底部的【将路径作为选区载入】按钮，然后在【图层】调板中新建“图层 2”，填充选区为红色（R：255，G：0，B：123），效果如图 02-001-6 所示 。

图 02-001-6 填充选区

（2）选中上一步骤的最后笔画，使用快捷键 Ctrl+J 将其复制一个图层，参照图 02-001-7 所示旋转图像。

图 02-001-7 复制图层并旋转图像

(3)双击上一步创建图层的图层名称空白处，参照图 02-001-8 所示，在弹出的【图层样式】对话框中进行设置。

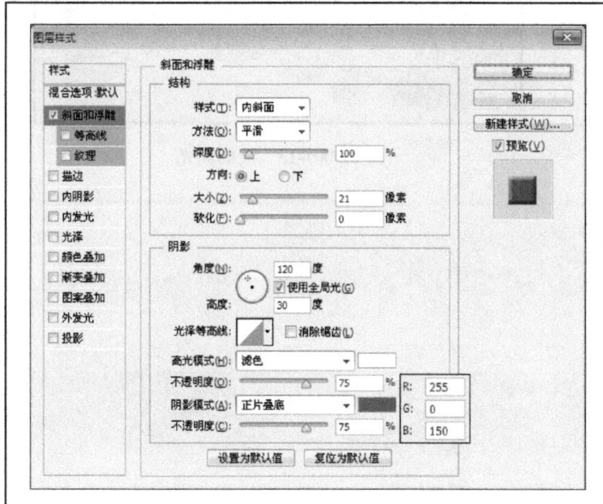

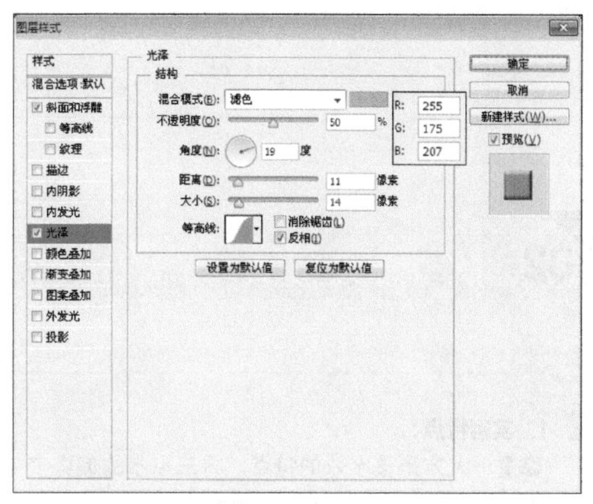

图 02-001-8　添加【斜面浮雕】和【光泽】特效

(4) 在图层名称的空白处，在弹出的菜单中选择【拷贝图层样式】命令，然后在“图层 2”上右击选择【粘贴图层样式】命令，效果如图 02-001-9 所示。

图 02-001-9　拷贝图层样式

(5) 复制“图层 2”和“图层 2 副本”，删除图层样式并合并图层，然后参照图 02-001-10 所示的参数创建【渐变叠加】效果，并调整图层顺序到文字图层的上方。

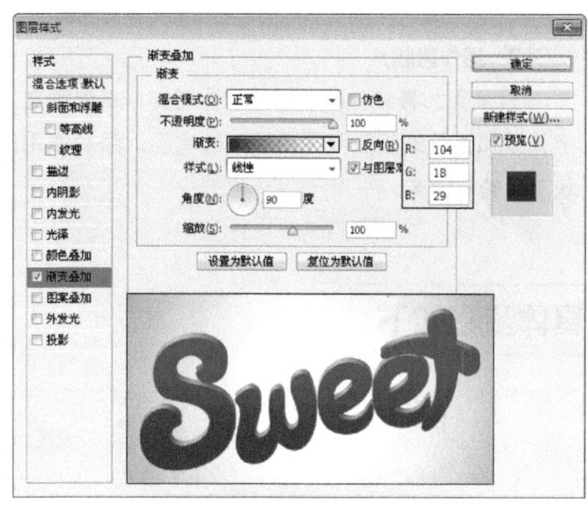

图 02-001-10　复制图像添加【渐变叠加】效果

(6) 使用【钢笔工具】沿着图像边缘绘制路径，然后新建“图层 3”填充颜色为咖啡色，效果如图 02-001-11 所示。

(7) 使用【椭圆工具】配合【钢笔工具】的调整，创建水滴形状，并复制“图层 2”的图层样式，粘贴到该图层，效果如图 02-001-12 所示。

图 02-001-11　绘制图像

图 02-001-12　绘制图像

(8) 新建图层，使用白色柔边缘【画笔工具】绘制高光，完成本实例的制作。效果如图 02-001-13 所示。

图 02-001-13　绘制高光

实例 02　偏旁变形字效

1. 实例特点:

稳重、大方是该字效的特点，将三点水的偏旁变形为丝带效果，与水流相贴切，增强视觉冲击力，该实例中的字体效果，可用于标志设计、企业形象设计、DM 单等平面应用上。

2. 注意事项:

这样设计文字的方法很简单，但是在设计之前要先想好构图，以及需要改动的笔画。

3. 操作思路:

整个实例将分为两个部分进行制作，首先创建文字并添加图层蒙版隐藏需要改动的笔画，然后使用形状工具绘制偏旁。

最终效果图

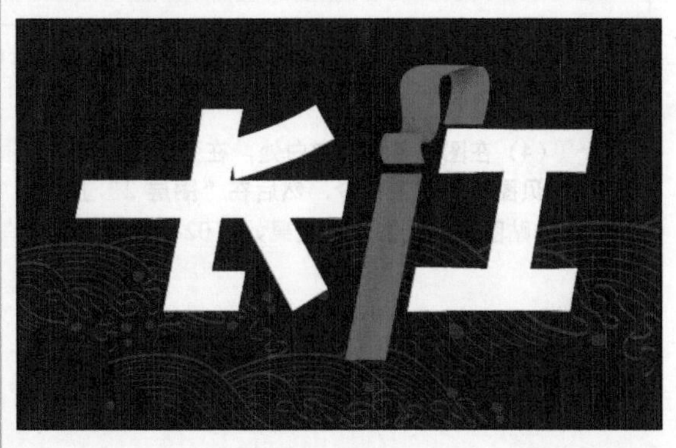

资源 / 第 02 章 / 源程序 / 偏旁变形字效 .psd

具体步骤如下:

1. 创建文字并添加图层蒙版

(1) 执行【文件】|【新建】命令，打开【新建】对话框，参照图 02-002-1 所示在对话框中进行设置，然后单击【确定】按钮，创建一个新文件。

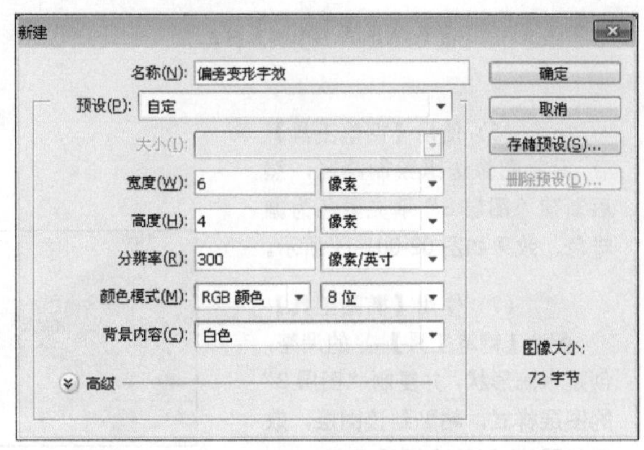

图 02-002-1　【新建】对话框

（2）填充背景为灰色（R：31，G：26，B：23），然后使用【横排文字工具】在视图中输入文字，效果如图 02-002-2 所示。

（3）单击【字符】调板中的【仿斜体】按钮，使字体倾斜，效果如图 02-002-3 所示。

（4）为字体图层创建图层蒙版，隐藏部分图像，效果如图 02-002-4 所示。

图 02-002-2　创建文字

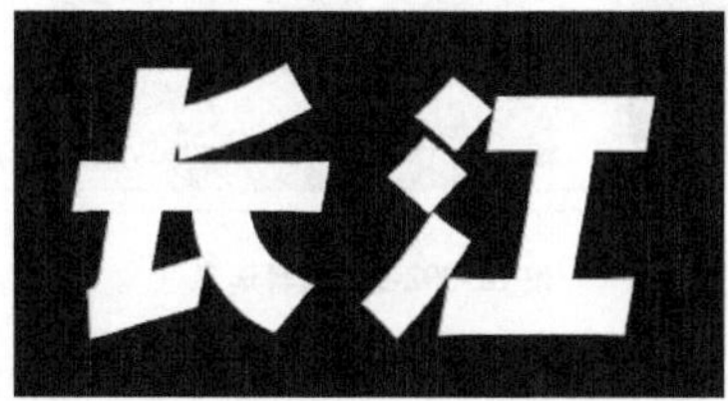

图 02-002-3　使文字倾斜

图 02-002-4　添加图层蒙版

2. 绘制偏旁

（1）使用【矩形工具】绘制形状，设置填充色为红色（R：255，G：0，B：0），效果如图 02-002-5 所示。

（2）继续【矩形工具】绘制形状，并使用【钢笔工具】配合【直接选择工具】调整形状，效果如图 02-002-6 所示。

图 02-002-5　绘制矩形形状

图 02-002-6　调整形状

（3）继续使用【钢笔工具】调整形状，效果如图 02-002-7 所示。

（4）参照图 02-002-8 所示，为其中一个形状图层添加【投影】特效。

图 02-002-7　编辑矩形形状

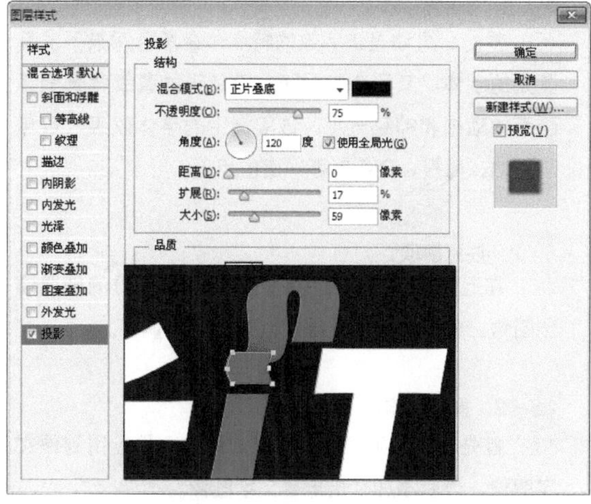

图 02-002-8　添加【投影】特效

（5）参照图 02-002-9 所示，将形状载入选区，单击其选项栏中的【与选区相交】按钮，创建新选区，然后单击【从选区减去】按钮，新建“图层 1”，使用【渐变填充工具】填充选区为黑色到透明的渐变。

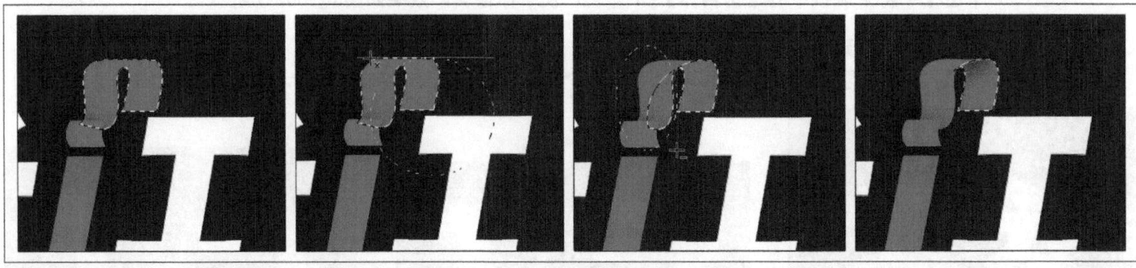

图 02-002-9　编辑选区

（6）新建“图层 2”，使用【多边形套索工具】，配合键盘上的 Shift 键创建选区，并填充颜色为白色，效果如图 02-002-10 所示。

（7）打开“资源 / 第 02 章 / 素材 / 长江 .jpg”文件将其拖至当前正在编辑的文档中，复制两个相同的图层，并调整图层的混合模式为划分，不透明度参数为 20%，完成本实例的制作。效果如图 02-002-11 所示。

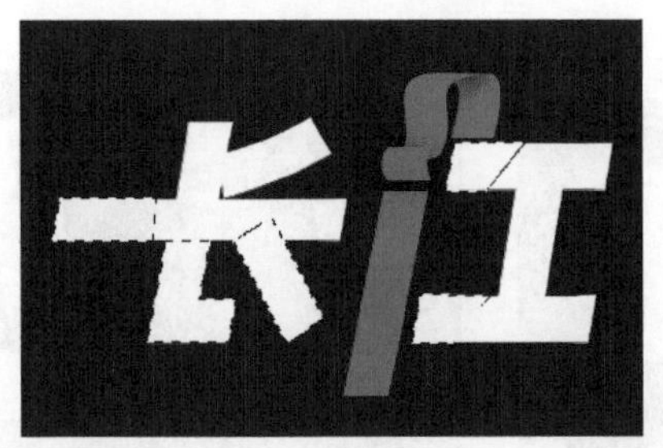

图 02-002-10　填充选区

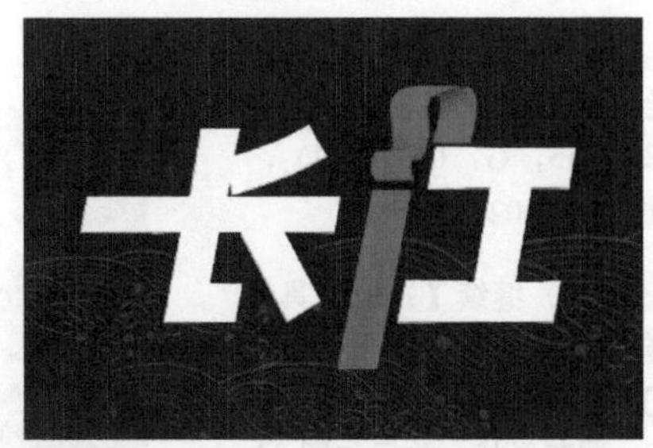

图 02-002-11　添加素材图像

实例 03　像素化文字

1. 实例特点：

梦幻、灵动是该字效的特点，在黑色背景下发着蓝光的字体，又配合着后面忽隐忽现的条纹背景增强画面的动感和神秘气息。该实例中的字体效果，可用于网站、海报、DM 单等平面应用上。

2. 注意事项：

在运用【滤镜】命令时，如果没有充分的把握调整图像，应创建观察图层，以方便图像调整。

3. 操作思路：

首先创建文字，然后通过滤镜命令的应用制作文字图像，最后添加背景丰富文字图像。

最终效果图

资源 / 第 02 章 / 源文件 / 像素化文字 .psd

具体步骤如下：

(1) 执行【文件】|【新建】命令，打开【新建】对话框，参照图 02-003-1 所示在对话框中进行设置，然后单击【确定】按钮，创建一个新文件。

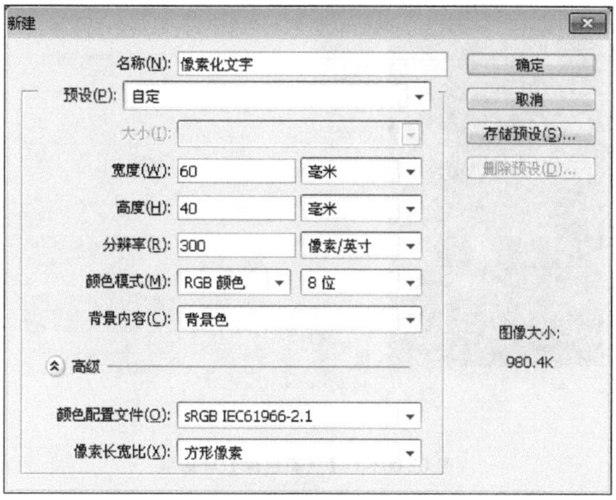

图 02-003-1 【新建】对话框

(2) 使用【横排文字工具】T 参照图 02-003-2 所示，在视图中输入文字。

图 02-003-2 创建文字图像

(3) 首先栅格化文字，然后执行【滤镜】|【模糊】|【高斯模糊】命令，参照图 02-003-3 所示的参数设置，对文字进行模糊。

(4) 复制文字图像所在图层，并隐藏文字副本图层，然后选中文字和背景图层，效果如图 02-003-4 所示。

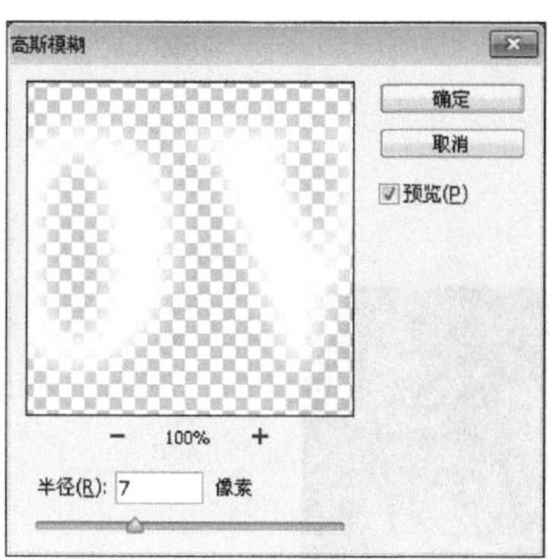

图 02-003-3 【高斯模糊】对话框

图 02-003-4 复制图层

(5) 使用快捷键 Ctrl+E 合并图层，效果如图 02-003-5 所示。

(6) 复制“背景”图层，效果如图 02-003-6 所示。

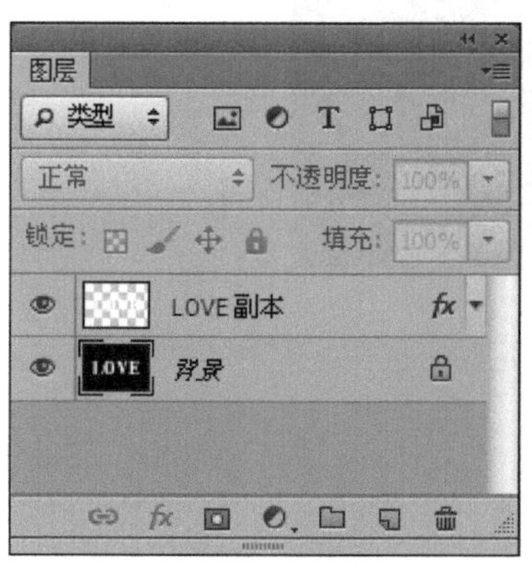

图 02-003-5 合并图层

图 02-003-6 复制图层

(7) 执行【滤镜】|【像素化】|【晶格化】命令，参照图 02-003-7 所示，在弹出的【晶格化】对话框中进行设置，然后单击【确定】按钮，应用晶格化效果。

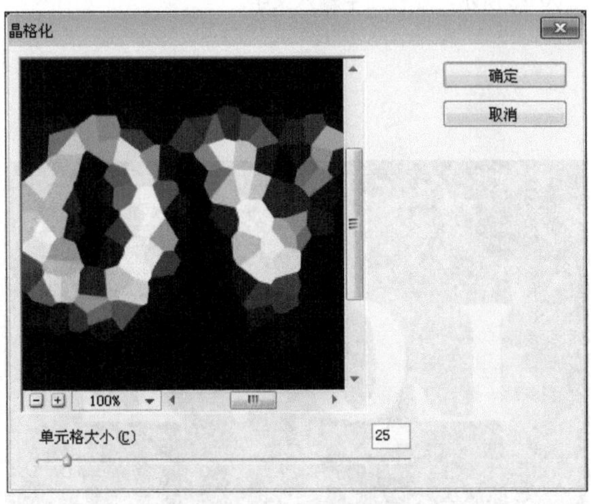

图 02-003-7 【晶格化】对话框

(8) 执行【滤镜】|【风格化】|【照亮边缘】命令，参照图 02-003-8 所示，在弹出的对话框中设置参数。

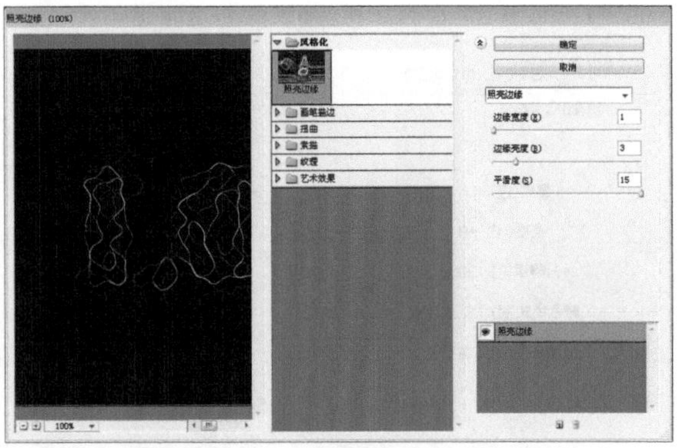

图 02-003-8 【照亮边缘】对话框

(9) 单击【确定】按钮，应用照亮边缘特效，效果如图 02-003-9 所示。

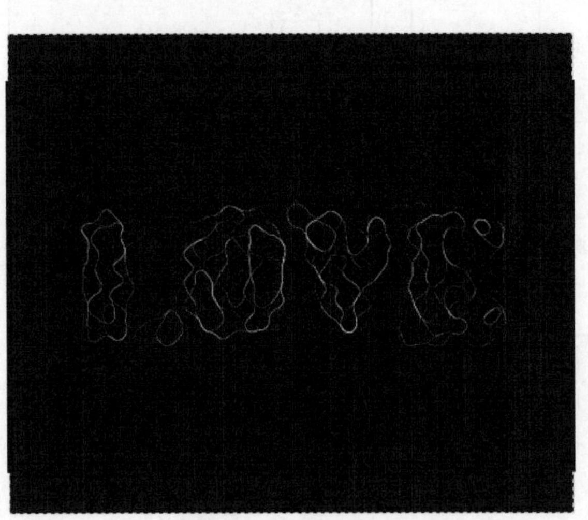

图 02-003-9 照亮边缘效果

(10) 双击“背景 副本”图层名称空白处，参照图 02-003-10 所示的参数设置，为图层添加渐变特效。

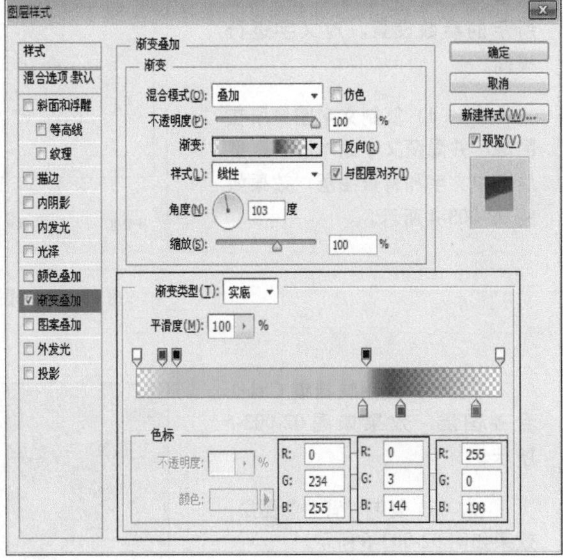

图 02-003-10 添加渐变特效

(11)参照图 02-003-11 所示，显示文字副本所在图层，双击图层缩览图，参照图 003-12 所示，在弹出的【图层样式】对话框中进行设置，为图层添加【渐变叠加】图层样式。

图 02-003-11 显示图层

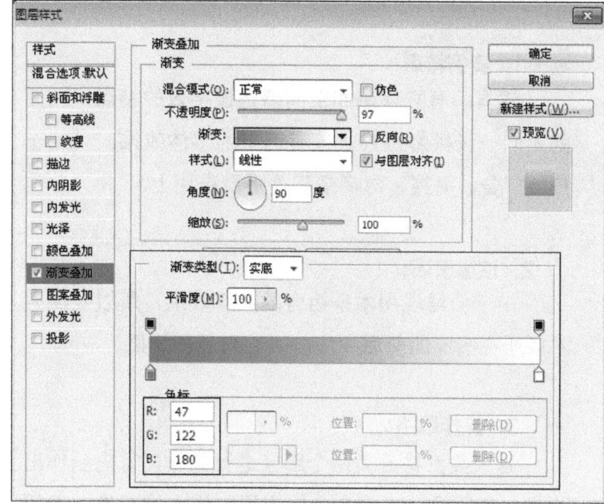

图 02-003-12 添加【渐变叠加】图层样式

(12)设置图层的“填充”参数为 80%，效果如图 02-003-13 所示。

(13)打开“资源 / 第 02 章 / 素材 / 炫彩背景 .jpg”文件，将其拖至当前正在编辑的文档中，参照图 02-003-14 所示，调整图层混合模式为【线性减淡（添加）】。

图 02-003-13 显示图层

图 02-003-14 添加素材图像

(14)最后单击【图层】调板底部的【添加图层蒙版】按钮，为图层添加蒙版，并参照图 02-003-15 所示的效果，使用【画笔工具】在蒙版中进行绘制，完成本实例的制作。

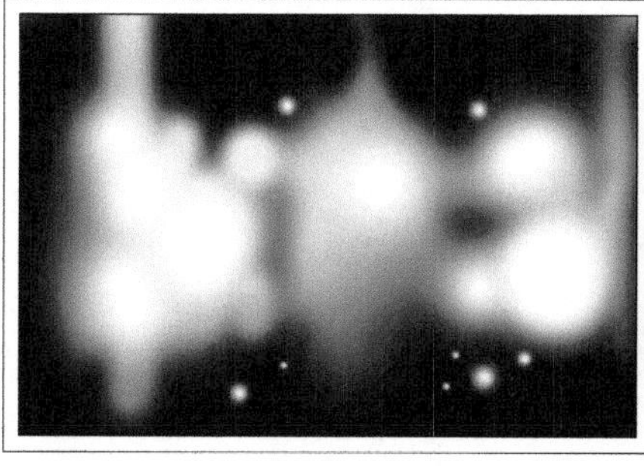

图 02-003-15 创建图层蒙版后的效果

实例 04 设计木纹文字

1. 实例特点：

逼真、有立体感和空间感是该字效的特点，画面就如同一张摄影照片。该实例中的字体效果，可用于户外广告、海报、时尚杂志等平面应用上。

2. 注意事项：

由于要呈现用木条组合的文字效果，所以要调整木条所在图层的前后顺序，以达到逼真效果。

3. 操作思路：

整个实例将分为两个部分进行制作，首先制作出背景，然后通过滤镜命令的应用制作木纹图像，最后将木纹图像应用于文字。

最终效果图

资源 / 第 02 章 / 源文件 / 设计木纹文字 .psd

具体步骤如下：

1. 木纹纹样的制作

(1) 执行【文件】|【新建】命令，打开【新建】对话框，参照图 02-004-1 所示在对话框中进行设置，然后单击【确定】按钮，创建一个新文件。

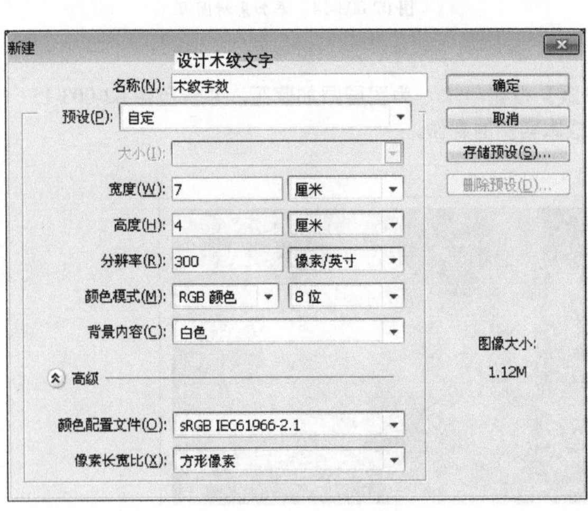

图 02-004-1 【新建】对话框

(2) 选择【渐变工具】，单击其选项栏中的渐变色块，然后参照图 02-004-2 所示，在弹出的对话框中进行设置。

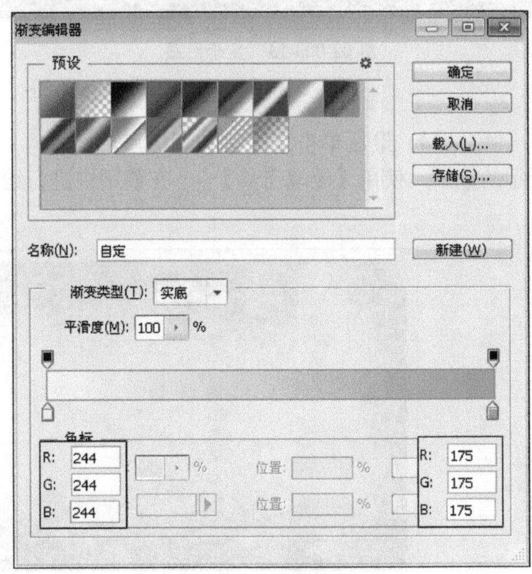

图 02-004-2 【渐变编辑器】对话框

（3）单击【确定】按钮完成渐变的参数设置，然后在视图中绘制渐变背景，效果如图 02-004-3 所示。

（4）新建“图层 1”，设置前景色为（R：207，G：169，B：114），背景色为（R：106，G：57，B：6），然后执行【滤镜】|【渲染】|【云彩】命令，渲染图层，效果如图 02-004-4 所示。

图 02-004-3 渐变填充效果

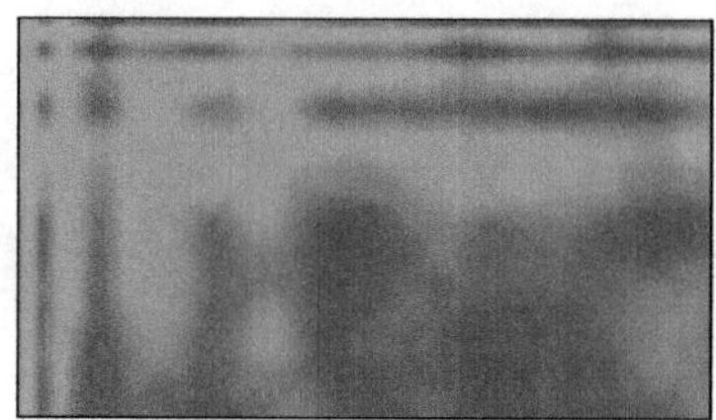

图 02-004-4 渲染图像

（5）执行【滤镜】|【杂色】|【添加杂色】命令，参照图 02-004-5 所示，在弹出的对话框中设置参数。

（6）执行【滤镜】|【模糊】|【动感模糊】命令，参照图 02-004-6 所示，在弹出的【动感模糊】对话框中设置参数。

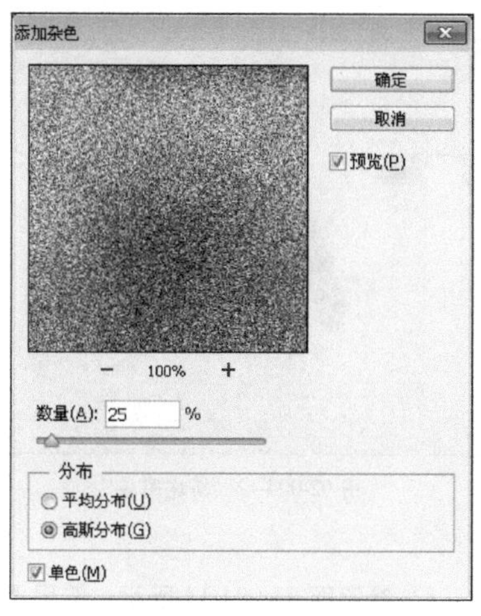

图 02-004-5 【添加杂色】对话框

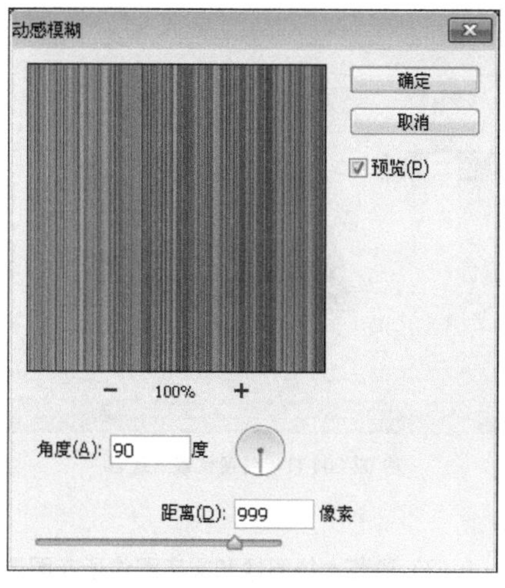

图 02-004-6 【动感模糊】对话框

2. 木纹文字的制作

（1）参照图 02-004-7 所示使用【横排文字】工具在视图中输入文字。

（2）复制文字图层，将字母 TAX 删掉，更改字母 I 的颜色为白色，并删格化文字图层，如图 02-004-8 所示。

图 02-004-7 创建文字

图 02-004-8 【图层】调板

（3）参照图 02-004-9 所示，移动上一步骤创建的图像。

图 02-004-9 复制文字图层

（4）按住键盘上的 Alt 键拖动上一步骤创建的图形移动其位置，效果如图 02-004-10 所示。

图 02-004-10 复制图像

（5）参照图 02-004-11 所示，选中木纹所在图层，将视图右边的白色图像载入选区，按下快捷键 Ctrl+J 创建“图层 2”。

图 02-004-11 将图像载入选区

（6）参照图 02-004-12 所示，选中木纹所在图层，将视图左边的白色图像载入选区，按下快捷键 Ctrl+J 创建“图层 3”。

图 02-004-12 新建图层

（7）隐藏木纹图像和文字图像所在图层，显示出上一步骤创建的图像，效果如图 02-004-13 所示。

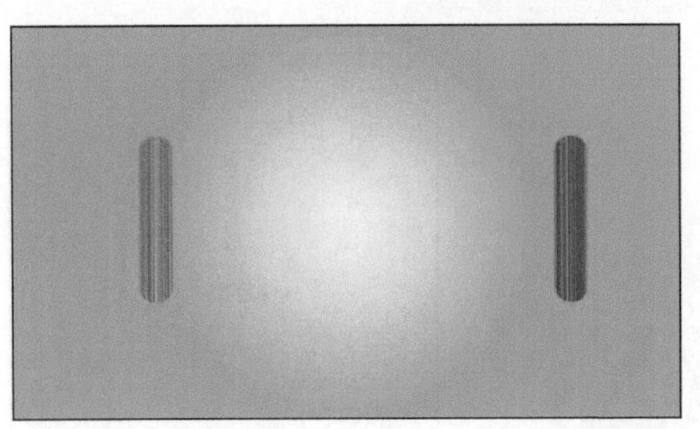

图 02-004-13 隐藏部分图像

（8）参照图 02-004-14 所示，使用【矩形选框工具】 在“图层 2”图像上绘制选区。

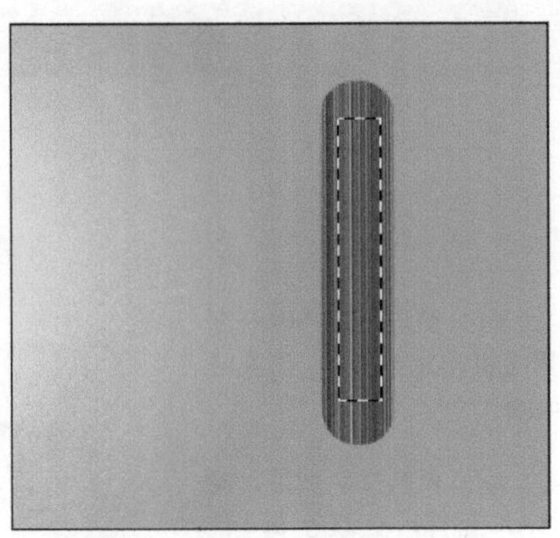

图 02-004-14 绘制矩形选区

(9) 执行【滤镜】|【扭曲】|【旋转扭曲】命令，参照图 02-004-15 所示，在弹出的【动感模糊】对话框中设置参数，进一步绘制木纹效果。

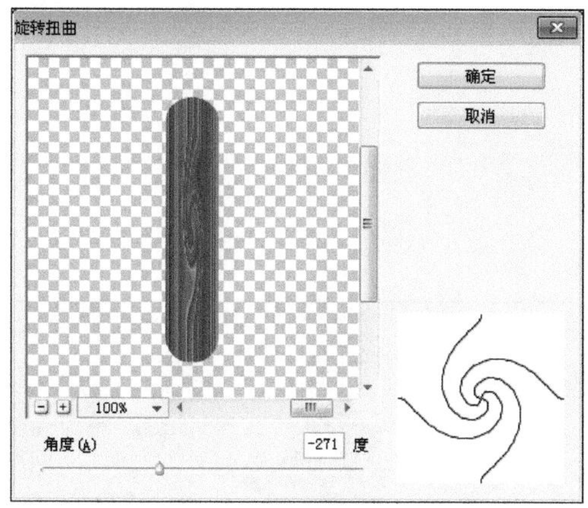

图 02-004-15 【旋转扭曲】对话框

(10) 参照图 02-004-16 所示，继续使用【矩形选框工具】在“图层 3”图像上绘制选区。

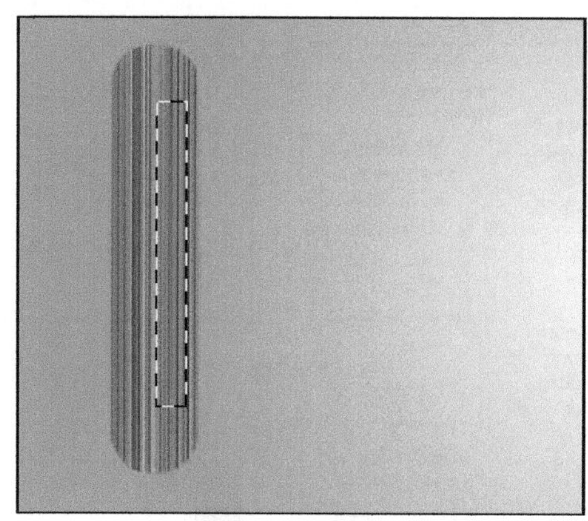

图 02-004-16 绘制矩形选区

(11) 执行【滤镜】|【扭曲】|【旋转扭曲】命令，参照图 02-004-17 所示，在弹出的【旋转扭曲】对话框中设置参数。

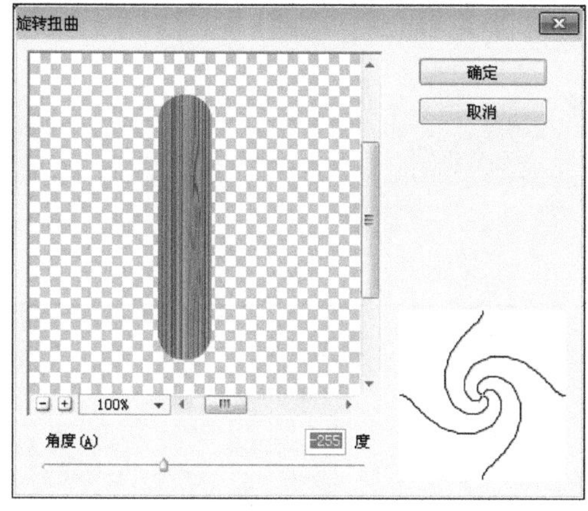

图 02-004-17 【旋转扭曲】对话框

(12) 参照图中 02-004-18 所示绘制矩形选区，使用快捷键 Ctrl+F 重复上一步骤的【旋转扭曲】命令。

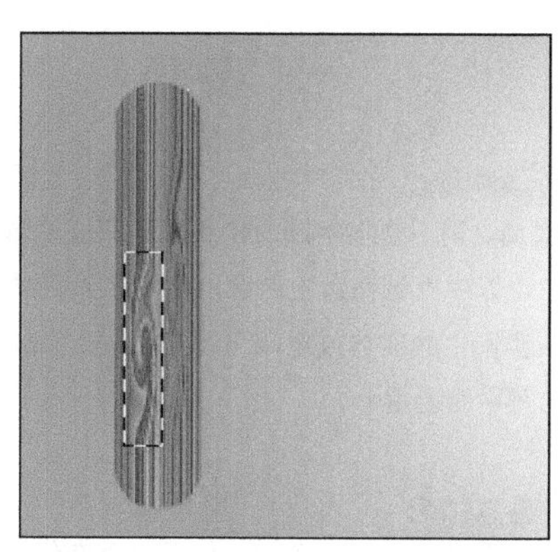

图 02-004-18 使用快捷键进行旋转扭曲

(13) 参照图 02-004-19 所示，此时已经创建好了一深色一浅色的两根木条。

(14) 接下来分别按照字母的书写方式来复制并摆放木条的位置，参照图 02-004-20 所示。

图 02-004-19 绘制木条后的效果图

图 02-004-20 复制木条

（15）选中所有木条所在图层，参照图 02-004-21 中的参数设置为木条添加【斜面和浮雕】效果。

（16）打开“资源 / 第 02 章 / 素材 / 螺丝钉 .tif”文件，将其拖至当前正在编辑的文档中，参照图 02-004-22 所示，复制并调整图像的位置，为图像添加【投影】特效，完成本实例的制作。

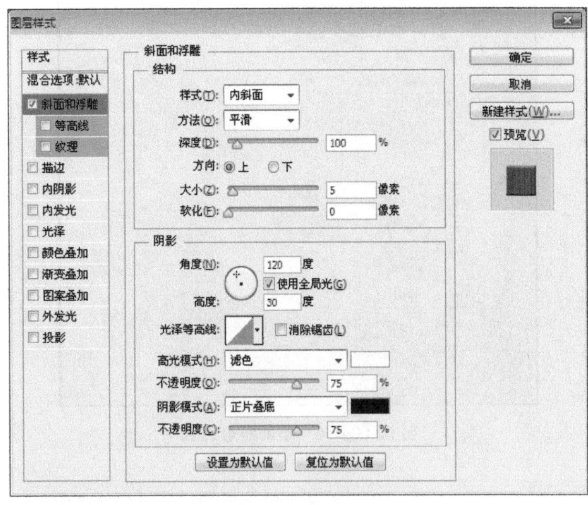

图 02-004-21 【图层样式】对话框

图 02-004-22 添加素材图像

实例 05 设计豹纹文字

最终效果图

资源 / 第 02 章 / 源文件 / 设计豹纹文字 .psd

1. 实例特点：

时尚、前卫是该字效的特点，画面应以清新、简洁为主，以中色调作为主色调，增加了画面的时尚氛围。该实例中的字体效果，可用于网站、DM 单、时尚杂志等平面应用上。

2. 注意事项：

在运用【滤镜】命令时，如果没有充分的把握调整图像，应创建观察图层，以方便图像调整。

3. 操作思路：

整个实例将分为两个部分进行制作，首先制作出背景，然后通过滤镜命令的应用制作豹纹图像，最后将豹纹图像应用于文字。

具体步骤如下：

1. 豹纹纹样的制作

(1) 执行【文件】|【新建】命令，打开【新建】对话框，参照图 02-005-1 所示在对话框中进行设置，然后单击【确定】按钮，创建一个新文件。

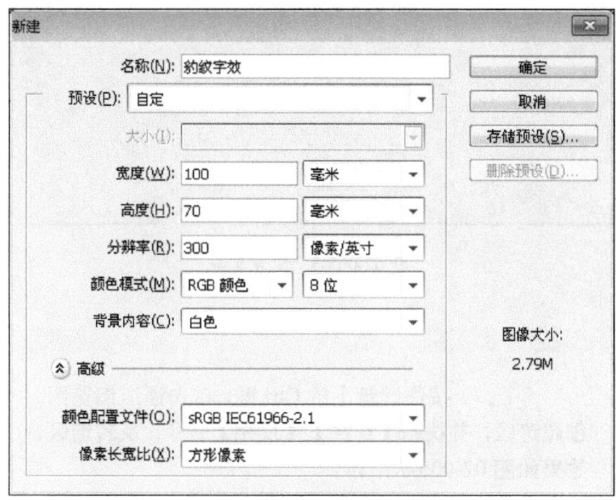

图 02-005-1 【新建】对话框

(2) 新建图层，执行【滤镜】|【渲染】|【光照效果】命令，参照图 02-005-2 所示在弹出的对话框中进行设置，创建环境光。

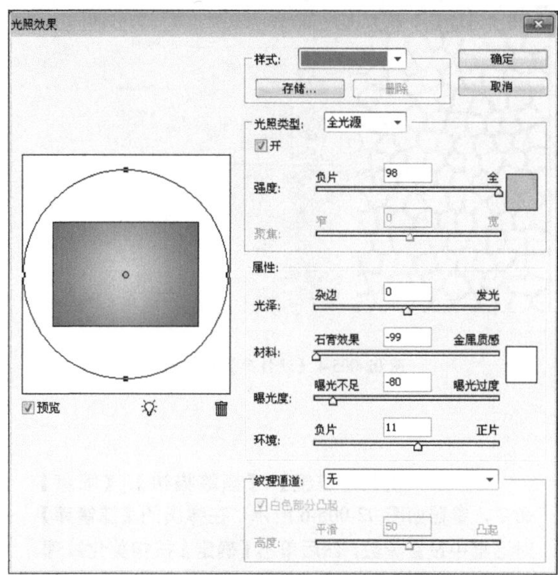

图 02-005-2 【光照效果】对话框

(3) 单击【通道】调板底部的【创建新通道】按钮，创建一个通道，并使用 Ctrl+Alt 快捷键填充前景色为白色，如图 02-005-3 所示。

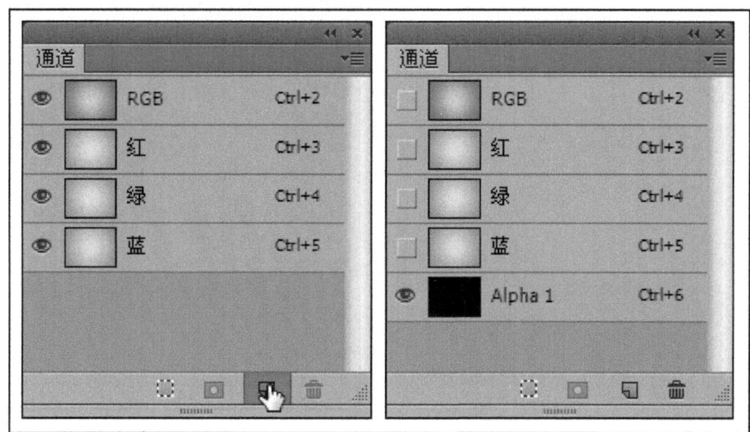

图 02-005-3 【通道】调板

(4) 执行【滤镜】|【纹理】|【染色玻璃】命令，参照图 02-005-4 所示，在弹出的对话框中设置参数，单击【确定】按钮，创建纹理。

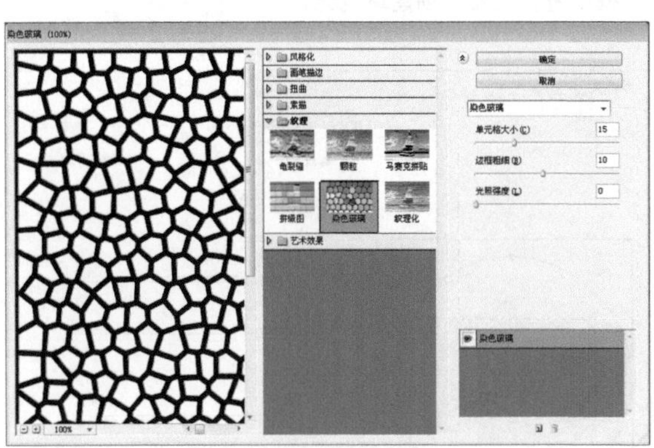

图 02-005-4 【滤镜库】对话框

(5) 执行【图像】|【调整】|【反相】命令，调整图像的颜色，如图 02-005-5 所示。

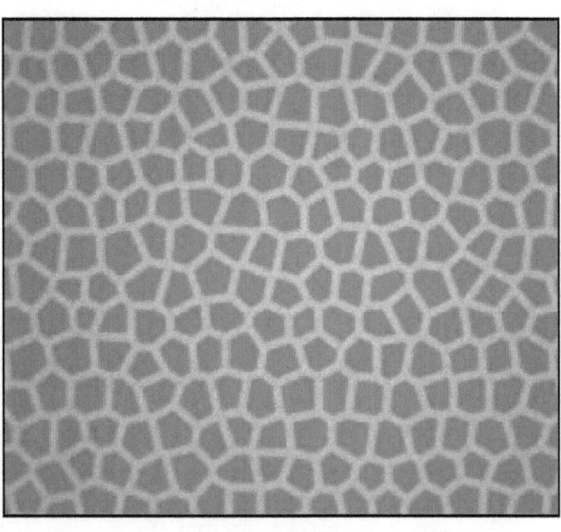

图 02-005-5　图像反相

(6) 执行【滤镜】|【画笔描边】|【喷溅】命令，参照如图 02-005-6 所示，在弹出的【滤镜库】对话框中设置参数，然后单击【确定】按钮美化纹理。

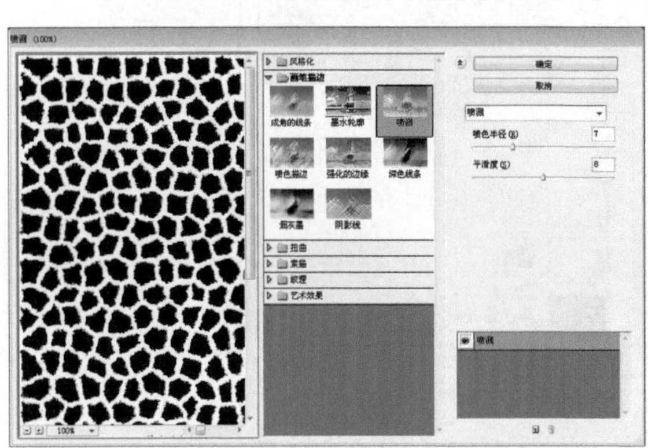

图 02-005-6 【滤镜库】对话框

(7) 按住键盘上的 Ctrl 键，单击通道缩览图，创建选区，并执行【选择】|【反相】命令，反转选区，效果如图 02-005-7 所示。

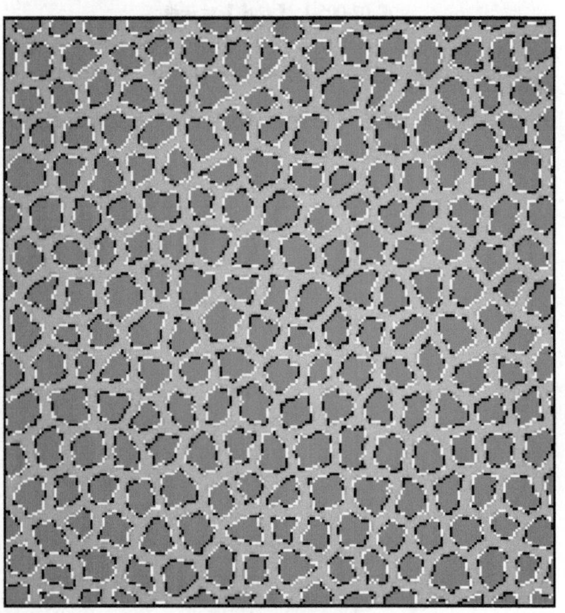

图 02-005-7　将图像载入选区

（8）切换到【图层】调板，并新建“图层 2”，填充颜色为黄色（R：22；G：142；B：3），参照图 02-005-8 所示进行设置。

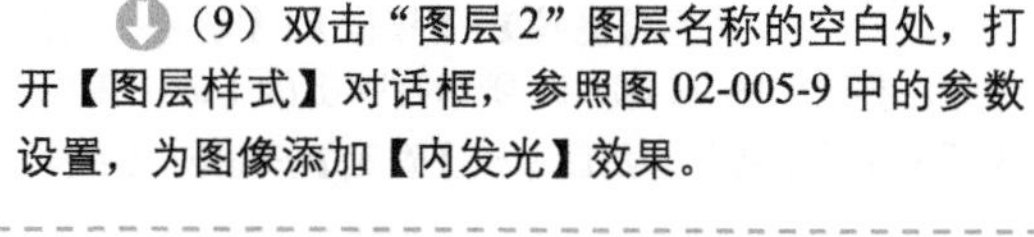

（9）双击“图层 2”图层名称的空白处，打开【图层样式】对话框，参照图 02-005-9 中的参数设置，为图像添加【内发光】效果。

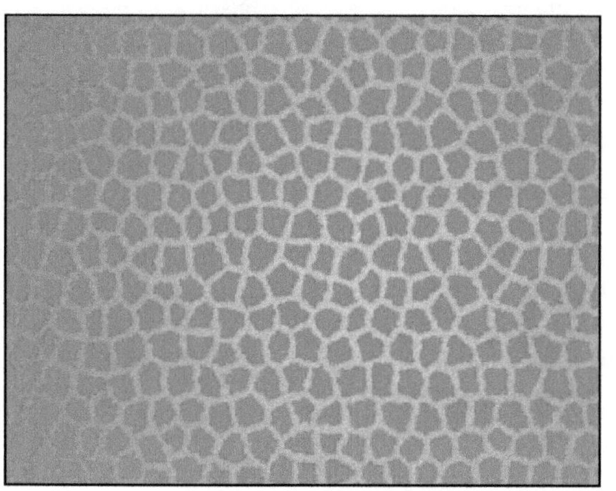

图 02-005-8　填充颜色

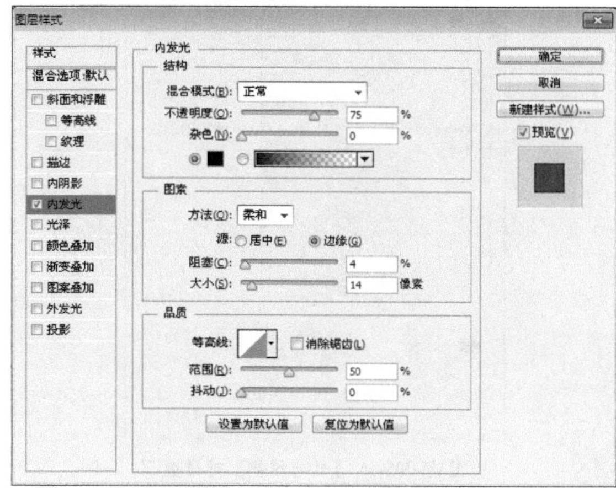

图 02-005-9　添加【内发光】效果

（10）新建“图层 3”，设置前景色为淡黄色（R：235，G：216，B：151），设置背景色为（R：112，G：95，B：22），然后填充前景色，如图 02-005-10 所示。

（11）执行【滤镜】|【渲染】|【云彩】命令，制作云彩效果，如图 02-005-11 所示。

图 02-005-10　填充颜色

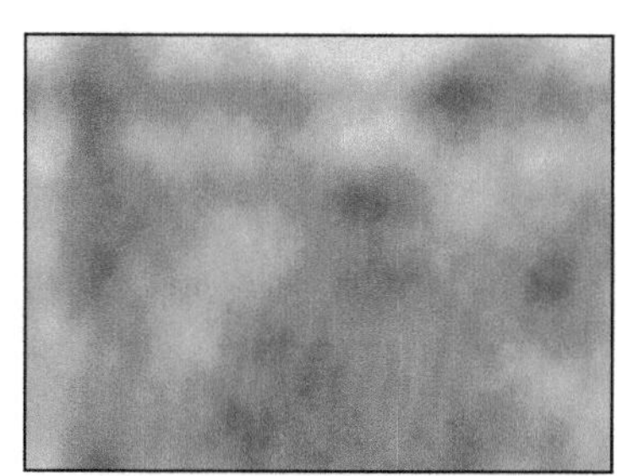

图 02-005-11　添加云彩效果

（12）执行【滤镜】|【杂色】|【添加杂色】命令，参照如图 02-005-12 所示，在弹出的【添加杂色】对话框中设置参数，为图像添加杂色。

（13）执行【滤镜】|【锐化】|【UMS 锐化】命令，参照图 02-005-13 所示的参数设置，调整图像的锐化程度。

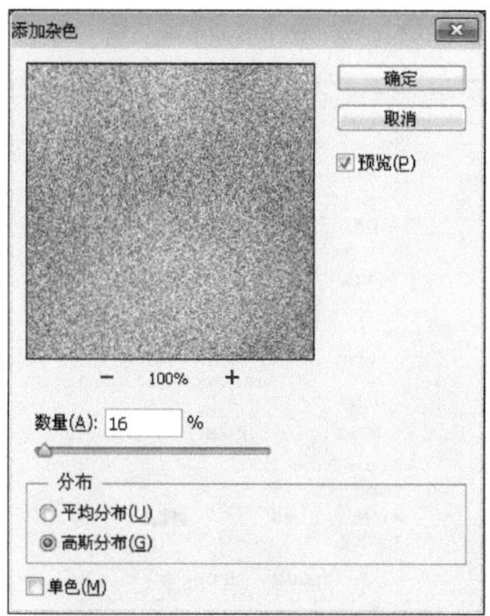

图 02-005-12　【添加杂色】对话框

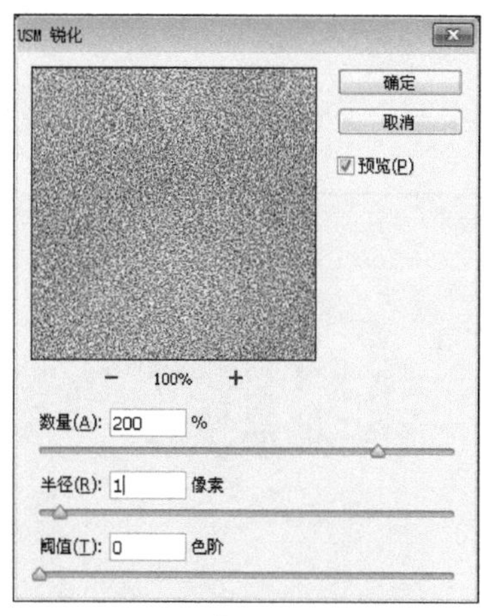

图 02-005-13　【USM 锐化】对话框

（14）执行【滤镜】|【模糊】|【动感模糊】命令，参照如图 02-005-14 所示在弹出的【动感模糊】对话框中设置参数，然后单击【确定】按钮创建毛发。

（15）执行【图像】|【调整】|【照片滤镜】命令，弹出【照片滤镜】对话框，参照图 02-005-15 所示的参数设置，润色皮毛。

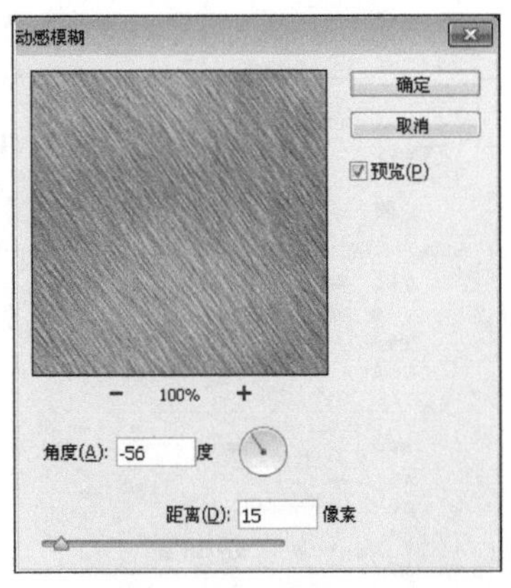

图 02-005-14 【动感模糊】对话框

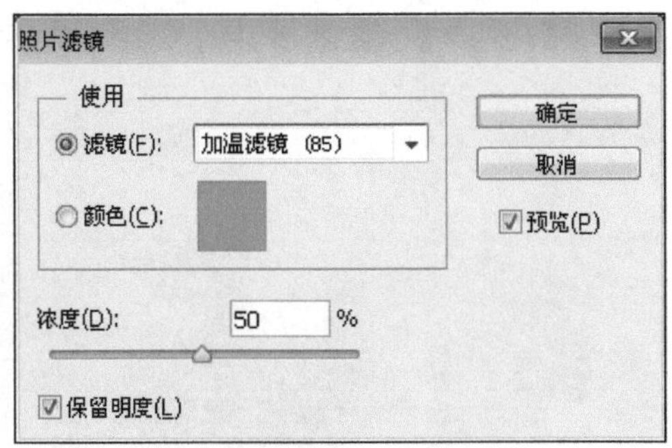

图 02-005-15 润色皮毛

2. 创建豹纹文字

（1）调整“图层 3”到“图层 2”的下方，使用【横排文字】工具在视图中输入文字，如图 02-005-16 所示。

（2）将文字图像载入选区，然后使用快捷键 Ctrl+Shift+I 反转选区，如图 02-005-17 所示。

图 02-005-16 创建文字图像

图 02-005-17 将文字载入选区并反转选区

（3）分别选中“图层 2”和“图层 3”按下键盘上的 Delete 键，删除选区中的图像，设置文字所在图层的图层内部不透明度为 0%，效果如图 02-005-18 所示。

（4）双击文字所在图层的图层缩览图，打开【图层样式】对话框，参照如图 02-005-19 所示的参数设置，为图像添加【斜面和浮雕】效果。

图 02-005-18 删除图像

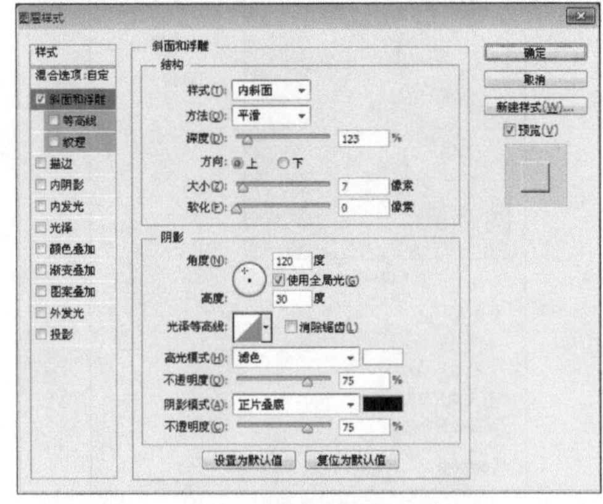

图 02-005-19 添加【斜面和浮雕】效果

（5）选中“图层 2”、“图层 3”以及文字所在图层，将其拖至【图层】调板底部的【创建新图层】按钮，创建新图层，并使用快捷键 Ctrl+E 合并图层。

（6）使用快捷键 Ctrl+T 显示自由变换框，右击鼠标在弹出的菜单中选择【垂直翻转】命令，参照图 02-005-20 所示的效果，移动图像。

图 02-005-20 垂直翻转图像

（7）在工具箱中选择【橡皮擦工具】，设置笔触为柔边缘画笔，设置画笔大小为 600px，擦除上一步骤创建的图像，效果如图 02-005-21 所示。

图 02-005-21 擦除图像

（8）最后打开“资源 / 第 02 章 / 素材 / 珍珠 .tif”文件将其添加至当前正在编辑的文档中，完成本实例的制作。效果如图 02-005-22 所示。

图 02-005-22 添加素材图像

实例 06 描边的立体文字

最终效果图

资源 / 第 02 章 / 源文件 / 描边的立体文字 .psd

1. 实例特点：

温馨、浪漫是该字效的特点，画面简洁、晶莹剔透，以层次感描边组合成文字。该实例中的字体效果，可用于网站、DM 单、海报等平面应用上。

2. 注意事项：

在为路径进行描边的时候，注意在相应的【图层】面板中创建新图层。

3. 操作思路：

该实例由三部分内容组成，第一部分是创建背景，第二部分是设置画笔，第三部分是创建描边路径。

具体步骤如下：

1. 创建背景

(1) 执行【文件】|【打开】命令，打开“资源 / 第 02 章 / 素材 / 背景.jpg”文件，将其拖至当前正在编辑的文档中，如图 02-006-1 所示。

(2) 使用【横排文字工具】，创建文字，设置颜色为深红色（R：58，G：0，B：0），效果如图 02-006-2 所示。

图 02-006-1　打开素材文件

图 02-006-2　创建文字

(3) 双击文字图层名称后的空白处，弹出【图层样式】对话框，参照图 02-006-3 所示，在对话框中进行设置，然后单击【确定】按钮，为文字创建阴影效果。

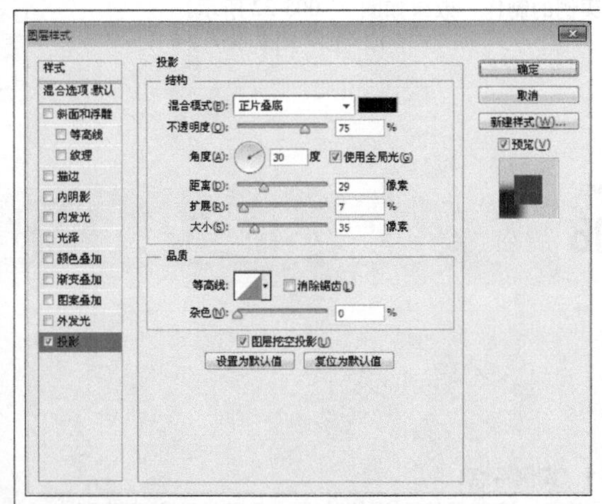

图 02-006-3　创建阴影效果

2. 设置画笔

(1) 打开“资源 / 第 02 章 / 素材 / 花瓣.jpg”素材文件，参照图 02-006-4 所示，使用【快速选择工具】选中花瓣，并将其拖至当前正在编辑的文档中。

(2) 使用快捷键 Ctrl+J 复制花瓣图层，调整图层混合模式为“颜色加深”，如图 02-006-5 所示。

图 02-006-4　添加花瓣素材

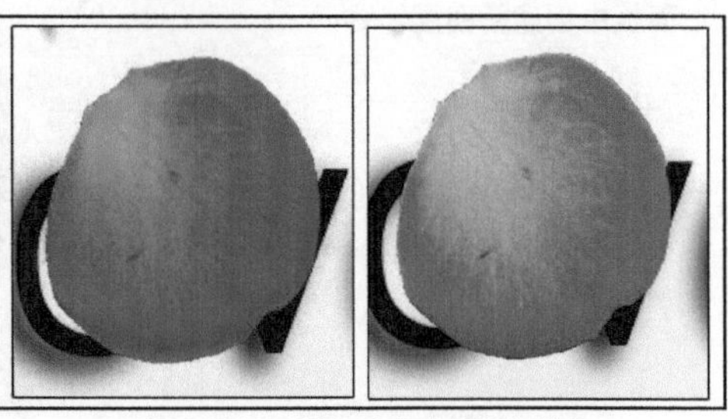

图 02-006-5　添加外发光和描边样式

(3) 新建图层，使用柔边缘画笔绘制黑色花瓣轮廓，然后隐藏除花瓣以外的图层，效果如图 02-006-6 所示。执行【编辑】|【定义画笔预设】命令，参照图 02-006-7 所示，在弹出【画笔名称】对话框中输入名称，单击【确定】按钮，定义画笔。

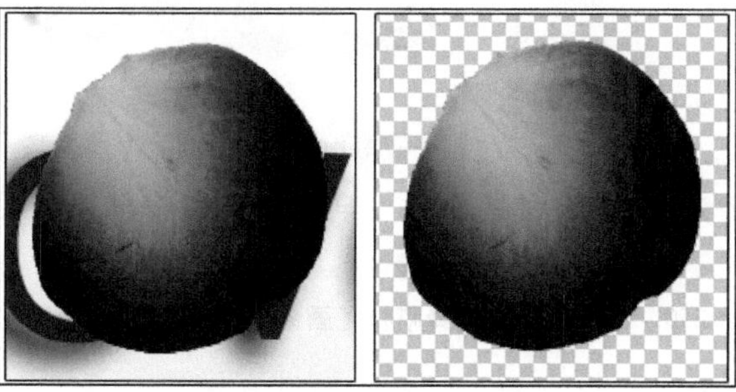

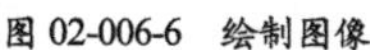

图 02-006-6 绘制图像

图 02-006-7 【画笔名称】对话框

(4) 将文字载入选区，然后单击【路径】调板下方的【从选区生成工作路径】按钮，创建工作路径，如图 02-006-8 所示。

图 02-006-8 从选区生成路径

(5) 新建图层，选择【画笔工具】，然后单击其选项栏中的【切换画笔面板】按钮，打开【画笔预设】调板，选择花瓣画笔，参照图 02-006-9 所示，进行设置。

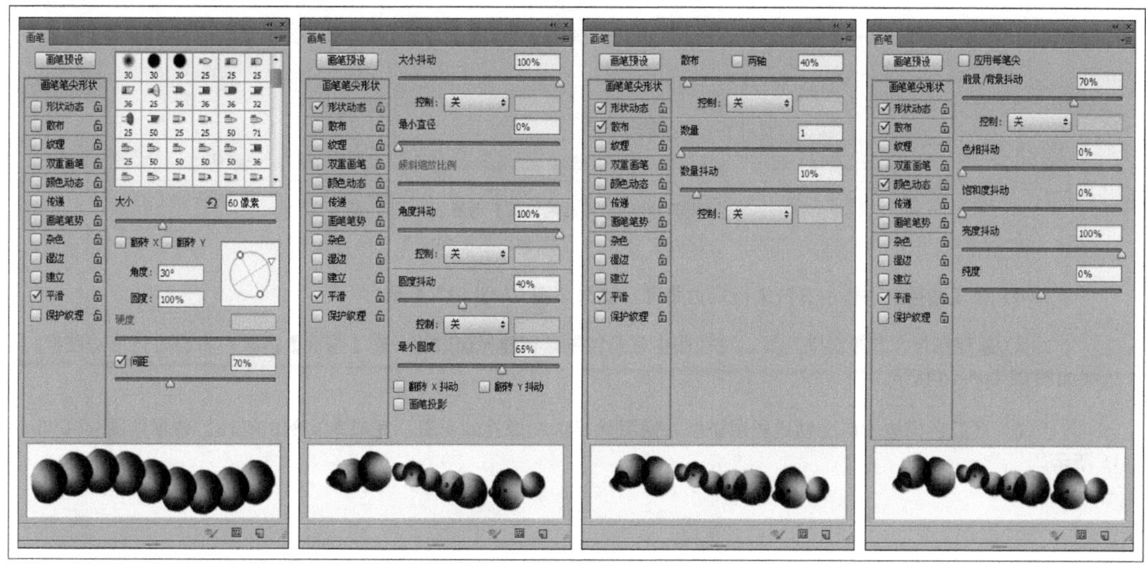

图 02-006-9 【画笔预设】调板

3. 描边路径

(1) 设置前景色为粉色（R：255，G：0，B：234），背景色为红色（R：183，G：0，B：0）。

（2）回到【路径】调板，右击“工作路径”路径图层名称后的空白处，在弹出的菜单中选择【描边路径】命令，参照图 02-006-10 所示，在弹出的【描边路径】对话框中，单击【确定】按钮，进行描边，效果如图 02-006-11 所示。

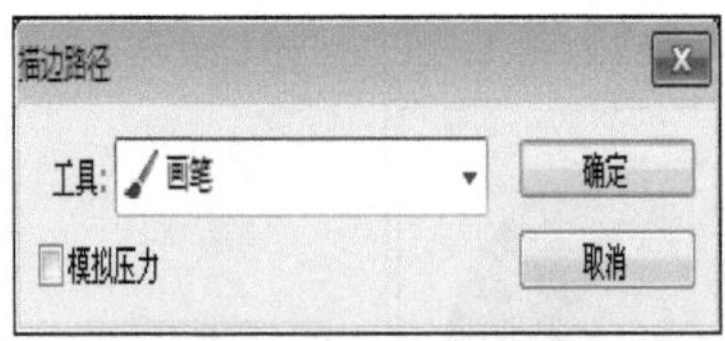

图 02-006-10 【描边路径】对话框

图 02-006-11 描边效果

（3）新建图层，设置前景色为黄色（R：255，G：250，B：112）。选择喷枪【画笔工具】，参照图 02-006-12 所示，在【画笔预设】调板中设置参数。

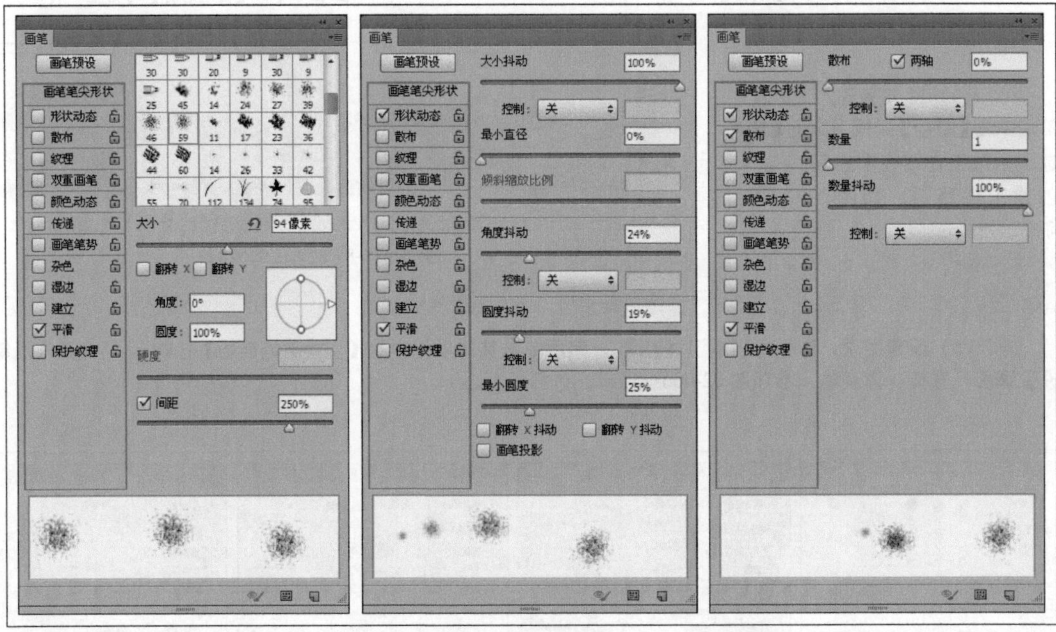

图 02-006-12 【画笔预设】调板

（4）在【路径】调板中右击进行描边路径，效果如图 02-006-13 所示。

（5）新建图层，选择画笔工具，在视图中进行绘制，创建光斑效果。在【路径】调板中右击进行描边路径，效果如图 02-006-14 所示。

（6）在红色描边图层上创建图层蒙版，隐藏除描边图像外的光斑，完成本实例的制作。效果如图 02-006-15 所示。

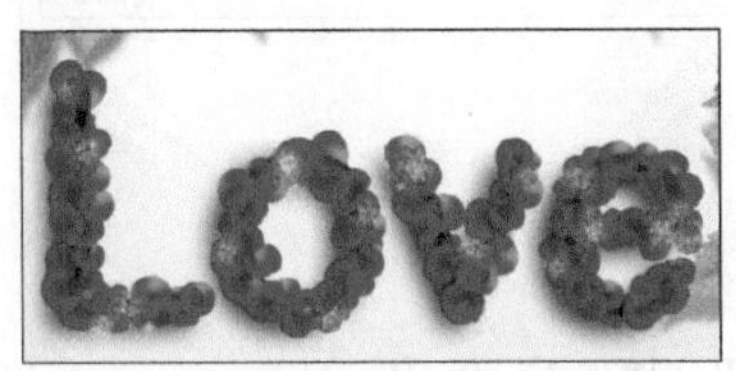

图 02-006-13 描边效果

图 02-006-14 创建光斑效果

图 02-006-15 添加图层蒙版

07 线框文字

1. 实例特点：

时尚、动感是该字效的特点，画面简洁、晶莹剔透，以层次感发光线条组合成文字。该实例中的字体效果，可用于网站、DM 单、海报等平面应用上。

2. 注意事项：

在【图层样式】对话框中，为图层添加不同特效的时候，要注意混合模式的选择。

3. 操作思路：

该实例由三部分内容组成，第一部分是制作渐变背景，第二部分是创建线框文字，第三部分是润色背景。

最终效果图

资源 / 第 02 章 / 源文件 / 线框文字 .psd

具体步骤如下：

1. 创建背景

（1）执行【文件】|【新建】命令，打开【新建】对话框，参照图 02-007-1 所示在对话框中进行设置，然后单击【确定】按钮，创建文件。

（2）使用【渐变工具】，填充从黑色到灰色（R：70，G：70，B：70）的渐变，效果如图 02-007-2 所示。

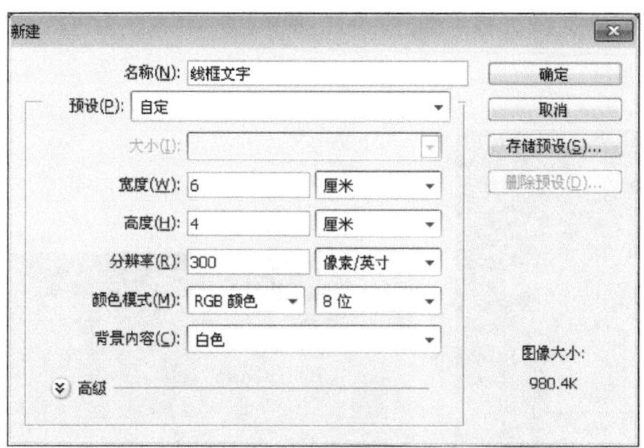

图 02-007-1　打开素材文件

图 02-007-2　填充渐变

（3）单击【图层】调板底部的【创建新的填充或调整图层】按钮，在弹出的菜单中选择【渐变填充】命令，参照图 02-007-3 所示，在弹出的【渐变填充】对话框中进行设置，创建渐变填充图层。

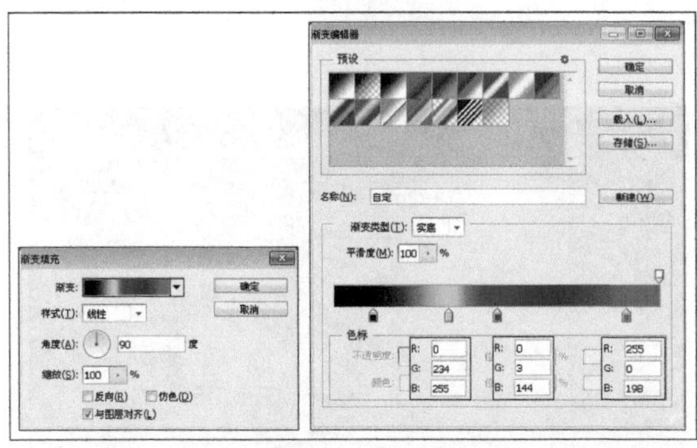

图 02-007-3　创建渐变填充图层

（4）调整渐变填充图层的混合模式为【滤色】图层【不透明度】为 30%，效果如图 02-007-4 所示。

图 02-007-4　调整图层的混合模式

2. 创建线框文字

（1）新建“组 1”使用【横排文字工具】T 输入字母“P”，双击该图层名称空白处，参照图 02-007-5 和图 02-007-6 所示，在弹出的【图层样式】对话框中进行设置，单击【确定】按钮，为图层添加图层样式。

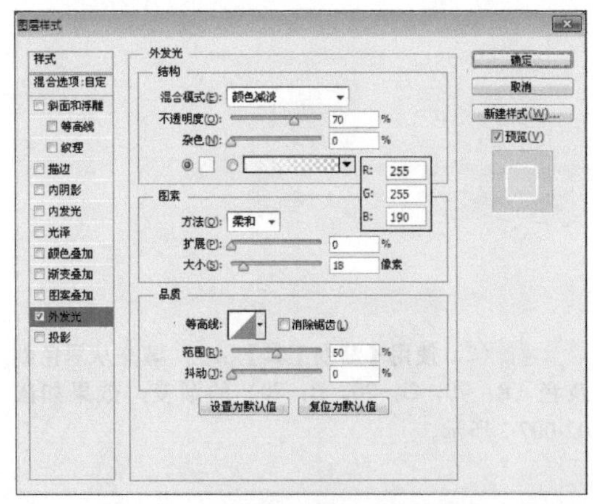

图 02-007-5　添加【外发光】图层样式

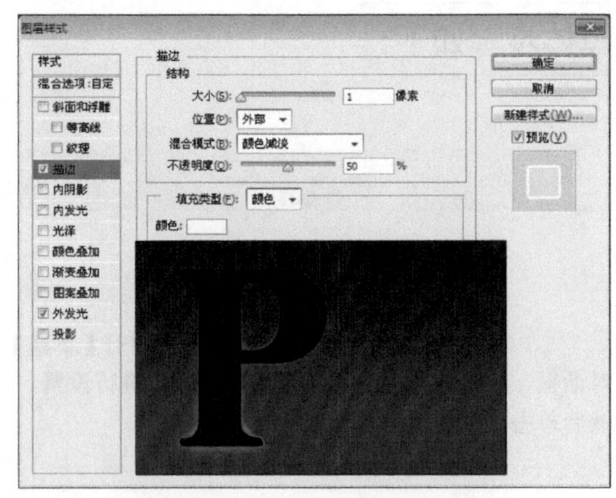

图 02-007-6　添加【描边】图层样式

（2）设置文字图层的混合模式为“滤色”，然后使用 3 次快捷键 Ctrl+J 复制图层，使用【编辑】|【自由变换】命令，分别旋转并调整文字，效果如图 02-007-7 所示。

（3）使用前面介绍的方法，分别新建“组 2”和“组 3”创建字母“S”和数字“6”，效果如图 02-007-8 所示。

图 02-007-7　复制文字图层

图 02-007-8　创建特效文字

3. 润色背景

(1) 新建“图层 1”，选择【画笔工具】，设置颜色为白色，大小为 400px，单击视图绘制圆点，如图 02-007-9 所示。

图 02-007-9 绘制圆点

(2) 用快捷键 Ctrl+T 展开变换框，参照图 02-007-10 所示，缩小圆点图像。

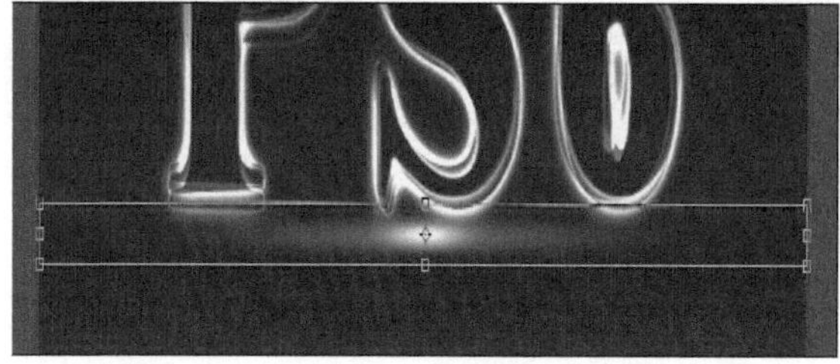

图 02-007-10 变换图像

(3) 新建“图层 2”，使用【渐变工具】绘制黑色到透明的渐变，效果如图 02-007-11 所示。

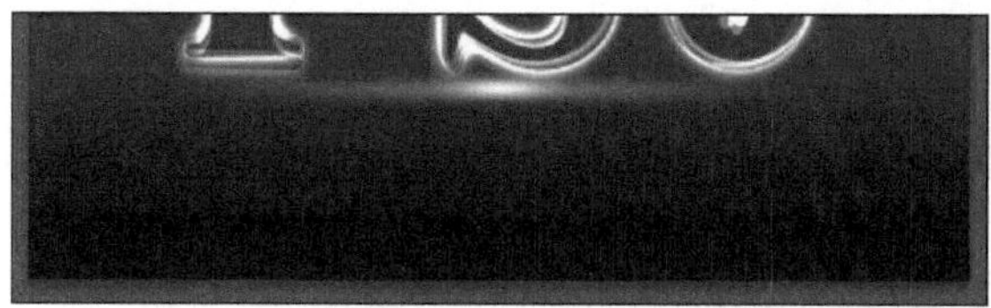

图 02-007-11 绘制渐变

(4) 执行【文件】|【打开】命令，打开“资源 / 第 02 章 / 素材 / 网格 .psd”素材图像，将其拖至正在编辑的文档中，使用快捷键 Ctrl+T 展开变换框，配合键盘上的 Ctrl 键，参照图 02-007-12 所示，变换图像。

图 02-007-12 变换图像

(5) 调整网格图像所在图层的【不透明度】参数为 30%，并单击【图层】调板底部的【添加图层蒙版】按钮，添加图层蒙版，参照图 02-007-13 所示，在蒙版中绘制黑色到白色的渐变，隐藏部分图像，完成实例制作。

图 02-007-13 编辑图层蒙版

实例 08 发光文字

1. 实例特点：

动感、逼真的材质感是该字效的特点，画面简洁为主，以深色调作为主色调，增加了画面的时尚氛围。该实例中的字体效果，可用于网站、DM单、时尚杂志等平面应用上。

2. 注意事项：

在运用图层样式时，注意使用全局光选项。

3. 操作思路：

整个实例将分为两个部分进行制作，首先制作出背景，然后通过图层样式的应用制作发光的文字特效。

最终效果图

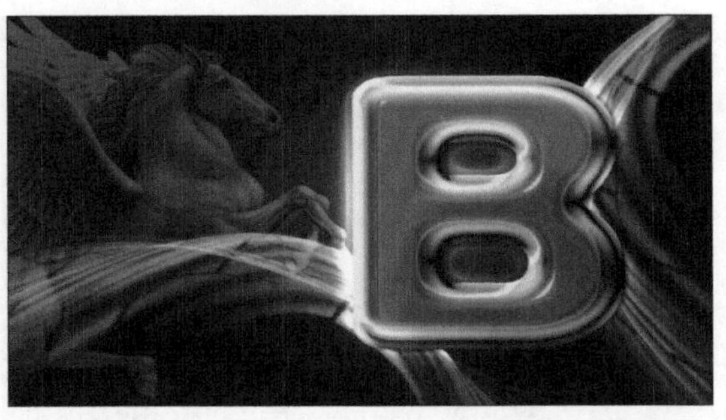

资源 / 第 02 章 / 源文件 / 发光文字 .psd

具体步骤如下：

1. 创建背景

（1）执行【文件】|【新建】命令，打开【新建】对话框，参照图 02-008-1 所示，在对话框中进行设置，然后单击【确定】按钮，创建一个新文件。

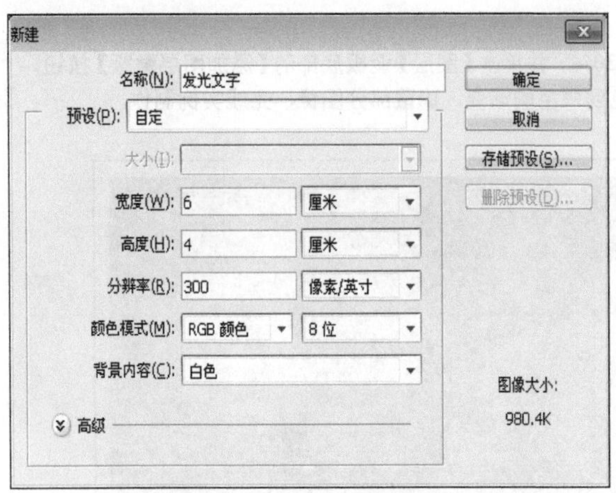

图 02-008-1 【新建】对话框

（2）使用【渐变工具】，填充从黑色到灰色（R：70，G：70，B：70）的径向渐变，效果如图 02-008-2 所示。

图 02-008-2 绘制渐变背景

(3) 打开“资源 / 第 02 章 / 素材 / 马 .tif”，将其拖至当前正在编辑的文档中，调整图层【不透明度】参数为 40%，效果如图 02-008-3 所示。

(4) 单击上一步创建的图层缩览图，参照图 02-008-4 所示，在弹出的【图层样式】对话框中进行设置，为图层添加【外发光】图层样式。

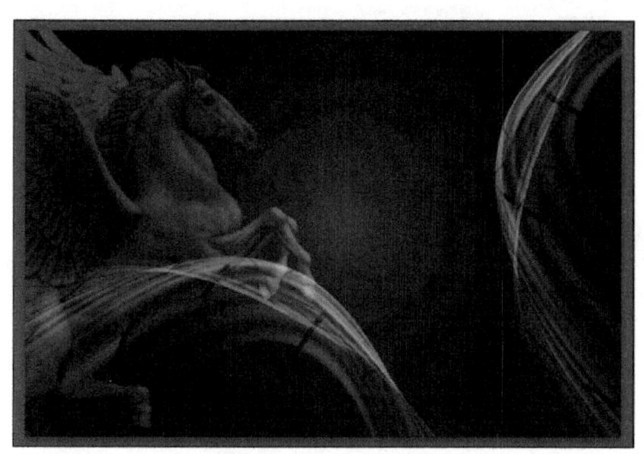

图 02-008-3　添加素材图像

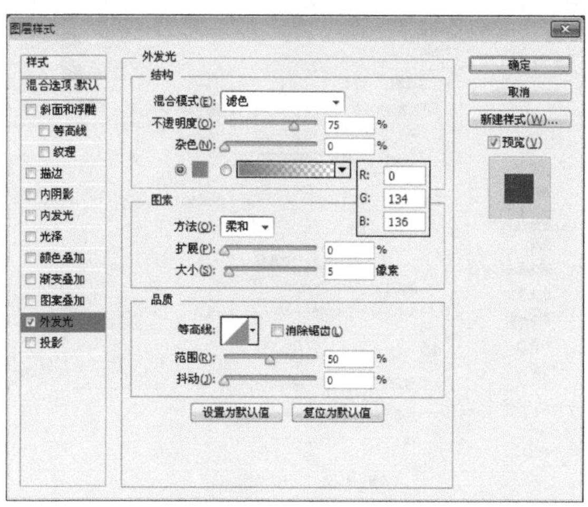

图 02-008-4　添加【外发光】图层样式

2. 添加文字和图层样式

(1) 使用【横排文字工具】在视图中输入字母“B”，效果如图 02-008-5 所示。

(2) 双击文字图层名称后的空白处，参照图 02-008-6 所示，在弹出的【图层样式】对话框中进行设置，为图层添加【渐变叠加】图层样式。

图 02-008-5　添加文字

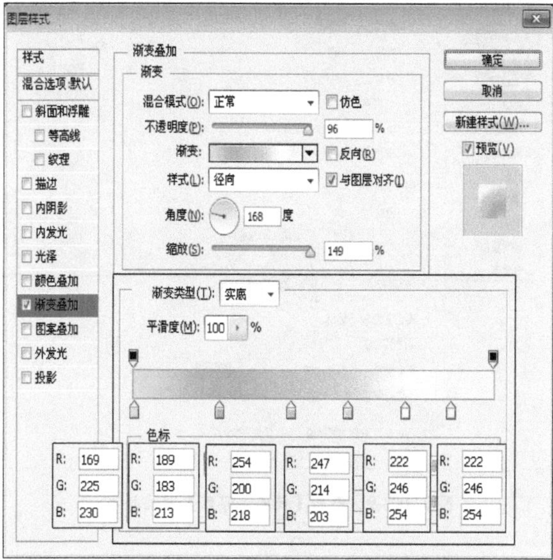

图 02-008-6　添加【渐变叠加】图层样式

（3）继续上一步的操作，参照图 02-008-7 和图 02-008-8 所示，在打开的对话框中进行设置，分别为图层添加【内发光】和【外发光】图层样式。

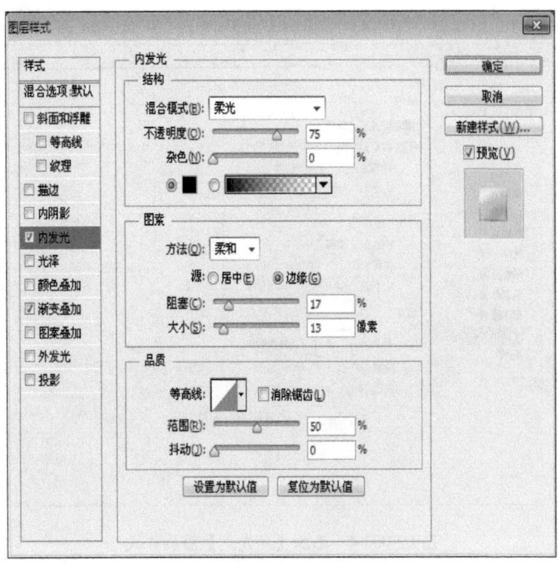

图 02-008-7　添加【内发光】图层样式

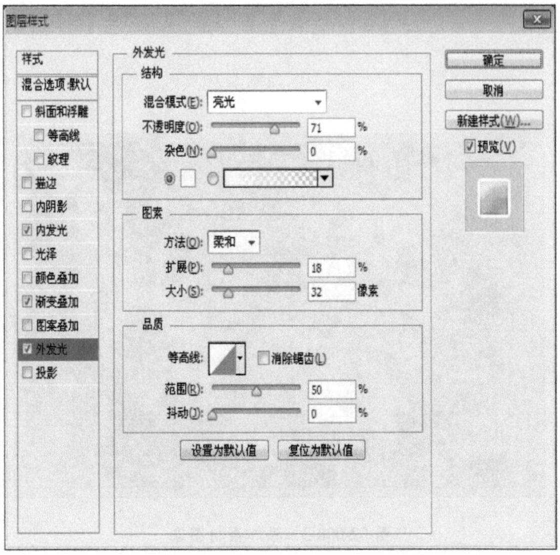

图 02-008-8　添加【外发光】图层样式

（4）参照图 02-008-9 和图 02-008-10 所示，继续在【图层样式】对话框中进行设置，分别为图层添加【斜面和浮雕】和【内阴影】图层样式。

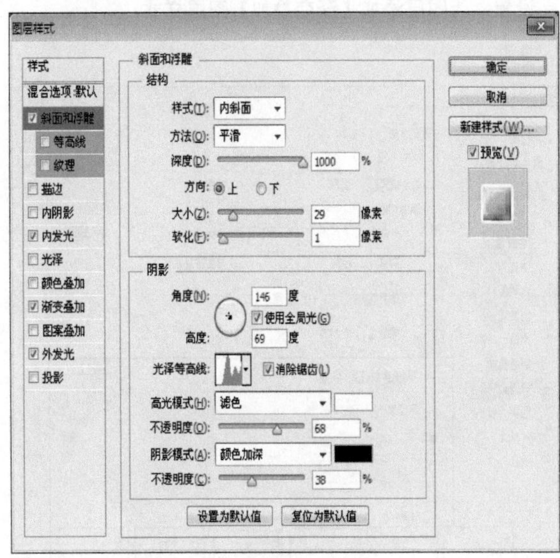

图 02-008-9　添加【斜面和浮雕】图层样式

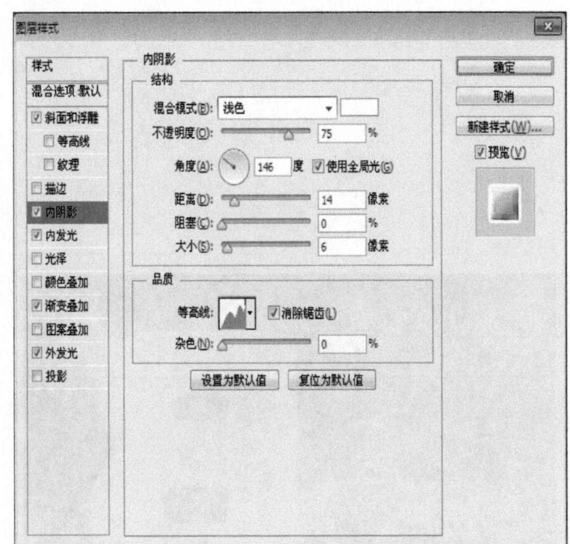

图 02-008-10　添加【内阴影】图层样式

(5) 参照图 02-008-11 和图 02-008-12 所示，继续在【图层样式】对话框中进行设置，分别为图层添加【光泽】和【投影】图层样式。

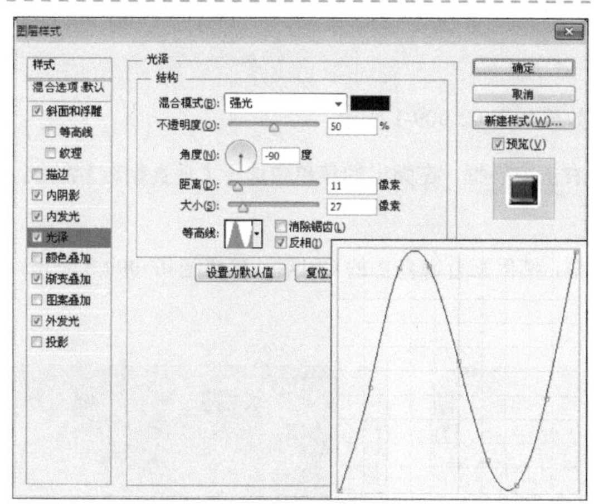

图 02-008-11　添加【光泽】图层样式

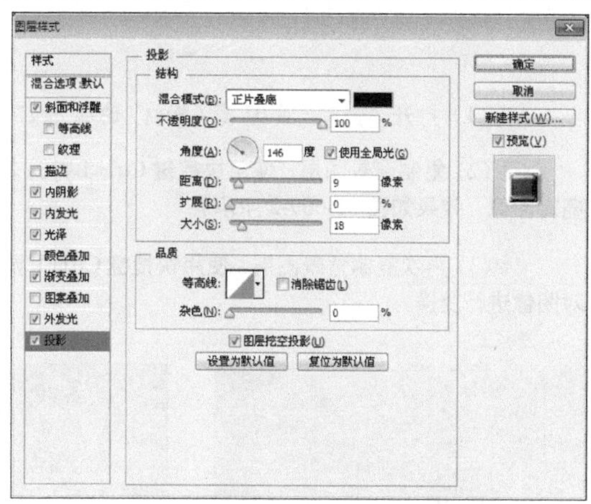

图 02-008-12　添加【投影】图层样式

(6) 继续上一步的操作，在打开的对话框中单击【确定】按钮，关闭对话框，应用所有图层样式，完成本实例的制作，效果如图 02-008-13 所示。

图 02-008-13　添加图层样式后的效果

实例 09　设计霓虹灯效果文字

1. 实例特点：

光感、空间感是该字效的特点，画面简洁，有固定的发光源，以蓝色调作为主色调，增加了画面的空间感。该实例中的字体效果，可用于网站、DM 单、时尚杂志等平面应用上。

2. 注意事项：

在复制图层的时候，可创建选区然后配合键盘上的 Alt 键，拖动鼠标进行绘制，这样绘制的图像在一个图层上，减少复制很多图层的麻烦。

3. 操作思路：

该实例由三部分内容组成，第一部分是制作空间感背景，第二部分是创建凹凸感文字，第三部分是绘制霓虹灯灯泡。

最终效果图

资源/第 02 章/源文件/设计霓虹灯效果文字.psd

具体步骤如下：

1. 创建背景

(1) 打开“资源 / 第 02 章 / 素材 / 砖墙 .jpg”文件，效果如图 02-009-1 所示。

(2) 复制背景图层，使用快捷键 Ctrl+T 打开变换框，右击变换框，在弹出的菜单中选择【垂直翻转】命令，翻转图像，效果如图 02-009-2 所示。

(3) 再次复制背景图层，使用快捷键 Ctrl+T 显示变换框，然后配合键盘上的 Ctrl 键，参照图 02-009-3 所示，对图像进行变换。

图 02-009-1 打开素材文件

图 02-009-2 垂直翻转图像

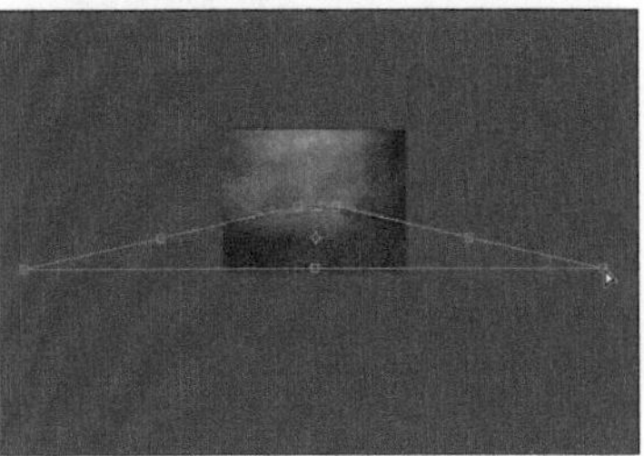

图 02-009-3 变换图像

(4) 单击【图层】调板底部的【添加图层蒙版】按钮，为上一步创建的图层添加图层蒙版，并参照图 02-009-4 所示，在蒙版中进行绘制，隐藏部分图像。

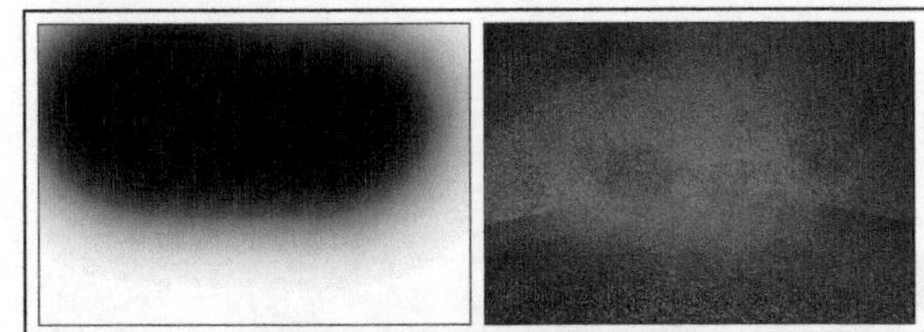

图 009-4 添加图层蒙版

(5) 单击【图层】调板底部的【创建新的填充或调整图层】按钮，参照图 02-009-5 所示，在打开的面板中设置参数，调整图像的色阶。

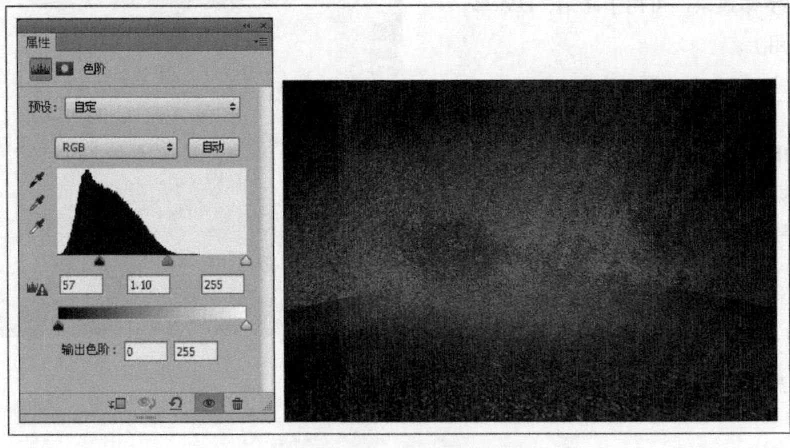

图 02-009-5 调整图像的颜色

2. 创建凹凸感文字

(1) 使用横排文字工具在视图中输入文字，并调整文字的颜色为蓝色（R：0，G：16，B：135），效果如图 02-009-6 所示。

(2) 双击文字所在图层的图层名称空白处，参照图 02-009-7 所示，在弹出的【图层样式】对话框中进行设置。

图 02-009-6　添加文字

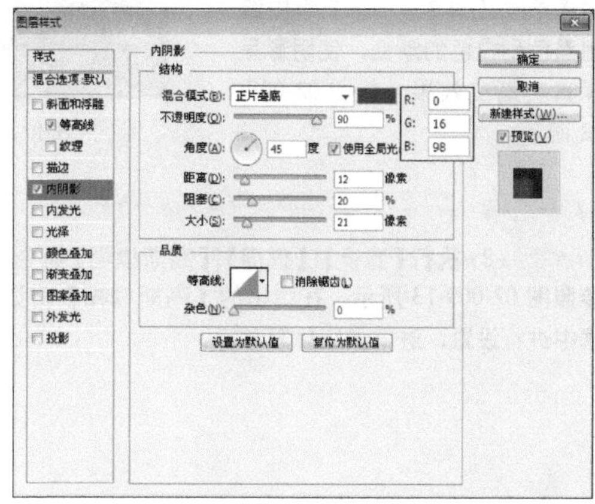

图 02-009-7　添加内发光特效

(3) 参照图 02-009-8 所示，继续在【图层样式】对话框中进行设置，为文字创建【斜面和浮雕】效果。

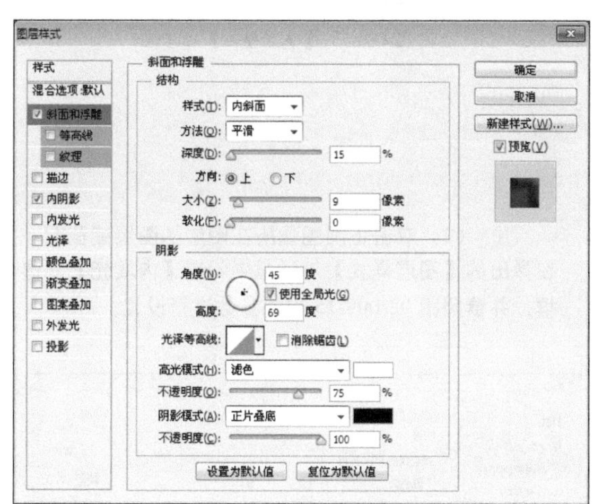

图 02-009-8　创建【斜面和浮雕】效果

(4) 最后单击【确定】按钮，应用图层样式，效果如图 02-009-9 所示。

(5) 复制并垂直翻转文字图像，并清除图层样式，更改文字颜色为黑色，效果如图 02-009-10 所示。

图 02-009-9　创建完图层样式后的效果

图 02-009-10　清除图层样式

（6）参照图 02-009-11 所示效果，首先栅格化文字，然后对文字进行变形，呈现透视效果。

（7）单击【图层】调板底部的【添加图层蒙版】按钮，为图层添加蒙版，然后使用【渐变工具】在蒙版中绘制黑色到白色的渐变，使阴影呈现真实渐变效果，如图 02-009-12 所示。

图 02-009-11　变形文字

图 02-009-12　添加图层蒙版

（8）执行【滤镜】|【模糊】|【高斯模糊】命令，参照图 02-009-13 所示，在弹出的【高斯模糊】对话框中进行设置，进一步细化阴影。

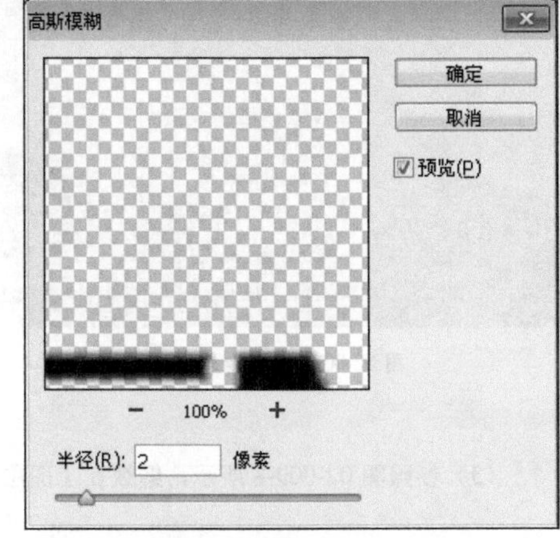

图 02-009-13　【高斯模糊】对话框

3. 绘制霓虹灯灯泡

（1）新建“图层 1”，使用【椭圆选框工具】工具，配合键盘上的 Shift 键绘制正圆，填充颜色为白色，效果如图 02-009-14 所示。

（2）双击正圆图像所在图层的图层缩览图，在弹出的【图层样式】对话框中勾选【内发光】复选框，并参照图 02-009-15 中的参数进行设置。

图 02-009-14　绘制正圆图像

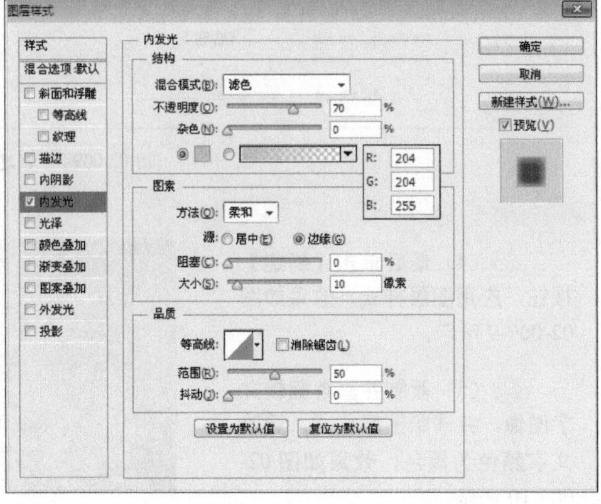

图 02-009-15　添加【内发光】特效

（3）参照图 02-009-16 所示，继续在【图层样式】对话框中进行设置，为图像添加渐变叠加特效，然后单击【确定】按钮，应用特效。

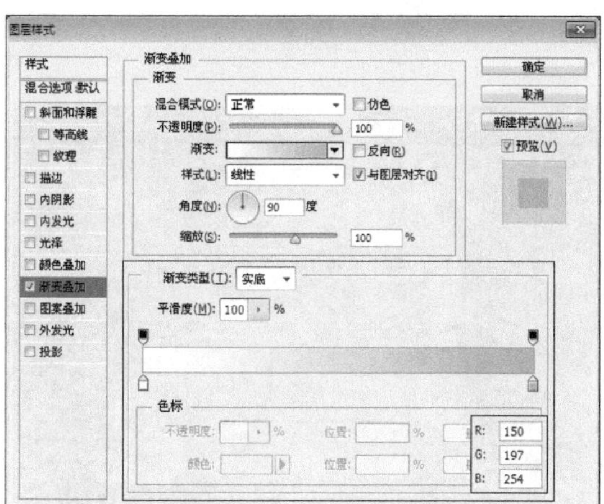

图 02-009-16 添加图层蒙版

（4）右击“图层 1”，在弹出的菜单中选择【转换为智能对象】命令，再次右击，然后在弹出的菜单中选择【栅格化图层】命令，如图 02-009-17 所示。

图 02-009-17 添加图层蒙版

（5）将正圆图像载入选区，配合键盘上的 Alt 键，参照如图 02-009-18 所示的效果，复制图像，然后更改图层的混合模式为颜色减淡，使之呈现出发光的灯泡效果。

图 02-009-18 发光的灯泡效果

（6）复制并隐藏灯泡图像，然后更改图层混合模式为点光，添加图层蒙版隐藏部分图像效果如图 02-009-19 所示。

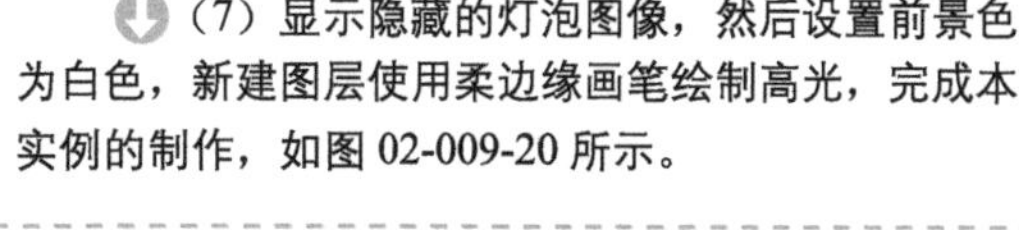

（7）显示隐藏的灯泡图像，然后设置前景色为白色，新建图层使用柔边缘画笔绘制高光，完成本实例的制作，如图 02-009-20 所示。

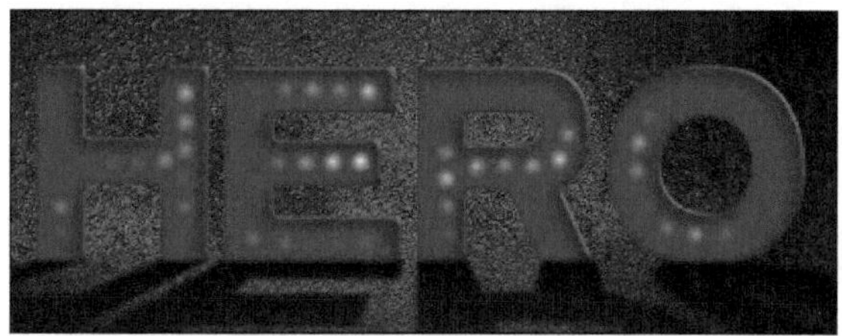

图 02-009-19 复制图像添加图层蒙版

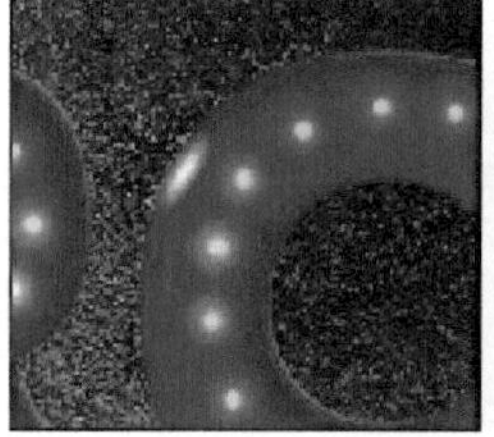
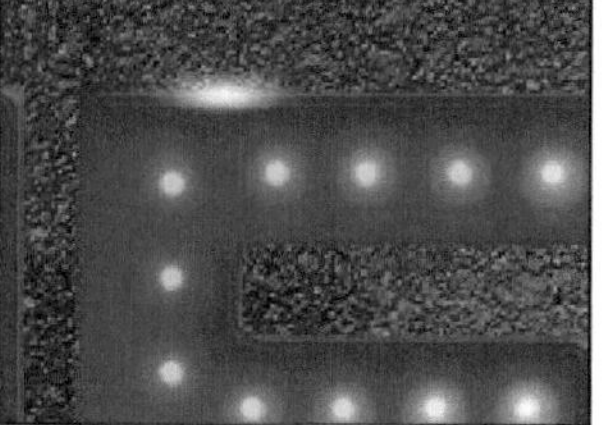

图 02-009-20 添加高光

实例 10 设计灯管效果文字

最终效果图

资源/第02章/源文件/设计灯管效果文字.psd

1. 实例特点：

具有逼真的立体感和空间感。该实例中的字体效果，可用于网站、DM单、时尚杂志等平面应用上。

2. 注意事项：

在运用【滤镜】命令时，如果没有充分的把握调整图像，应创建观察图层，以方便图像调整。

3. 操作思路：

整个实例将分为两个部分进行制作，首先制作出具有明暗效果的背景，然后通过添加图层样式创建发光灯管效果。

具体步骤如下：

1. 背景的制作

(1) 执行【文件】|【新建】命令，打开【新建】对话框，参照图 02-010-1 所示在对话框中进行设置，然后单击【确定】按钮，创建一个新文件。

(2) 打开"资源/第02章/素材/砖墙.jpg"文件，并将其拖至当前正在编辑的文档中，如图 02-010-2 所示。

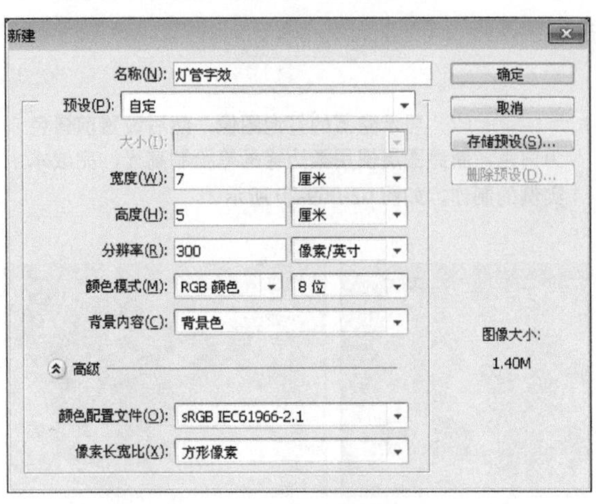

图 02-010-1 【新建】对话框

图 02-010-2 打开素材图像

(3) 单击【图层】调板底部的【添加图层蒙版】按钮 ，为图层添加蒙版，并设置前景色为灰色（R：114，G：114，B：114），然后参照图 02-010-3 所示的效果，使用柔边缘画笔在蒙版中进行绘制。

(4) 添加完图层遮罩后的效果如图 02-010-4 所示。

图 02-010-3　编辑图层蒙版

图 02-010-4　遮罩效果

2. 灯管文字的制作

(1) 打开“资源 / 第 02 章 / 素材 / 咖啡图像.jpg”文件，并将其拖至当前正在编辑的文档中，如图 02-010-5 所示。

(2) 双击咖啡图像所在图层，参照图 02-010-6 所示，在弹出的【图层样式】对话框中进行设置，为该图像添加【描边】效果。

图 02-010-5　打开素材图像

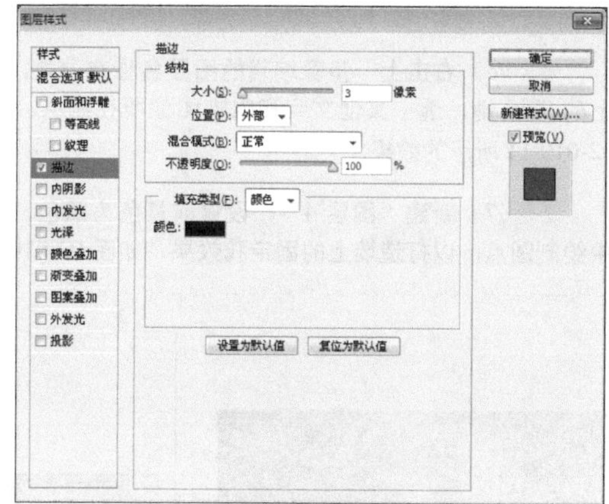

图 02-010-6　【图层样式】对话框

(3) 在【图层】调板中调整咖啡图像所在图层的图层“填充”参数为 0%，并栅格化图层，效果如图 02-010-7 所示。

(4) 参照图 02-010-8 所示，使用【横排文字工具】在视图中输入文字。

图 02-010-7　调整图层的填充不透明度

图 02-010-8　添加文字

(5) 双击“夜”字所在图层的图层名称空白处，打开【图层样式】对话框，参照图 02-010-9 所示的参数设置，为图像添加【外发光】和【内发光】特效，效果如图 02-010-10 所示。

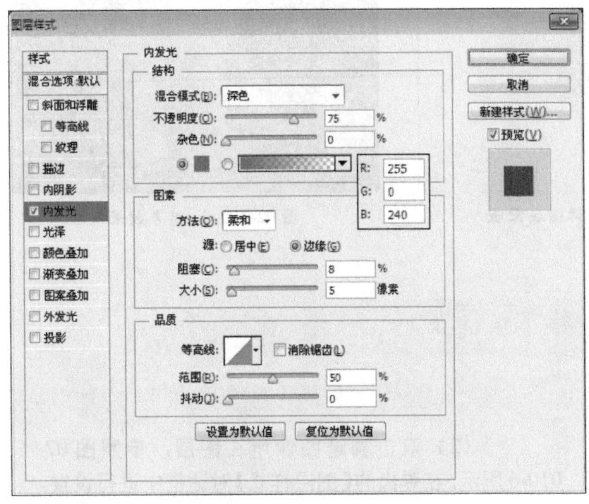

图 02-010-9 添加【内发光】特效

图 02-010-10 添加【外发光】特效

(6) 右击上一步骤编辑的图层名称空白处，在弹出的菜单中选择【复制图层样式】命令，然后配合键盘上的 Shift 键，选中其他文字和咖啡图像所在图层，右击，在弹出的菜单中选择【粘贴图层样式】命令，得到图 02-010-11 所示的效果。

(7) 新建“图层 4”，设置前景色为黑色，使用硬边缘【画笔工具】，调整画笔大小为 5px，在视图中绘制圆点，以打造墙上的固定孔效果，如图 02-010-12 所示。

图 02-010-11 复制和粘贴图层样式

图 02-010-12 绘制固定孔

(8) 新建“图层 5”，调整画笔大小为 2px，使用硬边缘【画笔工具】，在视图中绘制线段，以打造墙上的固定线效果，如图 02-010-13 所示。

图 02-010-13 绘制固定线

（9）新建“图层 6”，设置前景色为白色，参照图 02-010-14 所示，使用柔边缘【画笔工具】，在视图中绘制圆点，并调整图层混合模式为【叠加】，效果如图 02-010-15 所示。

图 02-010-14 绘制高光

图 02-010-15 加圆点后的效果

（10）双击咖啡图像所在图层的图层缩览图，参照图 02-010-16 所示，在打开的【图层样式】对话框中进行设置，为图层添加【投影】图层样式，效果如图 02-010-17 所示。

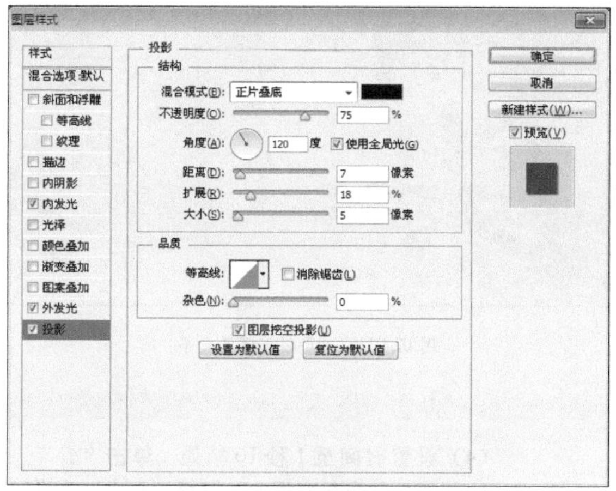

图 02-010-16 添加【投影】图层样式

图 02-010-17 最终效果

实例 11 变换大小的动态文字

1. 实例特点：

画面简单，富有童趣，适用于手机屏保。

2. 注意事项：

在动画调板中无法记录图像的大小变化，所以要制作变换的大小文字时，需要通过两个图层，一大一小的文字，通过人眼睛上的错觉制作出变大变小的文字效果。

3. 操作思路：

首先制作出背景添加文字，预设好用到的画面，然后为其添加动画。

最终效果图

资源/第 02 章/源文件/变换大小的动态文字.psd

具体步骤如下：

(1) 打开“资源 / 第 02 章 / 素材 / 小狗 .jpg”文件，新建“组 1”图层组，参照图 02-011-1 所示，使用【横排文字工具】在视图中输入文字，设置字体系列为汉仪粗圆简，字体大小分别为 13、25、18 点，并为文字分别添加 3 像素的白色【描边】图层样式。

(2) 复制“组 1”图层组，参照图 02-011-2 所示，分别调整字体大小为 34、46、70 点。

图 02-011-1　添加文字

图 02-011-2　复制并调整文字

(3) 在【时间轴】调板中展开“组 1”图层组，然后单击“肉”图层“不透明度”前方码表插入关键帧，参照图 02-011-3 所示，在 1 秒处，设置图层“不透明度”参数为 0%，在时间轴上同时选中各关键帧，右击，在弹出的菜单中选择【拷贝】命令。

(4) 设置时间至 1 秒 10 帧处，单击“骨”图层“不透明度”前方码表插入关键帧，右击，在弹出的菜单中选择粘贴命令，插入关键帧，设置时间至 2 秒 20 帧处，单击“头”图层“不透明度”前方码表插入关键帧，并再次粘贴关键帧，效果如图 02-011-4 所示。

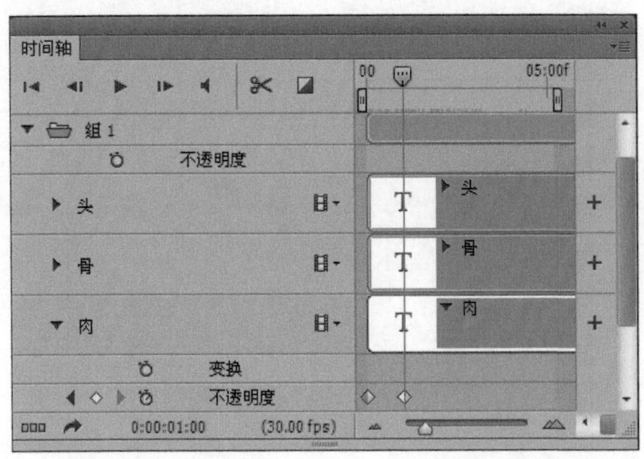

图 02-011-3　插入关键帧

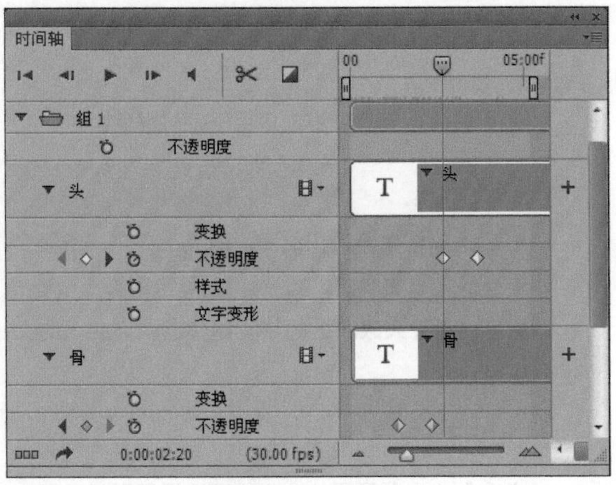

图 02-011-4　粘贴关键帧

(5) 展开“组 1 副本”图层组，设置时间至 20 帧处，单击“肉”图层“不透明度”前方码表插入关键帧，并在【图层】调板中设置该图层的“不透明度”参数为 0%，设置时间至 1 秒处，调整“不透明度”参数为 100%，效果如图 02-011-5 所示。

(6) 拷贝上一步骤创建的关键帧，设置时间至 2 秒处，单击“骨”图层“不透明度”前方码表插入帧并粘贴关键帧，设置时间至 3 秒 10 帧处，在“头”图层“不透明度”前方码表插入帧并粘贴关键帧，完成本实例的制作。效果如图 02-011-6 所示。

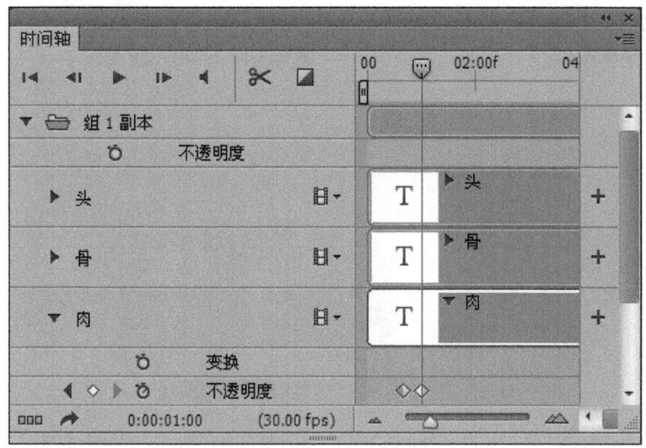

图 02-011-5 插入关键帧

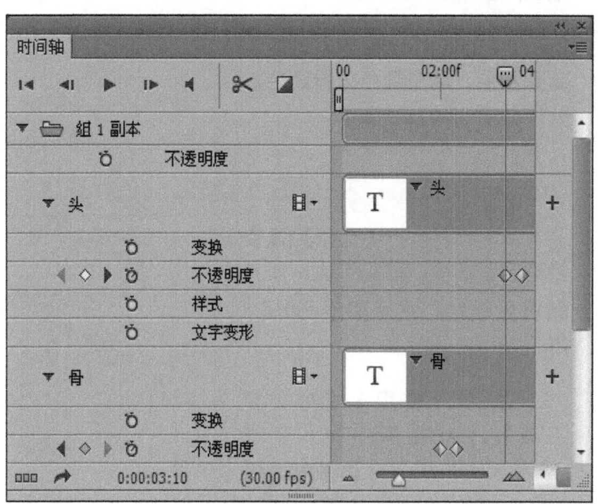

图 02-011-6 粘贴关键帧

实例 12 变换色彩的动态文字

1. 实例特点:

画面甜美具有浪漫气息，适用于网站广告贴图。

2. 注意事项:

制作变换色彩的动态文字有两种方法，一种是通过添加图层样式；另一种就是我们用到的方法，通过创建两个图层，切换图层的透明度。

3. 操作思路:

首先创建出温馨浪漫的背景，然后添加彩色文字，复制图层将文字去色，然后为其添加动画效果，创建变换色彩的动态文字。

最终效果图

资源 / 第 02 章 / 源文件 / 变换色彩的动态文字 .psd

具体步骤如下：

（1）打开“资源 / 第 02 章 / 素材 / 卡通人物 .tif”文件，参照图 02-012-1 所示，使用【钢笔工具】绘制路径。

（2）将路径载入选区，新建图层，填充颜色为粉红色，效果如图 02-012-2 所示。

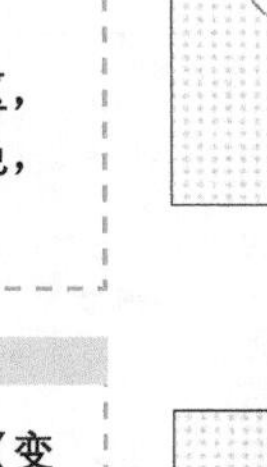

图 02-012-1 绘制路径

图 02-012-2 填充颜色

（3）执行【选择】|【变换选区】命令，缩小选区，填充颜色为红色，效果如图 0-012-3 所示。

（4）使用【横排文字工具】在视图中输入字母“Welcome”设置字体系列为汉仪超粗黑简，字体大小为 40 点，字距 -50，水平缩放 90%，参照图 02-012-4 所示，设置字体颜色。

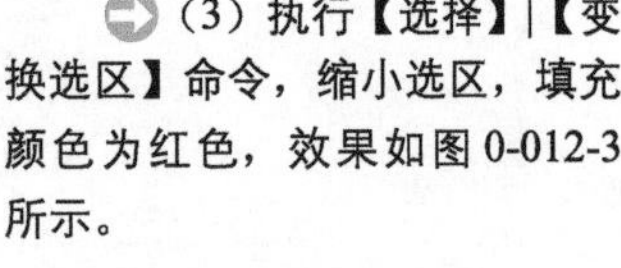

图 02-012-3 缩小选区

图 02-012-4 添加文字

（5）复制文字图层，并栅格化文字，执行【图像】|【调整】|【去色】命令，将文字图像转换为黑白色，如图 02-012-5 所示。

（6）设置时间至 16 帧处，单击文字和文字副本图层“不透明度”前方码表插入关键帧，并分别设置其“不透明度”参数为 100% 和 0%，设置时间至 17 帧处，分别调整其“不透明度”参数为 0% 和 100%，设置时间至 26 帧处，分别单击“不透明度”前方码表插入关键帧，效果如图 02-012-6 所示。

图 02-012-5 复制并调整图像

图 02-012-6 添加动画

实例 13　变换位置的动态文字

最终效果图

资源 / 第 02 章 / 源文件 / 变换位置的动态文字 .psd

1. 实例特点：

画面简约，宣传性强，适用于网站广告。

2. 注意事项：

在制作位置变换的时候，图像被执行自由变换命令的时候移动图像将不被记录移动位置的动作。

3. 操作思路：

首先创建出预想呈现的画面，然后为其添加动态效果，使画面动起来。

具体步骤如下：

1. 创建背景

（1）执行【文件】|【新建】命令，创建一个宽度为 6 厘米，高度为 7 厘米，分辨率为 100 像素 / 英寸的新文档，参照图 02-013-1 所示，使用【渐变工具】填充从白色到蓝色（C：35，M：0，Y：2，K：0）的径向渐变。

图 02-013-1　填充渐变

（2）打开"资源 / 第 02 章 / 素材 / 冰淇淋 .tif"文件，将其拖至当前正在编辑的文档中，参照图 02-013-2 所示，使用【横排文字工具】创建文字。

图 02-013-2　添加素材及文字

(3) 参照图 02-013-3 所示，选择【自定义形状工具】，然后在其选项栏中选择“像素”，绘制红色（C：32，M：100，Y：37，K：0）花 1 形状。

(4) 参照图 02-013-4 所示，选择【直线工具】，然后在其选项栏中选择“像素”，绘制红色直线，通过复制并旋转直线，得到 3 个直线图层。

图 02-013-3 绘制形状

图 02-013-4 绘制直线

2. 制作动画

(1) 设置时间至 20 帧处，单击冰淇淋所在图层“位置”前方码表，插入关键帧，设置时间至 0 帧处，水平向下移动其位置至视图以外。

(2) 设置时间至 1 秒 10 帧处，单击“源自美国……”文字图层“变换”前方码表插入关键帧，设置时间至 20 帧处，水平向左移动其位置至视图以外。

(3) 参照图 02-013-5 所示，选中直线所在图层，为图层添加图层蒙版，并在蒙版中绘制黑色正圆，取消蒙版与图层的连接，设置时间至 1 秒 26 帧处，移动正圆至视图左侧，单击该图层“图层蒙版位置”前方码表插入关键帧，设置时间至 2 秒 12 帧处，移动正圆至视图右下角。

(4) 参照图 02-013-6 所示，继续选中直线所在图层，设置时间至 1 秒 10 帧处，移动正圆至视图右侧，单击该图层“图层蒙版位置”前方码表插入关键帧，设置时间至 1 秒 26 帧处，移动正圆至视图以外。

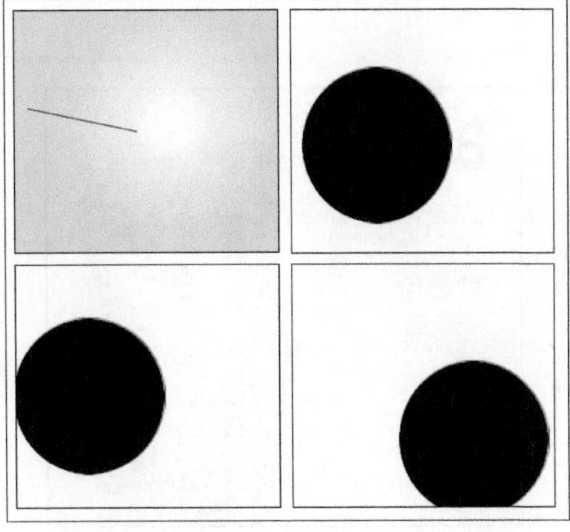

图 02-013-5 为图层蒙版

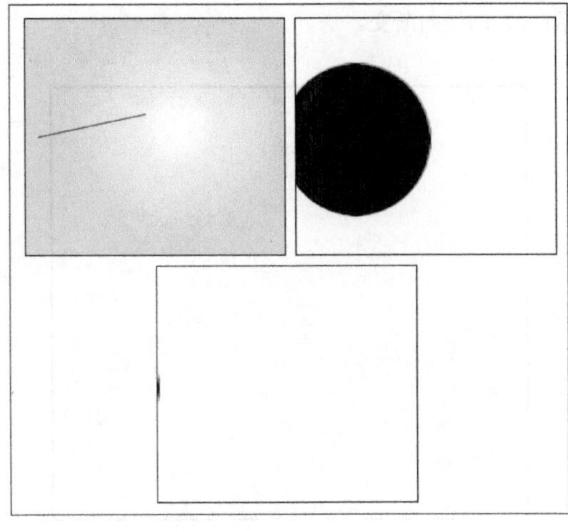

图 02-013-6 添加动画效果

(5) 使用前面介绍的方法，参照图 02-013-7 所示继续为直线图层添加图层蒙版，分别设置时间至 2 秒 12 帧和 2 秒 28 帧处，调整椭圆位置并插入关键帧。

(6) 选择红色形状所在图层，设置时间至 3 秒 9 帧处，单击“位置”前方码表插入关键帧，设置时间至 2 秒 20 帧处，参照图 02-013-8 所示，移动花 1 图像的位置。

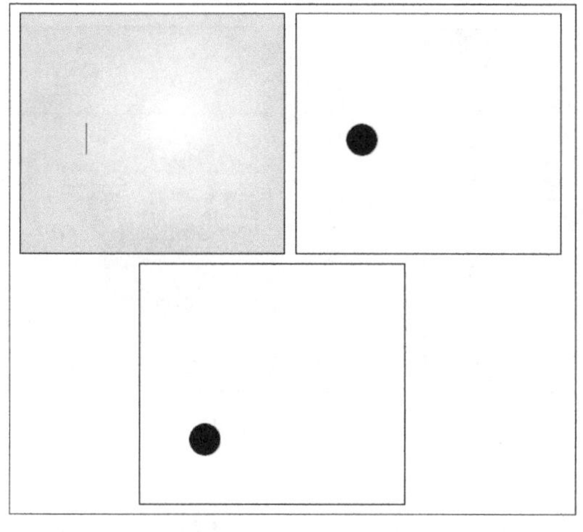

图 02-013-7　制作蒙版动画

图 02-013-8　移动图像的位置

(7) 继续上一步骤的操作，设置时间至 3 秒 9 帧处，单击“不透明度”前方码表插入关键帧，设置时间至 3 秒处，调整图层“不透明度”参数为 0%。

(8) 复制花 1 图像所在图层的所有关键帧，粘贴到“尝鲜价……”文字图层，完成本实例的制作。

实例 14　光效动态文字

1. 实例特点：

画面大气典雅，很有质感，适用于广告片头。

2. 注意事项：

在制作类似星星忽闪忽闪的状态时，可利用复制粘贴关键帧。

3. 操作思路：

创建渐变背景，通过添加图层蒙版使文字呈现，通过调整图层混合模式，展现光感效果，移动光感所在图层，创建光效动态文字。

最终效果图

资源 / 第 02 章 / 源文件 / 光效动态文字 .psd

具体步骤如下：

(1) 执行【文件】|【新建】命令，创建一个宽度为6.86厘米，高度为6厘米，分辨率为100像素/英寸的新文档，参照图02-014-1所示，使用【渐变工具】填充红色（C：0，M：96，Y：95，K：0）到深红色（C：50，M：100，Y：100，K：31）的径向渐变。

(2) 使用【横排文字工具】参照图02-014-2所示，添加文字，并设置字体系列为汉仪超粗黑简，字体大小为29点。

图02-014-1　填充径向渐变

图02-014-2　添加文字

(3) 双击文字图层名称后的红白处，参照图02-014-3和图02-014-4所示，在弹出的【图层样式】对话框中进行设置，为文字添加【渐变叠加】和【描边】图层样式。

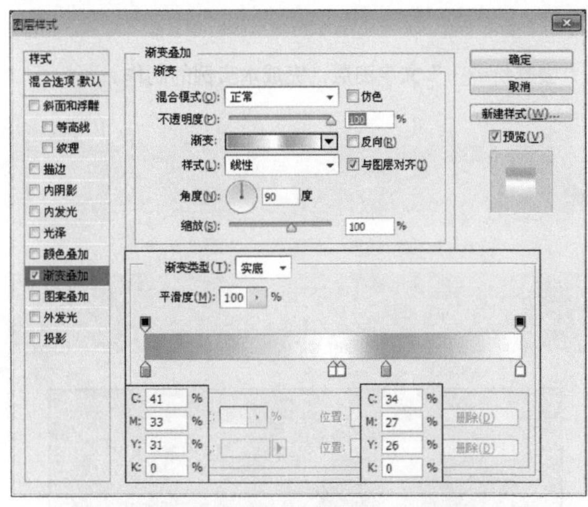

图02-014-3　添加【渐变叠加】图层样式

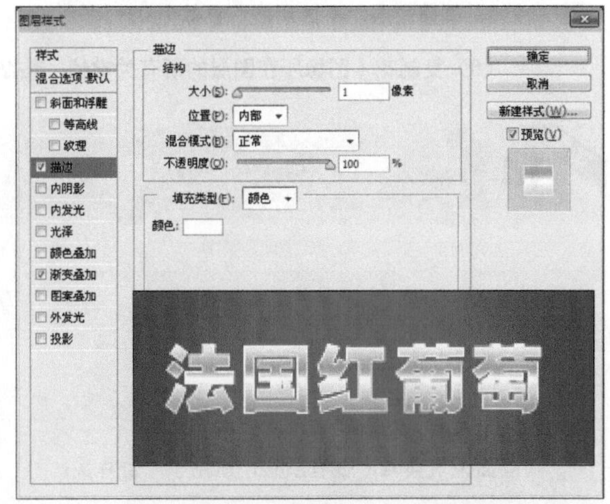

图02-014-4　添加【描边】图层样式

(4) 新建图层，参照图02-014-5所示，使用白色柔边缘【画笔工具】在视图中绘制一点，并调整图层的混合模式为【叠加】作为高光图层。

(5) 新建图层，继续使用画笔工具绘制点，并调整点的变形和复制点，创建出发光的星星图像，效果如图02-014-6所示。

图02-014-5　添加高光

图02-014-6　绘制星星图像

（6）选中文字图层，为图层添加图层蒙版，参照图 02-014-7 所示在蒙版中绘制黑色椭圆，取消蒙版与图层的链接，在 0 帧处，单击“图层蒙版位置”前方码表插入关键帧，设置时间至 15 帧处，移动椭圆的位置至最右侧，设置时间至 1 秒处，移动椭圆的位置至最左侧。

（7）选中高光图层，设置时间至 1 秒 3 帧处，移动高光至“法”字上方，设置时间至 1 秒 26 帧处，移动高光位置至“萄”字上方，效果如图 02-014-8 所示。

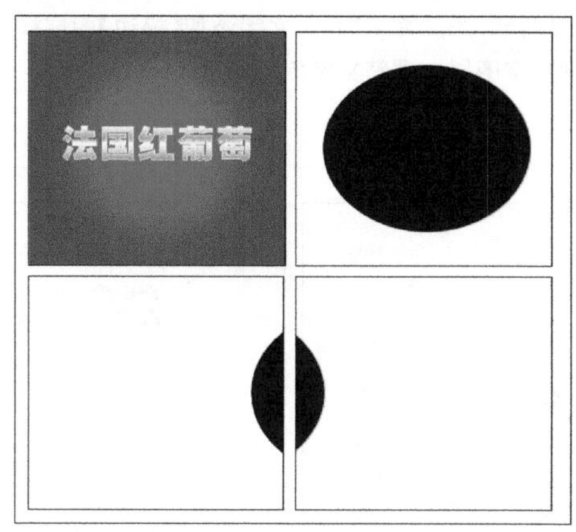

图 02-014-7 添加蒙版动画

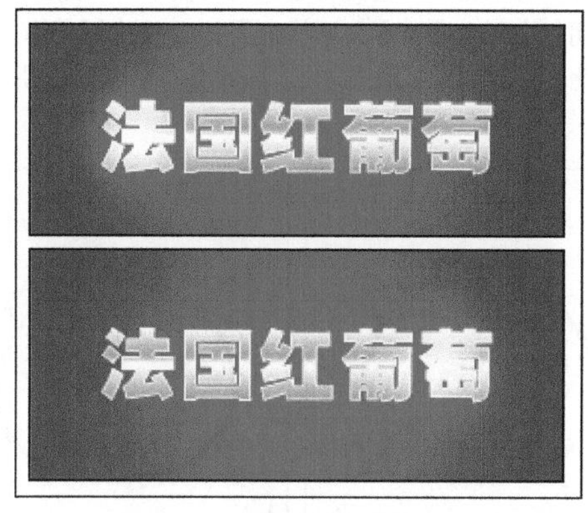

图 02-014-8 设置高光动画

（8）选中星星图像所在图层，分别在 1 秒 25 帧、1 秒 28 帧、2 秒 1 帧、2 秒 4 帧、2 秒 7 帧、2 秒 10 帧处的“不透明度”属性上插入关键帧，并分别调整图层的“不透明度”参数为 0%、100%、0%、100%、0%、100%，制作闪烁的星星动画，完成本实例的制作。

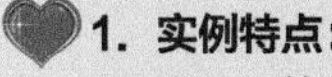

实例 15 卡通的动态文字

1. 实例特点：

画面可爱简洁适用于手机屏保。

2. 注意事项：

注意图层在每个帧上的隐藏和显示。

3. 操作思路：

首先将背景填充颜色，然后添加卡通图像，绘制图案丰富背景，并添加卡通文字，通过显示和隐藏图层，使两个不同的画面，通过画面之间的切换，制作出卡通的动态文字。

最终效果图

资源 / 第 02 章 / 源文件 / 卡通的动态文字 .psd

具体步骤如下：

（1）执行【文件】|【新建】命令，新建一个宽度为 4.66 厘米，高度为 5.82 厘米，分辨率为 96 像素 / 英寸的新文档，填充颜色为粉红色（C：0，M：16，Y：0，K：0）。

（2）打开“资源 / 第 02 章 / 素材 / 包子 .tif”文件，将其拖至当前正在编辑的文档中，新建图层，使用红心形卡【自定义形状工具】绘制心形图像，并为其添加【描边】图层样式，效果如图 02-015-1 所示。

（3）使用【横排文字工具】参照图 02-015-2 所示，添加文字，并为文字添加【描边】图层样式，复制文字图层，调整文字旋转角度。

图 02-015-1　添加素材图像

图 02-015-2　添加文字

（4）隐藏文字副本图像，作为第一帧的图像效果，单击【时间轴】调板底部的【复制所选帧】按钮，隐藏文字显示文字副本图像，并调整心形所在图层的“不透明度”参数为 50%，作为第二帧上的图像，效果如图 02-015-3 所示。

（5）参照图 02-015-4 所示，在【时间轴】调板中，设置帧延迟时间为 0.2 秒，设置循环选项为永远，然后按下键盘上的空格键预览动画。

图 02-015-3　添加素材图像

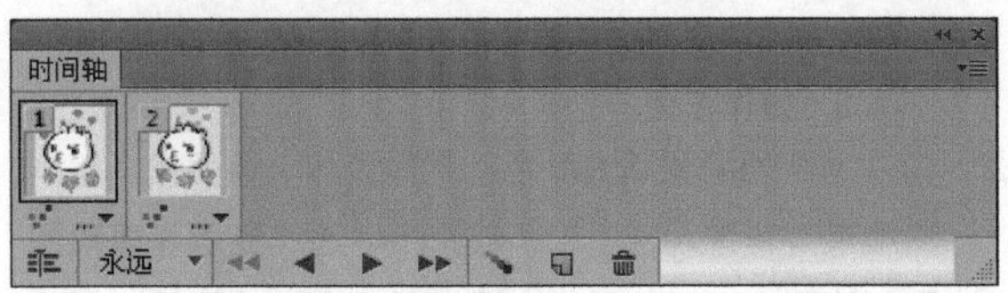

图 02-015-4　设置动画时间

实例 16 马赛克动态文字

1. 实例特点：

画面时尚清爽，很有夏天的感觉，马赛克的动态文字给人无限遐想，创造了视觉空间感。

2. 注意事项：

对蒙版添加动画的时候，要取消蒙版与图层的链接，这样蒙版在运动的时候，图层是不动的。

3. 操作思路：

首先创建背景，添加人物、产品和人物等信息，为人物和产品创建位置动画，为接下来要制作的马赛克动态文字作铺垫，最后创建马赛克文字。

最终效果图

资源 / 第 02 章 / 源文件 / 马赛克动态文字 .psd

具体步骤如下：

1. 制作背景

（1）执行【文件】|【新建】命令，创建一个宽度为 760 像素，高度为 90 像素，分辨率为 96 像素 / 英寸的新文档。

（2）打开"资源 / 第 02 章 / 素材 / 海滩 .jpg"文件，将其拖至当前正在编辑的文档中，参照图 02-016-1 所示调整图像的大小及位置，并为图层添加图层蒙版，在蒙版中绘制渐变，隐藏部分图像，复制并水平翻转图像，创建海滩背景。

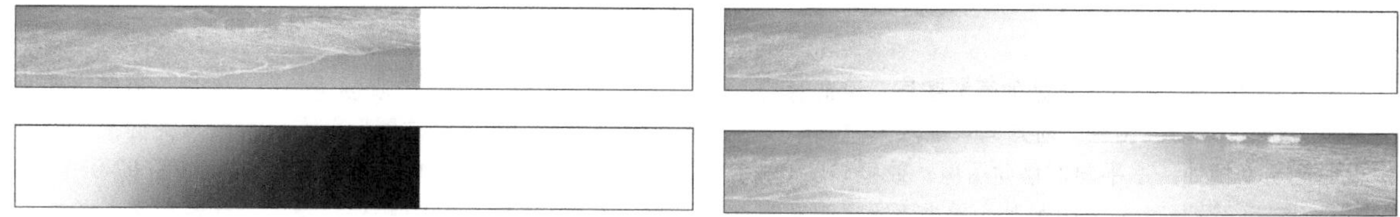

图 02-016-1 创建背景

（3）打开"资源 / 第 02 章 / 素材 / 服装店 .tif"文件，将人物和衣服图像拖至当前正在编辑的文档中，并参照图 02-016-2 所示，使用【横排文字工具】添加文字。

图 02-016-2 添加文字

2. 创建动画

（1）选中人物所在图层，参照图 02-016-3 中所示的效果，为该图层添加“位置”属性上的关键帧。

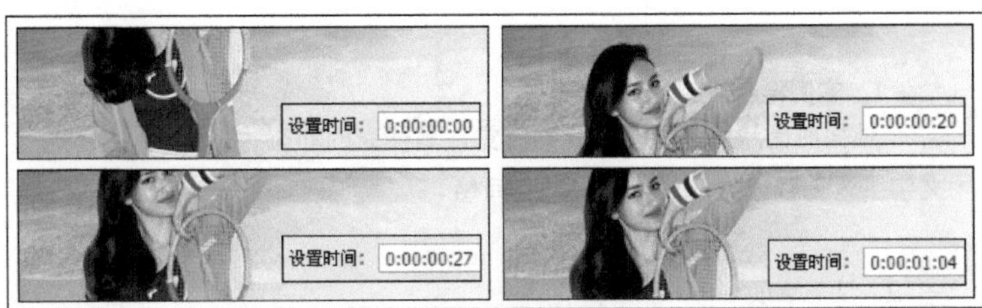

图 02-016-3　创建人物动画

（2）参照图 02-016-4 所示，为服装创建位置动画。

（3）选择硬边方形 8 像素画笔，在画笔调板中设置“间距”为 200%，“大小抖动”为 100%，“散布”为 1000%，设置颜色为绿色（C：76，M：8，Y：100，K：0），新建图层，参照图 02-016-5 所示在视图中进行绘制，继续新建图层绘制图像。

图 02-016-4　制作服装位置动画

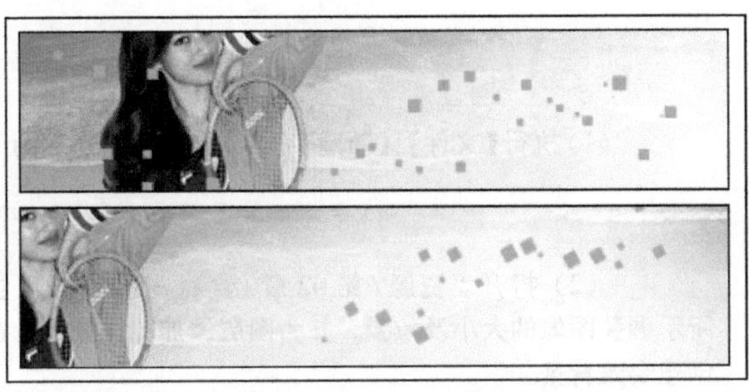

图 02-016-5　绘制图像

（4）选中第一次创建的画笔图层，设置时间至 11 帧处，单击“位置”前方码表插入关键帧，设置时间至 0 帧处，水平向左移动图像，效果如图 02-016-6 所示，设置时间至 10 帧处，单击“比透明度”前方码表插入关键帧，设置时间至 11 帧处，调整“不透明度”参数为 0%。

（5）选中第二次创建的画笔图层，设置时间至 11 帧处，单击“位置”前方码表插入关键帧，设置时间至 0 帧处，向右移动图像，效果如图 02-016-7 所示，设置时间至 10 帧处，单击“比透明度”前方码表插入关键帧，设置时间至 11 帧处，调整“不透明度”参数为 0%。

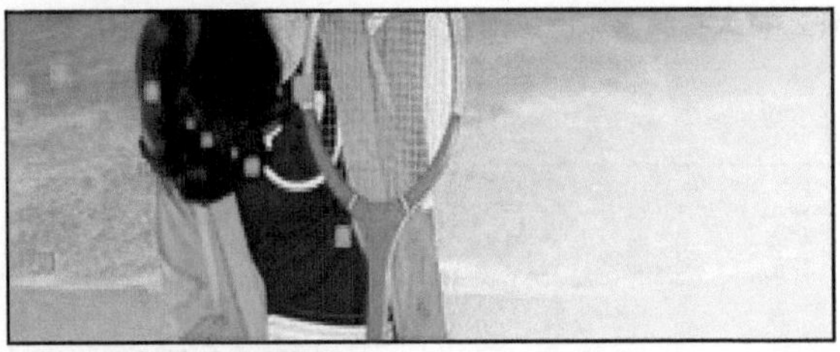

图 02-016-6　水平向左移动图像

图 02-016-7　向右移动图像

（6）选中“春季新款上市”文字图层，设置时间至 20 帧处，单击“不透明度”前方，码表插入关键帧，并设置“不透明度”参数为 0%，设置时间至 19 帧处，调整“不透明度”参数为 20%。

（7）复制“春季新款上市”文字图层，参照图 02-016-8 所示，放大文字，设置时间至 15 帧处，单击“不透明度”前方码表插入关键帧，设置时间至 11 帧处，调整图层“不透明度”参数为 0%，设置时间至 20 帧处，调整图层“不透明度”参数为 0%。

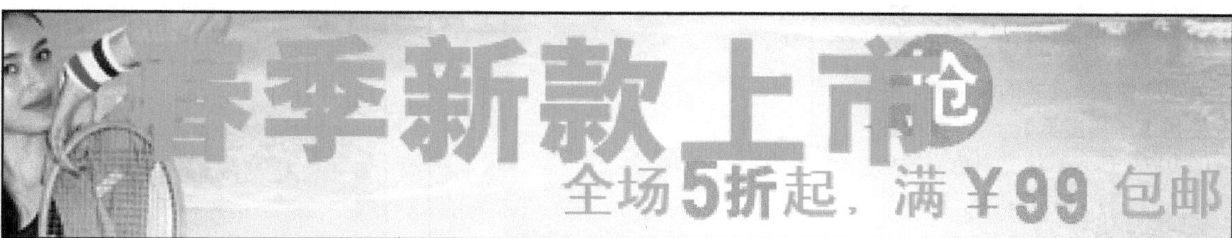

图 02-016-8 放大文字

（8）为上一步骤创建的文字图层添加图层蒙版，去掉蒙版与图层的链接，并参照图 02-016-9 所示，在蒙版中绘制图像，设置时间至 15 帧处，单击“图层蒙版位置”前方码表插入关键帧，设置时间至 18 帧处，水平向右移动图像，完成本实例的制作。

图 02-016-9 添加蒙版动画

实例 17 旋转的动态文字

1. 实例特点：

3D 旋转的动态文字给人很强的视觉冲击力。

2. 注意事项：

在制作旋转文字的时候，要注意插入关键帧时的文字旋转角度。

3. 操作思路：

整个实例将分为三个部分进行制作，首先创建背景，然后制作倒计时滚动时间条，最后制作旋转的动态文字。

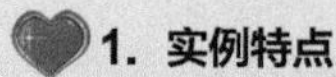

最终效果图

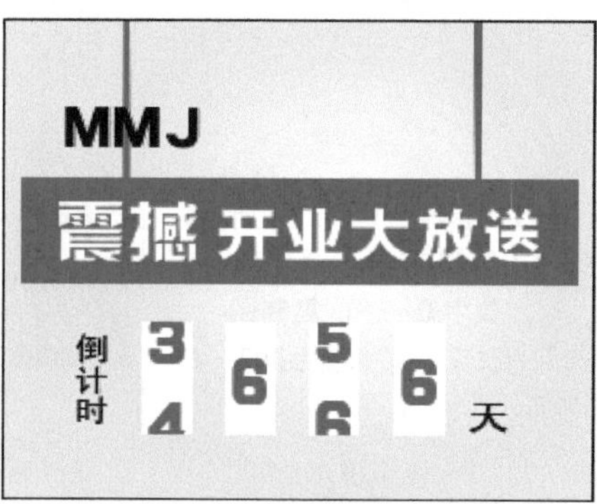

资源 / 第 02 章 / 源文件 / 旋转的动态文字 .psd

具体步骤如下：

1. 创建背景

(1) 执行【文件】|【新建】命令，创建一个宽度为 270 像素，高度为 240 像素，分辨率为 100 像素 / 英寸的新文档，并使用【渐变工具】，参照图 02-017-1 所示，填充白色到黄色（C：1，M：15，Y：38，K：0）的径向渐变。

(2) 新建“图层 1”，参照图 02-017-2 所示，使用【矩形选框工具】绘制形状。

图 02-017-1 添加径向渐变

图 02-017-2 绘制图像

(3) 参照图 02-017-3 所示，使用【横排文字工具】添加文字。

(4) 参照图 02-017-4 所示，使用【竖排文字工具】添加文字，并新建图层，使用【矩形选框工具】绘制白色填充的矩形。

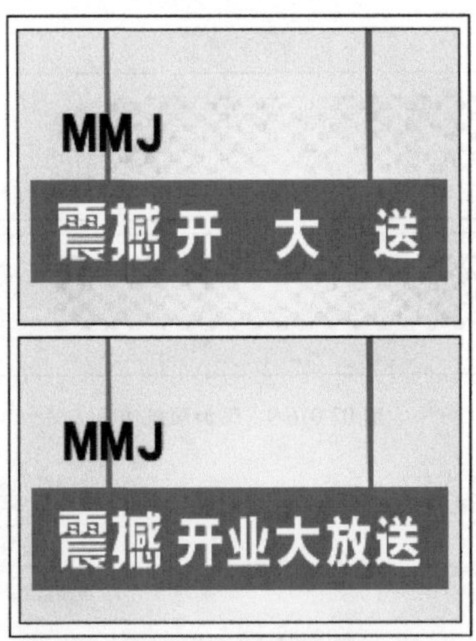

图 02-017-3 添加文字图像

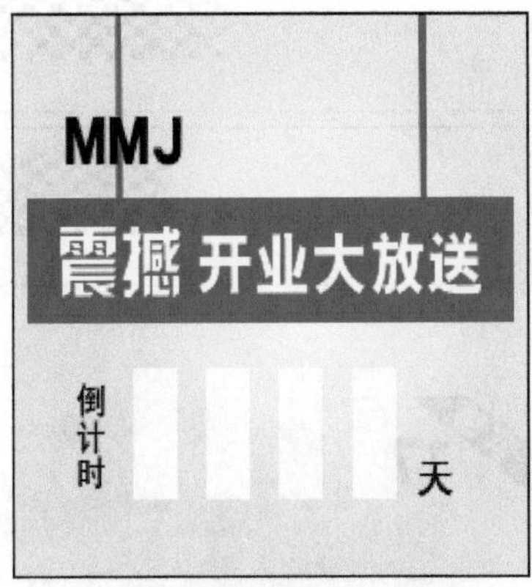

图 02-017-4 绘制白色矩形

2. 制作滚动的数字动画

(1) 参照图 02-017-5 所示，使用【竖排文字工具】在矩形上输入数字 0～9，复制图层得到 4 列文字，效果如图 02-017-6 所示。

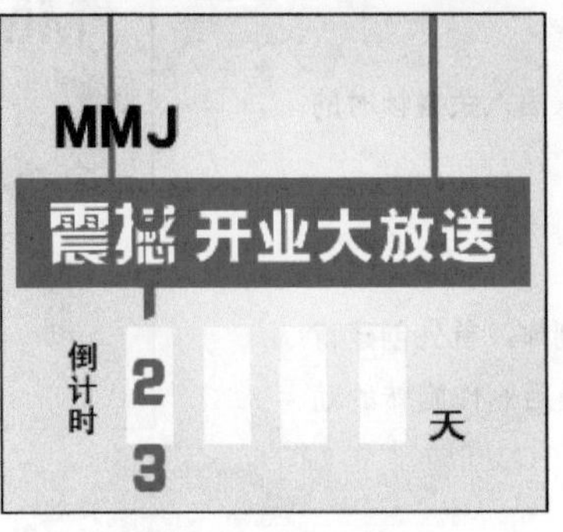

图 02-017-5 创建数字

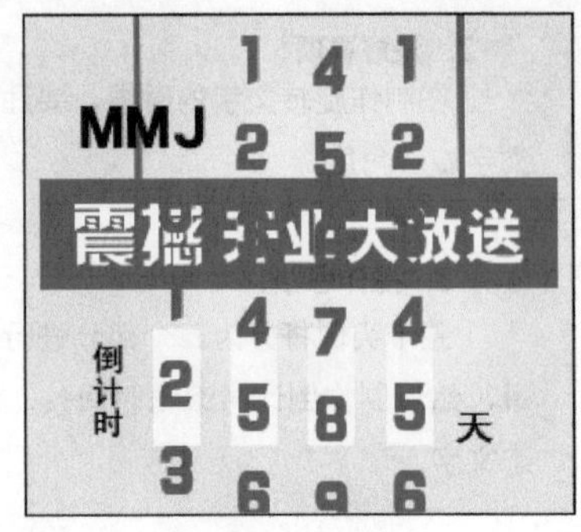

图 02-017-6 复制数字

（2）将白色矩形图像载入选区，分别选中数字图层，单击【图层】调板底部的【添加矢量蒙版】按钮，添加图层蒙版，隐藏矩形以外的数字，并取消蒙版与图层的链接，效果如图 02-017-7 所示。

（3）选中第一列和第三列，参照图 02-017-8 所示，上下移动调整数字的位置，设置时间至 3 秒处，分别单击“位置”前方码表插入关键帧。

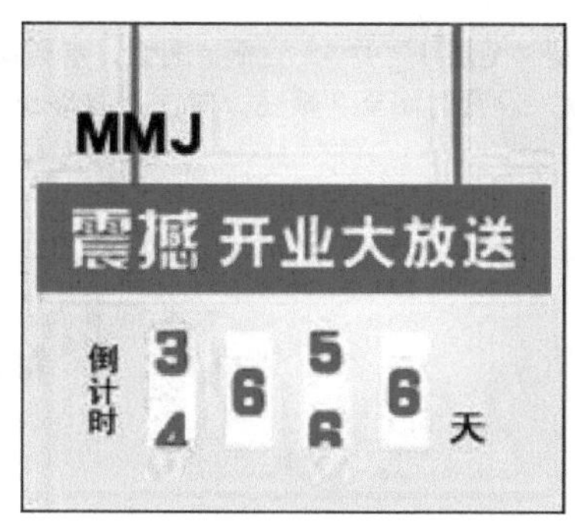

图 02-017-7　添加图层蒙版

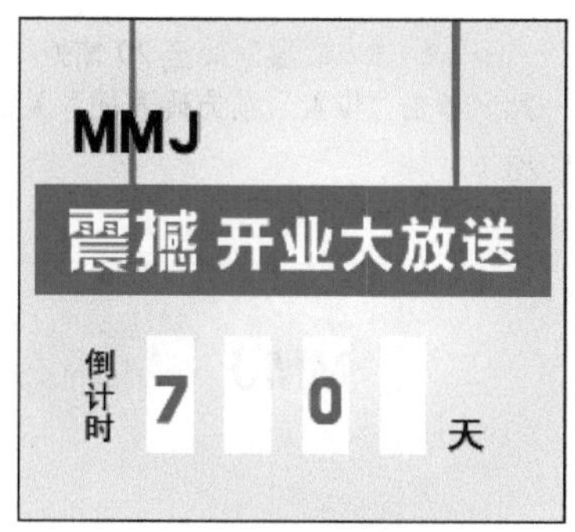

图 02-017-8　添加关键帧

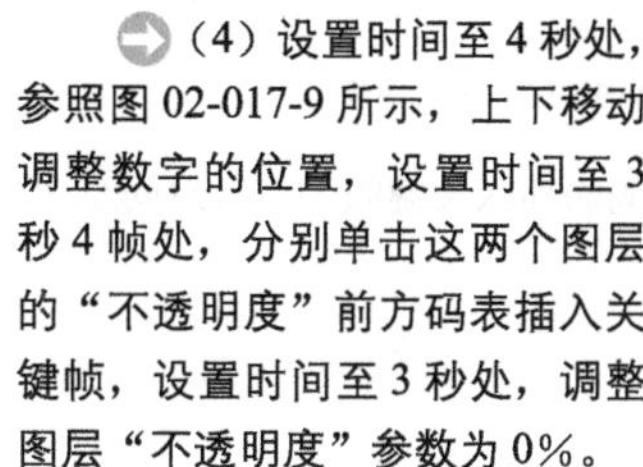
（4）设置时间至 4 秒处，参照图 02-017-9 所示，上下移动调整数字的位置，设置时间至 3 秒 4 帧处，分别单击这两个图层的“不透明度”前方码表插入关键帧，设置时间至 3 秒处，调整图层“不透明度”参数为 0%。

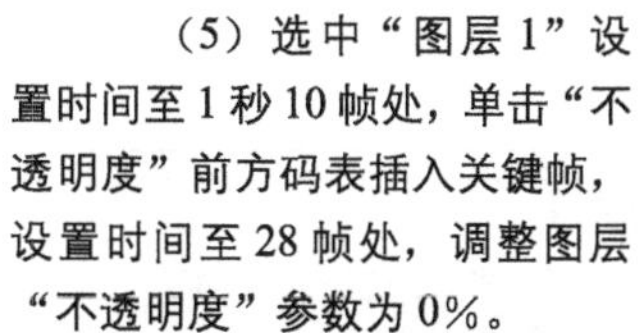
（5）选中“图层 1”设置时间至 1 秒 10 帧处，单击“不透明度”前方码表插入关键帧，设置时间至 28 帧处，调整图层“不透明度”参数为 0%。

（6）复制“图层 1”将图像旋转 15 度，效果如图 02-017-10 所示。

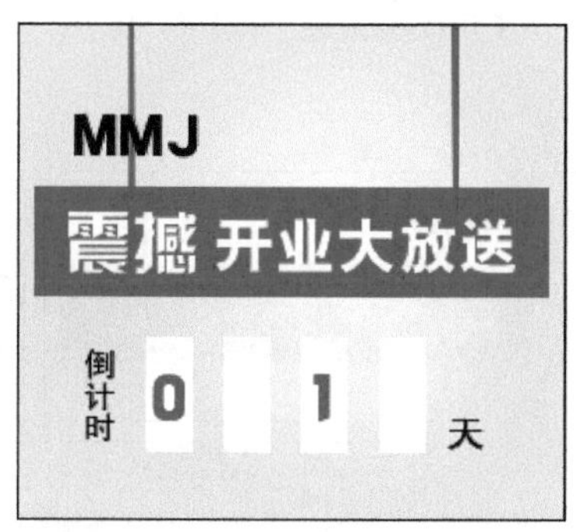

图 02-017-9　设置数字动画

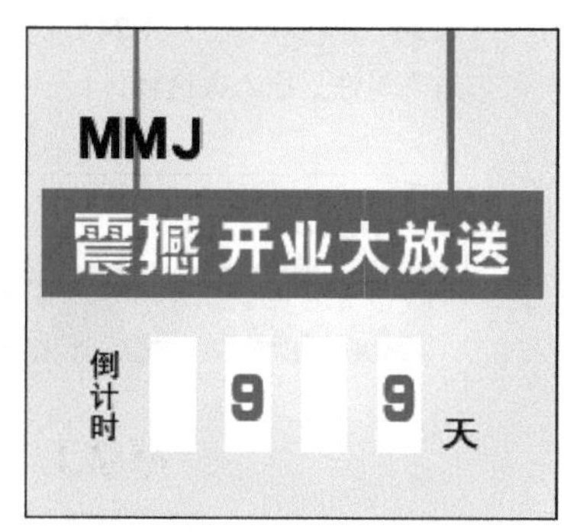

图 02-017-10　添加【内发光】图层样式

3. 制作旋转的动态文字

（1）选中“图层 1 副本”图层，设置时间至 20 帧处，参照图 02-017-11 所示，移动图像，然后单击“位置”前方码表插入关键帧，设置时间至 1 秒处，参照图 02-017-12 所示，移动图像。

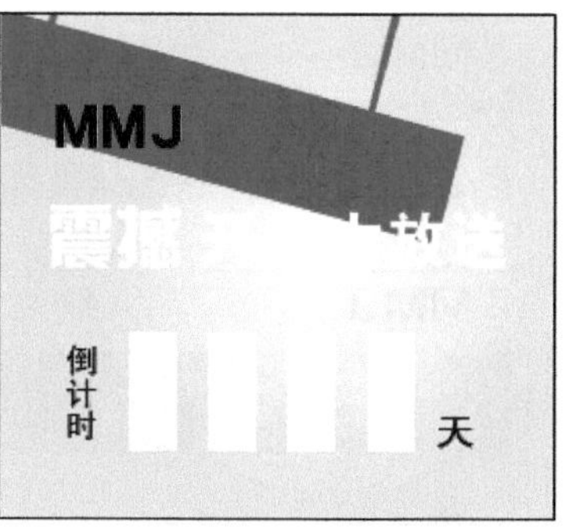

图 02-017-11　添加关键帧

图 02-017-12　移动图像

（2）继续上一步骤的操作，分别在 20 帧、25 帧、1 秒处插入不透明度关键帧，并分别调整“不透明度”参数为 0%、100%、0%。

（3）设置时间至 20 帧处，复制“图层 1”并 45 度旋转图像，参照图 02-017-13 所示，调整图像的位置，然后单击“位置”前方码表插入关键帧，设置时间至 0 帧处，向左上方移动图像至视图以外，效果如图 02-017-14 所示。

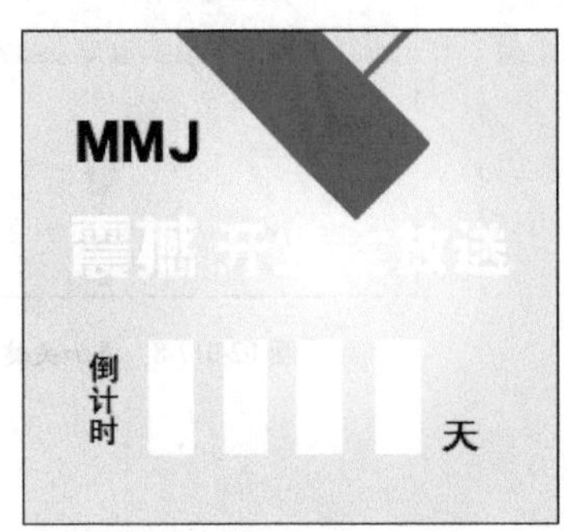

图 02-017-13 添加关键帧

图 02-017-14 移动图像

（4）继续上一步骤的操作，设置时间至 10 帧处，单击“不透明度”前方码表插入关键帧，设置时间至 20 帧处，调整图层“不透明度”参数为 0%。

（5）将“开 大 送”和“业 放”文字转换为 3D 文字，设置“深度”为 0，分别在 1 秒 21 帧、2 秒 05 帧、2 秒 21 帧、3 秒 6 帧、3 秒 24 帧处，使用【3D 对象旋转工具】参照图 02-017-15 所示，旋转 3D 对象，在“3D 对象位置”属性上插入关键帧。

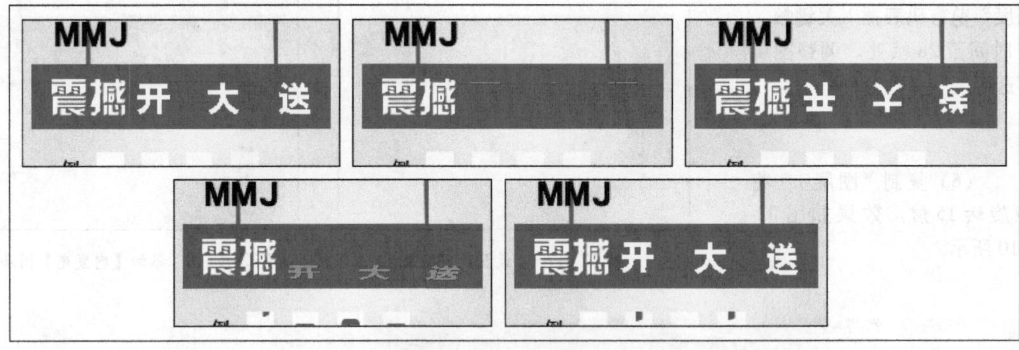

图 02-017-15 创建 3D 文字

（6）分别在 1 秒 20 帧、2 秒 01 帧、2 秒 12 帧、2 秒 20 帧，使用【3D 对象旋转工具】参照图 02-017-16 所示，旋转 3D 对象，在“3D 对象位置”属性上插入关键帧，完成本实例的制作。

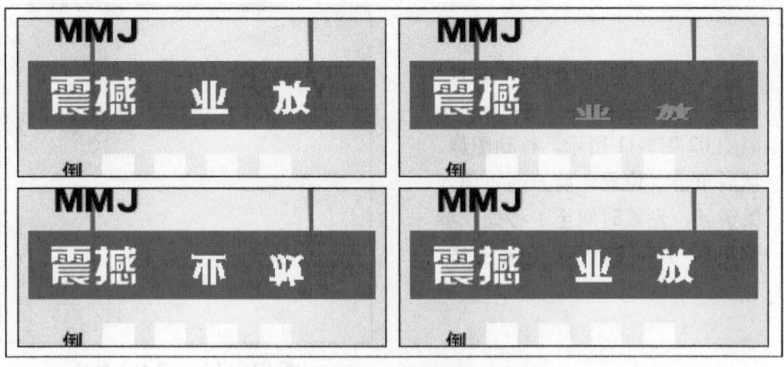

图 02-017-16 制作文字旋转动画

第03章 标志设计

标志设计不仅是实用物的设计，也是一种图形艺术的设计。它与其他图形艺术表现手段既有相同之处，又有自己的艺术规律。必须体现前述的特点，才能更好地发挥其功能。由于对其简练、概括、完美的要求十分苛刻，即要完美到几乎找不到更好的替代方案，其难度比之其他任何图形艺术设计都要大得多。

实例 01 餐具的标志设计

1. 实例特点：

此案例看上去简洁大方，又有一定的时尚气息，可应用于服装、杂志、休闲餐厅等商业应用中。

2. 注意事项：

在对含有图层蒙版的图层进行调整的时候，要注意图层蒙版与图层的链接。

3. 操作思路：

整个实例将分为两个部分进行制作，首先利用形状工具绘制出网格参考线，然后在参考线的基础上使用椭圆形状工具绘制图像，并为图层添加图层蒙版，制作标志。

最终效果图

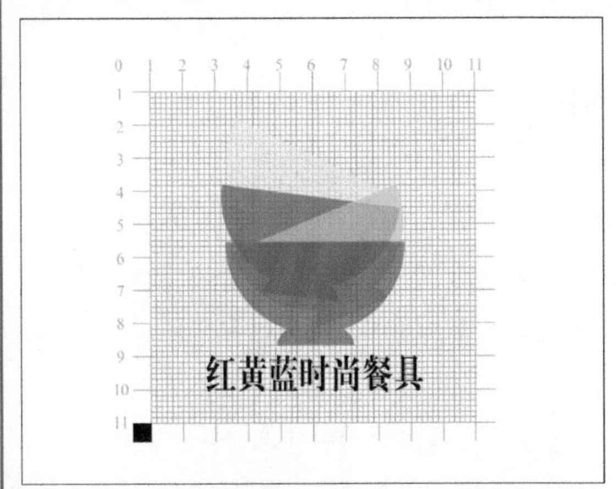

资源 / 第 03 章 / 源文件 / 餐具的标志设计 .psd

具体步骤如下：

1. 参考线的制作

（1）创建一个宽度为 9 厘米，高度为 7 厘米，分辨率为 300 像素 / 英寸的新文档。

（2）新建“组 1”图层组，设置前景色为灰色（C：39，M：31，Y：30，K：0），使用【矩形工具】绘制矩形，效果如图 03-001-1 所示。

（3）使用【路径选择工具】选中矩形路径，使用快捷键 Ctrl+C 复制路径，Ctrl+V 粘贴路径，然后使用快捷键 Ctrl+T 打开变换框，使用 10 次键盘上的向下方向键移动路径，并参照图 03-001-2 所示调整路径的长度。

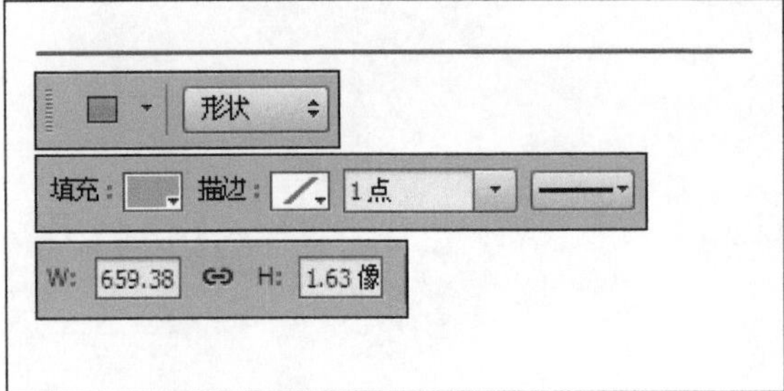

图 03-001-1　创建矩形

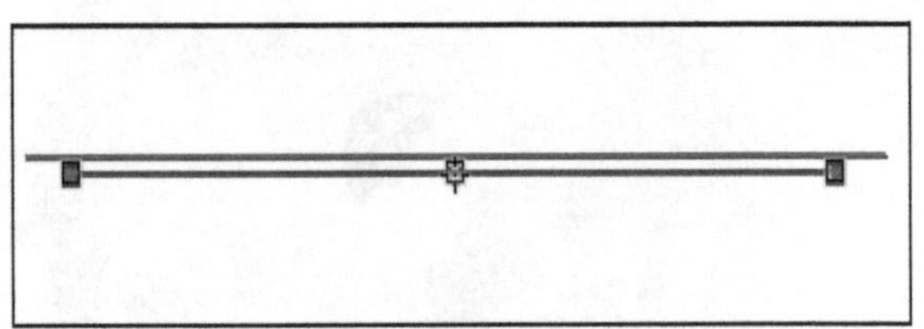

图 03-001-2　调整路径长度

（4）使用前面介绍的方法复制并移动路径，效果如图 03-001-3 所示。

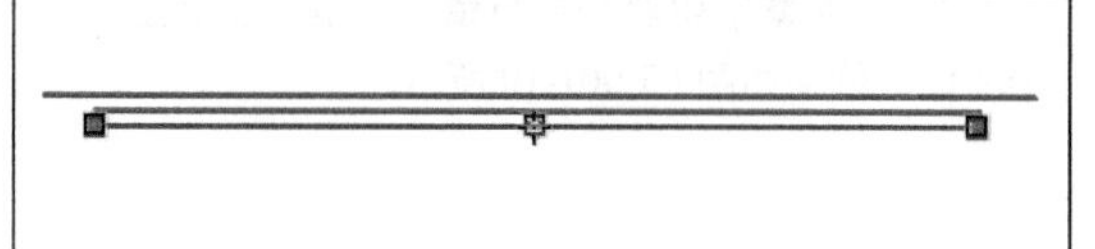

图 03-001-3　复制并移动路径

（5）使用 3 次快捷键 Ctrl+Shift+Alt+T 再次复制并移动路径，效果如图 03-001-4 所示。

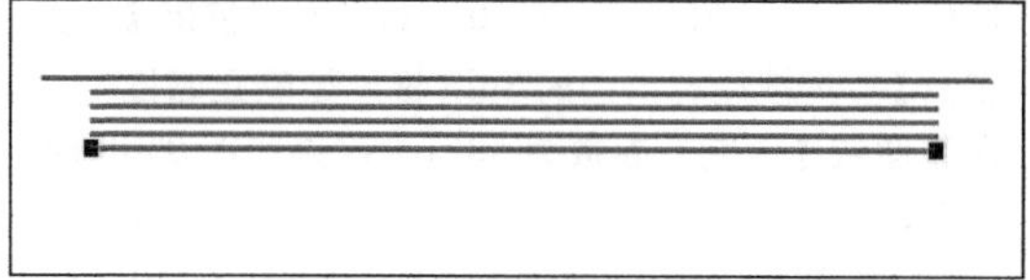

图 03-001-4　快速复制路径

（6）使用【路径选择工具】框选所有路径，复制并向下移动路径，效果如图 03-001-5 所示。

（7）使用 9 次快捷键 Ctrl+Shift+Alt+T 再次复制并移动路径，效果如图 03-001-6 所示。

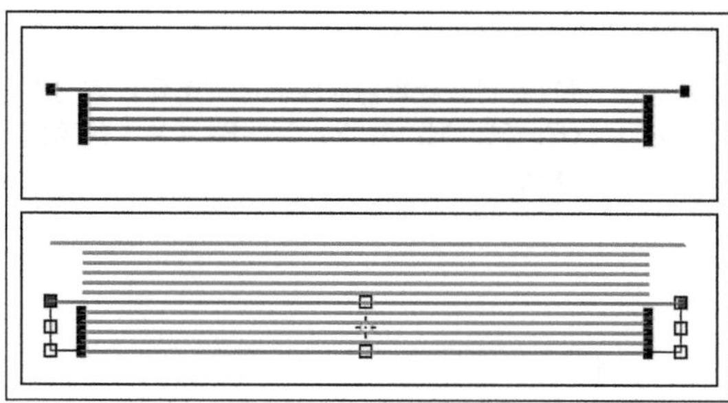

图 03-001-5　调整图像亮度

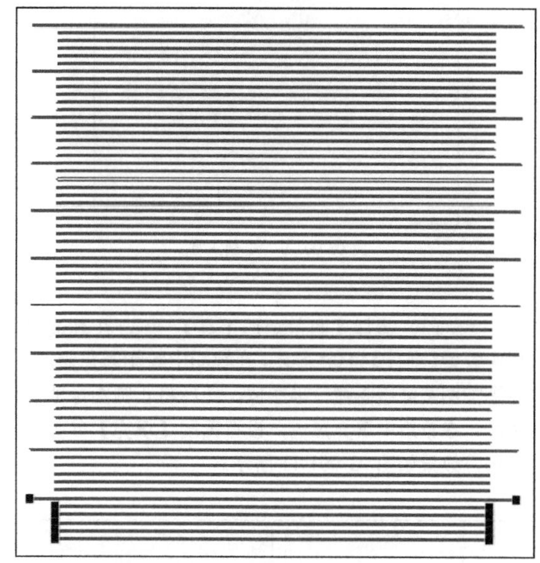

图 03-001-6　快速复制

（8）选中最后 5 条短路径，使用 Delete 键删除路径，然后全选路径，将图像旋转 -90°，效果如图 03-001-7 所示。

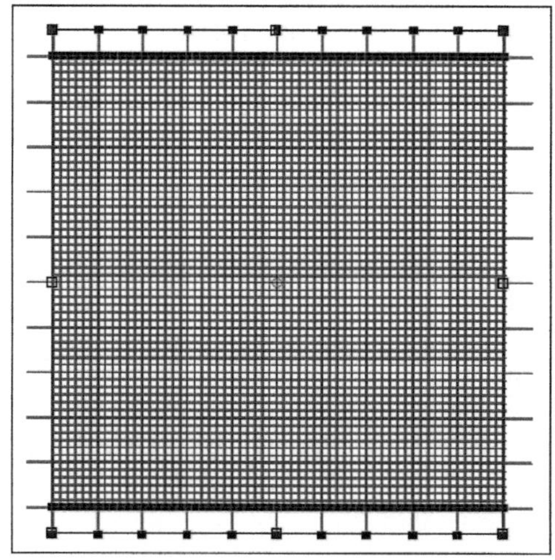

图 03-001-7　复制并旋转图像

（9）分别使用【横排文字工具】 和【竖排文字工具】 在视图中输入文字，并在【字符】调板中置设【字体大小】为 7 点，并使用【矩形工具】 绘制黑色矩形，效果如图 03-001-8 所示。

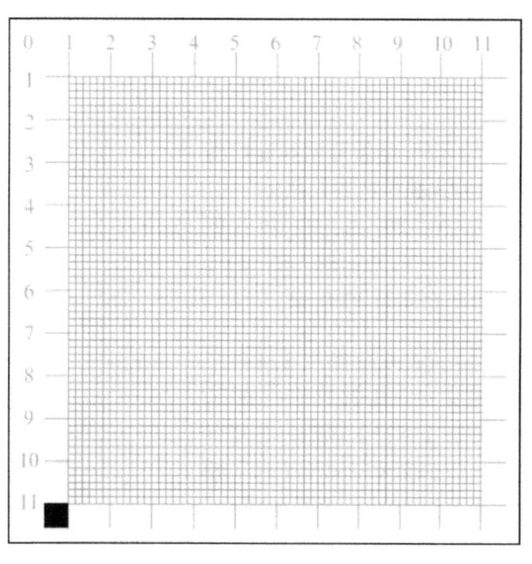

图 03-001-8　创建文字

2. 标志的制作

(1) 锁定“组 1”图层组，设置前景色为玫红色（C：23，M：82，Y：0，K：0），使用【椭圆工具】按住键盘上的 Shift 键，绘制正圆图形，调整图层【填充】参数为 50%，效果如图 03-001-9 所示。

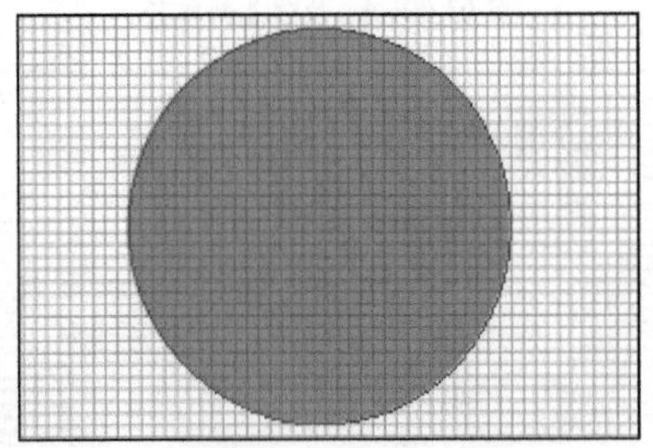

图 03-001-9　绘制正圆

(2) 为图层添加图层蒙版，使用【矩形选框工具】在蒙版中绘制黑色填充矩形，隐藏正圆一半图像，效果如图 03-001-10 所示。

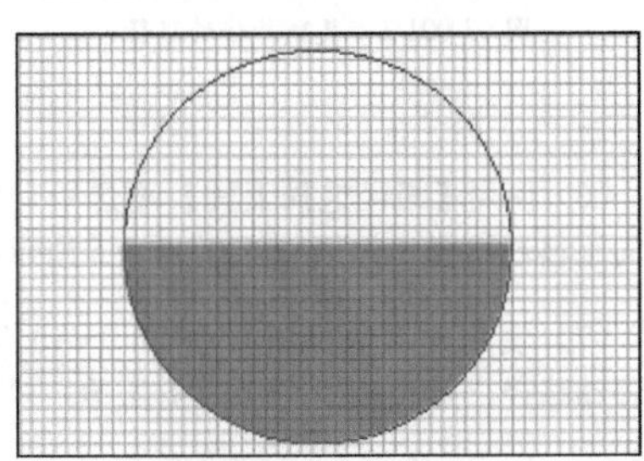

图 03-001-10　添加图层蒙版

(3) 选择【圆角矩形工具】，在其选项栏中设置【半径】为 0.5 厘米，在视图中绘制圆角矩形，并添加图层蒙版隐藏一半图像，然后将正圆图像载入选区，在蒙版中填充黑色，设置图层【填充】参数为 50%，效果如图 03-001-11 所示。

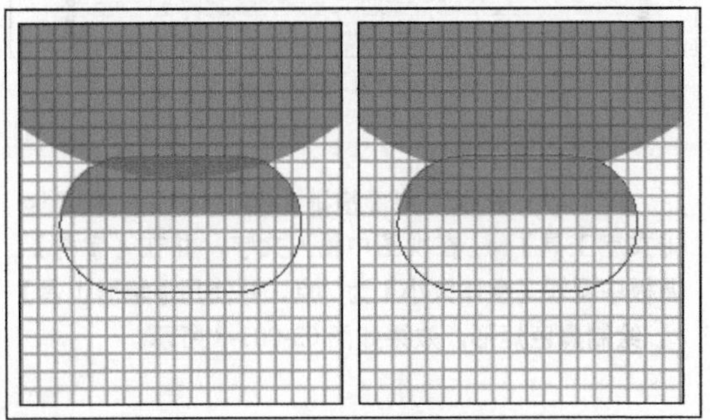

图 03-001-11　编辑图层蒙版

(4) 复制并旋转前面绘制好的图像，调整颜色为蓝色（C：56，M：0，Y：22，K：0），效果如图 03-001-12 所示。

图 03-001-12　复制形状

(5) 继续复制并旋转图像，分别调整颜色为红色（C：0，M：94，Y：20，K：0）和黄色（C：7，M：4，Y：86，K：0），效果如图 03-001-13 所示。

(6) 最后使用【横排文字工具】在视图中添加文字，并在【字符】调板中设置字体系列为汉仪大宋简，【水平缩放】参数为 80%，效果如图 03-001-14 所示。

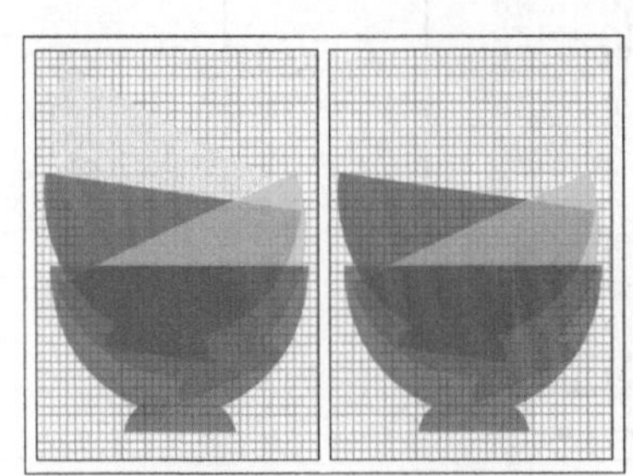

图 03-001-13　复制并调整形状颜色

图 03-001-14　创建文字

实例 02 葡萄酒的标志设计

1. 实例特点：

画面清新、简洁，使文字与酒瓶巧妙的结合在一起，很有设计感和识别感。该实例中的标志效果，可用于餐饮、服装等众多商业领域。

2. 注意事项：

在用选区复制图像的时候要选中想要复制的图层。将文字载入选区，在酒瓶上复制图像。

3. 操作思路：

首先添加酒瓶素材，隐藏要表现文字的一端，创建文字，并将文字作为媒介载入，复制酒瓶上的图像创建标志，然后添加文字。

最终效果图

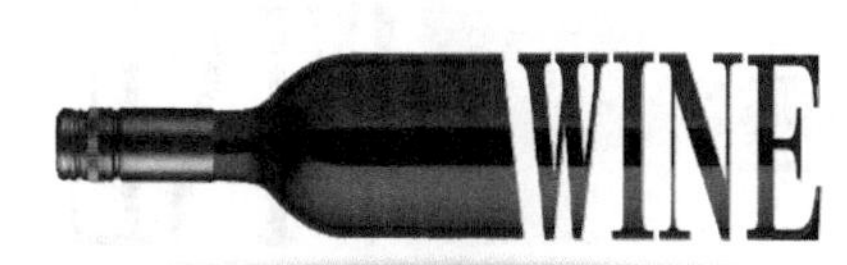

资源/第03章/源文件/葡萄酒的标志设计.psd

具体步骤如下：

1. 参考线的制作

（1）新建一个宽度为 9 厘米，高度为 6 厘米，分辨率为 300 像素 / 英寸的新文档。

（2）打开“资源 / 第 03 章 / 素材 / 葡萄酒 .tif”文件，将其拖至当前正在编辑的文档中，效果如图 03-002-1 所示。

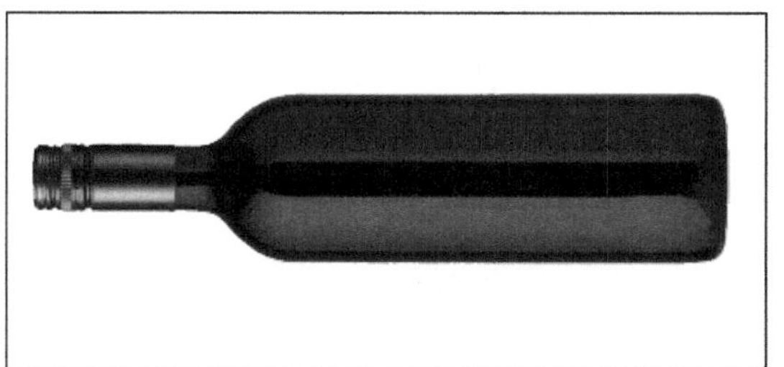

图 03-002-1　添加素材图像

（3）为图层添加图层蒙版，并参照图 03-002-2 所示，在蒙版中绘制黑色矩形，隐藏葡萄酒的一半图像。

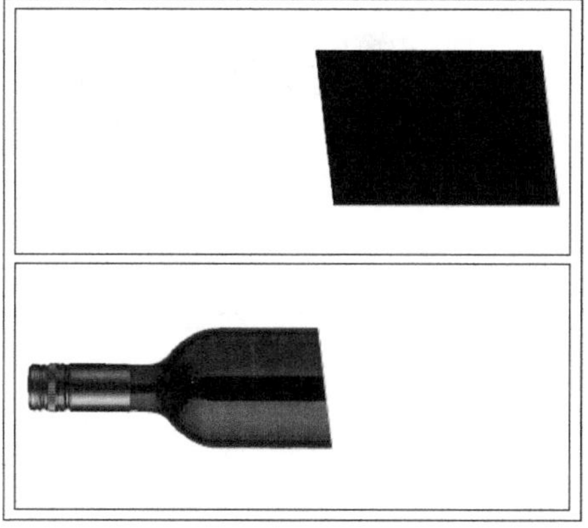

图 03-002-2　添加图蒙版

(4) 使用【横排文字工具】输入字母“Wine”并在【字符】调板中设置【水平缩放】参数为50%，单击【全部大写字母】按钮 TT，使字母全部变为大写，效果如图 03-002-3 所示。

图 03-002-3　创建文字

(5) 将字母图像载入选区，然后选中葡萄酒图像所在图层，使用快捷键 Ctrl+J 复制图像并新建图层，调整图层顺序到最上方，效果如图 03-002-4 所示。

图 03-002-4　调整图层顺序

(6) 新建图层，使用黑色柔边缘【画笔工具】绘制一点，并对圆点进行变形，调整图层【不透明度】参数为 50%，制作出阴影效果，如图 03-002-5 所示。

图 03-002-5　绘制阴影

(7) 最后使用【横排文字工具】添加文字，完成本实例的制作，效果如图 03-002-6 所示。

图 03-002-6　添加文字

实例 03 主题餐厅的标志设计

1. 实例特点：

画面时尚、前卫，通过渐变图层的添加，使画面富有空间感。该实例中的空间效果，可用于化妆品、餐饮等标志应用上。

2. 注意事项：

通过对图层的先后顺序的调整，营造空间氛围。通过选区的相交创建不规则选区。

3. 操作思路：

首先创建背景，打开马铃薯图像，通过选区的相交创建需要的选区，切马铃薯，然后移动马铃薯块的位置，绘制选区填充渐变，将马铃薯块立体化，最后添加文字。

最终效果图

资源/第 03 章/源文件/主题餐厅的标志设计.psd

具体步骤如下：

（1）创建一个宽度为 7 厘米，高度为 9 厘米，分辨率为 300 像素 / 英寸的新文档。

（2）使用【渐变工具】填充白色到黄色的径向渐变，效果如图 03-003-1 所示。

（3）新建“组 1”图层组，打开“资源 / 第 03 章 / 素材 / 马铃薯.jpg”文件，使用【快速选择工具】抠出图像，然后将其拖至当前正在编辑的文档中，复制图层，设置图层混合模式为【滤色】，并调整图层【不透明度】参数为 50%，效果如图 03-003-2 所示。

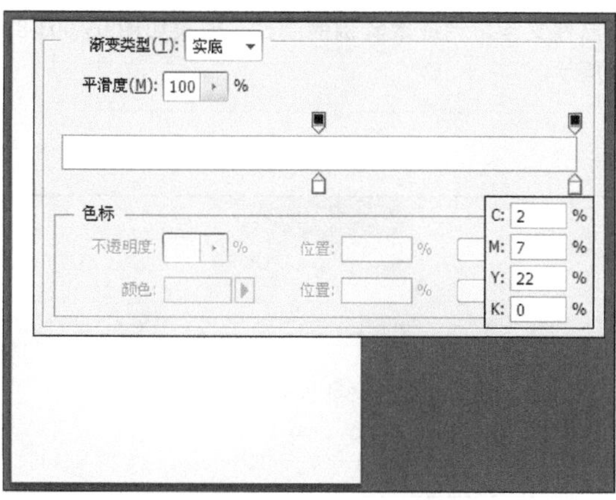

图 03-003-1　填充渐变

图 03-003-2　添加素材图像

（4）使用快捷键 Ctrl+E 合并马铃薯图层，将马铃薯图像载入选区，然后选择【椭圆选框工具】，并在其选项栏中单击【与选区相交】按钮，创建选区，并使用快捷键 Ctrl+J 创建新图像，效果如图 03-003-3 所示。

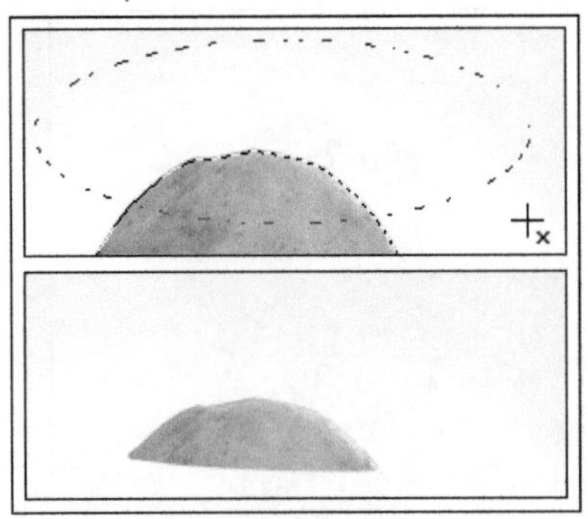

图 03-003-3 选区的相交

（5）使用前面介绍的方法将剩下的马铃薯切成 4 份，并调整其位置，效果如图 03-003-4 所示。

图 03-003-4 切马铃薯

（6）参照图 03-003-5 所示，使用【椭圆选框工具】绘制椭圆选区。

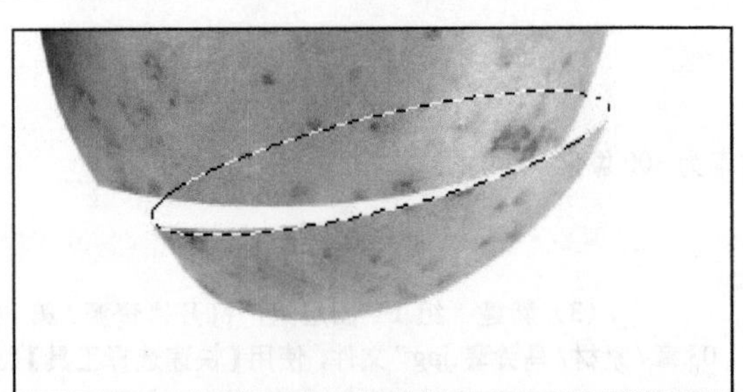

图 03-003-5 绘制椭圆选区

（7）单击【图层】调板底部的【创建新的填充或调整图层】按钮，在弹出的菜单中选择【渐变填充】命令，为选区填充渐变效果，如图 03-003-6 所示。

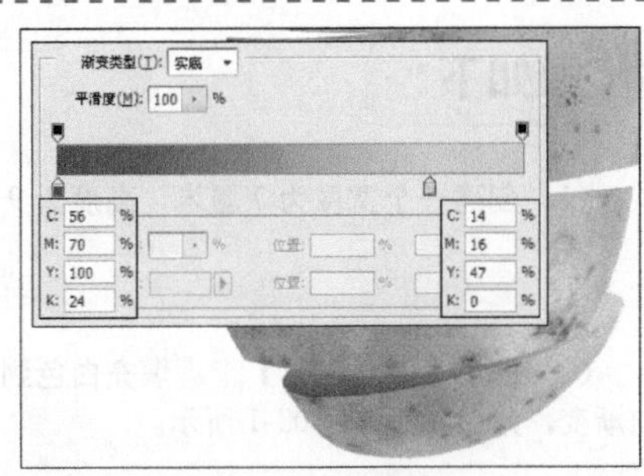

图 03-003-6 填充渐变

（8）继续使用【椭圆选框工具】绘制选区，并填充渐变，增强马铃薯的立体感，效果如图 03-003-7 所示。

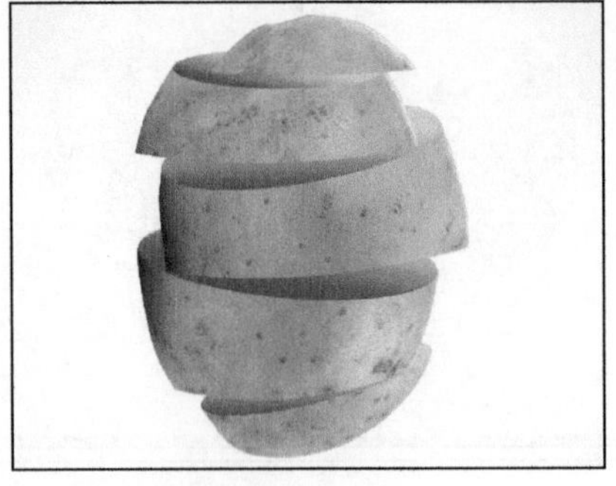

图 03-003-7 增强立体感

（9）最后使用【横排文字工具】创建标志性文字，完成本实例的制作，效果如图 03-003-8 所示。

图 03-003-8 创建文字

实例04 茶馆的标志设计

1. 实例特点：

画面灵动富有生机，茶叶的形象和字体将所要表达的信息很明确的传达给消费者。该实例中的标志效果，可用于服装、化妆品，茶馆等平面应用上。

2. 注意事项：

在用钢笔工具绘制路径的时候，最好能新建一个路径图层，这样能把绘制好的路径都保留下来，方便在制作过程中的应用。

3. 操作思路：

首先绘制路径，然后将路径载入选区填充渐变颜色，然后继续绘制路径，最后添加文字。

最终效果图

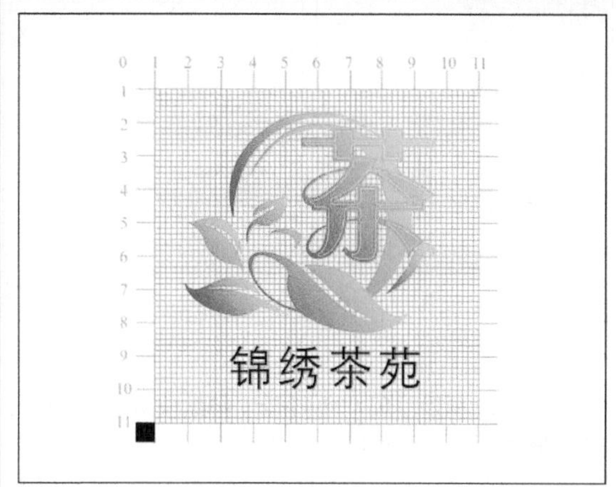

资源 / 第 03 章 / 源文件 / 茶馆的标志设计 .psd

具体步骤如下：

（1）创建一个宽度为 9 厘米，高度为 7 厘米，分辨率为 300 像素 / 英寸的新文档，使用前面介绍的方法创建网格。

（2）在【路径】调板中新建“路径 1”图层，然后使用【钢笔工具】绘制路径，效果如图 03-004-1 所示。

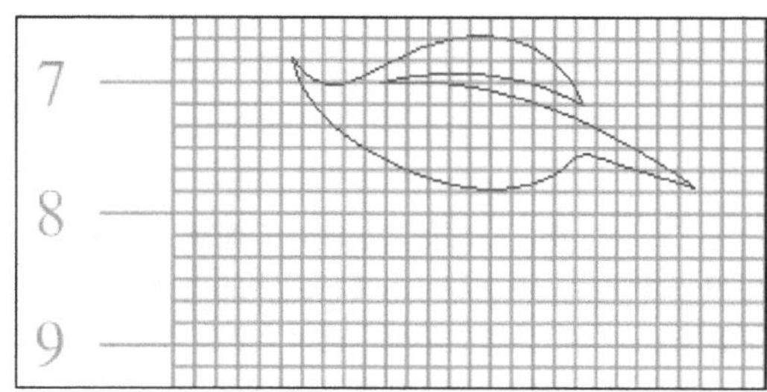

图 03-004-1 绘制路径

（3）将路径载入选区，单击【图层】调板底部的【创建新的填充或调整图层】按钮，在弹出的菜单中选择【渐变填充】命令，参照图 03-004-2 所示，为选区填充渐变。

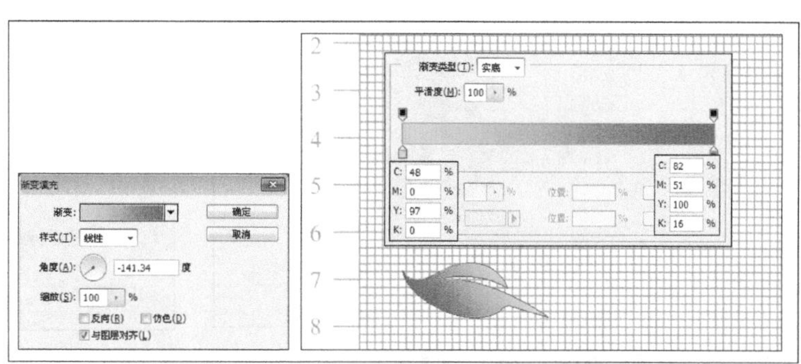

图 03-004-2 填充渐变

(4) 参照图 03-004-3 所示的步骤，继续在【路径】调板中新建路径图层，并使用【钢笔工具】绘制路径，并参照前面介绍的方法填充渐变。

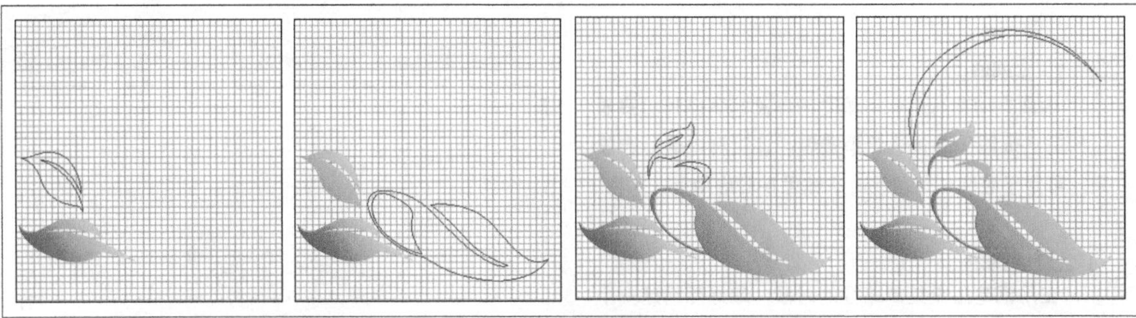

图 03-004-3 绘制图像

(5) 参照图 03-004-4 所示，继续使用前面介绍的方法绘制图像，打开“资源 / 第 03 章 / 源文件 / 茶 .tif”文件，将其拖至当前正在编辑的文档中。

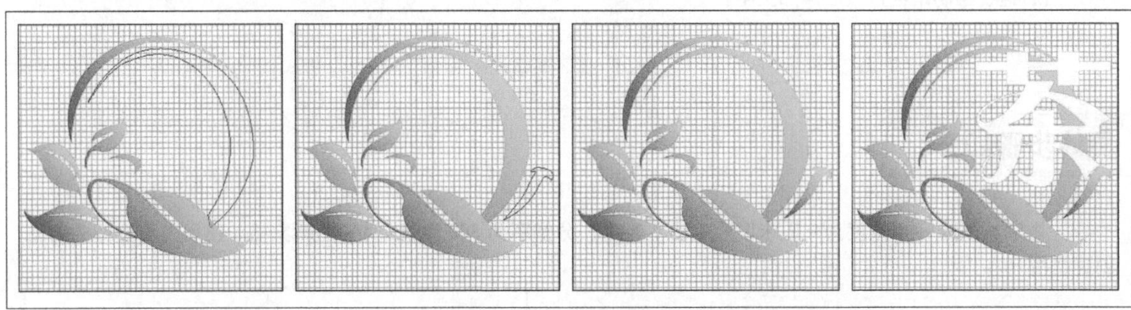

图 03-004-4 添加素材图像

(6) 将上一步创建的素材图像载入选区，然后单击【图层】调板底部的【创建新的填充或调整图层】按钮，在弹出的菜单中选择【渐变填充】命令，创建渐变填充图像，效果如图 03-004-5 所示。

(7) 调整渐变填充图像到素材图像的下方，并为素材图像添加 6 像素的黑色【描边】图层样式，效果如图 03-004-6 所示。

图 03-004-5 创建渐变填充图像

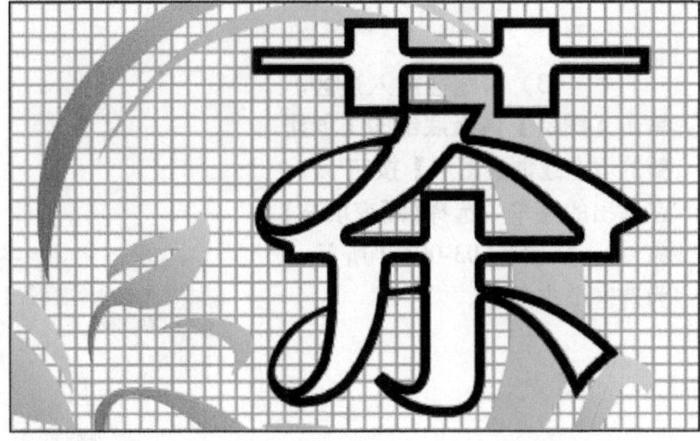

图 03-004-6 添加【描边】图层样式

（8）栅格化图层样式，然后使用【魔棒工具】将白色图像载入选区，使用快捷键 Ctrl+I 反选选区，按下 Delete 键删除选区中的图像，效果如图 03-004-7 所示。

（9）继续为图像添加 1 像素白色描边图层样式，并调整图层【填充】参数为 0%，最后使用【横排文字工具】添加文字，完成本实例的制作，效果如图 03-004-8 所示。

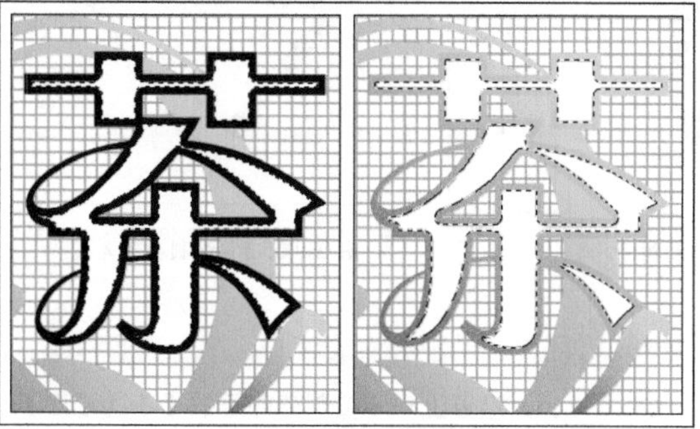

图 03-004-7 栅格化图层样式

图 03-004-8 添加文字

实例 05 儿童画室的标志设计

1. 实例特点：

画面以绿色和褐色调为主，画面简洁、清新，富有自然气息。该实例中的效果，可用于卡通设计室、幼儿园等标志应用上。

2. 注意事项：

对路径形状上的路径进行复制的时候，首先要用【直接选择工具】选中需要复制的路径。

3. 操作思路：

首先利用形状工具创建出树的树干部分，然后通过调整画笔大小，绘制树冠部分，最后添加文字。

最终效果图

资源 / 第 03 章 / 素材 / 儿童画室的标志设计 .psd

具体步骤如下：

（1）创建一个宽度为 9 厘米，高度为 7 厘米，分辨率为 300 像素 / 英寸的新文档。

（2）使用【进行选框工具】绘制选区，并填充颜色为黑色，效果如图 03-005-1 所示。

图 03-005-1 绘制矩形

（3）设置前景色为褐色（C：59，M：77，Y：100，K：39），使用【矩形工具】绘制矩形形状，并配合【钢笔工具】调整路径，创建出树干效果，如图 03-005-2 所示。

（4）设置前景色为白色，继续使用【矩形工具】绘制矩形形状，并配合【钢笔工具】调整路径，创建出画笔笔尖效果，如图 03-005-3 所示。

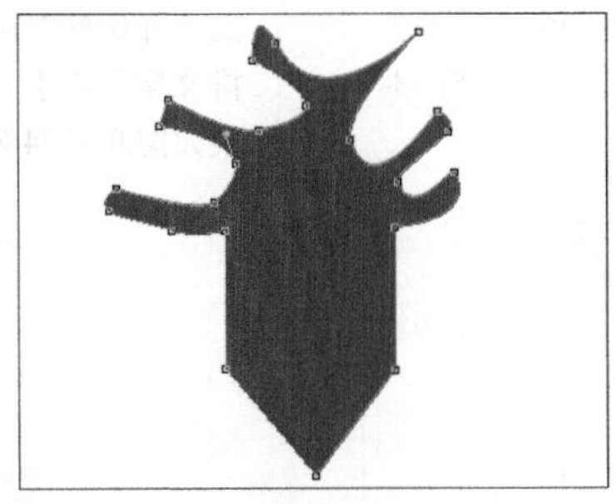

图 03-005-2　绘制树干

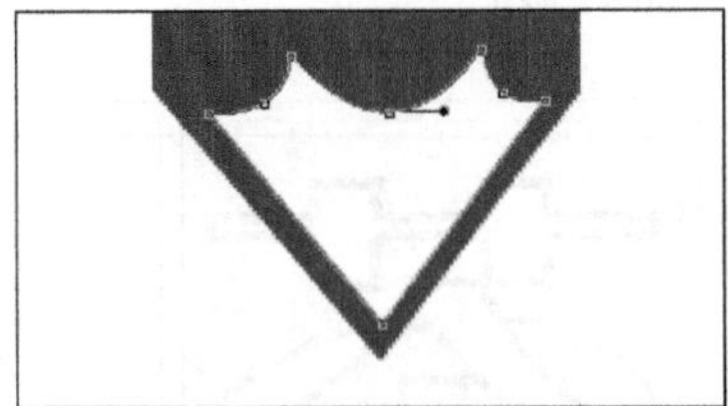

图 03-005-3　绘制画笔笔尖

（5）继续使用【矩形工具】绘制形状，使用【路径选择工具】选中路径，复制并水平翻转路径，然后缩小路径并调整位置，如图 03-005-4 所示。

（6）设置上一步骤创建图层的【不透明度】参数为 50%，将树干图像载入选区，使用【椭圆选框工具】创建出相交的选区，如图 03-005-5 所示。

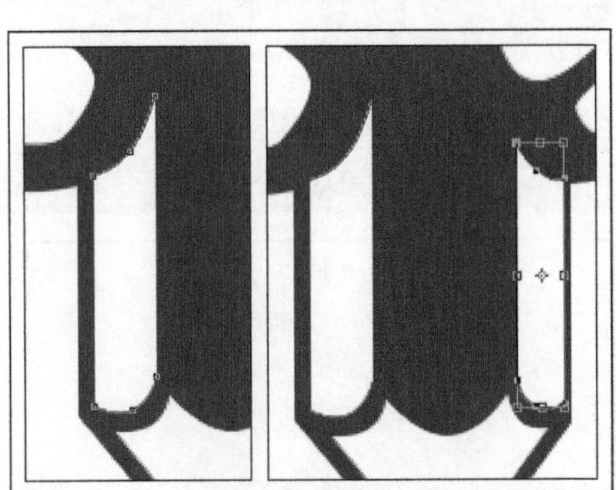

图 03-005-4　绘制笔杆

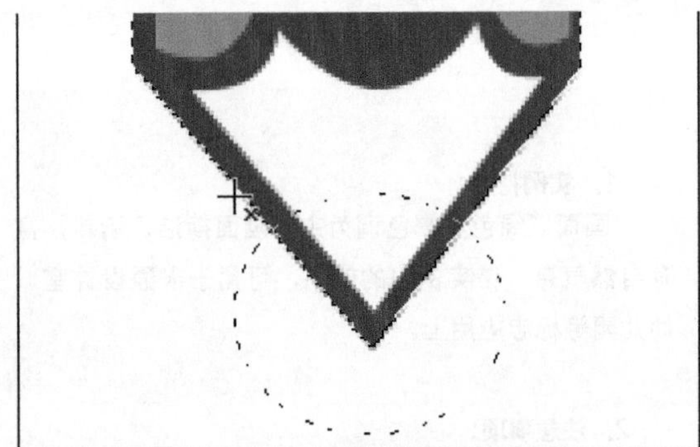

图 03-005-5　创建相交的选区

（7）单击【图层】调板底部的【创建新的填充或调整图层】按钮，在弹出的菜单中选择【渐变填充】命令，为选区填充【角度】为 150 度，【缩放】参数为 100% 的径向渐变，效果如图 03-005-6 所示。

（8）新建“图层 1”，设置颜色为浅绿色（C：43，M：5，Y：86，K：0），使用硬边缘【画笔工具】在视图中开始绘制树冠部分，效果如图 03-005-7 所示。

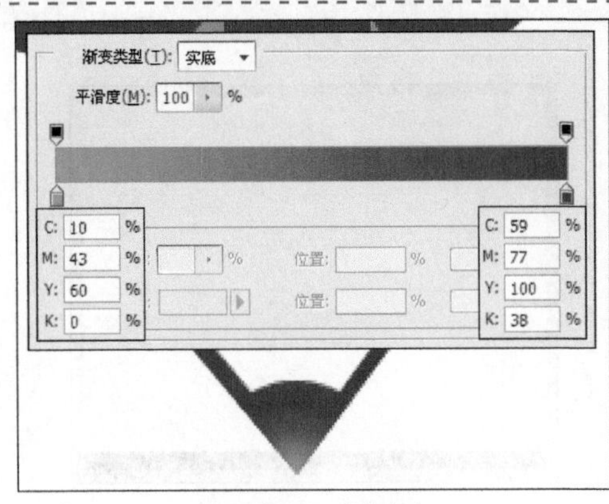

图 03-005-6　填充渐变

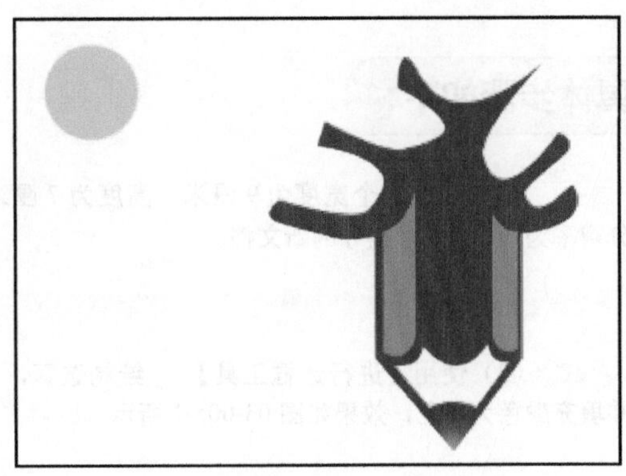

图 03-005-7　绘制一点

(9) 继续使用硬边缘【画笔工具】，配合调整画笔大小绘制出树冠的一部分，效果如图 03-005-8 所示。

(10) 使用前面介绍的方法，绘制出整个树冠，效果如图 03-005-9 所示。

图 03-005-9 绘制出整个树冠

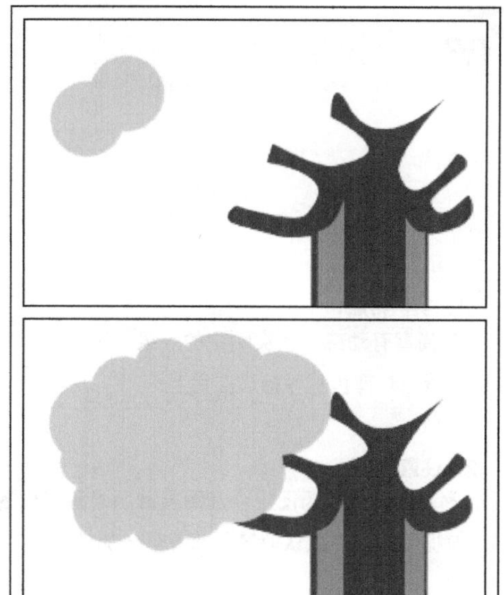

图 03-005-8 绘制一片树冠

(11) 新建“图层 2”，设置颜色为深绿色（C：52，M：17，Y：89，K：0），继续使用硬边缘【画笔工具】在视图中开始绘制阴影部分，效果如图 03-005-10 所示。

(12) 将图像载入选区，并移动选区的位置，单击【图层】调板底部的【添加图层蒙版】按钮，隐藏部分图像，效果如图 03-005-11 所示。

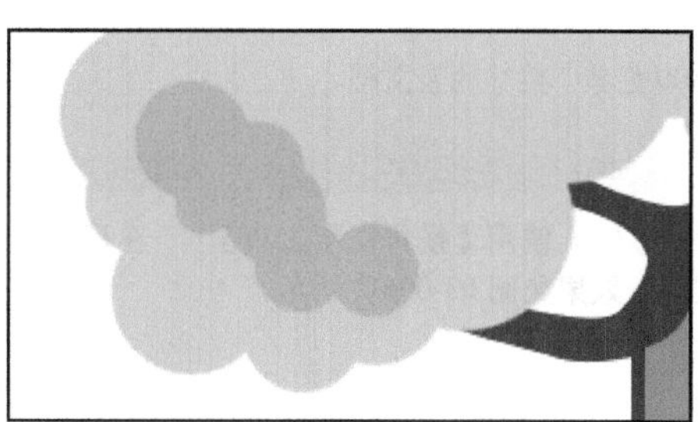

图 03-005-10 绘制树冠上的阴影

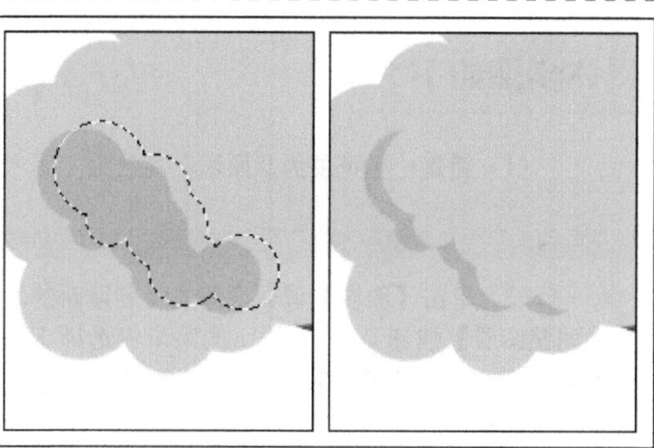

图 03-005-11 添加图层蒙版

(13) 使用前面介绍的方法，分别新建“图层 3”和“图层 4”，绘制树冠阴影，效果如图 03-005-12 所示。

(14) 最后使用【横排文字工具】添加文字，完成本实例的制作，效果如图 03-005-13 所示。

图 03-005-12 绘制树冠上的阴影

图 03-005-13 添加文字

实例 06 品牌服装的标志设计

最终效果图

资源 / 第 03 章 / 源文件 / 品牌服装的标志设计 .psd

1. 实例特点：

时尚富有动感。该实例中的效果，可用于服装、日用百货、教育机构等标志应用上。

2. 注意事项：

利用选区直接为图层添加图层蒙版隐藏图像的时候，前提是在软件默认前景色和背景色的情况下。

3. 操作思路：

首先创建文字，然后在画笔调板中设置画笔，使用画笔创建背景图案，将文字作为媒介载入，隐藏文字以外的背景图像，创建标志效果，最后添加文字。

具体步骤如下：

（1）新建一个宽度为 9 厘米，高度为 7 厘米，分辨率为 300 像素 / 英寸的新文档。

（2）单击【图层】调板底部的【创建新的填充或调整图层】按钮，在弹出的菜单中选择【渐变填充】命令，参照图 03-006-1 所示的参数，添加渐变填充背景。

（3）使用【横排文字工具】在视图中输入文字，效果如图 03-006-2 所示。

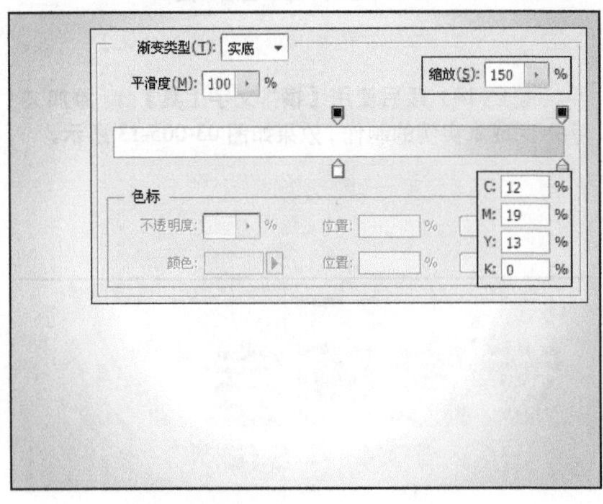

图 03-006-1 创建渐变填充图层

图 03-006-2 添加文字

（4）新建“图层 1”，选择【画笔工具】，然后单击其选项栏中的【切换画笔面板】按钮，参照图 03-006-3 所示，在弹出的【画笔】面板中进行设置。

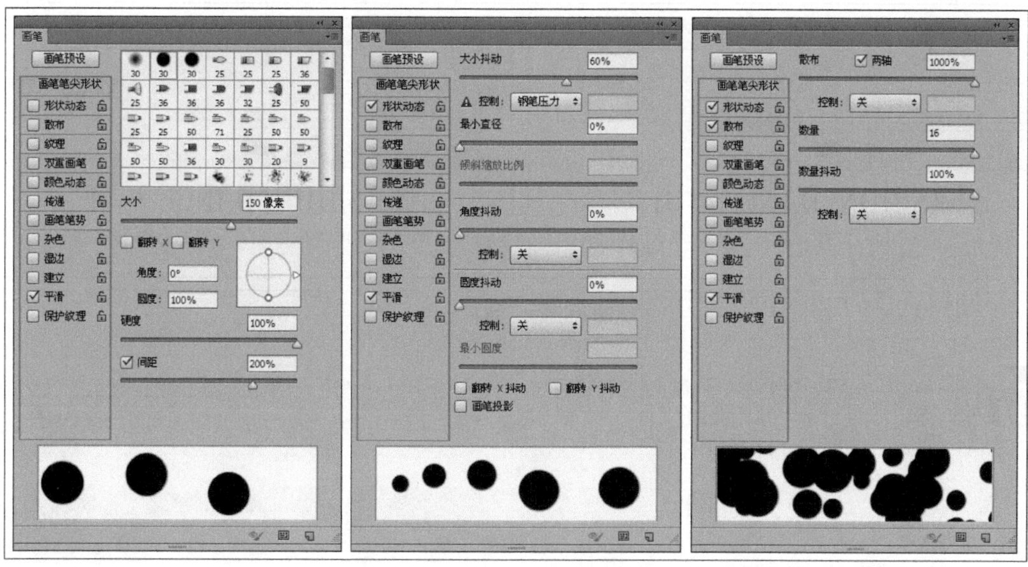

图 03-006-3 【画笔】面板

（5）继续在【画笔】面板中进行设置，效果如图 03-006-4 所示。

（6）设置前景色为玫红色（C：0，M：95，Y：37，K：0），背景色为蓝色（R：36，G：0，B：255），使用【画笔工具】在视图中进行绘制，效果如图 03-006-5 所示。

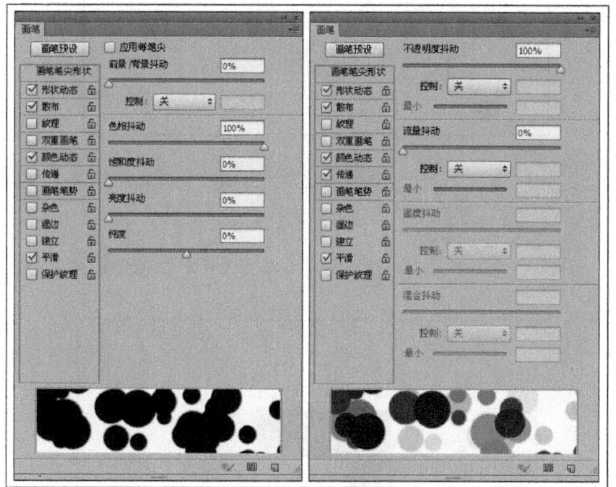
图 03-006-4 设置画笔

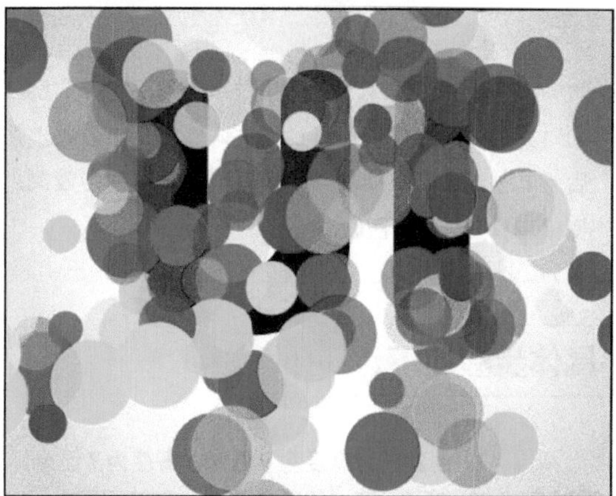
图 03-006-5 绘制图像

（7）将文字图像载入选区，然后单击【图层】调板底部的【添加矢量蒙版】按钮，隐藏部分图像，效果如图 03-006-6 所示。

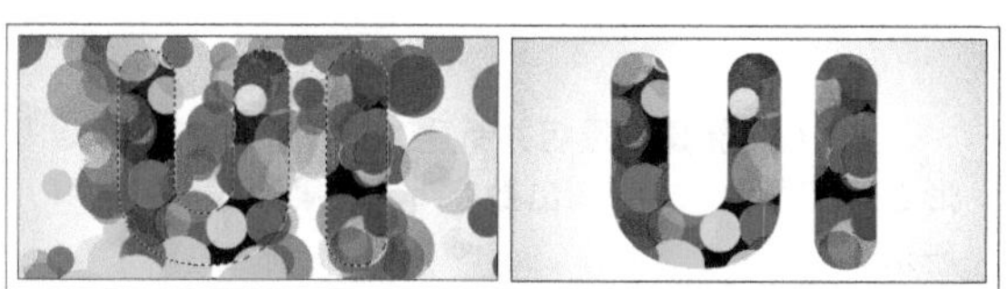
图 03-006-6 添加图层蒙版

（8）隐藏之前创建的文字图层，然后参照图 03-006-7 所示，使用【横排文字工具】在视图中输入文字，完成本实例的制作。

图 03-006-7 添加文字

实例 07 商务酒店的标志设计

1. 实例特点：

此案例华丽并富有金属质感，与其所代言的企业形象相符。该实例中的质感效果，可用于房产、酒店、高端休闲会所等标志应用上。

2. 注意事项：

在创建完渐变填充的时候，可在视图中移动渐变的位置，以调整适合的位置。

3. 操作思路：

首先利用选框工具制作出数字，然后切开文字分别对其进行变形，创建出呈现立体感的文字效果，然后为其创建渐变叠加图层样式，创建金属质感效果，使标志看其来更华丽。

最终效果图

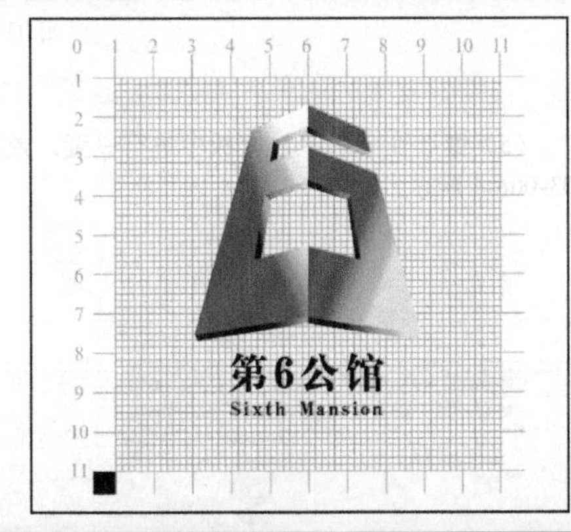

资源 / 第 03 章 / 源文件 / 商务酒店的标志设计 .psd

具体步骤如下：

（1）创建一个宽度为 9 厘米，高度为 7 厘米，分辨率为 300 像素 / 英寸的新文档，并创建网格。

（2）新建图层组并新建“图层 1”，使用【矩形选框工具】绘制出数字 6，效果如图 03-007-1 所示。

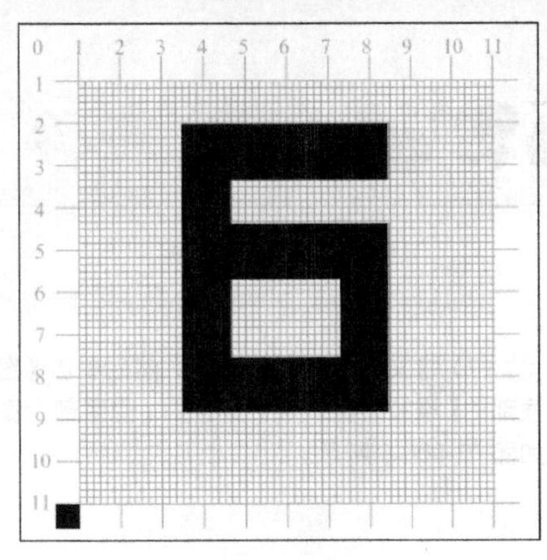

图 03-007-1 绘制图像

(3) 使用【矩形工具】绘制选区，然后使用快捷键 Ctrl+J 创建“图层 2”，效果如图 03-007-2 所示。

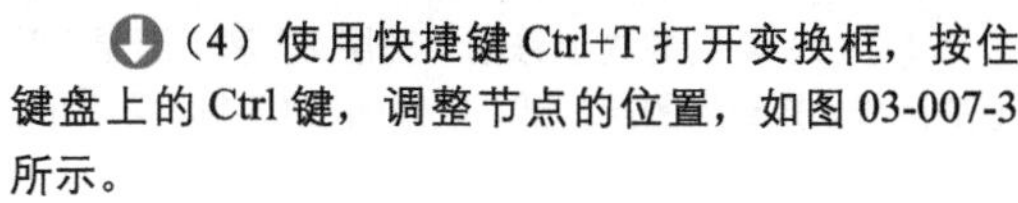

(4) 使用快捷键 Ctrl+T 打开变换框，按住键盘上的 Ctrl 键，调整节点的位置，如图 03-007-3 所示。

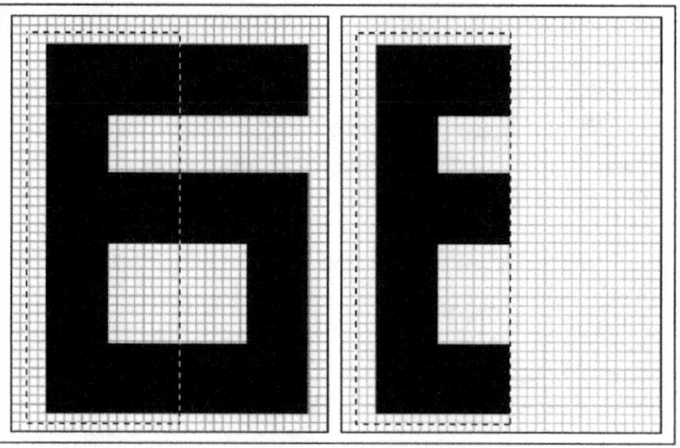

图 03-007-2　复制图像

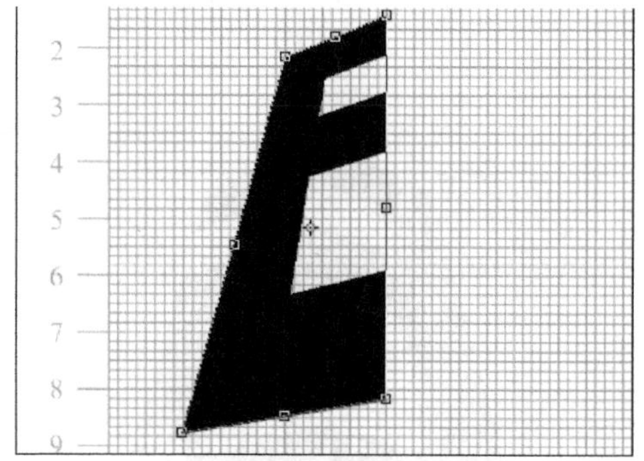

图 03-007-3　变形图像

(5) 使用前面介绍的方法，创建“图层 3”，并对图像进行变形，效果如图 03-007-4 所示。

(6) 双击“图层 2”图层名称缩览图，参照图 03-007-5 所示，在打开的【图层样式】对话框中进行设置，为图像添加渐变效果。

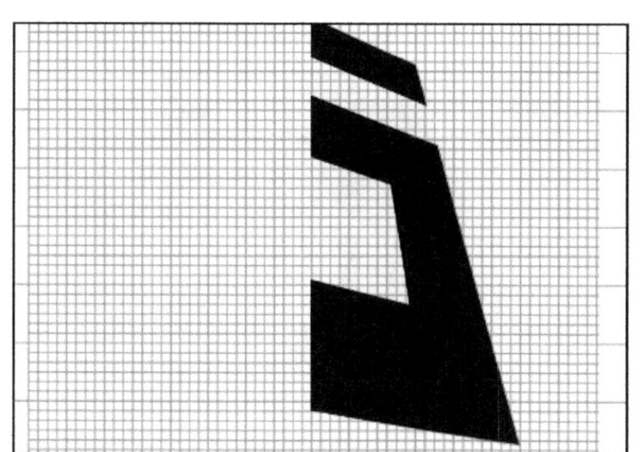

图 03-007-4　复制并调整图像

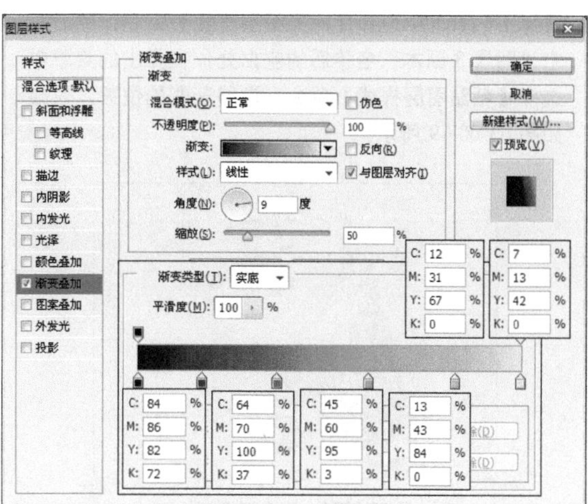

图 03-007-5　添加渐变

(7) 右击“图层 2”名称后的空白处，在弹出的菜单中选择【拷贝图层样式】命令，然后右击“图层 3”名称后的空白处，在弹出的菜单中选择【粘贴图层样式】命令，调整渐变的位置，效果如图 03-007-6 所示。

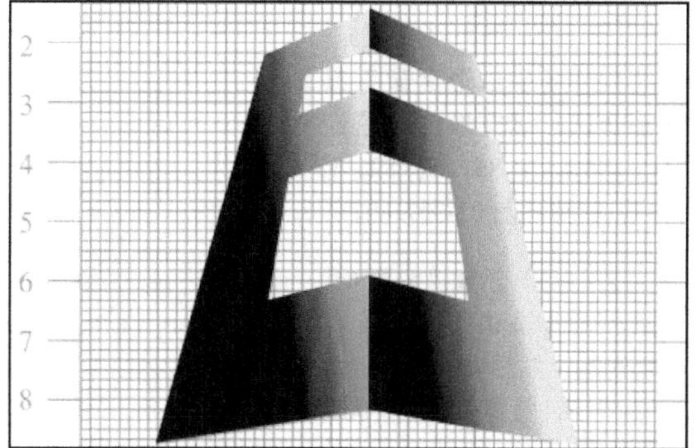

图 03-007-6　添加渐变效果

(8) 复制并向上移动“图层 2”和“图层 3”上的图像，并删除图层样式，效果如图 03-007-7 所示。

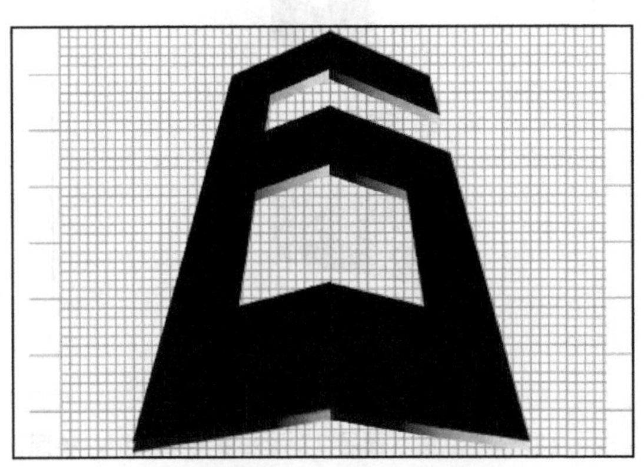

图 03-007-7　复制并移动图像

(9) 双击“图层 2 副本”图层名称缩览图，参照图 03-007-8 所示，在打开的【图层样式】对话框中进行设置，为图像添加渐变效果。

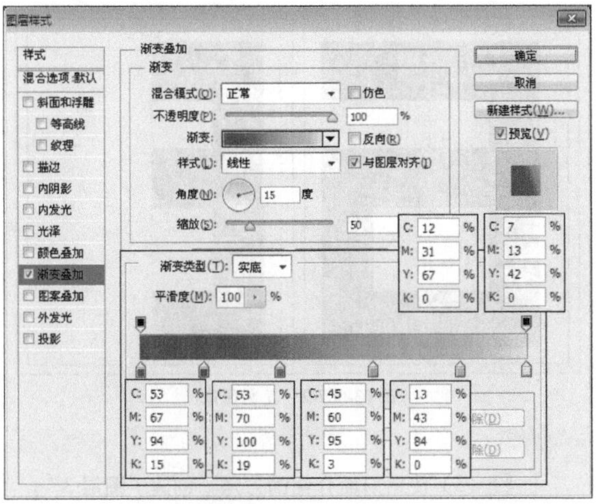

图 03-007-8　添加渐变

(10) 右击“图层 2 副本”名称后的空白处，在弹出的菜单中选择【拷贝图层样式】命令，然后右击“图层 3 副本”名称后的空白处，在弹出的菜单中选择【粘贴图层样式】命令，调整渐变的位置，效果如图 03-007-9 所示。

图 03-007-9　添加渐变效果

(11) 新建“图层 4”，使用【多边形套索工具】绘制选区，填充颜色为黑色，复制“图层 2”上的图层样式，粘贴到该图层，效果如图 03-007-10 所示。

图 03-007-10　绘制选区

(12) 新建“图层 5”，继续使用【多边形套索工具】绘制选区，填充颜色为暗红色（C：84，M：86，Y：82，K：72），效果如图 03-007-11 所示。

(13) 新建“图层 6”，继续使用【多边形套索工具】绘制选区，然后填充相应的颜色调整图像，效果如图 03-007-12 所示。

图 03-007-11　绘制选区并填充纯色

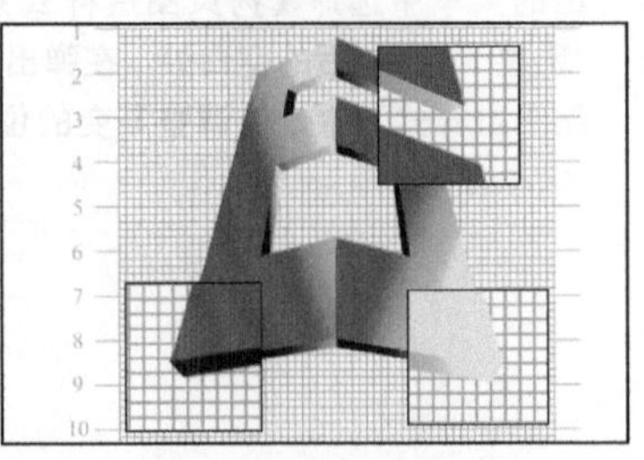

图 03-007-12　调整图像

（14）新建“图层 7”，将“图层 2 副本”上的图像载入选区，使用【渐变工具】填充由白色到透明的渐变，新建“图层 8”，继续填充渐变，效果如图 03-007-13 所示。

（15）盖印并缩小前面创建好的图像，然后使用【横排文字工具】添加文字，完成本实例的制作。效果如图 03-007-14 所示。

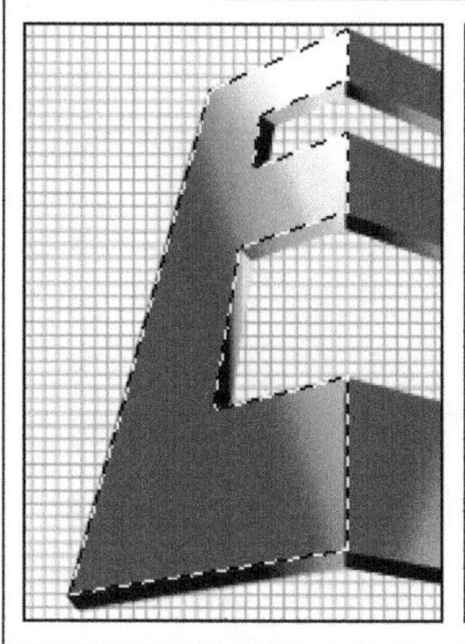

图 03-007-13 绘制高光

图 03-007-14 添加文字

实例 08 设计室的标志设计

1. 实例特点：

画面应以清新、简洁为主，通过几何图形的拼接呈现出 3D 立体感。该实例中的字体效果，可用于网站、书店、时尚杂志等标志应用上。

2. 注意事项：

通过变形工具对矩形进行变形，使之呈现空间感，然后对矩形的重复拼接，使空间感更强烈。在对矩形进行复制旋转的时候，其所填充的渐变效果是不会改变的。

3. 操作思路：

首先创建渐变填充的变形矩形，然以后通过对矩形的复制和重组创建立体的文字效果。

最终效果图

资源/第 03 章/源文件/设计室的标志设计.psd

具体步骤如下：

（1）新建一个宽度为 9 厘米，高度为 7 厘米，分辨率为 300 像素 / 英寸的新文档。

（2）使用【矩形选框工具】绘制选区，并单击【图层】调板底部的【创建新的填充或调整图层】按钮，在弹出的菜单中选择【渐变填充】命令，参照图 03-008-1 所示，创建渐变填充图层。

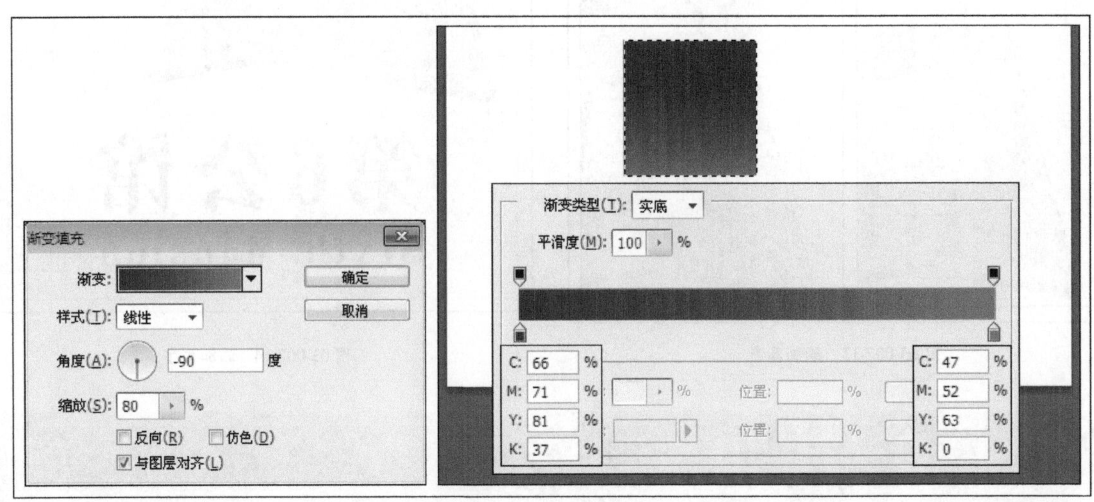

图 03-008-1　创建渐变填充

（3）复制图层，使用快捷键 Ctrl+T 打开变换框，按住键盘上的 Ctrl 键，调整节点的位置，效果如图 03-008-2 所示。

（4）继续复制图层并调整图像形状和渐变填充角度，效果如图 03-008-3 所示。

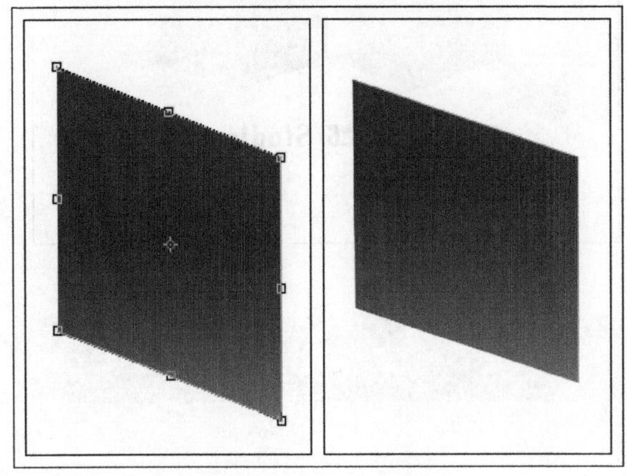

图 03-008-2　添加图蒙版

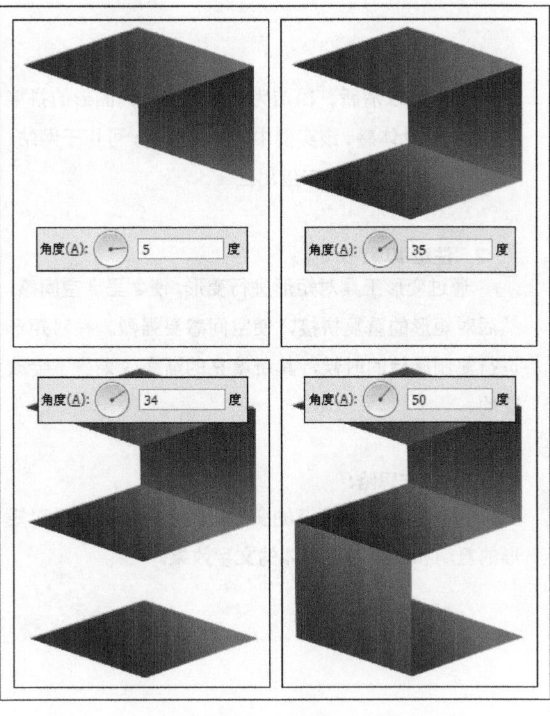

图 03-008-3　复制并调整图层

(5) 选中图形“2”上的横比划，配合键盘上的 Shift 键和 Alt 键水平复制图像，并分别调整其渐变填充【角度】为 15 度、60 度和 -120 度，效果如图 03-008-4 所示。

(6) 继续从前面创建好的图像中水平复制图像，并分别调整渐变【角度】为 120 度、120 度和 -90 度，如图 03-008-5 所示。

图 03-008-4 水平复制图像

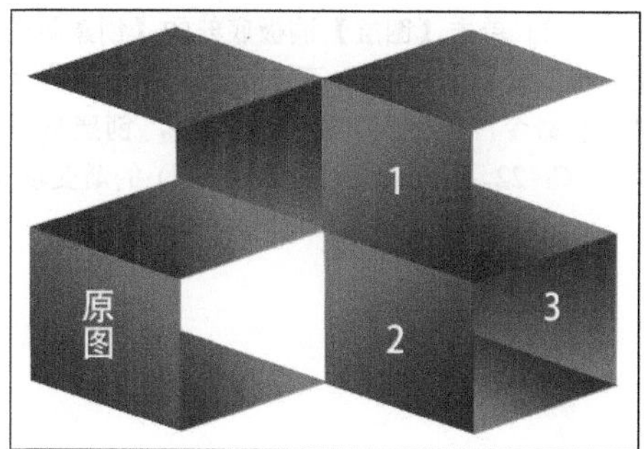

图 03-008-5 绘制阴影

(7) 最后使用【横排文字工具】 添加文字，效果如图 03-008-6 所示。

图 03-008-6 添加文字

实例 09 视觉设计公司的标志设计

1. 实例特点：

画面应以清新、简洁为主，通过七巧板受启发，使之看上去亲切，识别性强使人印象深刻。该实例中的标志效果，可用于儿童玩具、设计行业、服装等标志应用上。

2. 注意事项：

在对多个物体进行渐变填充的时候，不同的颜色填充角度会呈现多种不同的效果。

3. 操作思路：

首先通过矩形工具绘制形状，并通过钢笔工具调整路径创建不同的形状，然后通过对形状的摆放创建鱼图像，将不同的形状分别载入选区填充渐变，呈现拼合的鱼效果。

最终效果图

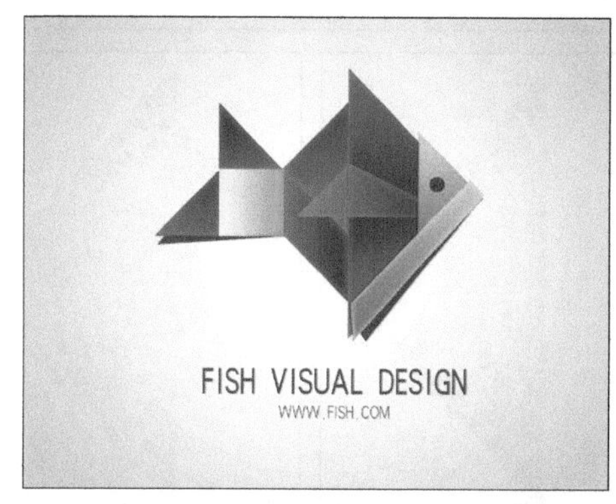

资源 / 第 03 章 / 源文件 / 视觉设计公司的标志设计 .psd

具体步骤如下：

（1）新建一个宽度为 9 厘米，高度为 7 厘米，分辨率为 300 像素 / 英寸的新文档。

（2）单击【图层】调板底部的【创建新的填充或调整图层】按钮，在弹出的菜单中选择【渐变填充】命令，参照图 03-009-1 所示，创建从透明到灰色（C：22，M：16，Y：16，K：0）的渐变填充。

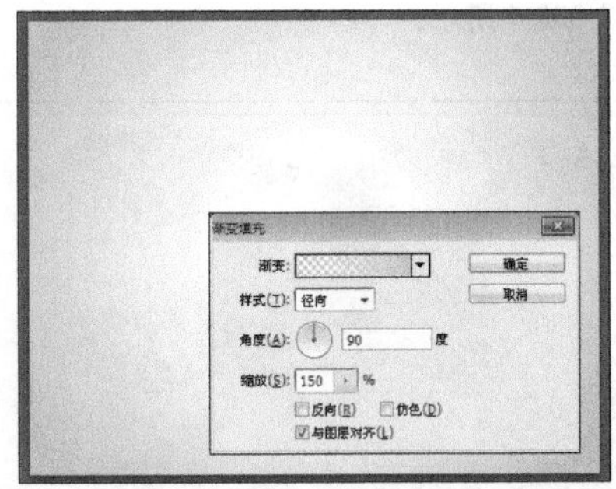

图 03-009-1　创建渐变填充

（3）新建“组 1”图层组，选择【矩形工具】，然后在视图中单击，参照图 03-009-2 所示，在弹出的【创建矩形】对话框中进行设置，创建矩形形状，并使用【钢笔工具】删除锚点，效果如图 03-009-3 所示。

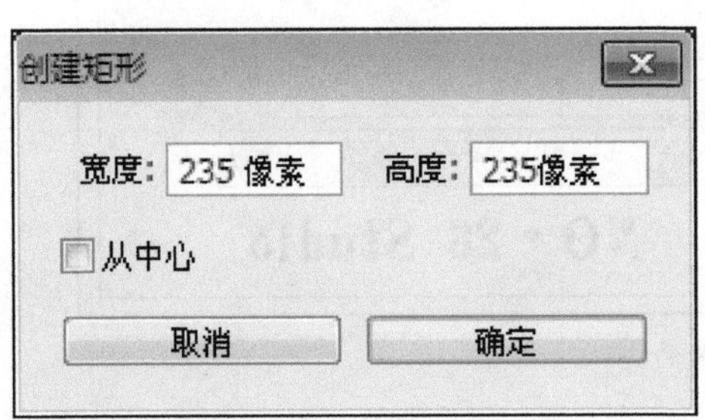

图 03-009-2 【创建矩形】对话框

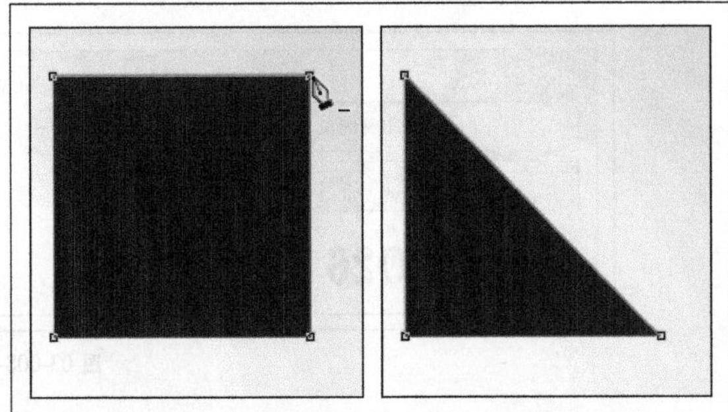

图 03-009-3　绘制三角形

（4）参照图 03-009-4 所示的步骤，继续复制三角形，并调整其位置。

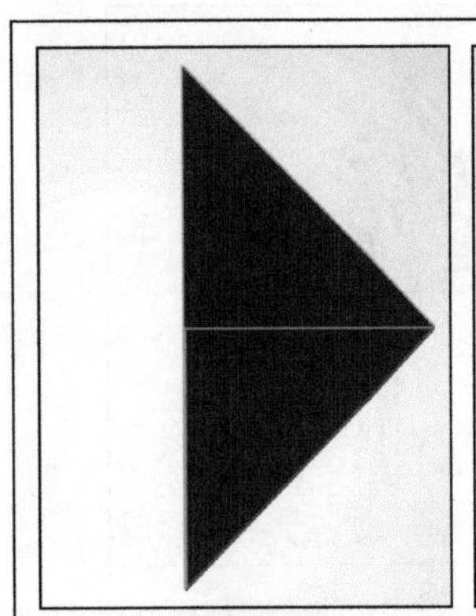

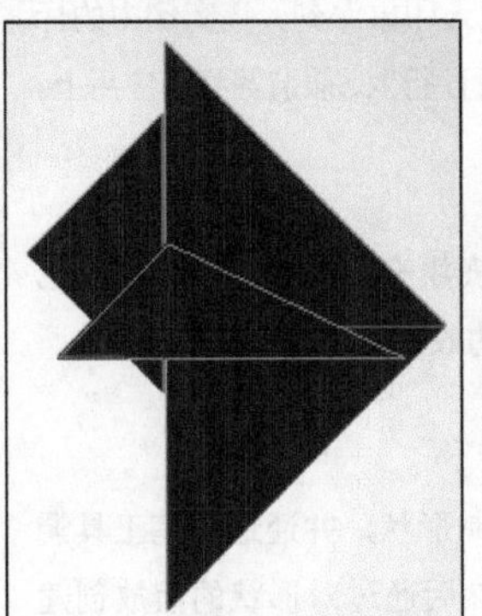
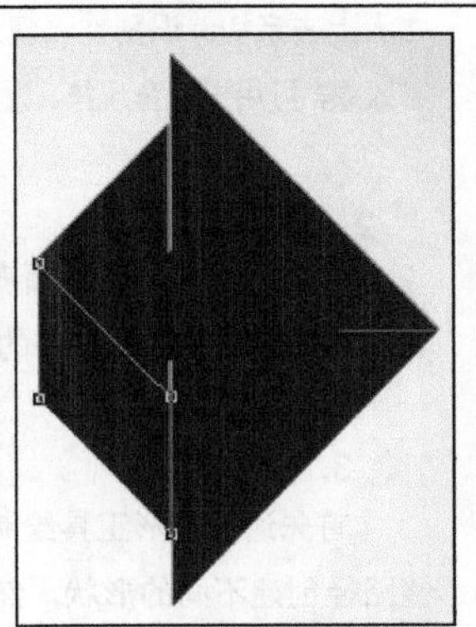

图 03-009-4　复制并调整图形

(5) 使用【矩形工具】绘制矩形形状，并继续复制调整三角形的位置，效果如图 03-009-5 所示。

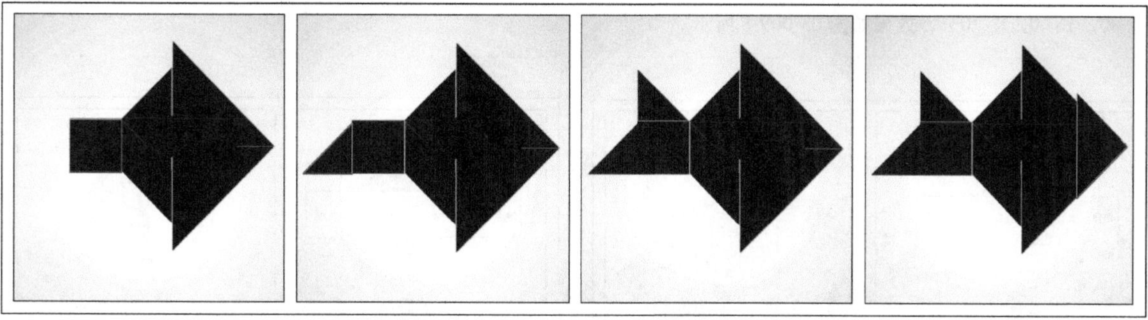

图 03-009-5 绘制图形

(6) 新建“组 2”图层组，为绘制好的图像填充颜色，首先将第一个形状载入选区，然后单击【图层】调板底部的【创建新的填充或调整图层】按钮，在弹出的菜单中选择【渐变填充】命令，参照图 03-009-6 所示，创建“渐变填充 1”图层。

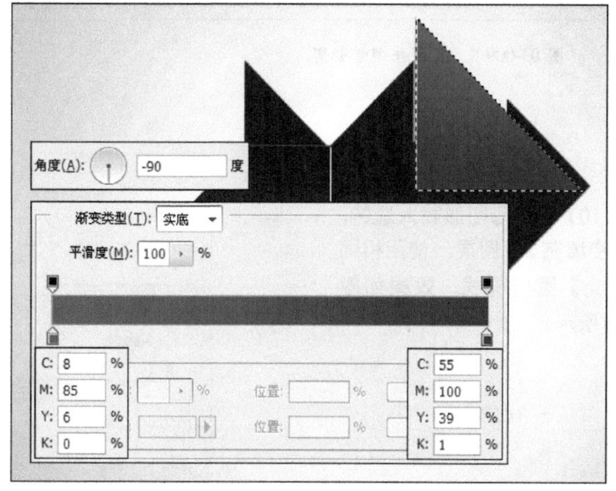

图 03-009-6 创建渐变填充图层

(7) 双击“渐变填充 1”图层的图层缩览图，参照图 03-009-7 所示，在弹出的【图层样式】对话框中进行设置，添加【内发光】图层样式。

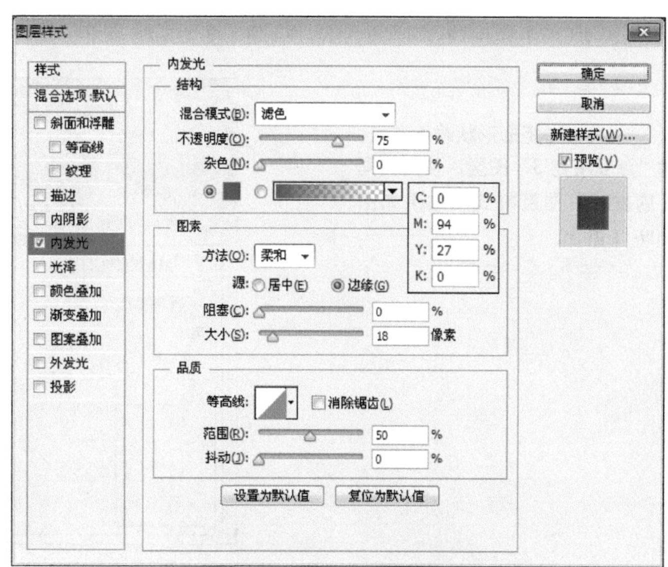

图 03-009-7 添加【内发光】图层样式

(8) 复制“渐变填充 1”图层，垂直翻转图像，继续复制“渐变填充 1”图层，水平翻转并旋转图像，调整在渐变【位置】0%处的颜色为红色（C：0，M：80，Y：0，K：0），效果如图 03-009-8 所示。

(9) 继续复制“渐变填充 1”图层，缩小并旋转角度，效果如图 03-009-9 所示。

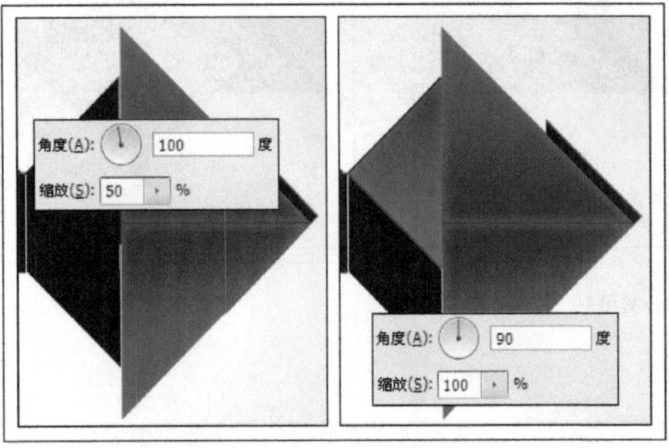

图 03-009-8　复制并调整渐变

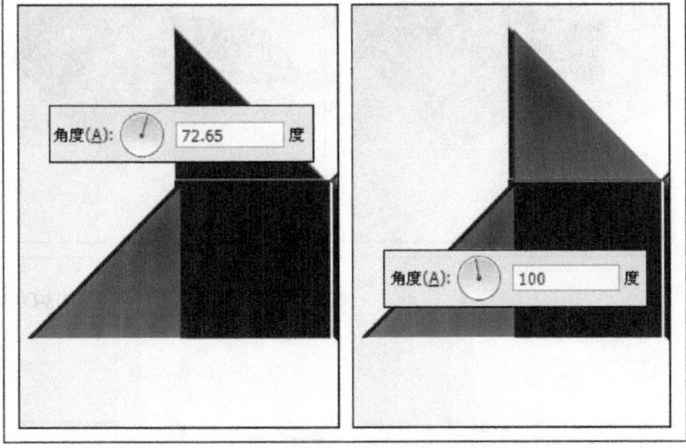

图 03-009-9　复制渐变填充图层

(10) 将菱形图形载入选区，创建“渐变填充 2”图层，使用相同的【内发光】图层样式，效果如图 03-009-10 所示。

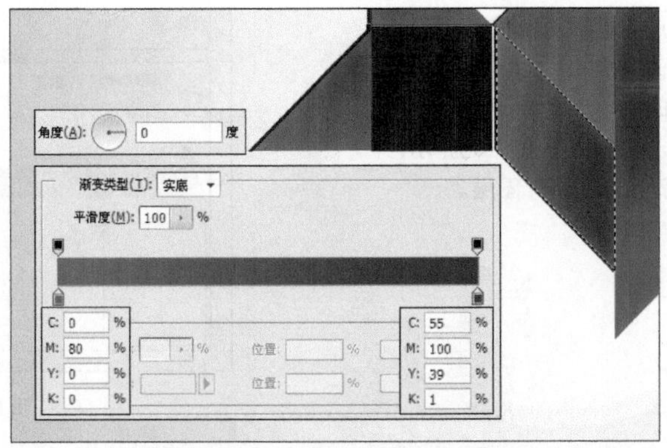

图 03-009-10　创建“渐变填充 2”图层

(11) 将矩形形状载入选区，创建“渐变填充 3”图层，使用相同的【内发光】图层样式，效果如图 03-009-11 所示。

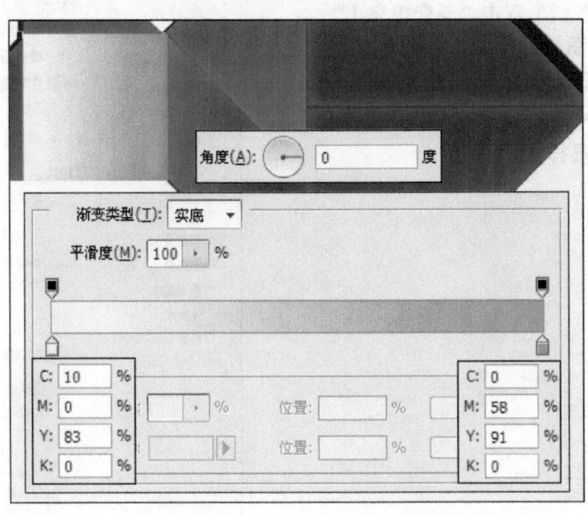

图 03-009-11　创建“渐变填充 3”图层

➡（12）将三角形状载入选区，创建“渐变填充 4”图层，使用相同的【内发光】图层样式，效果如图 03-009-12 所示。

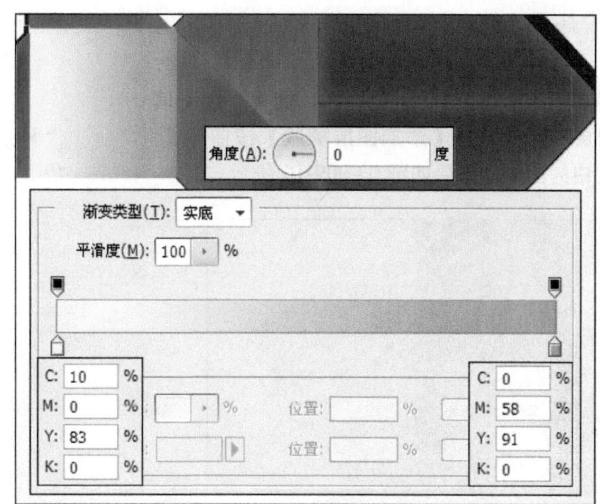

图 03-009-12 创建“渐变填充 4”图层

➡（13）将三角矩形载入选区，参照图 03-009-13 所示，创建“渐变填充 5”图层。

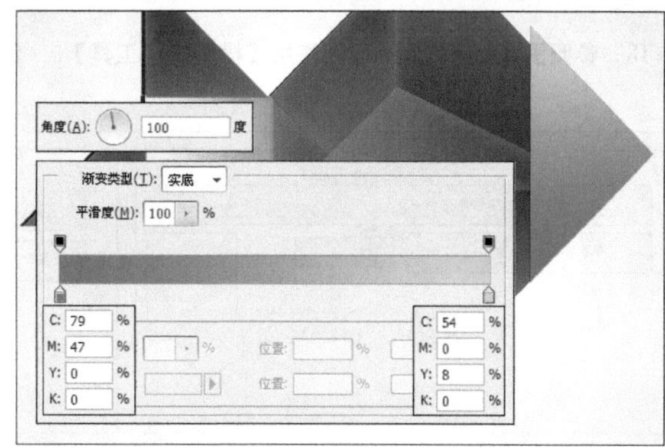

图 03-009-13 创建“渐变填充 5”图层

⬇（14）双击“渐变填充 5”图层缩览图，参照图 03-009-14 所示，为图层添加【内发光】图层样式。

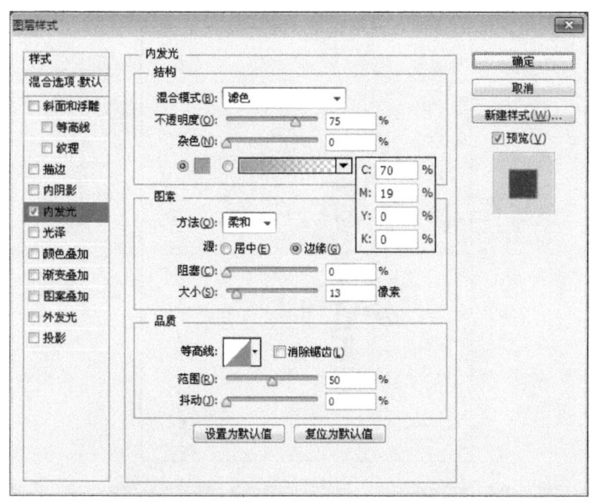

图 03-009-14 添加【内发光】图层样式

⬇（15）使用【多边形套索工具】绘制选区，并为选区填充与上一步骤相同的渐变，添加与上一步骤相同的图层样式，效果如图 03-009-15 所示。

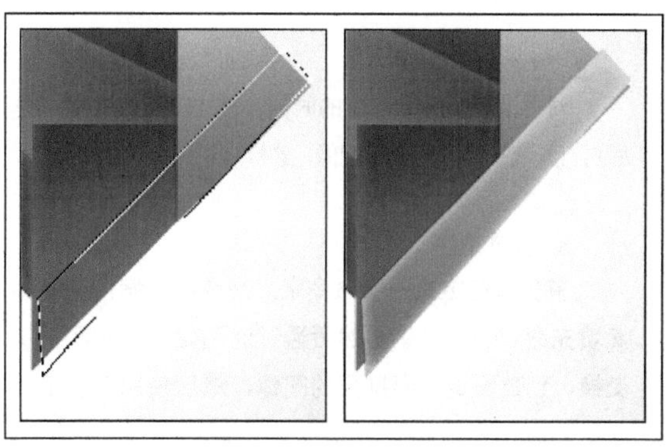

图 03-009-15 填充渐变粘贴图层样式

(16) 使用【椭圆选框工具】绘制正选区，并使用快捷键 Ctrl+Shift+I 反选选区，选中“渐变填充 5”图层，然后单击【添加图层蒙版】按钮，隐藏选区中的图像，效果如图 03-009-16 所示。

图 03-009-16 添加图层蒙版

(17) 新建“图层 1”，使用【多边形套索工具】绘制选区，并填充颜色为灰色，调整图层顺序到“背景”图层的上方，创建阴影效果，如图 03-009-17 所示。

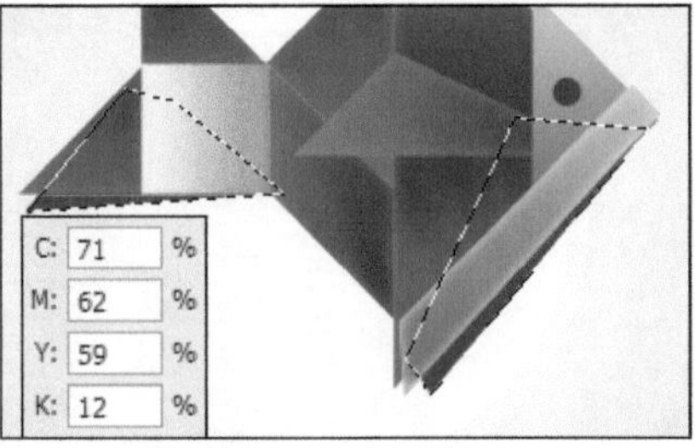

图 03-009-17 绘制阴影

(18) 参照图 03-009-18 所示，使用【横排文字工具】创建文字，完成本实例的制作。

图 03-009-18 添加文字

实例 10 摄影工作室的标志设计

1. 实例特点：

画面应以清新、简洁为主，旋转的三角形影射相机的镜头，更好地向消费者传递出摄影这一概念，该效果可用于摄影摄像、等视觉有关的商业应用上。

2. 注意事项：

对再次变换命令应用的时候，首先要复制图像，然后再打开变换框进行变换图像，这样方可记录变换的动作。

3. 操作思路：

首先通过定义图案命令定义想要的图案，通过图案填充命令创建背景，然后通过对图像的复制和再次变换，创建围绕中心排列的图像，最后使用形状工具绘制装饰形状。

最终效果图

资源/第03章/源文件/摄影工作室的标志设计.psd

具体步骤如下：

1. 创建背景

（1）新建一个宽度为 7 厘米，高度为 9 厘米，分辨率为 300 像素 / 英寸的新文档。

（2）调整颜色为深肉红色（C：6，M：13，Y：19，K：0），选择【矩形工具】，然后在视图中单击，参照图 03-010-1 所示，在弹出的【创建矩形】对话框中进行设置，创建矩形。

（3）隐藏背景图层，使用【矩形选框工具】绘制选区，效果如图 03-010-2 所示。

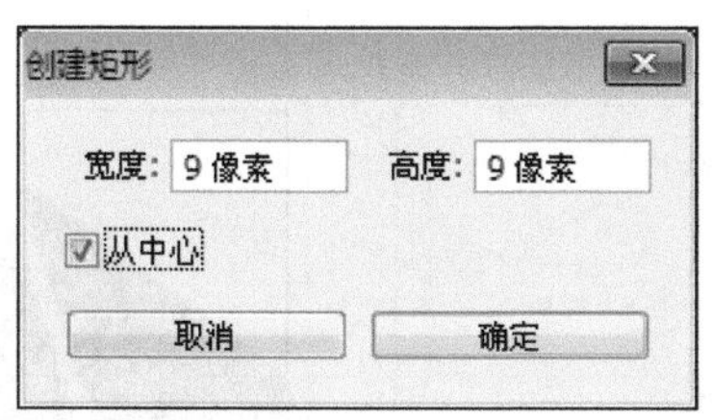

图 03-010-1　【创建矩形】对话框

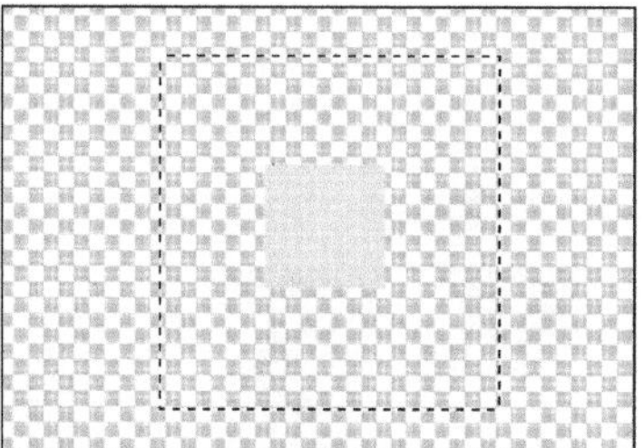

图 03-010-2　绘制矩形选区

（4）执行【编辑】|【定义图案】命令，参照图 03-010-3 所示，在弹出的【图案名称】对话框中设置图案名称，然后单击【确定】按钮，定义图案。

（5）删除“矩形 1”并显示“背景”图层，单击【图层】调板底部的【创建新的填充或调整图层】按钮，在弹出的菜单中选择【图案填充】命令，创建图案填充效果，如图 03-010-4 所示。

图 03-010-3　定义图案

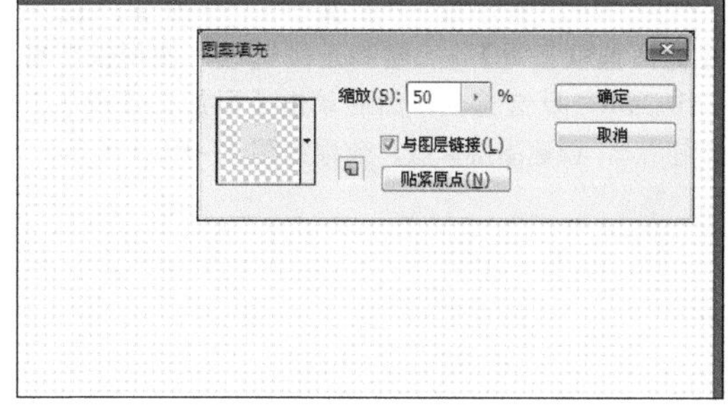

图 03-010-4　图案填充效果

2. 制作标志

（1）新建“图层 1”，使用【矩形选框工具】绘制矩形选区，并填充颜色为黑色，参照图 03-010-5 所示，使用【多边形套索工具】绘制选区，并删除选区中的内容，创建三角形图像。

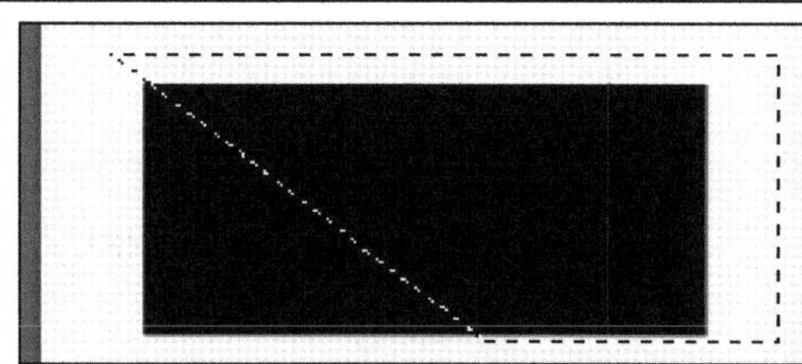

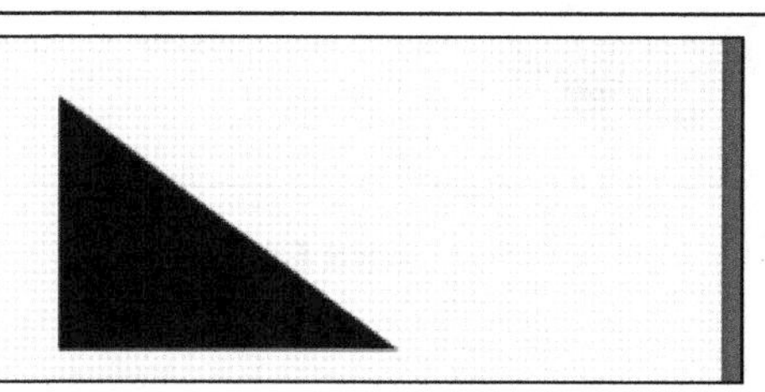

图 03-010-5　创建三角形图像

（2）新建“组 1”图层组，使用【矩形工具】绘制矩形形状，并使用【钢笔工具】删除锚点，效果如图 03-010-6 所示。

（3）参照图 03-010-7 所示的步骤，将三角形图像载入选区，执行【选择】|【变换选区】命令，旋转选区，并填充颜色为黑色，使用快捷键 Ctrl+Shift+Alt+T 复制图像。

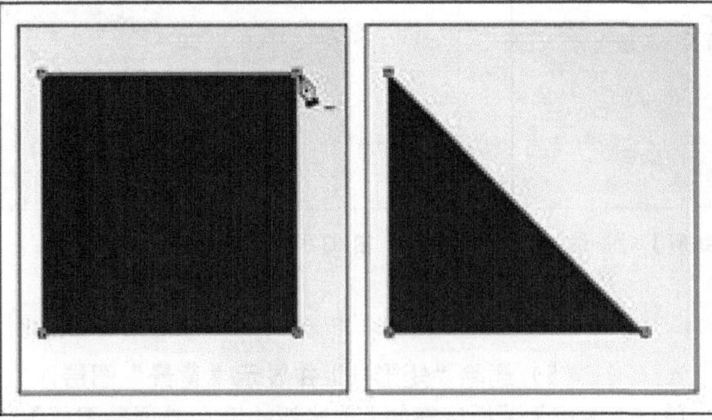

图 03-010-6　绘制三角形

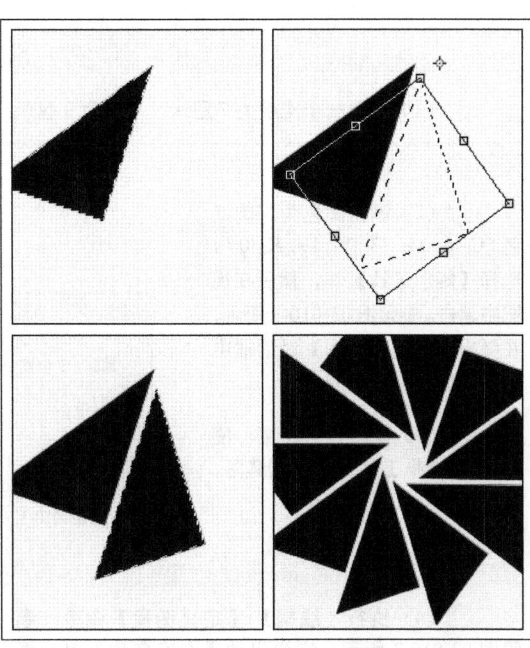

图 03-010-7　复制图像

（4）缩小上一步骤创建的图像，使用【椭圆选框工具】绘制正圆选区，使用快捷键 Ctrl+Shift+I 反选选区，然后单击【添加矢量蒙版】按钮，创建图层蒙版，效果如图 03-010-8 所示。

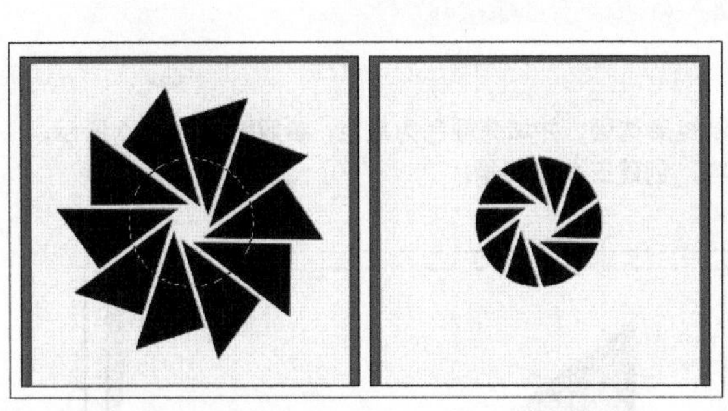

图 03-010-8　添加图层蒙版

（5）双击“图层 1”图层缩览图，参照图 03-010-9 所示，在弹出的【图层样式】对话框中进行设置，为图层添加【渐变叠加】图层样式。

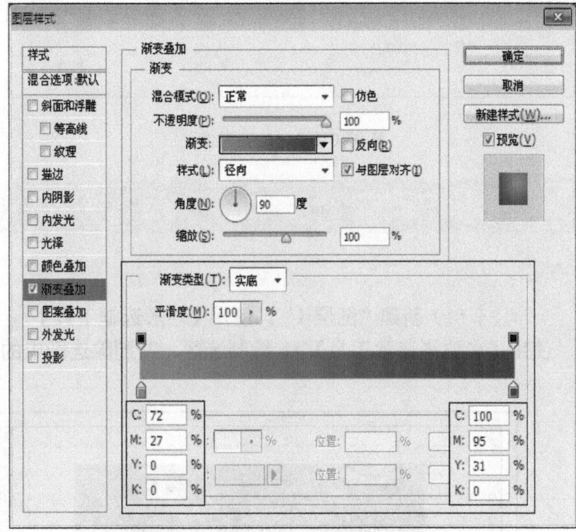

图 03-010-9　创建【渐变叠加】图层样式

（6）继续上一步骤的操作，参照图 03-010-10 所示，为图层添加【内发光图层样式】。

（7）复制“图层 1”清除图层样式，并转换为智能对象，使用快捷键 Ctrl+U 打开【色相 / 饱和度】对话框，调整【明度】参数为 100，设置图层混合模式为【叠加】，【填充】参数为 30%，效果如图 03-010-11 所示。

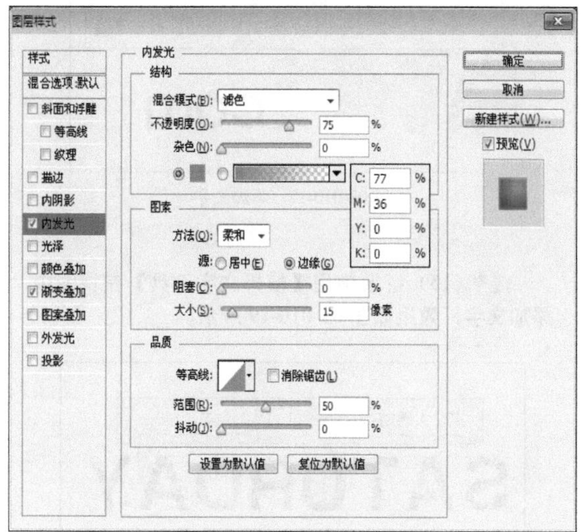

图 03-010-10 添加【内发光】图层样式

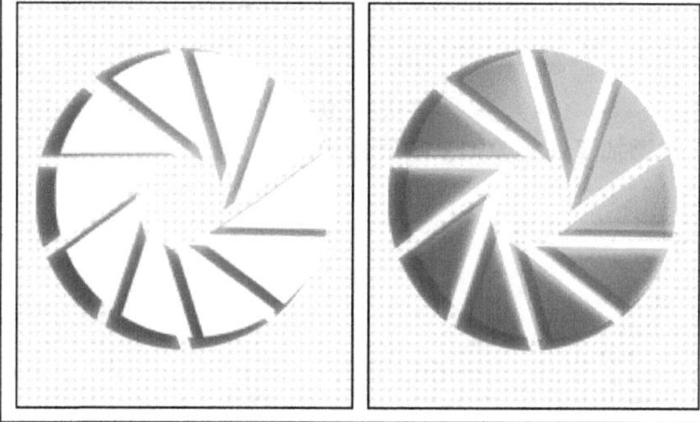

图 03-010-11 调整图层混合模式

（8）为上一步创建的图层添加图层蒙版，并参照图 03-010-12 所示，在蒙版中进行绘制隐藏部分图像。

（9）使用【矩形工具】绘制矩形形状并配合【钢笔工具】调整路径，然后为图层添加黄色（C：11，M：34，Y：92，K：0），效果如图 03-010-13 所示。

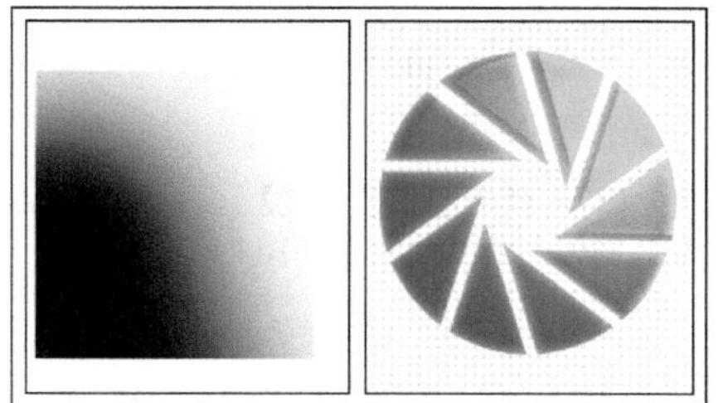

图 03-010-12 添加图层蒙版

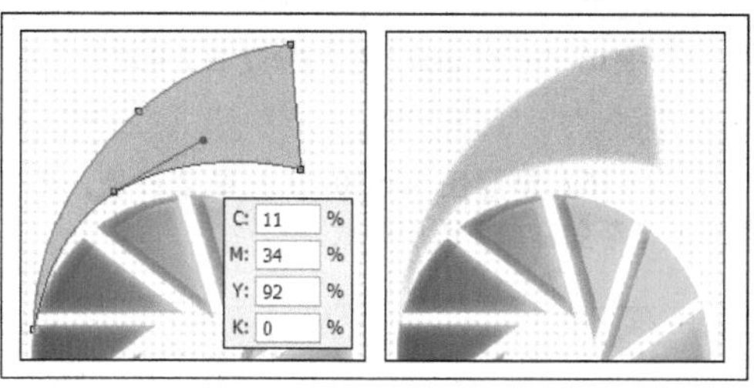

图 03-010-13 绘制图像

（10）将形状载入并缩小选区，新建图层填充从白色到透明的渐变，效果如图 03-010-14 所示。

（11）复制并缩小前两步骤创建的图像，调整颜色为绿色，设置内发光颜色为浅绿色（C：57，M：1，Y：100，K：0），效果如图 03-010-15 所示。

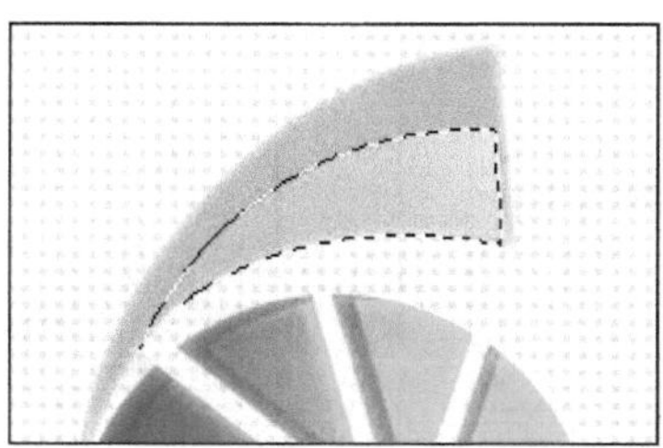

图 03-010-14 缩小选区

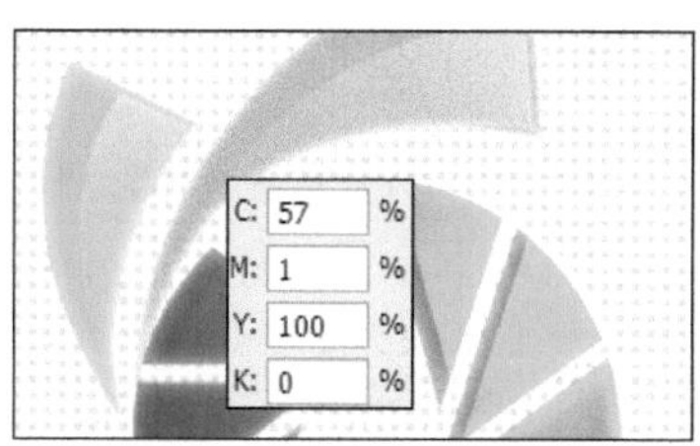

图 03-010-15 复制并缩小图像

(12) 继续复制前两步骤创建的图像，调整颜色为橘黄色，设置内发光颜色为黄色（C：0，M：59，Y：91，K：0），效果如图 03-010-16 所示。

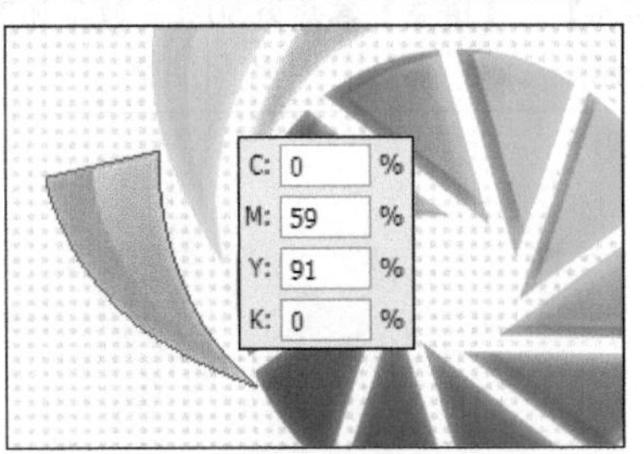

图 03-010-16　复制图像

(13) 使用【横排文字工具】 在视图中添加文字，效果如图 03-010-17 所示。

图 03-010-17　添加文字

(14) 参照图 03-010-18 的参数设置，为文字添加【渐变叠加】图层样式。

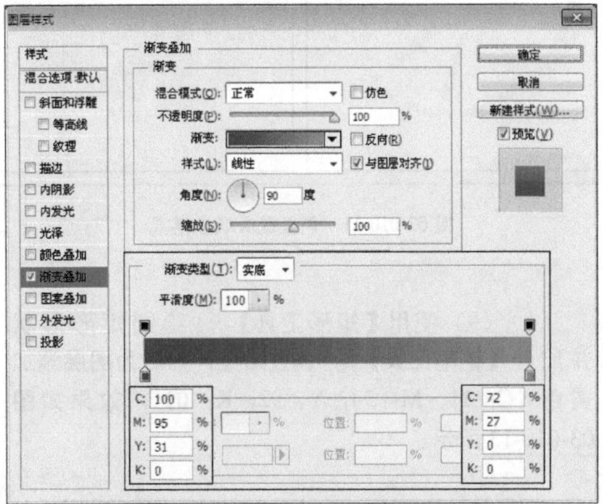

图 03-010-18　添加【渐变叠加】图层样式

(15) 继续使用【横排文字工具】在视图中添加文字，效果如图 03-010-19 所示。

图 03-010-19　添加文字

(16) 参照图 03-010-20 的参数设置，为文字添加【渐变叠加】图层样式。

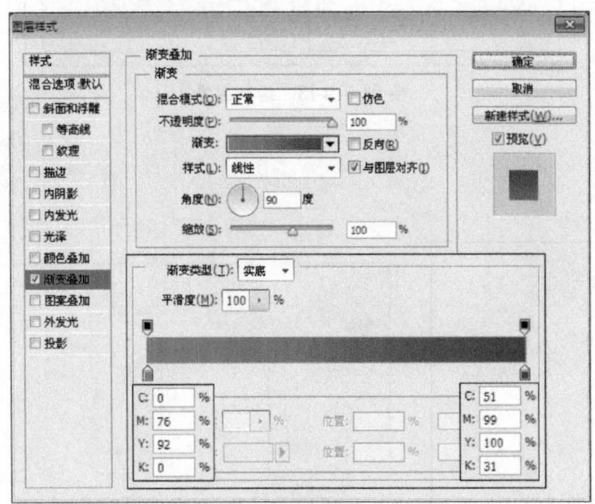

图 03-010-20　添加【渐变叠加】图层样式

(17) 使用【直线工具】 添加装饰，完成本实例的制作，效果如图 03-010-21 所示。

图 03-010-21　绘制直线

实例 11 果汁的标志设计

1. 实例特点：

画面可爱具有亲和力。该实例中的质感效果，可用于网站、幼儿园、儿童食品等平面应用上。

2. 注意事项：

在绘制标志的时候会出现很多图层，注意及时创建图层组，方便图层的管理。

3. 操作思路：

新建文件，使用椭圆工具绘制形状，并配合钢笔工具调整形状，创建出卡通形象的标志，然后为标志添加文字信息。

最终效果图

资源 / 第 03 章 / 源文件 / 果汁的标志设计 .psd

具体步骤如下：

1. 绘制卡通脸蛋

（1）创建一个宽度为 9 厘米，高度为 7 厘米，分辨率为 300 像素 / 英寸的新文档。

（2）新建“组 1”图层组，设置颜色为褐色，使用【椭圆工具】绘制椭圆形状，复制并缩小椭圆形状，调整颜色为黄色，效果如图 03-011-1 所示。

（3）将黄色图形载入选区，单击【图层】调板底部的【创建新的填充或调整图层】按钮，在弹出的菜单中选择【渐变填充】命令，参照图 03-011-2 中的参数设置，创建“渐变填充 1”图层。

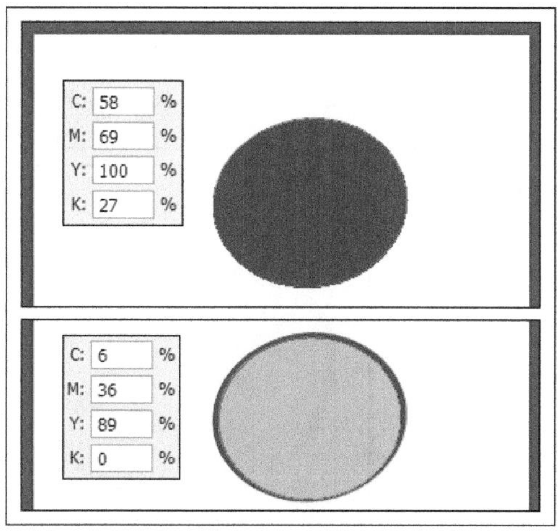

图 03-011-1 绘制椭圆图形

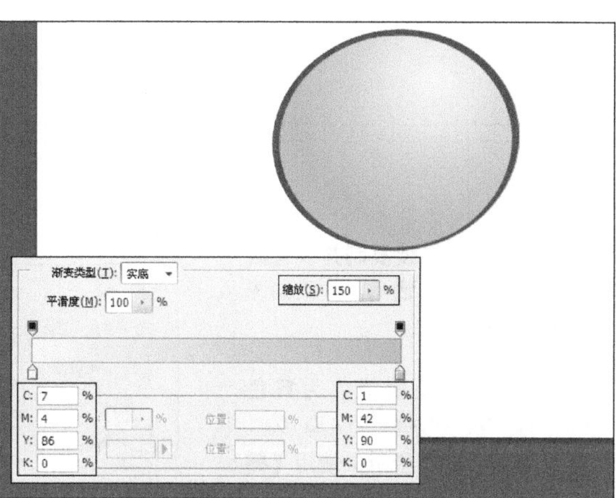

图 03-011-2 创建“渐变填充 1”图层

(4) 继续将黄色椭圆形状载入选区，缩小选区，参照图 03-011-3 所示，创建“渐变填充 2”图层。

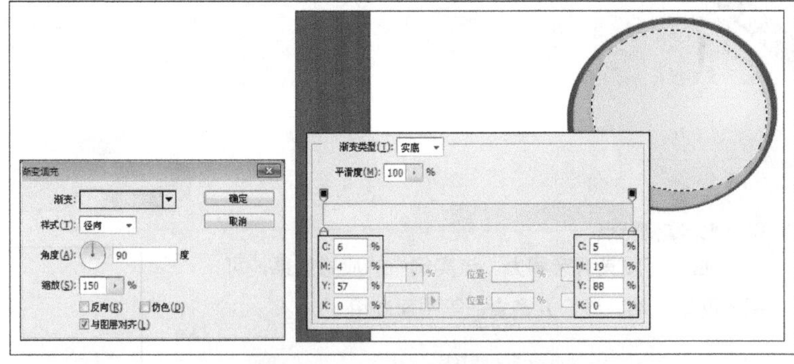

图 03-011-3 创建“填充渐变2”图层

(5) 新建“图层 1”使用【椭圆选框工具】绘制选区，并填充颜色为咖啡色（C：28，M：69，Y：100，K：27），然后缩小选区并删除选区中的图像，为图层添加图层蒙版，隐藏圆环部分图像，创建出嘴巴图像，复制并垂直翻转图像，得到眼睛图像，效果如图 03-011-4 所示。

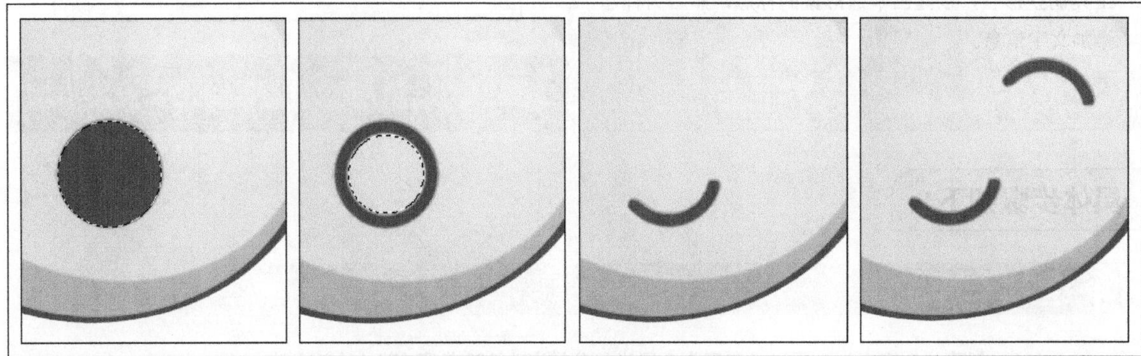

图 03-011-4 绘制眼睛和嘴巴

(6) 使用【椭圆工具】绘制正圆图形，复制并缩小图形，调整填充色为白色，效果如图 03-011-5 所示。

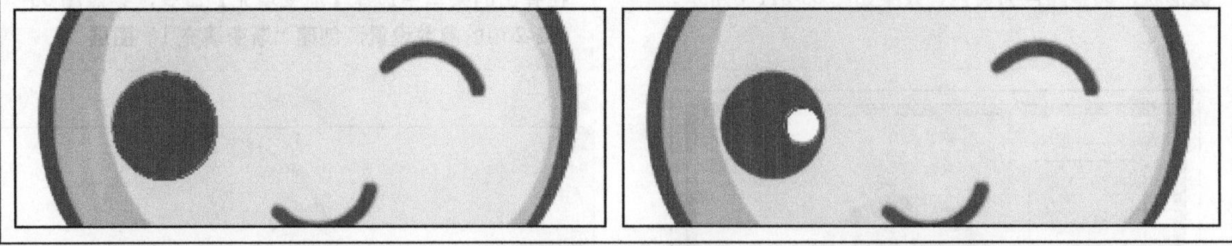

图 03-011-5 绘制眼珠

(7) 继续复制并调整圆环图像，创建出睫毛，效果如图 03-011-6 所示。

(8) 设置颜色为黄色（C：12，M：49，Y：93，K：0），参照图 03-011-7 所示，使用【椭圆工具】绘制脸蛋。

图 03-011-6 绘制眉毛

图 03-011-7 绘制脸蛋

(9) 设置颜色为红色（C：0，M：96，Y：95，K：0），使用【矩形工具】绘制矩形形状，配合【直接选择工具】调整路径形状，创建出蝴蝶结一角，效果如图 03-011-8 所示。

(10) 参照图 03-011-9 所示，为图形添加【描边】效果。

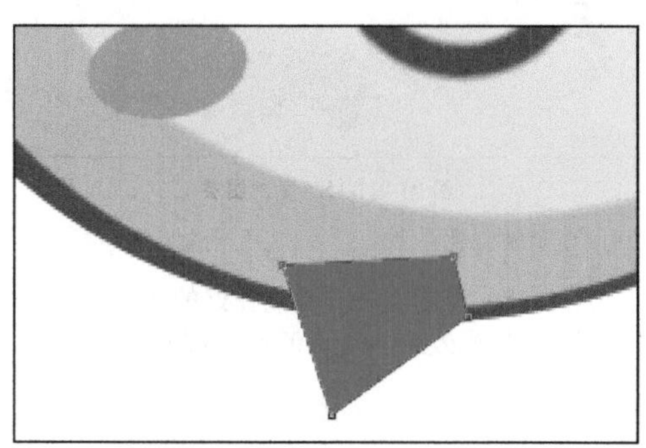

图 03-011-8 绘制并调整矩形

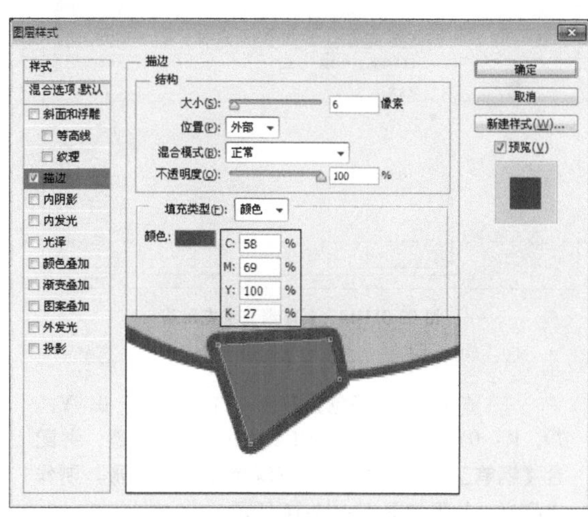

图 03-011-9 添加【描边】图层样式

(11) 复制并水平翻转上一步骤创建的图像，得到蝴蝶结的另一角，继续复制形状，并配合【钢笔工具】调整路径的形状，效果如图 03-011-10 所示。

(12) 复制并水平翻转上一步骤创建的图像，选择【圆角矩形工具】，然后在其选项栏中设置【半径】为 20 像素，绘制蝴蝶结的中心，效果如图 03-011-11 所示。

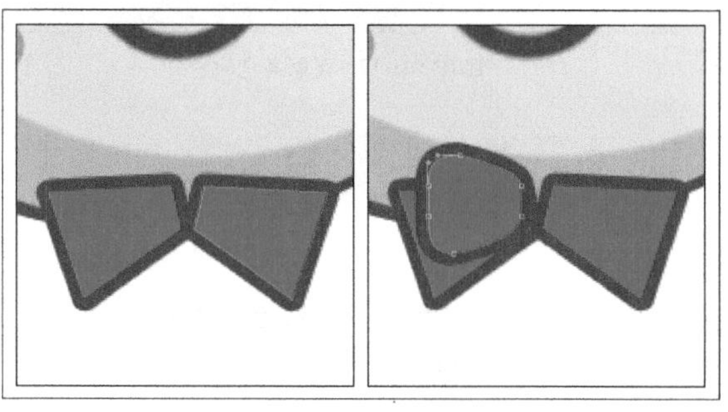

图 03-011-10 调整路径

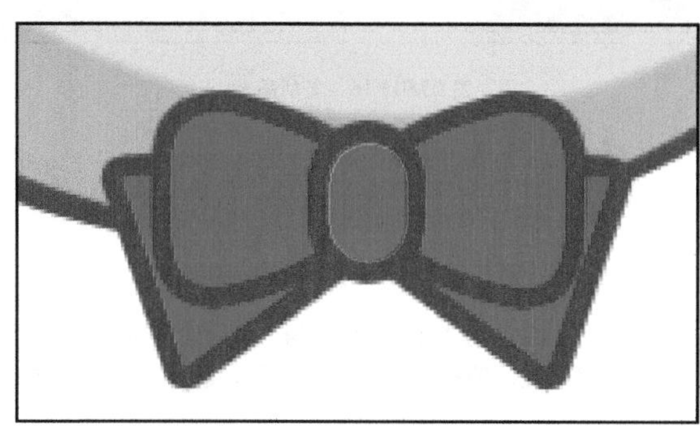

图 03-011-11 绘制蝴蝶结的中心

(13) 继续使用【椭圆工具】绘制正圆，并配合【钢笔工具】调整路径形状，如图 03-011-12 所示。

(14) 复制并缩小上一步骤创建的形状，参照图 03-011-13 所示，调整填充色为黄色。

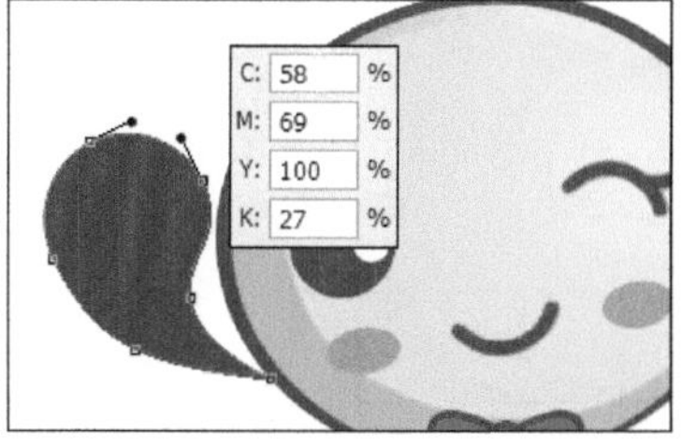

图 03-011-12 绘制果汁图形

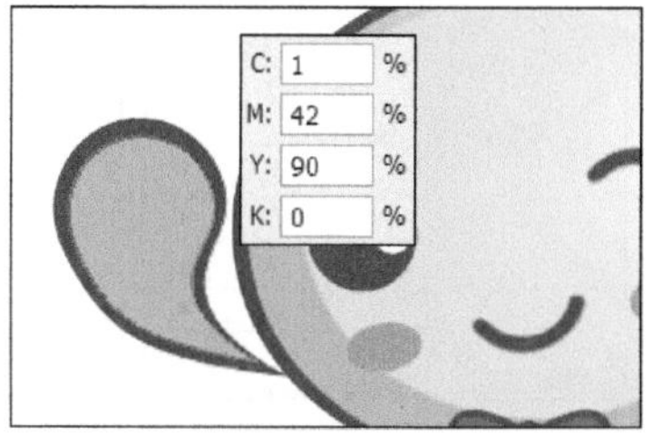

图 03-011-13 复制形状

（15）将上一步骤创建的图像载入选区，缩小选区，并参照图 03-011-14 所示，填充渐变。

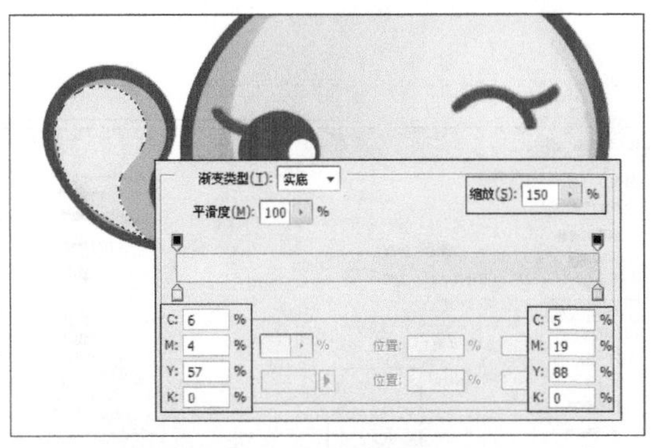

图 03-011-14　创建渐变填充图层

（16）复制前三步创建的图像，并参照图 03-011-15 所示，调整图像的位置。

图 03-011-15　复制图层

（17）设置颜色为黄色（C：11，M：0，Y：79，K：0），使用【椭圆工具】绘制椭圆，并配合【钢笔工具】调整路径，然后绘制正圆图形，制作出高光，效果如图 03-011-16 所示。

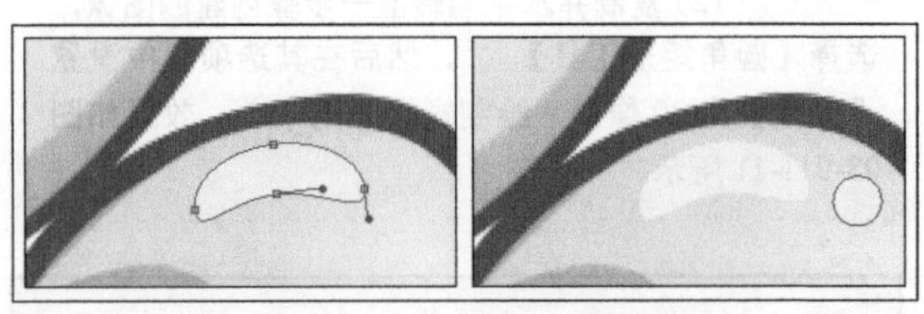

图 03-011-16　复制高光

（18）复制上一步骤制作好的图像，调整位置，创建出高光效果，如图 03-011-17 所示。

图 03-011-17　复制高光

2. 绘制头发

（1）新建“组 2”图层组，参照图 03-011-18 所示，使用【椭圆工具】绘制椭圆形状，并配合【钢笔工具】调整路径，将树叶形状载入选区，新建图层，填充浅绿色（C：29，M：0，Y：61，K：0）到透明的渐变。

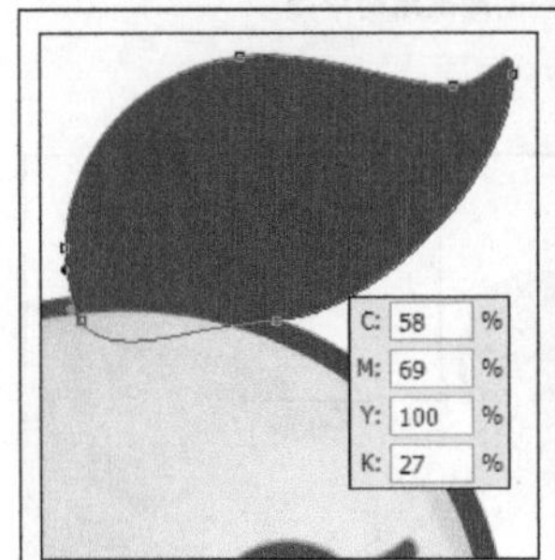

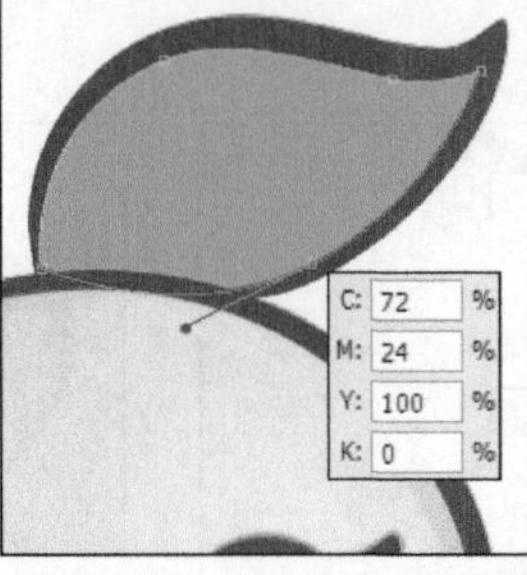

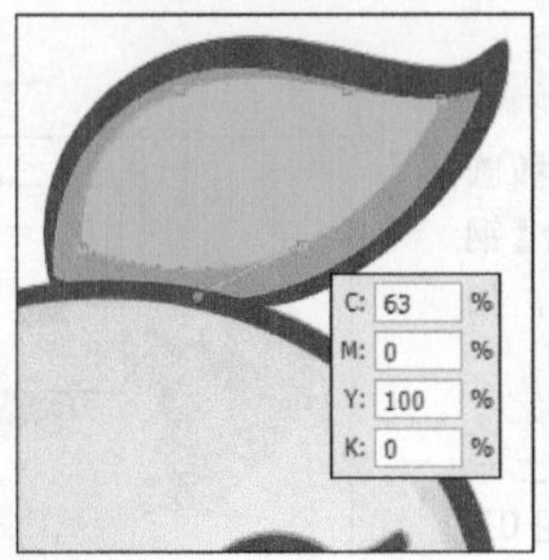

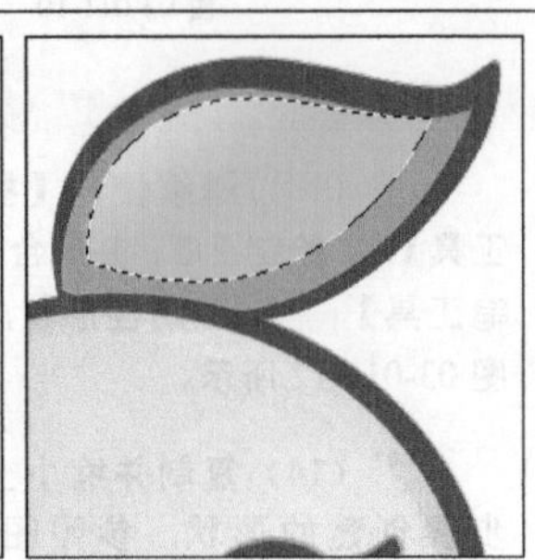

图 03-011-18　绘制树叶

（2）继续使用【椭圆工具】绘制椭圆形状，并配合【钢笔工具】调整路径，效果如图 03-011-19 所示。

（3）使用【横排文字工具】添加文字，复制文字并调整文字颜色，效果如图 03-011-20 所示。

图 03-011-19　绘制叶子细节

图 03-011-20　添加文字

（4）继续使用【横排文字工具】添加文字，复制文字并调整文字颜色，如图 03-011-21 所示，至此实例制作完成。

图 03-011-21　添加文字

实例 12　电子商务公司的标志设计

1. 实例特点：

画面真实，晶莹剔透。该实例中的质感效果，可用于网站、电子商务、工艺礼品等标志设计上。

2. 注意事项：

在【图层样式】对话框中，为图层添加不同特效的时候，要注意混合模式的选择。

3. 操作思路：

首先绘制选区，然后填充渐变，编辑选区和渐变，创建立体感标志，最后添加文字。

最终效果图

资源 / 第 03 章 / 源文件 / 电子商务公司的标志设计 .psd

具体步骤如下：

（1）创建一个宽度为 9 厘米，高度为 7 厘米，分辨率为 300 像素 / 英寸的新文档，填充颜色为浅蓝色（C：11，M：0，Y：5，K：0）。

（2）选择【椭圆工具】 然后在其选项栏中选择【路径】工具模式，在视图中绘制路径，并配合【钢笔工具】 调整路径，然后将路径载入选区，效果如图 03-012-1 所示。

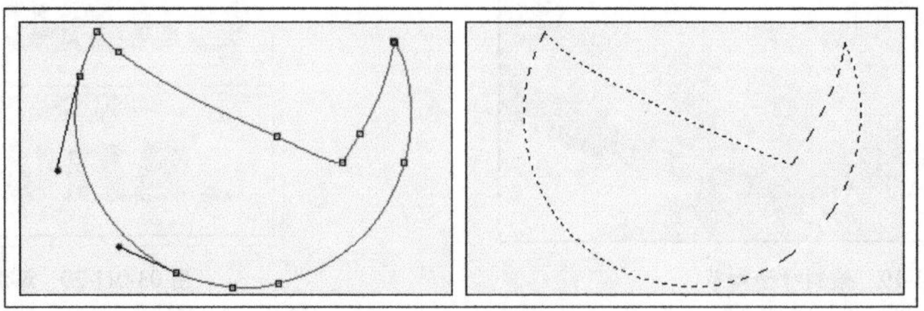

图 03-012-1 绘制路径

（3）继续单击【图层】调板底部的【创建新的填充或调整图层】按钮 ，在弹出的菜单中选择【渐变填充】命令，参照图 03-012-2 中的参数设置，创建渐变填充效果。

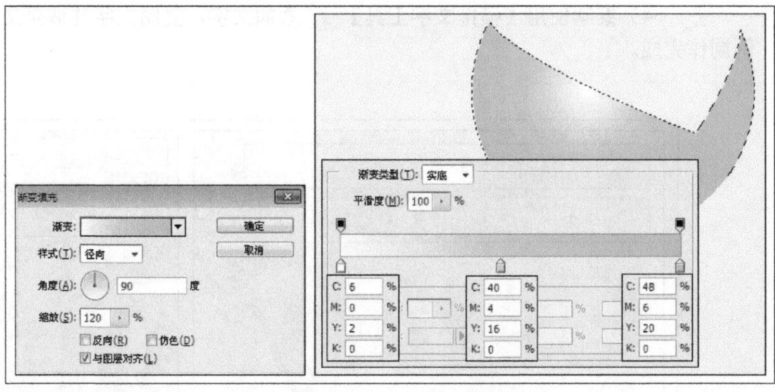

图 03-012-2 填充渐变

（4）使用前面介绍的方法继续绘制图像，设置径向渐变填充【角度】为 90 度，【缩放】参数为 100%，效果如图 03-012-3 所示。

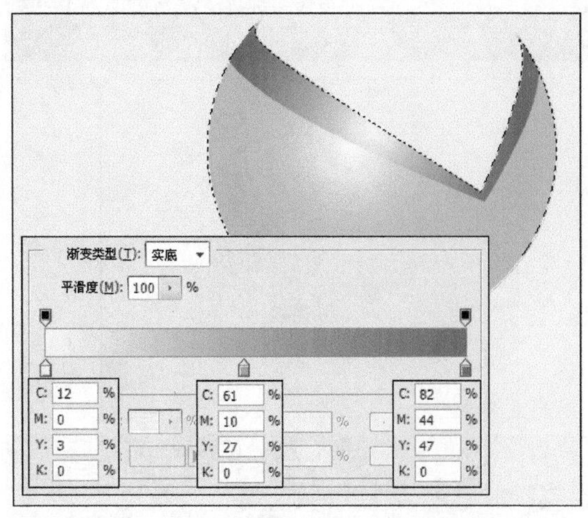

图 03-012-3 绘制图像

（5）继续使用前面介绍的方法绘制图像，效果如图 03-012-4 所示。

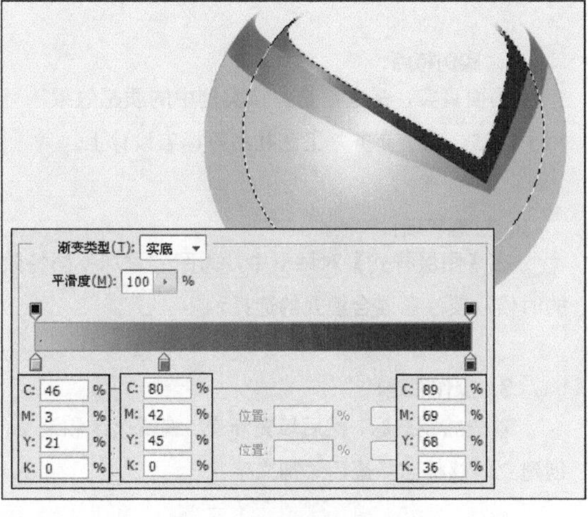

图 03-012-4 填充渐变效果

（6）双击上一步图层缩览图，参照图 03-012-5 所示，在弹出的【图层样式】对话框中进行设置，添加【内发光】图层样式。

（7）使用前面介绍的方法继续绘制图像，设置径向渐变填充【角度】为 90 度，【缩放】参数为 150%，效果如图 03-012-6 所示。

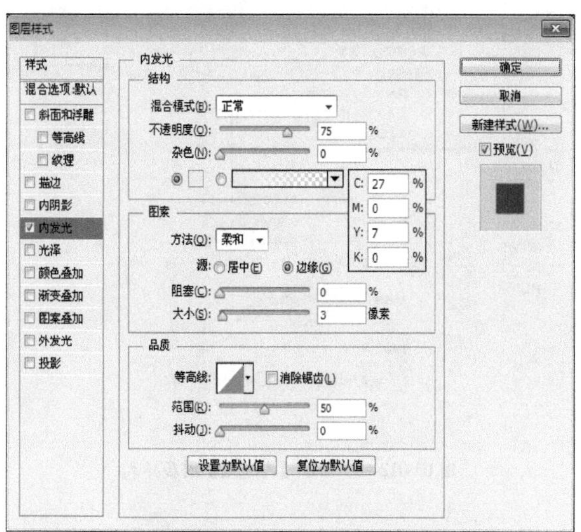

图 03-012-5 添加【内发光】图层样式

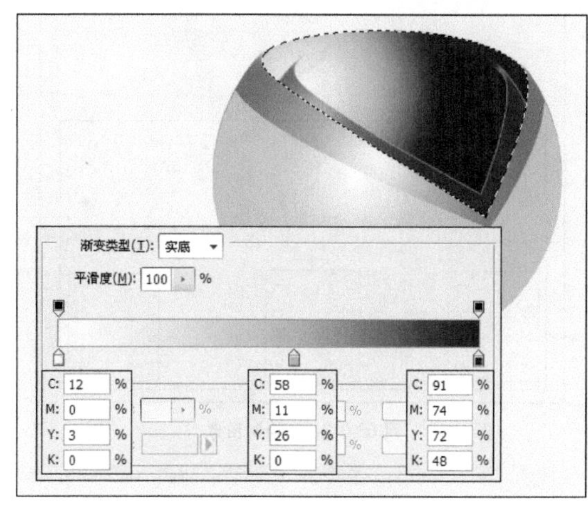

图 03-012-6 绘制图像

（8）继续绘制图像，设置径向渐变填充【角度】为 90 度，【缩放】参数为 150%，效果如图 03-012-7 所示。

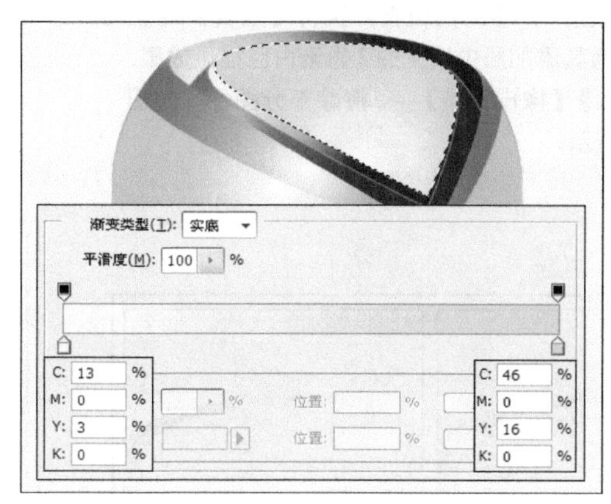

图 03-012-7 填充渐变

（9）参照图 03-012-8 所示，为上一步创建的图像添加【内发光】和【外发光】图层样式。

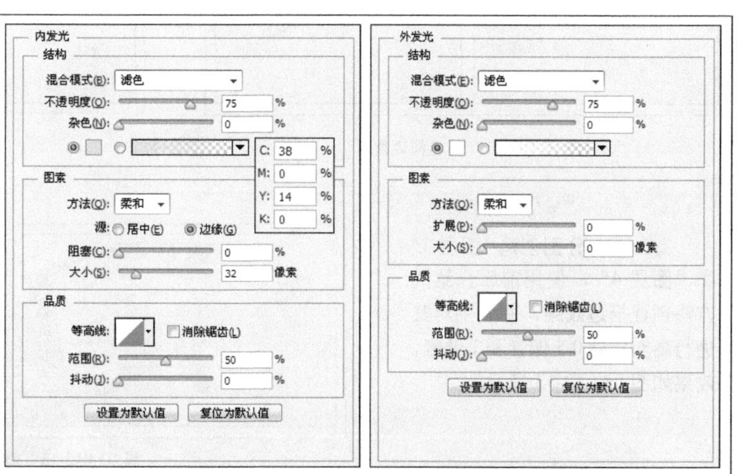

图 03-012-8 添加【内发光】和【外发光】图层样式

(10) 继续绘制图像并填充渐变，效果如图 03-012-9 所示。

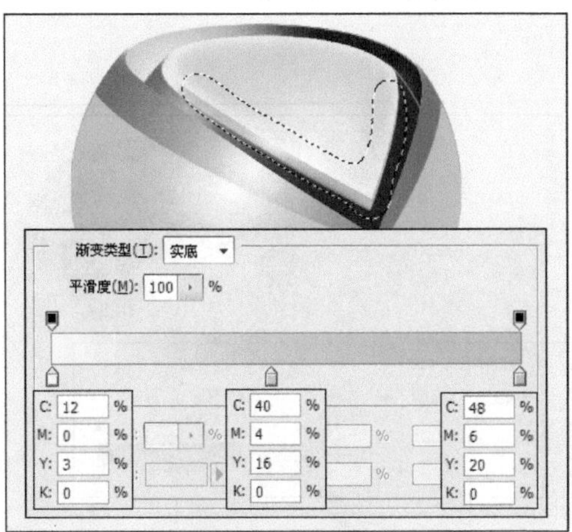

图 03-012-9 绘制图像

(11) 参照图 012-10 所示，为上一步骤绘制的图像添加【内发光】图层样式。

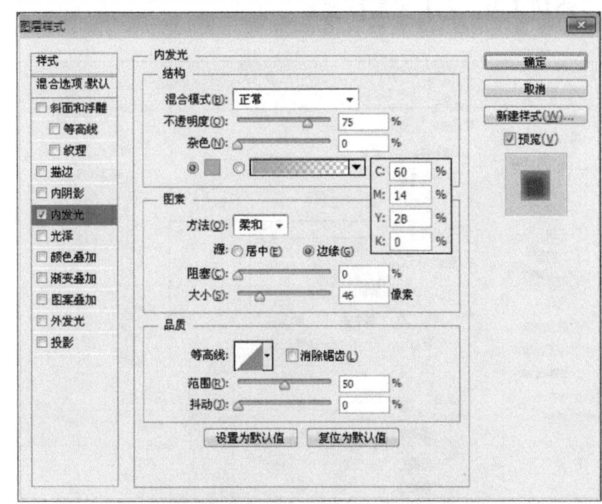

图 03-012-10 添加【内发光】图层样式

(12) 新建“图层 1”，将第 4 个渐变填充图像载入选区，并移动其位置，执行【编辑】|【描边】命令，为其添加居中填充的 2 像素白色描边效果，并使用柔边缘【橡皮工具】擦除部分图像，如图 03-012-11 所示。

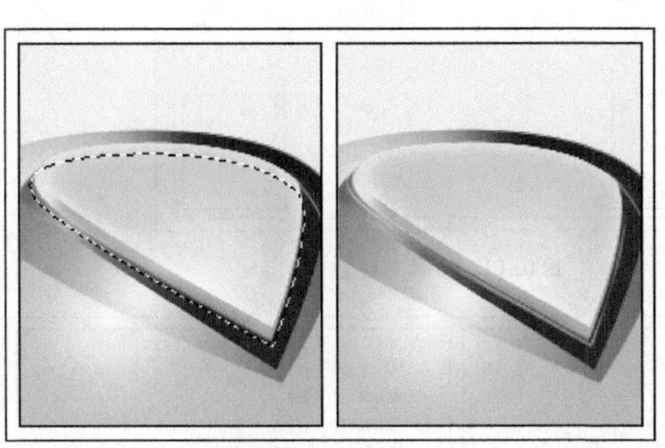

图 03-012-11 创建描边效果

(13) 新建“图层 2”，使用墨蓝色（C：58，M：18，Y：29，K：0）柔边缘【画笔工具】绘制阴影效果，如图 03-012-12 所示。

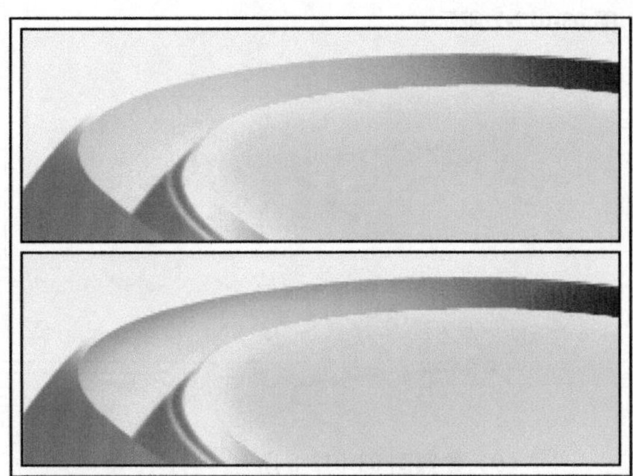

图 03-012-12 绘制阴影

(14) 分别创建“图层 3”和“图层 4”，使用前面介绍的方法创建描边效果，并分别对其进行高斯模糊 0.5 像素和 1 像素，效果如图 03-012-13 所示。

图 03-012-13 添加【内发光】图层样式

(15) 新建“图层5”，使用柔边缘压力大小【画笔工具】绘制一点，然后使用快捷键Ctrl+T打开变换框，参照图03-012-14所示，调整图像形状。

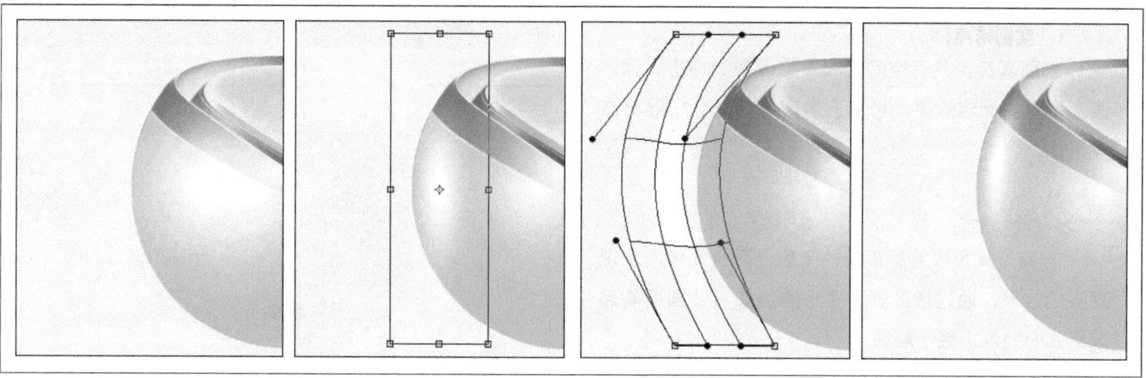

图03-012-14 绘制高光

(16) 复制上一步骤创建的图像，分别放置在右侧和下方，将右侧的图像进行水平翻转，为下方的图像添加蓝色（C：80，M：36，Y：42，K：0）【颜色叠加】图层样式，效果如图03-012-15所示。

图03-012-15 复制高光

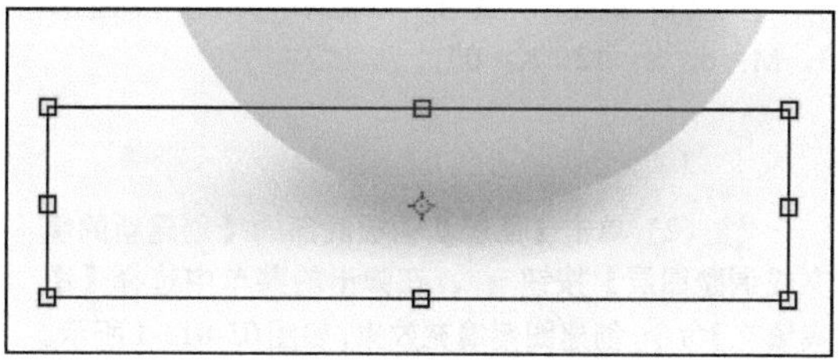

(17) 新建“图层6”，设置颜色为蓝色（C：80，M：36，Y：42，K：0），使用柔边缘压力大小【画笔工具】绘制一点，然后使用快捷键Ctrl+T打开变换框，参照图03-012-16所示，调整图像形状。

图03-012-16 创建阴影

(18) 最后使用【横排文字工具】创建文字，效果如图03-012-17所示。至此完成本实例的制作。

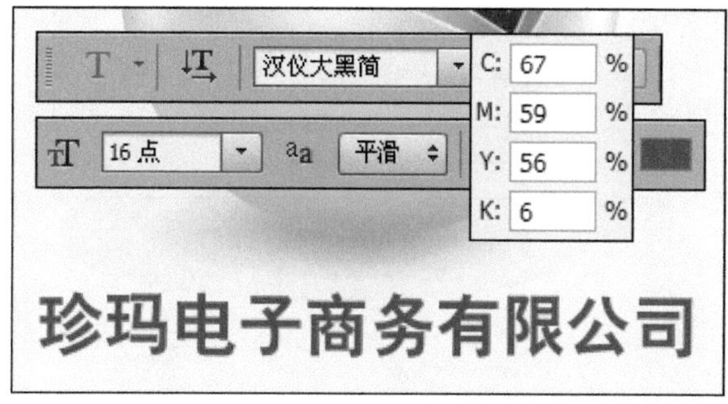

图03-012-17 添加文字

实例 13 精品标志设计赏析

1. 实例特点：

画面真实，具有空间感和质感，视觉冲击力强。该实例中的标志效果，可用于房产、商业会所等标志应用上。

2. 注意事项：

画笔工具可以绘制柔和的笔触，融合图像，呈现真实的效果，通过选区删除多余的图像可使画面看起来更匠心独运，经于雕饰。

3. 操作思路：

创建圆形花纹图像，使用渐变工具绘制镶嵌的宝石，添加金属质感花纹，利用图层蒙版使之与图像巧妙的结合在一起，创建出立体质感标志效果，最后添加文字。

最终效果图

资源 / 第 03 章 / 源文件 / 精品标志设计赏析 .psd

具体步骤如下：

（1）新建一个宽度为 9 厘米，高度为 6 厘米，分辨率为 300 像素 / 英寸的新文档，填充颜色为肉红色（C：3，M：8，Y：12，K：0）。

（2）单击【图层】调板底部的【创建新的填充或调整图层】按钮，在弹出的菜单中选择【图案填充】命令，创建图案填充效果，如图 03-013-1 所示。

（3）打开“资源 / 第 03 章 / 素材 / 欧式花纹背景 .jpg”文件，将其拖至当前正在编辑的文档中，并调整图像的大小及位置，使用【椭圆选框工具】绘制正圆选区，如图 03-013-2 所示。

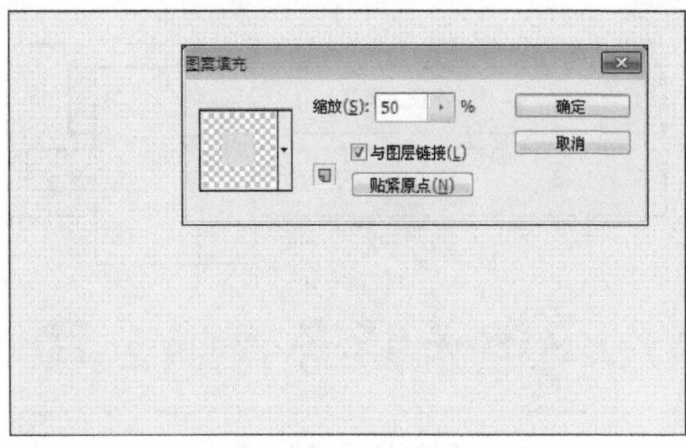

图 03-013-1 图案填充效果

图 03-013-2 添加素材图像

(4) 单击【图层】调板底部的【添加图层蒙版】按钮，隐藏选区以外的图像，然后双击【图层缩览图】，参照图 03-013-3 所示，为图层添加【内发光】图层样式。

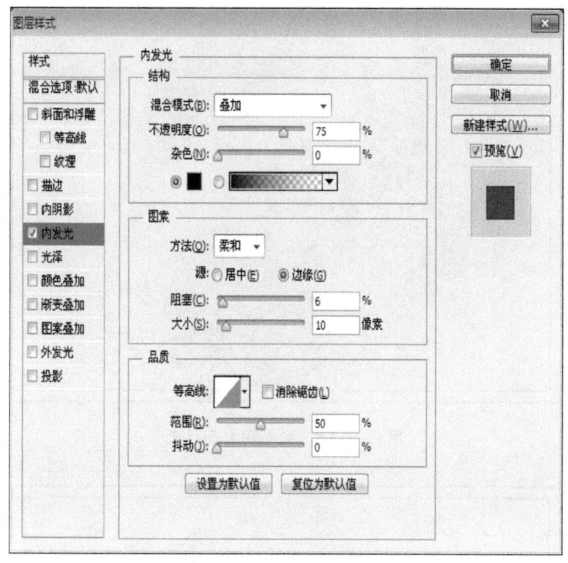

图 03-013-3 【图层样式】对话框

(5) 使用【钢笔工具】绘制路径，并将路径载入选区，效果如图 03-013-4 所示。

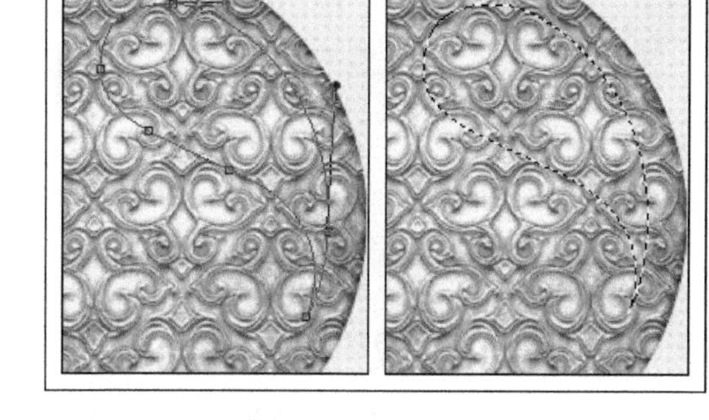

图 03-013-4 创建路径并载入选区

(6) 单击【图层】调板底部的【创建新的填充或调整图层】按钮，在弹出的菜单中选择【图案填充】命令，参照 03-013-5 所示，为上一步创建的选区填充渐变。

(7) 使用前面介绍的方法，继续绘制图像，效果如图 03-013-6 所示。

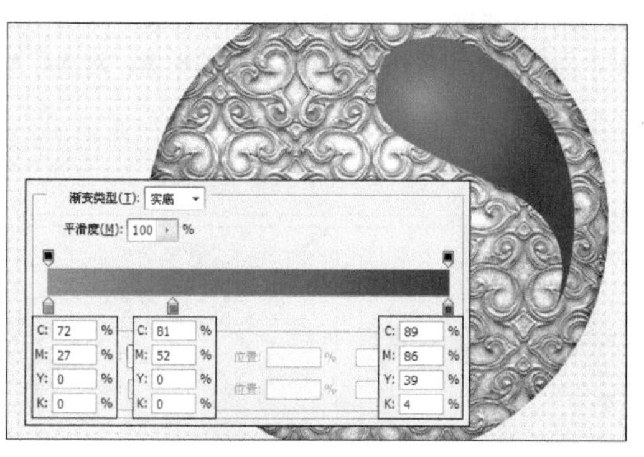

图 03-013-5 填充渐变

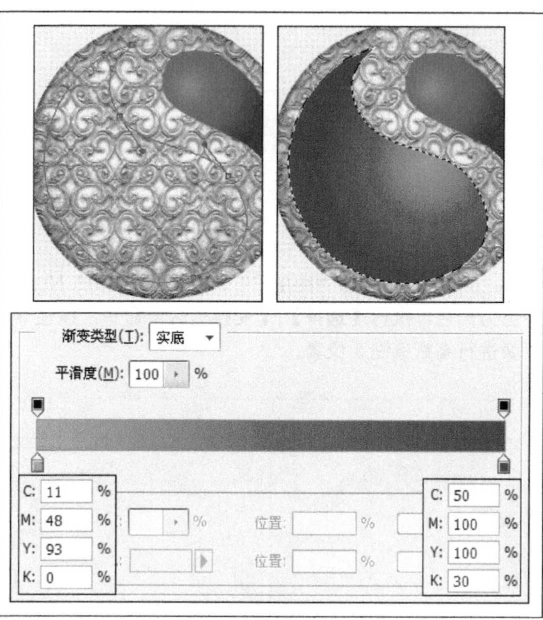

图 03-013-6 绘制图像

(8) 复制上一步骤创建的渐变填充图层，缩小旋转图像，并参照图 03-013-7 所示，调整渐变颜色。

(9) 新建“图层 1”，分别设置颜色为白色和深红色（C：43，M：100，Y：100，K：11），使用柔边缘【画笔工具】绘制阴影和高光，效果如图 03-013-8 所示。

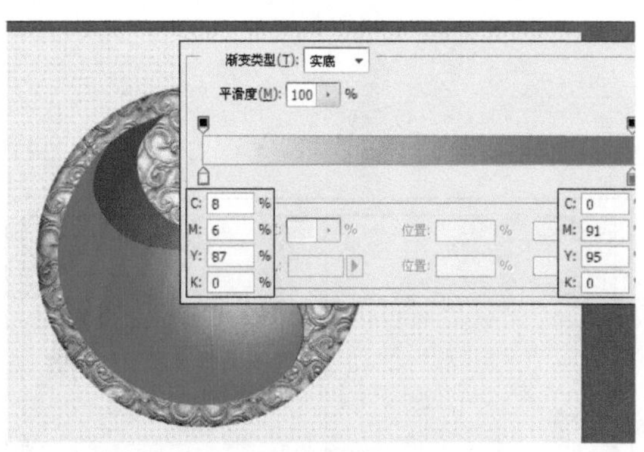

图 03-013-7 复制渐变填充图层

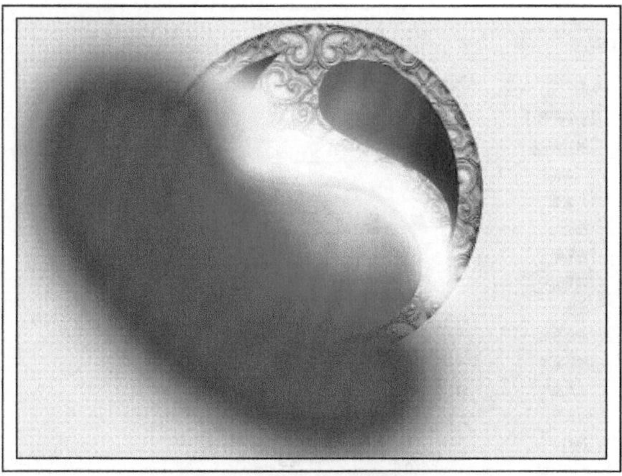

图 03-013-8 绘制阴影和高光

(10) 将最后一次创建的渐变填充图像载入选区，使用快捷键 Ctrl+Shift+I 反选选区，使用 Delete 键删除选区中的图像，效果如图 03-013-9 所示。

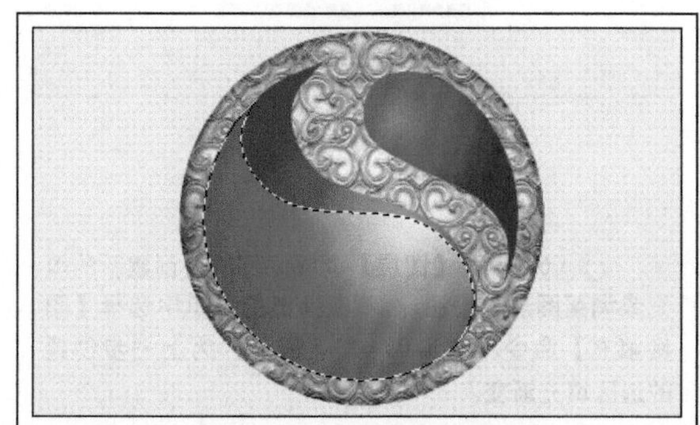

图 03-013-9 删除多余的图像

(11) 新建“图层 2”，参照图 03-013-10 所示的步骤，使用【椭圆选框工具】绘制正圆选区，并填充颜色为白色，执行【选择】|【变换选区】命令，按住 Shift+Alt 键，同心缩小选区，并删除选区中的图像，对圆环图像进行高斯模糊 5 像素。

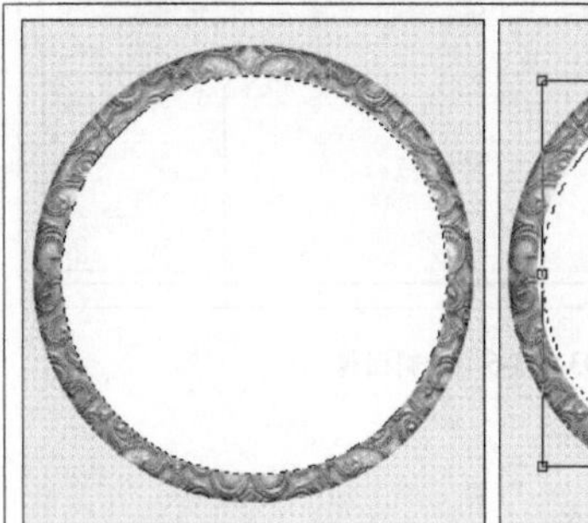
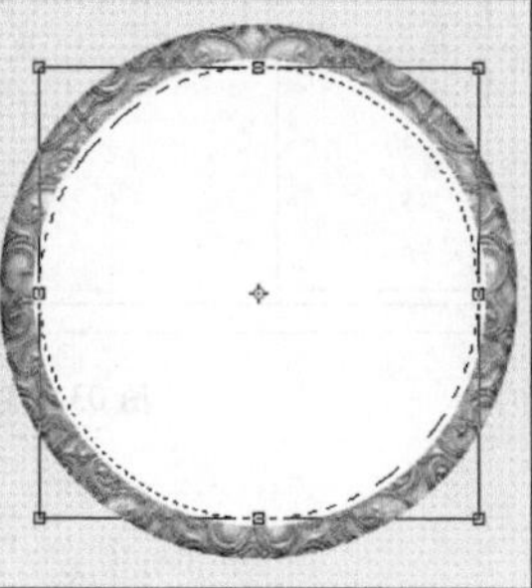
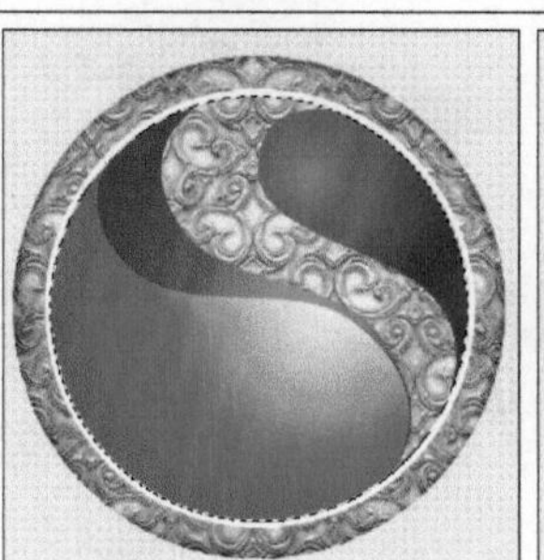
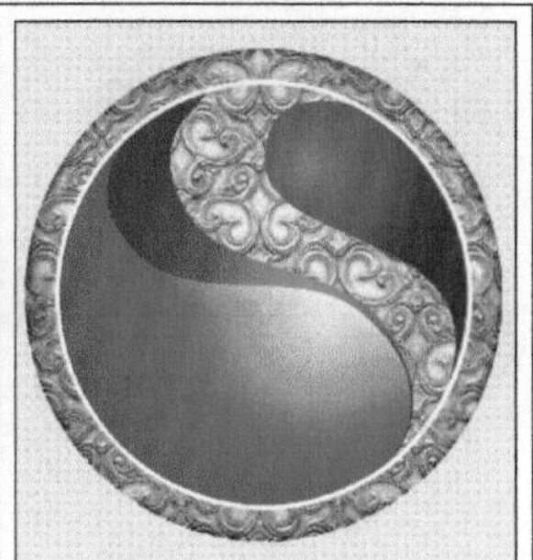

图 03-013-10 绘制圆环图像

(12) 双击圆环图层缩览图，参照图 03-013-11 所示，在弹出的【图层样式】对话框中进行设置，为图像添加【渐变填充】图层样式。

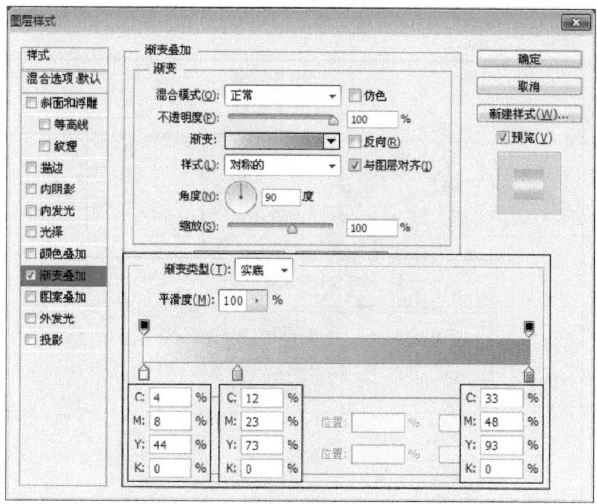

图 03-013-11 添加【渐变叠加】图层样式

(13) 继续上一步骤的参照，为图像添加【外发光】图层样式，效果如图 03-013-12 所示。

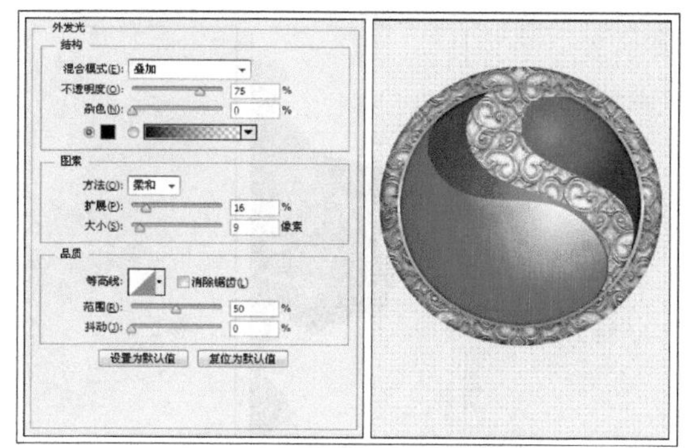

图 03-013-12 添加【外发光】图层样式

(14) 将蓝色渐变图像载入选区，缩小选区并填充蓝色（C：64，M：0，Y：6，K：0）到透明的渐变，效果如图 03-013-13 所示。

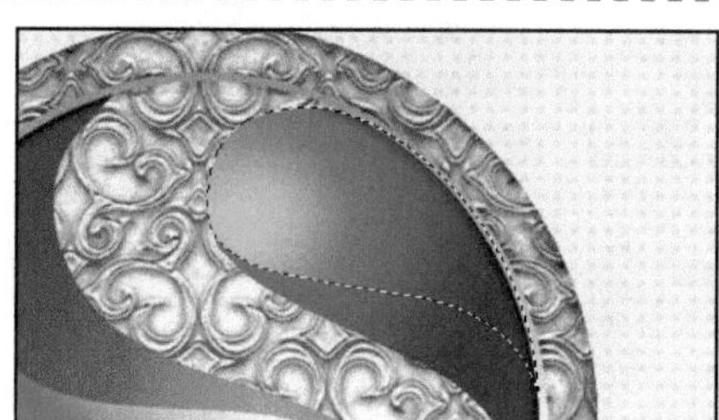

图 03-013-13 缩小选区

(15) 新建“图层 3”，设置颜色为深蓝色（C：78，M：45，Y：0，K：0），使用柔边缘【画笔工具】在选区下部进行绘制，效果如图 03-013-14 所示。

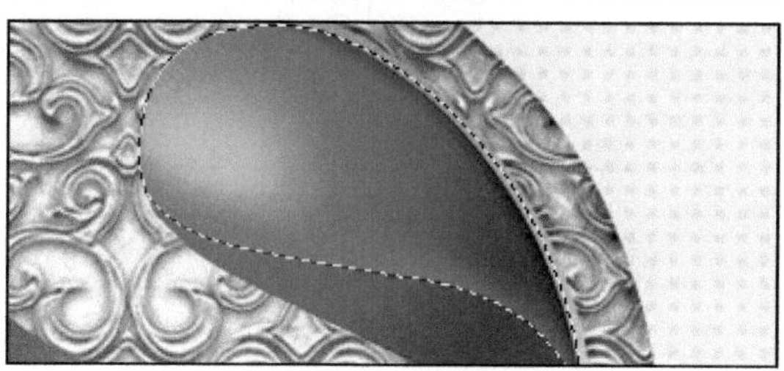

图 03-013-14 绘制高光

(16) 新建“图层 4”，将第一次和第二次创建的渐变填充图像载入选区，然后使用黑色柔边缘【画笔工具】沿着 S 形状进行绘制，创建阴影，效果如图 03-013-15 所示。

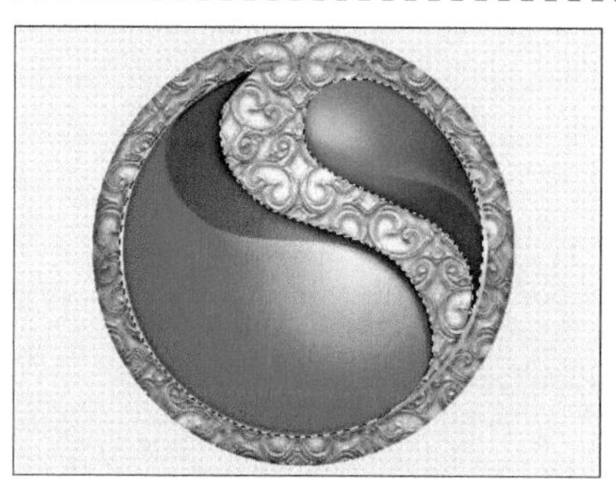

图 03-013-15 绘制阴影

(17) 新建“图层 5”，使用白色柔边缘【画笔工具】在视图中多次单击，然后调整图层混合模式为【叠加】，创建高光效果，如图 03-013-16 所示。

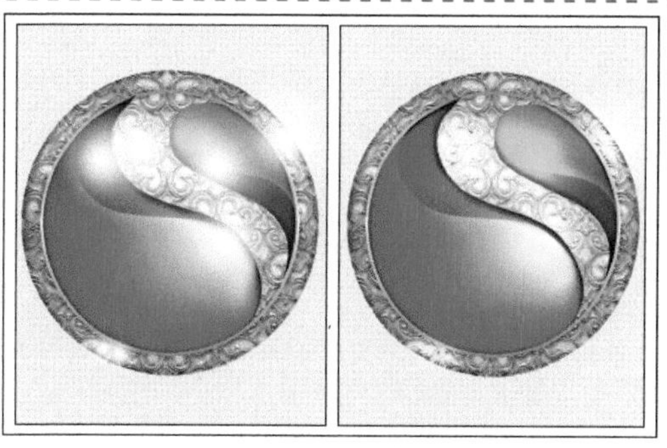

图 03-013-16 创建高光

(18) 打开“资源/第 03 章/素材/欧式金属花纹.jpg”文件，使用【魔术橡皮擦工具】去除白色背景，将其拖至正在编辑的文档中，并为其添加图层蒙版，隐藏部分图像，效果如图 03-013-17 所示。

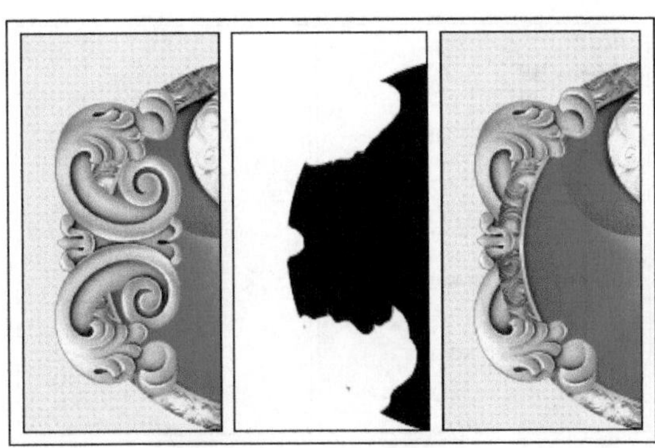

图 03-013-17　添加素材图像

(19) 复制上一步骤创建的图像，水平翻转图像并调整其位置，使用【横排文字工具】在视图中添加文字，在【文字】调板中，设置字间距为 -100，效果如图 03-013-18 所示。

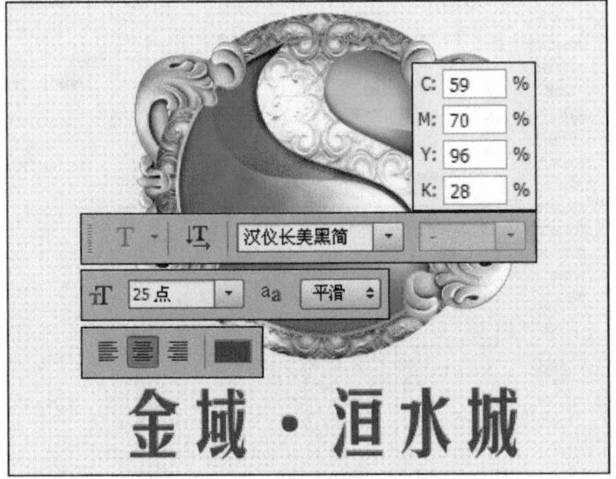

图 03-013-18　复制图像

(20) 参照图 03-013-19 所示，继续使用【横排文字工具】在视图中添加文字，完成本实例的制作。

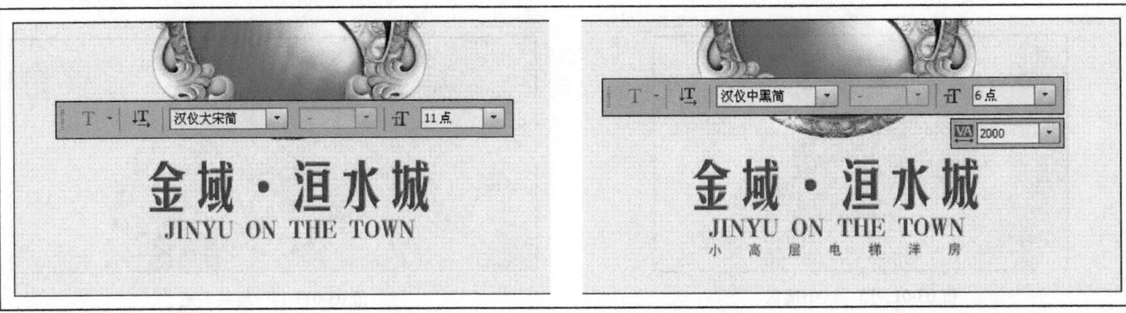

图 03-013-19　添加文字

第04章 名片设计

随着时代的发展，交换名片已经成为新朋友互相认识、自我介绍的最快有效的方法，是商业交往的第一个标准官式动作。名片设计首先要吸引对方的注意，使对方能集中注意力了解名片的内容。下面将以各个行业的名片为例子进行实际训练，希望读者可以从中学到很多知识。

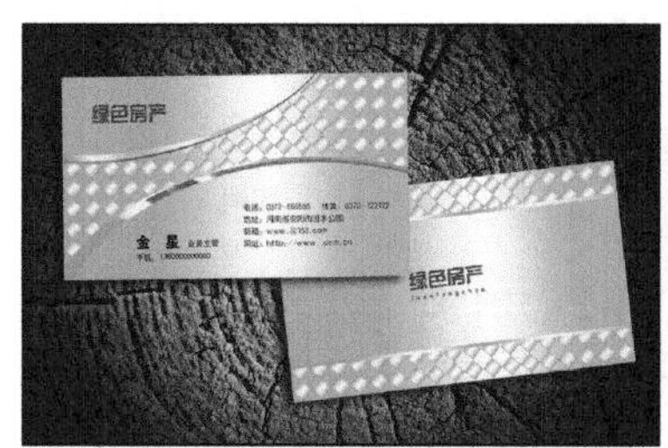

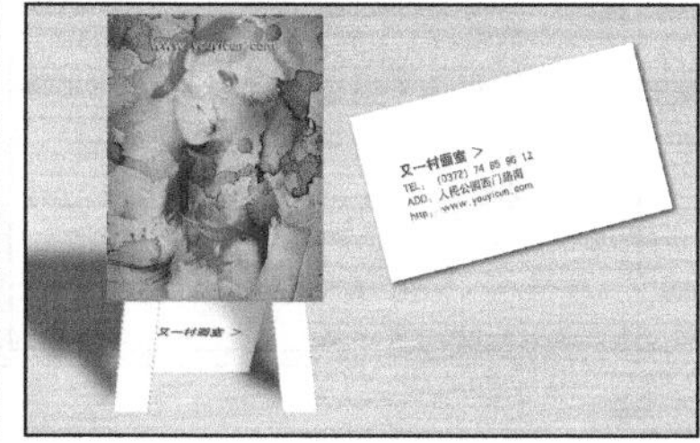

实例 01 美发店的名片设计

1. 实例特点：

使用发型模特作为名片画面，直接明了地展示行业特点，画面以清新、简洁为主，以暖色调作为主色调，增加了画面时尚、温馨的氛围。

2. 注意事项：

添加参考线即为出血范围，成品出来后，出血线以外的画面有被裁掉的可能，切记字体不可超过出血范围。

3. 操作思路：

整个实例将分为两个部分进行制作，首先创建新文件并添加出血线，然后添加素材图像以及名片的基本文字信息。

最终效果图

资源/第04章/源文件/美发店的名片设计.psd

具体步骤如下：

1. 创建新文件并添加参考线

(1) 执行【文件】|【新建】命令，打开【新建】对话框，参照图 04-001-1 所示在对话框中进行设置，然后单击【确定】按钮，创建一个新文件。

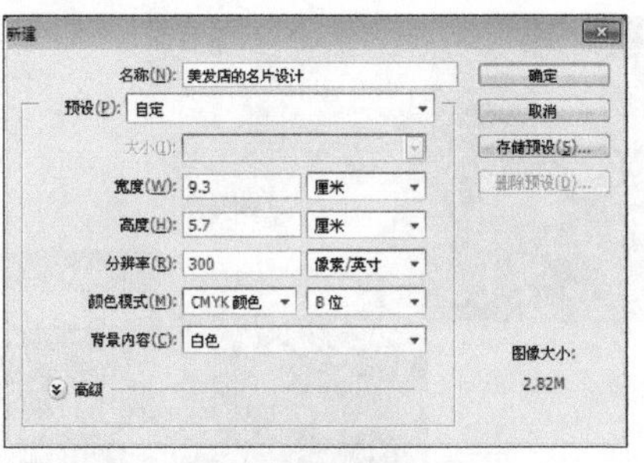

图 04-001-1 【新建】对话框

(2) 执行【视图】|【新建参考线】命令，参照图 04-001-2 所示，在弹出的【新建参考线】对话框中设置参数，单击【确定】按钮新建参考线。

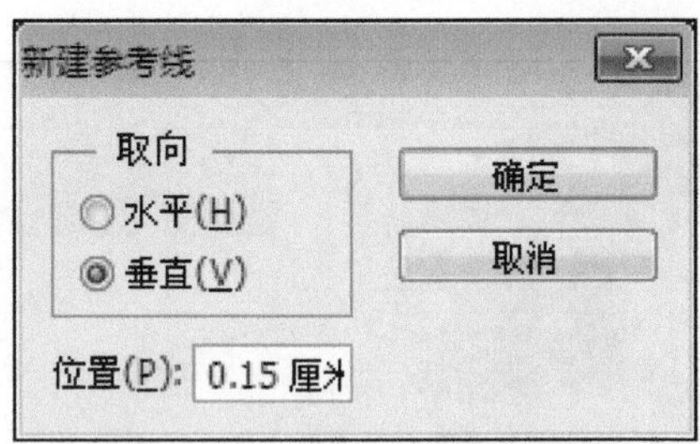

图 04-001-2 【新建参考线】对话框

(3) 参照图 04-001-3 所示，继续上一步骤的操作，创建其他参考线，即为名片的出血范围。

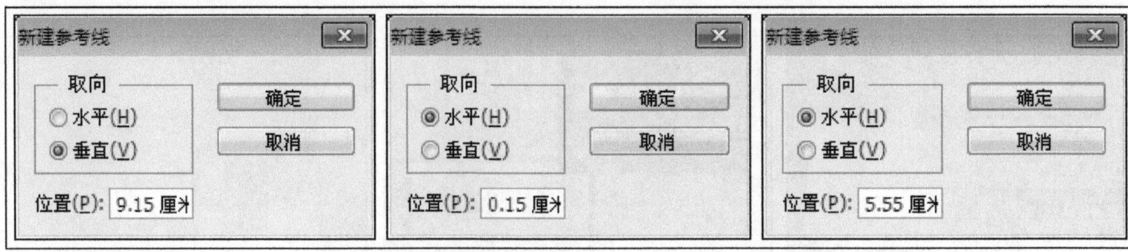

图 04-001-3 设置出血范围

2. 添加素材图像及名片基本信息

(1) 新建“组 1”图层组，执行【图像】|【打开】命令，打开“资源 / 第 04 章 / 素材 / 美发人物.jpg”文件，将其拖至当前正在编辑的文档中，参照图 04-001-4 所示，缩小并调整图像的位置。

(2) 使用【横排文字工具】 T 在视图中输入文字“发发发头发养护会所”，选中文字并参照图 04-001-5 所示，在【字符】调板中调整文字。

图 04-001-4 添加素材图像

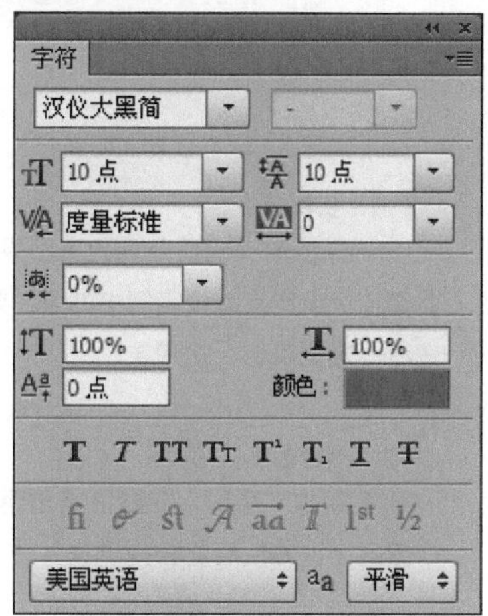

图 04-001-5 【字符】调板

(3) 参照图 001-6 所示，继续使用【横排文字工具】 T 在视图中输入地址电话等名片基本信息，并参照图 04-001-7 所示，在【字符】调板中调整文字。

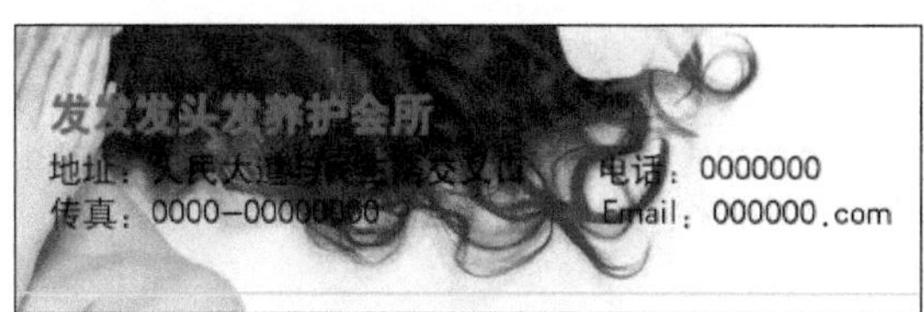

图 04-001-6 输入文字

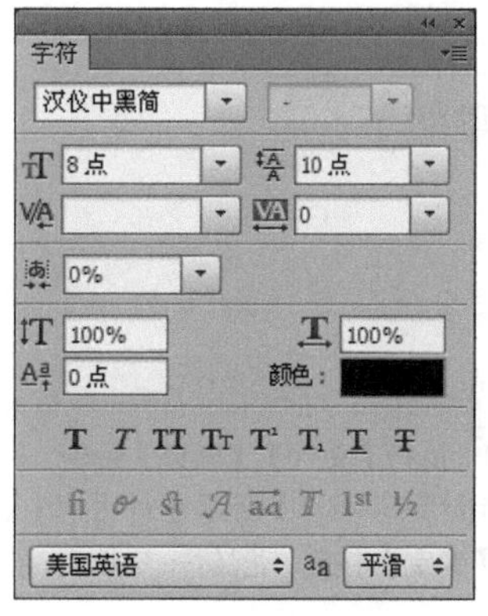

图 04-001-7 【字符】调板

(4) 为上一步创建的文字添加 1 像素的外部白色描边效果，并打开本章素材“美发标志.jpg”文件，将其拖至当前正在编辑的文档中为名片添加店标，效果如图 04-001-8 所示。

(5) 隐藏“组 1”并创建“组 2”图层组，打开“资源 / 第 03 章 / 素材 / 头发.jpg”文件，将其拖至当前正在编辑的文档中，缩小并调整图像位置，添加网址信息，效果如图 04-001-9 所示，完成该名片的设计工作。

图 04-001-8 添加店标图像

图 04-001-9 添加素材图像和网址信息

实例 02 超市经理的名片设计

1. 实例特点：

画面以渐变的蓝色调为主，显示科技时代感，画面简洁突出产品。该实例中的名片效果，可用于土产、建材、汽配等名片应用上。

2. 注意事项：

在制作文字时，应注意将创建的字母划分为若干个图层，以方便后面分别调整。

3. 操作思路：

整个实例将分为三个部分进行制作，首先制作出背景，然后创建名片正面的图像及文字信息，最后是制作名片的背面信息。

最终效果图

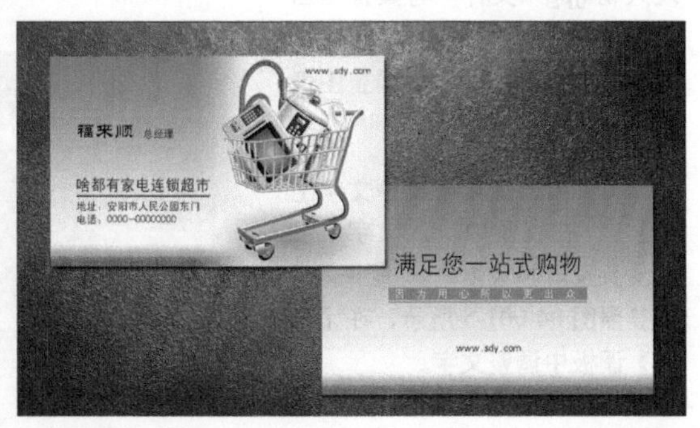

资源 / 第 04 章 / 源程序 / 超市经理的名片设计 .psd

具体步骤如下：

1. 创建背景

(1) 执行【文件】|【新建】命令，打开【新建】对话框，参照图 04-002-1 所示在对话框中进行设置，然后单击【确定】按钮，创建一个新文件。

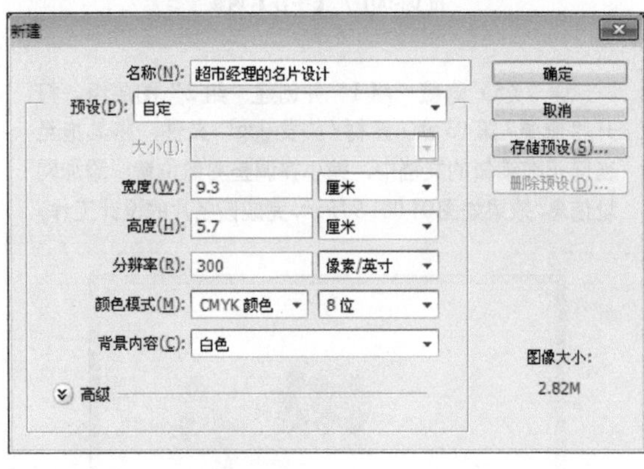

图 04-002-1 【新建】对话框

(2) 配合键盘上的快捷键 Ctrl+R，打开标尺设置 1.5 毫米的出血范围，如图 04-002-2 所示。

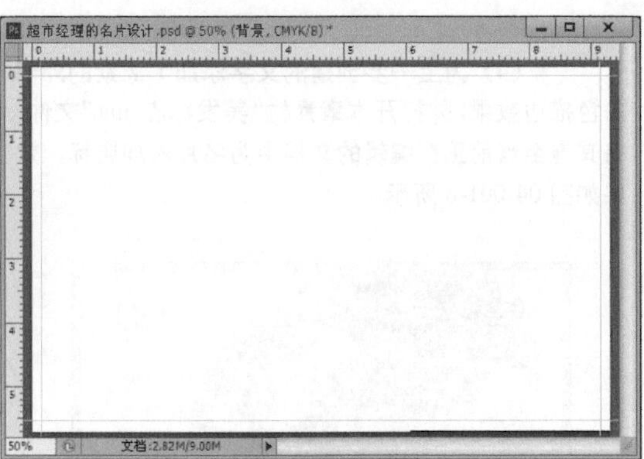

图 04-002-2 设置出血范围

(3) 新建“组 1”图层组，单击【图层】调板底部的【创建新的填充或调整图层】按钮，在弹出的快捷菜单中选择【渐变填充】命令，打开【渐变填充】对话框，单击其中的渐变条，打开【渐变编辑器】对话框，参照图 04-002-3 所示，编辑渐变背景。

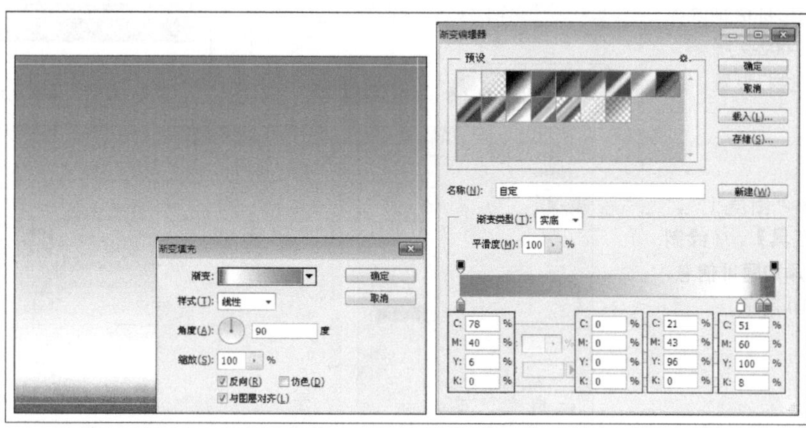

图 04-002-3 添加渐变填充

2. 添加素材图像及文字信息

(1) 打开“资源/第 04 章/素材/购物车.jpg”文件，将其拖至当前正在编辑的文档中，参照图 04-002-4 所示，调整图像的大小及位置。

图 04-002-4 添加购物车

(2) 为购物车所在图层添加图层蒙版，参照图 04-002-5 所示，在蒙版中绘制渐变，隐藏购物车边缘图像。

图 04-002-5 添加图层蒙版

(3) 使用【横排文字工具】在视图中输入文字，并参照图 04-002-6 所示，在【字符】调板中调整字体样式和大小。

(4) 继续使用【横排文字工具】在视图中输入文字，设置大小为 8 点，效果如图 04-002-7 所示。

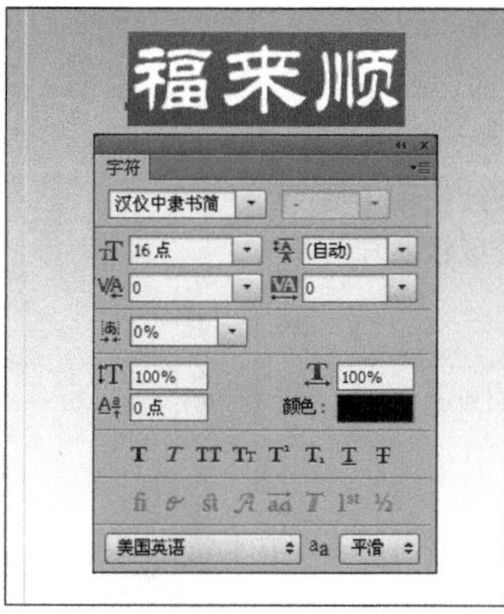

图 04-002-6 在【字符】调板中调整文字

图 04-002-7 添加名字和职务信息

(5) 添加超市的名称，设置大小为 12 点，效果如图 04-002-8 所示。

(6) 添加地址电话等信息，并参照图 04-002-9 所示，在【字符】调板中进行设置。

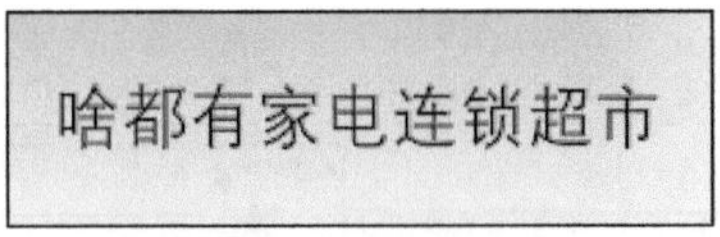

啥都有家电连锁超市

图 04-002-8　添加公司名字

图 04-002-9　添加地址电话等信息

(7) 新建“图层 1”，使用【矩形选框工具】绘制直线，并在右上角添加网址信息，效果如图 04-002-10 所示。

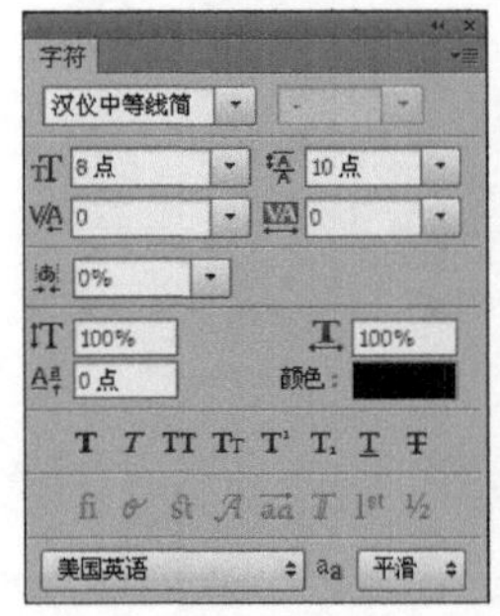

图 04-002-10　添加横线装饰

3. 创建名片背面

(1) 新建“组 2”图层组，复制“组 1”图层组中的渐变填充图层，将“组 1”图层组隐藏，并将复制的渐变填充图层放入“组 2”图层组中，使用【横排文字工具】添加广告语，效果如图 04-002-11 所示。

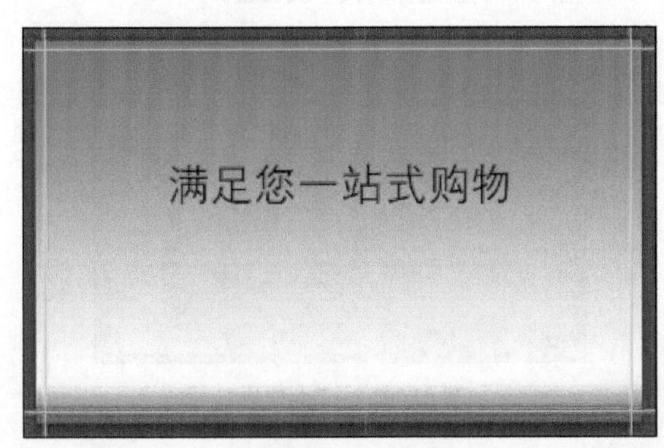

图 04-002-11　添加广告语

(2) 新建“图层 2”，使用【矩形选框工具】绘制蓝色（R：43，G：138，B：204）装饰条，效果如图 04-002-12 所示。

满足您一站式购物

图 04-002-12　添加装饰条

(3) 参照图 04-002-13 所示，继续使用【横排文字工具】添加其他文字信息，完成该名片的设计工作。

图 04-002-13　添加网址文字信息

实例 03 聚宾楼的名片设计

1. 实例特点：

画面具有简洁、大方、高贵端庄的特点，采用能够代表中国风情的红色调作为主色调，搭配雍容华贵的金色，增加了画面奢华和大气的氛围。

2. 注意事项：

调整图层的“不透明度”参数对图层所有属性都起作用，而调整图层的“填充”参数，只对图层内部的图像起作用。

3. 操作思路：

整个实例将分为两个部分进行制作，分别是制作名片的正面图像和名片的背面图像。

最终效果图

资源/第04章/源文件/聚宾楼的名片设计.psd

具体步骤如下：

1. 创建名片的正面效果

(1) 执行【文件】|【新建】命令，打开【新建】对话框，参照图 041-003-1 所示在对话框中进行设置，然后单击【确定】按钮，创建一个新文件。

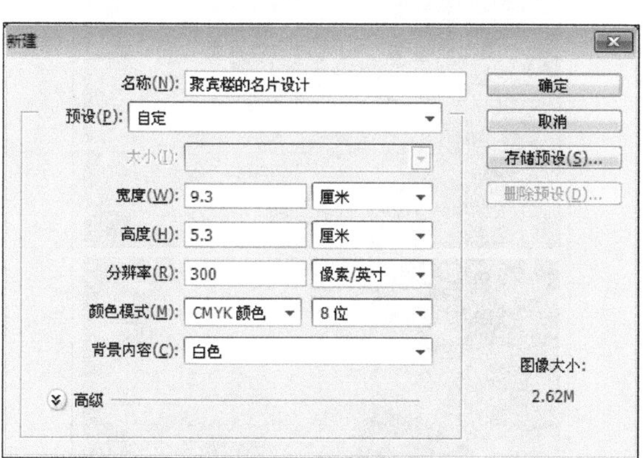

图 04-003-1 【新建】对话框

(2) 配合键盘上的快捷键 Ctrl+R，打开标尺，设置 1.5 毫米的出血范围，如图 04-003-2 所示。

图 04-003-2 设置出血范围

➡（3）单击【图层】调板底部的【创建新的填充或调整图层】按钮，参照图 04-003-3 所示，在弹出的【渐变填充】对话框中进行设置，创建渐变填充图层。

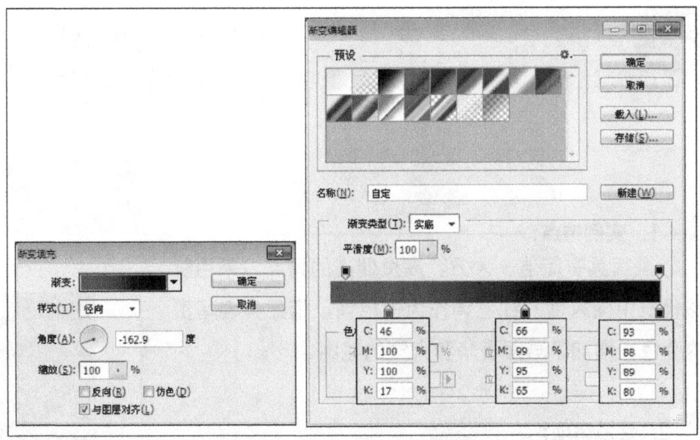

图 04-003-3　【渐变编辑器】对话框

➡（4）打开“资源 / 第 04 章 / 素材 / 浪花 .psd”素材文件，如图 04-003-4 所示。

➡（5）将第二个浪花图像拖至当前正在编辑的文档中，参照图 04-003-5 所示的效果，调整图像的大小及位置，然后设置图像所在图层的“不透明度”参数为 15%。

图 04-003-4　打开素材纹样

图 04-003-5　调整图像的大小及位置

⬇（6）接下来，将第一个浪花图像拖至当前正在编辑的文档中，双击图层缩览图，参照图 04-003-6 所示，在弹出的【图层样式】对话框中进行设置，为图层添加【颜色叠加】图层样式。

⬇（7）参照图 04-003-7 中所示的效果，缩小并调整图像的位置，配合键盘上的 Alt 键复制并移动图像的位置。

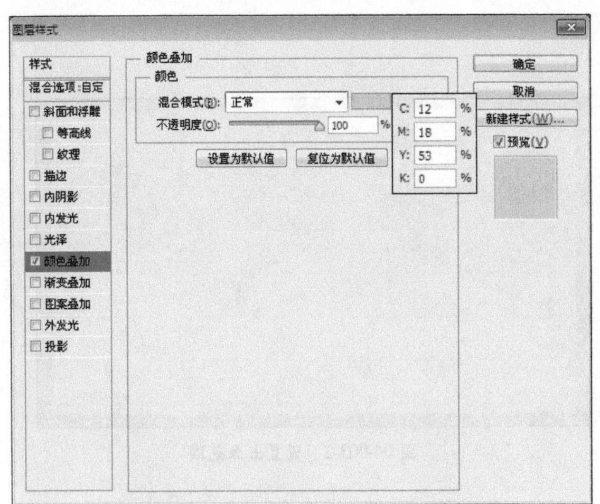

图 04-003-6　添加【颜色叠加】图层样式

图 04-003-7　复制并调整图像

(8) 打开“资源 / 第 04 章 / 素材 / 鸡腿 .jpg”文件，使用【快速选择工具】，选中盘子和鸡腿图像，将其拖至当前正在编辑的文档中，参照图 04-003-8 所示的效果，调整大小及位置。

(9) 再次打开“资源 / 第 04 章 / 素材 / 星光 .psd”文件，将其拖至当前正在编辑的文档中，参照图 04-003-9 所示的效果，调整大小及位置。

图 04-003-8　添加鸡腿素材图像

图 04-003-9　添加星光素材图像

(10) 双击上一步图像所在图层的图层缩览图，参照图 04-003-10 和图 04-003-11 所示，在弹出的【图层样式】对话框中进行设置，为图像添加【外发光】和【颜色叠加】特效。

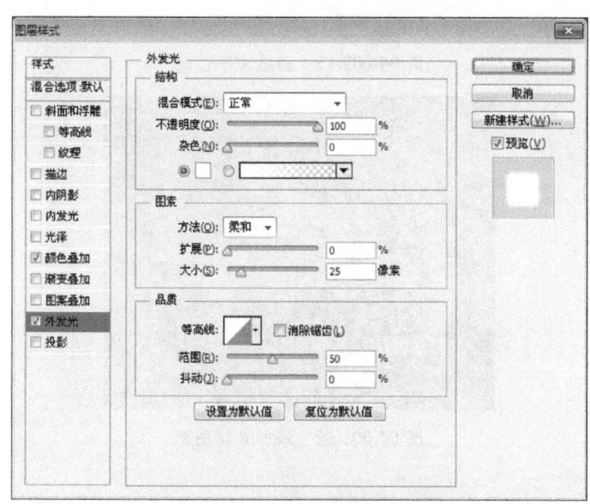

图 04-003-10　添加【外发光】特效

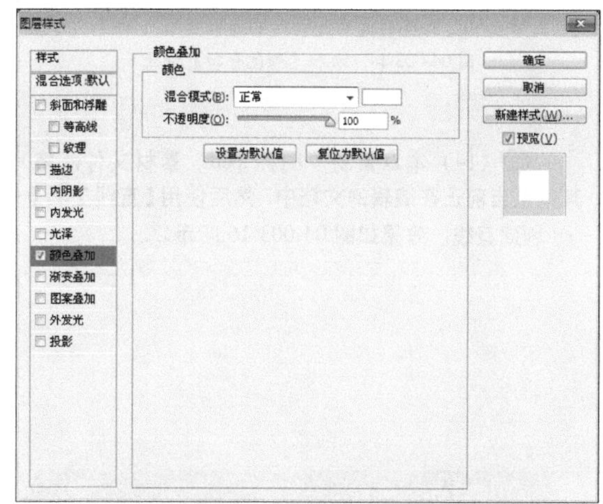

图 04-003-11　添加【颜色叠加】特效

(11) 继续将“星光 .psd”素材文件中的另一个图像拖至当前正在编辑的文档中，效果如图 04-003-12 所示，双击该图像所在图层的缩览图，并参照图 04-003-13 所示，在弹出的【图层样式】对话框中进行设置，为该图像添加外发光效果。

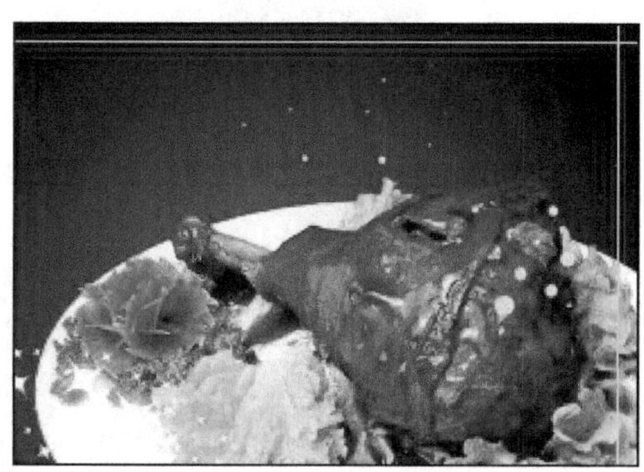

图 04-003-12　添加素材图像

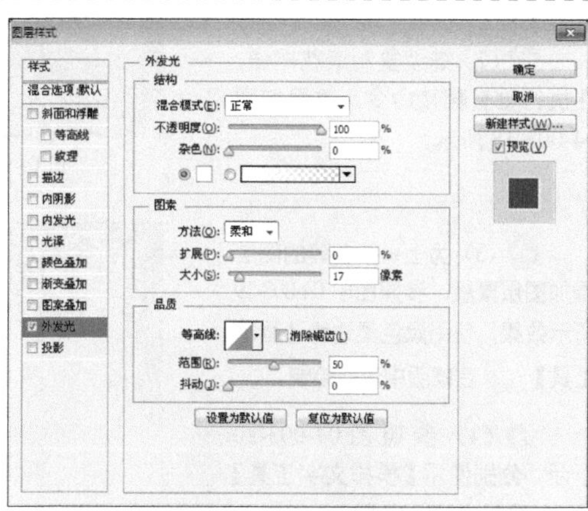

图 04-003-13　添加【外发光】特效

（12）继续上一步的操作，参照图 04-003-14 所示，在打开的对话框中进行设置，为图像添加【颜色叠加】效果。

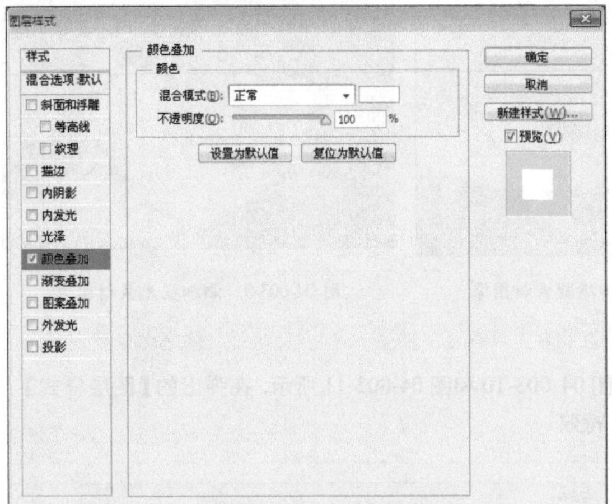

图 04-003-14 添加【颜色叠加】特效

（13）参照图 04-003-15 所示的效果，使用【横排文字工具】 添加文字信息。

图 04-003-15 创建文字信息

（14）本章素材“图标.psd”素材文件，将其拖至当前正在编辑的文档中，然后使用【直线工具】 创建直线，效果如图 04-003-16 所示。

图 04-003-16 添加素材图像

2. 创建名片的背面

（1）新建“组 2”图层组，复制正面图像中的渐变背景层和浪花图像，并调整浪花图像的位置，如图 04-003-17 所示。

（2）继续复制浪花图像，并执行垂直翻转命令，效果如图 04-003-18 所示。

图 04-003-17 复制图层

图 04-003-18 水平翻转图像

（3）为上一步创建的图层添加图层蒙版，参照图中 04-003-19 所示效果，使用黑色柔边缘【画笔工具】 在蒙版中进行绘制。

（4）参照图 04-003-20 所示，分别使用【横排文字工具】 在视图中输入文字。

图 04-003-19 添加图层蒙版

图 04-003-20 添加文字

（5）调整“聚”、“宾”、“楼”三个字所在图层的“不透明度”参数为 10%，效果如图 04-003-21 所示。

（6）打开“资源 / 第 04 章 / 素材 / 笔触 .jpg”文件，将其拖至当前正在编辑的文档中，利用添加颜色叠加样式，将颜色更改为黄色（C：12，M：18，Y：53，K：0），然后设置图层“不透明度”参数为 30%，效果如图 04-003-22 所示。

（7）最后打开“资源 / 第 04 章 / 素材 / 碗 .jpg”文件，将其拖至当前正在编辑的文档中，使用【快速选择工具】去除背景，并参照图 04-003-23 所示，添加文字等信息。

图 04-003-21 调整图层透明度参数

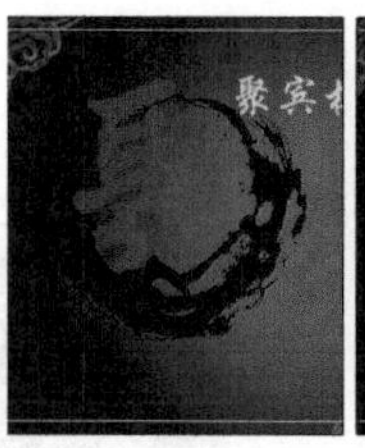
图 04-003-22 添加素材图像

图 04-003-23 添加文字信息

实例 04 商务会所大堂经理的名片设计

1. 实例特点：

尊贵、时尚是该名片的特点，画面简洁、干练，以金色调和黑色调作为主色调，通过对金色渐变的灵活运用，制作出富有立体感和质感的名片。

2. 注意事项：

制作贵金属渐变黄色背景是该实例的重点，华丽的背景颜色也可以使名片提升一个档次。在添加渐变叠加效果的时候，不同的混合模式可呈现不同的效果。

3. 操作思路：

整个实例将分为两个部分进行制作，首先制作出背景，然后添加文字制作名片背面背景。

最终效果图

资源 / 第 04 章 / 源文件 / 商务会所大堂经理的名片设计 .psd

具体步骤如下：

1. 创建名片正面

(1) 执行【文件】|【新建】命令，打开【新建】对话框，参照图 04-004-1 所示在对话框中进行设置，然后单击【确定】按钮，创建一个新文件，然后创建 1.5 毫米的出血线。

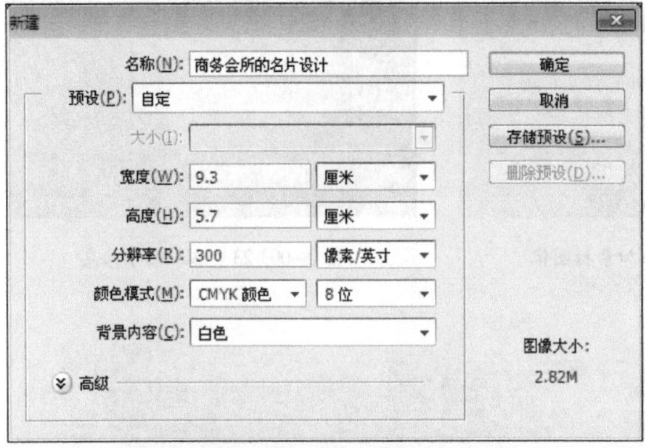

图 04-004-1 【新建】对话框

(2) 将背景载入选区，执行【选择】|【变换选区】命令，缩小选区，如图 04-004-2 所示。

图 04-004-2 缩小选区

(3) 新建"组 1"并新建"图层 1"，参照图 04-004-3 中的参数设置，为选区填充渐变色。

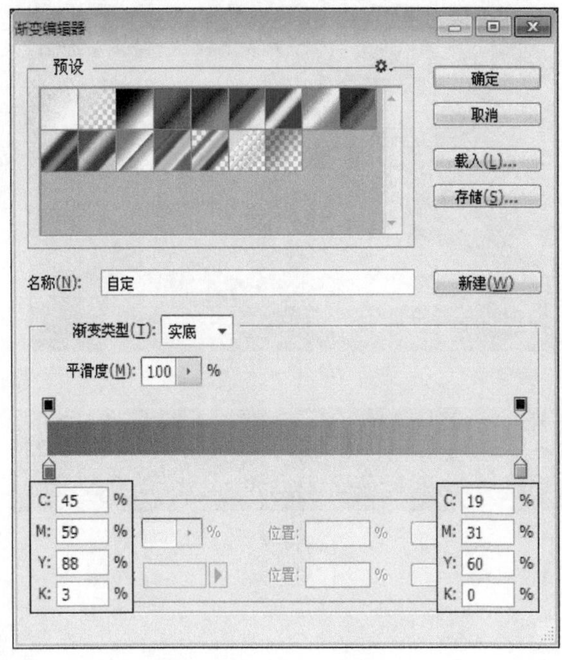

图 04-004-3 添加渐变填充

(4) 双击"图层 1"名称后的空白处，弹出【图层样式】对话框，参照图 04-004-4 中的参数设置，为图层添加【内发光】特效。

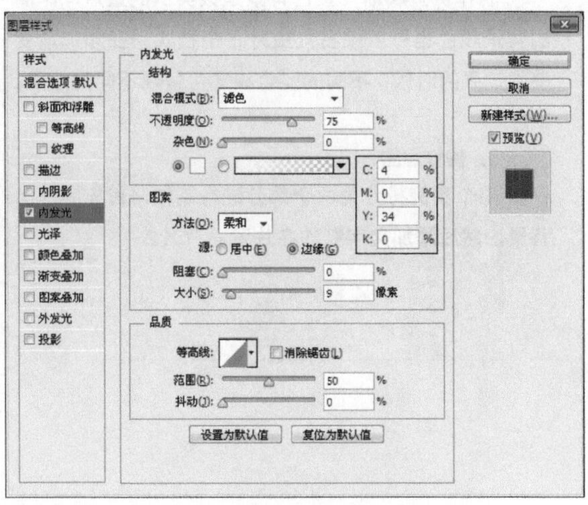

图 04-004-4 【图层样式】对话框

➡（5）完成上一步操作后的效果如图 04-004-5 所示。

➡（6）使用【横排文字工具】 添加文字信息，然后使用【直线工具】 添加直线，效果如图 04-004-6 所示。

图 04-004-5 “图层 1”上的图像

图 04-004-6 创建文字信息

⬇（7）新建“图层 2”，使用【矩形选框工具】 绘制正方形图像，效果如图 04-004-7 所示。

图 04-004-7 绘制黑色矩形

⬇（8）双击“图层 2”的图层缩览图，参照图 04-004-8 所示，在弹出的【图层样式】对话框中进行设置，为底部的方块添加【渐变叠加】图层样式。

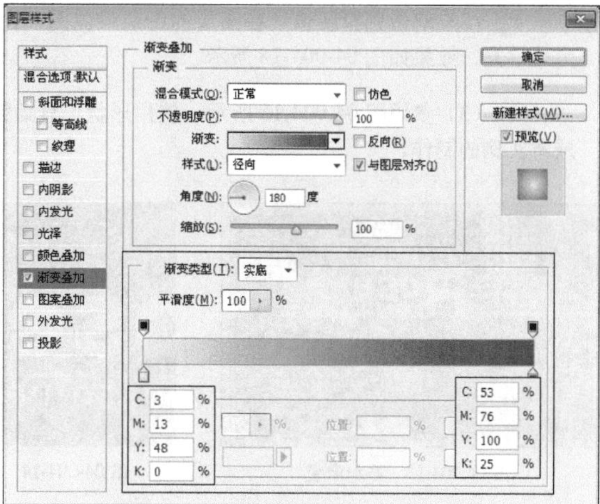

图 04-004-8 添加【渐变叠加】图层样式

⬇（9）添加【渐变叠加】图层样式后的效果，如图 04-004-9 所示。

⬇（10）打开“资源 / 第 04 章 / 素材 / 别墅 .psd”文件，使用快捷键 Ctrl+L 打开【色阶】对话框，参照图 04-004-10 所示，调整图像对比度。

图 04-004-9 渐变叠加效果

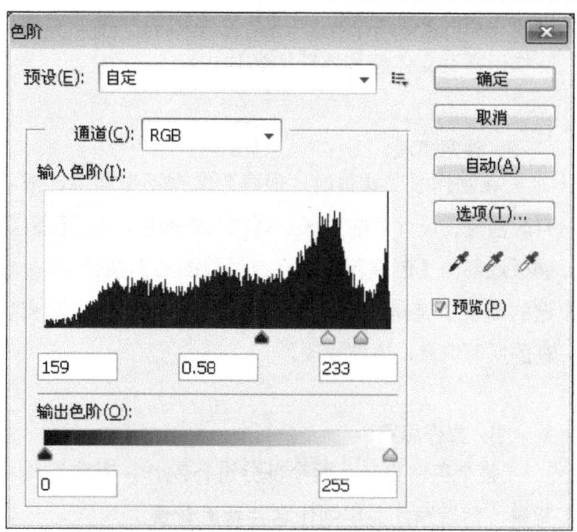

图 04-004-10 渐变叠加效果

➡（11）将素材图像拖至当前正在编辑的文档中，效果如图 04-004-11 所示。

➡（12）使用【矩形选框工具】创建选区，并删除选区中的图像，效果如图 04-004-12 所示。

图 04-004-11　添加素材

图 04-004-12　删除选区中的图像

2. 创建名片背面

⬇（1）新建“组 2”图层组，复制“组 1”图层组中文字、矩形和别墅图像，为其添加和“图层 1”相同的渐变，如图 04-004-13 所示。

⬇（2）双击别墅图像所在图层的图层缩览图，在弹出的【图层样式】对话框中调整【渐变叠加】混合模式为线性光，效果如图 04-004-14 所示。

⬇（3）参照图 04-004-15 所示，使用形状工具组创建标志图像，并使用【横排文字工具】添加文字信息，完成本实例的制作。

图 04-004-13　添加渐变

图 04-004-14　调整特效混合模式

图 04-004-15　创建标志图像并添加文字

实例 05　房地产公司的名片设计

1. 实例特点：

尊贵、时尚是该名片的特点，画面简洁、干练，以金色调作为主色调，通过对金色渐变的灵活运用，制作出富有立体感和质感的名片。

2. 注意事项：

在制作渐变背景时，很容易拿捏不准颜色，或者有时候是在设计师的试探下调制出的颜色，使用【图层】调板底部的【创建新的填充或调整图层】按钮，创建的渐变填充是独立存在的一个图层，记录了渐变填充的所有信息，方便修改。

3. 操作思路：

整个实例将分为两个部分进行制作，首先制作出背景，然后添加文字制作名片背面背景。

最终效果图

资源 / 第 04 章 / 源文件 / 房地产公司的名片设计 .psd

具体步骤如下：

1. 创建名片背景

(1) 执行【文件】|【新建】命令，打开【新建】对话框，参照图 04-005-1 所示在对话框中进行设置，然后单击【确定】按钮，创建一个新文件，然后创建 1.5 毫米的出血线。

(2) 配合键盘上的快捷键 Ctrl+R，打开标尺设置 3 毫米的出血范围，如图 04-005-2 所示。

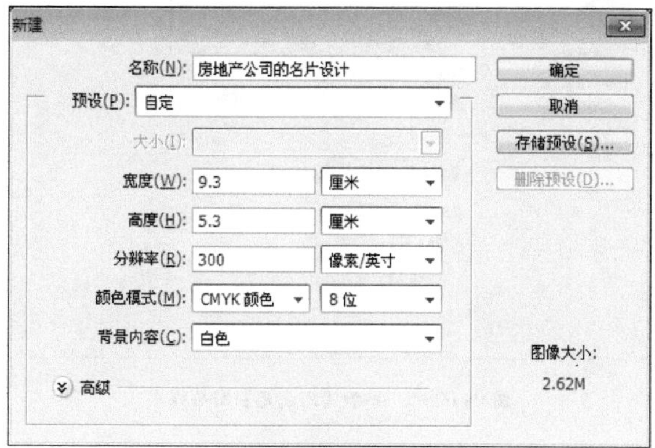

图 04-005-1 【新建】对话框

图 04-005-2 添加参考线

(3) 单击【图层】调板底部的【创建新的填充或调整图层】按钮，在弹出的菜单中选择【渐变填充】命令，参照图 04-005-3 所示，在弹出的【渐变填充】对话框中进行设置，创建渐变填充图层。

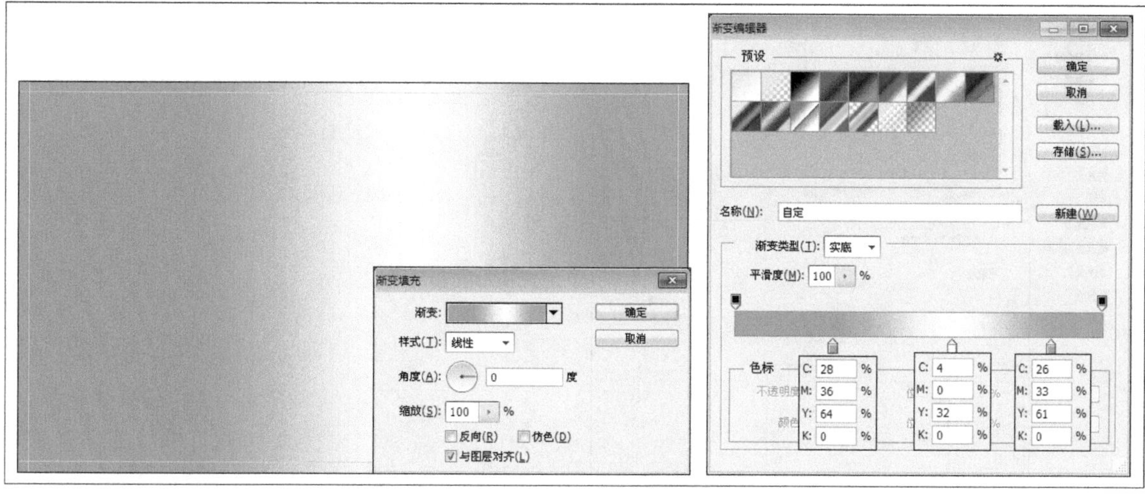

图 04-005-3 添加渐变填充

(4) 新建“图层 1”，使用【矩形选框工具】 绘制选区，并填充颜色为白色，参照图 04-005-4 所示的效果，并将图像旋转 45°。

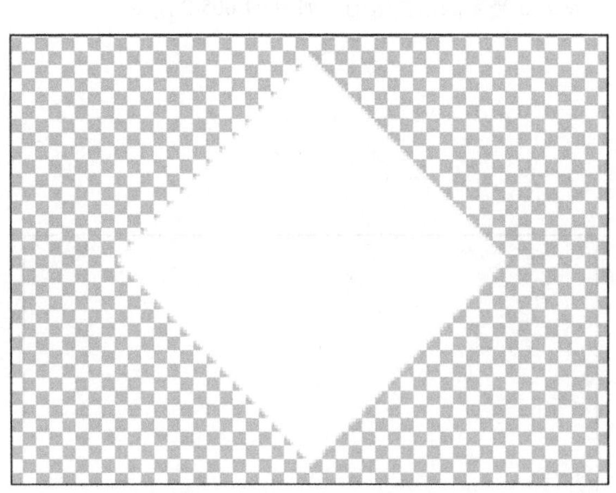

图 04-005-4　绘制并旋转图像

(5) 双击上一步创建图像所在图层的图层缩览图，参照图 04-005-5 中的参数设置，为图像添加【内发光】图层样式。

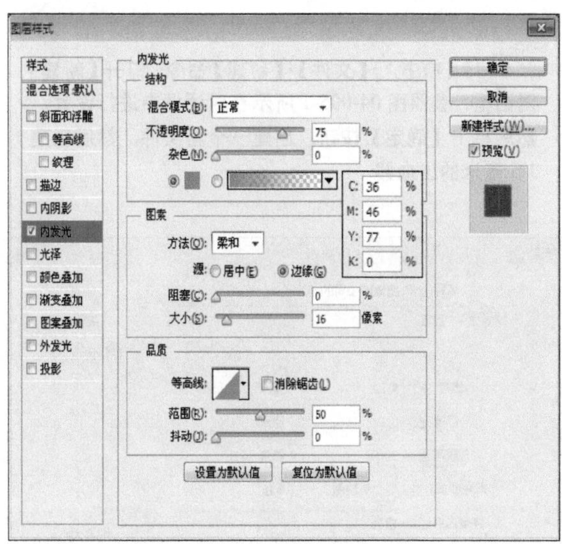

图 04-005-5　添加【内发光】图层样式

(6) 继续上一步的操作，参照图 04-005-6 所示，在对话框中进行设置，为图层添加【渐变叠加】图层样式。

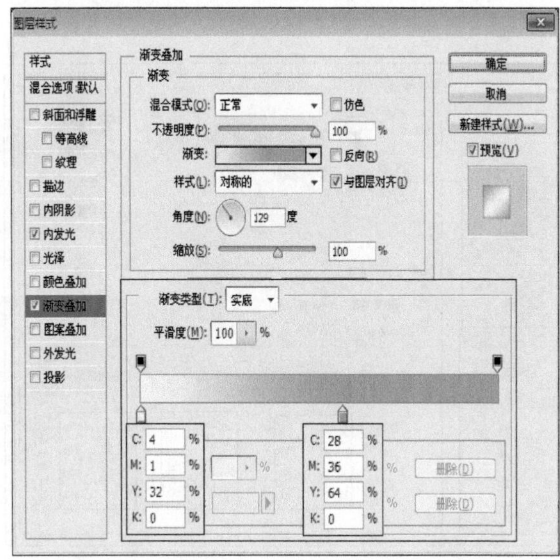

图 04-005-6　添加【渐变叠加】图层样式

(7) 参照图 04-005-7 所示，使用【矩形选框工具】 绘制选区，然后执行【编辑】|【定义图案】命令，在弹出的【图案名称】对话框中输入“方形”然后单击【确定】按钮，定义图案。

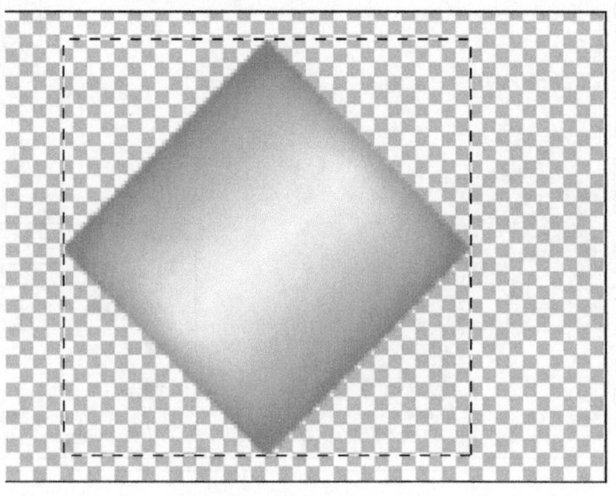

图 04-005-7　定义图案

(8) 隐藏“图层 1”，然后单击【图层】调板底部的【创建新的填充或调整图层】按钮，在弹出的菜单中选择【图案填充】命令，参照图 04-005-8 所示，在弹出的对话框中进行设置，然后单击【确定】按钮，进行图案填充，效果如图 04-005-9 所示。

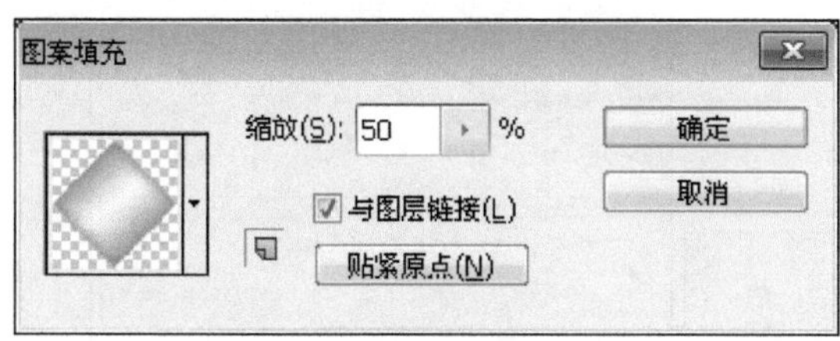

图 04-005-8 【图案填充】对话框

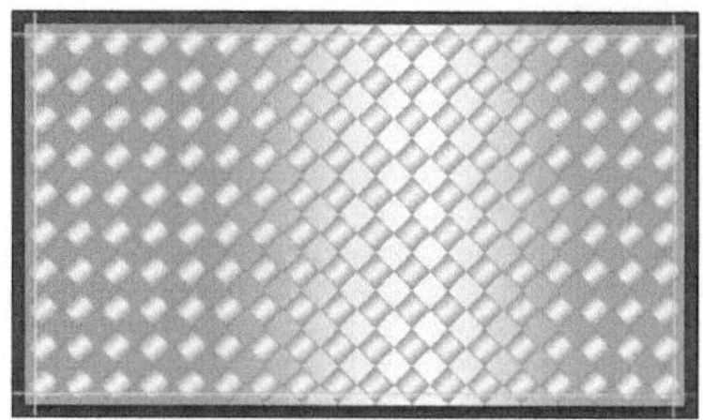

图 04-005-9 图案填充效果

(9) 使用【椭圆工具】绘制路径，然后参照图 04-005-10 所示，对路径进行自由变换命令的操作。

(10)按住键盘上的 Ctrl 键，单击【路径】调板中的缩览图，将路径载入选区，参照图 04-005-11 中的参数设置，填充渐变。

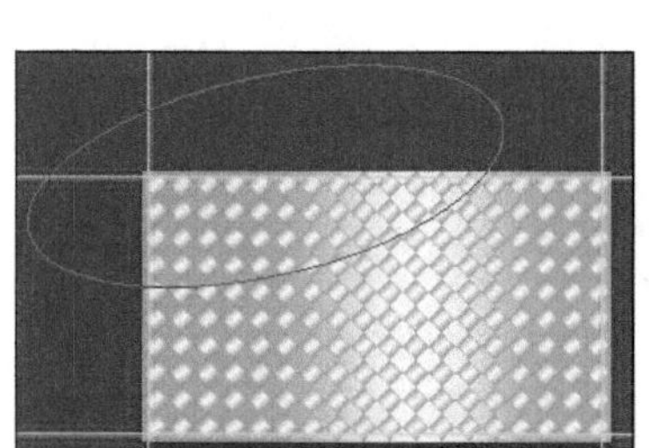

图 04-005-10 绘制椭圆路径

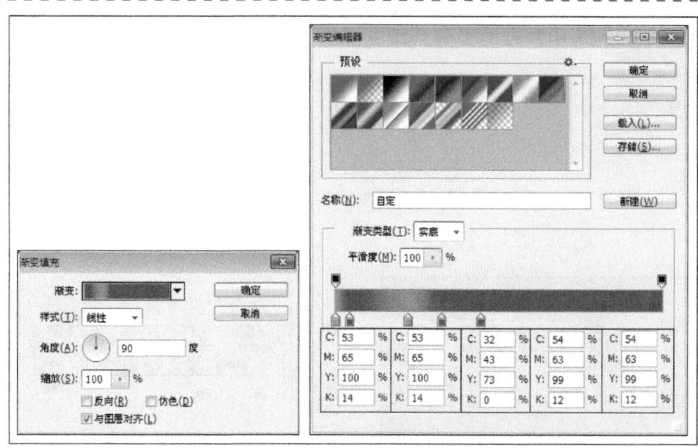

图 04-005-11 填充渐变

(11)参照图 04-005-12 所示，单击渐变填充图层的图层蒙版缩览图将蒙版载入选区，执行【选择】|【变换选区】命令，缩小选区。

(12) 参照图 04-005-13 所示，为选区填充渐变。

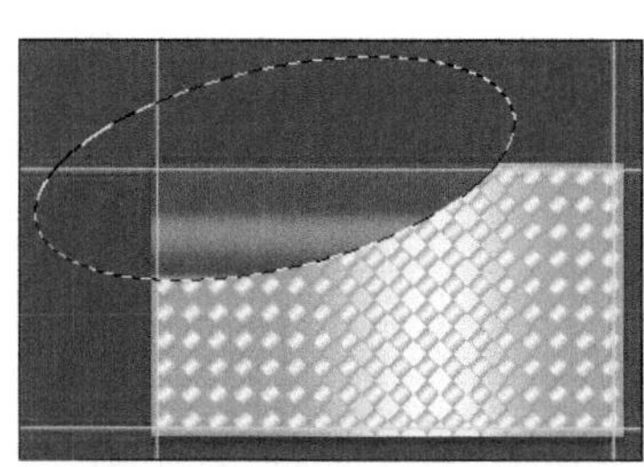

图 04-005-12 将蒙版载入选区

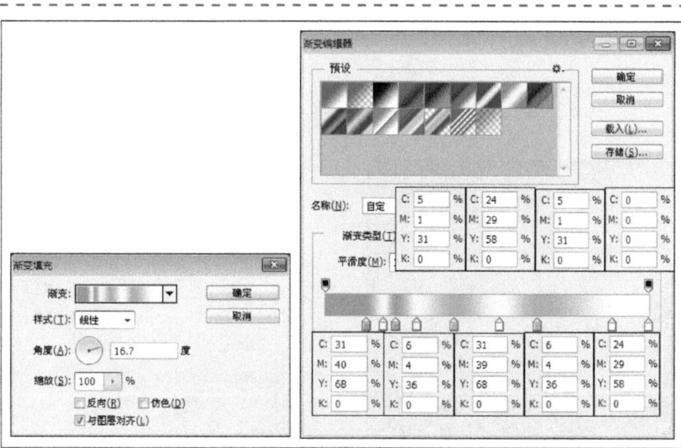

图 04-005-13 填充渐变

(13)继续参照图 04-005-14 所示缩小选区，参照图 04-005-15 所示，为选区填充渐变。

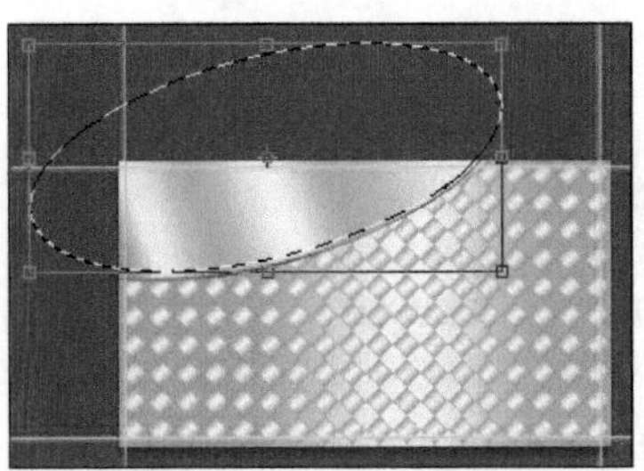

图 04-005-14 缩小选区

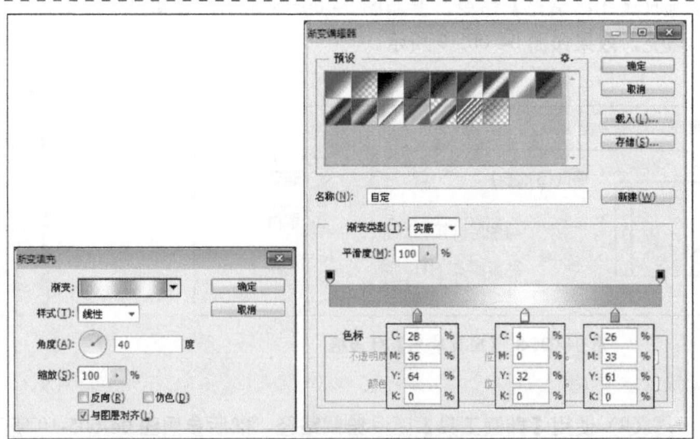

图 04-005-15 填充渐变

(14)接下来使用前面介绍的方法，绘制右下角的图像，首先参照图 04-005-16 所示，绘制选区，然后参照图 04-005-17 中的参数设置，填充渐变。

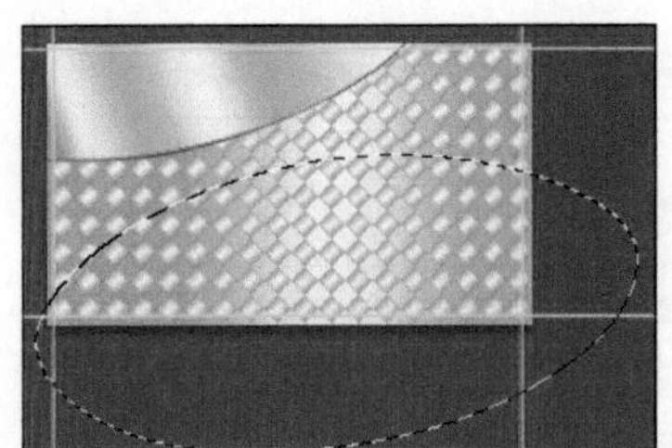

图 04-005-16 绘制选区

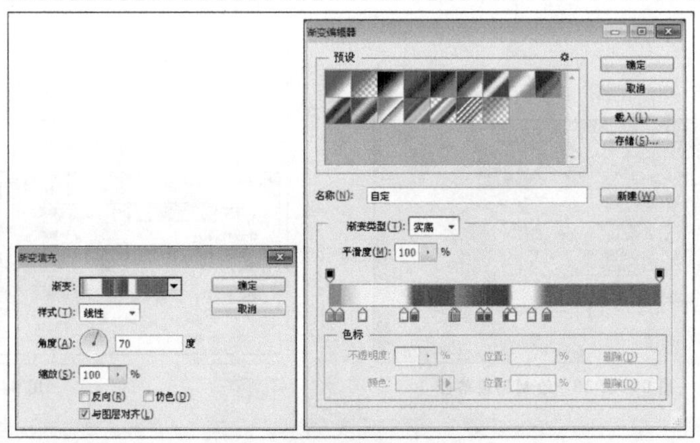

图 04-005-17 填充渐变

(15)参照图 04-005-18 所示，缩小选区，并参照图 04-005-19 的参数设置填充渐变。

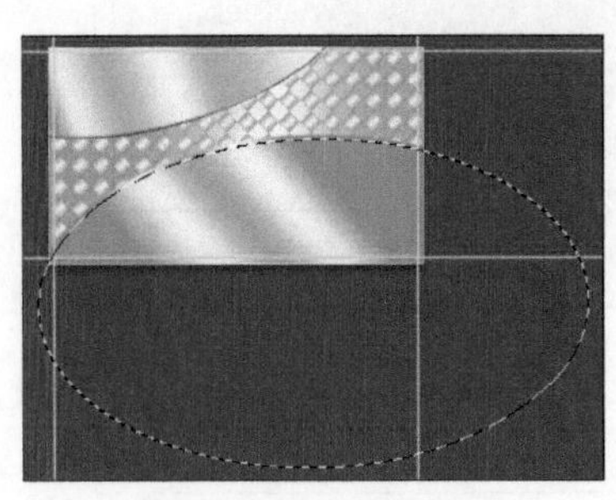

图 04-005-18 绘制选区

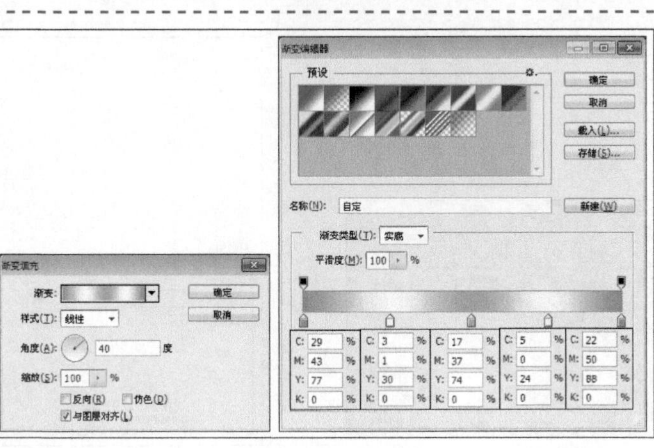

图 04-005-19 填充渐变

（16）参照图 04-005-20 所示，调整图层顺序，并在“渐变填充 4”图层蒙版中进行绘制，如图 04-005-21 所示。

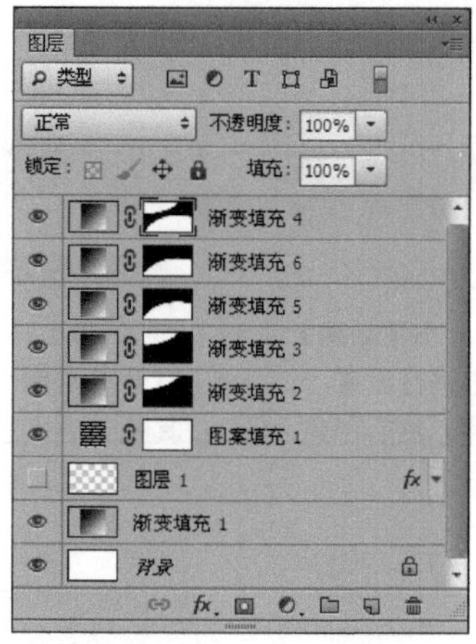

图 04-005-20　调整图层顺序

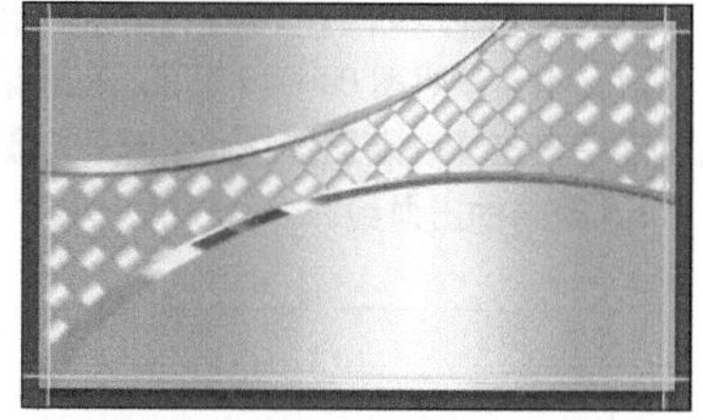

图 04-005-21　显示蒙版中的图像

2. 添加文字和背面信息

（1）使用【横排文字工具】T，参照图 04-005-22 中所示的效果，添加文字信息。

（2）新建“组 2”使用制作正面的方法制作名片背面图像，效果如图 04-005-23 所示。

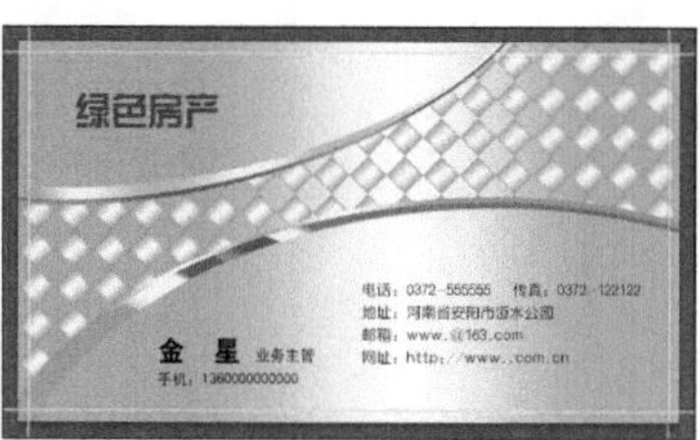

图 04-005-22　添加文字

图 04-005-23　名片背面效果

实例 06　画室的名片设计

1. 实例特点：

潮流、个性、富有艺术气息是该名片的特点，画面大气、洒脱，以牛皮纸材质和水彩墨迹为元素，深刻表现出画室的特点。

2. 注意事项：

刚入门的读者很容易在蒙版的应用上犯迷糊，在蒙版中绘制黑色图像即为隐藏图像，相反绘制白色即为显示图像，绘制蒙版的时候一定要确定已经选中蒙版。

3. 操作思路：

整个实例将分为三个部分进行制作，首先制作出背景，然后添加蒙版丰富背景层次，最后绘制折痕添加文字信息。

最终效果图

资源 / 第 04 章 / 源文件 / 画室的名片设计 .psd

具体步骤如下：

1. 平面图像制作

(1) 执行【文件】|【新建】命令，打开【新建】对话框，参照图 04-006-1 所示在对话框中进行设置，然后单击【确定】按钮，创建一个新文件，然后创建 1.5 毫米的出血线。

(2) 新建图层组，并将其命名为"正面"，打开"资源 / 第 04 章 / 素材 / 牛皮纸.jpg"文件，将其拖至当前正在编辑的文档中，参照图 04-006-2 所示的效果，缩小图像。

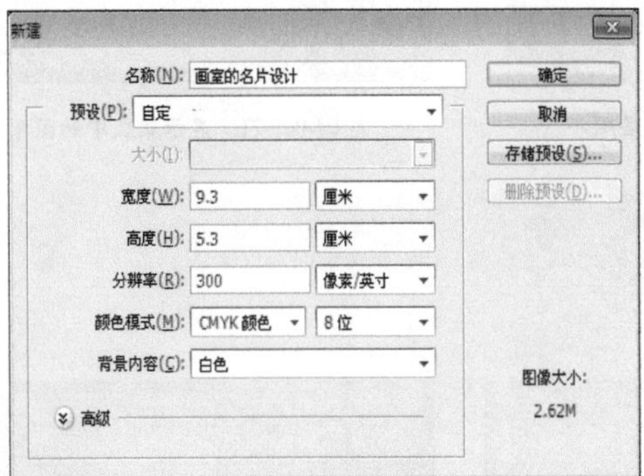

图 04-006-1 【新建】对话框

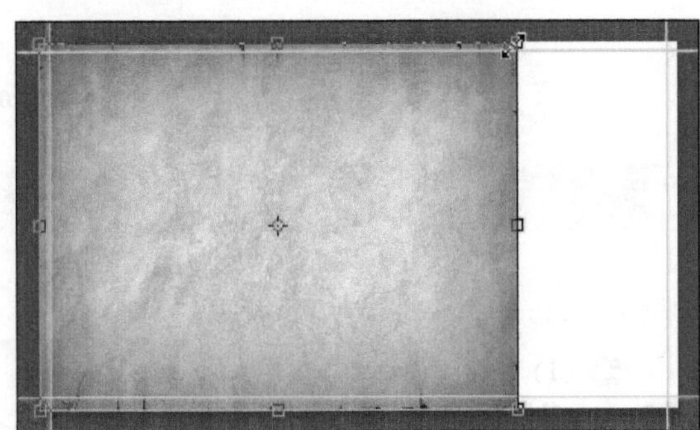

图 04-006-2 添加并缩小素材图像

(3) 打开"资源 / 第 04 章 / 素材 / 画室美女.jpg"文件，执行【图像】|【调整】|【去色】命令，效果如图 04-006-3 所示。

(4) 执行【图像】|【调整】|【亮度 / 对比度】命令，参照图 04-006-4 所示，在弹出的【亮度 / 对比度】对话框中设置参数，调整图像的颜色。

图 04-006-3 将图像去色

亮度/对比度

亮度:	80	确定
对比度:	44	取消
		Auto
□使用旧版(L)		☑预览(P)

图 04-006-4 【亮度 / 对比度】对话框

(5) 将素材图像拖至当前正在编辑的文档中，缩小并旋转图像，效果如图 04-006-5 所示。

(6) 打开"资源 / 第 04 章 / 素材 / 水彩背景.jpg"文件，执行自由变换命令，缩小并旋转图像将其拖至当前正在编辑的文档中，效果如图 04-006-6 所示。

图 04-006-5 添加并缩小素材图像

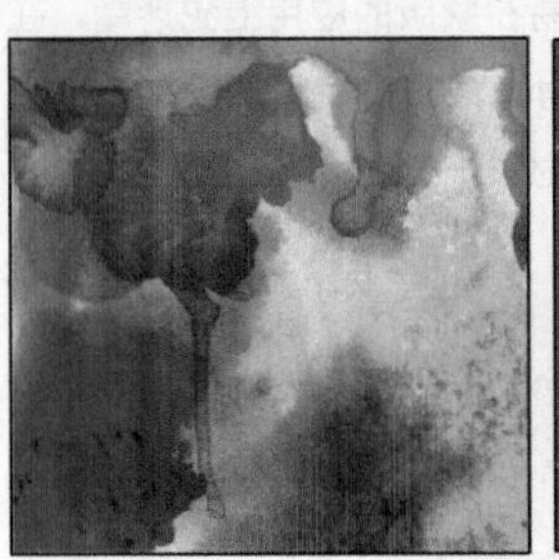

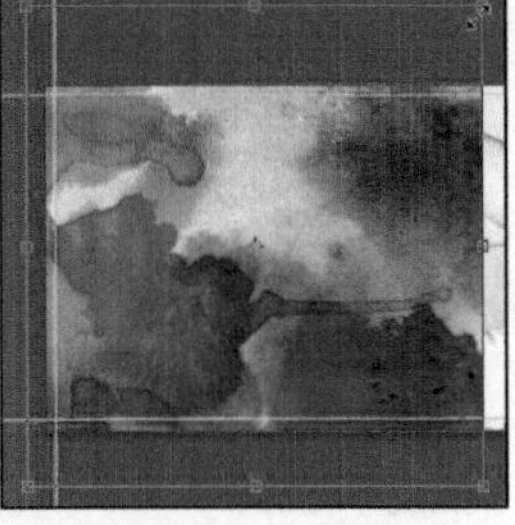

图 04-006-6 添加水彩背景素材图像

（7）参照图 04-006-7 所示，将美女图像载入选区，使用快捷键 Ctrl+C 复制图像，然后使用快捷键 Ctrl+D 取消选区。

（8）回到水彩背景所在图层，参照图 04-006-8 所示，单击【图层】调板底部的【添加图层蒙版】按钮，添加图层蒙版，然后按住 Alt 键单击图层蒙版缩览图，打开图层蒙版。

图 04-006-7 复制图像

图 04-006-8 进入蒙版

2. 添加蒙版

（1）使用快捷键 Ctrl+V 将刚才复制的图像粘贴到蒙版中，效果如图 04-006-9 所示。

（2）使用快捷键 Ctrl+I 将图像设置为反相，效果如图 04-006-10 所示。

图 04-006-9 编辑蒙版

图 04-006-10 设置反相图像

（3）再次按住 Alt 键单击图层蒙版缩览图，退出蒙版，效果如图 04-006-11 所示。

（4）打开“资源 / 第 04 章 / 素材 / 水彩笔触 .jpg”文件，将其拖至当前正在编辑的文档中，调整图层的混合模式为【正片叠底】，效果如图 04-006-12 所示。

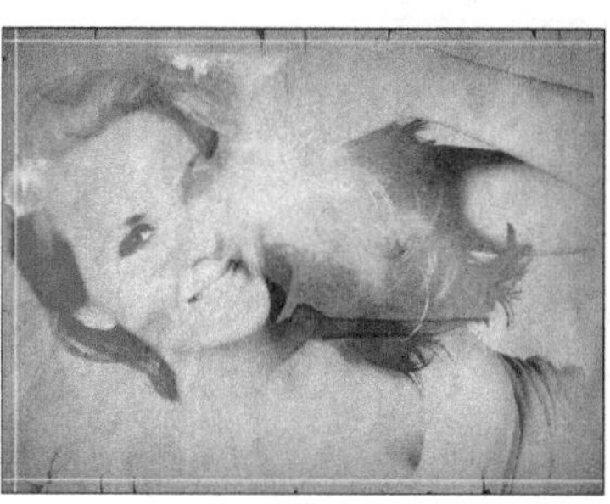

图 04-006-11 退出蒙版

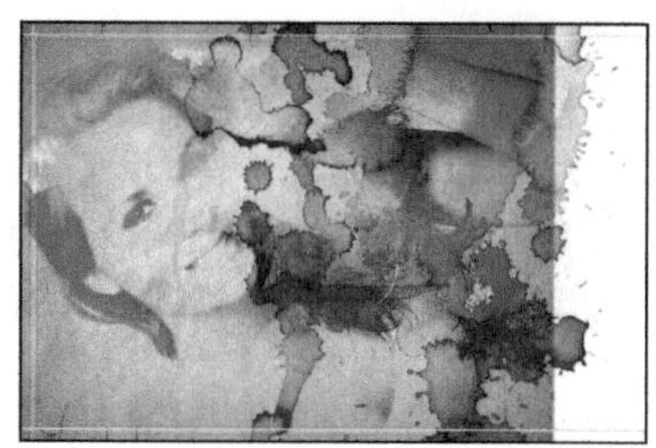

图 04-006-12 调整图层的混合模式

（5）为上一步创建图层添加图层蒙版淡化并隐藏部分图像，效果如图 04-006-13 所示。

（6）复制水彩笔触图像，调整其位置，继续在图层蒙版中进行绘制，效果如图 04-006-14 所示。

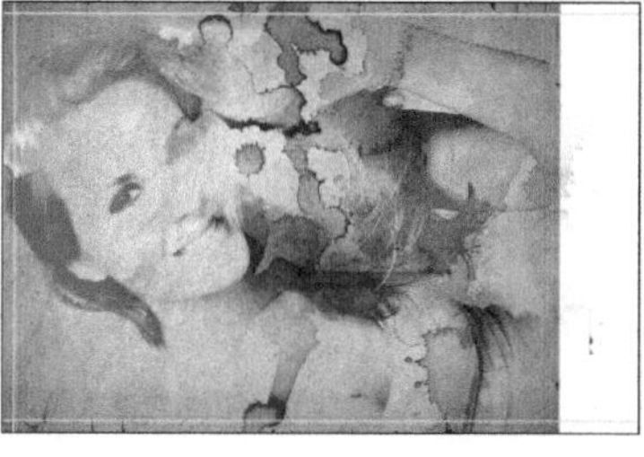

图 04-006-13 添加图层蒙版

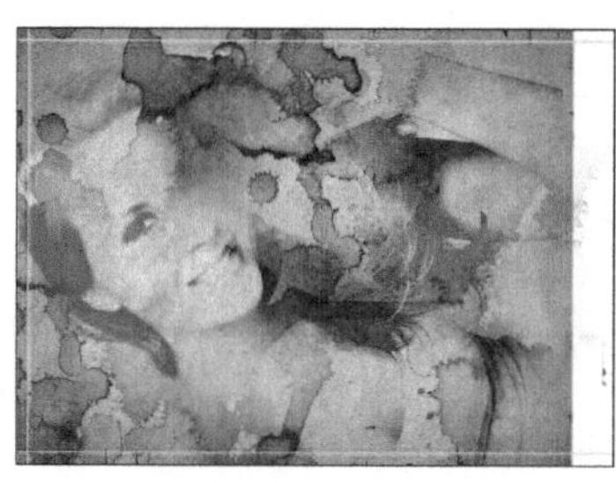

图 04-006-14 复制图像

（7）复制水彩笔触图像，调整其位置，继续在图层蒙版中进行绘制，效果如图 04-006-15 所示。

（8）新建图层，使用【矩形选框工具】绘制选区，并填充颜色为白色，效果如图 04-006-16 所示。

图 04-006-15 复制图像

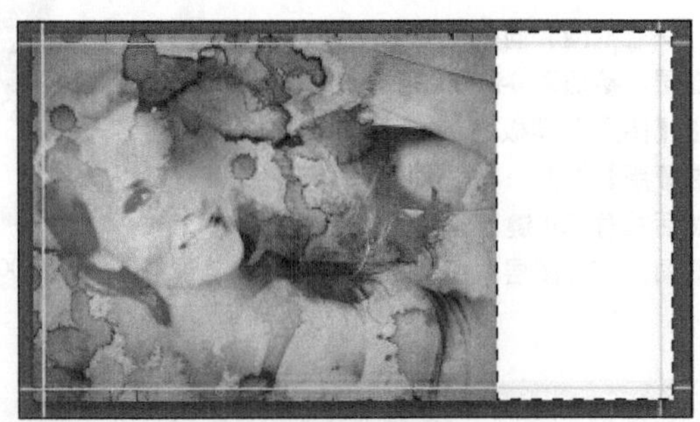

图 04-006-16 复制白色矩形图像

（9）新建图层，绘制黑色矩形图像，效果如图 04-006-17 所示。

（10）为黑色矩形添加 2px 的灰色描边图层样式，效果如图 04-006-18 所示。

（11）复制上一步创建图层，并按下快捷键 Ctrl+E 合并图层，删除部分图像，效果如图 04-006-19 所示。

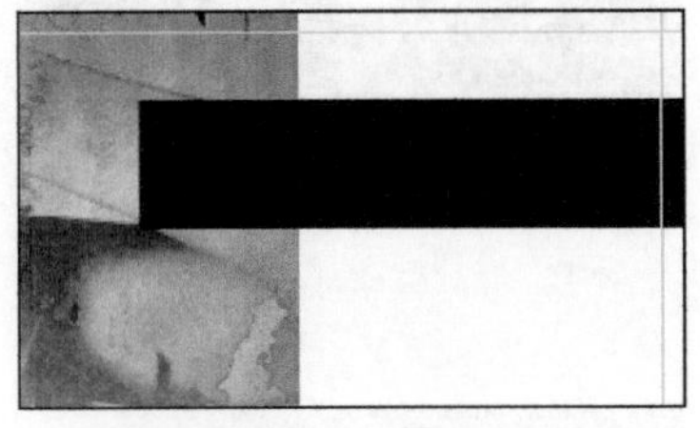

图 04-006-17 复制黑色矩形图像

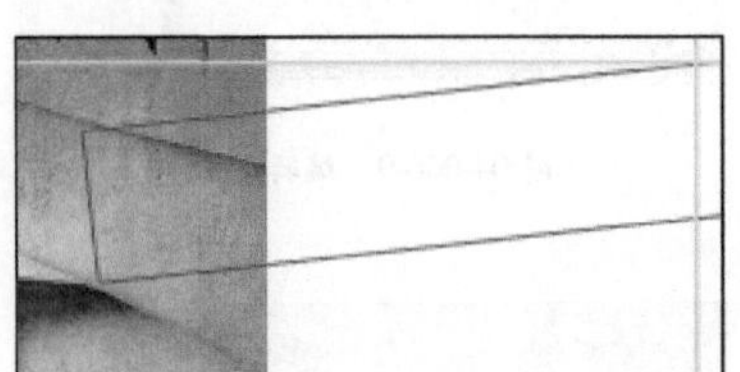

图 04-006-18 添加描边

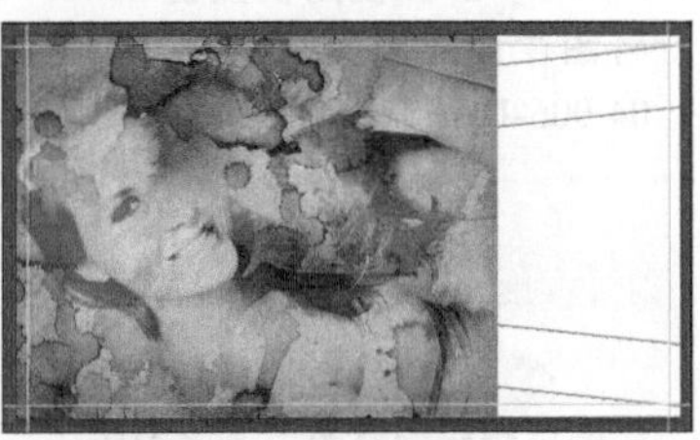

图 04-006-19 复制黑色矩形图像

（12）新建图层，通过对画笔间距的调整绘制连续的白点，制作出虚线效果，最后添加文字信息，如图 04-006-20 所示。

（13）新建组将其重命名为“背面”，参照图 04-006-21 所示的效果，添加文字信息，完成本实例的制作。

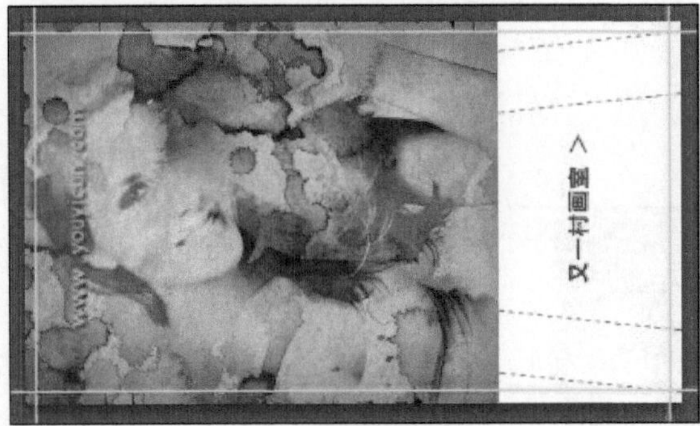

图 04-006-20 添加文字信息

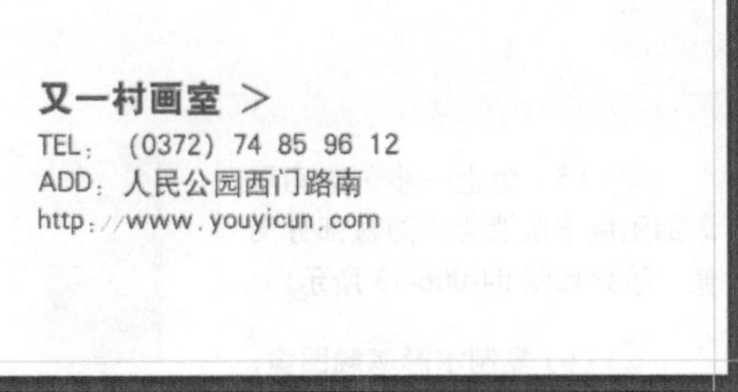

图 04-006-21 创建名片背面

实例 07 城市论坛的名片设计

1. 实例特点：

画面诗情画意，具有中国传统水墨中国画的特点，加上茶壶和茶杯，体现论坛这一特点。

2. 注意事项：

在使用通道进行抠图的时候，一定要复制一个通道，然后再进行色阶调整。

3. 操作思路：

整个实例将分为两个部分进行制作，首先制作出背景，然后添加文字制作名片背面背景。

最终效果图

资源 / 第 04 章 / 源文件 / 城市论坛的名片设计 .psd

具体步骤如下：

1. 创建名片背景

(1) 执行【文件】|【新建】命令，打开【新建】对话框，参照图 04-007-1 所示在对话框中进行设置，然后单击【确定】按钮，创建一个新文件，然后创建 1.5 毫米的出血线。

(2) 新建“组 1”，使用快捷键 Ctrl+O 打开“资源 / 第 04 章 / 素材 / 公园 .jpg”文件，将其拖至当前正在编辑的文档中，并参照图 04-007-2 所示，缩小并调整图像的位置。

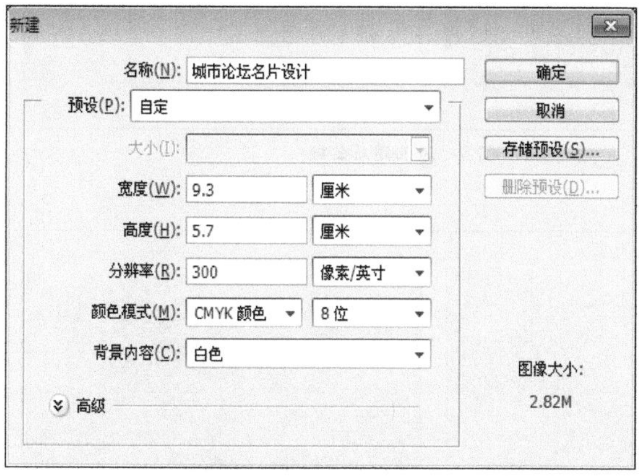

图 04-007-1 【新建】对话框

图 04-007-2 打开素材图像

（3）使用快捷键 Ctrl+J 复制图层，然后使用快捷键 Ctrl+T 打开变换框，右击变换框，在弹出的菜单中选择【水平翻转】命令，翻转并调整图像的位置，如图 04-007-3 所示。

图 04-007-3　复制并水平翻转图像

（4）使用快捷键 Ctrl+E 向下合并图层，执行【图像】|【调整】|【黑白】命令，参照图 04-007-4 所示，在弹出的【黑白】对话框中进行设置，然后单击【确定】按钮，将图像转换为黑白图像。

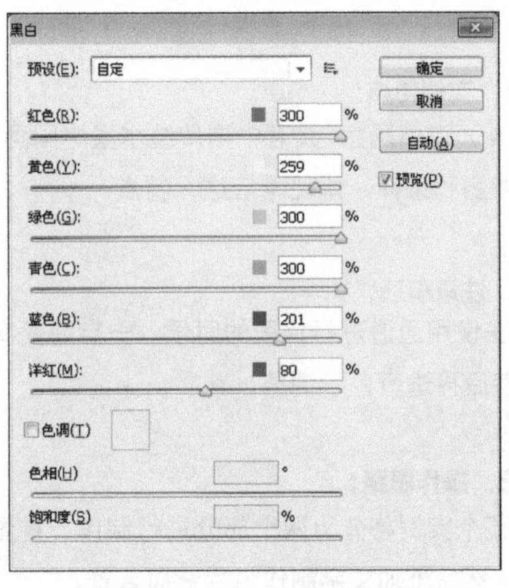

图 04-007-4　【黑白】对话框

（5）单击【图层】调板底部的【添加矢量蒙版】按钮，为图层添加蒙版，并参照图 04-007-5 所示，使用黑色柔边缘画笔在蒙版中进行绘制。最后调整图层【不透明度】参数为 80%，效果如图 04-007-6 所示。

图 04-007-5　创建图层蒙版

图 04-007-6　调理图层透明度

（6）使用快捷键 Ctrl+O 打开“资源 / 第 04 章 / 素材 / 沙滩 .jpg”文件，将其拖至当前文档，并为其添加图层蒙版，效果如图 04-007-7 所示。

图 04-007-7　添加图层蒙版

（7）新建“图层 3”使用红色柔边缘画笔按长亭的形状进行绘制，然后调整图层的混合模式为正片叠底，效果如图 04-007-8 所示。

图 04-007-8　调整图层的混合模式

2. 添加素材及文字信息

（1）打开“资源 / 第 04 章 / 素材 / 茶壶 .jpg”文件，如图 04-007-9 所示。

（2）在【通道】面板中将“蓝”通道拖至面板下方的【创建新通道】按钮，复制蓝通道，如图 04-007-10 所示。

图 04-007-9 添加图像

图 04-007-10 【通道】调板

（3）使用快捷键 Ctrl+L 打开【色阶】对话框，并参照图 04-007-11 的参数设置，调整图像的对比度。按住 Ctrl 键单击“蓝 副本”通道的图层缩览图，将图像载入选区，如图 04-007-12 所示。

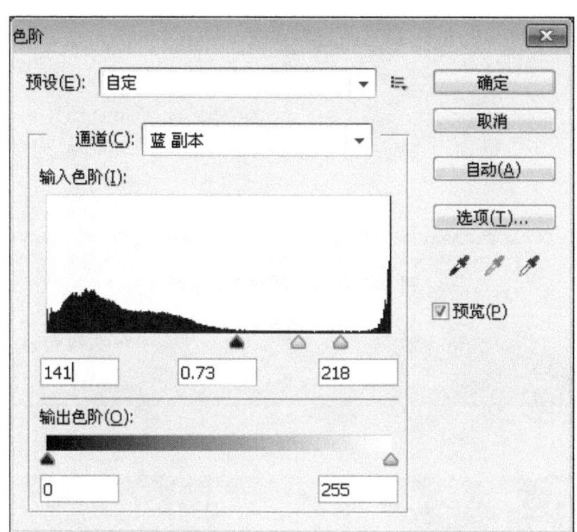

图 04-007-11 【色阶】对话框

图 04-007-12 将图像载入选区

（4）回到【图层】调板，按下 Delete 键，删除选区中的图像，如图 04-007-13 所示。

图 04-007-13 删除选区中的图像

（5）参照图 04-007-14 所示，添加文字信息。

图 04-007-14 添加文字信息

（6）复制沙滩图像，打开“资源 / 第 04 章 / 素材 / 山川 .jpg”文件，将其拖至当前正在编辑的文档中，参照图 04-007-15 所示，调整图像的大小及位置。

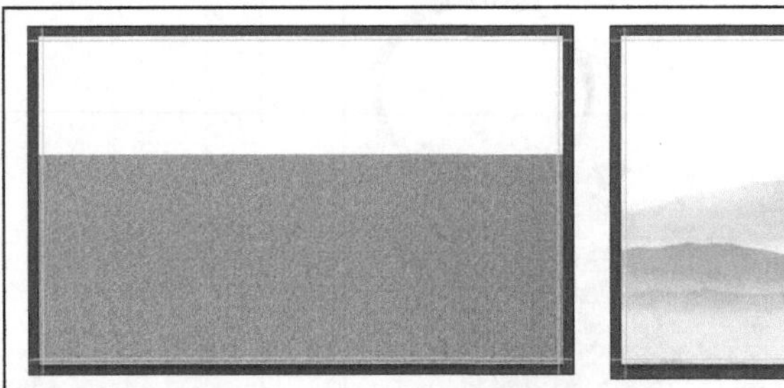

图 04-007-15 添加素材图像

（7）调整图层的混合模式为【叠加】，最后添加鱼群素材，完成本实例的制作。效果如图 04-007-16 所示。

图 04-007-16 添加鱼群素材

实例 08 小吃店的名片设计

1. 实例特点：

画面以橙色调为主，体现餐饮这一行业特色，用卡通形象作为店面代言人，让信息传达准确，增强识别性。

2. 注意事项：

使用形状工具进行绘制时，若是需要调整形状和颜色的，一定要在其工具栏中选择填充路径选项。

3. 操作思路：

整个实例将分为三个部分进行制作，首先制作出背景，然后绘制卡通人物，最后添加文字。

最终效果图

资源 / 第 04 章 / 源文件 / 小吃店的名片设计 .psd

具体步骤如下：

1. 创建名片背景

(1) 执行【文件】|【新建】命令，打开【新建】对话框，参照图 04-008-1 所示在对话框中进行设置，然后单击【确定】按钮，创建一个新文件，然后创建 1.5 毫米的出血线。

新建
名称(N): 小吃点的名片设计
预设(P): 自定
大小(I):
宽度(W): 9.3 厘米
高度(H): 5.7 厘米
分辨率(R): 300 像素/英寸
颜色模式(M): CMYK 颜色 8 位
背景内容(C): 白色
高级
确定
取消
存储预设(S)...
删除预设(D)...
图像大小:
2.82M

图 04-008-1 【新建】对话框

(2) 填充背景图层为黄色（C：8，M：38，Y：92，K：0），如图 04-008-2 所示。

图 04-008-2 填充图层

(3) 选择【自定义形状工具】，然后单击其选项栏中形状后的下拉按钮，单击弹出的【自定义形状拾色器】面板中的按钮，在弹出的菜单中选择【形状】命令，如图 04-008-3 所示。

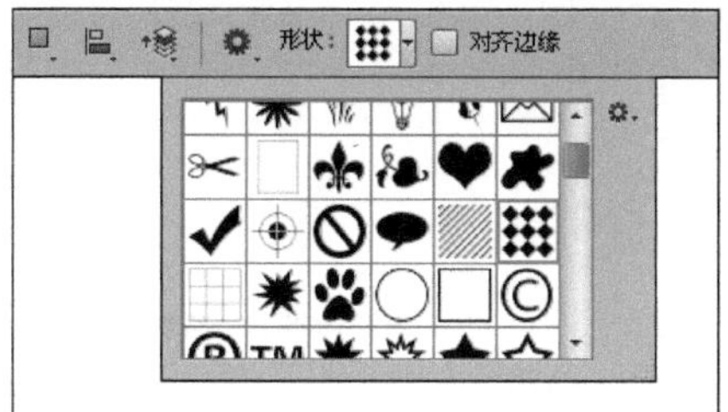

图 04-008-3 【自定义形状拾色器】

(4) 继续上一步骤的操作，在弹出的对话框中单击【追加】按钮，添加图形，如图 04-008-4 所示。

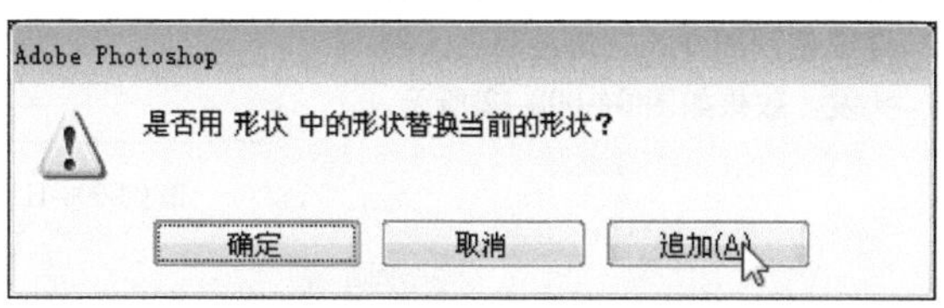

图 04-008-4 追加图案

(5) 新建“图层 1”，在【自定义形状编辑器】中找到“模糊点 2 边框”在视图中进行绘制，并绘制矩形选框框选形状，效果如图 04-008-5 所示。

图 04-008-5 绘制形状图像

(6) 执行【编辑】|【定义图案】命令，参照图 04-008-6 所示，在弹出的【图层名称】对话框中输入名称，并单击【确定】按钮创建图像。

图 04-008-6 【图案名称】对话框

(7) 隐藏“图层 1”，单击【图层】调板底部的【创建新的填充或调整图层】按钮，在弹出的菜单中选择【图案填充】命令，参照图 04-008-7 所示，在弹出的【图案填充】对话框中进行设置，单击【确定】按钮完成图案填充，效果如图 04-008-8 所示。

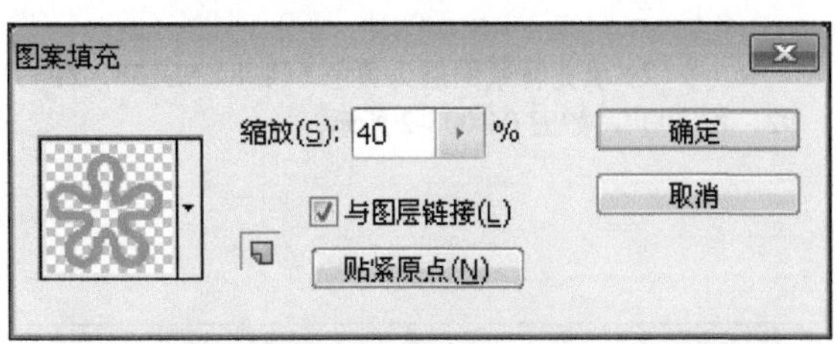

图 04-008-7 【图案填充】对话框

图 04-008-8 图案填充效果

2. 创建矢量卡通人物

(1) 使用【椭圆工具】绘制椭圆形状，将自动创建一个图层，双击图层缩览图，在弹出的【拾取实色】对话框中设置颜色，效果如图 04-008-9 所示。

(2) 使用【直接选择工具】，调整椭圆的形状，创建人物脸部，效果如图 04-008-10 所示。

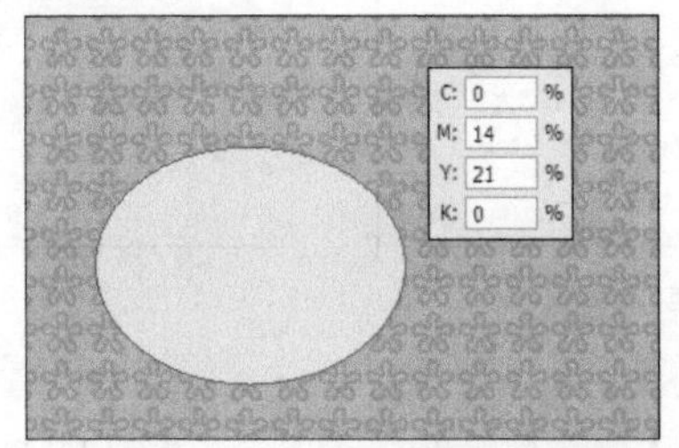

图 04-008-9 绘制椭圆形状

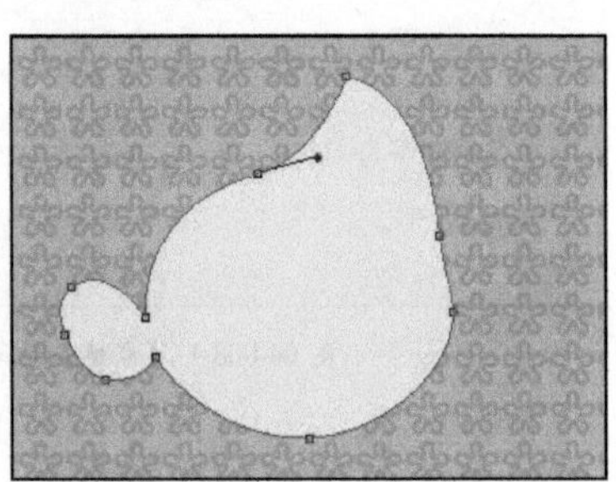

图 04-008-10 调整椭圆形状

(3) 参照图 04-008-11 所示，使用前面介绍的方法创建出人物的耳朵，设置颜色为白色，继续使用同样的方法绘制出人物头发，效果如图 04-008-12 所示。

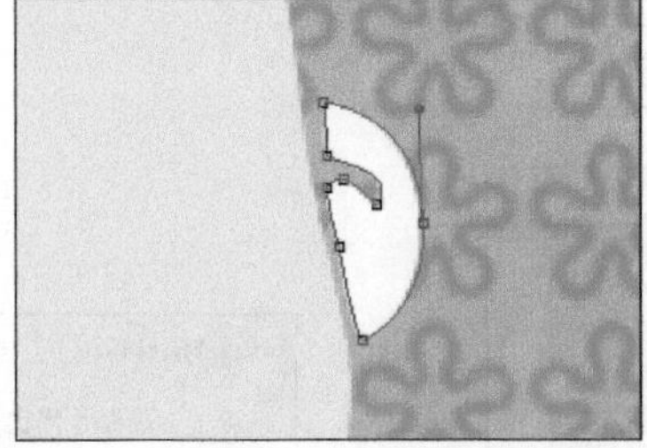

图 04-008-11 绘制人物的耳朵

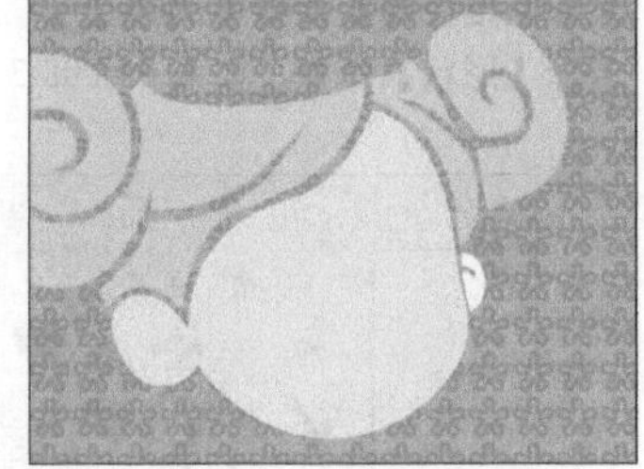

图 04-008-12 绘制人物的头发

(4) 继续使用上面介绍的方法，分别创建出人物的帽子和帽子上的图案，效果如图 04-008-13 和图 04-008-14 所示。

图 04-008-13 绘制人物的帽子

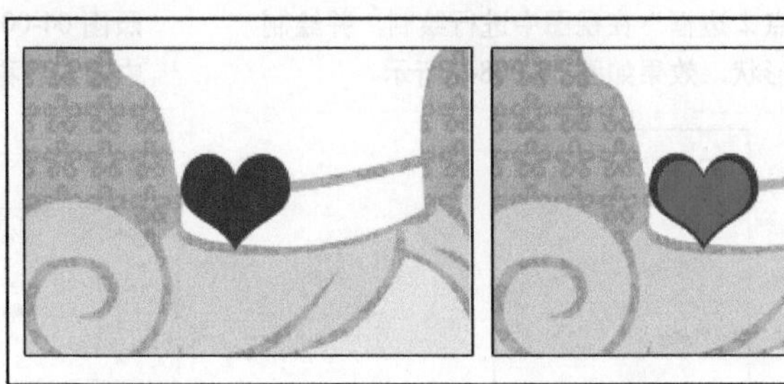

图 04-008-14 绘制帽子上的装饰

（5）使用【椭圆工具】配合【钢笔工具】创建出人物的五官，效果如图 04-008-15 所示。

（6）继续使用上面介绍的方法，创建出帽子上的阴影，效果如图 04-008-16 所示。

图 04-008-15 绘制人物五官

图 04-008-16 创建帽子上的阴影

3. 添加文字信息

（1）参照图 04-008-17 所示，使用【圆角矩形工具】绘制半径为 1.5px 的圆角矩形，并使用【钢笔工具】调整形状，效果如图 04-008-18 所示。

图 04-008-17 绘制圆角矩形

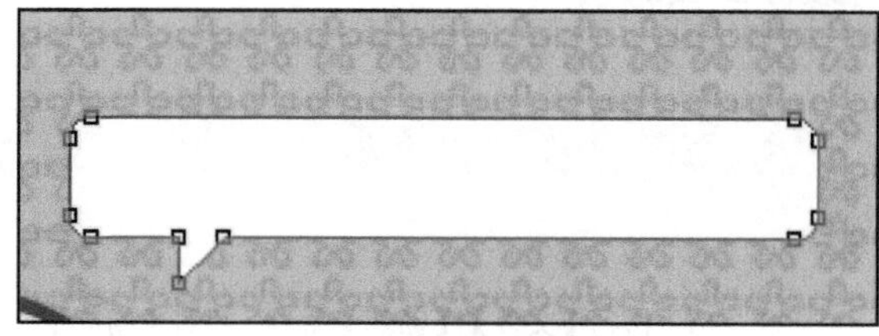

图 04-008-18 调整圆角矩形

（2）使用【圆角矩形工具】绘制半径为 2px 的圆角矩形，并使用【直接选择工具】调整形状，然后添加名片文字信息，效果如图 04-008-19 所示。

（3）最后，新建“背面”图层组，复制并缩小“人物”图层组，隐藏“正面”图层组，并添加小吃店网址，效果如图 04-008-20 所示。

图 04-008-19 绘制并调整圆角矩形

图 04-008-20 绘制名片背面

实例 09 摄影师的个性名片设计

1. 实例特点：

画面清新，色调干净，使用摄影师和照片为元素，丰富名片内容且拉近距离感，很好的传达出摄影这一主题。

2. 注意事项：

对名片大体的色调要有所掌握，构图结构合理。

3. 操作思路：

首先创建背景，并添加 3D 文字，利用图层蒙版和调整图层透明度创建文字上的天空贴图，最后添加小草及装饰文字。

最终效果图

资源 / 第 04 章 / 源文件 / 摄影师的个性名片设计 .psd

具体步骤如下：

1. 创建名片正面

(1) 执行【文件】|【新建】命令，打开【新建】对话框，参照图 04-009-1 所示在对话框中进行设置，然后单击【确定】按钮，创建一个新文件，然后创建 1.5 毫米的出血线。

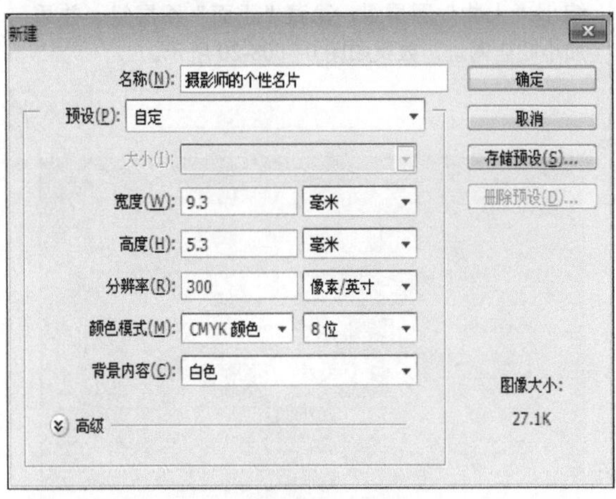

图 04-009-1 创建新文件

(2) 打开"资源 / 第 04 章 / 素材 / 木纹背景 .jpg"文件，将其放置在创建好的文档中，调整图像的大小，效果如图 04-009-2 所示。

图 04-009-2 添加背景素材

➡（3）打开“资源 / 第 04 章 / 素材 / 记事本 .jpg”文件，使用【快速选择工具】 创建选区，如图 04-009-3 所示。

➡（4）使用【移动工具】 将记事本图像拖至当前正在编辑的文档，缩小并调整图像的位置，如图 04-009-4 所示。

图 04-009-3　绘制名片背面

图 04-009-4　调整素材图像

⬇（5）双击记事本所在图层的图层缩览图，参照图 04-009-5 所示，在弹出的【图层样式】对话框中进行设置，为图像添加投影效果。

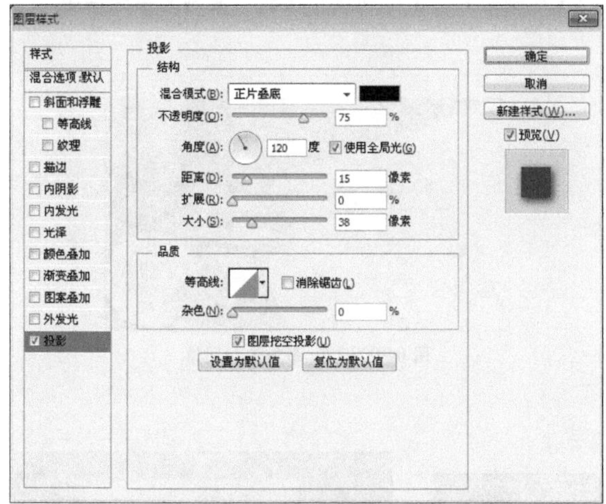

图 04-009-5　添加投影特效

⬇（6）打开“资源 / 第 04 章 / 素材 / 咖啡 .jpg”素材图像，使用【魔棒工具】 创建选区，使用快捷键 Ctrl+I 反转选区，效果如图 04-009-6 所示。

图 04-009-6　打开素材图像

⬇（7）将选区中的图像拖至当前正在编辑的文档中，调整图像的大小和位置，效果如图 04-009-7 所示。

图 04-009-7　调整图像

⬇（8）参照图 04-009-8 中的参数设置，为咖啡图像添加阴影效果。

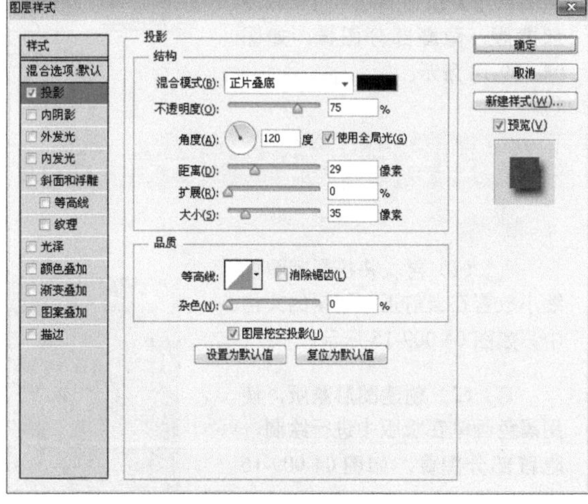

图 04-009-8　【图层样式】对话框

(9) 打开“资源/第04章/素材/空白相片.jpg”文件，使用【多边形选框工具】创建选区，效果如图04-009-9所示。

(10) 打开“资源/第04章/素材/植物.jpg”文件，将其拖至当前正在编辑的文档中，如图04-009-10所示，使用【快速选择工具】创建选区，删除选区中的图像。

图 04-009-9 使用【多边形选框工具】创建选区

图 04-009-10 创建选区

(11) 打开“资源/第04章/素材/文字.psd”文件，右击图层组名称后的空白处，在弹出的菜单中选择【复制组】命令，参照图04-009-11所示，在弹出的【复制组】对话框中进行设置，复制文字图层组，如图04-009-12所示。

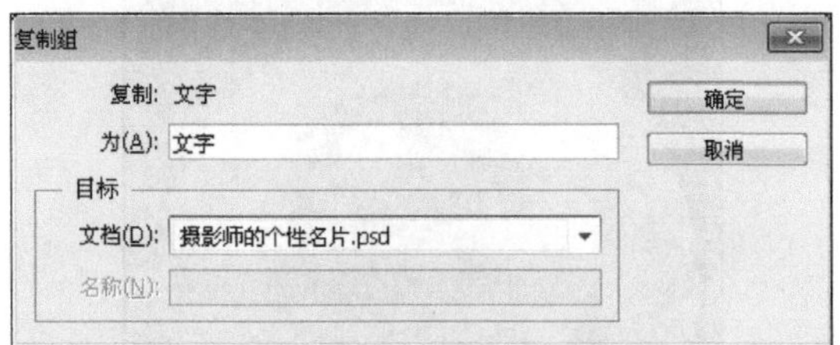

图 04-009-11 【复制组】对话框

图 04-009-12 添加素材图像

(12) 打开“资源/第04章/素材/摄影师.jpg”文件，将其缩小放置在当前正在编辑的文档中，如图04-009-13所示。

(13) 使用【矩形选框工具】绘制进行选区，然后单击【图层】调板底部的【添加图层蒙版】按钮，为图层添加蒙版，隐藏部分图像，如图04-009-14所示。

图 04-009-13 打开素材图像

图 04-009-14 添加图层遮罩

2. 创建名片背面

(1) 再次将摄影师图像缩小放置在当前正在编辑的文档中，如图04-009-15所示。

(2) 创建图层蒙版，使用黑色画笔在蒙版中进行绘制，隐藏部分图像，如图04-009-16所示。

图 04-009-15 添加素材图像

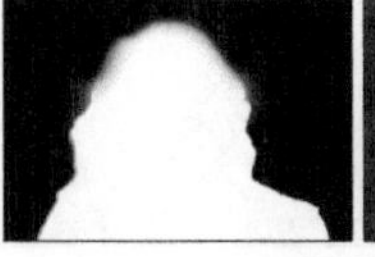

图 04-009-16 添加图层遮罩

（3）如图 04-009-17 所示，使用【矩形工具】绘制进行形状，并添加图层蒙版。

（4）参照图 04-009-18 所示，使用【矩形选框工具】和【油漆桶工具】在蒙版中进行绘制。

（5）最后添加文字信息，完成本实例的制作，如图 04-009-19 所示。

图 04-009-17 添加素材图像

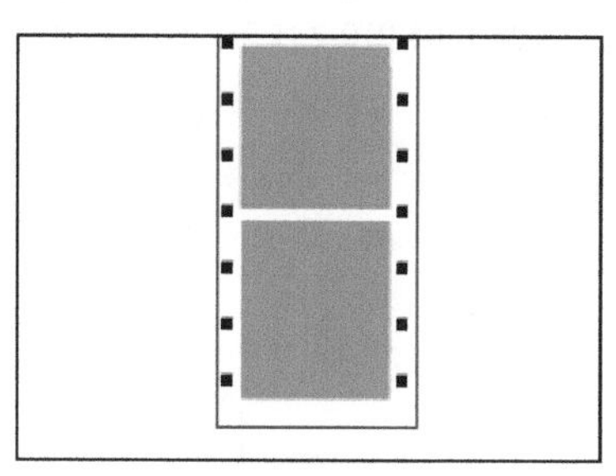
图 04-009-18 编辑蒙版

图 04-009-19 添加文字

实例 10 环保协会负责人名片设计

最终效果图

1. 实例特点：

名片正面以大片的绿色作为主色调，表达环保这一特点，背面的黑色，配合星星点点的绿光，激发想象力，预示着绿色种子。

2. 注意事项：

在进行滤镜渲染的应用时，一定要调整好前景色和背景色。

3. 操作思路：

整个实例将分为两个部分进行制作，首先制作出背景，然后添加文字制作名片背面背景。

资源 / 第 04 章 / 源文件 / 环保协会负责人名片设计 .psd

具体步骤如下：

1. 创建名片背景

(1) 执行【文件】|【新建】命令，打开【新建】对话框，参照图 04-010-1 所示在对话框中进行设置，然后单击【确定】按钮，创建一个新文件，参照图 04-010-2 所示，创建参考线。

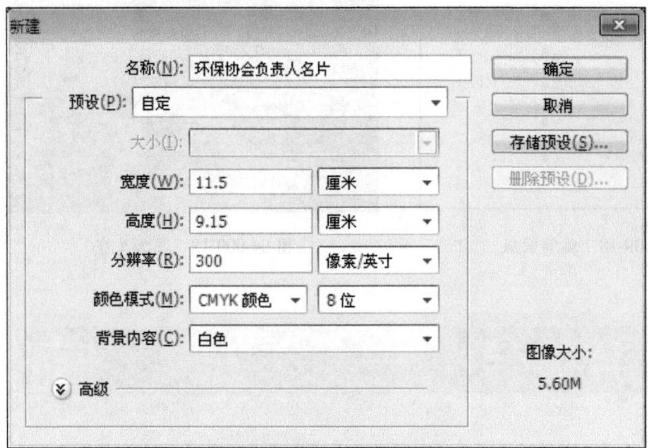

图 04-010-1 编辑蒙版

图 04-010-2 添加参考线

(2) 使用【矩形选框工具】绘制选区，并填充颜色为绿色，效果如图 04-010-3 所示。

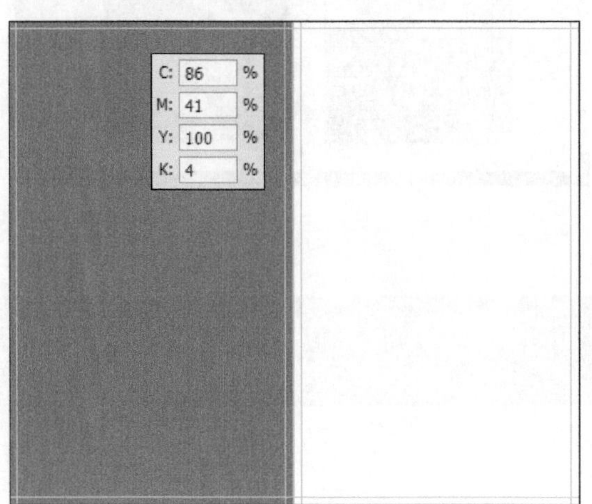

图 04-010-3 新建文件

(3) 新建“图层 1”，填充颜色为白色，单击工具栏中的【默认前景色和背景色】按钮，然后执行【滤镜】|【渲染】|【纤维】命令，参照图 04-010-4 所示，在弹出的【纤维】对话框中进行设置，然后单击【确定】按钮应用纤维滤镜。

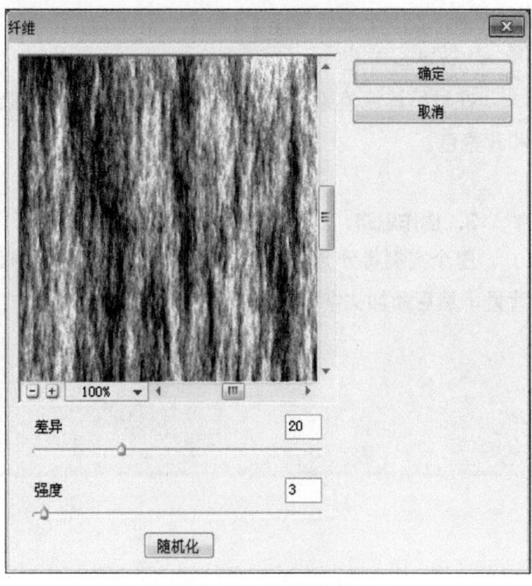

图 04-010-4 【纤维】对话框

(4) 创建纤维滤镜后的效果如图 04-010-5 所示，调整图层的混合模式为【正片叠底】，效果如图 04-010-6 所示。

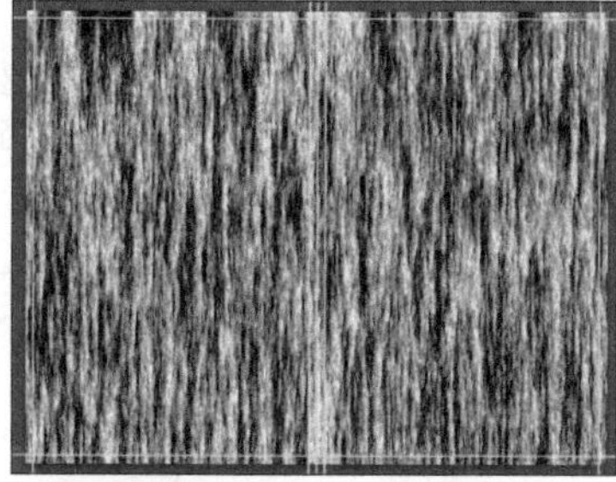
图 04-010-5 创建纤维滤镜效果

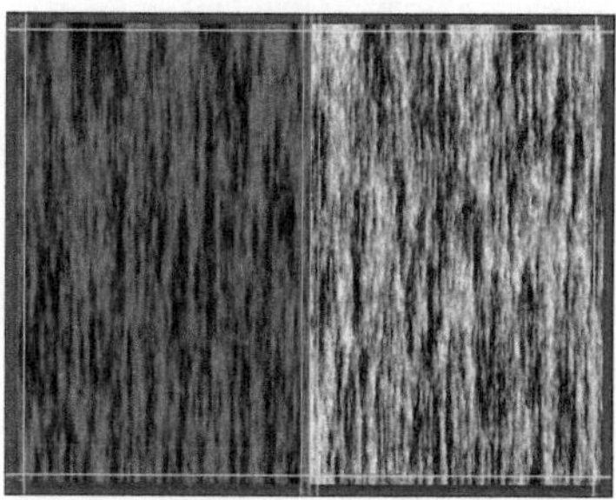
图 04-010-6 调整图层混合模式为正片叠底

(5) 创建图层蒙版，参照图 04-010-7 所示效果，在蒙版中进行绘制。

(6) 新建“图层 2”，使用【渐变工具】绘制深绿色渐变，然后设置图层混合模式为【强光】，效果如图 04-010-8 所示。

图 04-010-7 创建图层蒙版

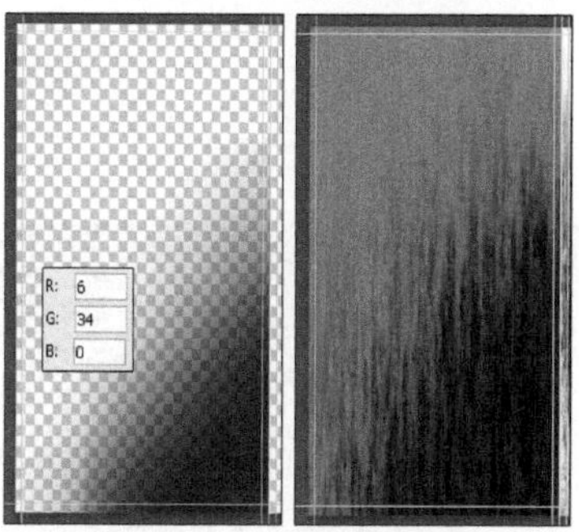

图 04-010-8 设置图层混合模式

2. 添加素材图像

(1) 打开“资源 / 第 04 章 / 素材 / 树木 .psd”文件，将其拖至当前正在编辑的文档中，缩小并调整图像的位置，如图 04-010-9 所示。

(2) 使用快捷键 Ctrl+U 打开【色相 / 饱和度】对话框，参照图 04-010-10 中的参数设置，调整图像颜色。

图 04-010-9 添加并调整素材图像

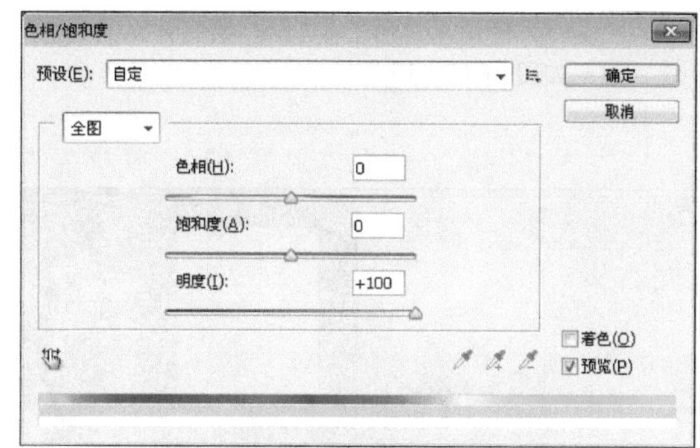

图 04-010-10 【色相 / 饱和度】对话框

(3) 设置前景色为白色，使用【画笔工具】绘制树木底部的土地，效果如图 04-010-11 所示。

(4) 使用【横排文字工具】输入文字，效果如图 04-010-12 所示。

图 04-010-11 使用画笔绘制图像

图 04-010-12 添加文字信息

(5) 使用【矩形选框工具】绘制绿色矩形，然后使用【直线工具】绘制 2px 的直线，效果如图 04-010-13 所示。

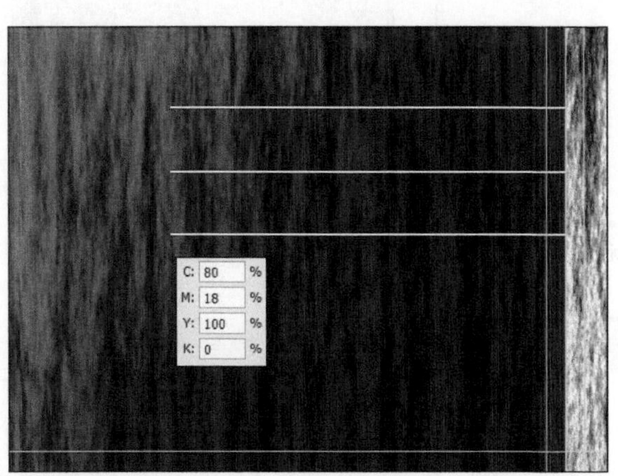

图 04-010-13　绘制图像

(6) 参照图 04-010-14 所示，添加名片的基本文字信息，至此名片的正面就设计好了。

图 04-010-14　正面效果图

(7) 使用【矩形工具】绘制背面的大色块，效果如图 04-010-15 所示。

图 04-010-15　绘制背面颜色

(8) 双击图层名称后的空白处，参照图 04-010-16 所示在弹出的【图层样式】对话框中设置参数，添加【内发光】效果。

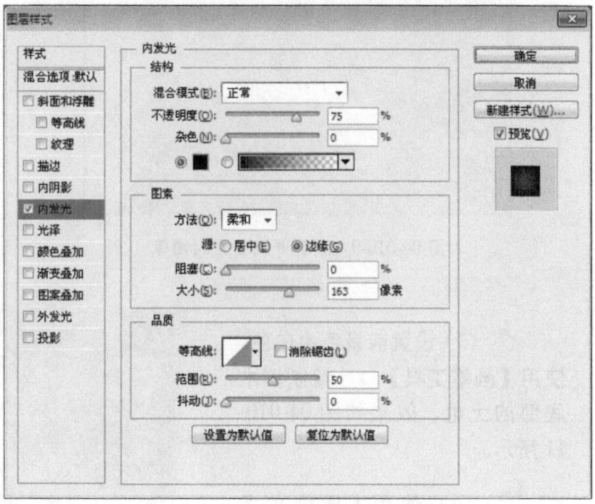

图 04-010-16　【图层样式】对话框

(9) 设置前景色为绿色（C：87，M：44，Y：100，K：6），选择【画笔工具】，在其工具栏中单击【切换到画笔面板】按钮，参照图 04-010-17 中的设置调整画笔参数。

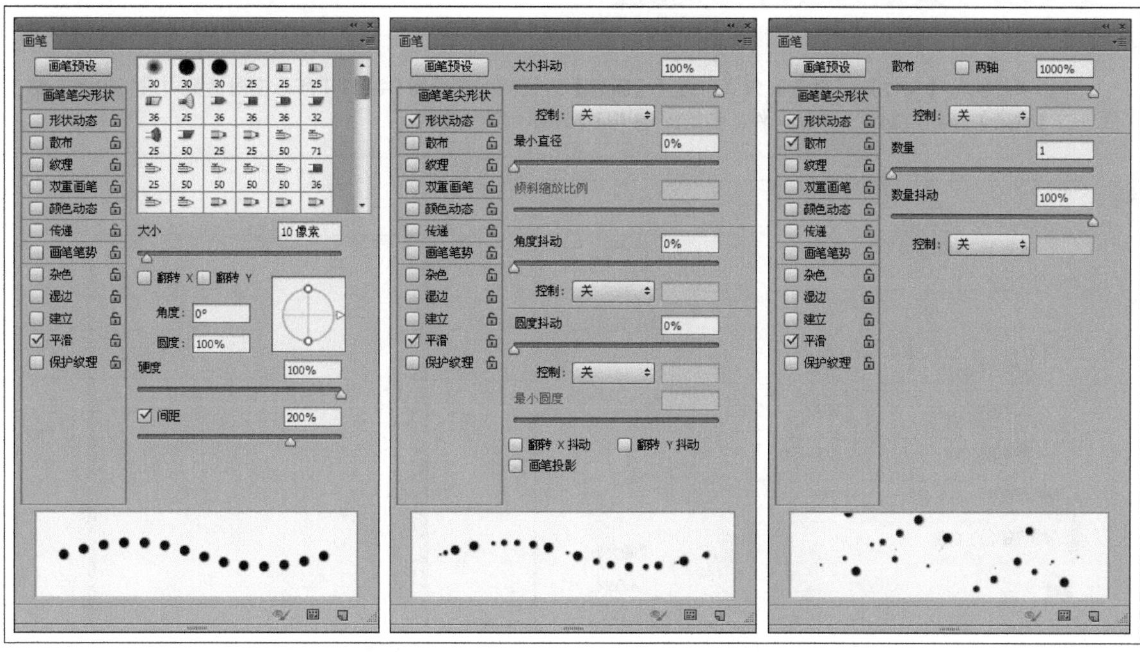

图 04-010-17　调整画笔

(10) 参照图 04-010-18 的效果，为图层添加淡黄色内发光效果，并添加文字。

图 04-010-18　创建文字信息

实例 11　电脑销售业务员名片设计

1. 实例特点：

通过折叠和对图片添加模切使之呈现立体效果，增强视觉冲击力。

2. 注意事项：

在名片内部创建模切图案的时候，在相同的外部要留有模切位置，以不裁掉文字。

3. 操作思路：

整个实例将分为两个部分进行制作，首先制作出背景，然后添加文字制作名片背面背景。

最终效果图

资源 / 第 04 章 / 源文件 / 电脑销售业务员名片设计 .psd

具体步骤如下：

1. 创建名片内页

(1) 执行【文件】|【新建】命令，打开【新建】对话框，参照图 04-011-1 所示在对话框中进行设置，然后单击【确定】按钮，创建一个新文件，参照图 04-011-2 所示创建出血线。

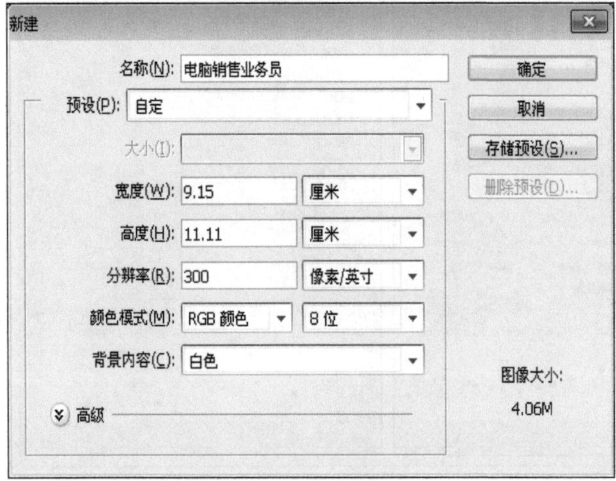

图 04-011-1 新建文件

图 04-011-2 创建出血线

(2) 使用【油漆桶工具】填充蓝色背景，效果如图 04-011-3 所示。

(3) 新建“图层 1”填充颜色为白色，执行【滤镜】|【素描】|【半调图案】命令，参照图 04-011-4 所示，在弹出的【半调图案】对话框中进行设置，单击【确定】按钮，应用滤镜效果。

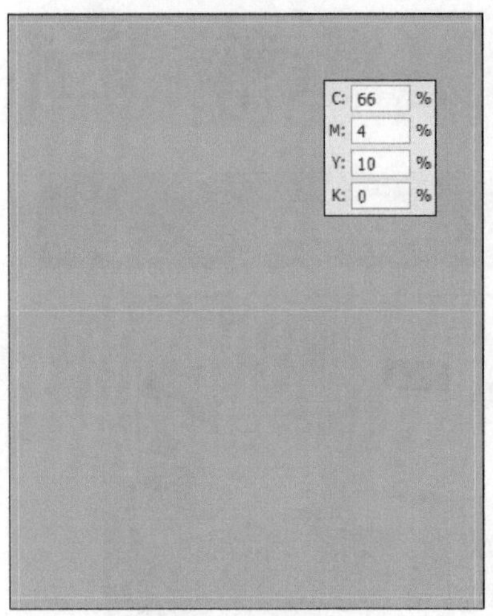

图 04-011-3 填充纯色

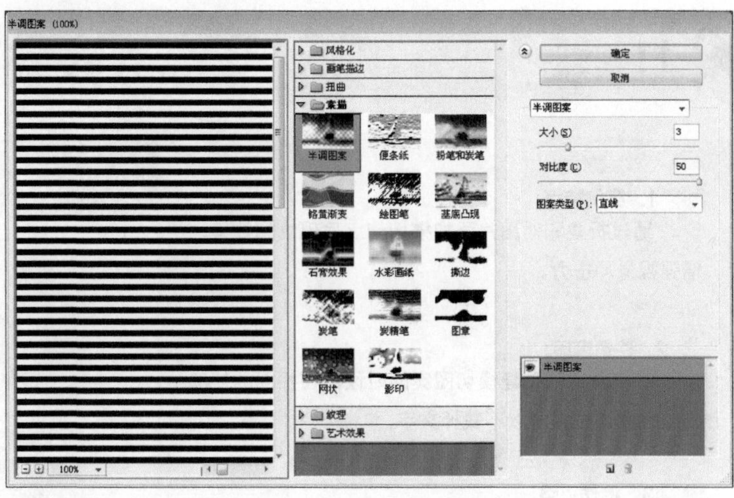

图 04-011-4 【半调图案】对话框

（4）参照图 04-011-5 所示，将上一步骤创建的图像旋转 -60°，配合键盘上的 Alt 键复制并移动图像，将其铺满画布，效果如图 04-011-6 所示。

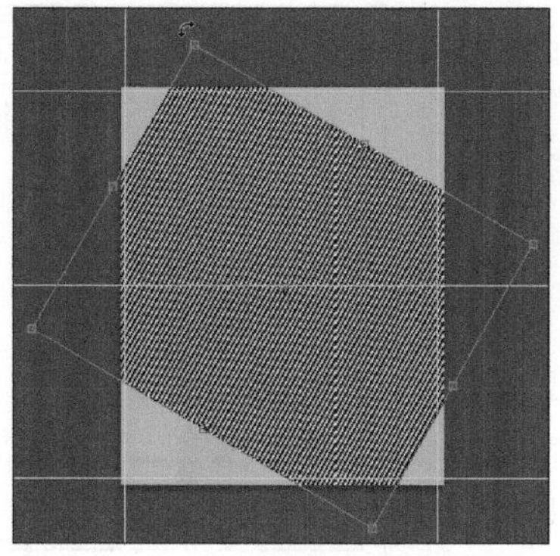
图 04-011-5 旋转图像

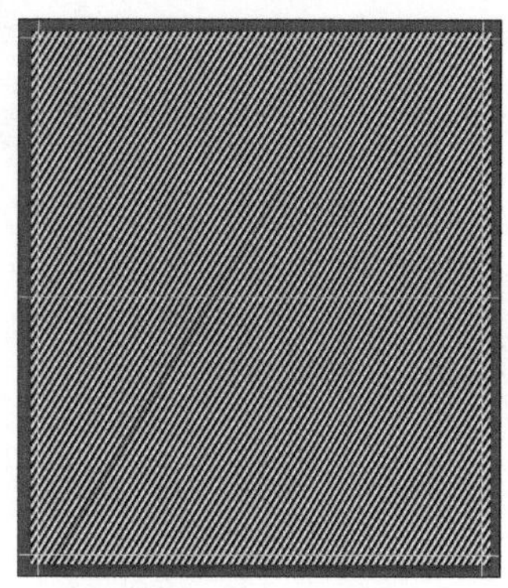
图 04-011-6 编辑底纹

（5）合并条纹图像，调整图层混合模式为变亮，然后使用【圆角矩形工具】绘制圆角矩形形状，效果如图 04-011-7 所示。

（6）打开“资源 / 第 04 章 / 素材 / 小马 .psd”文件，将其拖至当前正在编辑的文档中，参照图 04-011-8 所示，缩小并调整图像位置，使用【圆角矩形工具】和【矩形工具】创建形状。

图 04-011-7 绘制圆角矩形形状

图 04-011-8 添加素材图像

（7）打开“资源 / 第 04 章 / 素材 / 鼠标和箭头 .jpg”文件，将其拖至当前正在编辑的文档中，参照图 04-011-9 所示，缩小并调整图像位置。

（8）参照图 04-011-10 所示效果，使用【文字工具】添加文字信息。

图 04-011-9 添加素材图像

图 04-011-10 添加文字信息

(9) 使用【钢笔工具】绘制路径，并创建 2px 的黑色描边，然后设置画笔为 8px，间距为 300px，创建白色描边，这样就创建出了虚线效果，如图 04-011-11 所示。

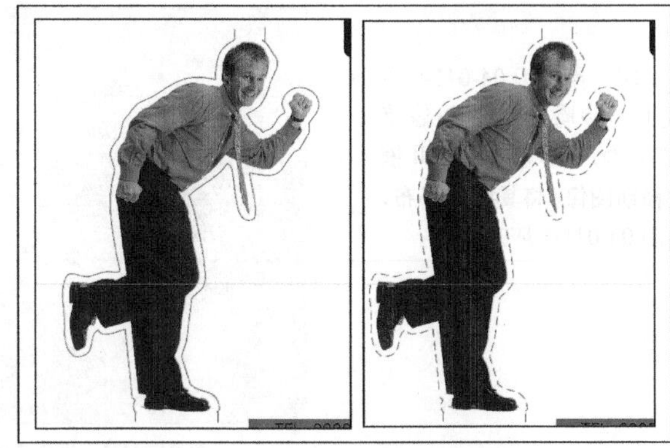

图 04-011-11　创建虚线效果

2. 创建名片封面

(1) 新建“封面”图层组，然后新建图层并填充颜色为白色，打开“资源 / 第 04 章 / 素材 / 麻布 .jpg”文件，将其拖至当前正在编辑的文档中，铺满画布，如图 04-011-12 所示。

(2) 参照前面介绍的方法，添加文字等信息，如图 04-011-13 所示。

图 04-011-12　添加素材图像

图 04-011-13　添加素材文字等信息

实例 12　VIP 金卡设计欣赏

1. 实例特点：

本实例制作的是一款 PVC 材质的 VIP 卡，画面设计简洁大方，通过对渐变的应用展示金属材质，看上去很有分量感。VIP 卡在实际生活中运用相当广泛，不管店面是大是小，都会有本店 VIP 客户，所以可应用于任何领域。

2. 注意事项：

看上去比较好的名片设计，其图层含量是比较多的，通过创建图层组方便管理和修改图层。

3. 操作思路：

整个实例将分为三个部分进行制作，首先制作出背景，然后创建层次感色块，最后添加文字。

最终效果图

资源 / 第 04 章 / 源文件 / VIP 金卡设计欣赏 .psd

具体步骤如下：

1. 创建背景

(1) 执行【文件】|【新建】命令，打开【新建】对话框，参照图 04-012-1 所示在对话框中进行设置，然后单击【确定】按钮，创建一个新文件。

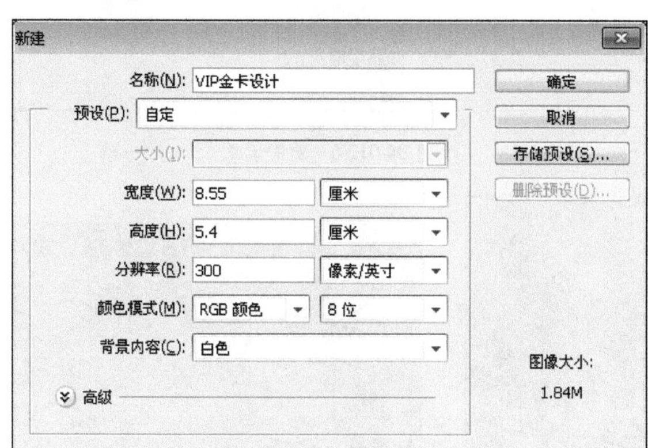

图 04-012-1 新建文件

(2) 执行【图像】|【画布大小】命令，打开【画布大小】对话框，参照图 04-012-2 所示在对话框中进行设置，然后单击【确定】按钮，扩展画布。

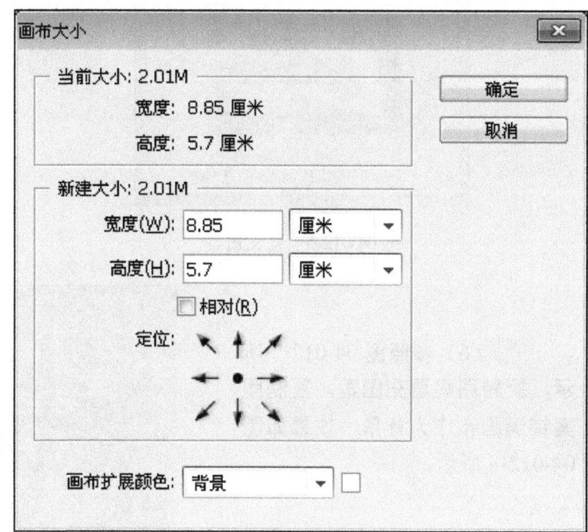

图 04-012-2 扩展画布

(3) 参照图 04-012-3 所示，创建出血线。

图 04-012-3 创建出血线

(4) 参照图 04-012-4 所示的参数设置，创建渐变背景。

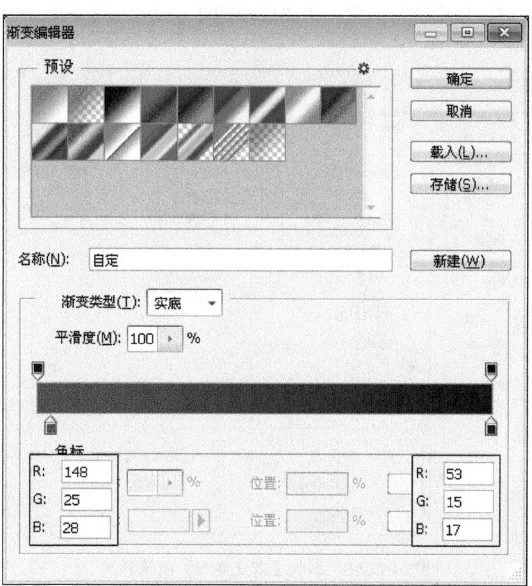

图 04-012-4 创建渐变填充图层

（5）打开“资源 / 第 04 章 / 素材 / 标志 .psd”文件，效果如图 04-012-5 所示，执行【编辑】|【定义图案】命令，将标志定义为图案，单击【图层】调板底部的【创建新的填充或调整图层】按钮 ，在弹出的菜单中选择【图案填充】命令，参照图 04-012-6 所示，在弹出的【图案填充】对话框中进行设置，然后单击【确定】按钮，填充图案。

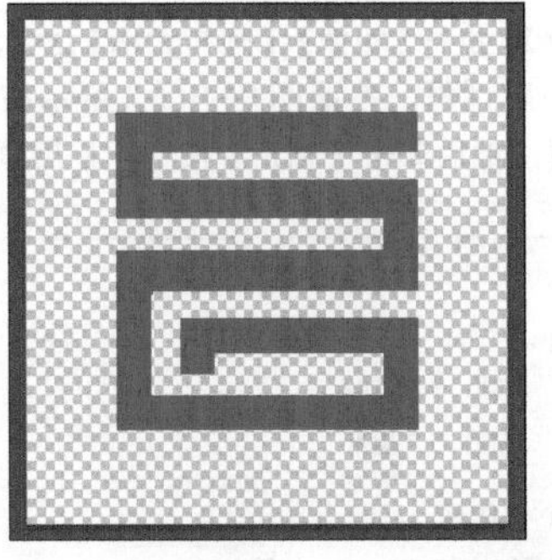

图 04-012-5 定义图案

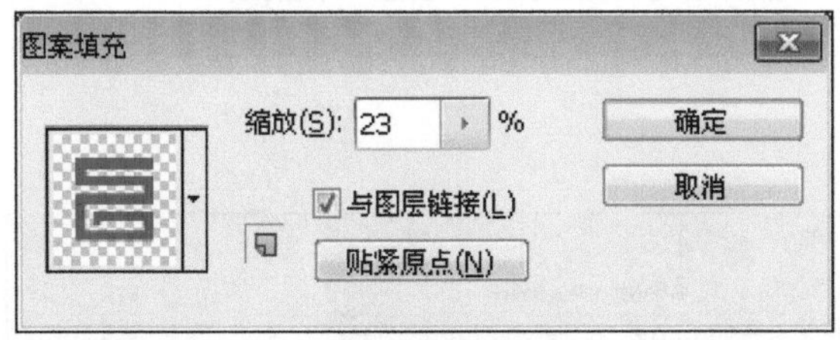

图 04-012-6 图案填充

（6）参照图 04-012-7 所示，旋转图案填充图案，复制图案铺满画布作为背景，效果如图 04-012-8 所示。

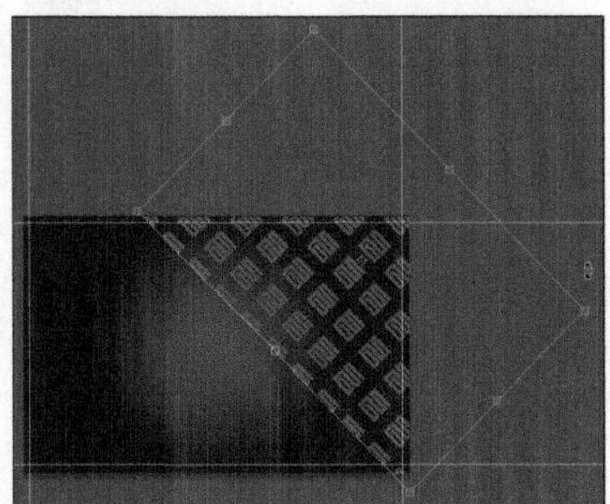

图 04-012-7 旋转图像

图 04-012-8 铺满画布

（7）合并前面创建的图案填充所在图层，双击其图层缩览图，参照图 04-012-9 所示，在弹出的【图层样式】对话框中进行设置，为图层添加【渐变叠加】图层样式，效果如图 04-012-10 所示。

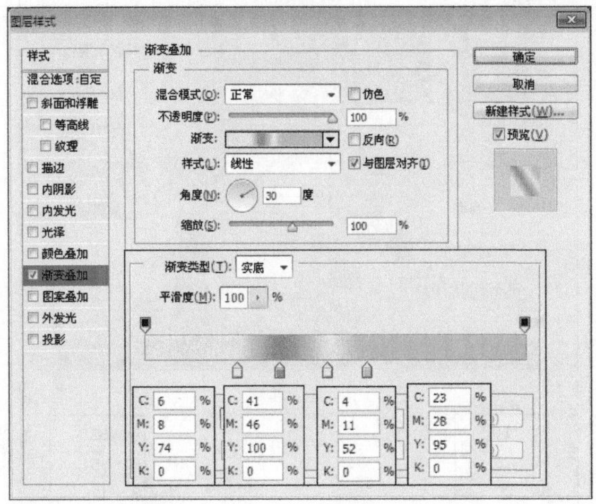

图 04-012-9 添加【渐变叠加】图层样式

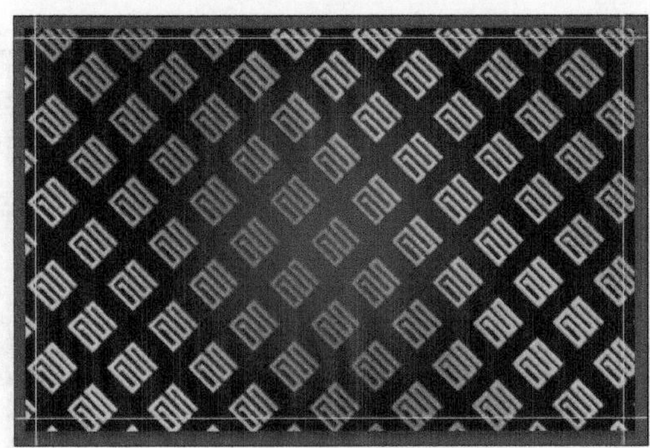

图 04-012-10 渐变叠加效果

2. 创建色块

(1) 使用【椭圆选框工具】绘制选区，并参照图 04-012-11 所示，添加渐变填充。

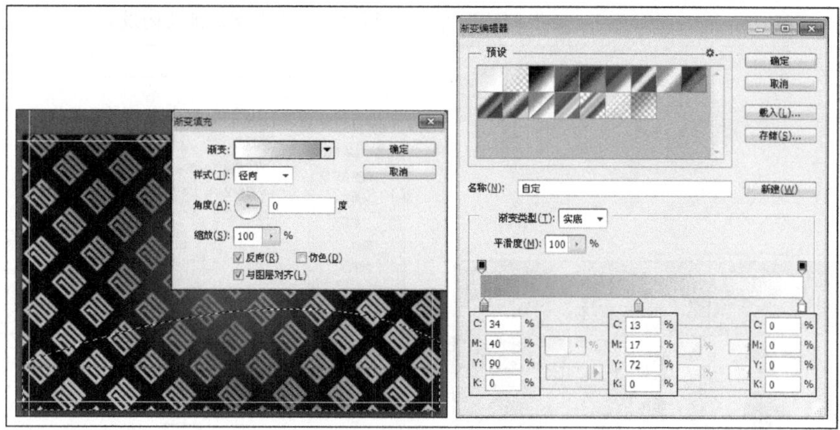

图 04-012-11 绘制渐变填充图像

(2) 参照图 04-012-12 和图 04-012-13 所示的参数设置，为上一步创建的图像添加【投影】和【内发光】效果。

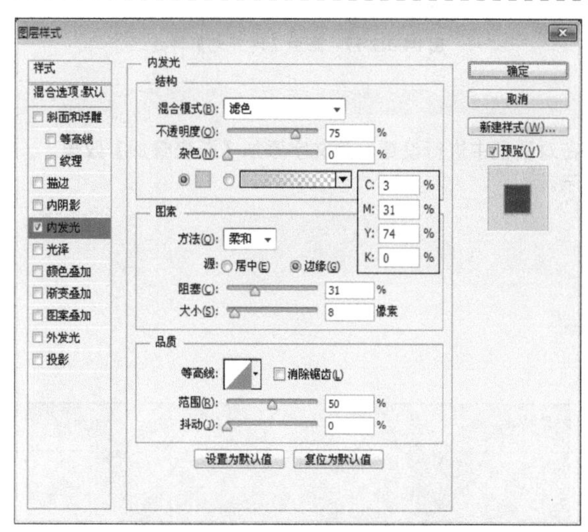

图 04-012-12 添加【内发光】图层样式

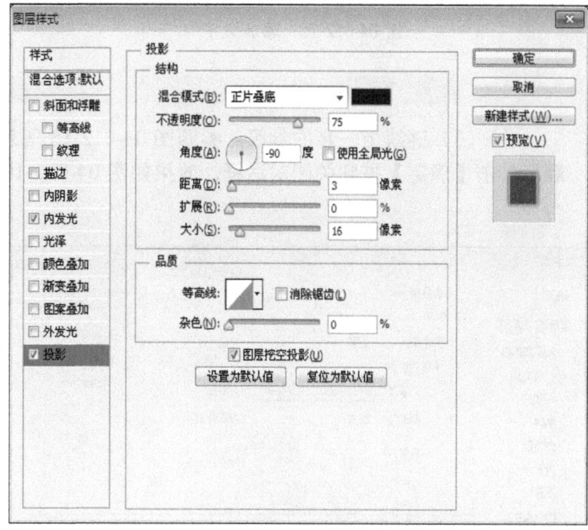

图 04-012-13 添加【投影】图层样式

(3) 应用上一步创建的图层样式后的效果如图 04-012-14 所示，继续使用前面介绍的方法，绘制 VIP 卡上部形状，并使用【横排文字工具】T 添加文字信息，效果如图 04-012-15 所示。

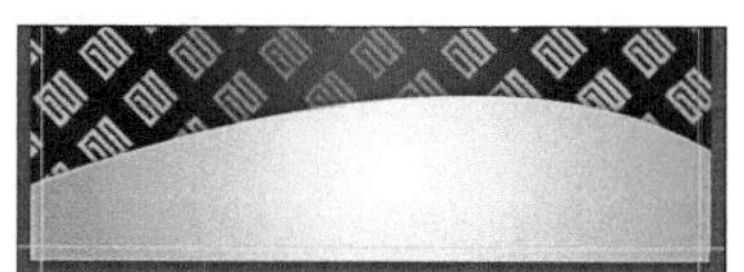

图 04-012-14 添加图层样式效果

图 04-012-15 添加文字信息

3. 添加渐变文字

(1) 继续使用【横排文字工具】 添加 VIP 文字信息，如图 04-012-16 所示。

图 04-012-16 添加文字

(2) 双击文字所在图层的空白处，参照图 04-012-17 所示，在弹出的【图层样式】对话框中进行设置，为文字添加【内发光】效果。

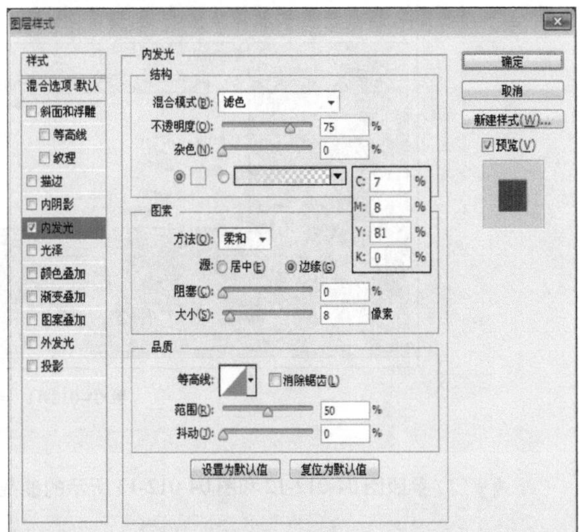

图 04-012-17 添加【内发光】特效

(3) 继续上一步的参照，参照图 04-012-18 所示，在对话框中进行设置，为文字添加【渐变叠加】效果，最后单击【确定】按钮关闭对话框，效果如图 04-012-19 所示。

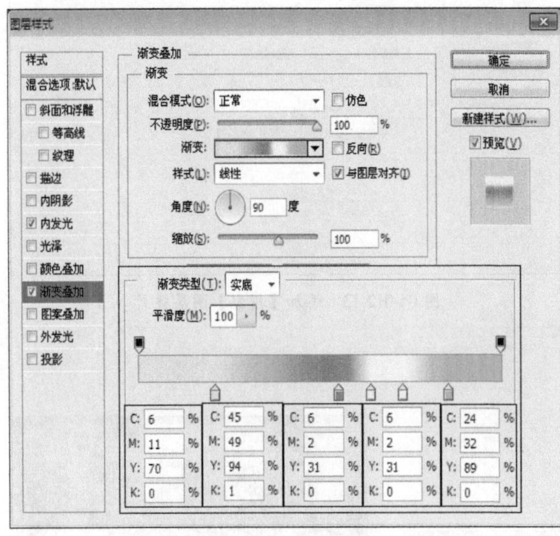

图 04-012-18 添加【渐变叠加】效果

图 04-012-19 添加图层样式后的效果

（4）复制上一步创建的文字图层，清除图层样式，并调整图层“填充”参数为 0%，双击图层名称空白处，参照图 04-012-20 所示，在弹出的【图层样式】对话框中进行设置，为图层添加【投影】图层样式。

（5）参照图 04-012-21 所示，使用【画笔工具】为文字创建高光效果。

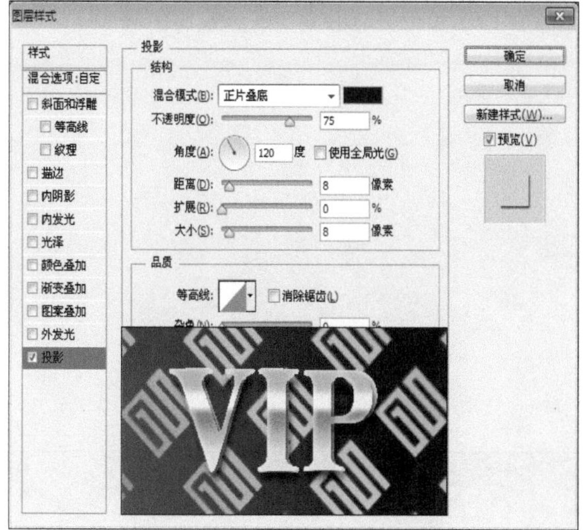

图 04-012-20 复制文字所在图层

图 04-012-21 添加高光

（6）打开“资源 / 第 04 章 / 素材 /26 设计室 .psd”文件，将其拖至当前正在编辑的文档中，放在左上角的位置，如图 04-012-22 所示。

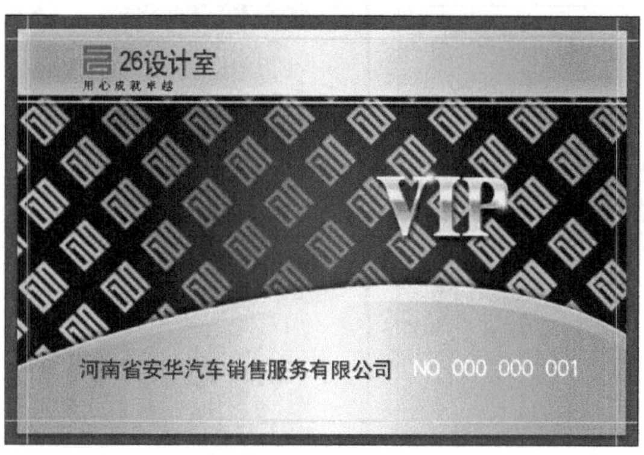

图 04-012-22 添加文字素材

（7）使用前面介绍的方法制作 VIP 卡背面，完成本实例的制作，如图 04-012-23 所示。

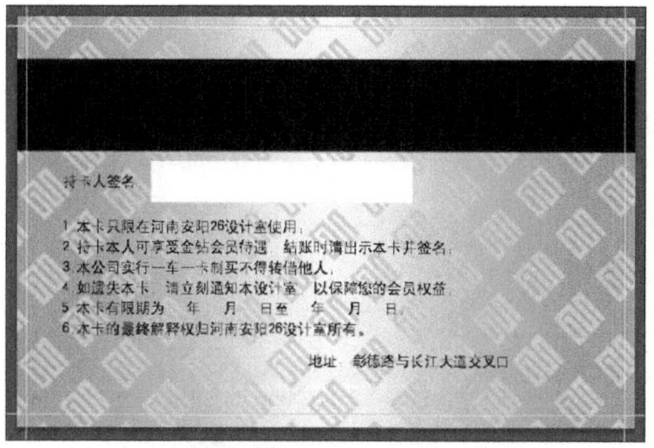

图 04-012-23 制作 VIP 卡背面

第05章 户外广告设计

户外广告是非常常见的一种广告形式。常见的户外广告有：路边广告牌、高立柱广告牌（俗称高炮）、灯箱、霓虹灯广告牌、LED 看板等，现在甚至有升空气球、飞艇等先进的户外广告形式。在本章中，将带领读者一起制作户外广告。

实例 01 沙滩啤酒户外广告设计

最终效果图

资源 / 第 05 章 / 源文件 / 沙滩啤酒户外广告设计 .psd

1. 实例特点：

该案件清新唯美，主题明确。可用于招贴、插画、DM 单等平面应用上。

2. 注意事项：

在为文字添加图层样式的时候注意与背景相结合。

3. 操作思路：

整个实例将分为两个部分进行制作，首先利用为不同的素材添加图层蒙版，使之巧妙的融合在一起，利用图层的混合模式为图像创建点光源效果，然后为制作好的作品添加文字信息。

具体步骤如下：

1. 创建背景

（1）执行【文件】|【新建】命令，创建一个宽度为 9 厘米，高度为 12 厘米，分辨率为 150 像素 / 英寸的新文档。

（2）单击【图层】调板底部的【创建新的填充或调整图层】按钮，在弹出的菜单中选择【渐变填充】命令，参照 05-001-1 图中的参数进行设置，创建“渐变填充 1”图层。

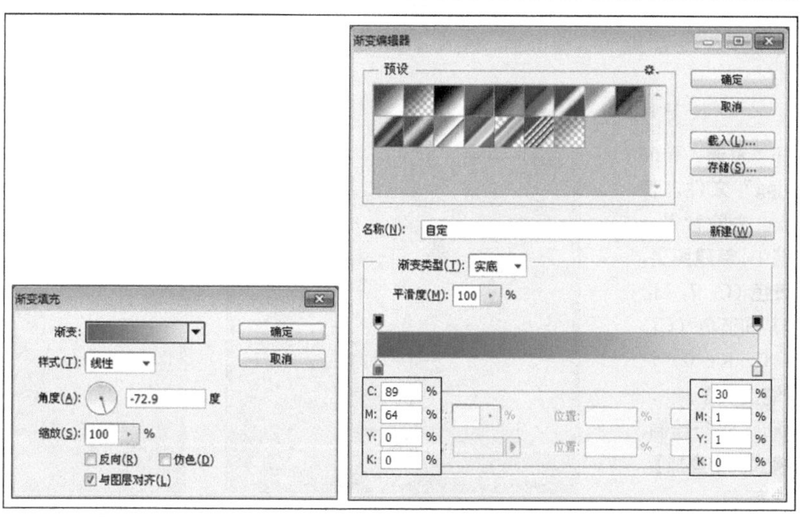

图 05-001-1 创建“渐变填充 1”图层

(3) 为“渐变填充 1”图层添加图层蒙版，参照图 05-001-2 所示在蒙版中进行绘制，隐藏部分图像。

(4) 打开“资源 / 第 05 章 / 素材 / 沙滩啤酒 .jpg”文件，将其拖至当前正在编辑的文档中，参照图 05-001-3 所示，为其添加图层蒙版，使之与背景融合。

图 05-001-2 添加图层蒙版

图 05-001-3 添加素材图像

(5) 打开“资源 / 第 05 章 / 素材 / “海浪 .jpg”文件，参照图 05-001-4 所示，缩小图像并调整其位置。

(6) 为图层添加图层蒙版，并使用黑色柔边缘【画笔工具】在蒙版中进行绘制，隐藏部分图像，效果如图 05-001-5 所示。

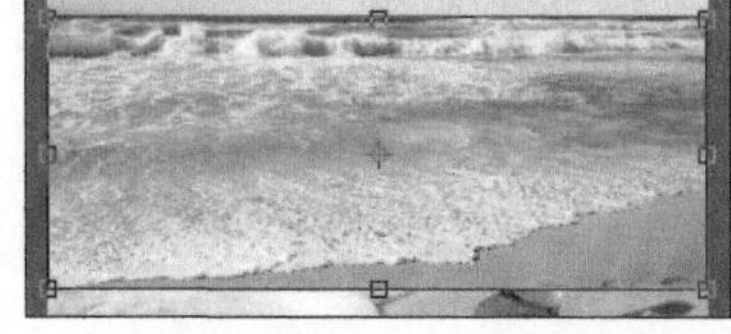
图 05-001-4 缩小图像

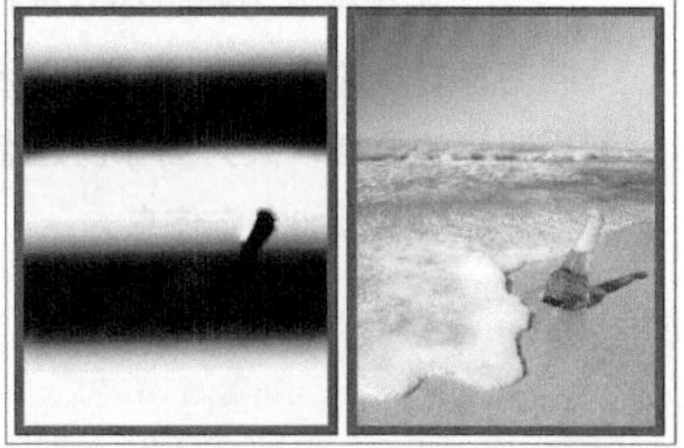
图 05-001-5 添加图层蒙版

(7) 打开“资源 / 第 05 章 / 素材 / 白云 .tif”文件，将其拖至当前正在编辑的文档中，调整大小及位置，然后为图层添加图层蒙版，隐藏部分图像，效果如图 05-001-6 所示。

图 05-001-6 添加素材图像

(8) 打开“资源 / 第 05 章 / 素材 / 啤酒 .jpg”文件，使用【魔棒工具】去除背景，将其拖至当前文档中，新建图层，分别设置颜色为黄色（C：7，M：7，Y：87，K：0）和蓝色（C：62，M：28，Y：0，K：0），使用柔边缘【画笔工具】，参照图 05-001-7 所示，进行绘制，并调整图层混合模式为【叠加】，效果如图 05-001-8 所示。

图 05-001-7 绘制图像

图 05-001-8 调整图层混合模式

2. 添加文字

(1) 使用【横排文字工具】 添加文字，并使用快捷键 Ctlr+T 展开变换框，将文字进行变形，效果如图 05-001-9 所示。

图 05-001-9 添加文字

(2) 双击文字图层缩览图，参照图 05-001-10 和图 05-001-11 所示，在弹出的【图层样式】对话框中进行设置，为文字添加【渐变叠加】和【描边】图层样式。

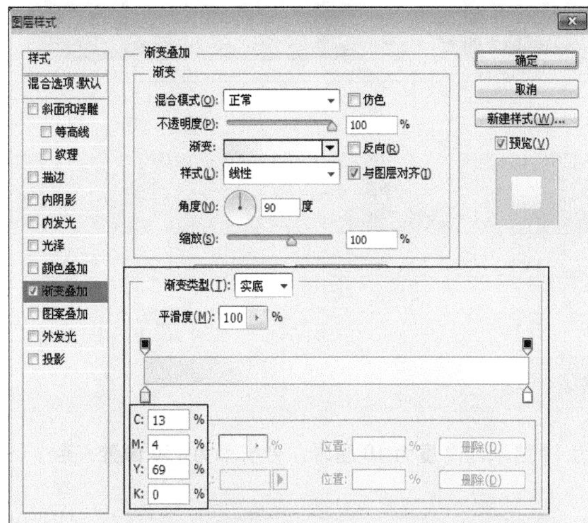

图 05-001-10 添加【渐变叠加】图层样式

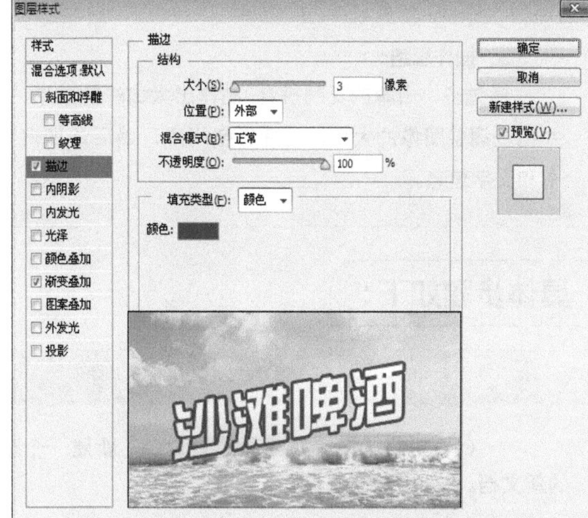

图 05-001-11 添加【描边】图层样式

(3) 复制文字图层，更改文字内容和字体大小，调整文字的位置，效果如图 05-001-12 所示。

(4) 继续使用【横排文字工具】 创建文字，调整字母 "PIJIU" 的颜色为红色（C：51，M：100，Y：100，K：35），效果如图 05-001-13 所示。

(5) 使用【矩形工具】 绘制蓝色（C：100，M：100，Y：24，K：0）填充矩形，并配合【钢笔工具】 调整路径，打开 "资源 / 第 05 章 / 素材 / 沙滩啤酒标志 .jpg" 文件，使用【魔术橡皮擦工具】 去除背景，将其拖至当前文档中，完成本实例的制作，效果如图 05-001-14 所示。

图 001-12 复制文字

图 001-13 创建文字

图 05-001-14 添加标志图像

实例 02 汽车户外广告设计

1. 实例特点：

富有空间感和视觉冲击力，通过画面的拼合达到现实生活中无法达到的特效效果。

2. 注意事项：

在对环境上相差很大的照片进行拼合时要调整好角度，注意构图，尤其是制作像房产和汽车这种高档广告，要特别注意视觉气场的把握，这样拼合的照片才可能达到以假乱真的效果。

3. 操作思路：

通过多小山峰的复制拼合，制作出大山峰的效果，并拖过调整图像的大小，创建出空间感，最后添加汽车和文字信息。

最终效果图

资源 / 第 05 章 / 源文件 / 汽车户外广告设计

具体步骤如下：

1. 创建背景

（1）执行【文件】|【新建】命令，新建一个宽度为 18 厘米，高度为 10 厘米，分辨率为 150 像素 / 英寸的新文档。

（2）使用【渐变工具】为“背景”图层填充蓝色到白色的渐变，效果如图 05-002-1 所示。

（3）打开“资源 / 第 05 章 / 素材 / 蓝天白云 .jpg”文件，拖至当前正在编辑的文档中，并将高度缩短为一半，参照图 05-002-2 所示，为图层添加蒙版并在蒙版中进行绘制，隐藏部分图像。

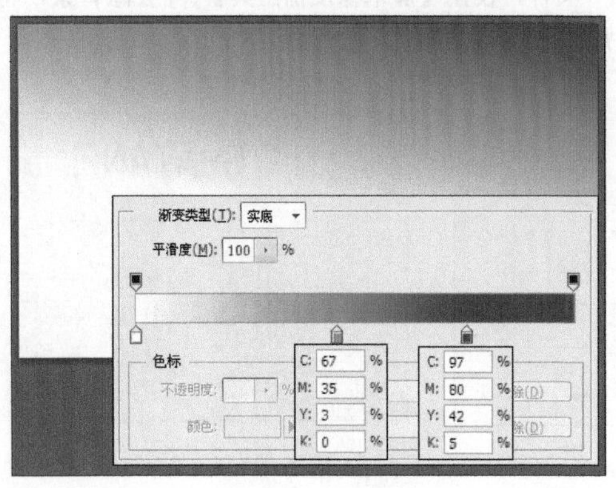

图 05-002-1　添加渐变填充

图 05-002-2　添加图蒙版

（4）复制图层，参照图05-002-3所示，继续在蒙版中进行绘制，调整图层混合模式为【滤色】。

（5）打开“资源/第05章/素材/水面.jpg”文件，拖至当前正在编辑的文档中，并添加图层蒙版，使用【渐变工具】 在蒙版中进行绘制，使其与背景融合，效果如图05-002-4所示。

图 05-002-3 调整图层混合模式

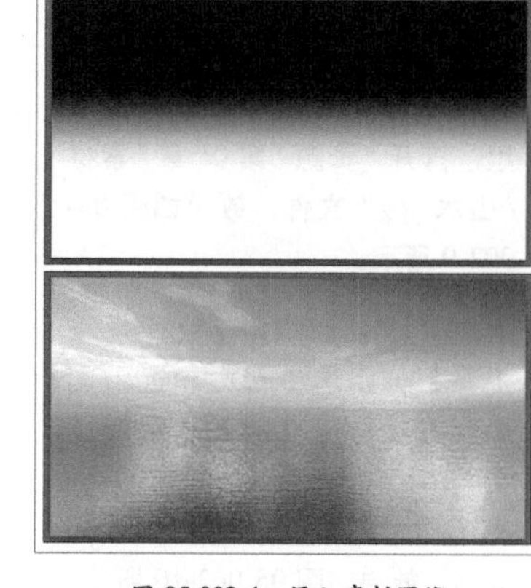

图 05-002-4 添加素材图像

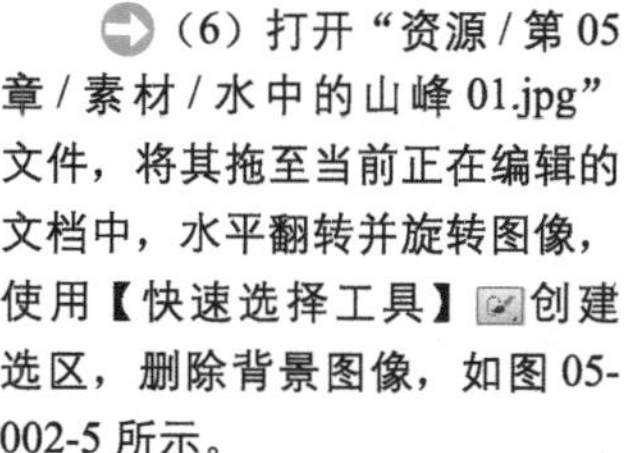

（6）打开“资源/第05章/素材/水中的山峰01.jpg”文件，将其拖至当前正在编辑的文档中，水平翻转并旋转图像，使用【快速选择工具】 创建选区，删除背景图像，如图05-002-5所示。

（7）打开“资源/第05章/素材/水中的山峰02.jpg”文件，将其拖至当前正在编辑的文档中，使用前面介绍的方法进行抠图，效果如图05-002-6所示。

图 05-002-5 使用【快速选择工具】抠图

图 05-002-6 添加素材图像

（8）打开“资源/第05章/素材/越野.tif”文件，将其拖至当前正在编辑的文档中，调整位置，并将其载入选区，创建从淡褐色（C：42，M：50，Y：61，K：0）到透明的线性渐变填充图层，并调整图层混合模式为【颜色加深】，效果如图05-002-7所示。

（9）新建图层，填充选区为从白色到透明的径向渐变，调整图层混合模式为【叠加】，效果如图05-002-8所示。

图 05-002-7 创建渐变填充图层

图 05-002-8 调整图层混合模式

(10) 在水面图像所在图层的上方新建“组 1”图层组，打开“资源 / 第 05 章 / 素材 / 山水 .jpg”文件，效果如图 05-002-9 所示。

(11) 使用【快速选择工具】分别选中青山和远山图像，将其拖至当前正在编辑的文档中，调整图像的位置，并调整远山的图层【填充】参数为 30%，效果如图 05-002-10 所示。

图 05-002-9　打开素材图像

图 05-002-10　添加远山素材

(12) 继续使用上一步骤的素材拼合图像，复制并垂直翻转图像使用柔边缘【橡皮擦工具】擦出投影效果，如图 05-002-11 所示。

图 05-002-11　创建小山及投影

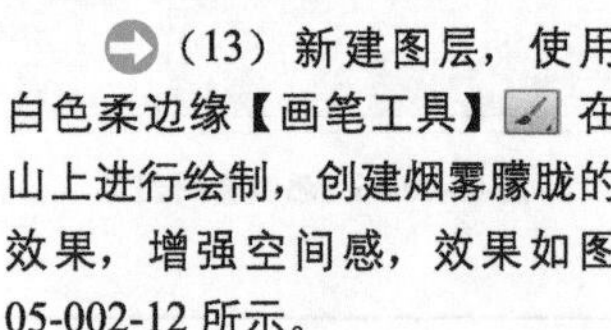

(13) 新建图层，使用白色柔边缘【画笔工具】在山上进行绘制，创建烟雾朦胧的效果，增强空间感，效果如图 05-002-12 所示。

(14) 使用【加深工具】在汽车下的山峰上进行涂抹，加深图像，效果如图 05-002-13 所示。

图 05-002-12　创建朦胧效果

图 05-002-13　加深图像

2. 添加文字

(1) 新建图层，使用【矩形选框工具】在视图底部绘制白色矩形图像，并使用【横排文字工具】添加地址等信息，效果如图 05-002-14 所示。

(2) 继续使用【横排文字工具】创建文字，并为其添加白色【投影】图层样式，效果如图 05-002-15 所示。

图 002-14　绘制白色矩形图像

图 002-15　创建文字

（3）单击其选项栏中的【创建文字变形】按钮，参照图 05-002-16 所示，在弹出的【变形文字】对话框中进行设置，创建文字变形效果。

（4）打开“资源 / 第 05 章 / 素材 / 墨迹 .jpg”文件，使用【魔术橡皮擦工具】去除白色背景，将其拖至当前正在编辑的文档中，并对其变形，效果如图 05-002-17 所示。

图 05-002-16 【变形文字】对话框

图 05-002-17 添加墨迹素材图像

（5）打开“资源 / 第 05 章 / 素材 / 汽车标志 .jpg”文件，将其拖至当前正在编辑的文档中，然后参照图 05-002-18 所示的效果使用【横排文字工具】添加文字，至此，本实例制作完成。

图 05-002-18 添加文字

实例 03 酒业户外广告设计

1. 实例特点：

以渐变的红色调为主，配合飘舞的红丝绸，使画面高档富有动感。

2. 注意事项：

在制作类似玻璃这种透明物体时，利用图层蒙版很容易达到设计者想要的效果。

3. 操作思路：

首先创建渐变的红色背景，然后添加酒瓶图像，突出产品，最后添加文字信息。

最终效果图

资源 / 第 05 章 / 源文件 / 酒业户外广告设计 .psd

具体步骤如下：

1. 创建背景

（1）执行【文件】|【新建】命令，创建一个宽度为 6.5 厘米，高度为 12 厘米，分辨率为 150 像素 / 英寸的新文档。

（2）单击【图层】调板底部的【创建新的填充或调整图层】按钮，在弹出的菜单中选择【渐变填充】命令，参照图 05-003-1 所示，在弹出的【渐变填充】对话框中进行设置，创建“渐变填充 1”图层。

（3）新建图层，填充颜色为黑色，添加图层蒙版，并使用【画笔工具】在蒙版中进行绘制，隐藏部分图像将该四周颜色压暗，效果如图 05-003-2 所示。

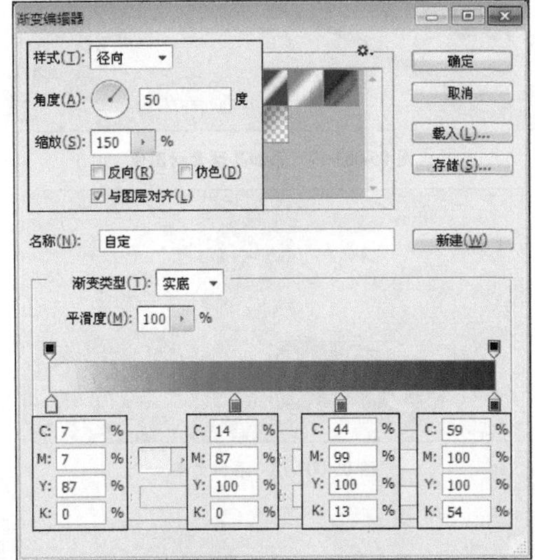

图 05-003-1　填充渐变

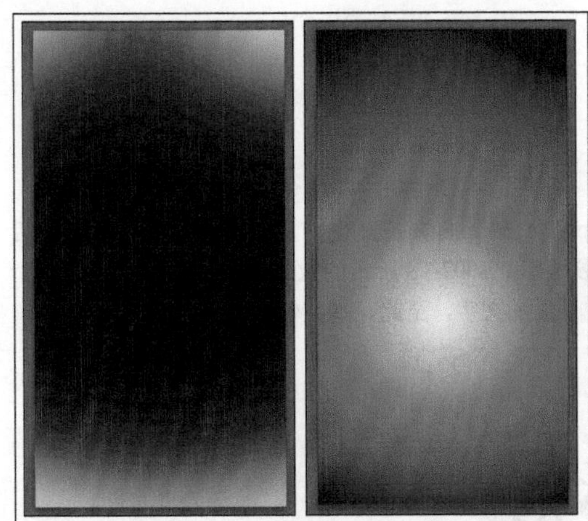

图 05-003-2　添加图层蒙版

（4）打开“资源 / 第 05 章 / 素材 / 酿酒 .jpg”文件，将其拖至当前正在编辑的文档中，调整图像的大小及位置，添加图层蒙版使之与背景融合，效果如图 05-003-3 所示。

（5）打开“资源 / 第 05 章 / 素材 / 酒瓶 .jpg”文件，使用【快速选择者工具】抠出酒瓶图像，将其拖至当前正在编辑的文档中，新建图层，填充酒瓶颜色为黑色，效果如图 05-003-4 所示。

图 05-003-3　添加素材图像

图 05-003-4　添加酒瓶素材图像

(6) 参照图 05-003-5 所示，为黑色酒瓶图像添加图层蒙版，创建出酒瓶上的阴影，

图 05-003-5 创建酒瓶上的阴影

(7) 新建图层，使用黄色（C：15，M：34，Y：76，K：0）柔边缘【画笔工具】在视图中绘制一点，并调整图层混合模式为【叠加】，效果如图 05-003-6 所示。

图 05-003-6 绘制高光

(8) 打开“资源 / 第 05 章 / 素材 / 红丝带 .tif”文件，将其拖至当前正在编辑的文档中，并调整位置，效果如图 05-003-7 所示。

(9) 最后使用【横排文字工具】创建标志性文字，效果如图 05-003-8 所示。

图 05-003-7 添加素材图像

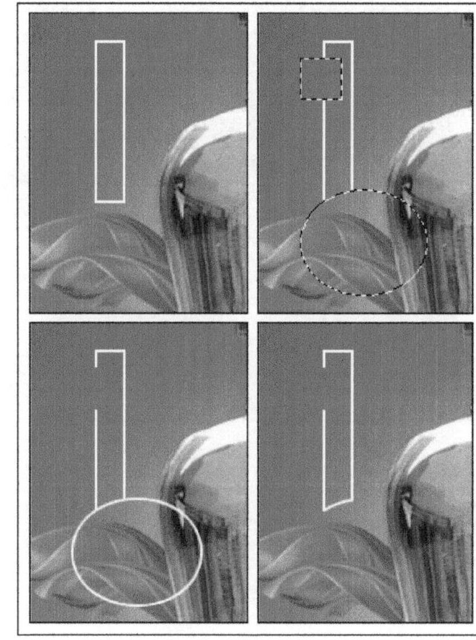

图 05-003-8 描边图像

(10) 最后使用【横排文字工具】创建标志性文字，效果如图 05-003-9 所示。

图 05-003-9 添加素材图像

(11) 使用【竖排文字工具】创建文字“五年陈酿”，复制文字将内容更改为“十”放置左上方，效果如图 05-003-10 所示。

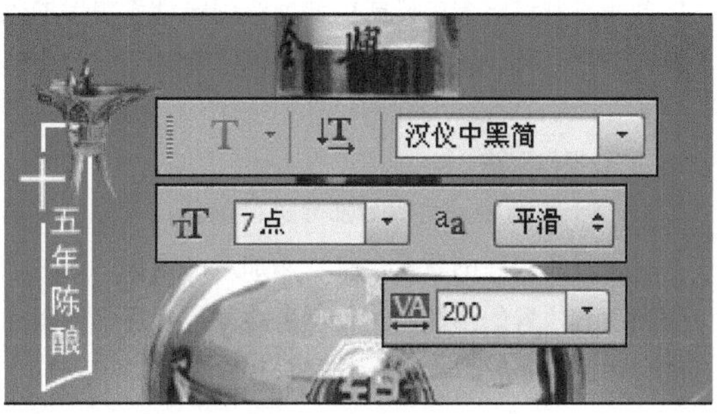

图 05-003-10 添加竖排文字

2. 添加文字

(1) 使用【横排文字工具】创建文字，并为“稻香村”文字添加【投影】图层样式，效果如图 05-003-11 所示。

图 05-003-11　添加横排文字

(2) 使用【竖排文字工具】创建文字，效果如图 05-003-12 所示。

(3) 使用【横排文字工具】创建文字，效果如图 05-003-13 所示，至此，本实例制作完成。

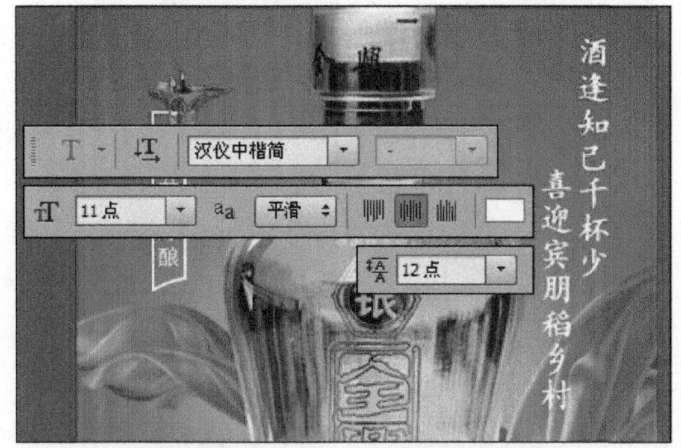

图 05-003-12　添加竖排文字

图 05-003-13　添加横排文字

实例 04　运动鞋户外广告设计

1. 实例特点：

画面时尚富有动感，彩色的发光效果给人很炫的感觉。

2. 注意事项：

在制作很多具有相同图层样式的图像的时候，可以利用复制粘贴图层样式很快地达到设计者想要的效果，在使多个图层透明的时候亦可调整图层组的透明度。

3. 操作思路：

整个实例将分为四个部分进行制作，首先创建出具有视觉空间感的背景，其次添加产品图像，通过调整角度和位置的摆放，达到动感效果，然后创建发光图像效果，最后为作品添加广告语。

最终效果图

资源 / 第 05 章 / 源文件 / 运动鞋户外广告设计 .psd

具体步骤如下：

1. 创建背景

（1）执行【文件】|【新建】命令，创建一个宽度为 14 厘米，高度为 8 厘米，分辨率为 150 像素 / 英寸的新文档。

（2）打开“资源 / 第 05 章 / 素材 / 跑道 .jpg”文件，将其拖至当前正在编辑的文档中，水平翻转图像并调整其位置，效果如图 05-004-1 所示。

图 05-004-1 添加素材图像

（3）复制上一步骤创建的图层并调整图层的混合模式为【滤色】，设置图层【不透明度】参数为 30%，参照图 05-004-2 所示，为选区填充渐变。

图 05-004-2 复制图层

（4）盖印图层，然后执行【滤镜】|【模糊】|【高斯模糊】命令，参照图 05-004-3 所示，在弹出的【高斯模糊】对话框中进行设置，模糊图像。

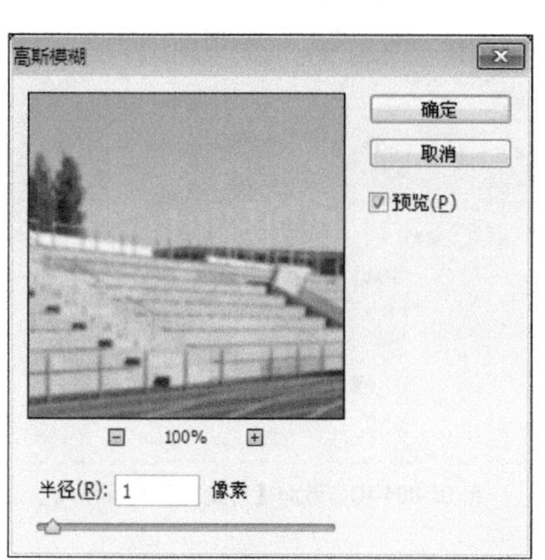

图 05-004-3 模糊图像

（5）为上一步创建的图层添加图层蒙版，并使用【渐变工具】参照图 05-004-4 所示，在蒙版中绘制渐变，隐藏部分图像。

图 05-004-4 添加图层蒙版

（6）新建图层，使用柔边缘【画笔工具】在左上角绘制 1/4 圆点，然后调整图层的混合模式为【叠加】，效果如图 05-004-5 所示。

图 05-004-5 调整图层混合模式

2. 添加产品

(1) 打开“资源 / 第 05 章 / 素材 / 运动鞋 . jpg”文件，使用【快速选择工具】抠出运动鞋，将其拖至当前正在编辑的文档，旋转图像至适合的位置，效果如图 05-004-6 所示。

(2) 复制运动鞋所在图层，使用快捷键 Ctrl+U 调整【明度】参数为 0，使用快捷键 Ctrl+T 展开变换框，压缩图像，效果如图 05-004-7 所示。

(3) 执行【滤镜】|【模糊】|【高斯模糊】命令，在弹出的【高斯模糊】对话框中设置【半径】为 3 像素，模糊图像，并调整图层混合模式为【柔光】，效果如图 05-004-8 所示。

图 05-004-6　添加素材图像

图 05-004-7　调整图像明度

图 05-004-8　创建阴影

3. 制作发光效果

(1) 新建“组 1”图层组，调整【不透明度】参数为 80%，使用【椭圆工具】绘制椭圆，并配合【钢笔工具】调整路径，效果如图 05-004-9 所示。

(2) 双击图层缩览图，参照图 05-004-10 所示，在弹出的【图层样式】对话框中进行设置，为图形添加【内发光】图层样式。

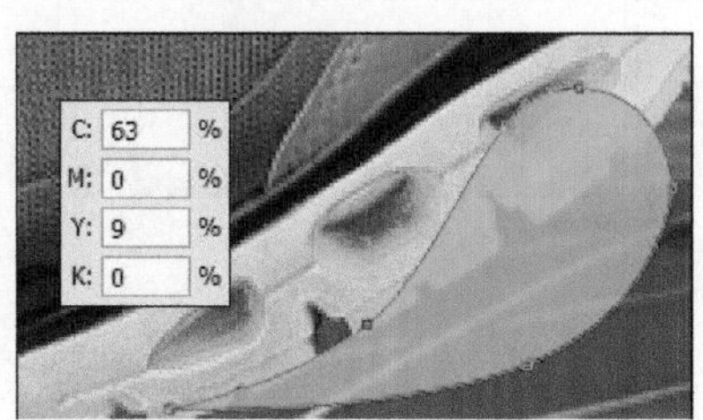

图 05-004-9　绘制形状

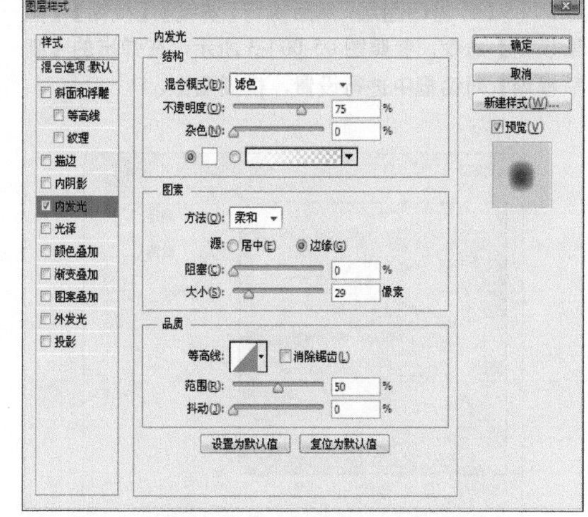

图 05-004-10　添加【内发光】图层样式

(3) 复制上一步骤创建的图形，分别调整颜色为红色（C: 34，M: 78，Y: 0，K: 0）、黄色（C: 14，M: 0，Y: 84，K: 0）和绿色（C: 61，M: 0，Y: 100，K: 0），效果如图 05-004-11 所示。

(4) 继续复制形状，删除图层样式，并调整颜色为绿色（C: 32，M: 0，Y: 90，K: 0），效果如图 05-004-12 所示。

图 05-004-11　复制并调整形状

图 05-004-12　删除图层样式

(5)复制“组 1”图层组，调整图层顺序到运动鞋所在图层的下方，调整图形的颜色及路径，效果如图 05-004-13 所示。

(6)新建图层，使用白色柔边缘【画笔工具】绘制发光点，调整图层混合模式为【叠加】，效果如图 05-004-14 所示。

图 05-004-13　复制图层组

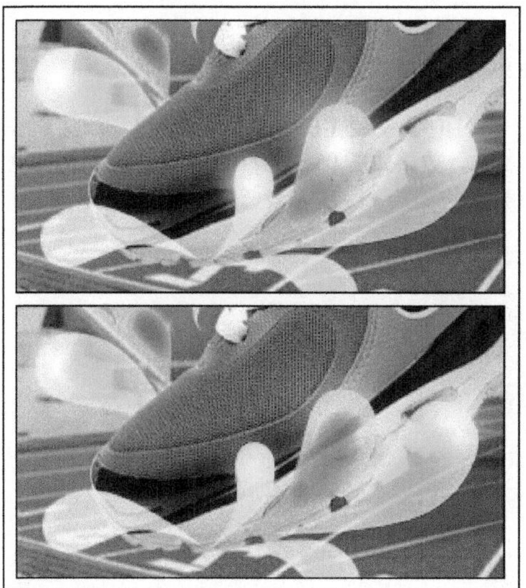

图 05-004-14　绘制高光

(7)新建图层，调整颜色为绿色（C：40，M：0，Y：92，K：0），继续使用【画笔工具】绘制，并调整图层混合模式为【叠加】，效果如图 05-004-15 所示。

(8)使用【多边形套索工具】绘制选区，并使用【渐变填充】命令，填充白色到透明的径向渐变，效果如图 05-004-16 所示。

(9)复制上一步骤创建的渐变填充图层，更改白色为蓝色（C：55，M：0，Y：19，K：0），效果如图 05-004-17 所示。

图 05-004-15　添加鞋子上的高光

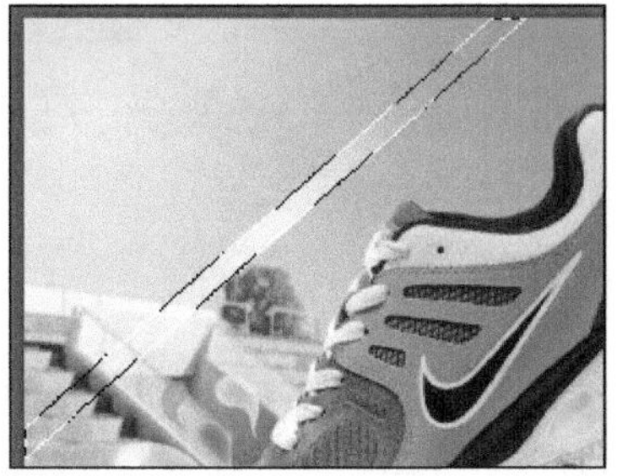

图 05-004-16　创建渐变填充图层

图 05-004-17　复制渐变填充图层

4. 添加广告语

(1)新建“组 2”图层组，使用【矩形选框工具】绘制矩形选区，分别从鞋子上取出两小块，作为宣传噱头，效果如图 05-004-18 所示。

(2)新建图层，绘制白色矩形，调整图层【不透明度】参数为 50%，效果如图 05-004-19 所示。

图 05-004-18　提取图像

图 05-004-19　绘制矩形

(3) 使用【横排文字工具】T 添加介绍性文字，效果如图 05-004-20 所示。

(4) 使用【横排文字工具】T 添加广告语及标志，效果如图 05-004-21 所示。至此，本实例制作完成。

图 05-004-20 添加介绍性文字

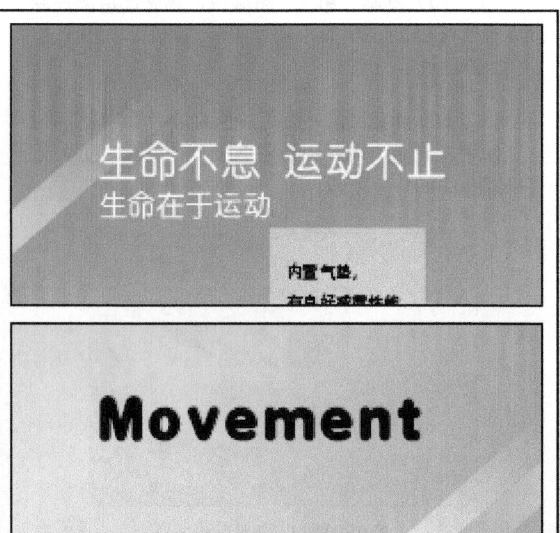

图 05-004-21 添加标志

实例 05 房地产户外广告设计

1. 实例特点：

画面简洁有序，图文排版清晰，商业感强。

2. 注意事项：

通过图片的大小比例和明暗关系的调整，增强画面的空间感。

3. 操作思路：

首先将画布进行大致的分块，添加宣传对象，然后添加素材图像信息，烘托所要表达的主题对象，最后添加文字和标志等信息。

最终效果图

资源 / 第 05 章 / 源文件 / 房地产户外广告设计 .psd

具体步骤如下：

（1）执行【文件】|【新建】命令，创建一个宽度为 15 厘米，高度为 5 厘米，分辨率为 150 像素 / 英寸的新文档。

（2）新建“图层 1”，使用【进行选框工具】绘制选区，并填充颜色为褐色（C：63，M：71，Y：89，K：35），效果如图 05-005-1 所示。

（3）打开“资源 / 第 05 章 / 素材 / 房产效果图 .jpg”文件，使用【移动工具】将其拖至当前正在编辑的文档中，调整图像的大小及位置，效果如图 05-005-2 所示。

图 05-005-1 绘制矩形

图 05-005-2 添加素材图像

（4）复制并水平翻转上一步骤创建的图像，效果如图 05-005-3 所示。

（5）新建图层，使用【矩形选框工具】绘制选区，填充白色到蓝色（C：13，M：5，Y：0，K：0）的渐变，并添加图层蒙版，隐藏部分图像，效果如图 05-005-4 所示。

图 005-3 复制并水平翻转图像

图 005-4 添加图层蒙版

（6）打开“资源 / 第 05 章 / 素材 / 树木 .jpg”文件，利用通道将树木从白色背景中抠出来，使用【移动工具】将其拖至当前正在编辑的文档中，如图 05-005-5 所示。

（7）使用【矩形选框工具】绘制选区并删除选区中的图像，效果如图 05-005-6 所示。

图 05-005-5 添加树木

图 05-005-6 删除选区中的图像

(8) 打开“资源/第05章/素材/房屋一角.tif”文件，使用【移动工具】将其拖至当前正在编辑的文档中，使用【矩形选框工具】绘制选区，效果如图05-005-7所示。

图 05-005-7　添加素材图像

(9) 使用快捷键Ctrl+J复制图像，并移动图像的位置，效果如图05-005-8所示。

图 05-005-8　移动图像

(10) 新建图层，使用柔边缘白色【画笔工具】在楼体上进行绘制，并调整图层混合模式为【叠加】，效果如图05-005-9所示。

图 05-005-9　绘制高光

(11) 打开“资源/第05章/素材/房产标志.tif”文件，将其拖至当前正在编辑的文档中，效果如图05-005-10所示。

图 05-005-10　添加素材图像

(12) 新建“组1”图层组，参照图05-005-11所示的效果，添加文字信息，完成本实例的制作。

图 05-005-11　添加文字

06 家庭音响户外广告设计

1. 实例特点：
画面激昂奔放，用静止的画面来唤起听觉的感受。

2. 注意事项：
在使用画笔工具绘制浪花的时候，不需要大量铺满图像，只需要恰当的几笔即可，这样方可显得真实而不乱。

3. 操作思路：
首先添加天空和瀑布图像，通过添加图层蒙版融合图像，其次添加产品图像并为其营造空间感，最后使用画笔工具绘制浪花图像并为其添加文字信息。

最终效果图

资源 / 第 05 章 / 源文件 / 家庭音响户外广告设计 .psd

具体步骤如下：

(1) 执行【文件】|【新建】命令，新建一个宽度为 24 厘米，高度为 10 厘米，分辨率为 150 像素 / 英寸的新文档。

(2) 打开“资源 / 第 05 章 / 素材 / 壶口瀑布 .jpg”文件，将其拖至当前正在编辑的文档中，水平翻转图像，复制图层，调整图层混合模式为【柔光】，效果如图 05-006-1 所示。

(3) 打开“资源 / 第 05 章 / 素材 / 梦幻天空 .jpg”文件，将其拖至当前正在编辑的文档中，参照图 05-006-2 所示，调整图像的大小及位置。

图 05-006-1 添加素材图像

图 05-006-2 调整图像的大小及位置

(4) 为上一步骤创建的图层添加图层蒙版，并参照图 05-006-3 所示，在图层蒙版中进行绘制，隐藏部分图像。

(5) 打开“资源 / 第 05 章 / 素材 / 音响 .tif”文件，将其拖至当前正在编辑的文档中，参照图 05-006-4 所示，调整图像的位置。

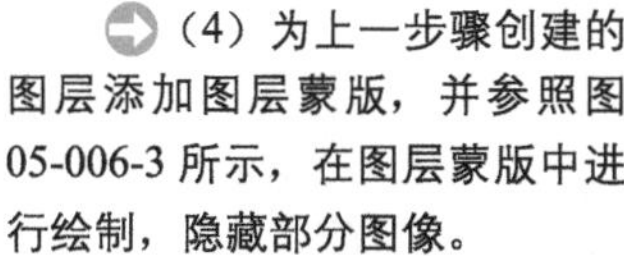

图 05-006-3 添加图层蒙版

图 05-006-4 调整图像的位置

(6) 将音响图像载入选区，单击【图层】调板底部的【创建新的填充或调整图层】按钮，在弹出的菜单中选择【曲线】命令，参照图 05-006-5 所示，在调板中进行设置，调整图像的亮度。

(7) 新建图层，使用黑色柔边缘【画笔工具】绘制一点，使用快捷键 Ctrl+T 打开变换框，压扁圆点作为阴影，如图 05-006-6 所示。

图 05-006-6　变换图像

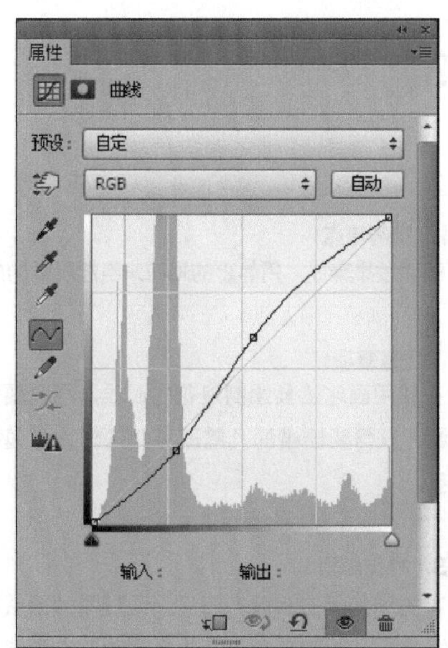

图 05-006-5　调整图像亮度

(8) 使用前面介绍的方法，继续为音响图像添加阴影，增强立体效果，如图 05-006-7 所示。

(9) 新建图层，使用柔边缘白色【画笔工具】在音响上绘制一点，并调整图层的混合模式为【叠加】，创建高光效果，如图 05-006-8 所示。

图 05-006-7　添加阴影

图 05-006-8　添加高光

(10) 选择【画笔工具】，然后在其选项栏中打开【“画笔预设”选取器】，单击右侧的按钮，在弹出的菜单中选择【载入画笔】命令，载入“资源 / 第 05 章 / 素材 / 浪花 1.abr”、“资源 / 第 05 章 / 素材 / 浪花 2.abr”画笔文件，新建图层，绘制浪花图像，效果如图 05-006-9 所示。

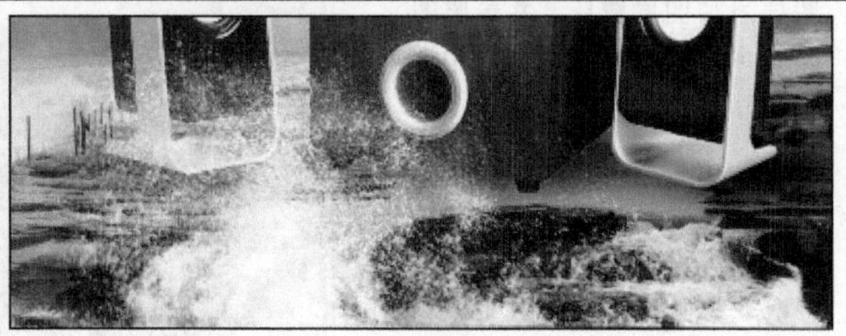

图 05-006-9　载入笔刷

(11) 新建“组 1”图层组，新建图层，使用【矩形选框工具】 绘制黑色矩形图像，并使用【横排文字工具】 参照图 05-006-10 所示效果，创建文字。

(12) 新建图层，使用【矩形选框工具】 绘制红色矩形图像，并使用【横排文字工具】 参照图 05-006-11 所示效果，创建文字。至此，本实例制作完成。

图 05-006-10　添加宣传文字信息

图 05-006-11　添加品牌名称

实例 07　手机户外广告设计

1. 实例特点：

背景的蓝色和叶子的绿色使人感觉清新自然，点点光斑增加浪漫气息，蓝色光感和迸射出的水花更使人清爽。

2. 注意事项：

利用图层的混合模式可以营造出发光效果。

3. 操作思路：

首先制作出光感背景，然后添加产品图像，并为图像添加其他装饰来丰富图像效果，最后添加文字信息。

最终效果图

资源/第 05 章/源文件/手机户外广告设计.psd

具体步骤如下:

1. 制作背景

(1) 执行【文件】|【新建】命令，创建一个宽度为 10 厘米，高度为 7 厘米，分辨率为 150 像素 / 英寸的新文档。

(2) 打开“资源 / 第 05 章 / 素材 / 水波 .jpg”文件，将其拖至当前正在编辑的文档中，效果如图 05-007-1 所示。

(3) 新建图层，填充颜色为深蓝色（C：100，M：100，Y：68，K：60），为水波图像所在图层添加图层蒙版，并使用黑色柔边缘【画笔工具】 在蒙版中进行绘制，隐藏部分图像，效果如图 05-007-2 所示。

图 05-007-1 添加素材图像

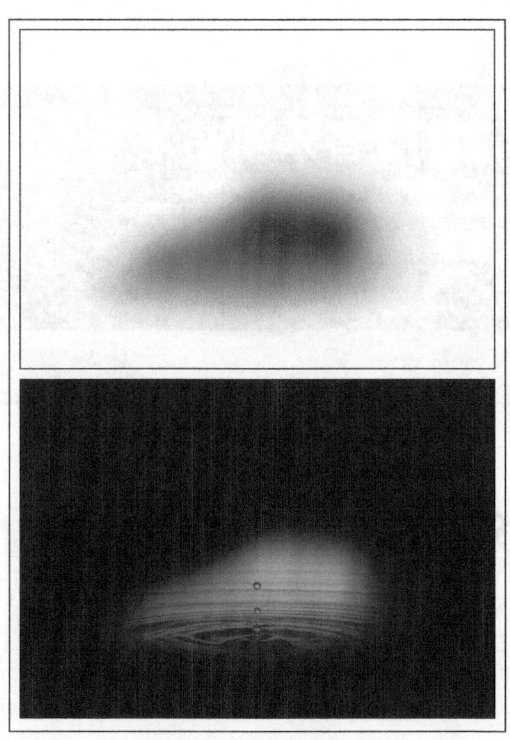

图 05-007-2 添加图层蒙版

(4) 选择【画笔工具】，然后在其选项栏中打开【画笔预设】选取器，单击右侧的 按钮，在弹出的菜单中选择【载入画笔】命令，载入“资源 / 第 05 章 / 素材 / 手机画笔 1.abr”、“资源 / 第 05 章 / 素材 / 手机画笔 2.abr”画笔文件，新建图层绘制图像，效果如图 05-007-3 所示。

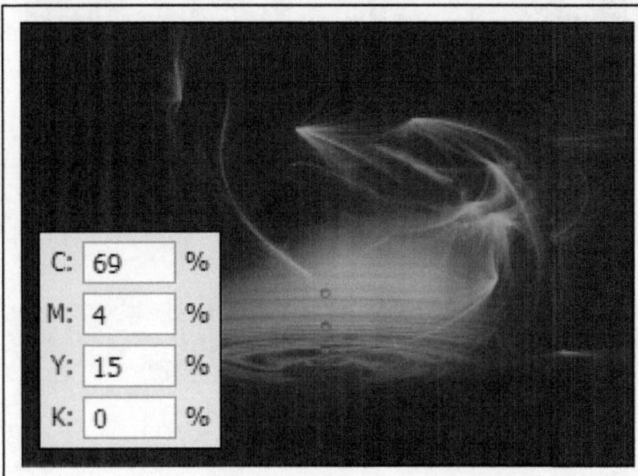

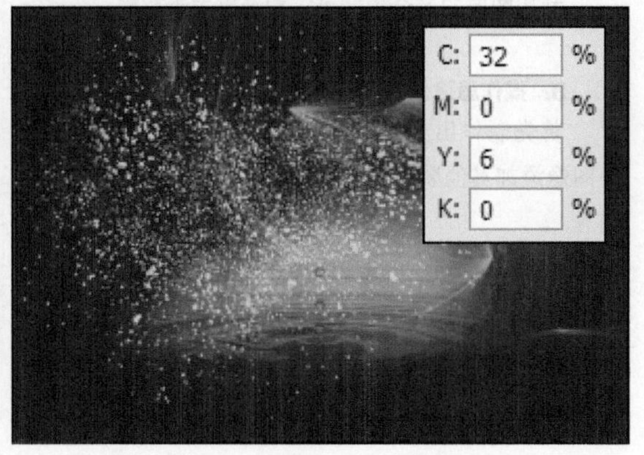

图 05-007-3 使用画笔工具绘制图像

2. 添加产品

(1) 打开“资源/第 05 章/素材/手机.jpg”文件，使用【快速选择工具】去除白色背景，将其拖至当前正在编辑的文档中，并参照图 05-007-4 所示，调整图像的大小及位置。

(2) 新建“组 1”图层组，打开“资源/第 05 章/素材/树叶.jpg”文件，使用【魔术橡皮擦工具】去除白色背景，将其拖至当前正在编辑的文档中，参照图 05-007-5 所示，复制并调整图像。

图 05-007-4 添加素材图像

图 05-007-5 复制并调整图像

(3) 新建“组 2”图层组，并新建图层，设置颜色为绿色（C: 61，M: 13，Y: 100，K: 0），使用沙丘草【画笔工具】在视图中绘制一根草，然后复制图层，使用快捷键 Ctrl+T 打开变换框，然后单击其选项栏中的【变形】按钮，调整草的形状，效果如图 05-007-6 所示。

(4) 使用前面介绍的方法制作出多条藤蔓，效果如图 05-007-7 所示。

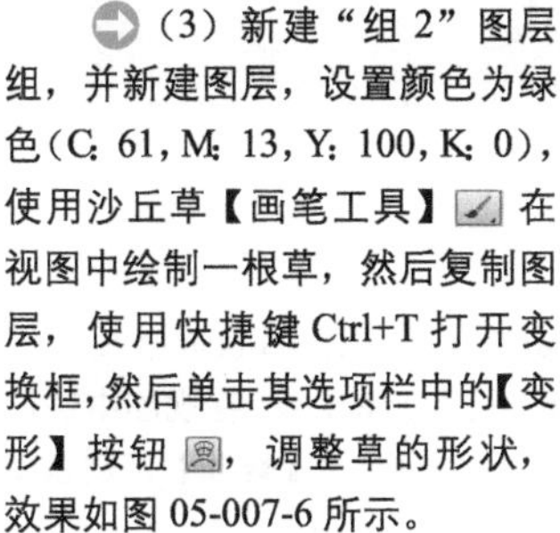

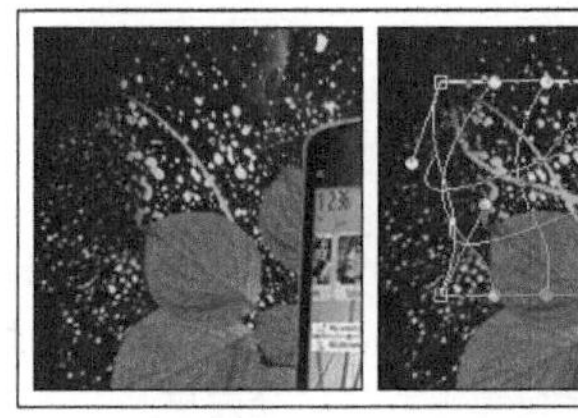

图 05-007-6 制作藤蔓

图 05-007-7 复制藤蔓图像

(5) 新建图层，参照图 05-007-8 所示，分别使用白色和蓝色（C：64，M：0，Y：6，K：0）柔边缘【画笔工具】在视图中进行绘制，并调整图层的混合模式为【叠加】，创建高光效果。

(6) 打开“资源/第 05 章/素材/青柠檬.jpg”文件，将其拖至当前正在编辑的文档中，参照图 05-007-9 所示，调整图像的位置及大小。

图 05-007-9 添加素材图像

图 05-007-8 创建高光

（7）新建“组 3”图层组，打开“资源 / 第 05 章 / 素材 / 木兰花 .tif”文件，将木兰花拖至当前正在编辑的文档中，并参照图 05-007-10 所示，调整花朵的大小和位置。

（8）新建图层参照图 05-007-11 所示，使用翠绿色（C：41，M：0，Y：92，K：0）柔边缘【画笔工具】在视图中进行绘制，并调整图层的混合模式为【叠加】。

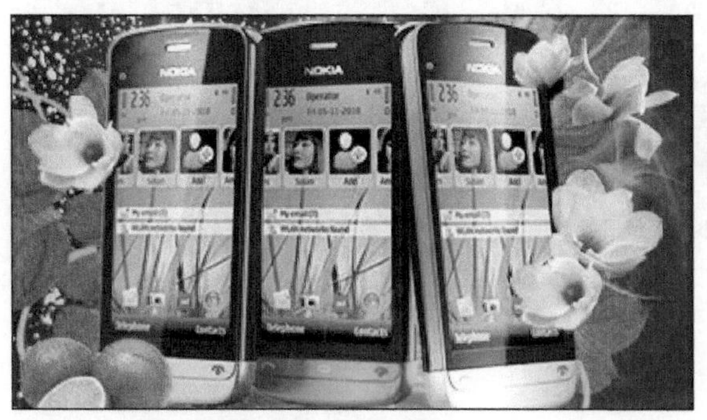

图 05-007-10　调整图像的大小及位置

图 05-007-11　创建发光效果

（9）新建图层参照图 05-007-12 所示，使用黄色（C：10，M：0，Y：83，K：0）柔边缘【画笔工具】在视图中进行绘制，并调整图层的混合模式为【叠加】。

（10）新建图层，参照图 05-007-13 所示，继续使用白色柔边缘【画笔工具】在视图中进行绘制，然后调整图层的混合模式为【叠加】，创建高光效果。

图 05-007-13　绘制高光

图 05-007-12　调整图层混合模式

3. 添加文字信息

（1）使用【矩形工具】绘制白色矩形，并使用【横排文字工具】添加文字，设置字体系列为汉仪中等线，设置字体大小为 10 点，效果如图 05-007-14 所示。

图 05-007-14 绘制矩形

（2）复制缩小并旋转上一步骤创建的矩形，为矩形添加【投影】图层样式，继续使用【横排文字工具】添加文字，设置字体系列为汉仪大黑简，设置字体大小为 7 点，效果如图 05-007-15 所示。

图 05-007-15 添加文字

（3）继续使用【横排文字工具】在视图右下角添加网址信息，设置字体系列为汉仪大黑简，设置字体大小为 8 点，效果如图 05-007-16 所示。至此，本实例制作完成。

图 05-007-16 添加网址信息

实例 08 墙面漆户外广告设计

1. 实例特点：

真实的空间感与卡通图像相结合使人耳目一新。

2. 注意事项：

在矢量图像的时候，运用形状工具相比钢笔工具更方便。

3. 操作思路：

该实例由两部分组成，首先添加背景及产品图像，然后利用形状工具组绘制矢量纹样，通过调整图层的混合模式使矢量纹样很好的与背景相融合，最后添加文字信息。

最终效果图

资源 / 第 05 章 / 源文件 / 墙面漆户外广告设计 .psd

具体步骤如下：

1. 制作背景并添加产品图像

（1）执行【文件】|【新建】命令，新建一个宽度为 12 厘米，高度为 10 厘米，分辨率为 150 像素 / 英寸的新文档。

（2）打开“资源 / 第 05 章 / 素材 / 墙面 .jpg”文件，将其拖至当前正在编辑的文档中，参照图 05-008-1 所示，调整图像的大小及位置。

（3）新建图层，填充颜色为黑色，设置图层混合模式为【叠加】，然后为图层添加图层蒙版，并参照图 05-008-2 所示，使用黑色柔边缘【画笔工具】在蒙版中进行绘制，隐藏部分图像。

图 05-008-2　添加图层蒙版

图 05-008-1　添加素材图像

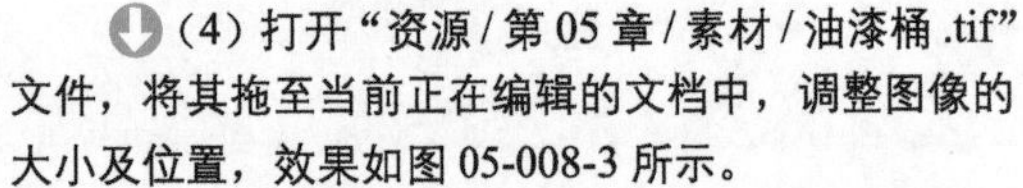

（4）打开“资源 / 第 05 章 / 素材 / 油漆桶 .tif”文件，将其拖至当前正在编辑的文档中，调整图像的大小及位置，效果如图 05-008-3 所示。

图 05-008-3　添加素材图像

（5）新建图层，使用黑色柔边缘【画笔工具】在视图中绘制一点，参照图 05-008-4 所示，压扁图像作为油漆桶的阴影。

图 05-008-4　添加阴影

2. 绘制矢量纹样

（1）新建“组 1”图层组，设置颜色为蓝色（C：66，M：0，Y：4，K：0），使用【椭圆工具】绘制椭圆形状，并参照图 05-008-5 所示，使用【钢笔工具】调整路径，最后调整图层混合模式为【正片叠底】。

（2）为上一步骤创建的图层添加 2 像素黑色【描边】图层样式，新建图层，使用【椭圆选框工具】绘制椭圆选区，执行【编辑】|【描边】命令，创建 2 像素描边效果，删除多余的描边使图像立体化，效果如图 05-008-6 所示。

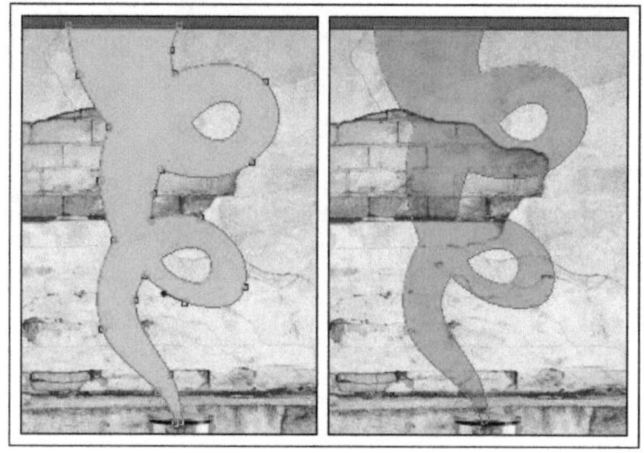

图 05-008-5　绘制形状

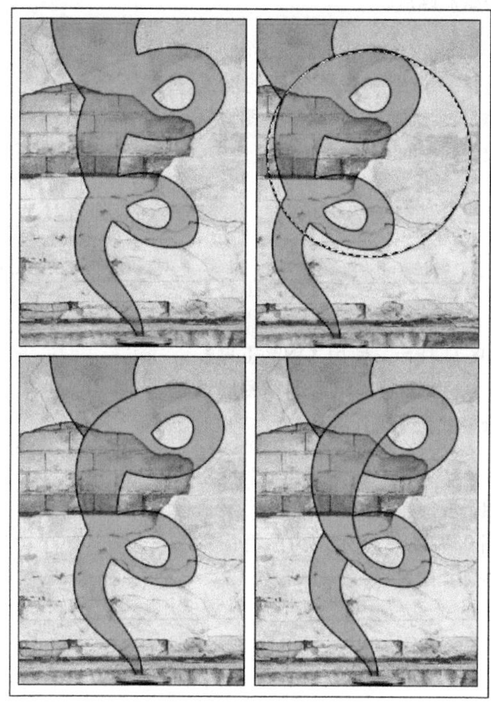

图 05-008-6　制作描边效果

（3）设置颜色为藏蓝色（C：79，M：47，Y：0，K：0），继续使用【椭圆工具】绘制椭圆形状，并参照图 05-008-7 所示，使用【钢笔工具】调整路径，最后调整图层混合模式为【正片叠底】。

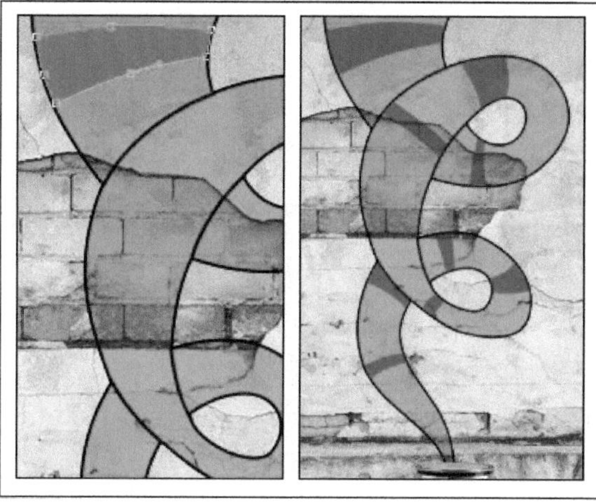

图 05-008-7　绘制装饰图形

（4）新建“组 2”图层组，使用前面介绍的方法，绘制图 05-008-8 所示的图像。

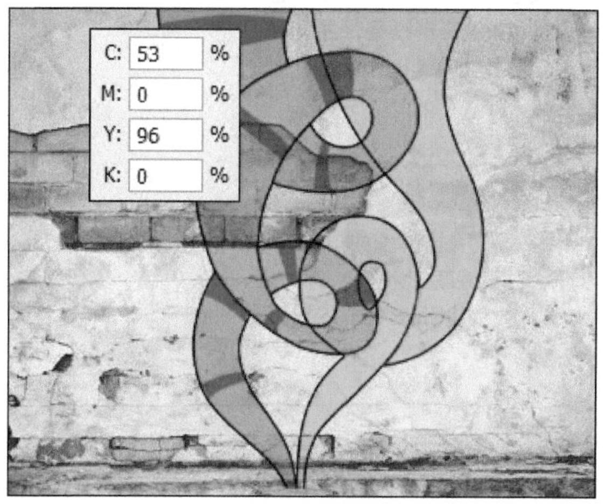

图 05-008-8　绘制图像

(5) 新建图层，使用硬边缘【画笔工具】参照图 05-008-9 所示的效果，调整画笔大小绘制圆点。

(6) 将绿色图形载入选区，为上一步骤创建的图层添加图层蒙版，隐藏部分图像，效果如图 05-008-10 所示。

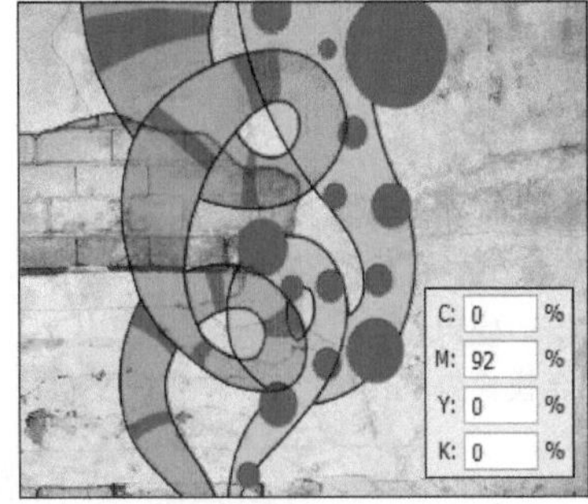

图 05-008-9 绘制圆点

图 05-008-10 添加图层蒙版

(7) 使用【矩形工具】绘制矩形形状，参照图 05-008-11 所示，使用【钢笔工具】调整路径，然后调整图层混合模式为【正片叠底】。

(8) 新建"组 3"图层组，复制前面的描边效果，参照图 05-008-12 所示，为蓝色图形添加描边装饰。

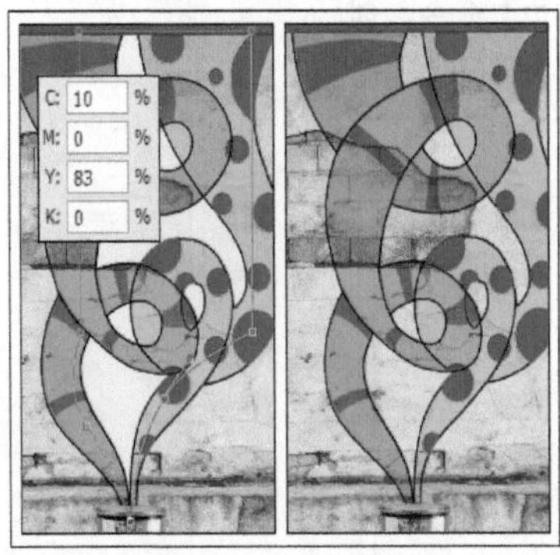

图 05-008-11 绘制形状

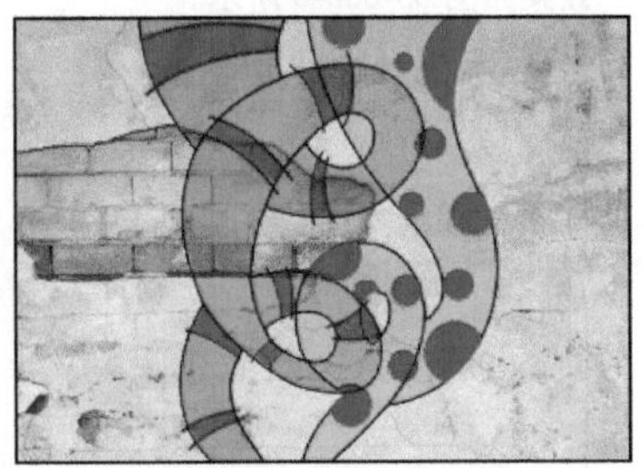

图 05-008-12 添加描边效果

(9) 使用【椭圆工具】绘制正圆，并调整图层混合模式为【正片叠底】，效果如图 05-008-13 所示。

(10) 参照图 05-008-14 所示，继续使用【椭圆工具】绘制正圆，使用【路径选择工具】选中路径，按住键盘上的 Alt 键复制路径，并调整图层混合模式为【正片叠底】。

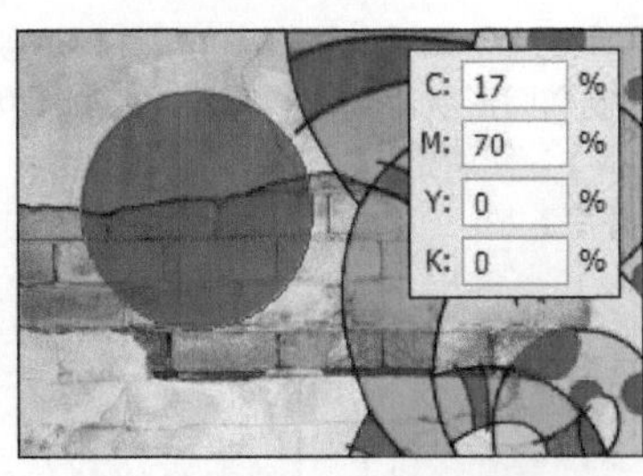

图 05-008-13 绘制正圆图形

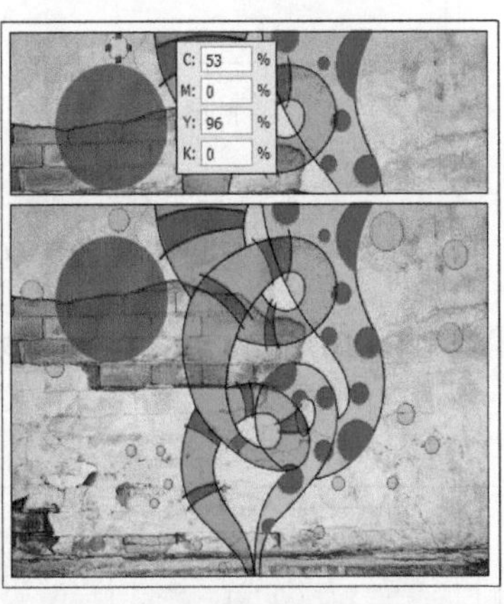

图 05-008-14 复制形状路径

(11) 继续使用前面介绍的方法创建圆点背景，并设置颜色为蓝色（C：66，M：0，Y：3，K：0），效果如图 05-008-15 所示。

图 05-008-15 创建圆点背景

(12) 新建“路径 1”图层，参照图 05-008-16 所示，使用【钢笔工具】绘制路径，新建图层，设置颜色为褐色（C：67，M：98，Y：96，K：66），使用硬边缘【画笔工具】在视图中绘制圆点。

(13) 设置画笔大小为 2 像素，右击“路径 1”图层的空白处，在弹出的菜单中选择【描边路径】命令，创建花纹图像，效果如图 05-008-17 所示。

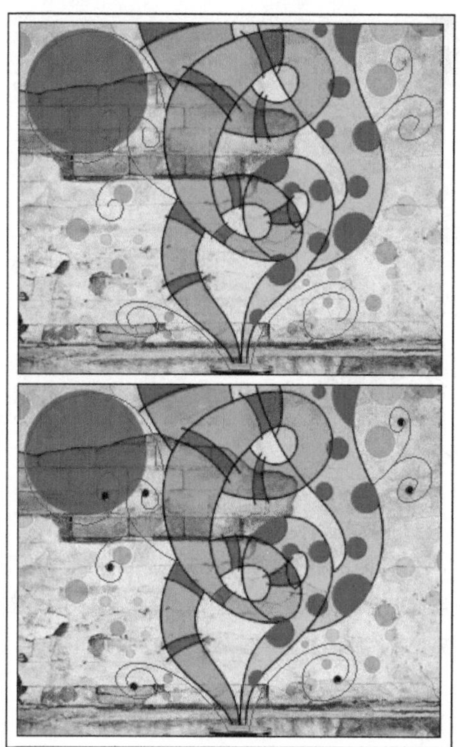

图 05-008-16 绘制路径

图 05-008-17 描边路径

(14) 使用【矩形选框工具】绘制选区，在墙面图像所在图层上复制选区中的图像，调整图层顺序到最上方，调整图层混合模式为【颜色加深】，为图层添加图层蒙版，隐藏部分图像，效果如图 05-008-18 所示。

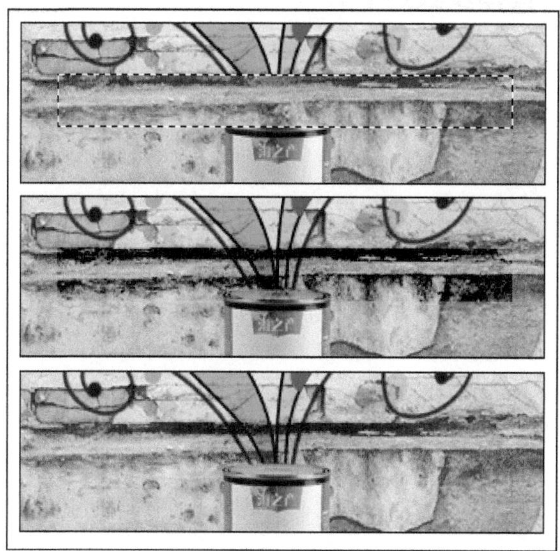

图 05-008-18 调整图像细节

(15) 参照图 05-008-19 所示，使用【矩形工具】绘制黑色矩形，复制缩小并旋转矩形调整颜色为白色，为其添加【投影】图层样式，然后使用【横排文字工具】创建文字。至此，本实例制作完成。

图 05-008-19 添加文字信息

实例 09 灯箱户外广告设计

1. 实例特点：

画面以真实的产品为主题，草绿色的背景体现天然绿色食品的特点，画面简洁质感丰富。

2. 注意事项：

在制作食品广告的时候，颜色要亮丽，使人充满食欲。

3. 操作思路：

该实例由两部分内容组成，首先拖过添加图层蒙版创建融合的背景图像，添加产品图像，并调整图像的亮度，然后添加文字信息。

最终效果图

资源/第05章/源文件/灯箱户外广告设计.psd

具体步骤如下：

1. 创建背景图像

（1）执行【文件】|【新建】命令，新建一个宽度为15厘米，高度为20厘米，分辨率为150像素/英寸的新文档。

（2）单击【图层】调板底部的【创建新的填充或调整图层】按钮，在弹出的菜单中选择【渐变填充】命令，参照图05-009-1所示效果，创建渐变填充图层。

（3）打开“资源/第05章/素材/竹子背景.jpg”文件，将其拖至当前正在编辑的文档中，参照图05-009-2所示，调整图像位置及大小。

图 05-009-2 添加素材图像

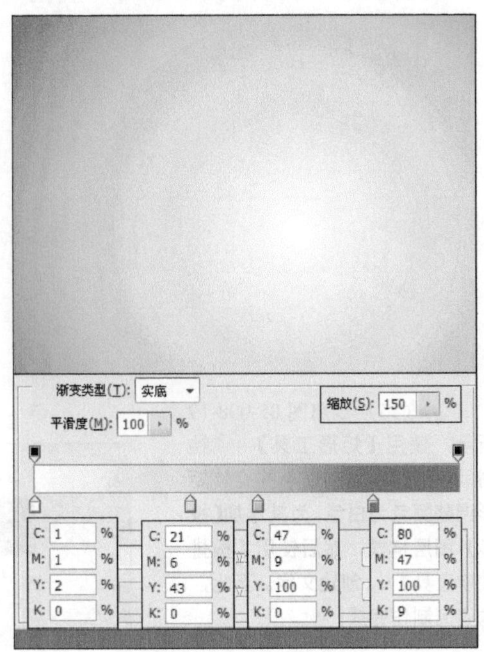

图 05-009-1 创建渐变填充

(4) 单击【图层】调板底部的【添加矢量蒙版】按钮，参照图 05-009-3 所示，在蒙版中进行绘制，隐藏部分图像，使之与背景融合。

(5) 复制图层，参照图 05-009-4 所示继续在蒙版中进行绘制，创建背景图像。

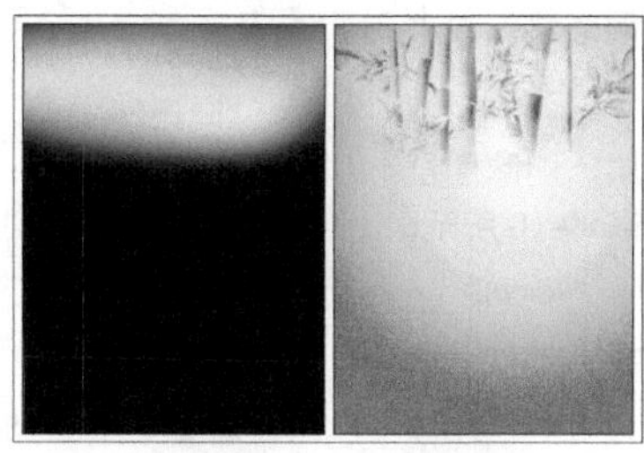
图 009-3　添加素材图像

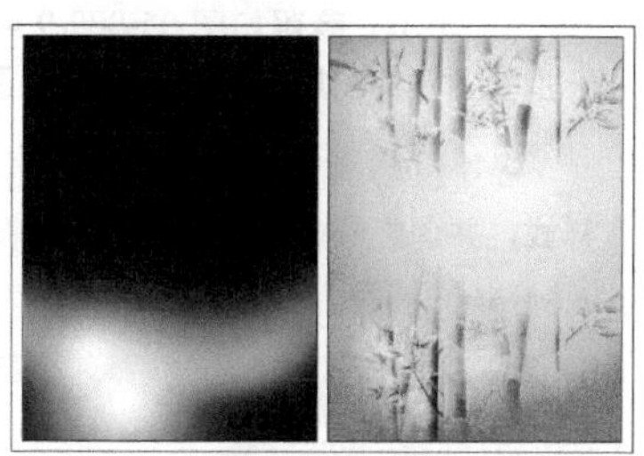
图 009-4　复制图层

(6) 打开“资源 / 第 05 章 / 素材 / 粽子 .jpg”文件，使用【快速选择工具】选中粽子图像，将其拖至当前正在编辑的文档中，参照图 05-009-5 所示，调整大小及位置。

(7) 双击粽子图像所在图层的图层缩览图，参照图 05-009-6 所示，在弹出的【图层样式】对话框中进行设置，为图像添加【投影】图层样式。

图 05-009-5　添加粽子图像

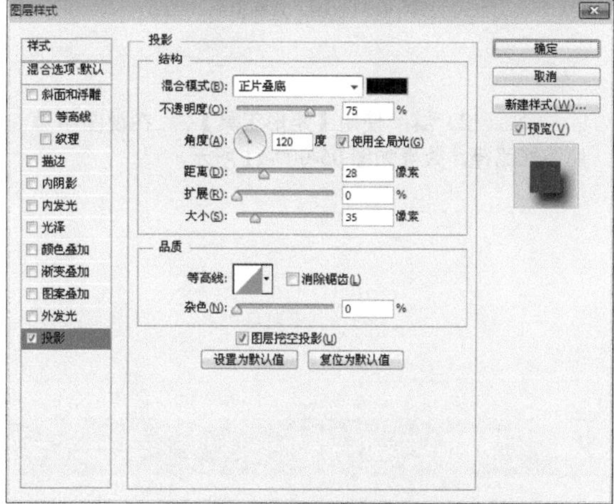

图 05-009-6　添加【投影】图层样式

(8) 将粽子图像载入选区，然后单击【图层】调板底部的【创建新的填充或调整图层】按钮，在弹出的菜单中选择【曲线】命令，参照图 05-009-7 所示的参数，调整图像亮度。

(9) 使用【矩形工具】绘制白色矩形，并参照图 05-009-8 所示，使用【钢笔工具】调整路径。

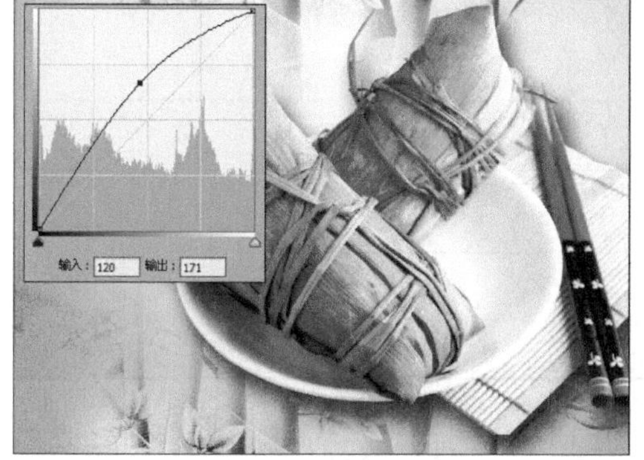

图 05-009-7　调整图像亮度

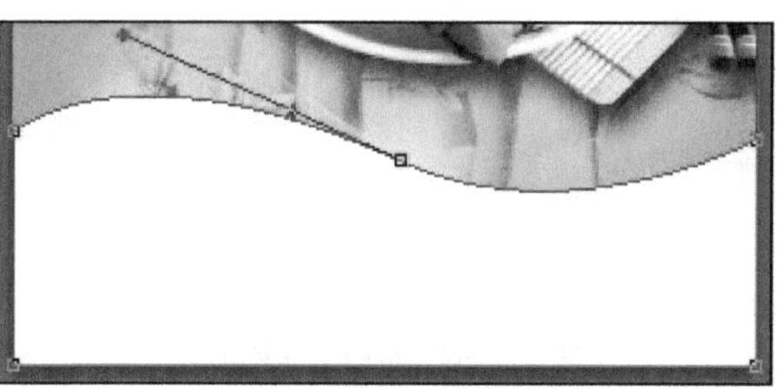
图 05-009-8　绘制矩形并调整路径

（10）参照如图 05-009-9 所示的参数，为上一步骤创建的图层添加【渐变叠加】图层样式。

（11）复制上一步骤创建的图层，删除图层样式，并调整颜色为绿色，效果如图 05-009-10 所示。

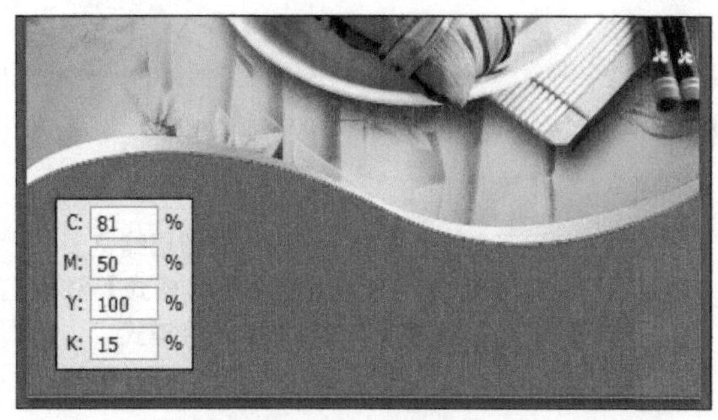

图 05-009-10 复制图层

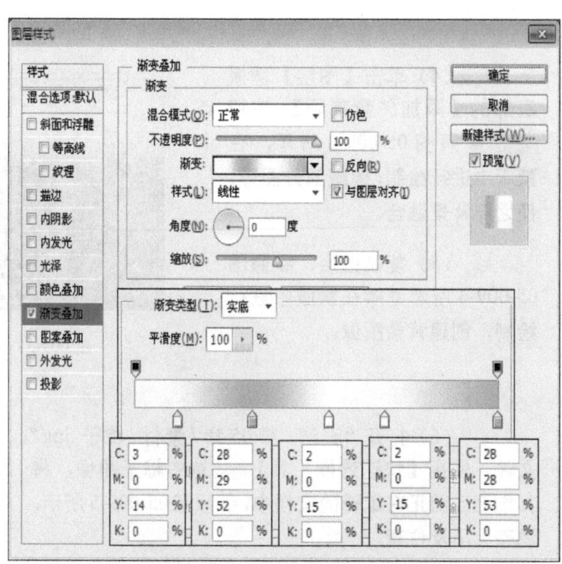

图 05-009-9 添加“渐变叠加”图层样式

（12）继续使用【矩形工具】在视图中添加矩形路径，效果如图 05-009-11 所示。

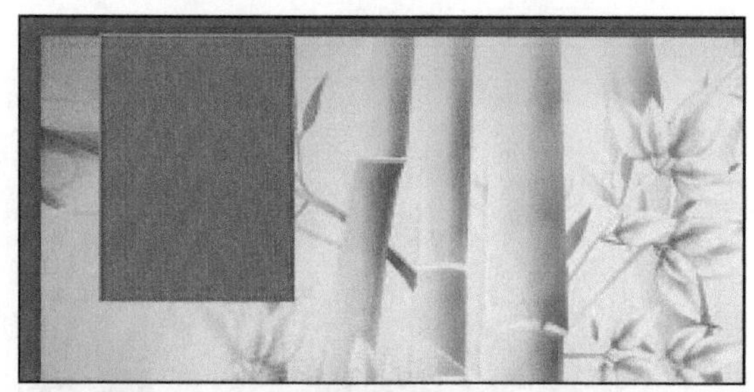

图 05-009-11 添加路径

2. 添加文字信息

（1）打开“资源/第 05 章/素材/粽子标志.tif”文件，将其拖至当前正在编辑的文档中，参照如图 05-009-12 所示调整图像的大小及位置，并为图层添加与“矩形 1”图层相同的图层样式。

（2）参照图 05-009-13 所示，使用【横排文字工具】添加文字。

图 05-009-12 添加标志素材图像

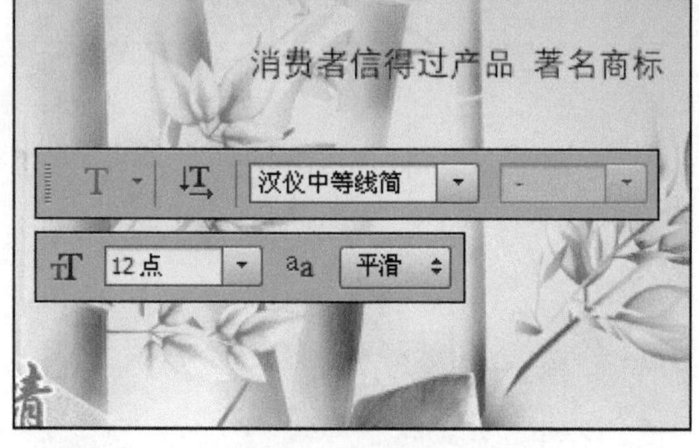

图 05-009-13 添加文字

（3）参照图 05-009-14 所示，继续使用【横排文字工具】添加文字，并为其添加 3 像素白色描边效果，单击其选项栏中的【创建文字变形】按钮，参照图 05-009-15 所示，在打开的【变形文字】对话框中进行设置，创建变形文字。

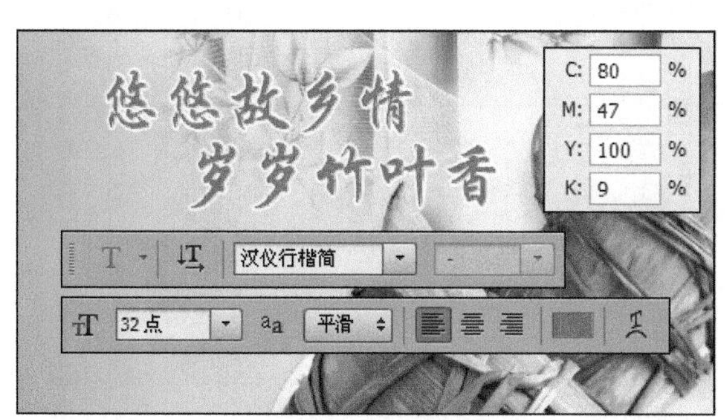

图 05-009-14 创建文字

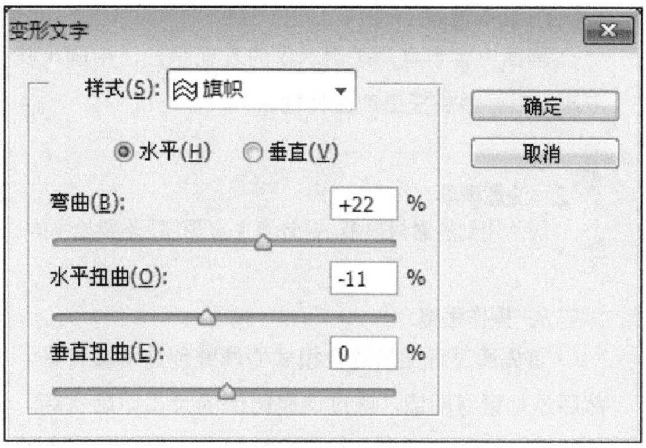

变形文字
样式(S): 旗帜
确定
取消
水平(H) 垂直(V)
弯曲(B): +22 %
水平扭曲(O): -11 %
垂直扭曲(E): 0 %

图 05-009-15 【变形文字】对话框

（4）继续使用【横排文字工具】添加文字“粽子系列”，分别调整字体大小为 60、52、67、52 点，在【字符】调板中调整字间距为 -300，效果如图 05-009-16 所示。

（5）为文字图层添加与“矩形 1”图层相同的图层样式，设置颜色为黄色，参照图 05-009-17 所示，继续使用【横排文字工具】创建文字。

图 05-009-16 创建文字

图 05-009-17 创建文字

（6）继续参照图 05-009-18 所示添加文字，并使用【直线工具】与【椭圆工具】相结合，创建形状。至此，本实例制作完成。

图 05-009-18 创建文字

实例 10 高立柱户外广告设计

1. 实例特点：

画面内容丰富，采用水墨的表现手法，中国风味浓厚，很好地烘托出产品特性。

2. 注意事项：

因为用到的素材很多，要分清主次顺序，不要抢主题。

3. 操作思路：

首先通过对图层混合模式的调整创建水墨背景，然后添加素材图像，通过调整图像的大小明确主题，最后添加色块使文字与图像很好的分割，实现画面充实有序，展现给消费者。

最终效果图

资源 / 第 05 章 / 源文件 / 高立柱户外广告设计 .psd

具体步骤如下：

1. 创建背景

(1) 新建一个宽度为 17 厘米，高度为 11 厘米，分辨率为 150 像素 / 英寸的新文档，打开“资源 / 第 05 章 / 素材 / 水墨 .jpg”文件，将其拖至当前正在编辑的文档中，参照图 05-010-1 所示，调整图像的大小及位置作为背景。

(2) 打开“资源 / 第 05 章 / 素材 / 水墨 .tif”文件，参照图 05-010-2 所示，将绿色水墨图像拖至当前正在编辑的文档中，调整图层混合模式为【明度】，设置图层【填充】参数为 65%。

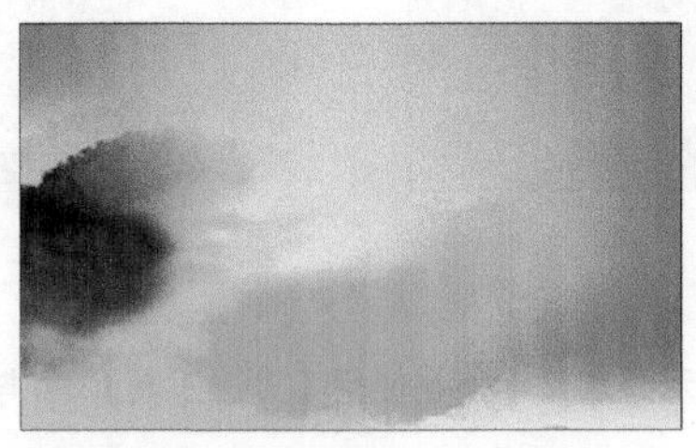

图 05-010-1 添加素材图像

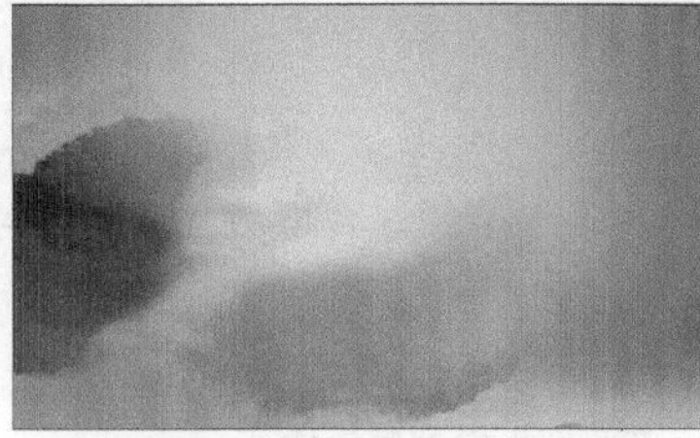

图 05-010-2 调整图层混合模式

(3) 继续上一步骤的操作，将墨点图像拖至当前正在编辑的文档中，调整图层混合模式为【强光】，设置图层【填充】参数为 40%，效果如图 05-010-3 所示。

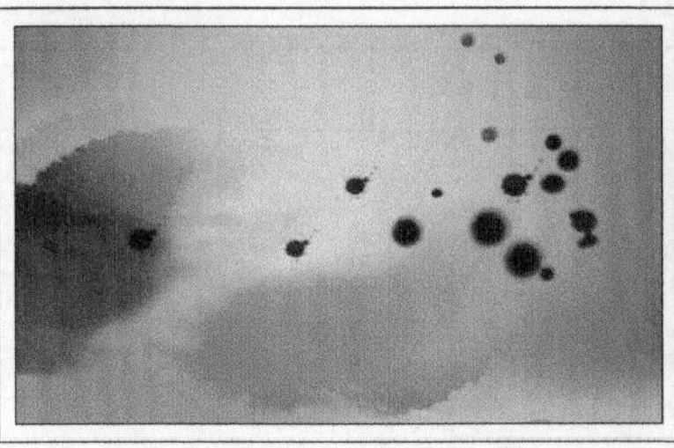

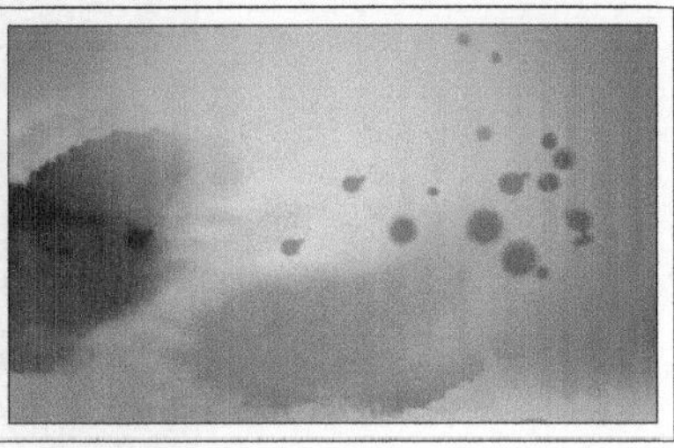

图 05-010-3 调整素材图像

(4) 继续将水墨山水图像拖至当前正在编辑的文档中，调整图层【填充】参数为 90%，设置图层混合模式为【明度】，为图层添加图层蒙版，并使用黑色柔边缘【画笔工具】在蒙版中进行绘制，隐藏部分图像，效果如图 05-010-4 所示。

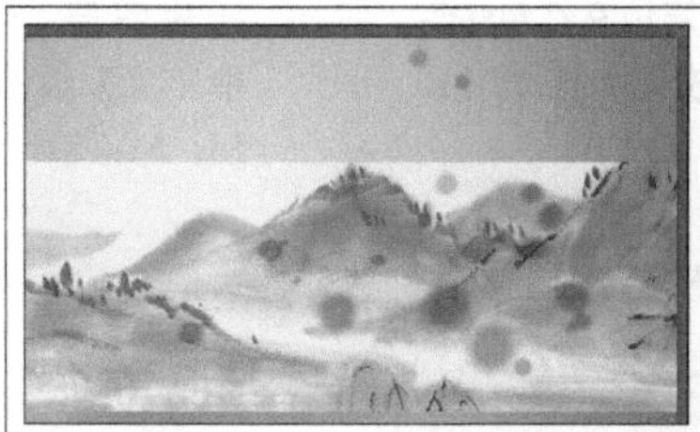
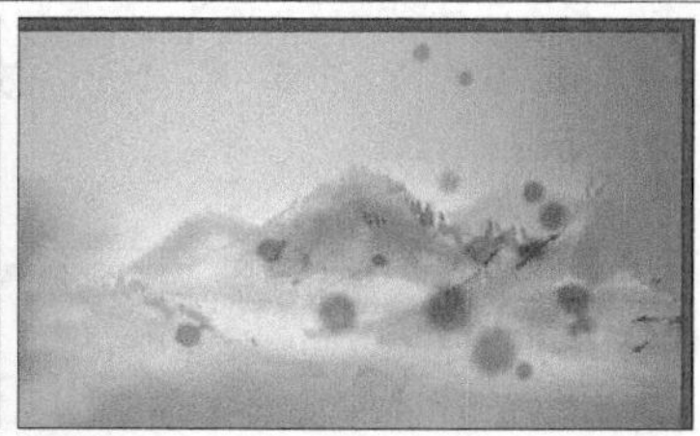

图 05-010-4 调整图层混合模式并添加图层蒙版

2. 添加素材图像

(1) 打开“资源 / 第 05 章 / 素材 / 香炉 .tif”、“资源 / 第 05 章 / 素材 / 紫砂壶 .tif”文件，将其拖至当前正在编辑的文档中，参照图 05-010-5 所示，调整图像的大小和位置。

(2) 打开“资源 / 第 05 章 / 素材 / 竹叶 .jpg”文件，使用【魔术橡皮擦工具】去除白色背景，将竹叶图像拖至当前正在编辑的文档中，参照图 05-010-6 所示，调整图像的大小和位置。

图 05-010-5 添加素材图像

图 05-010-6 调整图像的大小和位置

(3) 新建图层，使用烟雾【画笔工具】绘制烟雾，效果如图 05-010-7 所示。

(4) 复制下部的烟雾图像，执行【滤镜】|【模糊】|【高斯模糊】命令，设置模糊“半径”为 3 像素，模糊图像，效果如图 05-010-8 所示。

图 05-010-7 绘制烟雾图像

图 05-010-8 高斯模糊效果

(5) 新建图层，继续使用烟雾【画笔工具】绘制烟雾，效果如图 05-010-9 所示。

(6) 打开“资源 / 第 05 章 / 素材 / 中国风素材 .psd”文件，将图像拖至当前正在编辑的文档中，参照图 05-010-10 所示的效果，调整图像的大小及位置。

图 05-010-9 绘制烟雾图像

图 05-010-10 添加素材图像

（7）复制木栏杆图像并水平移动创建拼接图像，将木栏杆图像载入选区，新建图层填充红色（C：43，M：100，Y：100，K：11），效果如图 05-010-11 所示。

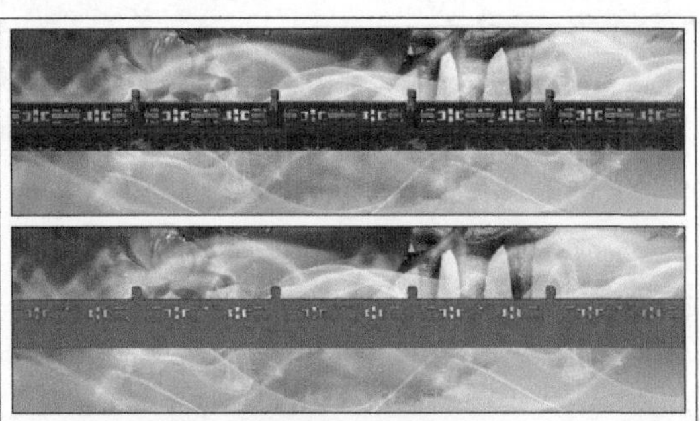

图 05-010-11　复制图像

（8）调整图层的混合模式为【柔光】，新建图层，参照图 05-010-12 所示，使用【矩形选框工具】绘制矩形选区，并填充颜色为深红色（C：55，M：97，Y：100，K：46）。

图 05-010-12　绘制矩形图像

（9）打开“资源/第 05 章/素材/茶叶.jpg”文件，使用【快速选择工具】选中茶叶图像，并将其拖至当前正在编辑的文档中，使用快捷键 Ctrl+T 打开变换框，单击其选项栏中的【自由变形】按钮，参照图 05-010-13 所示，变形图像，复制多个茶叶图像，并参照图 05-010-14 所示调整图像。

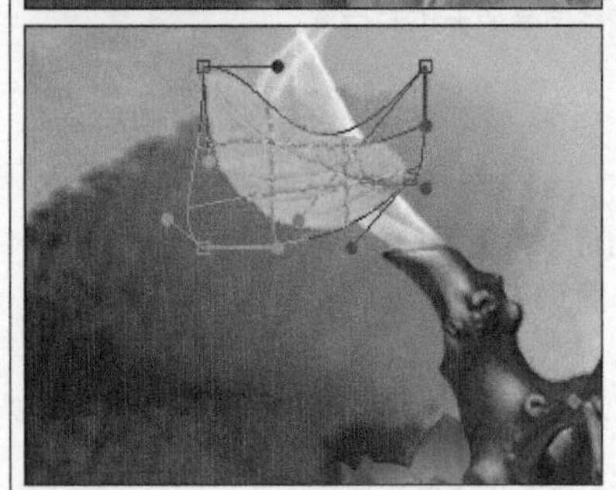

图 05-010-13　添加并调整素材图像

图 05-010-14　复制图像

（10）打开“资源/第 05 章/素材/茶叶包装.jpg”文件，使用【魔术橡皮擦工具】去除白色背景，将其拖至当前正在编辑的文档中，参照图 05-05-010-15 所示，调整图像的大小及位置，并使用【横排文字工具】添加文字信息。至此，本实例制作完成。

图 05-010-15　添加文字信息

实例 11 环境保护的户外广告设计

1. 实例特点：

画面干净简洁，内容传递性较强，船下的水变成沙漠的浪涛，很有视觉冲击力，给人的警示性很强。

2. 注意事项：

添加沙浪的时候要注意摆放角度，添加死鱼的时候也要注意摆放的大小，分清视觉的主次顺序。

3. 操作思路：

首先添加沙漠背景，其次添加轮船图像，然后添加浪花图像，最后添加死鱼和宣传性文字信息。

最终效果图

资源 / 第 05 章 / 源文件 / 环境保护的户外广告设计 .psd

具体步骤如下：

1. 创建背景

(1) 新建一个宽度为 20 厘米，高度为 12 厘米，分辨率为 150 像素 / 英寸的新文档，打开“资源 / 第 05 章 / 素材 / 沙漠 .jpg”文件，参照图 05-011-1 所示，调整图像的大小及位置作为背景。

图 05-011-1 创建渐变填充

(2) 单击【图层】调板底部的【创建新的填充或调整图层】按钮，在弹出的菜单中选择【色彩平衡】命令，参照图 05-011-2 所示的参数，调整图像颜色。

图 05-011-2 调整图像颜色

（3）参照图 05-011-3 所示，在上一步骤创建的图层蒙版中进行绘制，只调整部分图像的颜色。

（4）新建图层，使用【渐变工具】参照图 05-011-4 所示，绘制蓝色到透明的径向渐变，并调整图层的混合模式为【柔光】。

图 05-011-3　编辑图层蒙版

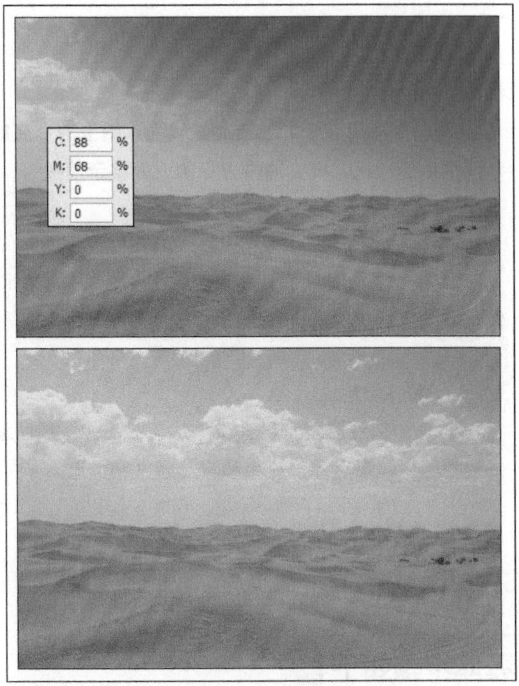

图 05-011-4　添加渐变

2. 添加素材图像

（1）打开"资源 / 第 05 章 / 素材 / 轮船 .jpg"文件，将其拖至当前正在编辑的文档中，使用【钢笔工具】沿轮船边缘绘制路径，参照图 05-011-5 所示，将路径载入选区。

（2）删除选区以外的图像，并为图层添加蒙版，使用黑色柔边缘【画笔工具】在蒙版中进行绘制，使轮船与背景融合，效果如图 05-011-6 所示。

图 05-011-5　抠出图像

图 05-011-6　添加蒙版

(3) 使用快捷键 Ctrl+M 参照图 05-011-7 所示效果，调整图像的亮度。

(4) 打开“资源 / 第 05 章 / 素材 / 沙漠模特 .jpg”文件，将其拖至当前正在编辑的文档中，参照图 05-011-8 所示，调整图像的大小及位置。

图 05-011-7　调整曲线

图 05-011-8　添加素材图像

(5) 选中上一步创建的图层，单击【图层】调板底部的【添加矢量蒙版】按钮，为图层添加图层蒙版，参照图 05-011-9 所示，在蒙版中进行绘制，隐藏沙漠以外的图像，效果如图 05-011-10 所示。

图 05-011-9　在图层蒙版中绘制图像

图 05-011-10　添加图层蒙版后的效果

(6) 使用前面介绍的方法，通过复制图像调整图层蒙版，创建出翻滚的沙漠效果，如图 05-011-11 所示。

(7) 新建“组 1”图层组，打开“资源 / 第 05 章 / 素材 / 死鱼 .tif”文件，将其拖至当前正在编辑的文档中，参照图 05-011-12 所示，复制并调整图像的大小及位置。

图 05-011-11　翻滚的沙漠效果

图 05-011-12　添加死鱼图像

3. 添加文字信息

（1）参照图 05-011-13 所示，使用【矩形工具】绘制红色矩形，并使用【横排文字工具】添加文字，为矩形图层添加图层蒙版，并参照图 05-011-14 所示，在蒙版中进行绘制，隐藏部分图像。

图 05-011-13　绘制矩形

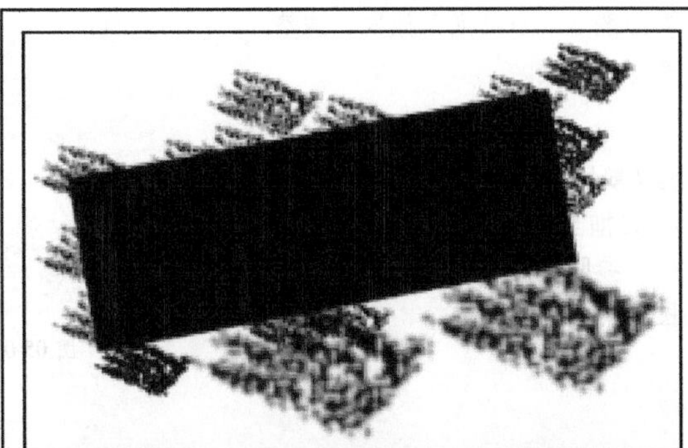

图 05-011-14　添加图层蒙版

（2）使用前面介绍的方法，参照图 05-011-15 所示，添加文字。

图 05-011-15　添加文字

（3）单击【图层】调板底部的【创建新的填充或调整图层】按钮，在弹出的菜单中选择【亮度 / 对比度】命令，参照图 05-011-16 所示的参数进行设置，调整整个图像的亮度。至此，本实例制作完成。

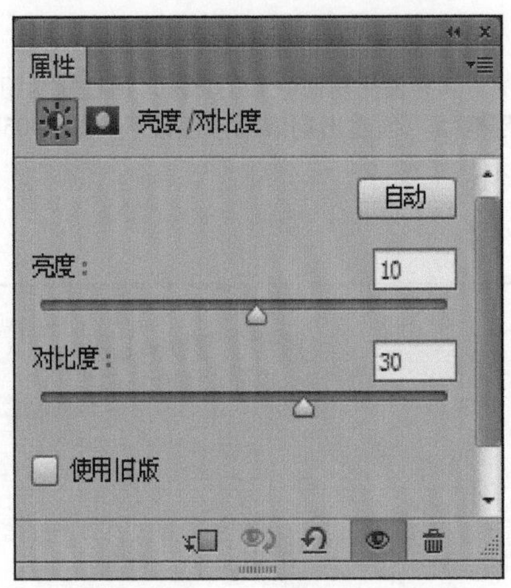

图 05-011-16　属性调板

第06章 海报设计

海报又称招贴画，是一种信息传递艺术，是一种大众化的宣传工具。海报设计必须有相当的号召力与艺术感染力，要调动形象、色彩、构图、形式感等因素形成强烈的视觉效果。它的画面应有较强的视觉中心，应力求新颖、单纯，还必须具有独特的艺术风格和设计特点。本章我们就来制作几幅海报的实例。

实例 01 舞林大会的海报设计

1. 实例特点：

该实例由三部分内容组成，一个是霓虹灯效果文字，一个是主题人物，另一个是背景图像。其中重点是如何使用【自定义形状工具】创建出人体上的泼墨效果，强调出人物的动感以及美观的效果。

2. 注意事项：

在制作霓虹灯效果文字时，应注意将创建的正圆形状排列整齐、美观、大方。

3. 操作思路：

整个实例将分为三个部分进行制作，首先制作出背景，然后添加人物素材图像并添加文字信息，最后是为文字添加霓虹灯效果。

最终效果图

资源 / 第 06 章 / 源文件 / 舞林大会的海报设计 .psd

具体步骤如下：

1. 创建背景

（1）执行【文件】|【新建】命令，创建一个 A4 大小的新文件。

（2）打开“资源 / 第 06 章 / 素材 / 放射线底纹 .jpg”文件，使用【移动工具】拖动文件到正在编辑的文档中，调整素材的位置，如图 06-001-1 所示。

（3）单击【图层】调板底部的【创建新的填充或调整图层】按钮，添加渐变填充，如图 06-001-2 所示。

图 06-001-1　调整素材大小和位置

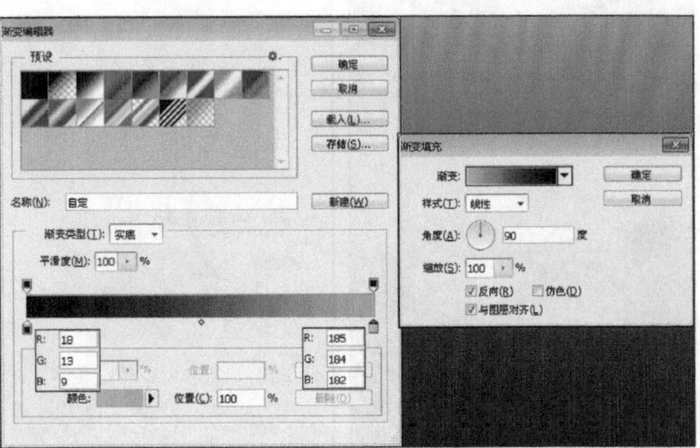

图 06-001-2　添加渐变填充

(4) 设置图层混合模式为【叠加】，接着打开“资源/第06章/素材/底纹01.jpg”文件，拖动素材文件到当前正在编辑的文档中，并设置图层的混合模式为【叠加】，如图06-001-3所示。

(5) 使用【矩形工具】在图像底部绘制黑色矩形图像，如图06-001-4所示。

图 06-001-3 设置图层混合模式

图 06-001-4 绘制形状

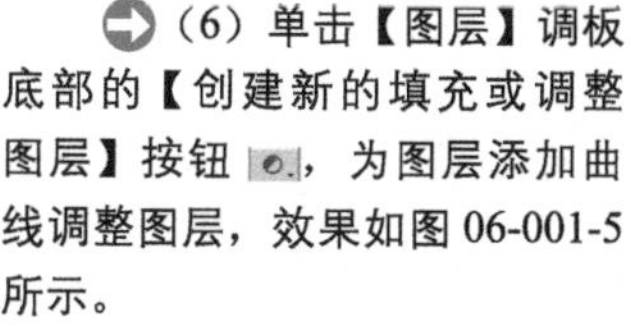

(6) 单击【图层】调板底部的【创建新的填充或调整图层】按钮，为图层添加曲线调整图层，效果如图06-001-5所示。

(7) 单击【图层】调板底部的【创建新组】按钮，新建“组1”图层组，将素材图层拖入“组1”图层组中，如图06-001-6所示。

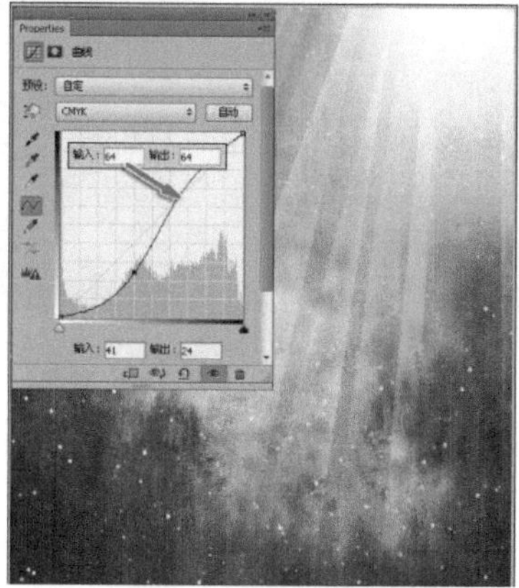

图 06-001-5 添加曲线调整图层

图 06-001-6 创建图层组

2. 添加人物素材图像

(1) 打开“资源/第06章/素材/跳舞.jpg”文件，使用【钢笔工具】沿人物绘制路径，如图06-001-7所示。

(2) 单击【路径】调板底部的【将路径作为选区载入】按钮，使用【移动工具】将图像拖入当前正在编辑的文档中，调整位置，如图06-001-8所示。

图 06-001-7 钢笔绘制路径

图 06-001-8 填充颜色

(3) 使用【画笔工具】将人物胳膊处使用黑色画笔掩盖，如图 06-001-9 所示。

(4) 单击【自定义形状工具】按钮，单击选项栏【形状】下拉列表，再单击右上角的按钮，在弹出的菜单中选择“全部”命令，接着单击【追加】按钮，将所有的形状添加到选项框中。

(5) 设置前景色为黑色，在打开的【形状】拾色器中选择形状，然后参照图 06-001-10 所示绘制形状。

图 06-001-9 画笔工具

图 06-001-10 绘制形状

(6) 参照图 06-001-11 所示，继续在视图中绘制形状，并使用【自由变换】命令调整各个形状的大小和位置。

(7) 创建新组，将图层组命名为“泼墨”，拖动形状图层到图层组中，如图 06-001-12 所示。

图 06-001-11 绘制图像

图 06-001-12 填充颜色

3. 添加文字信息

(1) 使用【横排文字工具】创建文字“舞林大会”，“舞林”设置为红色，“大会”为黑色，如图 06-001-13 所示。

图 06-001-13 画笔绘制图像

（2）单击【图层】调板底部的【添加图层样式】按钮 fx，为文字图层添加图层样式，如图 06-001-14、图 06-1-15 所示。

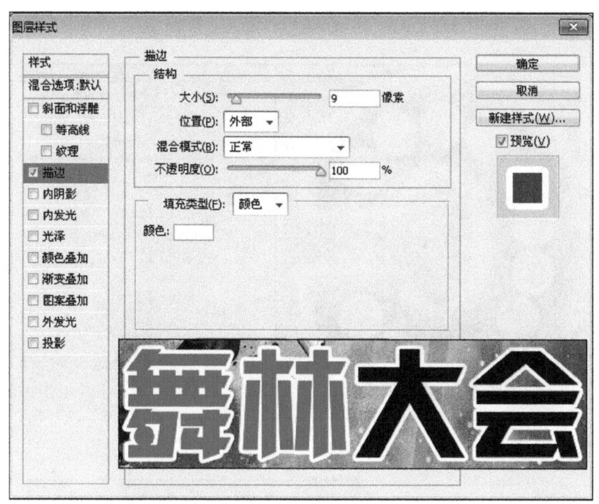

图 06-001-14 添加【描边】图层样式

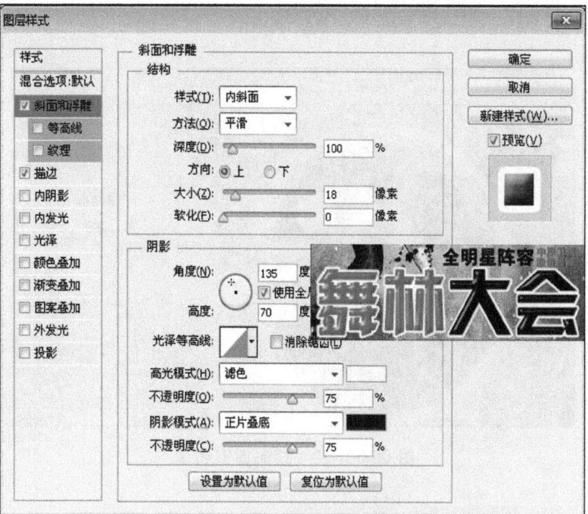

图 06-001-15 添加【斜面和浮雕】图层样式

（3）接下来添加字母“COME ON JOIN US”图层，如图 06-001-16 所示。

（4）在按住 Ctrl+Shift 键的同时单击字母图层，将字母载入选区，执行【选择】|【修改】|【扩展】命令，如图 06-001-17 所示设置对话框，扩展选区。

图 06-001-16 添加字母图层

图 06-001-17 扩展选区

（5）新建“图层 4”，选择【编辑】|【描边】命令，为字母添加白色描边，按下快捷键 Ctrl+D 取消选区，如图 06-001-18 所示。

（6）双击“图层 4”，为图层添加投影图层样式，效果如图 06-001-19 所示。

图 06-001-18 添加描边

图 06-001-19 添加图层样式

(7) 单击【椭圆工具】，设置前景色为黄色（C：3，M：2，Y：21，K：0），在按住 Shift 键的同时拖动鼠标，在字母 C 上方绘制出正圆形状，如图 06-001-20 所示。

(8) 单击【选择工具】，按住 Alt 键的同时拖动圆形形状创建形状副本，如图 06-001-21 所示。

图 06-001-20 绘制圆形图像

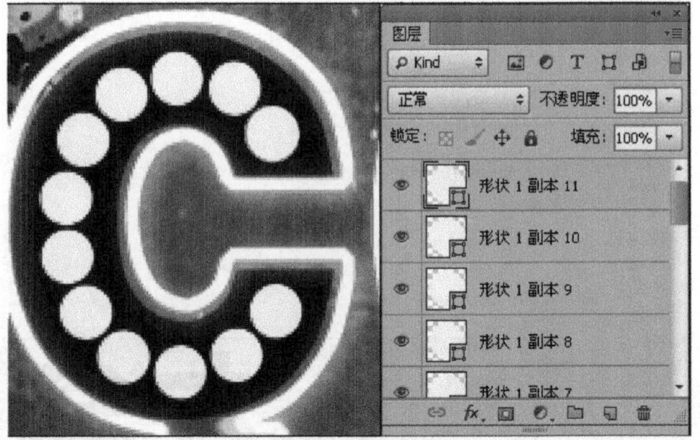

图 06-001-21 创建直线形状

(9) 按照相同方法为剩下的字母添加圆形形状，如图 06-001-22 所示。

(10) 按住 Shift 键的同时选中所有圆形形状图层，鼠标右击选择“栅格化图层”选项，接着再选择“合并图层”选项，将形状图层合并为一个图层，如图 06-001-23 所示。

图 06-001-22 绘制圆形形状

图 06-001-23 画笔绘制

(11) 双击“形状 2”，弹出【图层样式】对话框，为该图层添加图层样式，如图 06-001-24、图 06-001-25 所示。

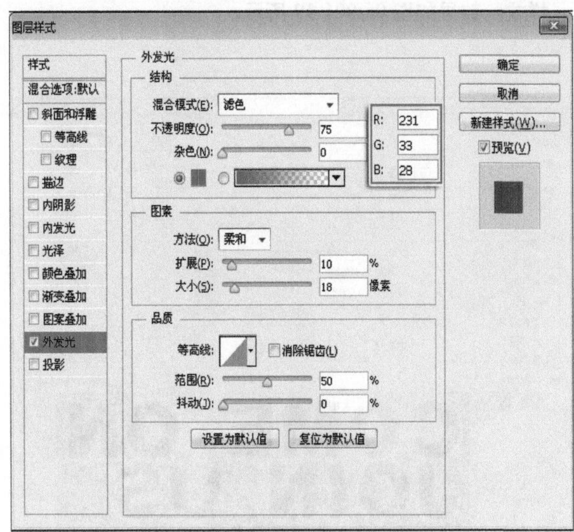

图 06-001-24 添加【外发光】样式

图 06-001-25 添加【投影】样式

（12）接下来参照图 06-001-26 所示，在视图中添加相关的信息，完成本实例的设计制作。

图 06-001-26 完成海报设计效果

实例 02 音乐节的海报设计

1. 实例特点：

该实例由两部分内容组成，一个是添加的文字，另一个是主题背景图像。其中重点就是利用蒙版功能制作出渐隐的图像效果。

2. 注意事项：

在添加文字信息时，应注意文字的字体样式和大小。

3. 操作思路：

整个实例将分为三个部分进行制作，首先制作出背景，然后添加素材图像，最后添加文字信息。

最终效果图

资源/第06章/源文件/音乐节的海报设计.psd

具体步骤如下：

1. 创建背景

（1）执行【文件】|【新建】命令，新建一个 A4 大小的新文件。

（2）单击【图层】调板底部的【创建新的填充或调整图层】按钮，添加渐变填充如图 06-002-1 所示。

（3）单击【图层】调板底部的【添加图层蒙版】按钮，使用【画笔工具】绘制蒙版，如图 06-002-2 所示。

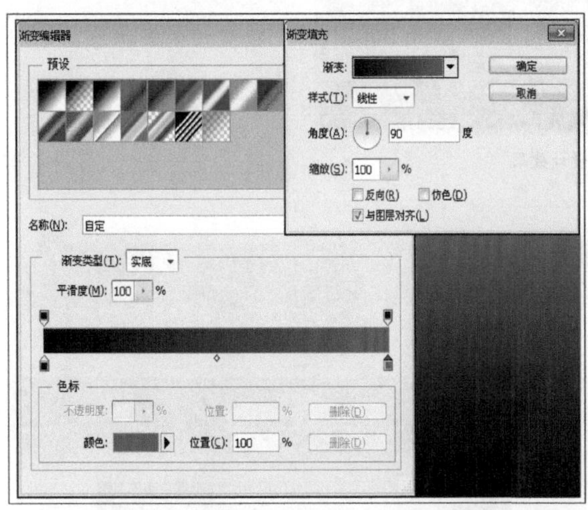

图 06-002-1　添加渐变填充

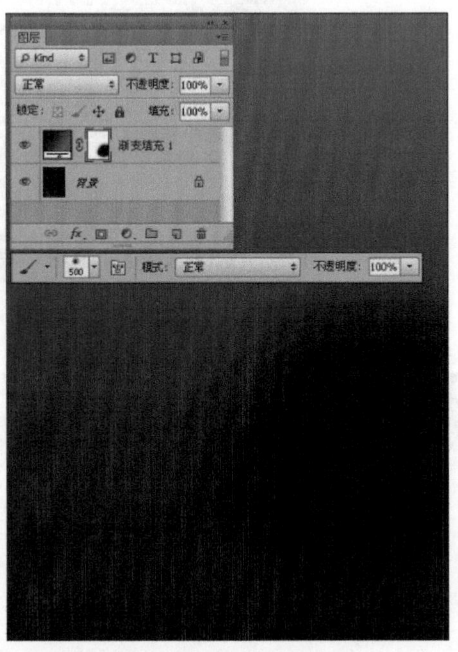

图 06-002-2　创建路径

2. 添加素材文件

（1）打开“资源 / 第 06 章 / 素材 / 钢琴 .jpg”文件，使用【移动工具】拖动素材文件到当前正在编辑的文档中，调整位置，如图 06-002-3 所示。

（2）单击【添加图层蒙版】按钮，为图层添加图层蒙版，使用柔边圆【画笔工具】绘制蒙版图像，如图 06-002-4 所示。

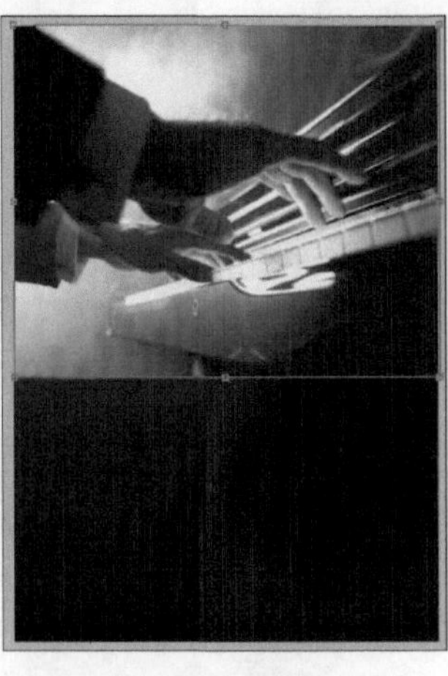

图 06-002-3　填充颜色

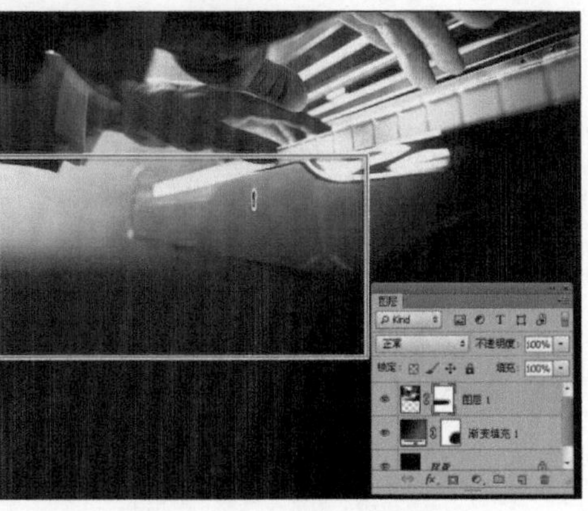

图 06-002-4　画笔工具绘制蒙版

(3) 单击【套索工具】，在部分图像上进行拖动选择，如图 06-002-5 所示。

(4) 选择【移动工具】，按下 Alt 键拖动选区复制选区图像，接着按下快捷键 Ctrl+X 剪切图像，新建“图层 2”，用快捷键 Ctrl+V 粘贴图像，调整图像的大小和位置，效果如图 06-002-6 所示。

图 06-002-5 套索图像

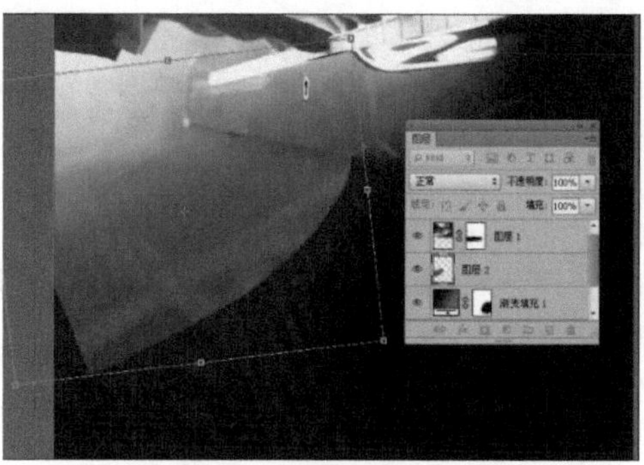

图 06-002-6 调整图像大小和位置

(5) 单击【添加图层蒙版】按钮，使用柔边圆【画笔工具】绘制蒙版，效果如图 06-002-7 所示。

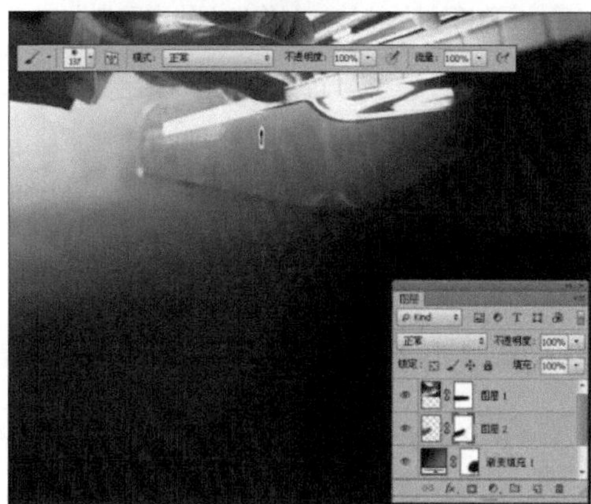

图 06-002-7 填充颜色

3. 添加文字信息

(1) 新建“组 1”图层组，单击【横排文字工具】，设置前景色为白色，创建 BEETHOVEN 文字图层，如图 06-002-8 所示。

(2) 参照图 06-002-9 所示，继续添加文字信息，完成本实例的制作。

图 06-002-8 创建文字图层

图 06-002-9 添加文字信息

实例 03 保护动物的海报设计

1. 实例特点：

该实例是通过灰色调的画面与憨态可掬的大熊猫形成对比，来刺激人们的眼球。

2. 注意事项：

在制作大熊猫身体上的竹林效果时，应注意彩色和黑色之间的比例关系。

3. 操作思路：

首先利用素材制作出杂乱的背景，然后通过绘制路径、添加素材的方法，制作出大熊猫图像。

最终效果图

资源 / 第 06 章 / 源文件 / 保护动物的海报设计 .psd

1. 创建背景

具体步骤如下：

（1）打开软件 Photoshop CS6，创建一个 A4 大小的新文件。

（2）设置前景色为浅黄色（C：12、M：8、Y：18、K：0），按下快捷键 Alt+Delete 填充背景，效果如图 06-003-1 所示。

（3）打开“资源 / 第 06 章 / 素材 / 底纹 02.jpg”文件，使用【移动工具】拖动素材文件到当前正在编辑的文档中，调整图像大小和位置，如图 06-003-2 所示

（4）设置图层的【混合模式】为【明度】，如图 06-003-3 所示。

图 06-003-1　填充背景色

图 06-003-2　调整素材大小和位置

图 06-003-3　设置图层混合模式

(5) 打开"资源 / 第 06 章 / 素材 / 竹子 .jpg"文件，拖动素材文件到当前正在编辑的文档中，调整图像大小和位置，设置图层【混合模式】为【明度】，不透明度为 20%，如图 06-003-4 所示。

(6) 单击【图层】调板底部的【添加图层蒙版】按钮，使用柔边圆【画笔工具】绘制蒙版图像，如图 06-003-5 所示。

图 06-003-4 设置图层混合模式

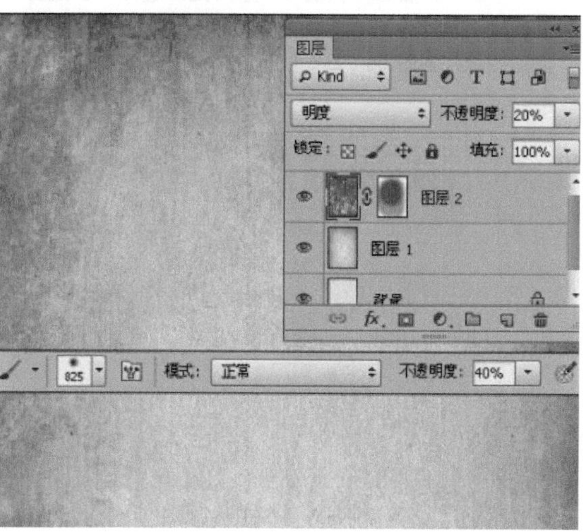

图 06-003-5 添加图层蒙版

2. 绘制大熊猫

(1) 新建"组 1"图层组，将图层组命名为"大熊猫"，单击【路径】调板底部的【创建新路径】按钮，使用【钢笔工具】绘制如图 06-003-6 所示熊猫路径。

(2) 单击【将路径载入选区】按钮，接着返回到【图层】调板，创建新图层，设置前景色为黑色，按下快捷键 Alt+Delete 填充颜色，如图 06-003-7 所示。

图 06-003-6 钢笔绘制路径

图 06-003-7 创建文字

（3）打开“资源 / 第 06 章 / 素材 / 竹子 .jpg”文件，拖动素材文件到当前正在编辑的文档中，调整图像大小和位置，执行【图像】|【调整】|【去色】命令，如图 06-003-8 所示。

（4）右击“图层 4”空白处，选择“创建剪贴蒙版”选项，将“图层 4”向下剪贴，创建出熊猫剪贴图像，如图 06-003-9 所示。

图 06-003-8 添加素材文件

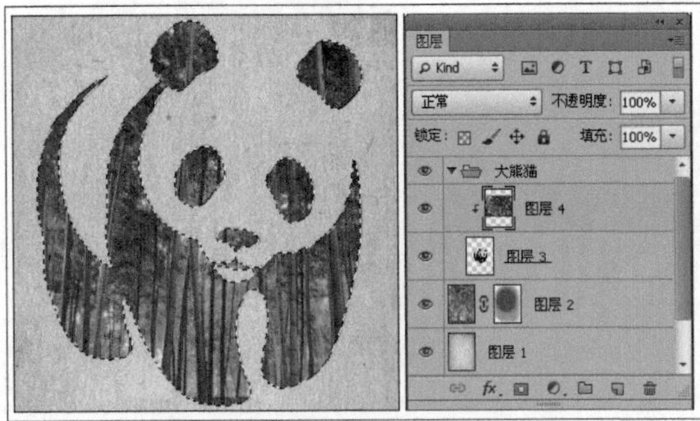

图 06-003-9 创建剪切蒙版

（5）接着，按住 Ctrl 键单击“图层 4”，单击【创建新的填充或调整图层】按钮 ，添加曲线调整图层，然后继续向下创建剪贴蒙版，如图 06-003-10 所示。

图 06-003-10 添加曲线调整图层

（6）将“竹子 .jpg”素材文件再次拖入到海报文档中，调整图像大小和位置，在【图层】调板中右击图层，在弹出的菜单中选择“创建剪贴蒙版”命令，如图 06-003-11 所示。

图 06-003-11 创建剪贴蒙版

(7) 在【图层】调板中单击【添加图层蒙版】按钮，使用【画笔工具】编辑蒙版，创建出渐隐的图像效果，如图 06-003-12 所示。

(8) 使用【横排文字工具】参照图 06-003-13 所示创建不同的文字，完成本实例的设计制作。

图 06-003-12 添加图层蒙版

图 06-003-13 保护动物海报效果

实例 04 房产海报设计

1. 实例特点：

该实例是采用中国古典元素来组成画面的一些主要内容，凸显文化气息，提升该房产企业的形象。

2. 注意事项：

在制作的过程中，对于国画内容的选取，应注意主体要突出，便于放在圆环内，组成和谐的构图。

3. 操作思路：

首先创建出海报的背景，包括国画内容和江南建筑，然后是添加文字信息，组成完整的房产海报设计。

最终效果图

资源 / 第 06 章 / 源文件 / 房产海报设计 .psd

具体步骤如下：

1. 创建背景

（1）创建一个宽为 50 厘米、高 70 厘米、分辨率为 72、颜色模式为 CMYK 的新文件，然后为其填充淡黄色（C：3，M：7，Y：24，K：0）。

（2）打开“资源 / 第 06 章 / 素材 / 江南建筑 .jpg”文件，将图片放入新建的文档中，为其添加蒙版，并改变图层混合模式，如图 06-004-1 所示。

图 06-004-1　添加建筑图片

（3）继续打开“资源 / 第 06 章 / 素材 / 水墨 .jpg”文件，参照图 06-004-2 所示，为其设置图层蒙版并改变图层混合模式。

图 06-004-2　添加水墨图片

（4）打开“资源 / 第 06 章 / 素材 / 笔划 .jpg”文件，参照图 06-004-3 所示编辑图像。

图 06-004-3　添加素材文件

2. 添加文字信息

（1）新建“组 1”图层组，使用【矩形工具】在视图中绘制矩形，如图 06-004-4 所示。

（2）接下来使用【直排文字工具】输入标题文字，如图 06-004-5 所示效果。

图 06-004-4　绘制矩形

图 06-004-5　添加标题文字

➡（3）最后新建“组 2”图层组，参照图 06-004-6 所示，添加相关信息，完成该实例的制作。

图 06-004-6 添加相关的文字信息

实例 05 男士服装的海报设计

最终效果图

资源 / 第 06 章 / 源文件 / 男士服装的海报设计 .psd

1. 实例特点：

该实例画面简洁，主要通过形象英俊的模特来展示服装。

2. 注意事项：

在为模特添加蒙版时，应细致一些，使用较小的笔触编辑蒙版。

3. 操作思路：

该实例的操作相对简单，添加渐变后，将人物放入到画面中，再添加相应的文字信息即可。

具体步骤如下：

⬇（1）新建文件，使用【渐变工具】 在视图中拉出渐变，如图 06-005-1 所示。

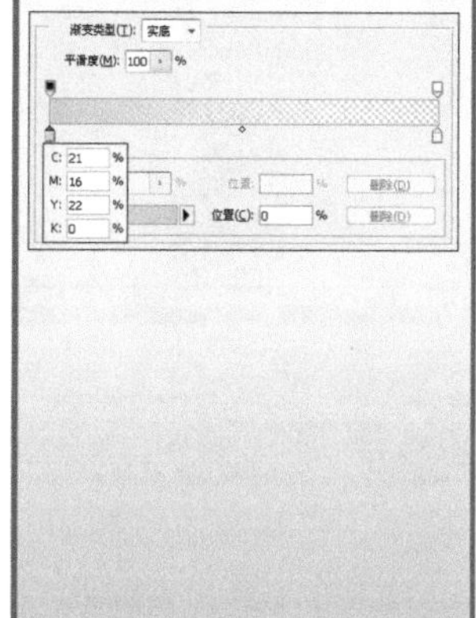

图 06-005-1 创建渐变

⬇（2）打开“资源 / 第 06 章 / 素材 / 男模特 .jpg”文件，将图片放入新建的文档中，添加图层蒙版将背景中的白色隐藏，如图 06-005-2 所示。

图 06-005-2 添加人物素材

(3) 使用【矩形工具】在视图中绘制矩形，如图 06-005-3 所示。

(4) 使用【直排文字工具】加入文字，如图 06-005-4 所示效果，完成该实例的制作。

图 06-005-3　绘制矩形

图 06-005-4　添加文字信息

实例 06　画展海报设计

1. 实例特点：

这是个中国画的画展，所以画面主体图案采用的是一幅飞天的国画图片，通过这种直接的展示方法告诉人们展览的主题。

2. 注意事项：

此类型的海报设计，在制作中应注意保持画面浓郁的色彩风格。

3. 操作思路：

该海报在制作的过程中，首先加入飞天的图片，然后通过堆叠纹理和素材图片，制作出色彩浓郁的画面效果，最后通过添加文字完成整个海报的制作。

最终效果图

资源 / 第 06 章 / 源文件 / 画展海报设计 .psd

具体步骤如下：

（1）创建一个宽为 50 厘米、高为 70 厘米、分辨率为 72、颜色模式为 CMYK 的新文件。

（2）打开“资源 / 第 06 章 / 素材 / 飞天 .jpg”文件，将其放入到新创建的文档中，并使用【自由变换】命令调整图像大小，如图 06-006-1 所示。

（3）添加图案填充调整图层，并改变图层的混合模式和透明度，如图 06-006-2 所示效果。

图 06-006-1　添加素材

图 06-006-2　添加图案填充调整图层

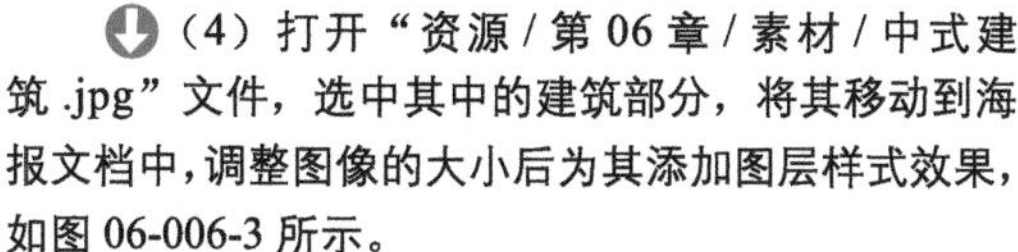

（4）打开“资源 / 第 06 章 / 素材 / 中式建筑 .jpg”文件，选中其中的建筑部分，将其移动到海报文档中，调整图像的大小后为其添加图层样式效果，如图 06-006-3 所示。

（5）打开“资源 / 第 06 章 / 素材 / 鱼鳞纹 .jpg”文件，将其移动到海报文档中并调整大小，设置图层混合模式为【叠加】，如图 06-006-4 所示。

图 06-006-3　添加素材

图 06-006-4　添加纹理素材

（6）添加曲线调整图层，参照图 06-006-5 所示，调整图像的颜色。

（7）最后在画面中添加文字信息，完成该海报的制作，如图 06-006-6 所示。

图 06-006-5 调整颜色

图 06-006-6 添加文字信息

实例 07 俱乐部年会海报设计

最终效果图

资源 / 第 06 章 / 源文件 / 俱乐部年会海报设计 .psd

1. 实例特点：

这是个跨年晚会海报设计，所以在制作时以红色系为主，体现喜庆、欢乐、祥和的气氛。

2. 注意事项：

在制作背景上的底纹时，应注意把握好纹理的轻重，不应太明显，以避免压过前面的文字内容。

3. 操作思路：

该海报通过堆叠素材，来创建出厚重、欢庆的背景内容，然后添加了一张登山的图片，以体现作为活动主体的驴友一族。最后添加文字，完成海报的制作。

具体步骤如下：

1. 制作背景

（1）创建一个宽为 50 厘米、高为 70 厘米、分辨率为 72、颜色模式为 CMYK 的新文件。

（2）打开“资源 / 第 06 章 / 素材 / 喜庆背景 .jpg”、“资源 / 第 06 章 / 素材 / 龙纹 .jpg”文件，将其依次放入到海报文档中，如图 06-007-1 所示。

（3）打开“资源 / 第 06 章 / 素材 / 登山 .jpg”文件，将文件放入海报文档中，为其添加蒙版，将部分图像遮盖住，并使用【画笔工具】将空余部分填补上，如图 06-007-2 所示。

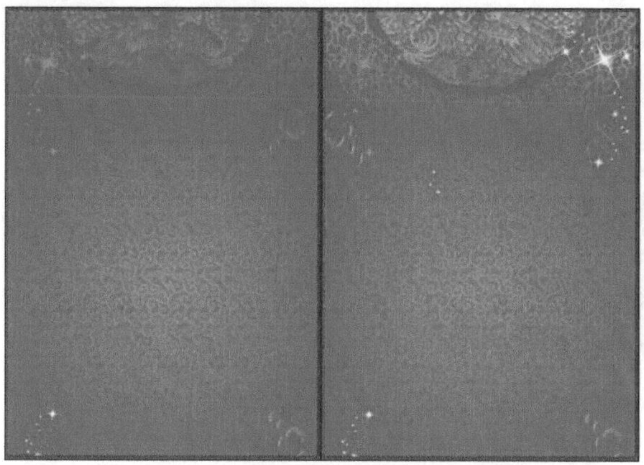

图 06-007-1 添加素材

图 06-007-2 添加登山人物素材

（4）在视图中添加文字，然后为文字添加图层样式效果，如图 06-007-3、图 06-007-4 所示。

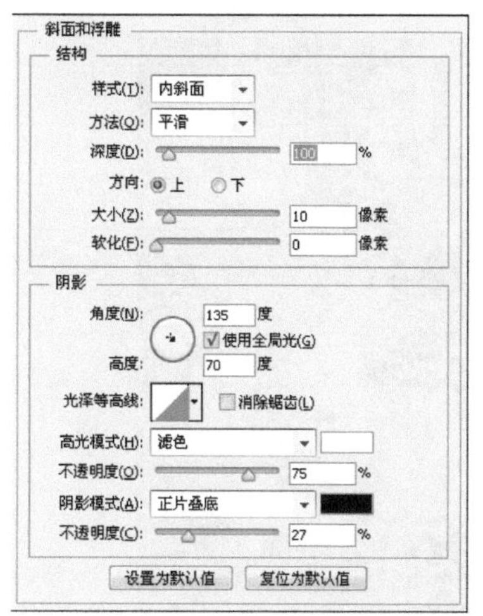

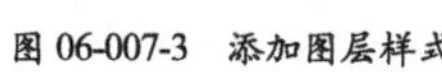

图 06-007-3 添加图层样式

图 06-007-4 添加的文字效果

2. 添加文字信息

(1) 使用【矩形工具】在视图中绘制矩形，如图 06-007-5 所示。

(2) 接下来使用【横排文字工具】在视图中输入相关文字信息，如图 06-007-6 所示效果。

(3) 最后为整个画面添加曲线调整图层，提亮画面颜色，如图 06-007-7 所示，完成该海报的制作。

图 06-007-5　绘制矩形

图 06-007-6　添加相关文字信息

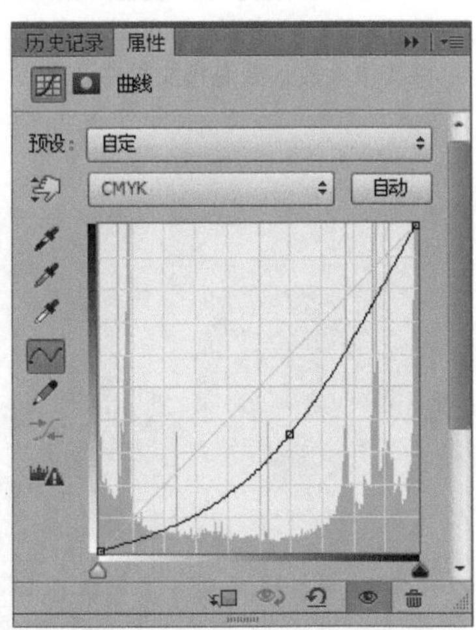

图 06-007-7　调整颜色

实例 08　模特大赛的海报设计

1. 实例特点：

该实例以时尚、动感为制作方向，通过不同姿态的模特人物及造型别致的汽车图片，来体现这一特点。

2. 注意事项：

在排列模特人物图片时，应根据人物的姿态、表情、衣服的颜色来判断组合。

3. 操作思路：

首先创建出带灯光和射线效果的背景图像，然后将标题文字加入到画面的上方。接下来添加模特和汽车图像，这也是制作过程中的一个重点内容。最后将活动的详细信息加入到海报的最下面，完成所有制作。

最终效果图

资源/第06章/源文件/模特大赛的海报设计.psd

具体步骤如下：

（1）创建一个宽为 50 厘米、高为 70 厘米、分辨率为 72、颜色模式为 CMYK 的新文件。

（2）打开“资源 / 第 06 章 / 素材 / 模特大赛的底纹 .jpg”文件，将其放入到海报文档中，如图 06-008-1 所示效果。

（3）打开“资源 / 第 06 章 / 素材 / 单色建筑 .jpg”文件，将其放入到海报文档中，调整大小和位置后，改变其图层混合模式，如图 06-008-2 所示。

图 06-008-1 添加背景图案

图 06-008-2 添加素材图片

（4）继续添加“资源 / 第 06 章 / 素材 / 放射线底纹 .jpg”文件，添加图层蒙版，露出下面的建筑图像，如图 06-008-3 所示。

（5）使用【横排文字工具】 在视图中输入文字，如图 06-008-4 所示效果。

图 06-008-3 添加放射线图像效果

图 06-008-4 添加文字信息

（6）打开“资源 / 第 06 章 / 素材 / 模特和汽车 .psd”文件，参照图 06-008-5、图 06-008-6 所示，依次将模特图像放入到视图中，并使用【自由变换】命令调整位置。

图 06-008-5 添加模特素材

图 06-008-6 变换模特素材位置

（7）将所有模特图层放入一个图层组，以便于管理。设置前景色为浅咖啡色（C：11，M：20，Y：33，K：0），然后在所有模特图层的下面新建图层，使用【画笔工具】在模特的后面绘制，制作衬底，如图 06-008-7、图 06-008-8 所示效果。

图 06-008-7　新建图层

图 06-008-8　绘制衬底

（8）将汽车素材拖入到海报文档中，参照图 06-008-9 所示调整图像的位置。然后使用【橡皮擦工具】将右下角模特超出汽车部分的图像擦除，如图 06-008-10 所示。

图 06-008-9　添加汽车素材

图 06-008-10　擦除多出的图像

（9）最后在画面的底部添加相关的文字信息，如图 06-008-11 所示效果，完成该海报的全部制作。

图 06-008-11　添加文字信息

实例 09 皮鞋海报设计

最终效果图

资源 / 第 06 章 / 源文件 / 皮鞋海报设计 .psd

1. 实例特点：

该海报的画面特点就是清新、时尚，画面应保持干净、简洁。

2. 注意事项：

在添加底部的手绘风景时，应注意要将重心放在偏上的黄金分割点上，既保持画面的和谐构图，又可以为产品图片留下排列的空间。

3. 操作思路：

首先创建淡绿色的背景，再将手绘风景图片加入，最后添加产品图片和文字信息。

具体步骤如下：

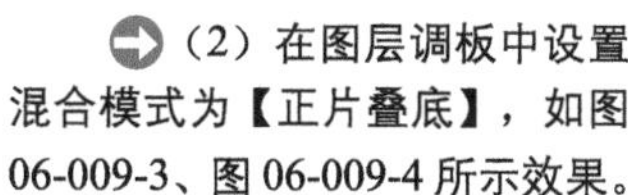

(1) 新建文档，为其填充淡绿色。打开“资源 / 第 06 章 / 素材 / 手绘建筑 .jpg”文件，如图 06-009-1 所示，将其放入到海报文档中，并使用【自由变换】命令调整图像大小和位置，如图 06-009-2 所示。

图 06-009-1 添加素材图片

图 06-009-2 调整素材的大小和位置

(2) 在图层调板中设置混合模式为【正片叠底】，如图 06-009-3、图 06-009-4 所示效果。

图 06-009-3 设置图层混合模式

图 06-009-4 当前的图像效果

(3) 打开"资源/第06章/素材/皮鞋.jpg"文件，将其放入到海报文档中，使用【自由变换】命令调整图像的大小，如图06-009-5所示。然后将该图层复制，如图06-009-6所示。

图 06-009-5 添加产品图片

图 06-009-6 复制图层

(4) 使用【快速选择工具】选中白色的背景部分，如图06-009-7所示效果，按下键盘上的Delete键，将背景删除，将选区取消，得到如图06-009-8所示的效果。为了便于读者查看，该图已将"图层2"隐藏。

图 06-009-7 创建选区

图 06-009-8 删除背景

(5) 在【图层】调板中，将"图层2"的图层混合模式设置为【正片叠底】，如图06-009-9、图06-009-10所示效果。

图 06-009-9 设置图层混合模式

图 06-009-10 当前图像效果

(6) 单击【图层】调板底部的【添加图层蒙版】按钮，为"图层2"添加图层蒙版，然后使用【画笔工具】将部分图像遮盖住，如图06-009-11、图06-009-12所示效果。

图 06-009-11 添加图层蒙版

图 06-009-12 编辑图层蒙版

（7）按下键盘上 Ctrl 键的同时，单击【图层】调板中“图层 2 副本”图层的图层缩览图，将其选区载入，如图 06-009-13 所示，为其添加曲线调整图层，提亮其色调，如图 06-009-14、图 06-009-15 所示。

图 06-009-13　载入选区

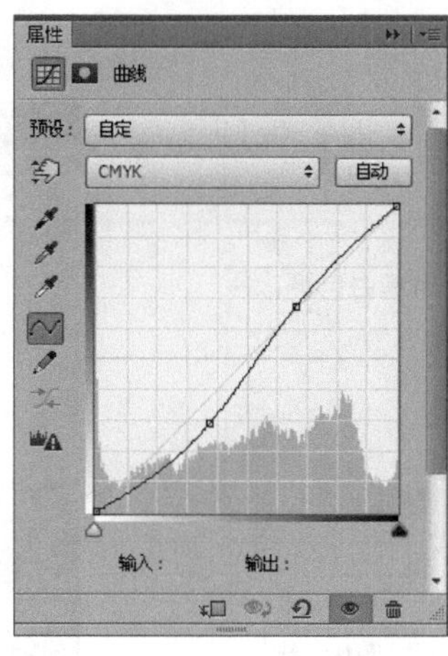

图 06-009-14　设置参数

图 06-009-15　图像效果

（8）打开“资源 / 第 06 章 / 素材 / 适合纹样 .psd”文件，将其放入海报文档中，如图 06-009-16 所示。将适合纹样所在的图层复制，并使用【自由变换】命令调整方向，放在海报的其他角落，如图 06-009-17 所示。

图 06-009-16　添加适合纹样

图 06-009-17　复制图像

（9）最后在画面中添加相关的文字信息，如图 06-009-18、图 06-009-19 所示，完成该海报的制作。

图 06-009-18　添加文字

图 06-009-19　添加广告语

实例 10 摄影展海报设计

1. 实例特点：

该海报为体现黑白照片的特点，也采用黑白色调，只将题目设置为红色，以突显影展的特点。

2. 注意事项：

该海报设计需注意整体画面应大气、厚重。

3. 操作思路：

首先为画面添加渐变效果，然后依次将雪山、相机等素材加入到视图中，最后添加文字完成制作。

最终效果图

资源 / 第 06 章 / 源文件 / 摄影展海报设计 .psd

具体步骤如下：

（1）新建文档，参照图 06-010-1、图 06-010-2 所示，为图像添加渐变调整图层。

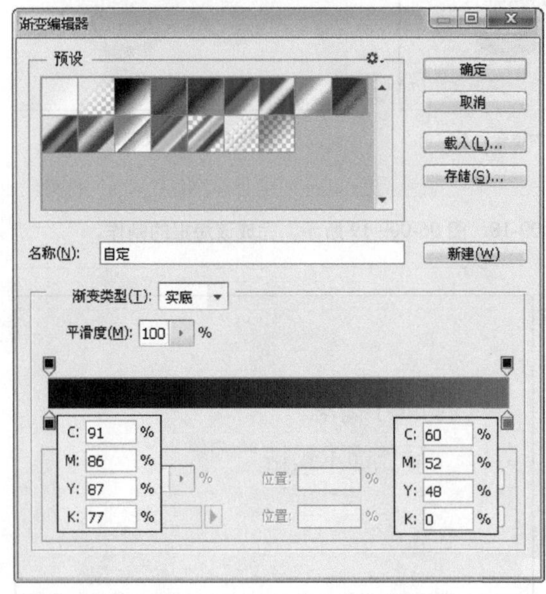

图 06-010-1　设置【渐变编辑器】对话框

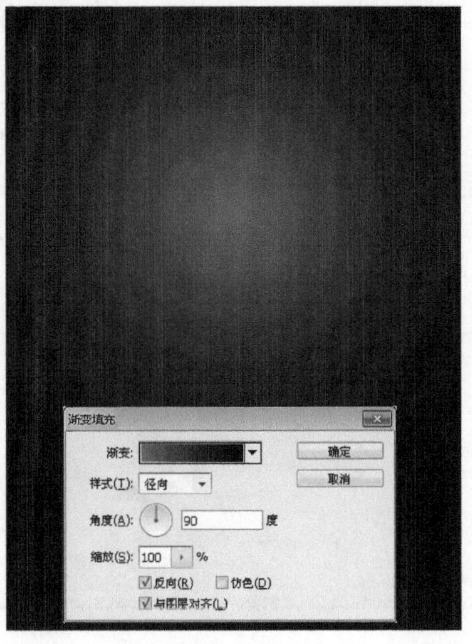

图 06-010-2　添加径向渐变

(2) 打开“资源 / 第 06 章 / 素材 / 雪山 .jpg”文件，将其放入海报文档中，如图 06-010-3 所示。然后执行【图像】|【调整】|【去色】命令，将图像颜色去除，如图 06-010-4 所示。

图 06-010-3 添加素材图片

图 06-010-4 去除图像颜色

(3) 为雪山图层添加图层蒙版，然后使用【画笔工具】 将部分图像遮盖住，如图 06-010-5、图 06-009-6 所示效果。

图 06-010-5 添加蒙版

图 06-010-6 编辑蒙版

(4) 打开“资源 / 第 06 章 / 素材 / 相机 .jpg”文件，将其放入海报文档中，并为其添加蒙版，创建渐隐效果，如图 06-010-7、图 06-010-8 所示。

图 06-010-7 添加相机素材

图 06-010-8 编辑蒙版

(5) 参照图 06-010-9 所示，在相机图层下面新建图层，使用【画笔工具】 将雪山与相机图像连接处的空白部分填补上。

图 06-010-9 修补图像空隙

（6）为当前的画面添加曲线调整图层，增强画面颜色的对比度，如图 06-010-10、图 06-010-11 所示效果。

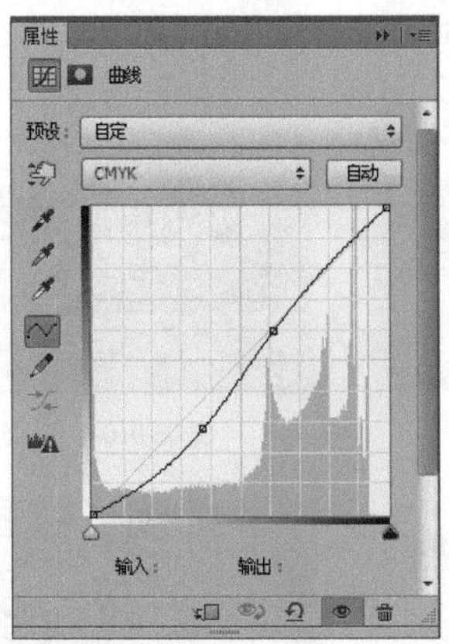

图 06-010-10　调整参数

图 06-010-11　图像效果

（7）最后为海报添加上相关的文字信息，如图 06-010-12、图 06-010-13 所示，完成该海报的设计制作。

图 06-010-12　添加标题文字

图 06-010-13　添加相关文字信息

实例 11　幼儿园汇报演出海报

1. 实例特点：

该海报以画面清新、活泼为主，突出儿童的天真特点。

2. 注意事项：

在制作主体变形文字时，应注意让文字变形的弯曲度与彩虹保持一致。

3. 操作思路：

首先将火车、小路、绿树等素材组合在一起，组成完整的背景，然后添加主体图案和文字，完成该实例的制作。

最终效果图

资源/第06章/源文件/幼儿园汇报演出海报.psd

具体步骤如下：

1. 添加背景图像

（1）新建文件，为“背景”图层填充粉色（C：1，M：18，Y：13，K：0）。

（2）打开“资源/第06章/素材/火车.jpg”文件，将其放入海报文档中，并改变其透明度设置，如图06-011-1、图06-011-2所示。

图 06-011-1 添加素材图片

图 06-011-2 改变透明度设置

（3）为“图层1”添加蒙版，并使用【画笔工具】编辑蒙版，创建渐隐效果，如图06-011-3、图06-011-4所示。

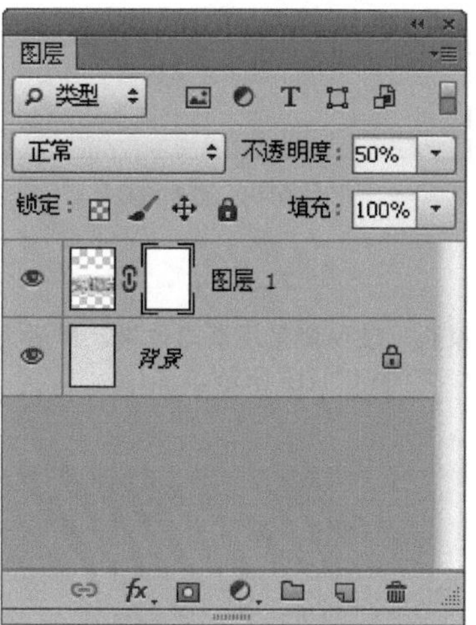

图 06-011-3 添加蒙版

图 06-011-4 编辑蒙版

（4）打开“资源/第06章/素材/小路.jpg”文件，将其放入海报文档中，为其添加蒙版，将天空部分隐藏，如图06-011-5、图06-011-6所示效果。

图 06-011-5 添加小路素材

图 06-011-6 添加蒙版

➡（5）使用相同的方法，再次打开“资源 / 第 06 章 / 素材 / 绿树.jpg”文件放入海报文档内，如图 06-011-7、图 06-011-8 所示效果。

图 06-011-7　添加素材

图 06-011-8　添加蒙版

2. 添加主体图案和文字

➡（1）使用【钢笔工具】绘制路径，然后分别为路径填充不同的颜色，创建出彩虹效果，如图 06-011-9、图 06-011-10 所示效果。

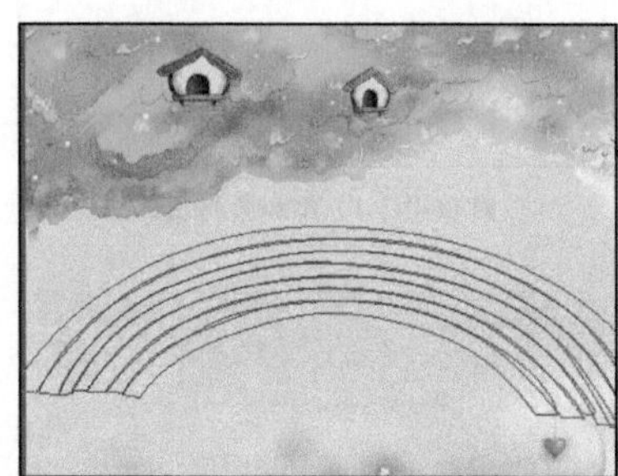

图 06-011-9　绘制路径

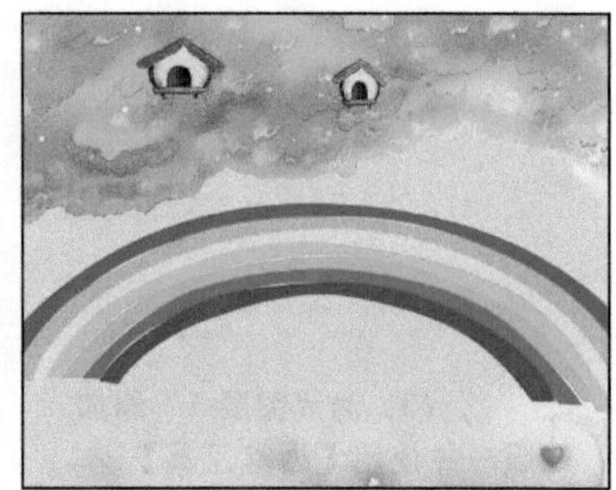

图 06-011-10　填充颜色

⬇（2）为彩虹所在的图层添加蒙版，使两侧呈现渐隐效果。然后为整个画面添加曲线调整图层，提亮图像颜色，如图 06-011-11、图 06-011-12、图 06-011-13 所示。

图 06-011-11　添加蒙版

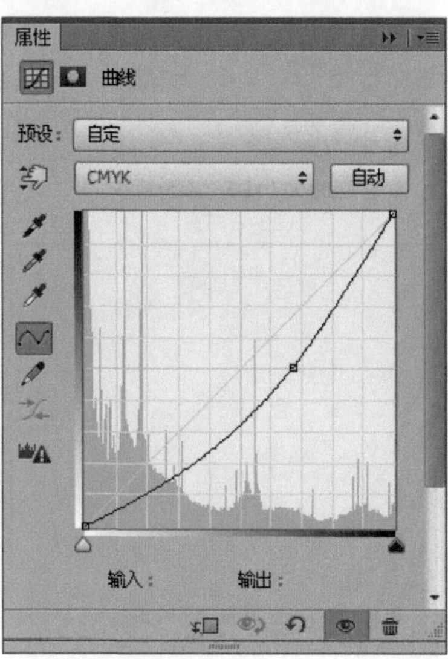

图 06-011-12　设置参数

图 06-011-13　图像效果

(3) 在视图中加入文字，并设置为不同的颜色，然后为其添加白色的描边效果，如图 06-011-14、图 06-011-15 所示。

图 06-011-14 加入文字并添加描边

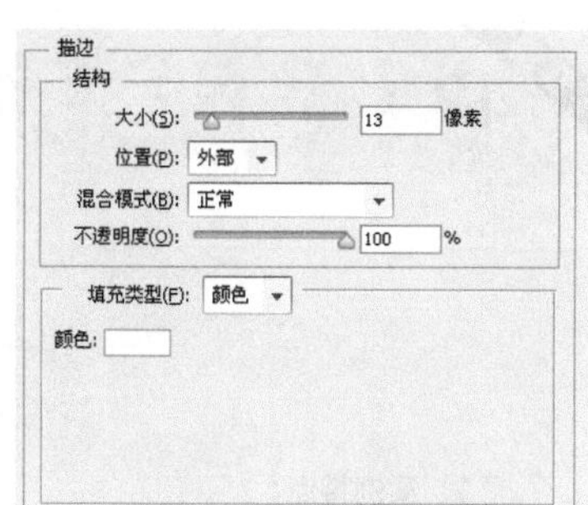

图 06-011-15 描边参数设置

(4) 在文字的选项栏中单击【创建文字变形】按钮，参照图 06-011-16、图 06-011-17 所示，为文字添加变形效果。

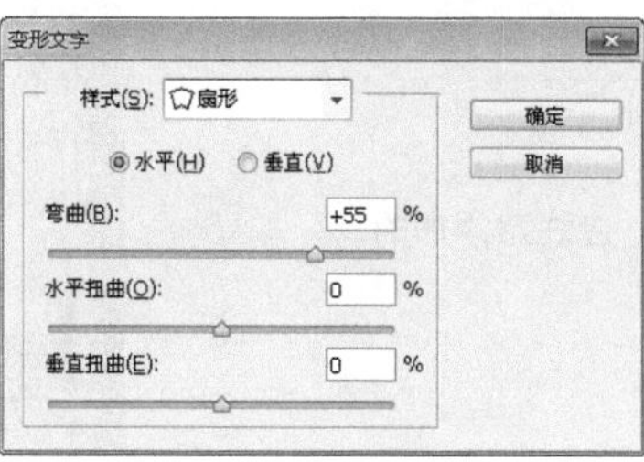

图 06-011-16 【变形文字】对话框

图 06-011-17 变形文字效果

(5) 打开"资源 / 第 06 章 / 素材 / 儿童 .jpg"文件，选中图片中的人物并放入海报文档中，如图 06-011-18 所示。在人物图像的下面再添加阴影，如图 06-011-19 所示。

图 06-011-18 添加素材

图 06-011-19 添加阴影

(6) 将儿童图像所在的图层选区载入，为其添加曲线调整图层，加强图像颜色的对比度，如图 06-011-20、图 06-011-21 所示。

(7) 最后在画面中添加相关文字信息，如图 06-011-22 所示，完成该实例的制作。

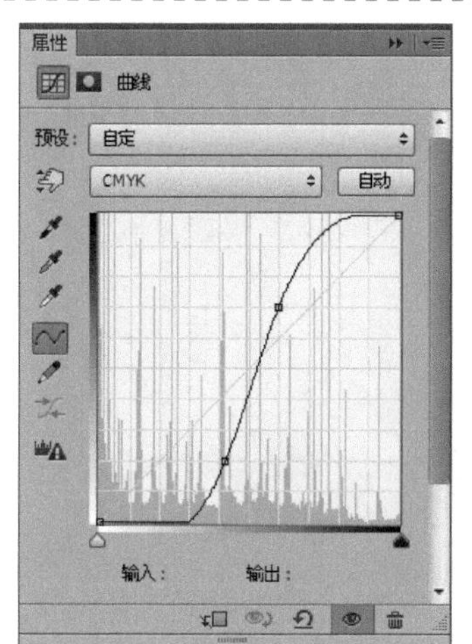

图 06-011-20 曲线设置参数

图 06-011-21 图像效果

图 06-011-22 添加文字信息

实例 12 运动手表海报设计

1．实例特点：

该实例最大的特点就是画面的构图，通过这种倾斜的构图形式，来体现一种动感。

2．注意事项：

在为手表图像添加外发光效果时，应注意添加的颜色与背景保持一致。

3．操作思路：

首先将攀岩的图片放入到视图中，使用自由变换命令调整到合适的位置，然后添加手表图像和文字信息，完成其制作。

最终效果图

资源 / 第 06 章 / 源文件 / 运动手表海报设计 .psd

具体步骤如下：

（1）新建文档，打开“资源 / 第 06 章 / 素材 / 攀岩 .jpg”文件，将图片拖入到海报文档中，参照图 06-012-1 所示，使用【自由变换】命令调整图像的大小和位置。

（2）添加曲线调整图层，如图 06-012-2 所示，调整图像颜色。

图 06-012-1　添加素材

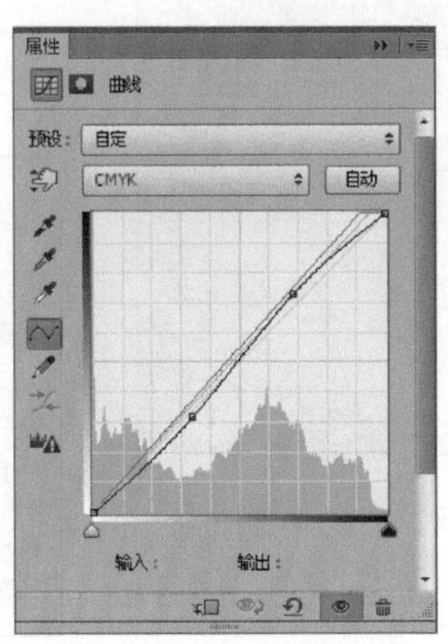

图 06-012-2　调整颜色

(3) 打开“资源 / 第 06 章 / 素材 / 运动手表 .jpg”文件，选中手表图像并放入到海报文档中，载入手表图层的选区，为其添加曲线调整图层，调整图像的色调，如图 06-012-3、图 06-012-4 所示。

图 06-012-3 添加手表图像

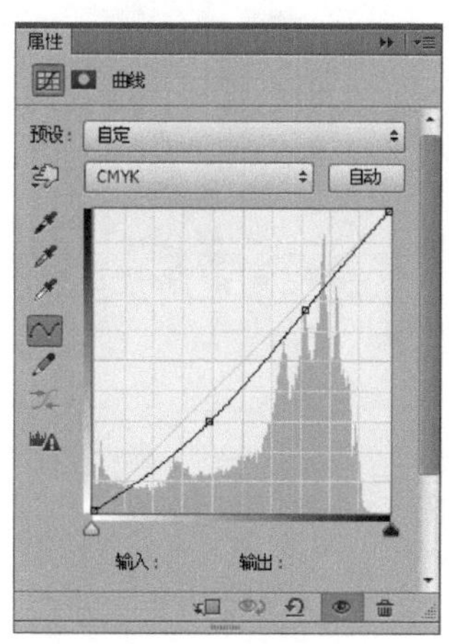

图 06-012-4 调整颜色

(4) 双击手表图像所在的图层，打开【图层样式】对话框，为手表图像添加外发光效果，如图 06-012-5、图 06-012-6 所示。

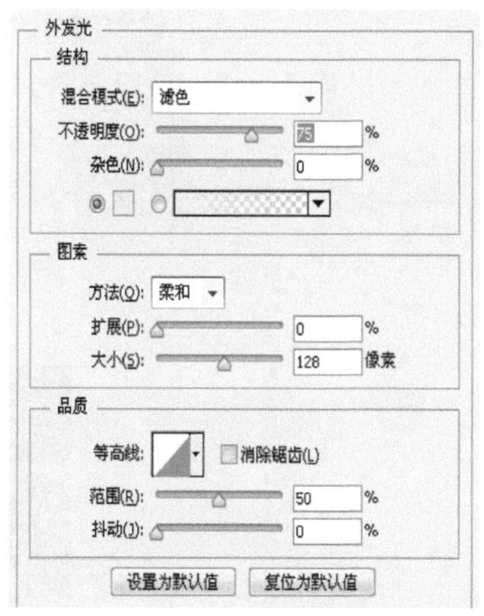

图 06-012-5 设置外发光参数

图 06-012-6 添加的外发光效果

(5) 最后在画面中添加相关的文字信息，如图 06-012-7、图 06-012-8 所示，完成该海报的设计工作。

图 06-012-7 添加标题文字

图 06-012-8 添加相关文字信息

第07章 POP广告设计

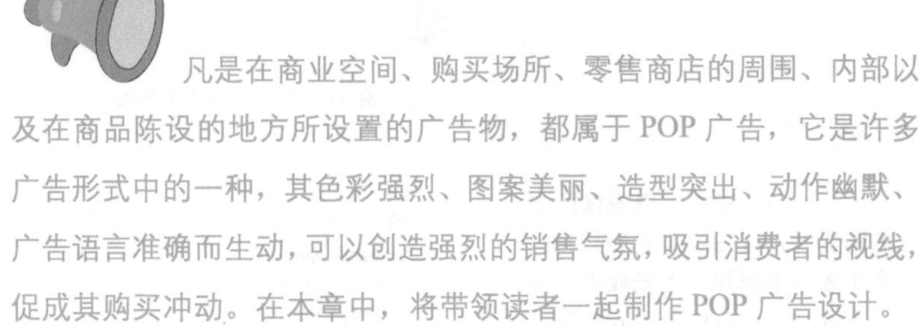

凡是在商业空间、购买场所、零售商店的周围、内部以及在商品陈设的地方所设置的广告物，都属于POP广告，它是许多广告形式中的一种，其色彩强烈、图案美丽、造型突出、动作幽默、广告语言准确而生动，可以创造强烈的销售气氛，吸引消费者的视线，促成其购买冲动。在本章中，将带领读者一起制作POP广告设计。

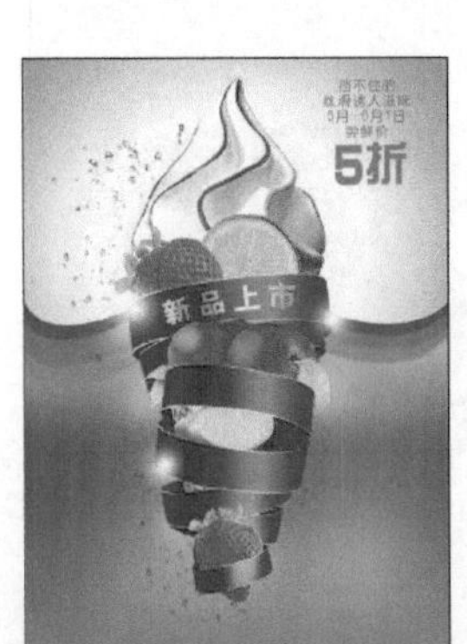

实例 01 蛋糕房的 POP 广告

1. 实例特点：

色彩绚丽质感丰富，画面整体感觉高档奢华。

2. 注意事项：

在制作高档面包房或蛋糕店 POP 广告的时候，不妨把产品放大，标题放置视觉中心，通过创建渐变的图像，使画面层次感更强，烘托高档氛围。

3. 操作思路：

首先创建渐变背景，添加花纹图像，然后绘制质感丝带效果，增强画面的质感，最后添加产品及文字信息。

最终效果图

资源 / 第 07 章 / 源文件 / 蛋糕房的 POP 广告 .psd

具体步骤如下：

（1）执行【文件】|【新建】命令，创建一个宽度为 20.1 厘米，高度为 27.6 厘米，分辨率为 150 像素的新文档，使用快捷键 Ctrl+V+E 创建 3 毫米参考线。

（2）使用【渐变工具】，参照图 07-001-1 所示，绘制白色到灰色的径向渐变，打开“资源 / 第 07 章 / 素材 / 花纹背景 .tif”文件，将其拖至当前正在编辑的文档中。

图 07-001-1　绘制渐变并添加素材图像

（3）新建“组 1”图层组，并新建图层，参照图 07-001-2 所示，使用【矩形选框工具】绘制黑色填充矩形。

图 07-001-2　绘制矩形

(4) 双击上一步创建图层的缩览图，参照图 07-001-3 和图 07-001-4 所示，为图像添加【渐变叠加】和【内发光】图层样式。

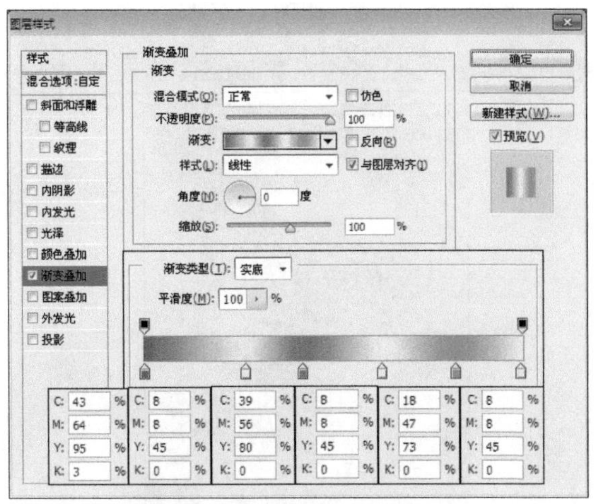

图 07-001-3 添加【渐变叠加】图层样式

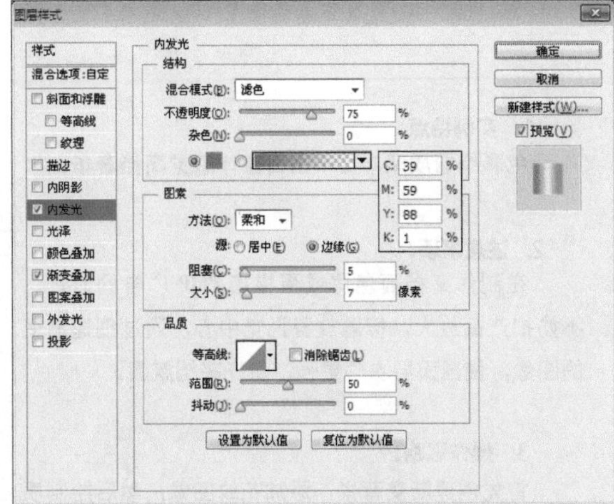

图 07-001-4 添加【内发光】图层样式

(5) 新建图层，将矩形图像载入选区，缩小选区参照图 07-001-5 所示，为选区填充深红色（C：50，M：100，Y：100，K：30）到大红色（C：27，M：100，Y：100，K：0）线性渐变。

(6) 参照图 07-001-6 所示，使用【橡皮擦工具】 擦除部分图像，并为其添加黑色【内发光】图层样式。

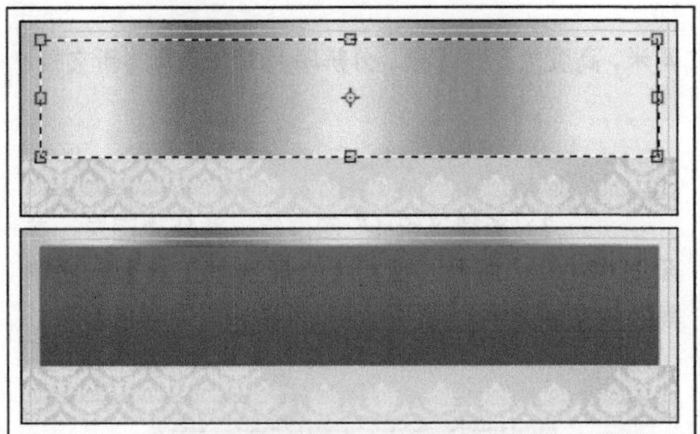

图 07-001-5 填充渐变

图 07-001-6 擦除部分图像

(7) 复制花纹图像所在图层，参照图 07-001-7 所示，将红色渐变图像载入选区，删除选区以外的花纹图像，并为图层添加红色（C：44，M：100，Y：100，K：13）【颜色叠加】图层样式。

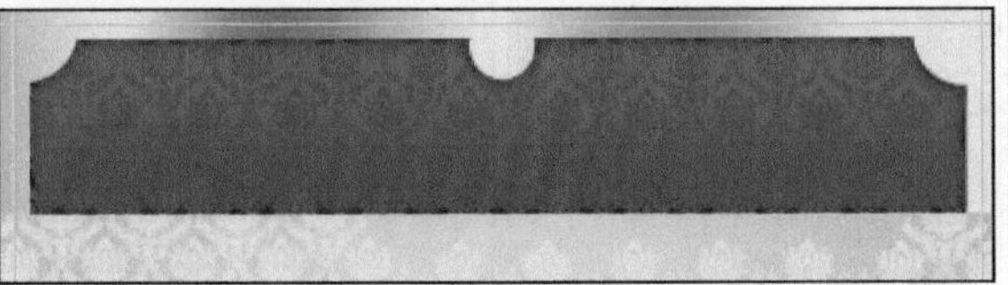

图 07-001-7 删除选区以外的图像

（8）参照图 07-001-8 所示的步骤，使用【矩形工具】绘制矩形，并配合【钢笔工具】调整形状，复制并垂直翻转图像，绘制出丝带形状。

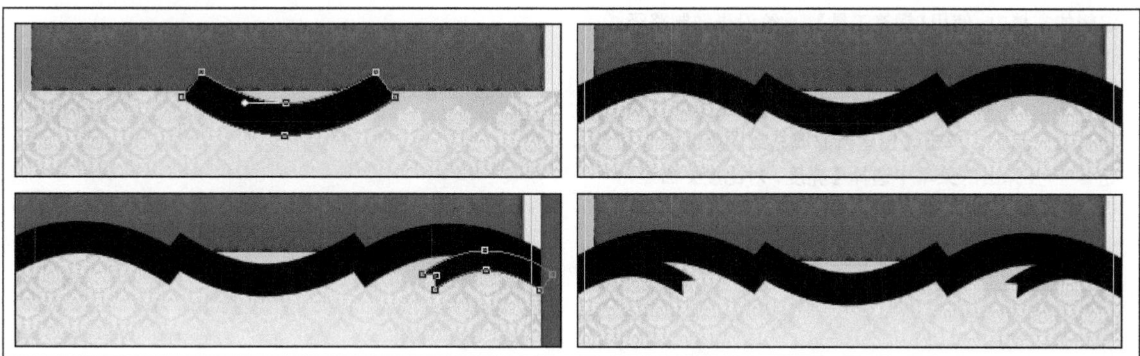

图 07-001-8　绘制矢量图像

（9）复制上一步创建的图层，参照图 07-001-9 所示，为图像添加【渐变叠加】图层样式，参照图 07-001-10 所示，为图像添加“内发光”图层样式。

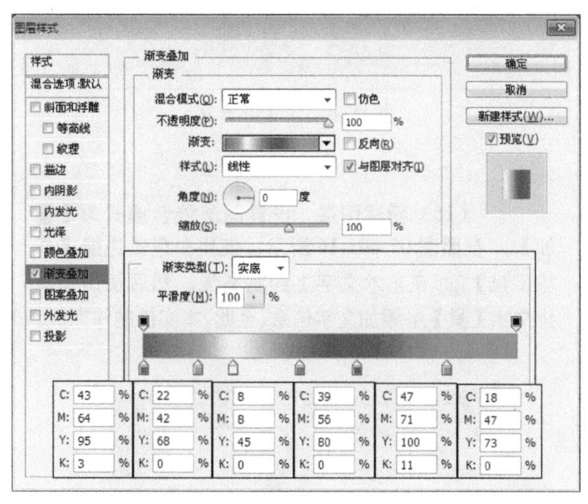

图 07-001-9　添加【渐变叠加】图层样式

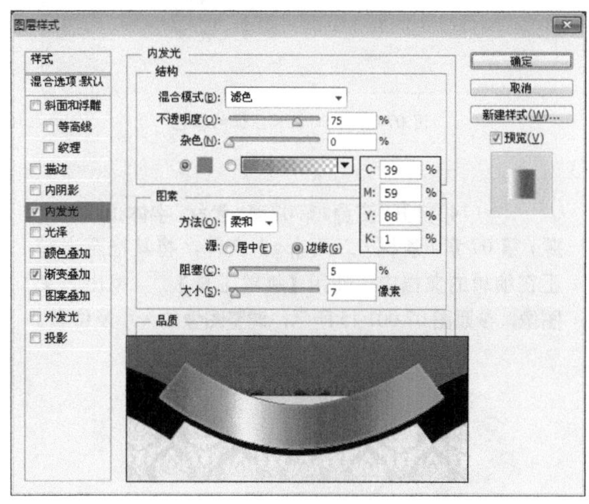

图 07-001-10　添加【内发光】图层样式

（10）使用前面介绍的方法，为丝带的其他部分添加图层样式，并调整原丝带图像为灰色作为阴影，参照图 07-001-11 所示，使用【矩形工具】绘制褐色（C：51，M：84，Y：100，K：25）菱形，增强丝带立体感。

（11）参照图 07-001-12 所示的步骤，使用前面介绍的方法，绘制标志。

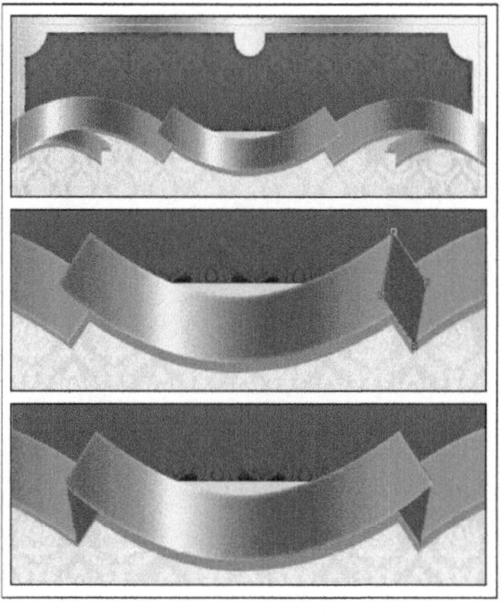

图 07-001-11　增强丝带立体感

图 07-001-12　绘制标志

（12）参照图 07-001-13 所示，使用前面介绍的方法为图像上方添加螺丝帽装饰，打开“资源/第 07 章/素材/蛋糕.jpg”文件，将其拖至当前正在编辑的文档中，使用【钢笔工具】绘沿蛋糕制路径。

（13）将上一步创建的路径载入选区，抠出蛋糕图像，并参照图 07-001-14 所示，调整图像的位置，将其载入选区，单击【创建新的填充或调整图层】按钮，在弹出的菜单中选择【亮度/对比度】命令，调整图像的颜色。

图 07-001-13　绘制路径

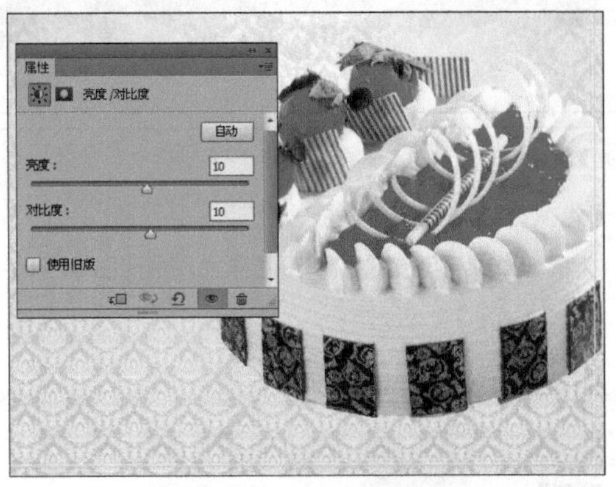

图 07-001-14　调整图像的颜色

（14）打开“资源/第 07 章/素材/字体.tif”、“资源/第 07 章/素材/刀叉.jpg”文件，将其拖至当前正在编辑的文档中，使用【钢笔工具】抠出刀叉图像，参照图 07-001-15 所示，调整图像的大小及位置。

图 07-001-15　添加素材图像

（15）新建图层，设置图层混合模式为【叠加】，参照图 07-001-16 所示，使用白色柔边缘【画笔工具】在艺术文字上绘制高光，然后使用【横排文字工具】添加文字信息。至此，本实例制作完成。

图 07-001-16　添加文字

02 服装商店的 POP 广告

1. 实例特点：

画面浪漫温馨，采用中色调为主色调，体现夏季清新的感觉。

2. 注意事项：

在本案例中字体占广告一半的比例，让人对宣传目的一目了然，但是只放文字未免太单调了，通过对文字笔划上的调整使作品看起来更耐人回味。

3. 操作思路：

首先添加模特图像，其次配合选框工具组的应用绘制渐变背景，添加素材图像，通过对图层混合模式的调整，丰富背景，最后添加文字信息，并通过自定义形状工具的应用，创建变形的文字效果，增强画面的美感。

最终效果图

资源 / 第 07 章 / 素材 / 服装店的 POP 广告 .psd

具体步骤如下：

1. 添加背景图像

（1）创建一个宽度为 24 厘米，高度为 10 厘米，分辨率为 150 像素的新文档。

（2）打开“资源 / 第 07 章 / 素材 / 夏装模特 .jpg”文件，将其拖至当前正在编辑的文档中，参照图 07-002-1 所示，调整图像的大小及位置。

图 07-002-1 添加素材图像

（3）新建图层，使用【椭圆选框工具】绘制选区，并使用【渐变工具】填充蓝色（C：72，M：27，Y：0，K：0）到白色的线性渐变，效果如图 07-002-2 所示。

图 07-002-2 填充渐变

(4) 使用前面的方法，参照图 07-002-3 所示，继续绘制图像，并分别填充从浅蓝色（C：66，M：0，Y：2，K：0）到白色和从浅绿色（C：21，M：2，Y：33，K：0）到白色的线性渐变。

(5) 打开“资源 / 第 07 章 / 素材 / 绿色水墨 .jpg”文件，将其拖至当前正在编辑的文档中，水平垂直翻转图像，参照图 07-002-4 所示，调整图像的大小及位置，为图层添加图层蒙版，将图像的底部制作出渐隐效果。

图 07-002-3　绘制图像

图 07-002-4　添加素材图像

(6) 参照图 07-002-5 所示，使用【横排文字工具】添加文字，栅格化文字图层，使用【矩形选框工具】和【多边形套索工具】创建选区，并删除选区中的图像。

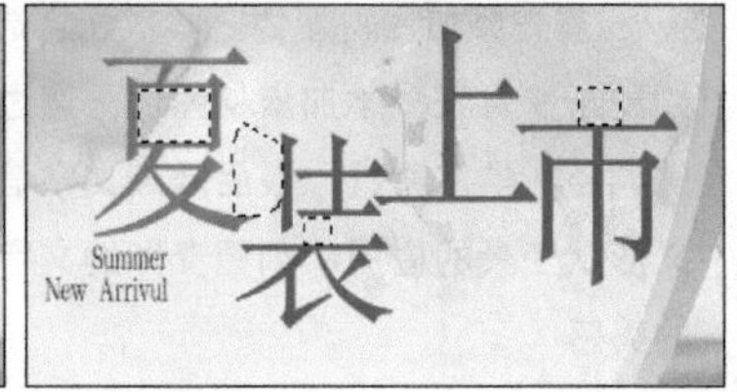

图 07-002-5　添加文字

(7) 选择【自定义形状工具】，然后在【“自定义形”状拾色器】调板中，选中螺线形状，参照图 07-002-6 所示的步骤，绘制螺旋线形状，并配合【钢笔工具】调整螺线的形状，制作字体的笔划变形，效果如图 07-002-6 所示。

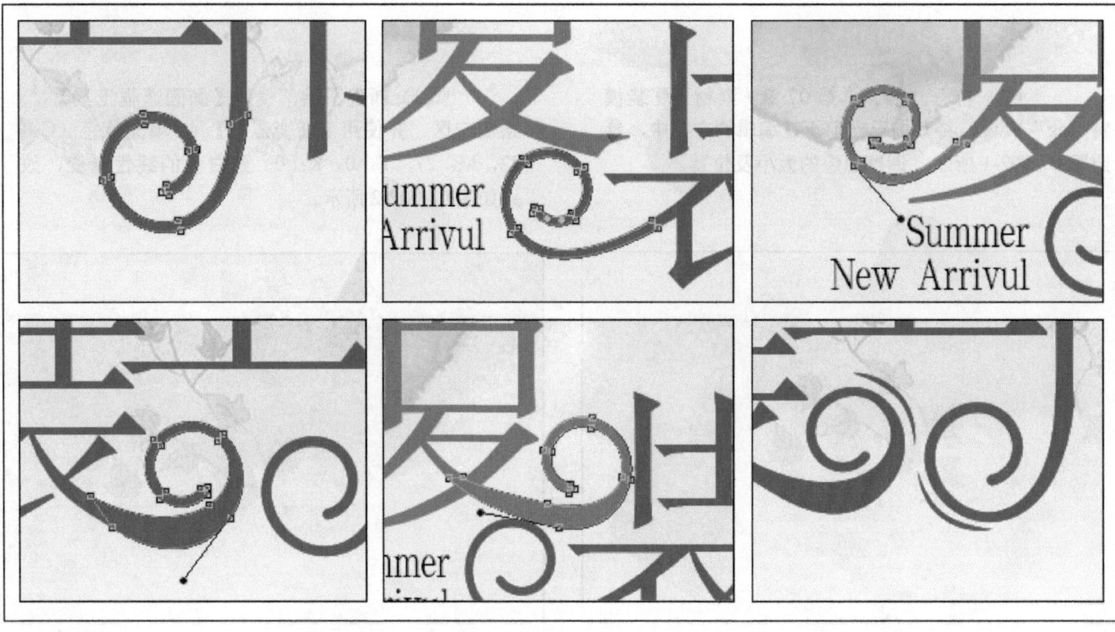

图 07-002-6　创建变形文字

（8）选择【自定义形状工具】，然后在【“自定义形”状拾色器】调板中，选择雨滴形状，在“市”的上方绘制形状，并参照图 07-002-7 所示的步骤，使用【路径选择工具】复制并旋转路径，得到花朵图形。

（9）复制花朵图形分别作为“夏装”字体上的笔划，打开“资源 / 第 07 章 / 素材 / 手绘花朵 .jpg”文件，将其拖至视图坐下方，并调整图层的混合模式为【正片叠底】，新建图层，参照图 07-002-8 所示，使用柔边缘彩色【画笔工具】绘制光斑效果。至此，本实例制作完成。

图 07-002-8　添加素材图像

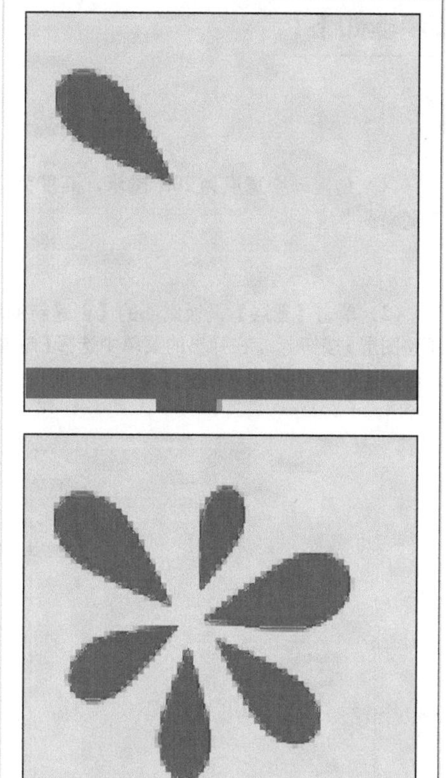

图 07-002-7　绘制花朵形状

03 冷饮店的 POP 广告

1. 实例特点：

画面绚丽多彩，具有视觉冲击力。

2. 注意事项：

本案例运用较多的图层，在制作彩带的时候注意图层顺序的调整。

3. 操作思路：

首先通过形状工具绘制波浪图像，添加渐变叠加图层样式丰富背景的颜色，其次添加产品图像，通过形状工具和图层样式的应用创建缠绕的丝绸效果，然后添加水果使画面看起来更有食欲，最后添加文字信息。

最终效果图

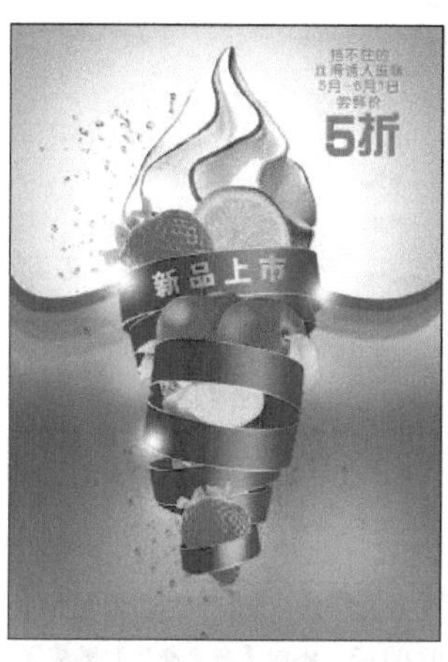

资源 / 第 07 章 / 源文件 / 冷饮店的 POP 广告 .psd

具体步骤如下：

1. 添加背景图像

（1）创建一个宽度为 20.1 厘米，高度为 27.6 厘米，分辨率为 150 像素的新文档，使用快捷键 Ctrl+V+E 创建 3 毫米参考线。

（2）单击【图层】调板底部的【创建新的填充或调整图层】按钮，在弹出的菜单中选择【渐变】命令，参照图 07-003-1 所示填充渐变。

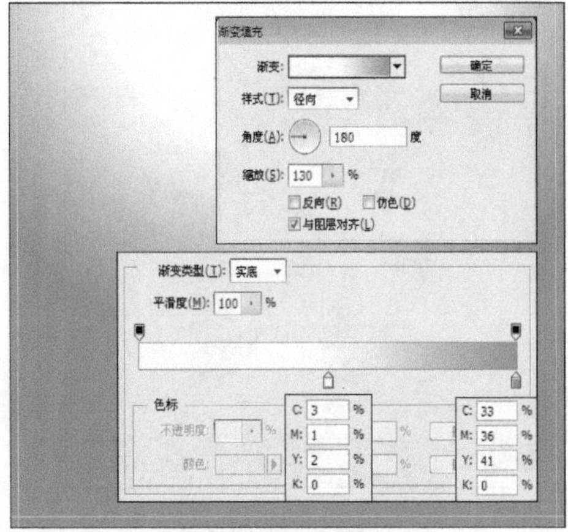

图 07-003-1　添加渐变填充

（3）新建“组 1”图层组，使用【矩形工具】绘制矩形，并参照图 07-003-2 所示，使用【钢笔工具】调整路径形状。

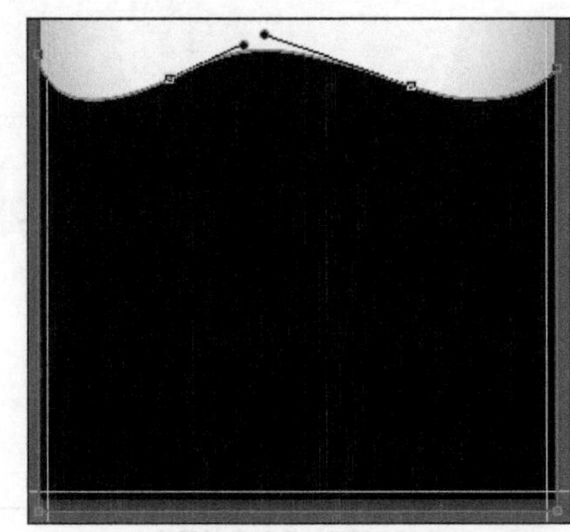

图 07-003-2　绘制矩形

（4）参照图 07-003-3 所示，为上一步创建的图层添加【渐变叠加】图层样式。

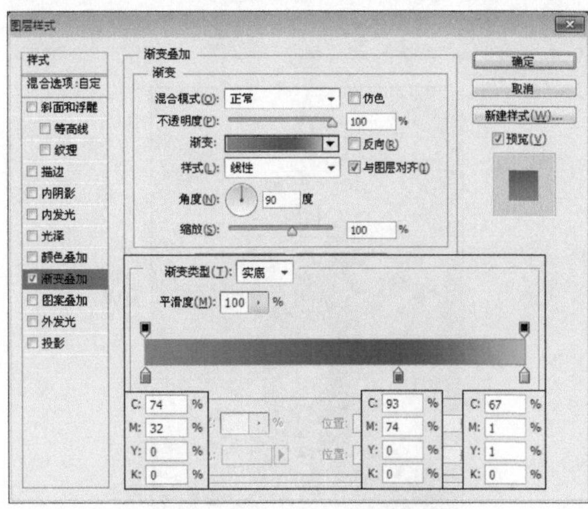

图 07-003-3　添加【渐变叠加】图层样式

（5）复制上一步图层，并参照图 07-003-4 所示，分别调整渐变效果。

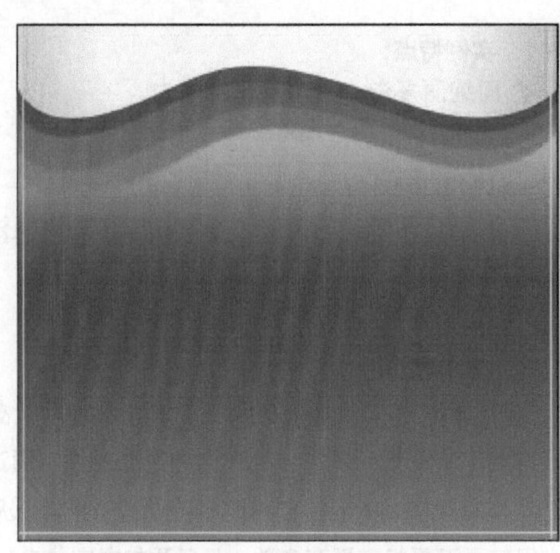

图 07-003-4　复制并调整渐变

（6）新建图层，参照图 07-003-5 所示，使用白色柔边缘【画笔工具】绘制两点，并调整图层混合模式为【叠加】作为高光，打开“资源 / 第 07 章 / 素材 / 水珠 .jpg”文件，将其拖至当前正在编辑的文档中，参照图 07-003-5 所示，旋转图像，并调整图层混合模式为【正片叠底】。

（7）复制并调整上一步创建的图像，制作出背景，打开“资源 / 第 07 章 / 素材 / 冰淇淋 .jpg”文件，使用【钢笔工具】进行抠图并将其拖至当前正在编辑的文档中，效果如图 07-003-6 所示。

图 07-003-6 添加素材图像

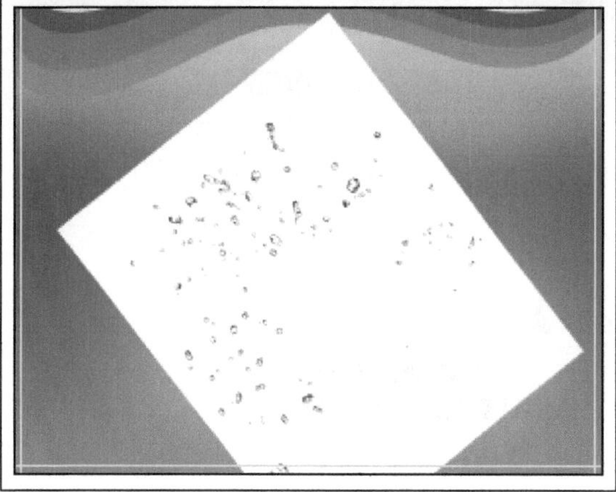

图 07-003-5 调整图层混合模式

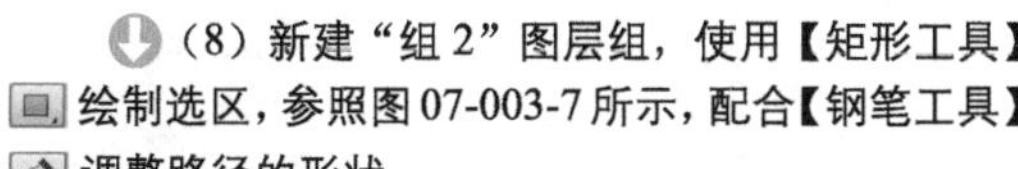

（8）新建“组 2”图层组，使用【矩形工具】绘制选区，参照图 07-003-7 所示，配合【钢笔工具】调整路径的形状。

图 07-003-7 绘制矩形

（9）双击上一步图层缩览图，参照图 07-003-8 所示，在弹出的【图层样式】对话框中进行设置，为图层添加【渐变叠加】图层样式。

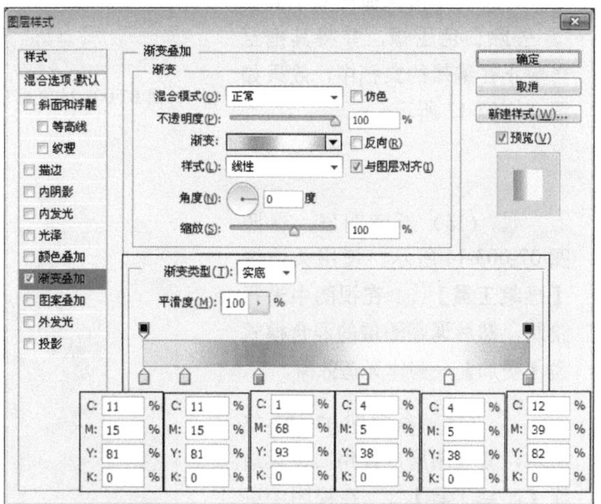

图 07-003-8 添加【渐变填充】图层样式

(10) 复制上一步创建的图层，参照图 07-003-9 所示，调整渐变颜色。

(11) 继续上一步的参照，缩小形状，效果如图 07-003-10 所示。

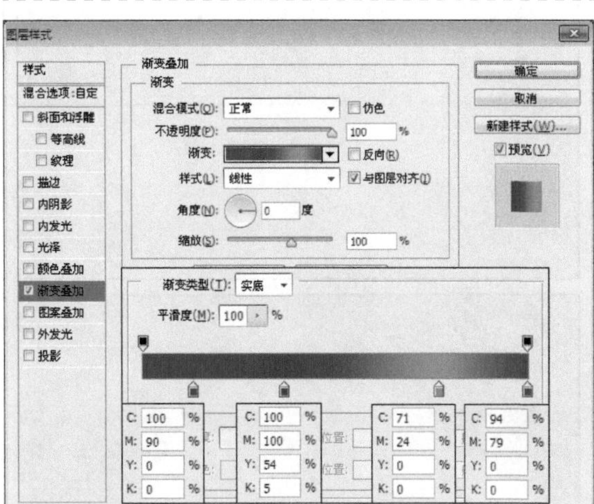

图 07-003-9 调整渐变颜色

图 07-003-10 缩小形状

(12)参照图 07-003-11 所示，复制并调整前面创建的丝带图像。

(13) 新建“组 3”图层组，使用【椭圆工具】绘制丝带的另一半，复制多个椭圆，得到如图 07-003-12 所示的效果。

(14) 打开“资源/第07章/素材/草莓.jpg”、“资源/第07章/素材/苹果.jpg”、“资源/第07章/素材/柠檬片.jpg”文件，使用【魔术橡皮擦工具】去除白色图像，并将其拖至当前正在编辑的文档中，效果如图 07-003-13 所示。

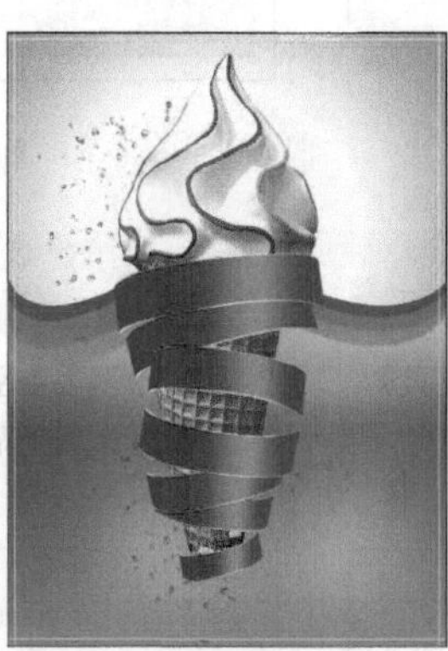

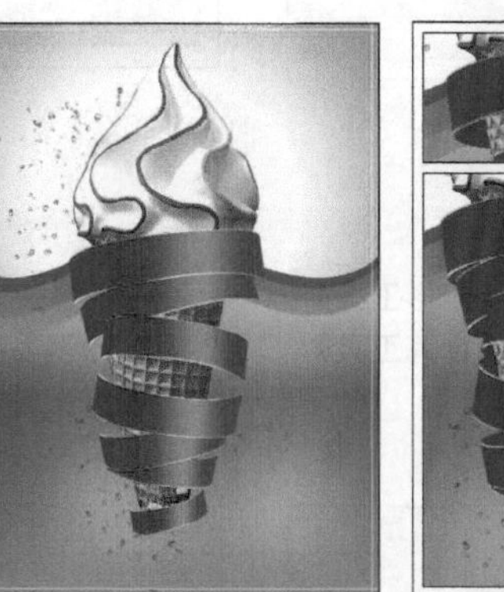

图 07-003-11 复制图像

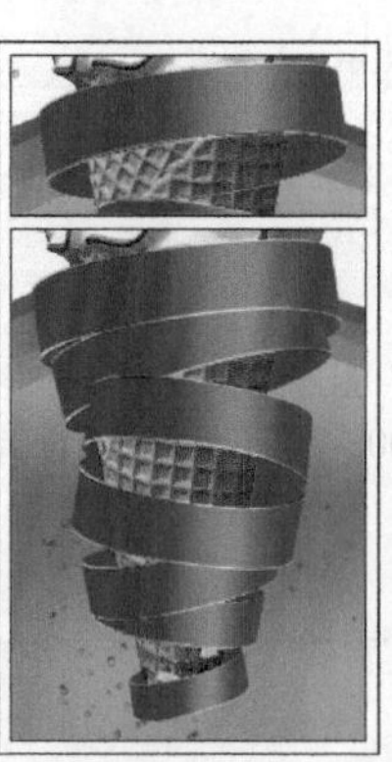

图 07-003-12 绘制丝带的另一半

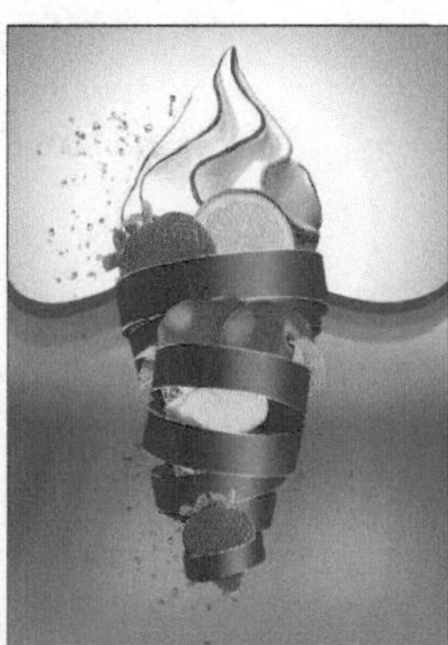

图 07-003-13 添加水果图像

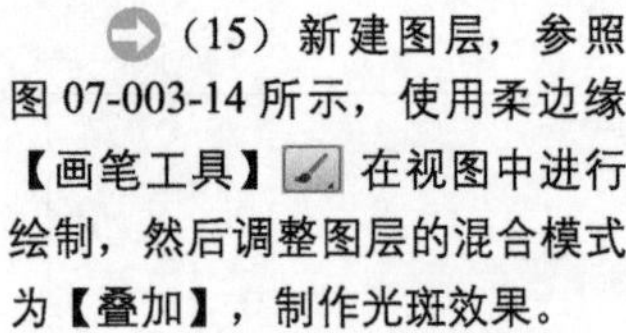

(15) 新建图层，参照图 07-003-14 所示，使用柔边缘【画笔工具】在视图中进行绘制，然后调整图层的混合模式为【叠加】，制作光斑效果。

(16) 参照图 07-003-15 所示，新建图层，使用白色柔边缘【画笔工具】在视图中进行绘制高光，并使用【横排文字工具】添加文字。至此，本实例制作完成。

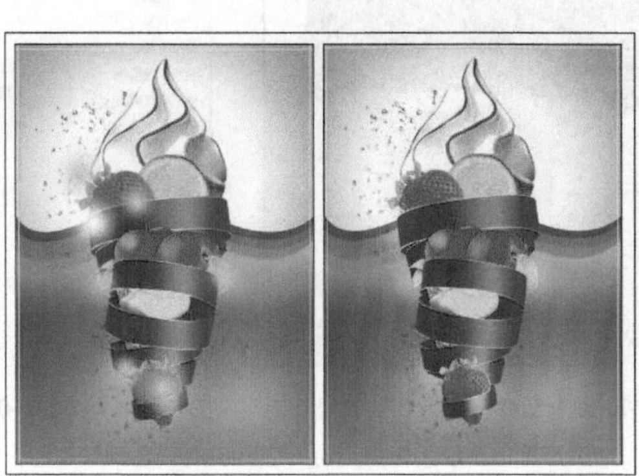

图 07-003-14 绘制光斑

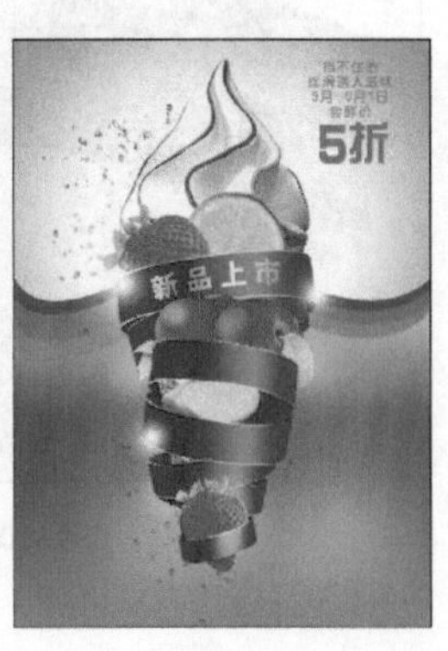

图 07-003-15 添加文字斑

实例 04 西式餐点的 POP 广告

1. 实例特点：

产品在整个作品中占较大比例，而且占据人的视觉中心，让人印象深刻，增强购买欲。

2. 注意事项：

在制作食品广告，尤其是把产品放大到读者眼前时，尽可能把食品颜色处理的新鲜有食欲，才能煽动消费者的购买欲。

3. 操作思路：

首先创建渐变填充背景，通过图案填充丰富背景，添加并变换木纹图像，打造由远及近的视觉空间，然后添加产品图像，并通过调整图层混合模式调整产品的颜色，使之看其来更加诱人，最后添加文字信息。

最终效果图

资源 / 第 07 章 / 源文件 / 西式餐点的 POP 广告 .psd

具体步骤如下：

（1）创建一个宽度为 39.6 厘米，高度为 54.9 厘米，分辨率为 150 像素 / 英寸的新文档，使用渐变命令为创建浅蓝色（C：40，M：0，Y：10，K：0）到深蓝色（C：93，M：71，Y：5，K：0）的径向渐变填充。

（2）打开“资源 / 第 07 章 / 素材 / 木纹 .jpg”文件，并将其拖至当前正在编辑的文档中，参照图 07-004-1 所示，对图像进行变形。

（3）单击【图层】调板底部的【创建新的填充或调整渐变】按钮，在弹出的菜单中选择【图案填充】命令，参照图 07-004-2 所示，创建方格图案填充效果，并调整图层混合模式为【颜色加深】。

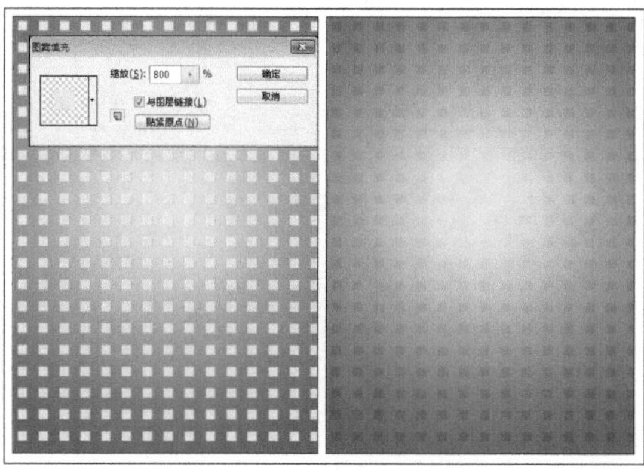

图 07-004-1 添加图层填充效果

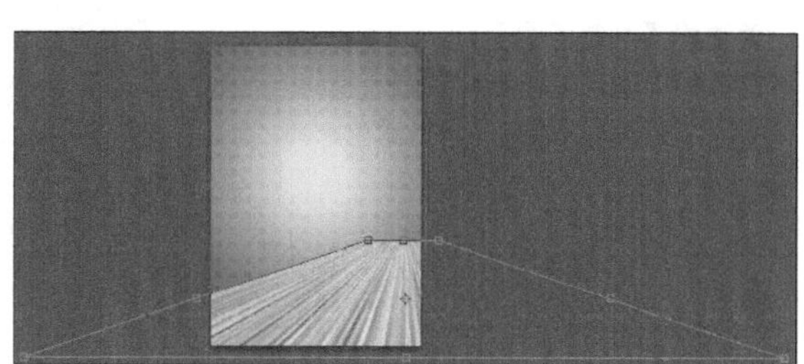

图 07-004-2 添加木纹素材文件

(4) 新建图层，使用【矩形选框工具】绘制白色矩形，参照图 07-004-3 所示，为上一步创建的木纹图像添加图层蒙版，柔化边缘。

(5) 打开“资源 / 第 07 章 / 素材 / 牛排汉堡 .jpg”文件，使用【钢笔工具】抠出图像，将其拖至当前正在编辑的文档中，参照图 07-004-4 所示，调整图像的色调。

图 07-004-3 添加图层蒙版

图 07-004-4 调整图像的色调

(6) 新建图层，参照图 07-004-5 所示，使用黑色柔边缘【画笔工具】在视图中创建阴影。

图 07-004-5 创建阴影

(7) 参照图 07-004-6 所示，新建图层，使用黄色（C：2，M：35，Y：90，K：0）柔边缘【画笔工具】在果酱上进行绘制，并调整图层混合模式为【叠加】，继续新建图层，使用绿色（C：56，M：0，Y：99，K：0）柔边缘【画笔工具】在果酱上进行绘制，并调整图层混合模式为【叠加】，调整图像的颜色。

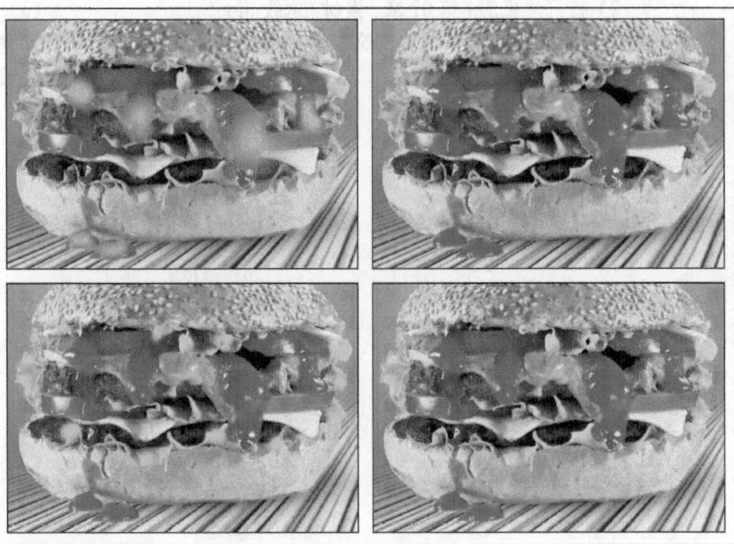

图 07-004-6 调整食品的色感

（8）新建“组 1”图层组，选中【横排文字工具】T 设置字体系列为汉仪粗圆简，字体大小为 185 点，在视图中输入文字“牧”，参照图 07-004-7 和图 07-004-8 所示，为文字添加【渐变叠加】和【投影】图层样式，并为其添加 14 像素黑色【描边】图层样式。

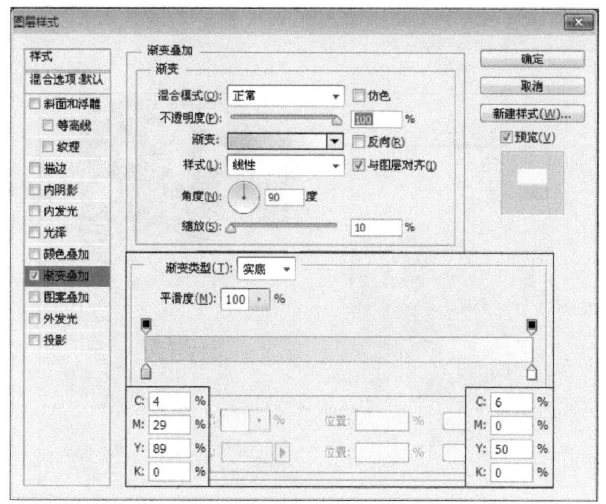

图 07-004-7　添加【渐变叠加】效果图

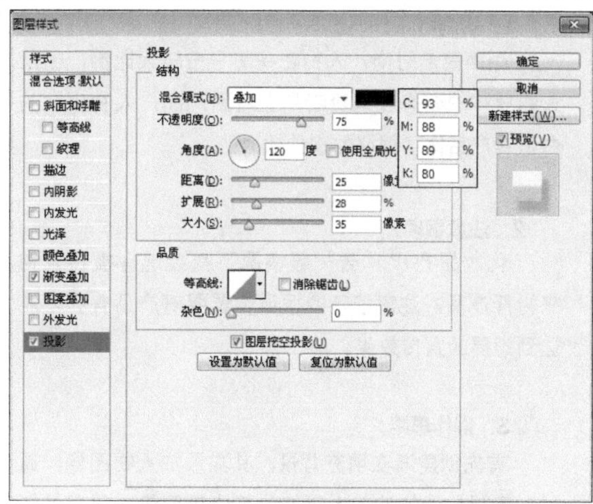

图 07-004-8　添加【投影】图层样式

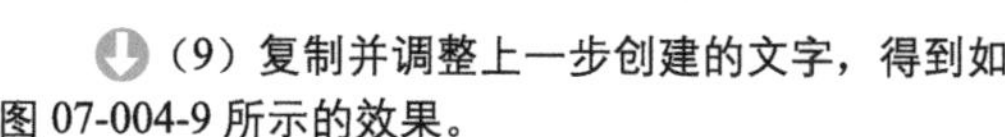

（9）复制并调整上一步创建的文字，得到如图 07-004-9 所示的效果。

（10）参照图 07-004-10 所示，继续使用【横排文字工具】T 添加文字。

图 07-004-9　复制并调整文字

图 07-004-10　创建文字

（11）使用【横排文字工具】T 选中“绿色心情……”图层，单击其选项栏中的【创建文字变形】按钮，参照图 07-004-11 所示，在弹出的【变形文字】对话框中进行设置，创建变形文字。至此，本实例制作完成。

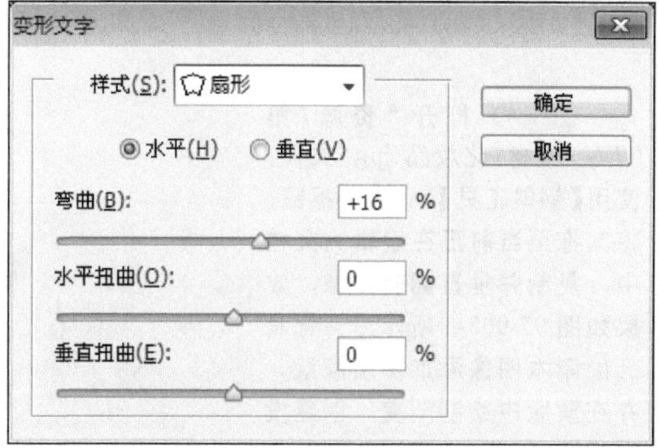

图 07-004-11　【变形文字】对话框

实例 05 悬挂式化妆品 POP 广告

1. 实例特点：

画面简洁时尚，人物在视图中占较大比例，但是人物整体的姿态使消费者马上看到产品，人物皮肤的白皙对产品作了很好的宣传效果。

2. 注意事项：

化妆品 POP 广告一般情况下都会选择模特人物来衬托产品，注意模特的摆放位置要对产品有利才能达到想要的宣传效果。

3. 操作思路：

首先创建渐变填充背景，其次添加人物图像，通过对素材的添加掩盖人物部分不协调图像，然后添加产品图像，通过绿色叶子和花朵图像装饰产品，吸引消费者眼球，最后添加文字信息。

最终效果图

资源 / 第 07 章 / 源文件 / 悬挂式化妆品 POP 广告 .psd

具体步骤如下：

（1）创建一个宽度为 18.8 厘米，高度为 132.5 厘米，分辨率为 150 像素 / 英寸的新文档。

（2）使用【渐变工具】填充白色到淡黄色（C：8，M：15，Y：23，K：0）的对称渐变，效果如图 07-005-1 所示。

（3）打开"资源 / 第 07 章 / 素材 / 人物 .jpg"文件，使用【快速选择工具】去除白色背景，将其拖至当前正在编辑的文档中，效果如图 07-005-2 所示。

图 07-005-1　填充渐变

图 07-005-2　添加素材图像

（4）打开"资源 / 第 07 章 / 素材 / 化妆品 .jpg"文件，使用【钢笔工具】进行抠图，将其拖至当前正在编辑的文档中，复制并垂直翻转图像，效果如图 07-005-3 所示，为化妆品的副本图像添加图层蒙版，并在蒙版中绘制渐变，创建投影效果。

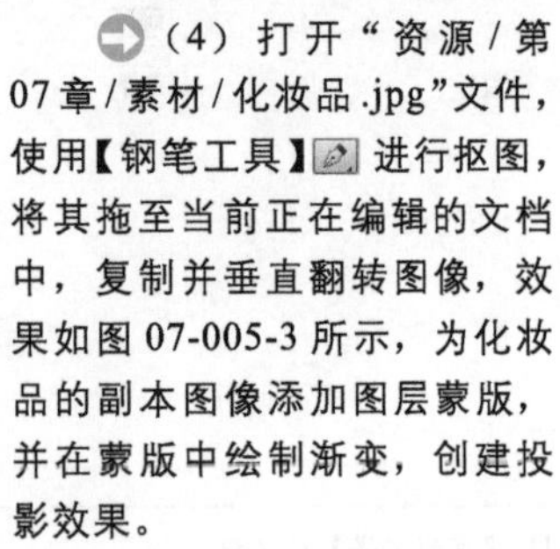

图 07-005-3　添加图层蒙版

（5）打开"资源 / 第 07 章 / 素材 / 绸缎 .jpg"、"资源 / 第 07 章 / 素材 / 茶叶 .jpg"和"资源 / 第 07 章 / 素材 / 木兰花 .tif"文件，分别使用【魔术橡皮擦工具】和【快速选择工具】去除背景，将其拖至当前正在编辑的文档中，效果如图 07-005-4 所示。

（6）复制树叶图像，使用快捷键 Ctrl+T 打开变换框，参照图 07-005-5 所示，对图像进行变形。

（7）参照图 07-005-6 所示，使用【横排文字工具】添加文字。至此，本实例制作完成。

图 07-005-4 添加素材图像

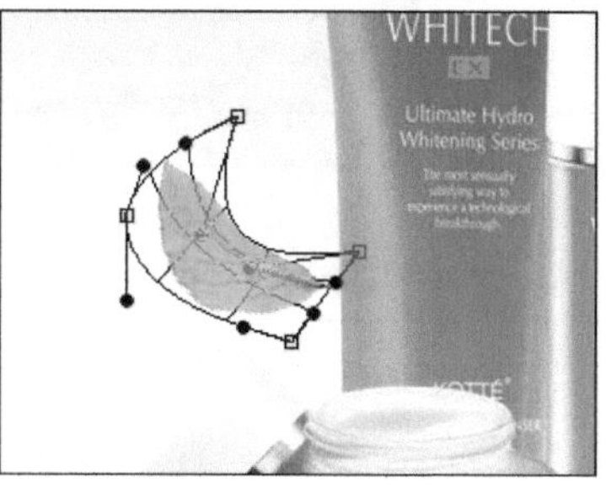

图 07-005-5 自由变形图像

图 07-005-6 添加文字

实例 06 平板电脑 POP 广告

最终效果图

资源 / 第 07 章 / 源文件 / 平板电脑 POP 广告 .psd

1. 实例特点：

一图多用，通过一张图片，制作出具有空间感的作品。

2. 注意事项：

在调整图层混合模式的时候，有时会出现图像透明的问题，可以采用在图像下方绘制白色图像的方法来解决。

3. 操作思路：

首先打开素材图片，抠出人物图像，调整其位置，使用仿制图章工具修掉人物作为背景，其次，添加产品图像，将人物放置于产品上方，图片就呈现了空间感，然后添加动物图像丰富背景，最后添加文字信息。

具体步骤如下：

（1）创建一个宽度为 18.8 厘米，高度为 132.5 厘米，分辨率为 150 像素 / 英寸的新文档。

（2）打开“资源 / 第 07 章 / 素材 / 欧美人物.jpg”文件，将其拖至当前正在编辑的文档中，使用【快速选择工具】选中人物图像，效果如图 07-006-1 所示。

（3）使用快捷键 Ctrl+J 复制图像，并创建新图层，缩小人物图像，并移动至视图中央，效果如图 07-006-02 所示。

图 07-006-1　添加素材图像

图 07-006-2　创建新图层

（4）向上稍微移动欧美人物图像，并使用【仿制图章工具】在视图中将人物修除，效果如图 07-006-3 所示。

图 07-006-3　使用仿制图章工具

（5）打开“资源 / 第 07 章 / 素材 / 草地.jpg”文件，将其拖至正当前在编辑的文档中，参照图 07-006-4 所示，为图层添加图层蒙版，并在蒙版中绘制黑色渐变，隐藏边缘图像，使之与背景融合。

图 07-006-4　添加草地素材图像

（6）打开“资源 / 第 07 章 / 素材 / 平板电脑.jpg”文件，使用【钢笔工具】抠出图像，将其拖至当前正在编辑的文档中，将图像载入选区，参照图 07-006-5 所示，调整图像的亮度和对比度。

图 07-006-5　添加平板电脑素材图像

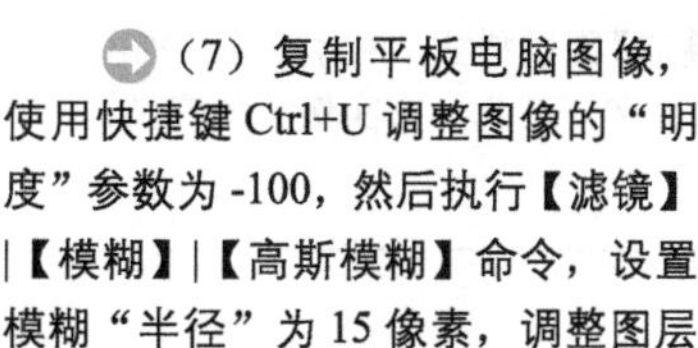

(7) 复制平板电脑图像，使用快捷键 Ctrl+U 调整图像的“明度”参数为 -100，然后执行【滤镜】|【模糊】|【高斯模糊】命令，设置模糊“半径”为 15 像素，调整图层顺序到平板电脑图像的下方，作为阴影，效果如图 07-006-6 所示。

(8) 打开“资源 / 第 07 章 / 素材 / 书本 .tif”文件，将其拖至当前正在编辑的文档中，使用【橡皮擦工具】擦除人物阴影部分图像，效果如图 07-006-7 所示。

图 07-006-6　创建阴影效果

图 07-006-7　添加书本素材图像

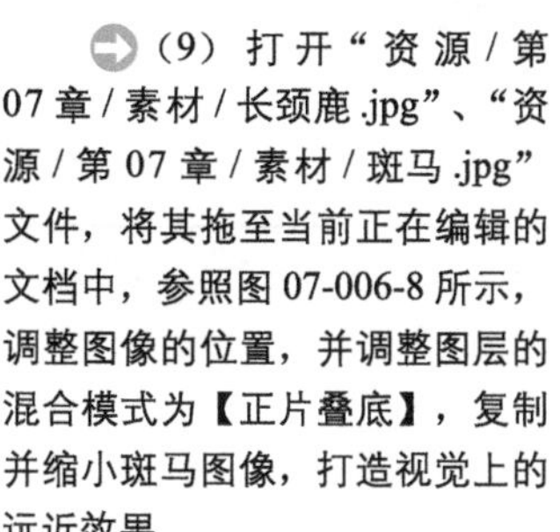

(9) 打开“资源 / 第 07 章 / 素材 / 长颈鹿 .jpg”、“资源 / 第 07 章 / 素材 / 斑马 .jpg”文件，将其拖至当前正在编辑的文档中，参照图 07-006-8 所示，调整图像的位置，并调整图层的混合模式为【正片叠底】，复制并缩小斑马图像，打造视觉上的远近效果。

图 07-006-8　创建阴影效果

(10) 仔细观察这些动物都是透明的，在动物图像所在图层的下方新建图层，参照图 07-006-9 所示，使用白色柔边缘【画笔工具】进行绘制，使动物不透明。

(11) 使用【矩形工具】绘制白色矩形，参照图 07-006-10 所示，配合【钢笔工具】调整路径。

图 07-006-9　调整动物为不透明

图 07-006-10　绘制形状

(12) 复制上一步创建的形状，参照图 07-006-11 所示，为其添加【渐变叠加】图层样式，并为其添加褐色（C：39，M：59，Y：88，K：1）内发光效果，最后使用【横排文字工具】 添加文字。至此，本实例制作完成。

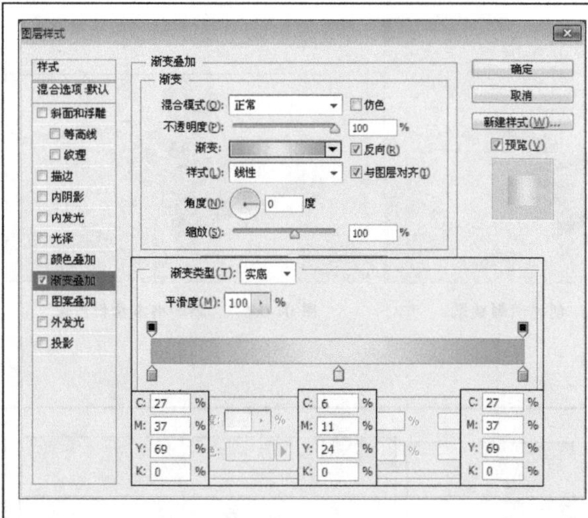

图 07-006-11 添加文字

实例 07 精品 POP 广告

1. 实例特点：

画面华丽壮观，奢华艳丽。

2. 注意事项：

在调整图层色相 / 饱和度的时候，注意色彩的选择。

3. 操作思路：

首先添加城市素材图像，通过绘制图像调整图层混合模式，调整背景颜色，其次添加戒指和金币图像，通过对图像颜色的调整，使画面整体具有质感，调整金币的角度和大小，使画面具有视觉上的景深效果，然后使用画笔素材丰富背景，最后添加文字信息。

最终效果图

资源 / 第 07 章 / 源文件 / 精品 POP 广告 .psd

具体步骤如下：

（1）创建一个宽度为 18.8 厘米，高度为 12 厘米，分辨率为 150 像素 / 英寸的新文档。

（2）打开“资源 / 第 07 章 / 素材 / 城市夜景 .jpg”文件，将其拖至当前正在编辑的文档中，参照图 07-007-1 所示，调整图像的大小及位置。

图 07-007-1　添加并调整图像

（3）新建图层，使用红色（C：21，M：83，Y：0，K：0）柔边缘【画笔工具】，参照图 07-007-2 所示，在背景上进行绘制，调整图层混合模式为【柔光】，丰富夜空的颜色。

图 07-007-2　调整图层混合模式

（4）新建图层，使用黄色（C：11，M：7，Y：52，K：0）柔边缘【画笔工具】，参照图 07-007-3 所示，在背景上进行绘制，调整图层混合模式为【叠加】，为高楼着色。

图 07-007-3　为高楼着色

（5）打开“资源 / 第 07 章 / 素材 / 戒指 .jpg”文件，使用【魔棒工具】去除白色背景，将其拖至当前正在编辑的文档中，参照图 07-007-4 所示，调整图像的大小及位置。

（6）新建图层，参照图 07-007-5 所示，使用白色柔边缘【画笔工具】，在视图中进行绘制。

图 07-007-4　添加戒指素材

图 07-007-5　绘制白色笔触

(7) 继续上一步的操作，调整图层的混合模式为【叠加】，效果如图 07-007-6 所示。

(8) 打开“资源 / 第 07 章 / 素材 / 金币 .jpg”文件，使用【魔术橡皮擦工具】去除白色背景，将其拖至当前正在编辑的文档中，将金币图像载入选区，然后单击【图层】调板底部的【创建新的填充或调整图层】按钮，在弹出的菜单中选择【色相 / 饱和度】命令，参照图 07-007-7 所示，调整图像的颜色。

图 07-007-6 丰富夜空的颜色

图 07-007-7 调整图像色相 / 饱和度

(9) 使用快捷键 Ctrl+E 向下合并图层，使用快捷键 Ctrl+G 编组为“组 1”图层组，复制金币图像，并配套自由变换命令，调整图像的大小及形状，制作出飞舞的金币效果，如图 07-007-8 所示。

(10) 新建图层，使用金色（C：2，M：9，Y：34，K：0）柔边缘【画笔工具】，参照图 07-007-9 所示，在背景上进行绘制，创建金色光点。

图 07-007-8 飞舞的金币

图 07-007-9 制作光点

(11) 载入“资源 / 第 07 章 / 素材 / 飘渺 . abr”笔刷文件，新建图层，使用红色（C：21，M：83，Y：0，K：0）1010 像素飘渺【画笔工具】绘制一条柔美曲线，丰富背景的层次，效果如图 07-007-10 所示。

(12) 新建“组 2”图层组，新建图层，使用白色柔边缘【画笔工具】绘制一点，将点压缩接近一条线，复制并旋转直线，创建闪烁的星光效果，参照图 07-007-11 所示，在视图中添加闪光。

图 07-007-10 添加画笔

图 07-007-11 添加闪光效果

(13) 使用【横排文字工具】 ，参照图 07-007-12 所示，添加文字信息。至此，本实例制作完成。

图 07-007-12 添加文字

实例 08 张贴式啤酒 POP 广告

最终效果图

资源 / 第 07 章 / 源文件 / 张贴式啤酒 POP 广告 .psd

1. 实例特点：

画面具有动感和视觉冲击力，金色和深色的搭配很有夜店的感觉。

2. 注意事项：

制作张贴式 POP 广告的时候，要突出主题，背景丰富。

3. 操作思路：

首先添加素材制作背景，其次添加产品图像增强画面的动感，然后添加文字，并创建 3D 文字，丰富标题，最后添加足球奖杯和呐喊的人群，增强画面的氛围。

具体步骤如下：

(1) 创建一个宽度为 20.1 厘米，高度为 27.6 厘米，分辨率为 150 像素 / 英寸的新文档。

(2) 打开"资源 / 第 07 章 / 素材 / 足球场 .jpg"文件，将其拖至当前正在编辑的文档中，参照图 07-008-1 所示，调整图像的位置。

(3) 打开"资源 / 第 07 章 / 素材 / 球场草坪 .jpg"文件，将其拖至当前正在编辑的文档中，参照图 07-008-2 所示，调整图像的位置。

图 07-008-1 添加球场素材

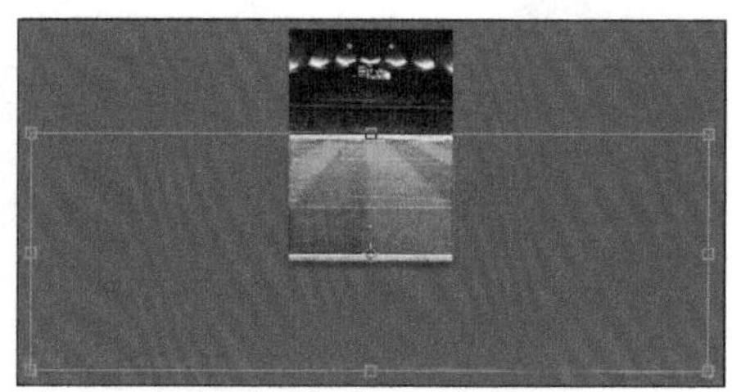

图 07-008-2 添加草坪素材

（4）打开“资源 / 第 07 章 / 素材 / 啤酒 .tif”文件，将其拖至当前正在编辑的文档中，参照图 07-008-3 所示，调整图像的位置，选中足球场图像，使用【多边形套索工具】创建选区，使用快捷键 Ctrl+J 复制选区中的图像，调整图像至啤酒图像的上方，并为其添加图层蒙版，在蒙版中填充黑色，然后使用白色柔边缘【画笔工具】在蒙版中进行绘制。

图 07-008-3　添加啤酒图像

（5）通过上一步的操作，达到如图 07-008-4 所示的效果。

（6）参照图 07-008-5 所示，使用【横排文字工具】在视图中输入文字，并单击其选项栏中的【创建文字变形】按钮，创建变形文字。

图 07-008-4　添加图层蒙版后的效果

图 07-008-5　创建变形文字

（7）将文字转换为“深度”为 1，“缩放”为 0，“旋转”为 0 的 3D 文字，效果如图 07-008-6 所示。

（8）双击 3D 文字图层名称后的空白处，参照图 07-008-7 所示，在弹出的【图层样式】对话框中进行设置，添加【渐变叠加】图层样式。

图 07-008-6 创建 3D 文字

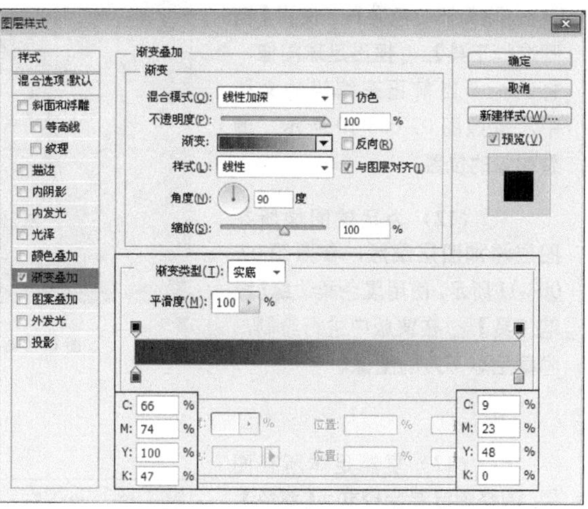

图 07-008-7 添加【渐变叠加】图层样式

（9）参照图 07-008-8 所示，将文字载入选区，单击【图层】调板底部的【创建新的填充或调整图层】按钮，在弹出的菜单中选择【渐变填充】命令，将选区填充渐变。

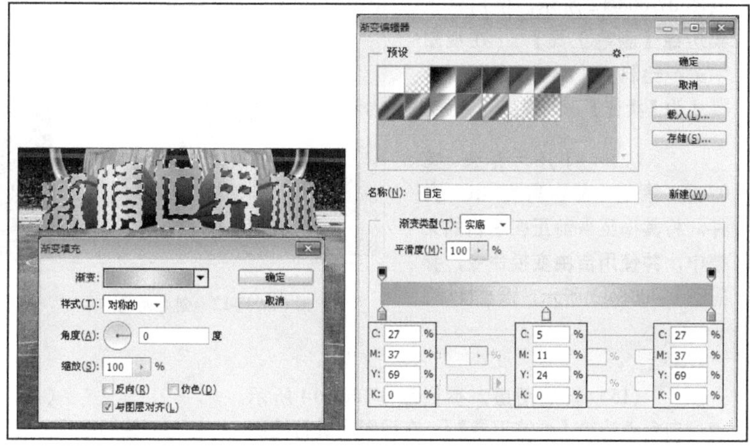

图 07-008-8 添加渐变

（10）新建图层，参照图 07-008-9 所示，使用彩色柔边缘【画笔工具】在视图中进行绘制，并调整图层的混合模式为【线性减淡（添加）】。

图 07-008-9 丰富背景颜色

（11）打开“资源/第07章/素材/奖杯.jpg”、“资源/第07章/素材/足球.jpg”文件，使用【魔术橡皮擦工具】去除奖杯白色背景，使用【椭圆选框工具】抠出足球图像，将其拖至当前正在编辑的文档中，参照图07-008-10所示，调整图像的位置。

（12）为足球图像所在图层添加图层蒙版，参照图07-008-11所示，使用黑色柔边缘【画笔工具】在蒙版中进行绘制，隐藏足球下方的图像。

图 07-008-10 添加素材图像

图 07-008-11 添加图层蒙版

（13）复制足球所在图层，调整图层混合模式为【滤色】，使足球颜色变亮，新建图层，参照图07-008-12所示，使用白色柔边缘【画笔工具】在视图中进行绘制，并调整图层的混合模式为【柔光】，创建高光效果。

（14）打开“资源/第07章/素材/人物剪影.tif”文件，将其拖至当前正在编辑的文档中，并使用自由变换命令，参照图07-008-13所示，调整图像。

图 07-008-12 创建高光

图 07-008-13 添加素材图像

（15）新建图层，参照图07-008-14所示，使用白色柔边缘【画笔工具】在视图中进行绘制，并调整图层的混合模式为【叠加】，创建高光效果。

（16）使用【矩形选框工具】在视图上方绘制选区，参照图07-008-15所示的效果，填充金色渐变，并使用【横排文字工具】参照图07-008-15所示，添加文字。至此，本实例制作完成。

图 07-008-14 创建高光

图 07-008-15 添加文字

实例 09 悬挂式啤酒 POP 广告

1. 实例特点：

异性的旗帜加上绚丽的画面更加引人瞩目。

2. 注意事项：

吊旗顾名思义是要挂至较高的地方引人瞩目，所以色彩丰富才能达到很好的宣传效果，如果想要表达文字信息，就应适当将文字放大。

3. 操作思路：

绘制旗帜的形状，通过复制图层制作画面效果。

最终效果图

资源 / 第 07 章 / 源文件 / 悬挂式啤酒 POP 广告 .psd

具体步骤如下：

（1）创建一个宽度为 13.24 厘米，高度为 18.8 厘米，分辨率为 150 像素 / 英寸的新文档。

（2）参照图 07-009-1 所示，使用【椭圆选框工具】和【矩形选框工具】绘制选区，并填充黑色，创建出吊旗的形状。

（3）打开“资源 / 第 07 章 / 素材 / 张贴式啤酒 POP 广告 .psd”文件，选中所有图层，右击，在弹出的菜单中选择【复制图层】命令，参照图 07-009-2 所示，在弹出的【复制图层】对话框中进行设置，添加制作好的图像。

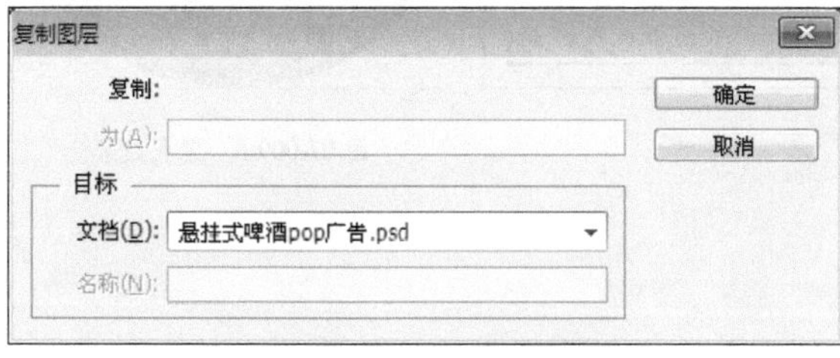

图 07-009-1 绘制吊旗形状

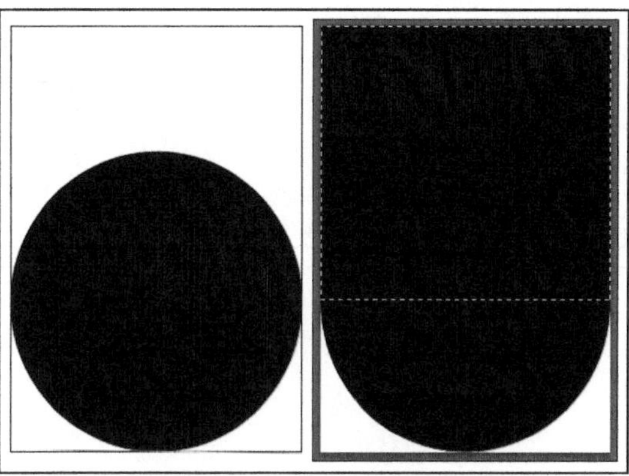

图 07-009-2 【复制图层】对话框

(4) 参照图 07-009-3 所示，缩小并调整图像，与画布相匹配。

(5) 选中球场草坪图像所在图层，然后将吊旗形状载入选区，单击【图层】调板底部的【添加矢量蒙版】按钮，添加图层蒙版，隐藏选区以外的图像，效果如图 07-009-4 所示。

图 07-009-3 调整图像

图 07-009-4 添加图层蒙版

(6) 参照图 07-009-5 所示，选中上一步骤创建的图层蒙版，按住键盘上的 Alt 键向上拖曳至“图层 9”的空白处，复制图层蒙版，效果如图 07-009-6 所示。至此，本实例制作完成。

图 07-009-5 复制蒙版

图 07-009-6 完成效果

实例 10 台式啤酒 POP 广告

最终效果图

资源 / 第 07 章 / 源文件 / 台式啤酒 POP 广告 .psd

1. 实例特点：

通过创建刀版，制作异形的台式广告。

2. 注意事项：

制作闭合的刀版线将要镂空图像，制作不闭合的刀版线则是在纸张上制作了一个切口。

3. 操作思路：

首先分割画面，通过复制图像创建台式广告的正面，然后绘制刀版线和压痕线。

具体步骤如下：

（1）新建一个宽度为 29.7 厘米，高度为 36.97 厘米，分辨率为 150 像素 / 英寸的新文档。

（2）参照图所示，添加参考线，将页面分成四份，下面三份为等距 12 厘米，效果如图 07-010-1 所示。

（3）打开“资源 / 第 07 章 / 素材 / 足球场 .jpg”、“资源 / 第 07 章 / 素材 / 球场草坪 .jpg”文件，参照图 07-010-2 所示，将其拖至当前正在编辑的文档中，使用自由变换命令，将图像压扁。

图 07-010-1 添加参考线

图 07-010-2 添加【渐变叠加】图层样式

（4）选中足球场图像所在图层，使用【矩形选框工具】在视图下方绘制选区，然后单击【图层】调板底部的【添加矢量蒙版】按钮，添加图层蒙版，隐藏选区以外的图像，效果如图 07-010-3 所示。

（5）打开“资源 / 第 07 章 / 素材 / 张贴式 .psd”、“资源 / 第 07 章 / 素材 / 啤酒 POP 广告 .psd”文件，选中啤酒、高光、3D 文字、奖杯、足球图像，将其拖至当前正在编辑的文档，参照图 07-010-4 所示，调整图像的大小及位置。

图 07-010-3 添加图层蒙版效果

图 07-010-4 添加素材图像

（6）打开“资源 / 第 07 章 / 素材 / 人物剪影 .tif”文件，将其拖至当前正在编辑的文档中，参照图 07-010-5 所示，使用快捷键 Ctrl+T 打开自由变换对话框，变换图像，使用【矩形选框工具】绘制矩形选区并填充黑色。

图 07-010-5 添加素材图像

（7）参照图 07-010-6 所示，使用【横排文字工具】添加文字。

（8）在【路径】调板中创建“路径 1”图层，参照图 07-010-7 所示，使用【钢笔工具】沿啤酒周围绘制路径。

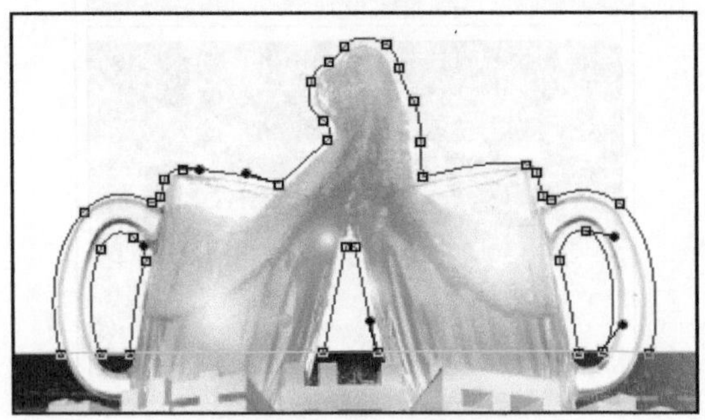

图 07-010-7 绘制路径

图 07-010-6 添加文字

（9）单击【画笔工具】，在其选项栏中单击【“画笔预设”选取器】调板中的硬边缘画笔，设置画笔大小为 1 像素，新建图层，然后右击“路径 1”图层，在弹出的菜单中选择【画笔描边】命令，描边路径，效果如图 07-010-8 所示。

（10）选择【直线工具】，在其选项栏中设置工具模式为像素，粗细为 1 像素，新建图层，在第二条参考线处绘制直线，选择【橡皮擦工具】，在其选项栏中单击【“画笔预设”选取器】调板中的硬边缘画笔，设置画笔大小为 20 像素，然后在【画笔】调板中设置画笔间距为 200%，在直线左端单击，然后按住 Shift 键在直线右端单击，创建虚线，效果如图 07-010-9 所示。至此，本实例制作完成。

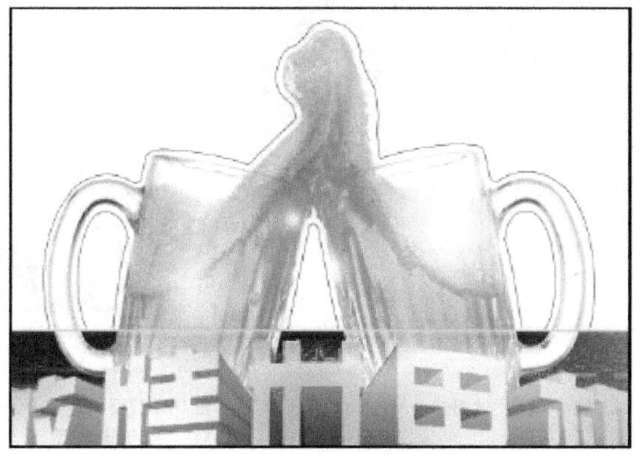

图 07-010-8 制作刀版线

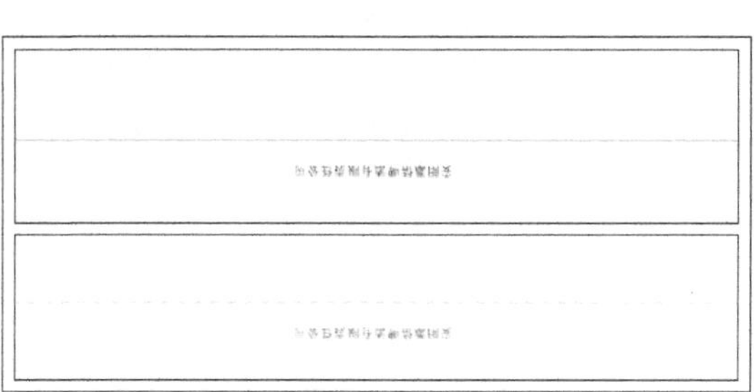

图 07-010-9 制作压痕线

实例 11 啤酒展架 POP 广告

1. 实例特点：

利用 POP 广告强烈的色彩、突出的造型，创造强烈的销售气氛，吸引消费者的视线，促成其购买冲动。

2. 注意事项：

由于展架是细长条的广告，注意把重点要体现的图像或文字信息放置视觉中心位置。

3. 操作思路：

首先创建文档，添加背景素材，通过拷贝图像制作画面效果，移动图像的位置。

最终效果图

资源 / 第 07 章 / 源文件 / 啤酒展架 POP 广告 .psd

具体步骤如下：

（1）新建一个宽度为 15 厘米，高度为 40 厘米，分辨率为 150 像素 / 英寸的新文档。

（2）打开“资源 / 第 07 章 / 素材 / 足球场.jpg”、“资源/第07章/素材/球场草坪.jpg”文件，将其拖至当前正在编辑的文档中，参照图 07-011-1 所示，调整图像的大小和位置。

（3）参照图 07-011-2 所示，将“资源 / 第 07 章 / 素材 / 张贴式啤酒 POP 广告.psd”文件中的图像拖至当前正在编辑的文档中，并调整图像的位置。

图 07-011-1　添加素材图像

图 07-011-2　复制并调整图像位置

（4）选中人物剪影所在图层，使用【矩形选框工具】绘制选区，并填充选区为黑色，效果如图 07-011-3 所示。

图 07-011-3　将路径载入选区

（5）复制“资源 / 第 07 章 / 素材 / 张贴式啤酒 POP 广告.psd”文件中的渐变填充图层，在其蒙版中绘制矩形并填充白色，显示渐变填充效果，如图 07-011-4 所示。至此，本实例制作完成。

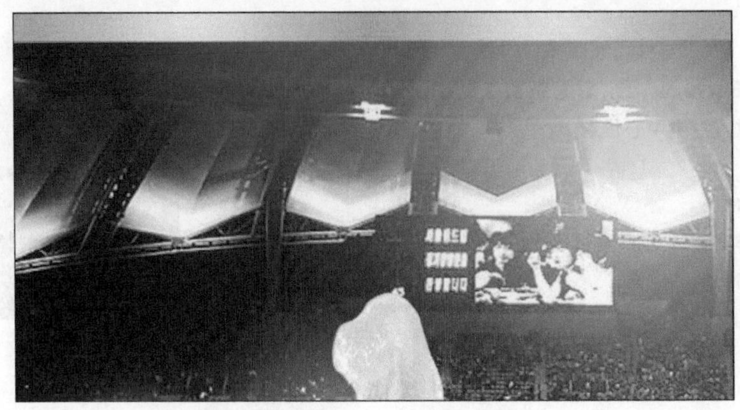

图 07-011-4　编辑蒙版

第08章 DM单设计

DM 可以直接将广告信息传送给真正的受众，而其他广告媒体形式只能将广告信息笼统地传递给所有受众，而不管受众是否是广告信息的真正受众。DM 单具有广告持续时间长，有较强的灵活性，能产生良好的广告效应，有可测定性和隐蔽性等众多优势，在广告行业普遍应用。

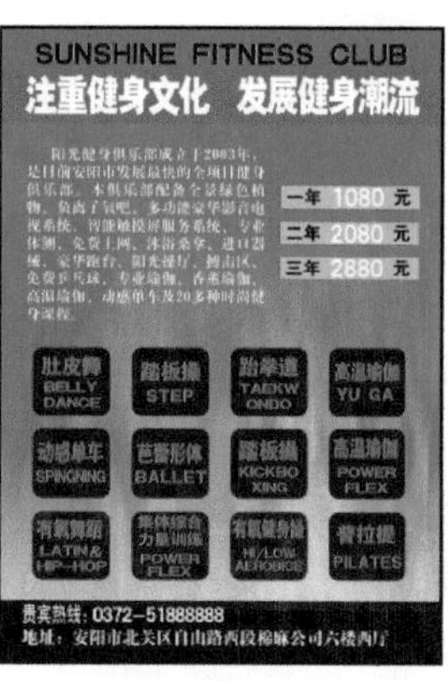

实例 01　笔记本电脑 DM 单设计

1. 实例特点：

本实例简洁大方，产品突出，用标注图形配合文字，突出产品局部信息。

2. 注意事项：

在对一个系列多个颜色相同产品的图像进行排列时，通过调整图像的旋转角度和先后顺序，可使整个画面排列更灵活不死板。

3. 操作思路：

首先新建文件添加产品图像，使用彩带图像作为背景，添加标志和文字信息创建 DM 单的正面，然后通过调整产品图像的大小，旋转和排列图像创建出 DM 单的背面。

最终效果图

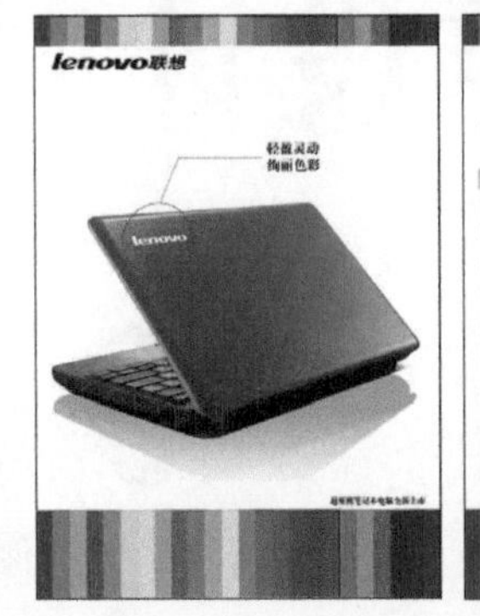

资源 / 第 08 章 / 源文件 / 笔记本电脑 DM 单设计正面 .psd、资源 / 第 08 章 / 源文件 / 笔记本电脑 DM 单设计背面 .psd

具体步骤如下：

1. 笔记本电脑 DM 单设计正面

（1）执行【文件】|【新建】命令，创建一个宽度为 21.6 厘米，高度为 30.3 厘米，分辨率为 150 像素的新文档，在四边添加表示 3 毫米出血的参考线。

（2）打开"资源 / 第 08 章 / 素材 / 高清笔记本电脑 .jpg"文件，使用【移动工具】将其拖至当前正在编辑的文档中，效果如图 08-001-1 所示。

（3）使用【自由变换】命令调整图像的大小和位置，如图 08-001-2 所示效果。

图 08-001-1　添加素材　　图 08-001-2　调整素材大小

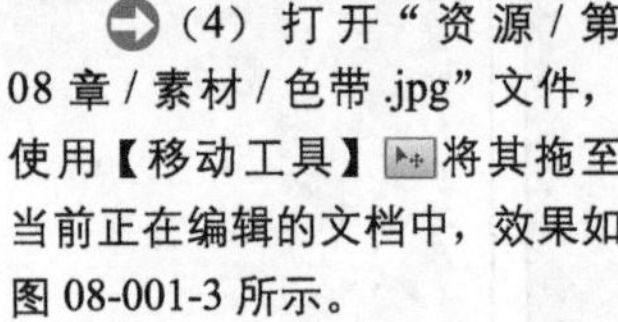

（4）打开"资源 / 第 08 章 / 素材 / 色带 .jpg"文件，使用【移动工具】将其拖至当前正在编辑的文档中，效果如图 08-001-3 所示。

（5）使用【自由变换】命令调整图像的大小和位置，效果如图 08-001-4 所示。

图 08-001-3　添加素材

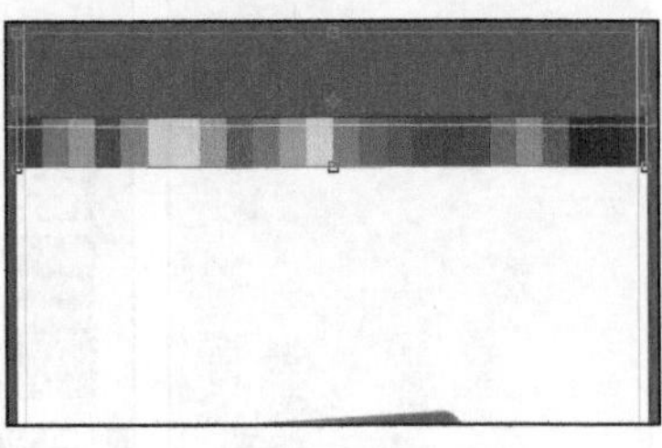

图 08-001-4　调整素材大小

(6) 复制上一步创建的图像，使用【移动工具】移动图像至视图的下方，效果如图 08-001-5 所示。

(7) 参照图 08-001-6 所示，使用【椭圆工具】绘制正圆图形，双击该图层缩览图，在弹出的【图层样式】对话框中进行设置，为图层添加 1 像素黑色【描边】图层样式，并调整图层的“填充”参数为 0%。

图 08-001-5 复制图像

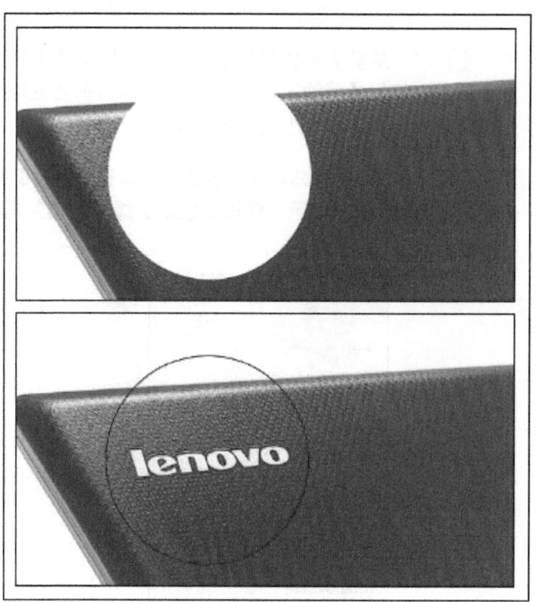

图 08-001-6 制作正圆描边

(8) 参照图 08-001-7 所示，使用【直线工具】绘制直线，并使用【横排文字工具】创建介绍性文字信息。

(9) 打开“资源 / 第 08 章 / 素材 / 标志 .jpg”文件，将其拖至当前正在编辑的文档中，参照图 08-001-8 所示，调整图像的位置，继续使用【横排文字工具】添加文字信息。

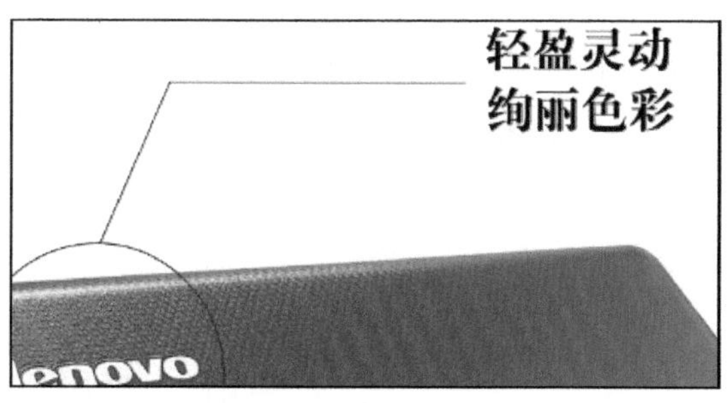

图 08-001-7 绘制直线形状

图 08-001-8 添加文字

2. 笔记本电脑 DM 单设计背面

(1) 执行【文件】|【新建】命令，创建一个宽度为 21.6 厘米，高度为 30.3 厘米，分辨率为 150 像素的新文档，在四边添加表示 3 毫米出血的参考线。

(2) 从前面制作好的笔记本电脑DM单设计正面文档中，选中笔记本、色带、标志和文字“轻盈灵动绚丽色彩”，使用【移动工具】将其拖至当前正在编辑的文档中，并参照图08-001-9所示，调整图像的位置，使用【自由变换】命令缩小笔记本图像。

(3) 选中笔记本图像所在图层，单击【图层】调板底部的【添加图层蒙版】按钮，为图层添加图层蒙版，并参照图08-001-10所示，使用黑色柔边缘【画笔工具】在蒙版中进行绘制，隐藏部分图像。

图 08-001-9 复制图像

(4) 打开“资源/第08章/素材/笔记本电脑文字信息.psd”文件，选中所有图层，右击，在弹出的菜单中选择【复制图层】命令，参照图08-001-11所示，在弹出的【复制图层】对话框中进行设置，复制文字图像到当前正在编辑的文档中。

(5) 参照图08-001-12所示，使用【矩形工具】绘制灰色（C：26，M：20，Y：19，K：0）矩形形状，突出标题文字信息。

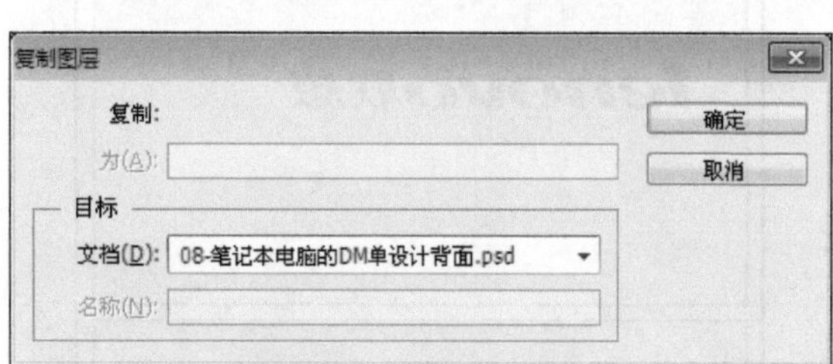

图 08-001-11 【复制图像】对话框

图 08-001-12 绘制矩形形状

(6) 参照图08-001-13所示，使用【直线工具】绘制1像素灰色直线形状，作为装饰线条，用来分割文字，使阅读者在阅读的时候更方便。

(7) 打开“资源/第08章/素材/笔记本电脑01.jpg”、“资源/第08章/素材/笔记本电脑02.jpg”文件，分别使用【魔术橡皮擦工具】去除白色背景，然后使用【移动工具】将其拖至当前正在编辑的文档中，参照图08-001-14所示，旋转图像并调整图像的大小及位置。至此，本实例制作完成。

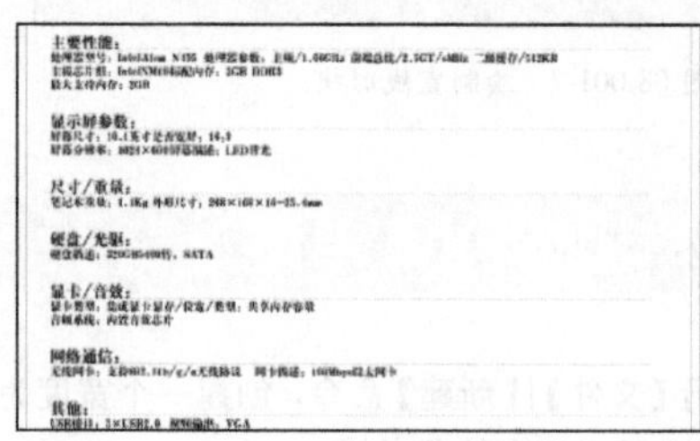

图 08-001-13 绘制直线

图 08-001-14 添加素材

实例 02 健身俱乐部的 DM 单设计

1. 实例特点：

本实例用正在做运动的人物作为正面主要图像，准确地表达了健身俱乐部这一信息。

2. 注意事项：

使用人物、食品或产品信息作为单页主要显示的图像时，要对图像进行调色处理等修整手法，使图像看上去更加美观。

3. 操作思路：

首先新建文件，填充背景色使用【渐变命令】创建渐变填充图像丰富背景色，添加火焰图像并调整图像的混合模式，体现运动的火辣感觉，然后添加人物素材并对人物图像的颜色进行调整，创建出 DM 单正面图像，接下来使用文字工具组和矩形工具相结合，创建 DM 单背面图像。

最终效果图

资源 / 第 08 章 / 源文件 / 健身俱乐部 DM 单正面 .psd、资源 / 第 08 章 / 源文件 / 健身俱乐部 DM 单背面 .psd

具体步骤如下：

1. 健身俱乐部 DM 单正面

（1）执行【文件】|【新建】命令，创建一个宽度为 21.6 厘米，高度为 30.3 厘米，分辨率为 150 像素的新文档，在四边添加表示 3 毫米出血的参考线。

（2）使用【油漆桶工具】填充背景颜色为红色（C：0，M：95，Y：64，K：0），然后参照图 08-002-1 所示，使用【矩形选框工具】绘制选区。

图 08-002-1 绘制选区

（3）单击【图层】调板底部的【创建新的填充或调整图层】按钮，在弹出的菜单中选择【渐变填充】命令，参照图 08-002-2 所示，在弹出的【渐变填充】对话框中进行设置，创建“渐变填充 1”图层。

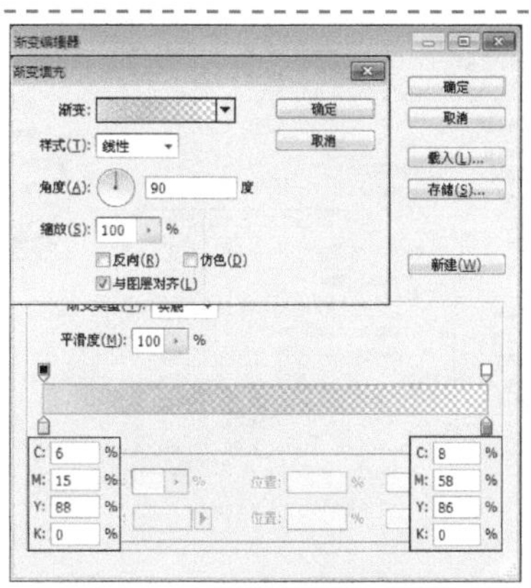

图 08-002-2 创建“渐变填充 1”图层

➡（4）打开“资源/第08章/素材/火焰.jpg”文件，使用【移动工具】将其拖至当前正在编辑的文档中，并参照图08-002-3所示，使用【自由变换】命令调整图像形状和位置，然后调整图层的混合模式为【叠加】，效果如图08-002-4所示。

➡（5）打开“资源/第08章/素材/肌肉男.jpg”文件，使用【移动工具】将其拖至当前正在编辑的文档中，并参照图08-002-5所示，调整图像的大小及位置。

图 08-002-3　添加素材

图 08-002-4　调整图层混合模式

图 08-002-5　添加素材

⬇（6）参照图08-002-6所示的步骤，使用【快速选择工具】在肌肉男图像上绘制选区，并单击【图层】调板底部的【添加图层蒙版】按钮，为该图层添加图层蒙版，按住Alt键单击图层蒙版缩览图，进入蒙版编辑区域，使用黑色柔边缘【画笔工具】继续在蒙版中进行绘制，单击图层名称空白出退出蒙版。

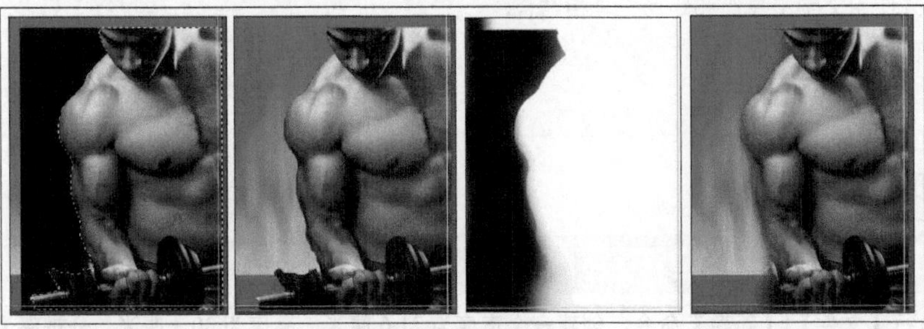

图 08-002-6　添加图层蒙版

⬇（7）双击肌肉男所在图层缩览图，参照图08-002-7所示，在弹出的【图层样式】对话框中进行设置，为该图层添加【内发光】图层样式。

⬇（8）单击【图层】调板底部的【创建新的填充或调整图层】按钮，在弹出的菜单中选择【曲线】命令，参照图08-002-8所示，调整图像的亮度，按住Alt键拖动肌肉男所在图层的图层蒙版缩览图，放置在该图层中，创建图层蒙版。

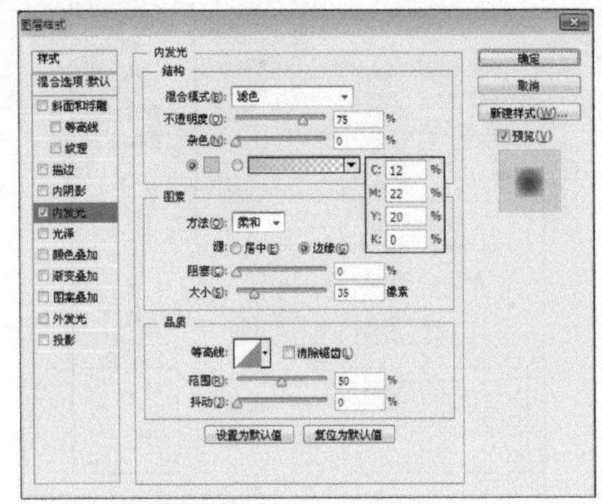

图 08-002-7　添加【内发光】图层样式

图 08-002-8　调整图像亮度

(9) 继续单击【创建新的填充或调整图层】按钮，在弹出的菜单中选择【色相 / 饱和度】命令，参照图 08-002-9 所示，调整图像的颜色，然后按住 Alt 键拖动肌肉男所在图层的图层蒙版缩览图，放置在该图层中，创建图层蒙版。

(10) 新建图层，参照图 08-002-10 所示，使用黄色柔边缘【画笔工具】在人物手臂部分绘制图像，并调整图层"不透明度"参数为 50%。

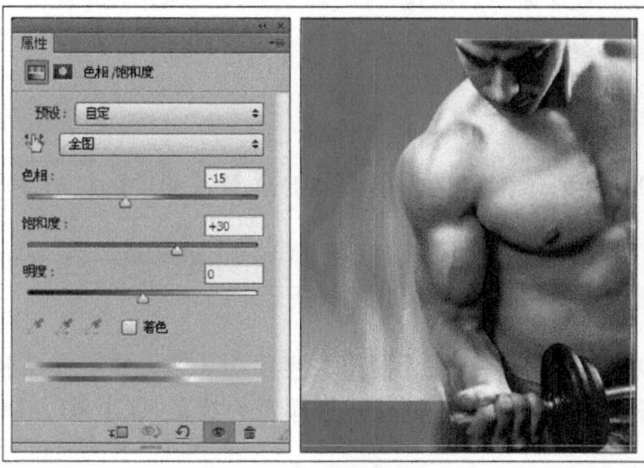

图 08-002-9 调整图像颜色

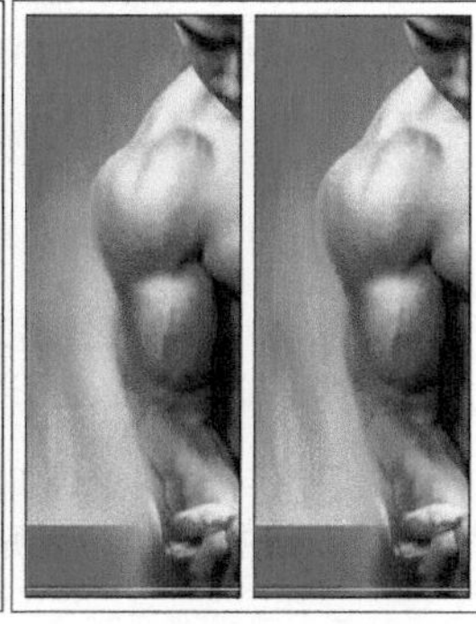

图 08-002-10 绘制图像

(11) 参照图 08-002-11 所示，使用【矩形工具】绘制矩形形状，使用【横排文字工具】输入俱乐部名称，复制文字更改颜色为黑色，移动文字的位置作为背景，然后为白色文字所在图层添加白色及 12 像素红色（C：0，M：94，Y：32，K：0）【描边】图层样式。

(12) 继续使用【横排文字工具】创建其他文本信息，效果如图 08-002-12 所示。

图 08-002-11 创建俱乐部名称

图 08-002-12 添加文字信息

(13) 新建"组 1"图层组，参照图 08-002-13 所示，使用【矩形工具】绘制矩形形状，并为其添加投影效果，然后使用【横排文字工具】添加文字。

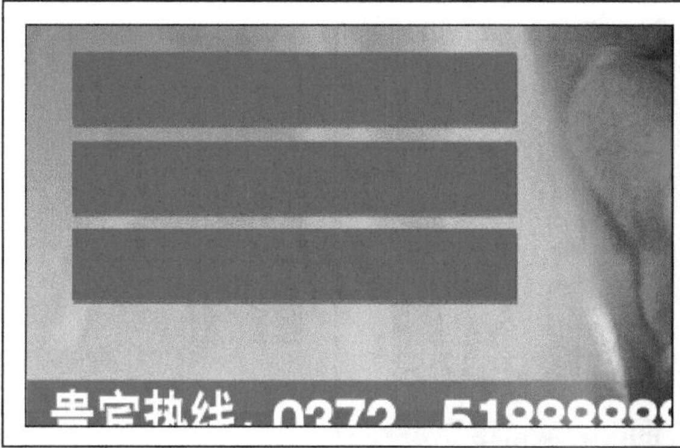

图 08-002-13 绘制矩形形状

2. 健身俱乐部 DM 单背面

（1）执行【文件】|【新建】命令，创建一个宽度为 21.6 厘米，高度为 30.3 厘米，分辨率为 150 像素的新文档，在四边添加表示 3 毫米出血的参考线。

（2）参照图 08-002-14 所示，将健身俱乐部 DM 单正面中的部分图像拖至当前正在编辑的文档中。

（3）使用【矩形工具】分别绘制玫红色（C：0，M：95，Y：64，K：0）、红色（C：31，M：100，Y：100，K：1）和黑色矩形形状，效果如图 08-002-15 所示。

（4）参照图 08-002-16 所示，使用【横排文字工具】添加文字信息，复制健身俱乐部正面图像上“组 1”图层组中的图像，粘贴到该文档中，并调整矩形颜色为绿色（C：61，M：0，Y：100，K：0）。

图 08-002-14　绘制图像

图 08-002-15　绘制矩形图形

图 08-002-16　添加文字信息

（5）新建“组 2”图层组，使用【圆角矩形工具】绘制圆角矩形，并参照图 08-002-17 所示，使用【横排文字工具】添加文字信息。至此，本实例制作完成。

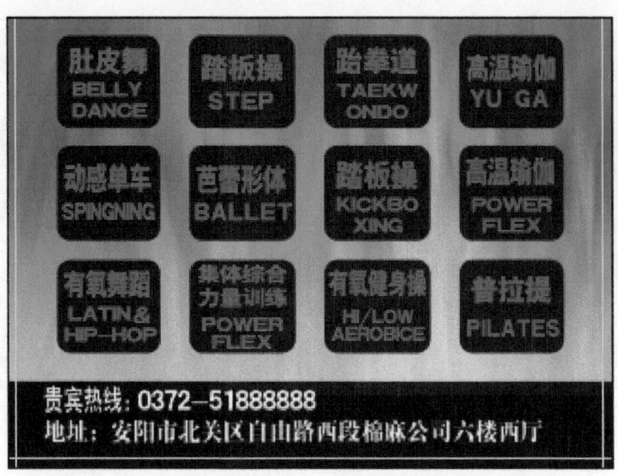

图 08-002-17　绘制圆角矩形

03 数码市场的 DM 单设计

1. 实例特点：

本实例以蓝色调为主色调，体现科技氛围，产品信息作为主要展现图像，运用矢量图形作为装饰。

2. 注意事项：

画面中需要展现多种不同类型、不同型号、不同大小的产品时，将图像作为一组，分出前后和主次顺序，使画面紧凑不散乱，也使产品突出。

3. 操作思路：

首先创建新文件，使用【渐变填充】命令创建渐变填充背景，其次使用矩形工具绘制色带，添加产品图像及文字信息，作为 DM 单正面图像，然后复制 DM 单正面图像作为背景，添加文字素材图像，创建 DM 单背面图像。

最终效果图

资源 / 第 08 章 / 源文件 / 数码市场 DM 单正面 .psd、资源 / 第 08 章 / 源文件 / 数码市场 DM 单设计背面 .psd

具体步骤如下：

1. 数码市场 DM 单正面

（1）执行【文件】|【新建】命令，创建一个宽度为 21.6 厘米，高度为 30.3 厘米，分辨率为 150 像素的新文档，在四边添加表示 3 毫米出血的参考线。

（2）单击【图层】调板底部的【创建新的填充或调整图层】按钮，在弹出的菜单中选择【渐变填充】命令，参照图 08-003-1 所示，在弹出的【渐变填充】对话框中进行设置，创建渐变填充效果。

图 08-003-1 填充渐变

(3) 参照图 08-003-2 所示，使用【矩形工具】绘制蓝色（C：71，M：16，Y：7，K：0）和暗红色（C：50，M：100，Y：100，K：30）矩形形状，使用【自由变换】命令，调整暗红色矩形。

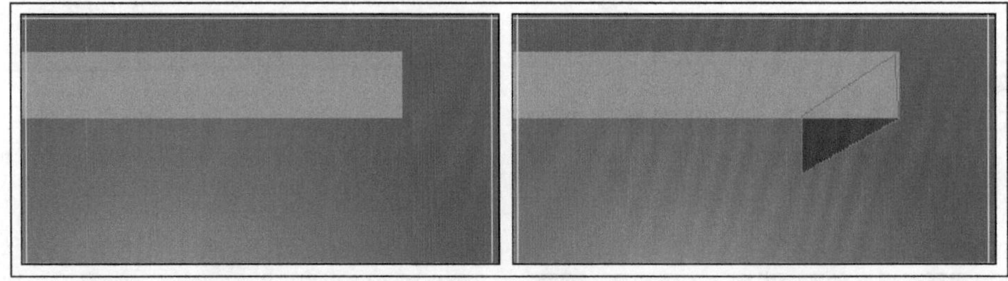

图 08-003-2 绘制矩形形状

(4) 继续使用【矩形工具】绘制红色（C：35，M：100，Y：92，K：0）矩形形状，效果如图 08-003-3 所示。

(5) 打开“资源 / 第 08 章 / 素材 / 拳头 .jpg”文件，并将其拖至当前正在编辑的文档中，使用【魔术橡皮擦工具】去除白色背景，使用快捷键 Ctrl+U 打开【色相 / 饱和度】对话框，调整明度参数为 0，参照图 08-003-4 所示，调整图像的大小及位置。

图 08-003-3 绘制矩形形状

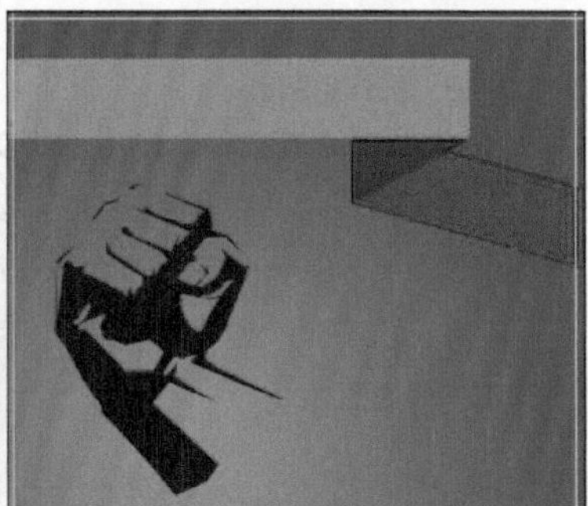

图 08-003-4 添加素材

(6) 参照图 08-003-5 所示，使用【横排文字工具】添加文字信息，双击“超客隆连锁大卖场”图层名称空白处，参照图 08-003-6 所示，在弹出的【图层样式】对话框中进行设置，为图层添加【投影】图层样式。

图 08-003-5 创建文字信息

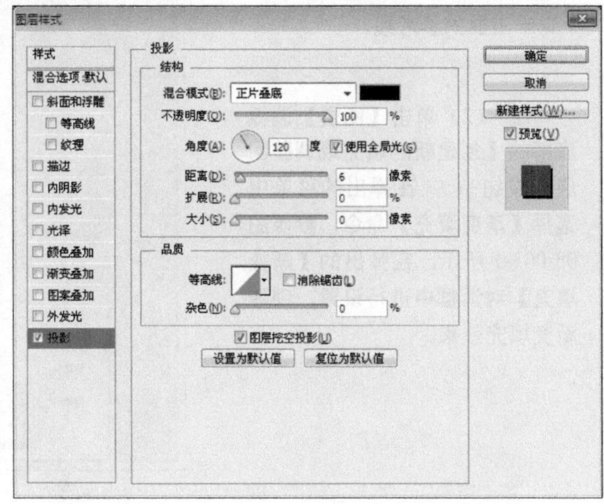

图 08-003-6 添加【投影】图层样式

(7) 新建“组 1”图层组，打开“资源 / 第 08 章 / 素材 / 笔记本电脑.jpg”、“资源 / 第 08 章 / 素材 / 平板电脑.jpg”、“资源 / 第 08 章 / 素材 / 手机.jpg”、“资源 / 第 08 章 / 素材 / 单反相机.jpg”文件，分别使用【魔术橡皮擦工具】去除白色背景，使用【移动工具】将其拖至当前正在编辑的文档中，使用【自由变换】命令分别调整图像，效果如图 08-003-7 所示。

(8) 选中上一步创建的图像，使用快捷键 Ctrl+Alt+E 合并图像，使用快捷键 Ctrl+U 打开【色相 / 饱和度】对话框，调整明度参数为 0，效果图 08-003-8 所示。

图 08-003-7　添加素材

图 08-003-8　调整图像的颜色

(9) 为上一步创建的图像添加图层蒙版，并参照图 08-003-9 所示，使用黑色柔边缘【画笔工具】在蒙版中进行绘制，隐藏部分图像。

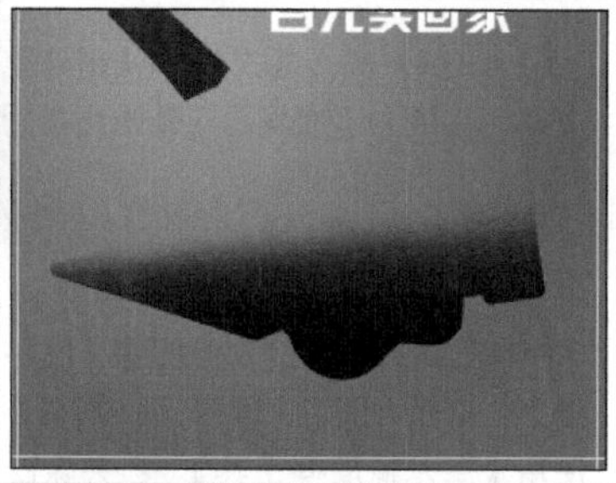

图 08-003-9　添加图层蒙版

(10) 调整上一步创建的图像到素材图像的下方，双击该图层的缩览图，参照图 08-003-10 所示，在弹出的【图层样式】对话框中进行设置，为该图层添加【投影】图层样式。

(11) 参照图 08-003-11 所示，使用【直线工具】绘制直线组合图形。

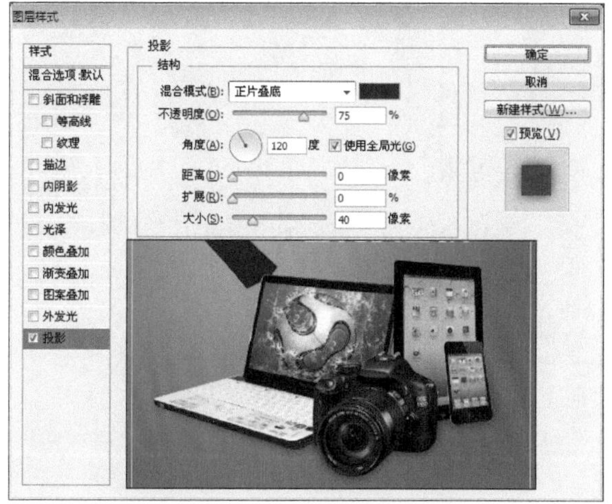

图 08-003-10　添加【投影】图层样式

图 08-003-11　绘制形状

（12）新建“组 2”图层组，使用【横排文字工具】T 创建文字，效果如图 08-003-12 所示。

（13）辅助直线组合形状和“组 2”图层组，垂直翻转“组 2”图层组中的图像，参照图 08-003-13 所示，调整图像的位置，并添加文字信息。

图 08-003-12 创建文字信息

图 08-003-13 复制图层

2. 数码市场 DM 单背面

（1）执行【文件】|【新建】命令，创建一个宽度为 21.6 厘米，高度为 30.3 厘米，分辨率为 150 像素的新文档，在四边添加表示 3 毫米出血的参考线。

（2）参照图 08-003-14 所示，复制数码市场 DM 单正面文档中的部分图像，粘贴到正在编辑的文档中，打开“资源 / 第 08 章 / 素材 / 手机 .jpg”文件，使用【魔术橡皮擦工具】去除白色背景，将其拖至当前正在编辑的文档中，然后使用【矩形工具】创建蓝色（C：71，M：16，Y：7，K：0）矩形形状。

（3）参照图 08-003-15 所示，使用【横排文字工具】T 创建文字信息，打开“资源 / 第 08 章 / 素材 / 超市 DM 的相关文字信息 .psd”文件，使用【移动工具】将其拖至当前正在编辑的文档中。至此，本实例制作完成。

图 08-003-14 添加素材图像

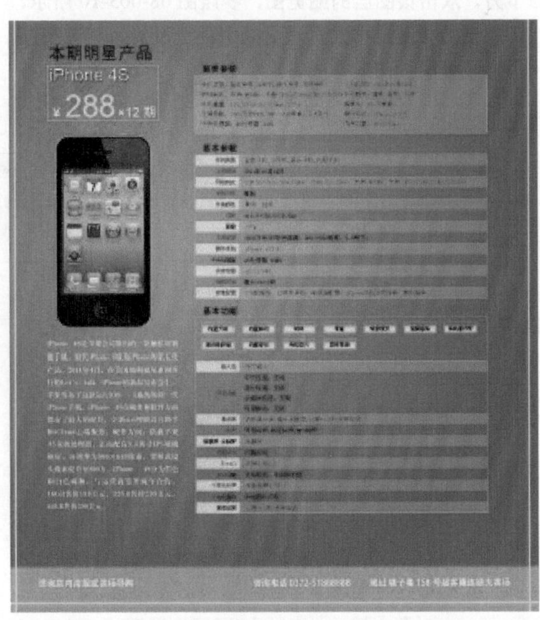

图 08-003-15 添加文字

实例 04 舞蹈班的 DM 单设计

1. 实例特点：

该实例通过使用大幅的人物图片，配合浓郁的色彩，设置出极为个性的画面效果。

2. 注意事项：

在为正面 DM 中人物添加蒙版时，可以配合使用【快速选择工具】将人物选中，以制作出较为精致的蒙版边缘。

3. 操作思路：

该实例的制作过程较为简单，主要通过图片的堆叠，来制作出背景，以及背景与主体人物之间的关系。

最终效果图

资源 / 第 08 章 / 源文件 / 舞蹈班 DM 单正面 .psd、资源 / 第 08 章 / 源文件 / 舞蹈班 DM 单背面 .psd

具体步骤如下：

1. 舞蹈班 DM 单设计正面

（1）执行【文件】|【新建】命令，创建一个宽度为 21.6 厘米，高度为 30.3 厘米，分辨率为 150 像素的新文档，在四边添加表示 3 毫米出血的参考线。

（2）打开“资源 / 第 08 章 / 素材 / 钢管舞 .jpg”文件，使用【矩形选框工具】在视图的左侧绘制矩形选区，如图 08-004-1 所示。

（3）使用【移动工具】将选区内的图像拖至 DM 单文档中，使用【自由变换】命令调整图像的角度和大小，效果如图 08-004-2 所示。

图 08-004-1 绘制选区

图 08-004-2 变形图像

(4) 打开“资源/第08章/素材/街舞.jpg”文件，使用【移动工具】将图像拖至DM单文档中，使用【自由变换】命令调整图像的大小，效果如图08-004-3、图08-004-4所示。

图 08-004-3 添加素材图像

图 08-004-4 调整图像大小

(5) 为“图层2”添加蒙版，参照图08-004-5、图08-004-6所示，将图片的下侧和上侧隐藏。

图 08-004-5 编辑图像下侧

图 08-004-6 编辑图像上侧

(6) 打开“资源/第08章/素材/墙面背景.jpg”文件，使用【矩形选框工具】在视图中绘制矩形选区，如图08-004-7所示。

(7) 使用【移动工具】将选区内的图像拖至DM单文档中，使用【自由变换】命令调整图像的角度和大小，效果如图08-004-8所示。

图 08-004-7 绘制选区

图 08-004-8 调整图像大小

(8) 使用【矩形工具】绘制黑色的矩形形状，效果如图08-004-9所示。

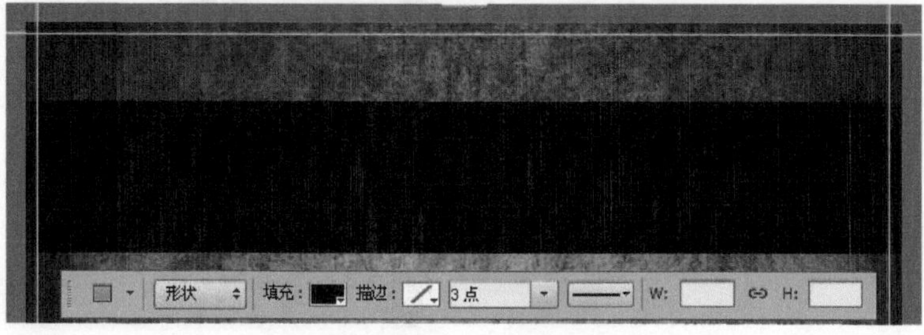

图 08-004-9 绘制黑色矩形

（9）使用【横排文字工具】T 在视图中输入文字“飞扬”，并在【字符】调板中设置文字属性，效果如图 08-004-10、图 08-004-11 所示。

图 08-004-10 添加文字

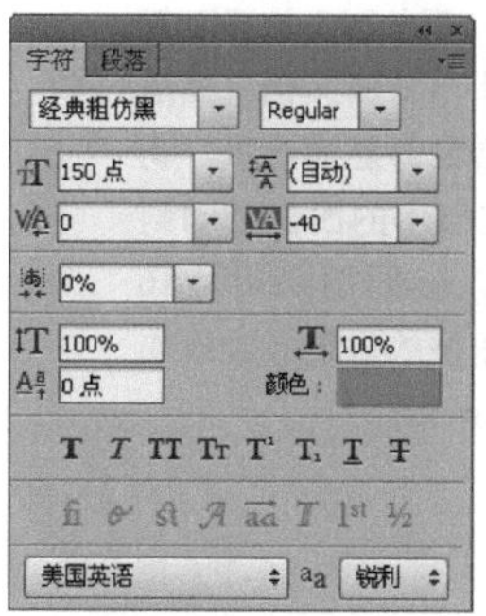

图 08-004-11 【字符】调板

（10）双击文字图层名称右侧的空白处，打开【图层样式】对话框，参照图 08-004-12、图 08-004-13 所示设置参数，为文字添加投影和描边效果。

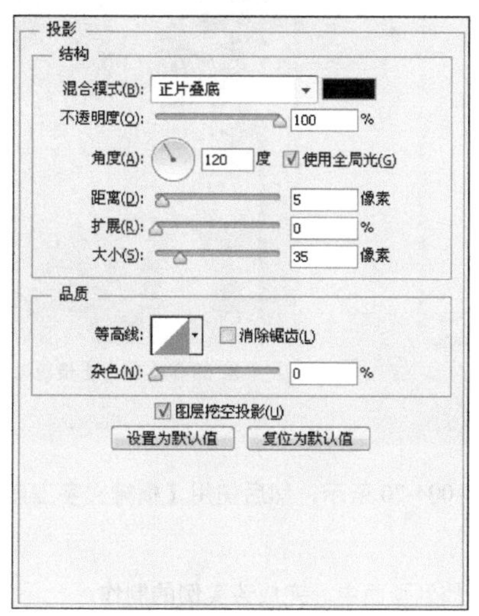

图 08-004-12 设置投影参数

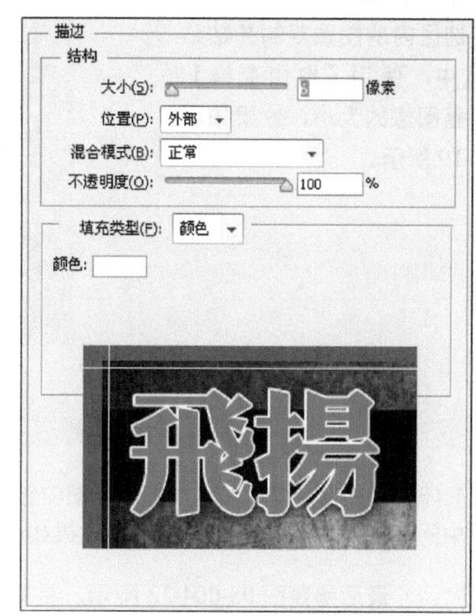

图 08-004-13 设置描边参数

（11）接下来参照图 08-004-14、图 08-004-15 所示，添加相关的文字信息，完成该 DM 单正面的制作。

图 08-004-14 添加相关文字信息

图 08-004-15 添加英文装饰内容

2. 舞蹈班 DM 单设计背面

(1) 将该 DM 单正面复制，创建 DM 单背面文档，然后将里面的图层全部删除，将“钢管舞.jpg”文档中的图像拖动到背面文档中，参照图 08-004-16 所示，调整图像的位置，效果如图 08-004-17 所示。

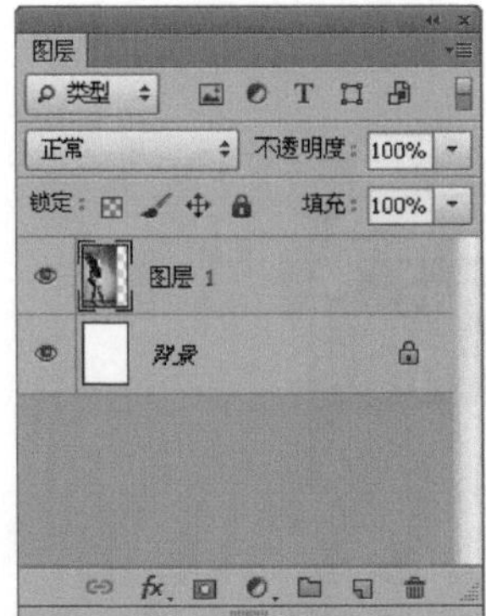

图 08-004-16 【图层】调板

图 08-004-17 添加素材

(2) 使用【矩形选框工具】在人物图像的右侧绘制矩形选区，如图 08-004-18 所示，将选区内的图像复制并粘贴到文档中，使用【自由变换】命令调整图像的大小，效果如图 08-004-19 所示。

图 08-004-18 绘制选区

图 08-004-19 变换图像

(3) 使用【钢笔工具】在视图中绘制封闭路径，如图 08-004-20 所示，然后使用【横排文字工具】在路径中间单击，并在其中输入文本，效果如图 08-004-21 所示。

(4) 最后参照图 08-004-22 所示，将其余相关的文字信息添加到画面中，完成该实例的制作。

图 08-004-20 绘制路径

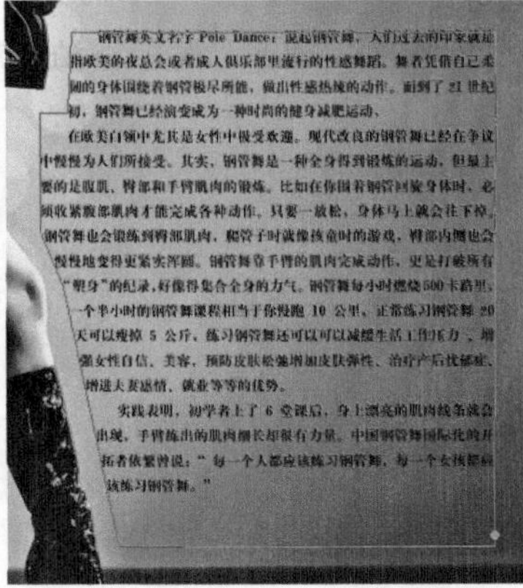

图 08-004-21 添加文字

图 08-004-22 添加相关的文字信息

第09章 报纸广告设计

报纸广告是指刊登在报纸上的广告，它以文字和图画为主要视觉刺激，不像其他广告媒介，如电视广告等受到时间的限制。报纸广告可以反复阅读，便于保存。但由于报纸纸质及印制工艺上的原因，报纸广告中的商品外观形象、款式和色彩不能理想地反映出来。本章将带领读者一起设计报纸广告。

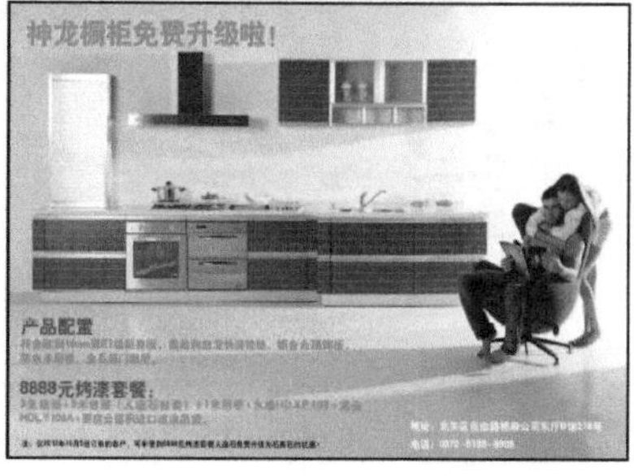

实例 01 汽车报纸广告设计

1. 实例特点：

该实例是以产品展示为主，整个画面以产品的照片为主体，并标注了产品型号及主要特点。

2. 注意事项：

该类型的广告，应注意汽车属于贵重消费产品，画面应大气、稳重，给人以信任感。

3. 操作思路：

首先在新文档中将汽车图片加入，调整颜色后添加相关文字信息。

最终效果图

资源/第09章/源文件/汽车报纸广告设计.psd

具体步骤如下：

（1）执行【文件】|【新建】命令，创建一个宽度为 24 厘米，高度为 17 厘米，分辨率为 150 像素的新文档。

（2）打开"资源/第 09 章/素材/汽车.jpg"文件，使用【移动工具】将其拖至当前正在编辑的文档中，使用【自由变换】命令调整图像的大小，效果如图 09-001-1 所示。

（3）添加色相/饱和度调整图层，增强画面的饱和度，如图 09-001-2 所示。

图 09-001-1　添加汽车素材

图 09-001-2　调整图像色调

（4）继续添加曲线调整图层，适当提亮图像的色调，效果如图 09-001-3、图 09-001-4 所示。

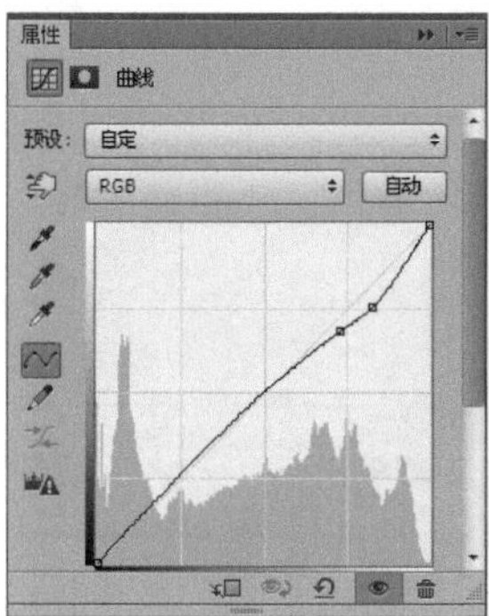

图 09-001-3　曲线设置参数

图 09-001-4　图像效果

（5）最后为画面添加相关的文字信息，如图 09-001-5、图 09-001-6 所示，完成该实例的制作。

图 09-001-5　添加广告文字

图 09-001-6　添加相关文字信息

实例 02　地产报纸广告设计

1. 实例特点：

该实例为房产广告，采用的是一种唯美的视觉效果，采用的素材为中式古典元素。

2. 注意事项：

在设计制作此类广告时，应注意收集的素材风格应保持统一。

3. 操作思路：

新建文档后，打开素材文件，依次将图像放入到文档中，放置好各个元素的位置。

最终效果图

资源 / 第 09 章 / 源文件 / 地产报纸广告设计 .psd

具体步骤如下：

(1) 执行【文件】|【新建】命令，创建一个宽度为 24 厘米，高度为 33 厘米，分辨率为 150 像素的新文档，使用深红色将背景填充，如图 09-002-1 所示。

(2) 打开“资源 / 第 09 章 / 素材 / 单色背景 .jpg”文件，使用【移动工具】将其拖至当前正在编辑的文档中，并调整其大小和位置，效果如图 09-002-2 所示。

图 09-002-1　填充背景

图 09-002-2　添加素材文件

(3) 打开“资源 / 第 09 章 / 素材 / 地产广告素材 .psd”文件，接下来参照图 09-002-3~ 图 09-002-6 所示的效果图，依次将素材放入到报纸广告文档中，并将鱼和笔划图像所在图层的混合模式设置为【正片叠底】。

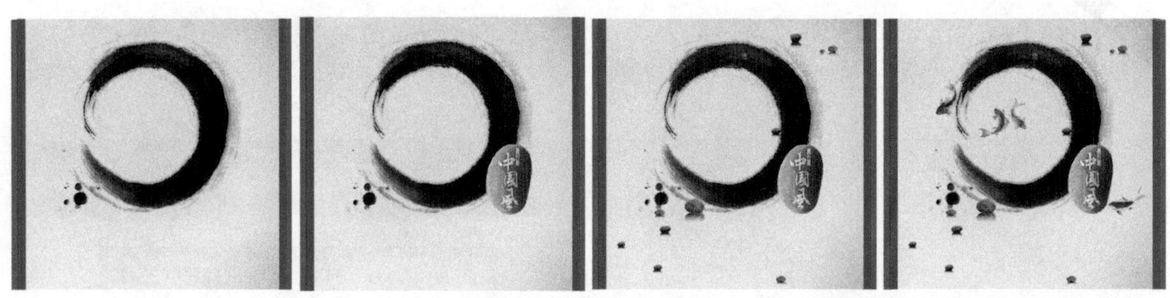

图 09-002-3　添加笔划素材　图 09-002-4　添加印章石头素材　图 09-002-5　添加石头素材　图 09-002-6　添加鱼素材

(4) 最后在画面中添加文字信息，如图 09-002-7、图 09-002-8 所示，完成该实例的制作。

图 09-002-7　添加标题文字

图 09-002-8　添加相关文字信息

实例 03 新能源研讨会报纸广告设计

1. 实例特点：

该广告是发布消息的一则报纸广告，主要通过文字来传达信息。

2. 注意事项：

在制作此类广告时，应注意突出文字，弱化装饰图案，保证文字信息传达的准确性。

3. 操作思路：

该实例的装饰图形，主要通过绘制形状，在渐变背景上创建出网格效果，再使用【钢笔工具】绘制出立方体，最后添加上文字信息。

最终效果图

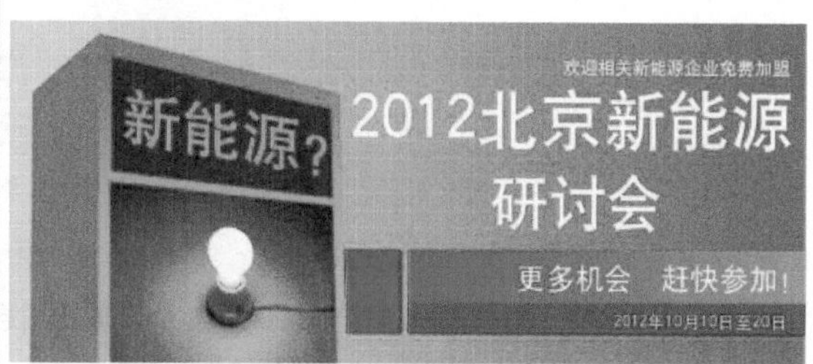

资源 / 第 09 章 / 源文件 / 新能源研讨会报纸广告设计 .psd

具体步骤如下：

（1）执行【文件】|【新建】命令，创建一个宽度为 24 厘米，高度为 10 厘米，分辨率为 150 像素的新文档。

（2）选择【渐变工具】，参照图 09-003-1 所示，设置渐变后，在“背景”图层中绘制渐变。

（3）使用【直线工具】在视图中绘制水平和垂直的白色线段，组成网格图形，如图 09-003-2 所示。

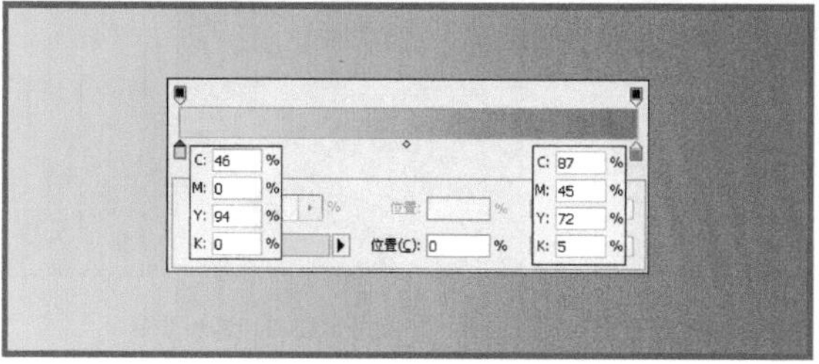

图 09-003-1 添加渐变效果

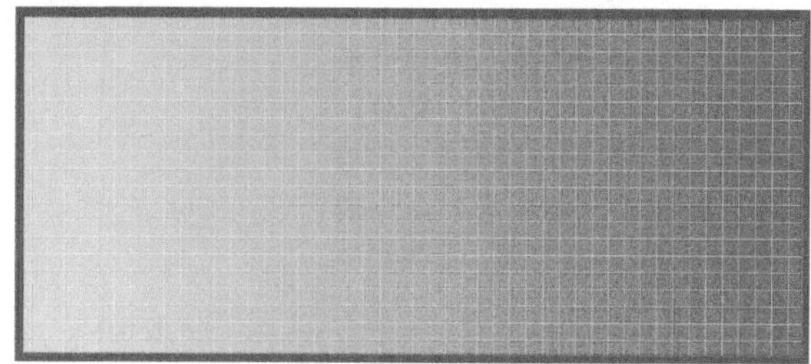

图 09-003-2 添加直线

（4）单击【图层】调板底部的【添加图层蒙版】按钮，为“形状 1”图层添加蒙版，使用【渐变工具】在蒙版中绘制渐变，创建出渐隐效果，效果如图 09-003-3 所示。

图 09-003-3 创建渐隐效果

（5）使用【钢笔工具】绘制两个面组成的立方体，效果如图 09-003-4、图 09-003-5 所示。

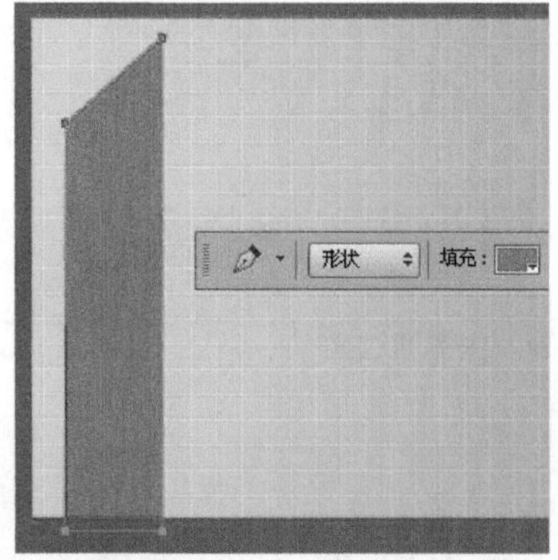

图 09-003-4　绘制立方体的暗面

图 09-003-5　绘制立方体的正面

（6）将正面矩形的选区载入，添加渐变填充图层，如图 09-003-6、图 09-003-7 所示。

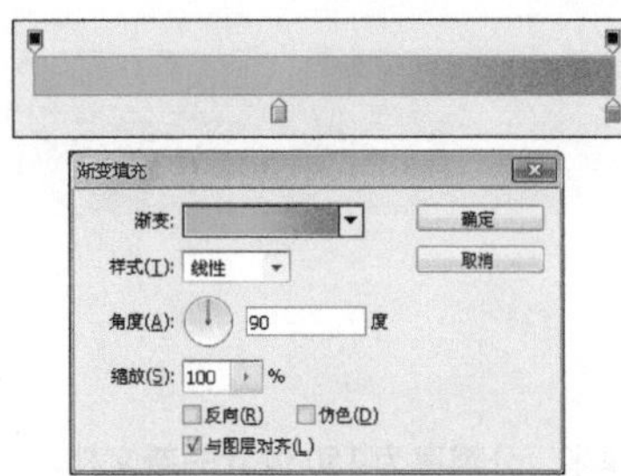

图 09-003-6　设置渐变颜色

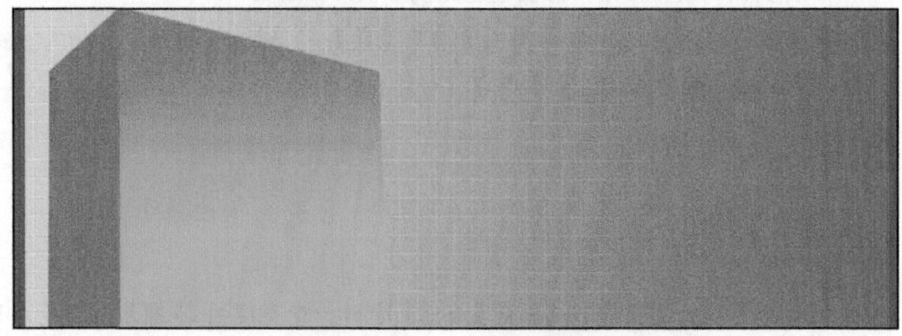
图 09-003-7　设置的渐变效果

（7）使用【钢笔工具】继续绘制不规则矩形，如图 09-003-8 所示。

（8）打开“资源 / 第 09 章 / 素材 / 灯 .jpg”文件，将素材文件放入到报纸广告文档中，使用【自由变换】命令调整图像的大小和位置，效果如图 09-003-9 所示。

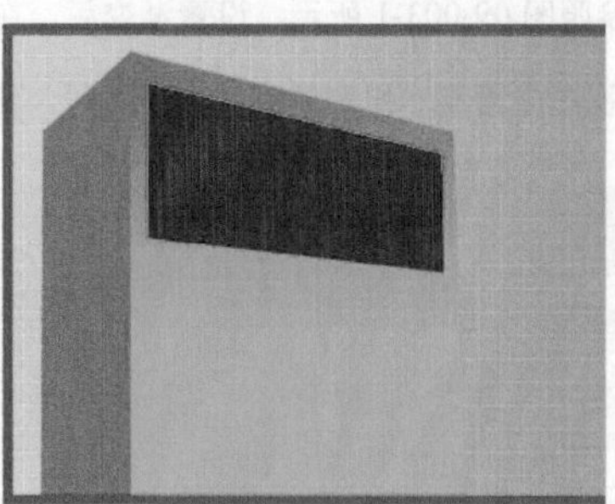
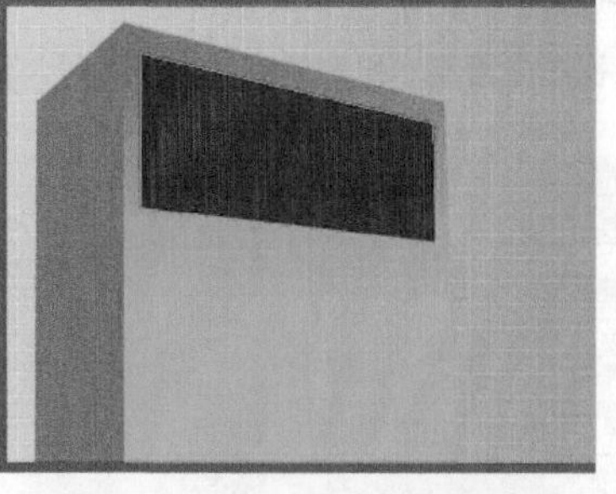
图 09-003-8　绘制黑色的不规则矩形

图 09-003-9　添加素材

（9）接下来将灯图像所在图层的选区载入，参照图 09-003-10、图 09-003-11 所示，调整图像的颜色。

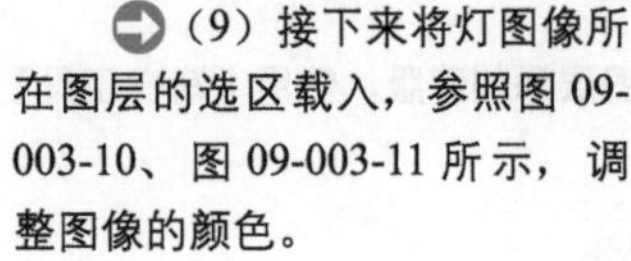
图 09-003-10　设置颜色参数

图 09-003-11　图像效果

（10）使用【矩形工具】绘制三个红色调的矩形形状，如图 09-003-12 所示，并参照图 09-003-13 所示，为右上角的矩形添加透明到红色的渐变叠加样式。

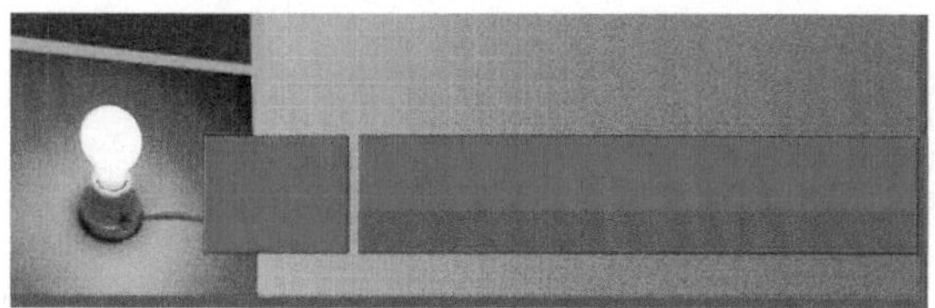

图 09-003-12　添加矩形形状

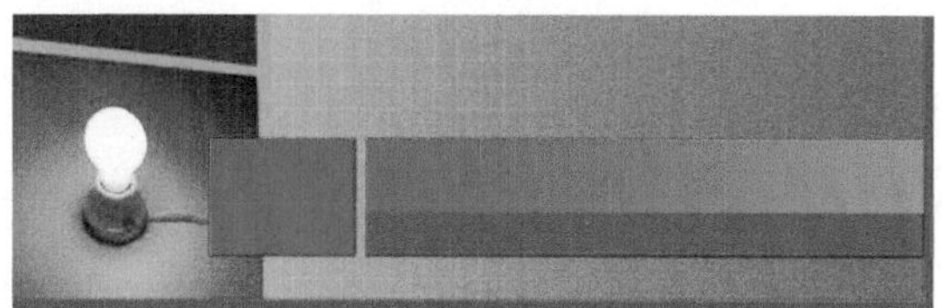

图 09-003-13　添加渐变叠加样式

（11）最后在画面中添加相关文字信息，完成该实例的制作，如图 09-003-14 所示。

图 09-003-14　添加文字信息

实例 04　橱柜报纸广告设计

1. 实例特点：

该实例以灰色调为主，突显时尚、现代的风格特点，同时也反映出该产品的时尚、美观。

2. 注意事项：

在添加了场景照片后，要注意留出一定的空白，既要保证画面构图的美观，也要保证预留出产品文字信息的位置。

3. 操作思路：

新建文档后，添加场景图片，调整颜色后添加相关文字信息，完成实例制作。

最终效果图

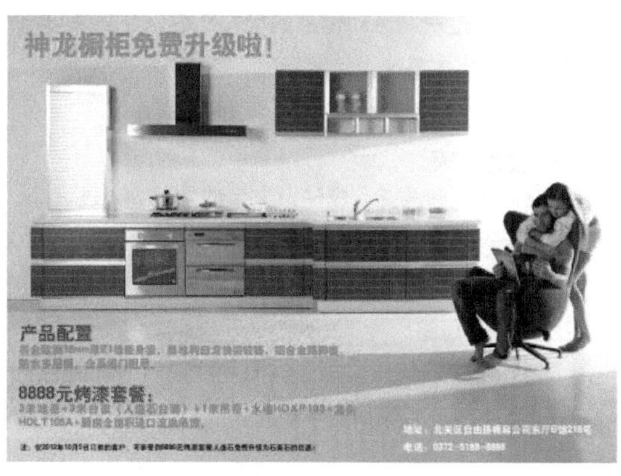

资源/第09章/源文件/橱柜报纸广告设计.psd

具体步骤如下：

（1）执行【文件】|【新建】命令，创建一个宽度为 23 厘米，高度为 17 厘米，分辨率为 150 像素的新文档。

（2）打开“资源 / 第 09 章 / 素材 / 橱柜 .jpg”文件，使用【移动工具】将其拖至当前正在编辑的文档中，并使用【自由变换】命令调整图像的大小，效果如图 09-004-1 所示。

（3）为图像添加曲线调整图层，适当提亮图像的颜色，如图 09-004-2 所示。

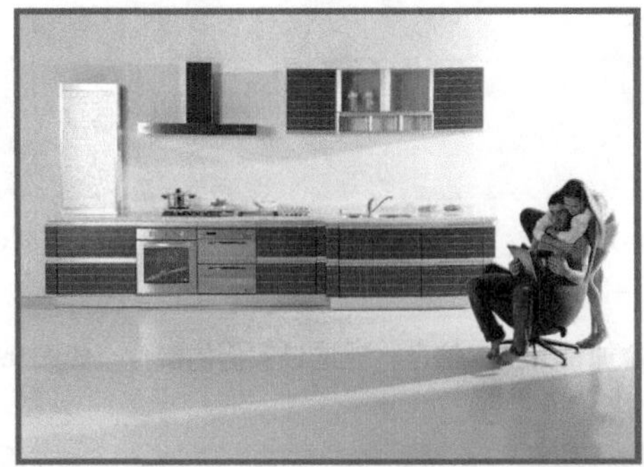

图 09-004-1　添加素材文件

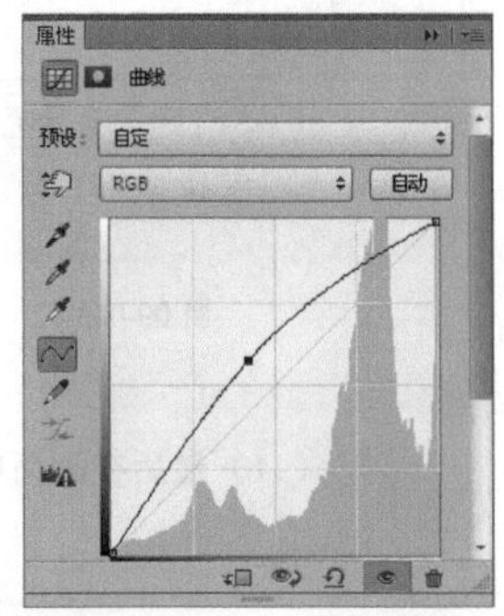

图 09-004-2　设置颜色参数

（4）最后为画面添加相关文字信息，如图 09-004-3、图 09-004-4 所示，完成该实例的制作。

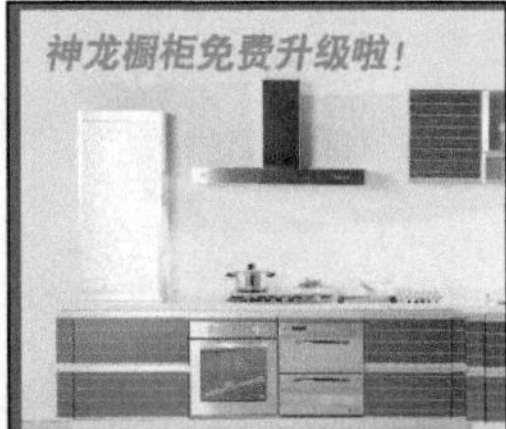

图 09-004-3　添加标题文字

图 09-004-4　添加相关文字信息

实例 05　木地板报纸广告设计

1. 实例特点：

该广告是一则活动信息的发布广告，是以文字作为主要的传达工具的。

2. 注意事项：

在制作的过程中，应注意文字的编排，通过大小、先后、颜色来分出信息的主次。

3. 操作思路：

创建新文档后，添加素材图片，然后对其颜色进行一些调整，最后添加文字信息。

最终效果图

资源 / 第 09 章 / 源文件 / 木地板报纸广告设计 .psd

具体步骤如下：

（1）执行【文件】|【新建】命令，创建一个宽度为 24 厘米，高度为 17 厘米，分辨率为 150 像素的新文档。

（2）打开“资源 / 第 09 章 / 素材 / 地板 .jpg”文件，使用【移动工具】将其拖至当前正在编辑的文档中，使用【自由变换】命令调整图像的大小，效果如图 09-005-1 所示。

（3）为图像添加曲线调整图层，提亮图像的色调，效果如图 09-005-2 所示。

图 09-005-1 添加素材文件

图 09-005-2 设置颜色

（4）为图像添加色相 / 饱和度调整图层，适当降低图像的饱和度，效果如图 09-005-3、图 09-005-4 所示。

图 09-005-3 设置颜色参数

图 09-005-4 图像效果

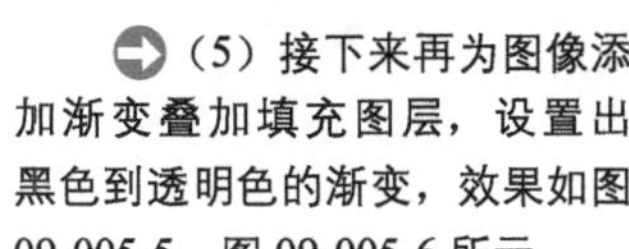

（5）接下来再为图像添加渐变叠加填充图层，设置出黑色到透明色的渐变，效果如图 09-005-5、图 09-005-6 所示。

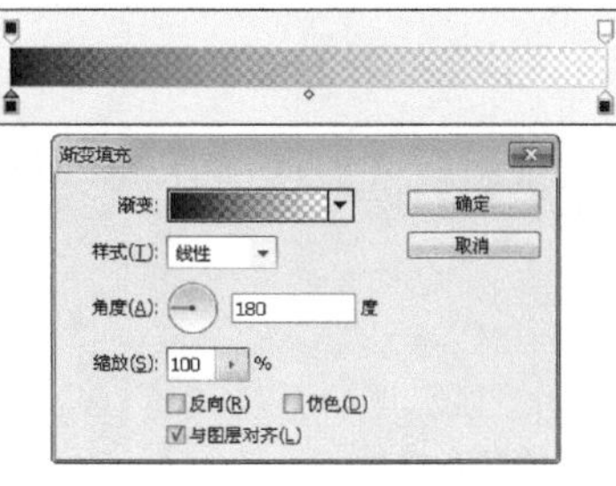

图 09-005-5 设置渐变参数

图 09-005-6 图像效果

（6）使用【横排文字工具】在视图中输入文本，效果如图 09-005-7、图 09-005-8 所示。

图 09-005-7 添加标题文本

图 09-005-8 添加具体活动信息

（7）使用【横排文字工具】选中作为小标题的文本内容，将字号设置得大一些，并设置其颜色为绿色，效果如图 09-005-9、图 09-005-10 所示。

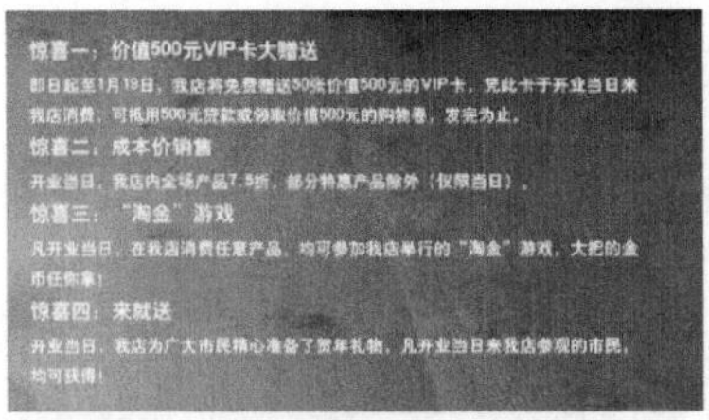

图 09-005-9　改变字号

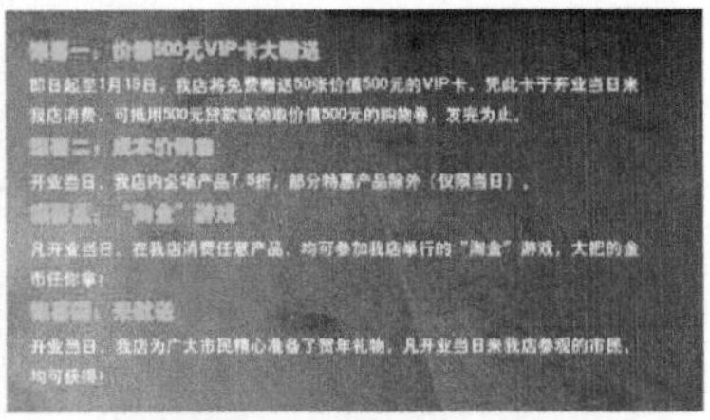

图 09-005-10　改变文字颜色

（8）最后使用【矩形工具】在文字的底部添加黑色矩形，作为衬底，完成该实例的制作，如图 09-005-11 所示。

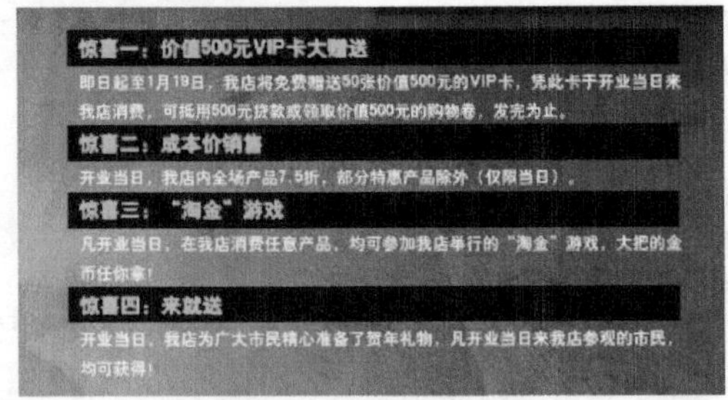

图 09-005-11　添加黑色矩形

实例 06　超市报纸广告设计

1. 实例特点：

该实例是一则通版的报纸广告，以色彩喜庆为主要设计风格。

2. 注意事项：

在设计制作中，应注意保持文字编排的整齐性。

3. 操作思路：

新建文档后，将背景素材添加到文档中，再将周年庆装饰图案放在画面正中偏上的位置，主要起到装饰作用，然后逐步添加各个文字信息即可。

最终效果图

资源 / 第 09 章 / 源文件 / 超市报纸广告设计 .psd

具体步骤如下：

（1）执行【文件】|【新建】命令，创建一个宽度为 24 厘米，高度为 33 厘米，分辨率为 150 像素的新文档，使用深红色将“背景”图层填充。

（2）打开“资源 / 第 09 章 / 素材 / 喜庆背景 .jpg”文件，使用【移动工具】将其拖至当前正在编辑的文档中，使用【自由变换】命令调整图像的大小，效果如图 09-006-1 所示。

（3）在【图层】调板中将素材所在图层的透明度降低，效果如图 09-006-2 所示。

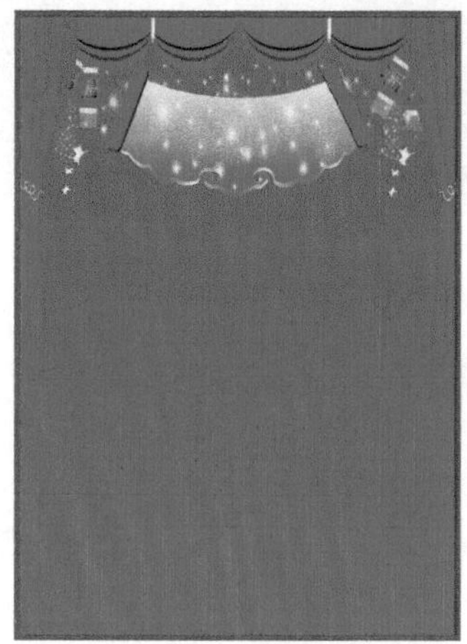

图 09-006-1　添加素材

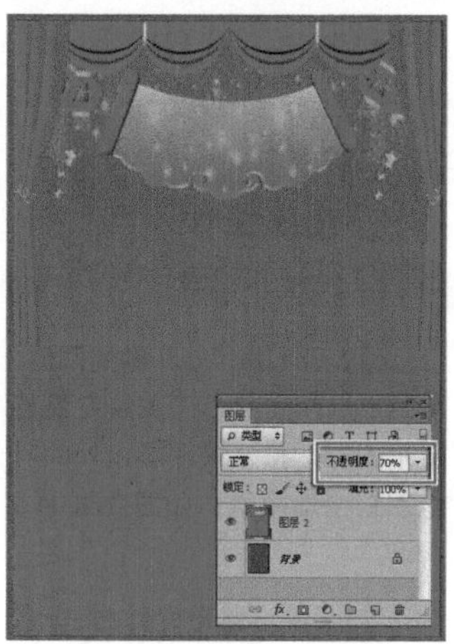

图 09-006-2　降低图像透明度

（4）打开“资源 / 第 09 章 / 素材 / 庆典 .jpg”文件，使用【快速选择工具】选中白色背景，反选后选中中间的图案，将图案移动到当前的报纸广告文档中，效果如图 09-006-3 所示。

（5）双击“图层 2”的缩览图，打开【图层样式】对话框，为图像添加外发光效果，如图 09-006-4 所示。

图 09-006-3　添加主体图案

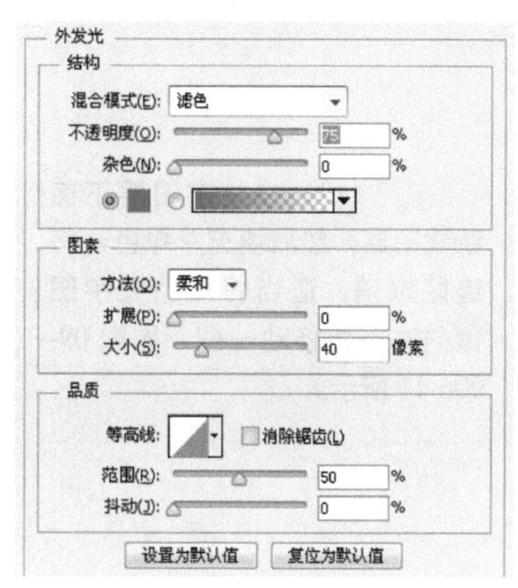

图 09-006-4　添加外发光

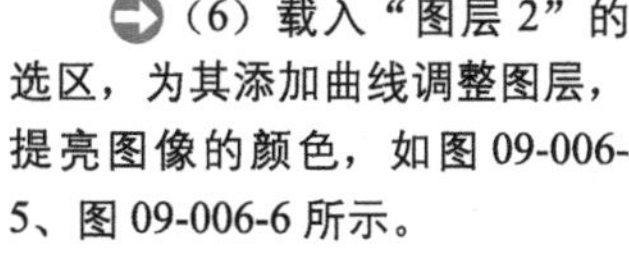

（6）载入“图层 2”的选区，为其添加曲线调整图层，提亮图像的颜色，如图 09-006-5、图 09-006-6 所示。

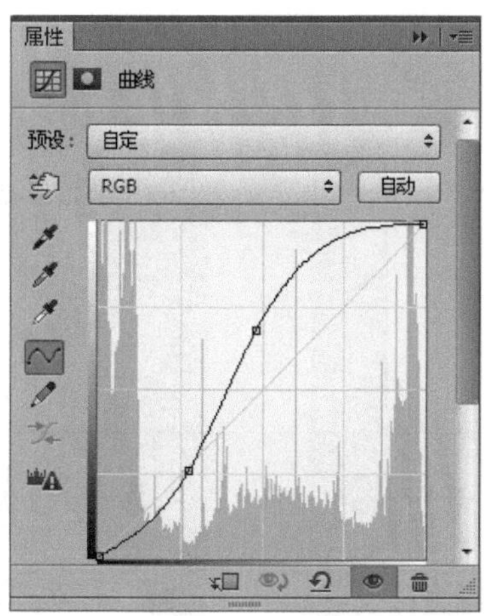

图 09-006-5　设置颜色参数

图 09-006-6　图像效果

(7) 使用【横排文字工具】 在视图中输入文字，并添加15像素宽的红色描边效果，效果如图 09-006-7、图 09-006-8 所示。

图 09-006-7 添加文本

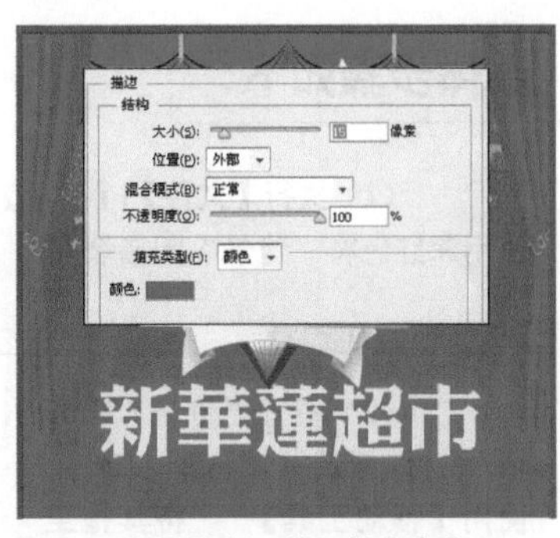

图 09-006-8 添加描边效果

(8) 按下 Alt 键的同时，单击“新华莲超市”图层左侧的眼睛图标，将除该图层以外的其他图层全部隐藏，如图 09-006-9 所示。

(9) 选择工具箱中的【魔棒工具】，选中空白部分，将选区反转，选中文字内容，效果如图 09-006-10 所示。

图 09-006-9 调整【图层】调板

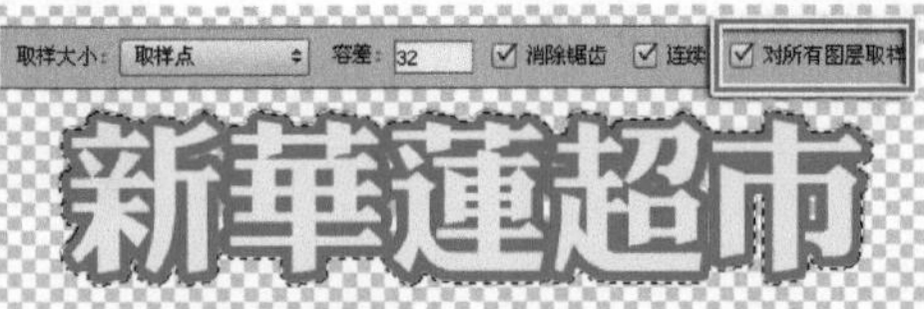

图 09-006-10 选中文字内容

(10) 在文字图层下面新建图层，然后填充草绿色，将选区取消，适当将绿色文字图像向右下角移动一些，如图 09-006-11 所示。

图 09-006-11 填充颜色

(11) 为绿色文字图像添加黑色的描边效果，然后继续使用【横排文字工具】 在视图中输入文字，完成该实例的制作，如图 09-006-12、图 09-006-13 所示。

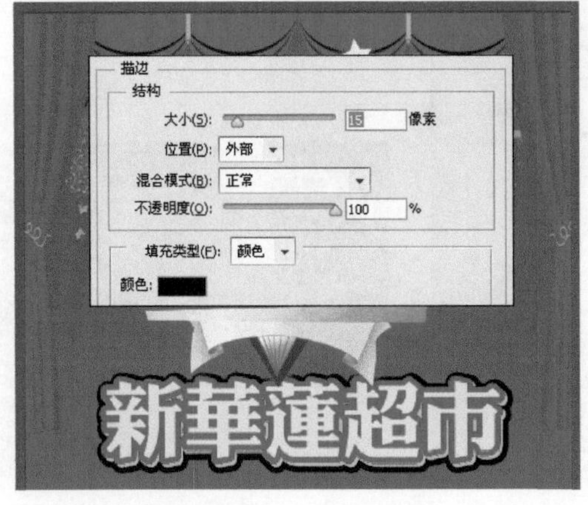

图 09-006-12 添加黑色描边

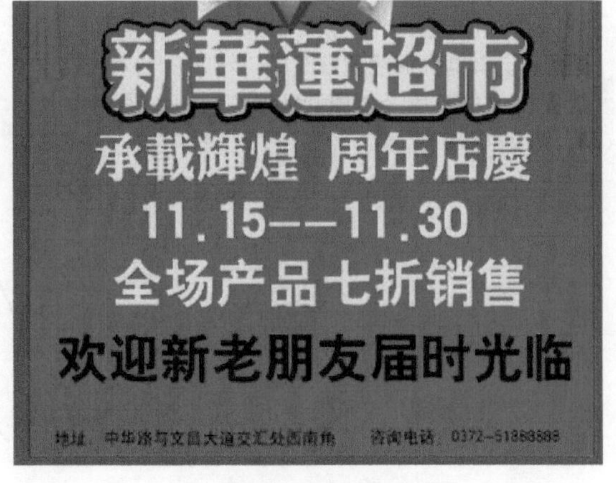

图 09-006-13 添加相关文字信息

实例 07 设计公司的报纸广告设计

1. 实例特点：

该实例为招聘广告，主体画面为一把欧式的沙发，浓郁的色彩风格，搭配编排别致的文字，突显设计公司的创意无限。

2. 注意事项：

因为背景图片和该广告的尺寸不相符，在拼接的过程中，要注意使纹理尽量对齐，保证画面的统一性。

3. 操作思路：

添加了素材图片后，需要对空白的地方就行填补。然后依次添加相关文字信息，完成实例的制作。

最终效果图

资源 / 第 09 章 / 源文件 / 设计公司的报纸广告设计 .psd

具体步骤如下：

（1）执行【文件】|【新建】命令，创建一个宽度为 24 厘米，高度为 33 厘米，分辨率为 150 像素的新文档。

（2）打开“资源 / 第 09 章 / 素材 / 沙发 .jpg”文件，使用【移动工具】将其拖至当前正在编辑的文档中，使用【自由变换】命令调整图像的大小，效果如图 09-007-1 所示。

（3）参照图 09-007-2 所示，使用【矩形选框工具】绘制选区，如该图红线标注的位置。

图 09-007-1　添加素材

图 09-007-2　绘制选区

（4）将选区内的图像复制并粘贴到图像中，将图像放到沙发所在图层的下面，并参照图 09-007-3 所示调整图像的位置。

（5）单击“图层 1”，使用【快速选择工具】选中左侧的垂幕，如图 09-007-4 所示。

图 09-007-3　复制并粘贴图像

图 09-007-4　选中垂幕图像

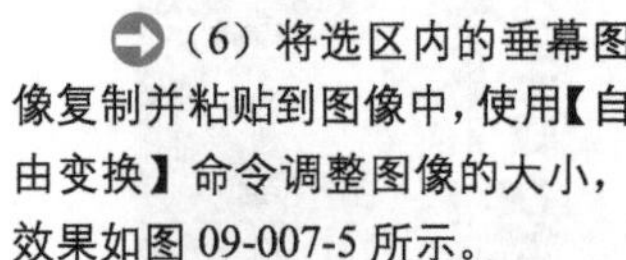

（6）将选区内的垂幕图像复制并粘贴到图像中，使用【自由变换】命令调整图像的大小，效果如图 09-007-5 所示。

（7）为图像添加色相 / 饱和度调整图层，增强图像的色彩饱和度，效果如图 09-007-6 所示。

图 09-007-5　编辑垂幕图像

图 09-007-6　设置颜色参数

（8）参照图 09-007-7 所示，在视图右上角输入文字。效果如图 09-007-8 所示。

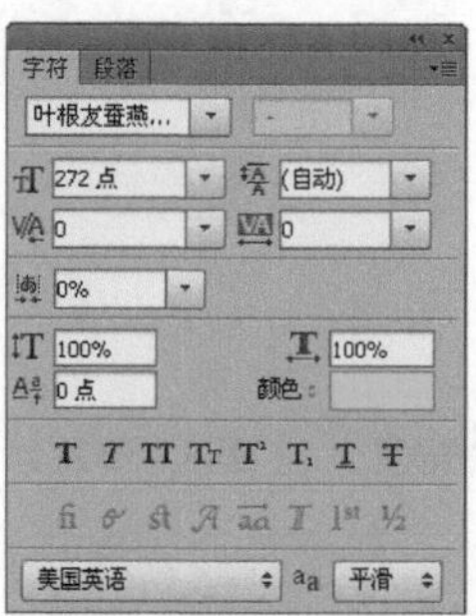

图 08-007-7　设置文字参数

图 09-007-8　添加的文字效果

（9）使用【直排文字工具】在视图中输入文本“设计总监”，参照图 09-007-9 所示。在【字符】调板中设置文字的各种参数，其效果如图 09-007-10 所示。

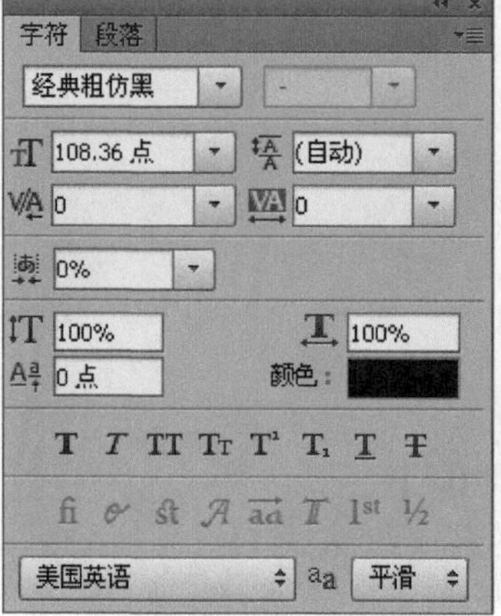

图 09-007-9　设置文字参数

图 09-007-10　添加文字

➡（10）使用【直排文字工具】 在视图中输入其他文本信息，并将所有的文字信息放入到一个图层组中，如图 09-007-11、图 09-007-12 所示。

图 09-007-11 添加相关文字信息

图 09-007-12 添加图层组

➡（11）打开“资源 / 第 09 章 / 素材 / 祥云 .jpg”文件，添加到报纸广告中，并为其添加外发光效果，效果如图 09-007-13、图 09-007-14 所示。

图 09-007-13 添加祥云图案

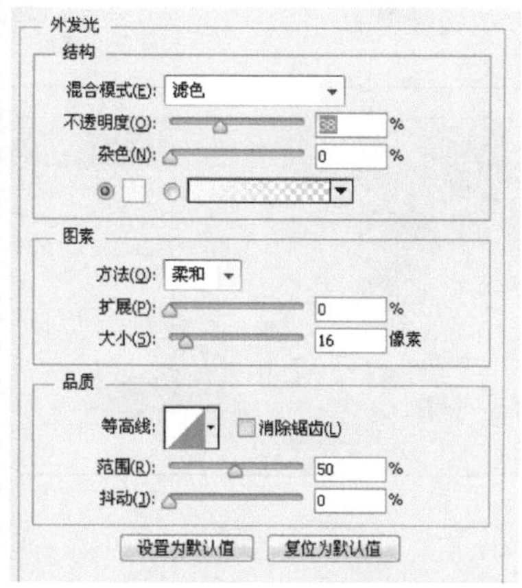

图 09-007-14 改变祥云图案颜色

➡（12）将祥云所在的图层复制，将图像的颜色设置为白色，如图 09-007-15 所示。然后添加蒙版，将左侧的部分图像隐藏，如图 09-007-16 所示效果，完成该实例的全部设计工作。

图 09-007-15 调整祥云的颜色

图 09-007-16 添加蒙版

第10章 封面设计

封面是装帧艺术的重要组成部分，是把读者带入内容的向导，在设计之余，感受设计带来的魅力，感受设计带来的烦忧，感受设计的欢乐。封面设计中能遵循平衡、韵律与调和的造型规律，突出主题，大胆设想，运用构图、色彩、图案等知识，设计出比较完美、典型、富有情感的封面，提高设计应用的能力。

实例 01 儿歌图书封面设计

1. 实例特点：

该案例画面唯美饱满，色彩亮丽鲜艳，符合儿童审美情趣。

2. 注意事项：

一般来说设计幼儿刊物的色彩，要针对幼儿娇嫩、单纯、天真、可爱的特点，色调往往处理成高调，减弱各种对比的力度，强调柔和的感觉。

3. 操作思路：

首先新建文档，添加参考线，添加素材并通过使用仿制图章工具调整图像作为背景，然后添加文字信息。

最终效果图

资源/第10章/源文件/儿歌图书封面设计.psd

具体步骤如下：

(1) 执行【文件】|【新建】命令，创建一个宽度为 14.2 厘米，高度为 13.5 厘米，分辨率为 150 像素的新文档。

(2) 执行【图像】|【画布大小】命令，参照图 10-001-1 所示，在弹出的【画布大小】对话框中进行设置，单击【确定】按钮扩展画布，这样就创建了书籍成品页面，添加参考线贴于成品边缘。

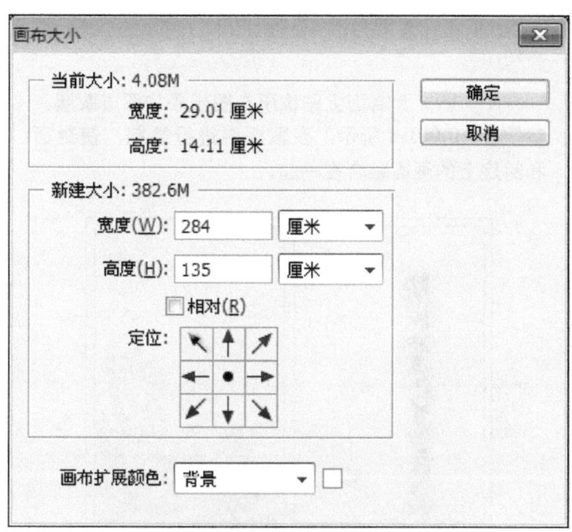

图 10-001-1 【画布大小】对话框

(3) 使用快捷键 Ctrl+Alt+C，参照图 10-001-2 所示，在弹出的【画布大小】对话框中进行设置，单击【确定】按钮扩展画布，创建出血范围。

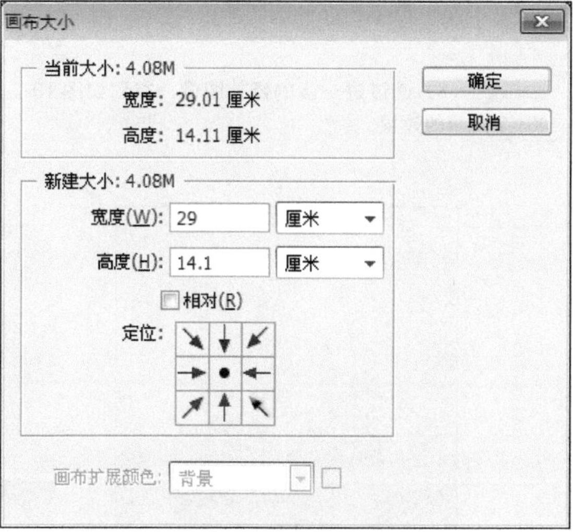

图 10-001-2 再次调整画布大小

（4）使用快捷键 Ctrl+V+E，参照图 10-001-3 所示，在弹出的【新建参考线】对话框中进行设置，添加中线上的参考线，把画面分为封面和封底。

（5）打开“资源/第 10 章/素材/儿童画 .jpg”文件，将其拖至到当前正在编辑的文档中，效果如图 10-001-4 所示。

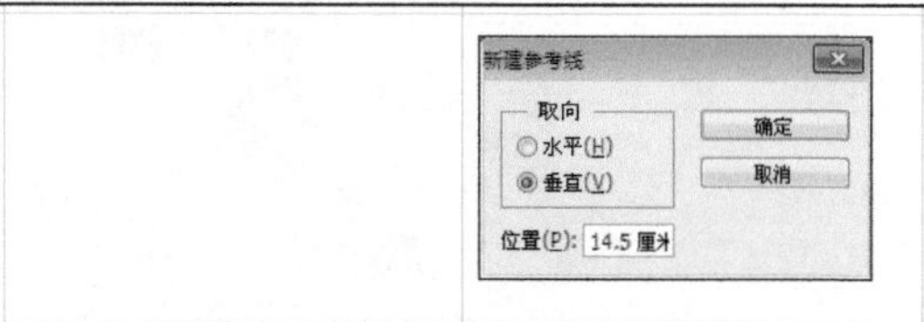

图 10-001-3 添加中线上的参考线

图 10-001-4 添加素材图像

（6）参照图 10-001-5 所示，复制并水平翻转图像，使用快捷键 Ctrl+T 打开变换框，放大图像。

（7）参照图 10-001-6 所示的步骤，选择【仿制图章工具】，按住键盘上的 Alt 键在人物头部的空白处单击设置仿制源，然后在头部开始涂抹修补图像，继续在人物头发周围设置仿制源，并在头发上进行绘制，修补图像。

图 10-001-5 复制并调整图像

图 10-001-6 使用仿制图章工具

（8）通过进一步的修补图像，得到如图 10-001-7 所示的效果。

图 10-001-7 运用仿制图章后的效果

（9）为封面上图像所在图层添加图层蒙版，参照图 10-001-8 所示，在蒙版中进行绘制，使封面和封底上的画面融合在一起。

图 10-001-8 添加图层蒙版

(10) 新建“组 1”图层组，参照图 10-001-9 所示，使用【横排文字工具】在视图中创建文字，设置字体系列为汉仪粗宋简，设置字体大小为221点。

图 10-001-9 创建文字

(11) 双击文字图层名称后的空白处，参照图 10-001-10 所示，在弹出的【图层样式】对话框中进行设置，为文字添加【描边】图层样式。

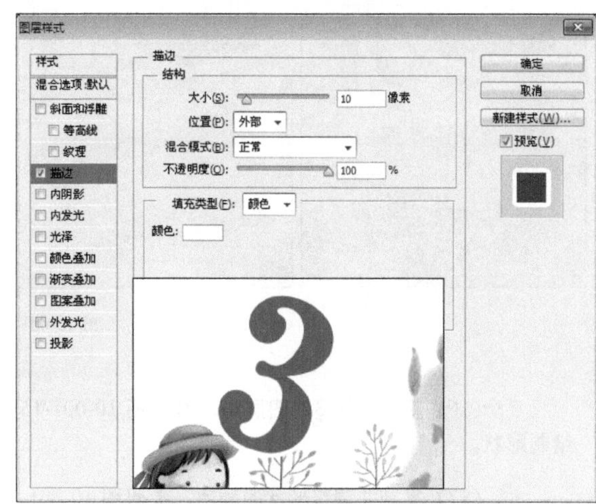

图 10-001-10 添加【描边】图层样式

(12) 继续上一步的操作，参照图 10-001-11 所示，在对话框中进行设置，为图像添加【投影】图层样式。

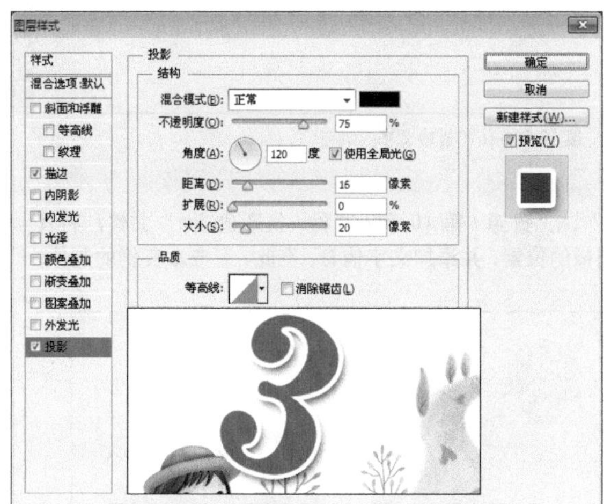

图 10-001-11 添加【投影】图层样式

(13) 使用前面介绍的方法，参照图 10-001-12 所示，继续创建书籍名称文字。

图 10-001-12 创建文字

(14) 参照图 10-001-13 所示，使用【椭圆工具】绘制正圆形状，新建图层，将形状载入选区，缩小选区，创建 2 像素白色描边效果，使用【橡皮擦工具】在描边图像上擦除部分图像，创建出虚线效果，复制虚线描边，并添加文字。

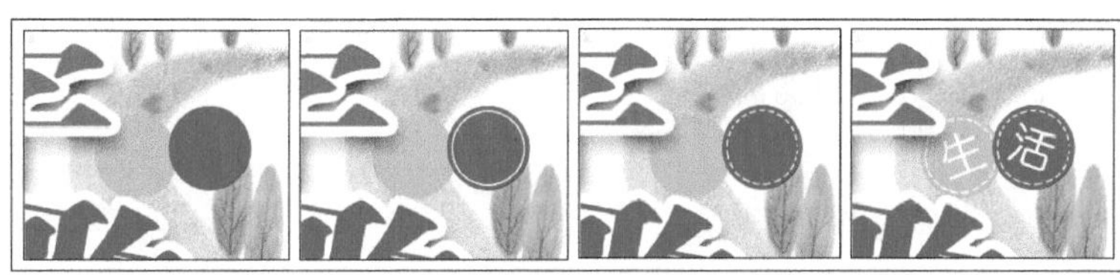

图 10-001-13 绘制图像

（15）新建“组 2”图层组，选择【圆角矩形工具】并在其选项栏中设置“半径”为 20 像素，参照图 10-001-14 所示，在视图中绘制形状，使用【多边形套索工具】绘制选区，并添加图层蒙版隐藏选区中的图像，最后添加【渐变叠加】图层样式和文字信息。

图 10-001-14 创建文字

（16）新建“组 3”图层组，参照图 10-001-15 所示，继续使用【圆角矩形工具】在数字“3”的上方绘制形状。

（17）复制并调整形状的颜色，参照图 10-001-16 所示，使用【横排文字工具】创建文字。

图 10-001-15 绘制圆角矩形

图 10-001-16 创建文字

（18）打开“资源 / 第 10 章 / 素材 / 环保标志 .jpg”、“资源 / 第 10 章 / 素材 / 条形码 .jpg”文件，将其拖至当前正在编辑的文档中，参照图 10-001-17 所示，调整图像的位置，并添加文字信息。至此，完成本实例的制作。

图 10-001-17 添加素材及文字信息

实例 02 妈咪讲故事图书封面设计

1. 实例特点：

画面干净整齐，通过创建组合型文字使书籍名称突出。

2. 注意事项：

在使用多层文字图层组合文字时，注意图层的先后顺序。

3. 操作思路：

首先新建文档，添加参考线，绘制渐变作为背景，添加云彩图像，其次添加蘑菇和卡通人物信息，通过创建组合型文字丰富画面并突出书籍名称，最后添加介绍性文字信息。

最终效果图

资源 / 第 10 章 / 源文件 / 妈咪讲故事图书封面设计 .psd

具体步骤如下：

（1）创建一个宽度为 29 厘米，高度为 14.1 厘米，分辨率为 150 像素的新文档，并在视图中添加距画布边缘 3 像素的参考线，然后添加中线上的参考线。

（2）使用【渐变工具】填充蓝色（C：45，M：10，Y：1，K：0）到白色线性渐变，效果如图 10-002-1 所示。

（3）打开"资源 / 第 10 章 / 素材 / 云彩 .tif"文件，将其拖至当前正在编辑的文档中，参照图 10-002-2 所示，调整大小及位置。

图 10-002-1　创建渐变背景

图 10-002-2　添加素材图像

（4）打开"资源 / 第 10 章 / 素材 / 蘑菇 .jpg"、"资源 / 第 10 章 / 素材 / 小红帽 .tif"文件，将其拖至当前正在编辑的文档中，参照图 10-002-3 所示，调整图像的大小和位置。

（5）新建"组 1"图层组，使用【横排文字工具】在视图中输入文字"妈咪讲故事"，并调整"字体系列"为汉仪综艺体简，设置"字体大小"57 点，字体颜色为橙色（C：0，M：66，Y：91，K：0）并参照图 10-002-4 所示，在【字符】调板中设置"基线偏移"参数。

图 10-002-3　调整素材图像

图 10-002-4　创建文字

(6)参照图10-002-5所示，为文字图层添加【描边】图层样式。

(7)复制文字图层，参照图10-002-6所示，调整【描边】图层样式中的参数设置。

图 10-002-5 添加【描边】图层样式

图 10-002-6 复制图层

(8)复制上一步创建的文字图层，清除图层样式，调整字体颜色为黄色（C：4，M：25，Y：89，K：0），并参照图10-002-7所示，向上微移文字。

(9)将橙色文字载入选区，并为黄色文字所在图层添加图层蒙版，隐藏选区以外的图像，效果如图10-002-8所示。

图 10-002-7 调整文字颜色

图 10-002-8 添加图层蒙版

(10)使用【椭圆工具】参照图10-002-9所示，在视图中绘制正圆。

(11)使用前面介绍的方法，添加图10-002-10所示的英文字母。

图 10-002-9 绘制正圆图形

图 10-002-10 添加文字

(12)参照图10-002-11所示，使用【横排文字工具】添加文字，并使用【多边形套索工具】绘制选区。

(13)新建图层，为选区填充白色，复制绿色正圆图形并为其添加白色【描边】图层样式，效果如图10-002-12所示。

图 10-002-11 绘制选区

图 10-002-12 填充选区

(14) 选择【自定义形状工具】，然后在其选项栏中单击【“自定形状”拾色器】调板中的红心形卡形状，参照图 10-002-13 所示，在封面左上角进行绘制，并添加封面文字信息。

(15) 打开“资源 / 第 10 章 / 素材 / 条形码 .jpg”图像，将其拖至当前正在编辑的文档中，参照图 10-002-14 所示，调整图像位置，并添加封底文字信息。

图 10-002-13 封面效果

图 10-002-14 添加条形码

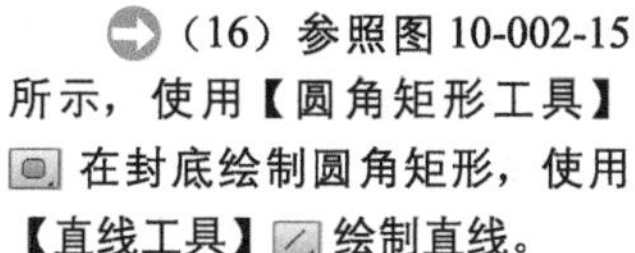

(16) 参照图 10-002-15 所示，使用【圆角矩形工具】在封底绘制圆角矩形，使用【直线工具】绘制直线。

(17) 使用快捷键 Ctrl+Shift+Alt+E 盖印所有图层，参照图 10-002-16 所示，复制并调整图像位置。至此，完成本实例的制作。

图 10-002-15 绘制形状

图 10-002-16 盖印图层

实例 03 儿童画教材封面设计

1. 实例特点：

画面采用儿童绘画作品作为背景，很有吸引力，书籍名称字体也采用卡通字体，吸引儿童注意力。

2. 注意事项：

在制作封面的时候要根据书的内容来进行构思，突出产品卖点。

3. 操作思路：

首先创建渐变背景，通过大色块的铺垫将画面进行分割，添加儿童作品图像作为背景，然后创建卡通文字书籍名称，最后添加介绍性文字和条形码信息。

最终效果图

资源 / 第 10 章 / 源文件 / 儿童画教材封面设计 .psd

具体步骤如下：

(1) 创建一个宽度为 29 厘米，高度为 14.1 厘米，分辨率为 150 像素的新文档，并在视图中添加距画布边缘 3 像素的参考线，然后添加中线上的参考线。

(2) 使用【矩形选框工具】绘制矩形选区，然后单击【图层】调板底部的【创建新的填充或调整图层】按钮，在弹出的菜单中选择【渐变填充】命令，参照图 10-003-1 所示，设置渐变颜色。

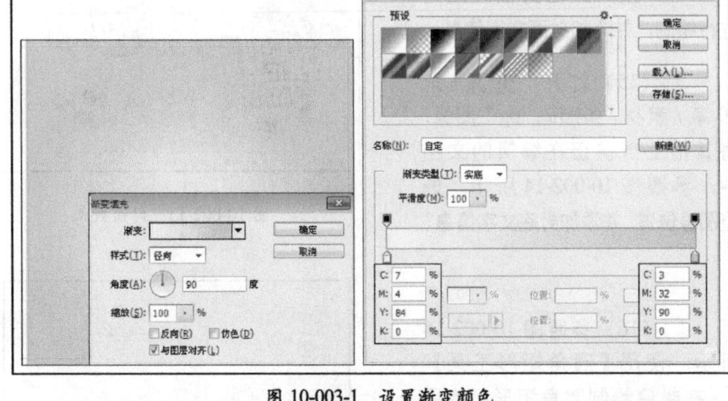

图 10-003-1 设置渐变颜色

(3) 复制上一步创建的渐变填充图层作为封底，打开"资源 / 第 10 章 / 素材 / 儿童作品 .tif"文件，将其拖至当前正在编辑的文档中，参照图 10-003-2 所示，调整图像的大小。

图 10-003-2 添加素材图像

(4) 新建图层，使用【多边形套索工具】绘制选区，并填充颜色为白色，如图 10-003-3 所示。

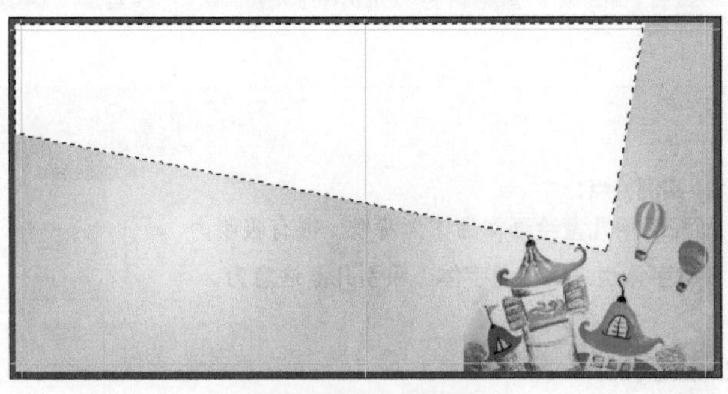

图 10-003-3 绘制图像

(5) 选择【橡皮擦工具】，在【画笔】调板中设置画笔大小为 15 像素，画笔间距为 180，配合键盘上的 Shift 键绘制在一条直线上的圆，效果如图 10-003-4 所示。

图 10-003-4 镂空图像

（6）双击上一步创建的图层缩览图，参照图 10-003-5 所示，在弹出的【图层样式】对话框中进行设置，为图层添加【投影】图层样式。

（7）再次打开“资源 / 第 10 章 / 素材 / 儿童作品 .tif”文件，将其拖至当前正在编辑的文档中，如图 10-003-6 所示。

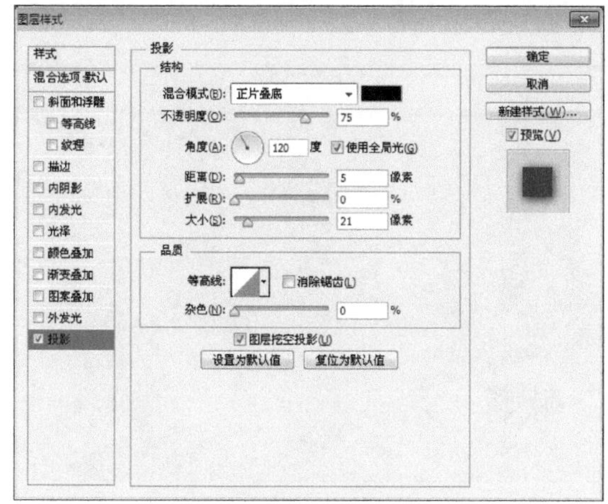

图 10-003-5 添加【投影】图层样式

图 10-003-6 添加素材图像

（8）参照图 10-003-7 所示，添加文字信息，并打开“资源 / 第 10 章 / 素材 / 条形码 .jpg”文件，放置在封底处。

（9）继续使用【椭圆工具】在视图中绘制正圆形状，并添加文字信息，效果如图 10-003-8 所示。

图 10-003-7 添加文字信息

图 10-003-8 绘制正圆形状

（10）参照图 10-003-9 所示，为正圆图形添加图层蒙版隐藏部分图像，使用【椭圆选框工具】绘制半圆，并添加【渐变叠加】图层样式。

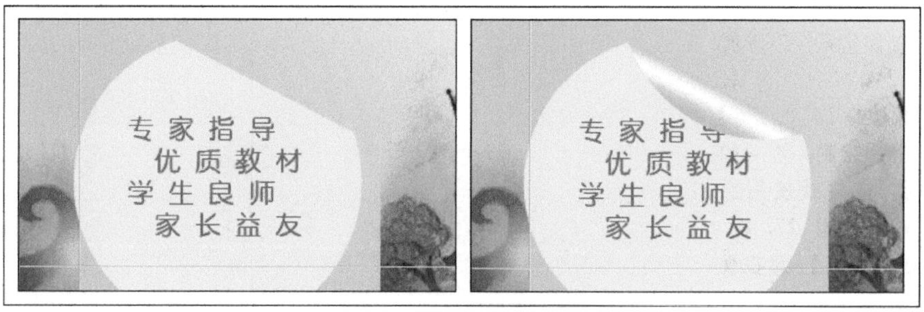

图 10-003-9 添加【渐变叠加】图层样式

实例 04 少儿读物图书封面设计

最终效果图

资源 / 第 10 章 / 源文件 / 少儿读物图书封面设计 .psd

1. 实例特点：

画面以本书故事情节为设计理念，运用插画形式的表现手法创作封面，突出书籍卖点。画面所表达的故事情节引人遐想。

2. 注意事项：

在制作少儿读物类书籍封面的时候，注意适当给作品留白，这样会给读者很大的想象空间。

3. 操作思路：

首先创建文档添加参考线，创建渐变背景，添加素材图像作为背景图案，然后添加文字信息。

具体步骤如下：

（1）创建一个宽度为 13.0 厘米，高度 18.4 为厘米，分辨率为 150 像素 / 英寸的新文档，使用快捷键 Ctrl+Alt+C 打开【画布大小】对话框，设置宽度为 27.0 厘米。

（2）创建参考线贴于画布边缘，打开【画布大小】对话框分别将“宽度”和“高度”各增加 0.6 厘米，创建出血范围。

（3）使用快捷键 Ctrl+V+E 参照图 10-004-1 所示，在弹出的【新建参考线】对话框中进行设置，创建参考线。

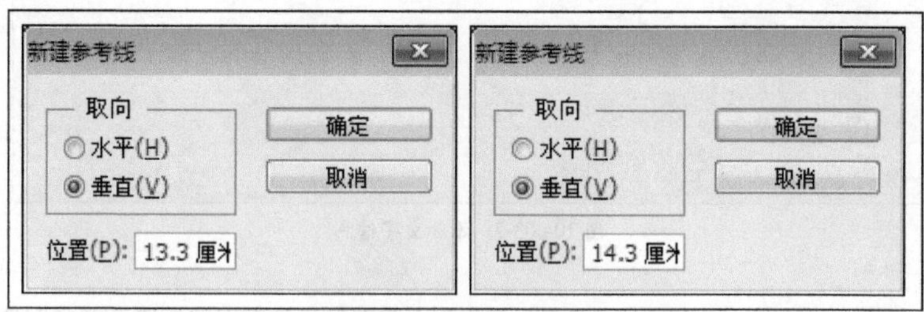

图 10-004-1 【新建参考线】对话框

（4）新建图层，设置颜色为蓝色（C：24，M：0，Y：2，K：0），使用柔边缘【画笔工具】在视图中进行绘制，效果如图 10-004-2 所示，继续使用绿色（C：21，M：0，Y：27，K：0）柔边缘【画笔工具】在视图中进行绘制。

图 10-004-2 在视图中绘制

(5) 打开“资源 / 第 10 章 / 素材 / 卡通手绘.jpg”文件，双击“背景”图层，将图层解锁，然后在【通道】调板中复制蓝色通道，使用快捷键 Ctrl+L 参照图 10-004-3 所示，在弹出的【色阶】对话框中进行设置，调整图像的色。

(6) 参照图 10-004-4 所示，使用硬边缘黑色和白色画笔在通道中调整图像。

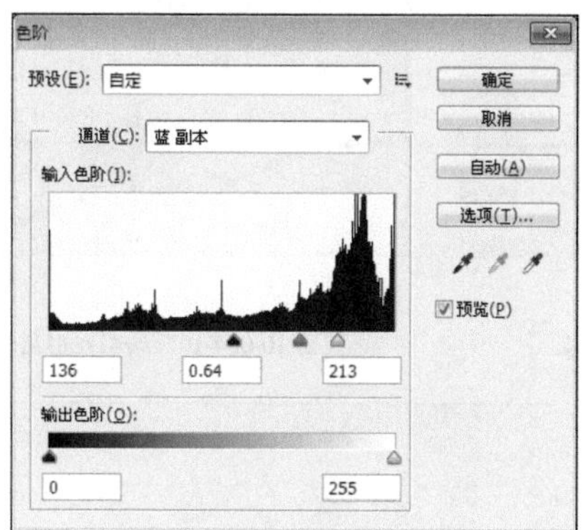

图 10-004-3 【色阶】对话框

图 10-004-4 在通道中进行绘制

(7) 将上一步创建的图像载入选区，回到【图层】调板，删除选区中的内容，效果如图 10-004-5 所示。

(8) 将图像拖至当前正在编辑的文档中，参照图 10-004-6 所示，调整图像的大小及位置。

图 10-004-5 删除背景

图 10-004-6 复制并调整图像

(9) 新建图层，设置颜色为深蓝色（C：48，M：1，Y：5，K：0），使用柔边缘【画笔工具】参照图 10-004-7 所示，在视图中进行绘制。

(10) 新建图层，分别设置画笔为 20 和 25 像素，使用黑色硬边缘【画笔工具】参照图 10-004-8 所示，绘制梅花图像，并使用【矩形选框工具】绘制选区，框选该图像。

图 10-004-7 绘制点

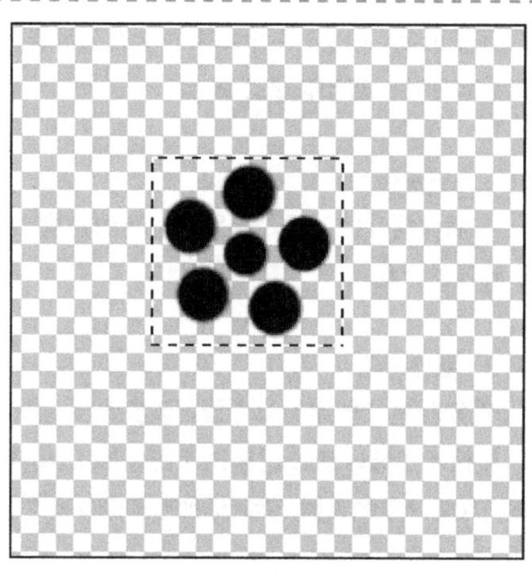

图 10-004-8 绘制梅花图像

（11）执行【编辑】|【定义画笔预设】命令，将图像定义为梅花画笔，然后选择【画笔工具】，在【"画笔预设"选取器】调板中选中梅花画笔，新建图层，设置颜色为淡黄色（C：1，M：3，Y：11，K：0），参照图 10-004-9 所示，绘制图像。

（12）参照图 10-004-10 所示，新建图层，使用【矩形选框工具】在书脊上绘制矩形选区，并填充颜色为绿色（C：64，M：8，Y：72，K：0）。

图 10-004-9 绘制背景图像

图 10-004-10 绘制矩形图像

（13）最后打开"资源 / 第 10 章 / 素材 / 条形码 .jpg"文件，将其拖至当前正在编辑的文档中，放置在封底下方，使用文字工具组添加文字信息，效果如图 10-004-11 示。至此，完成本实例的制作。

图 10-004-11 添加文字

实例 05 外国童话故事选封面设计

最终效果图

资源 / 第 10 章 / 源文件 / 外国童话故事选封面设计 .psd

1. 实例特点：

画面时尚、前卫，将故事中的主人公放置封面上，穿插故事情节，吸引读者注意。

2. 注意事项：

在制作树叶的时候，调整好树叶的角度，创建出枝繁叶茂的大树。

3. 操作思路：

首先新建文档添加参考线，填充渐变背景，添加树干和树叶图像，通过调整树叶图像的大小和位置，创建出枝繁叶茂的大树，然后添加动画形象及文字信息。

具体步骤如下：

（1）创建一个宽度为 27.6 厘米，高度为 19 厘米，分辨率为 150 像素 / 英寸的新文档，参照图 10-005-1 所示，添加参考线。

（2）使用【渐变工具】为背景填充蓝色（C：34，M：0，Y：1，K：0）到透明的线性渐变，效果如图 10-005-2 所示。

图 10-005-1　添加参考线

图 10-005-2　填充渐变

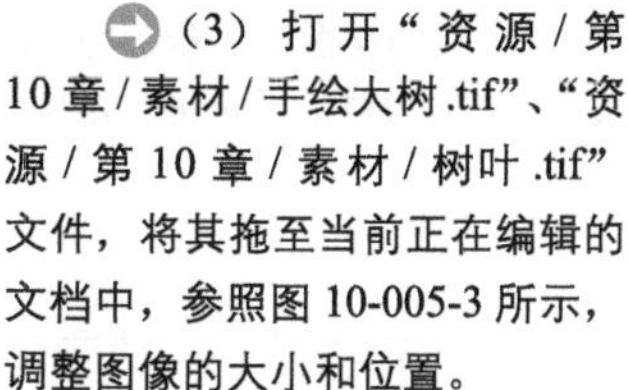

（3）打开“资源 / 第 10 章 / 素材 / 手绘大树 .tif”、“资源 / 第 10 章 / 素材 / 树叶 .tif”文件，将其拖至当前正在编辑的文档中，参照图 10-005-3 所示，调整图像的大小和位置。

（4）复制并水平翻转树叶图像，效果如图 10-005-4 所示。

图 10-005-3　添加素材图像

图 10-005-4　复制并水平翻转图像

（5）为上一步创建的图层添加图层蒙版，参照图 10-005-5 所示，使用黑色硬边缘【画笔工具】在视图中进行绘制，制作出树枝图像。

图 10-005-5　添加图层蒙版

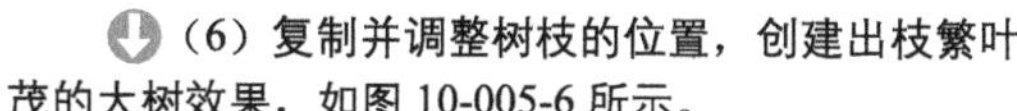

（6）复制并调整树枝的位置，创建出枝繁叶茂的大树效果，如图 10-005-6 所示。

（7）打开“资源 / 第 10 章 / 素材 / 长发姑娘 .jpg”、“资源 / 第 10 章 / 素材 / 青蛙公主 .jpg”、“资源 / 第 10 章 / 素材 / 青蛙王子 .jpg”文件，将其分别拖至当期正在编辑的文档中，使用【魔术橡皮擦工具】去除白色背景，参照图 10-005-7 所示，调整图像的位置。

图 10-005-6　枝繁叶茂的大树

图 10-005-7　添加素材图像

（8）调整长发姑娘所在图层到“背景”图层的上方，新建图层，参照图 10-005-8 所示，使用【矩形选框工具】在书脊上绘制矩形选区，并填充颜色为绿色（C：81，M：46，Y：100，K：8），然后调整图层“不透明度”参数为 80%。

（9）参照图 10-005-9 所示，使用【横排文字工具】添加文字。

图 10-005-8 绘制矩形图像

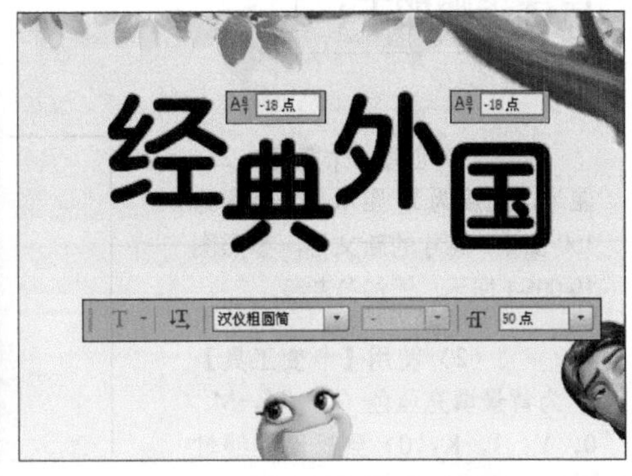

图 10-005-9 添加文字信息

（10）继续上一步的操作，单击其选项栏中的【创建文字变形】按钮，参照图 10-005-10 所示，在弹出的【变形文字】对话框中进行设置，然后单击【确定】按钮，创建字体变形效果。

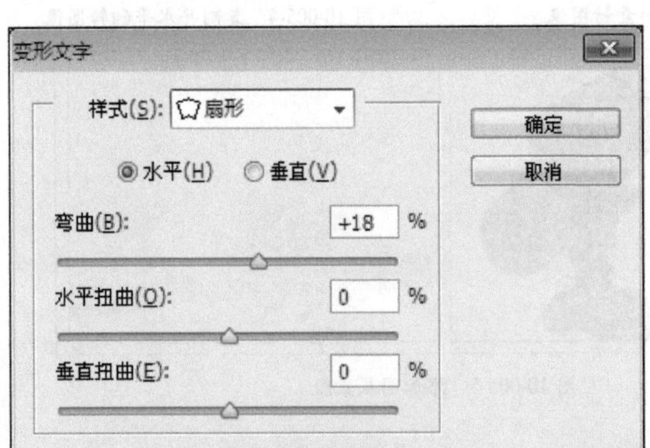

图 10-005-10 【变形文字】对话框

（11）双击文字名称后的空白处，参照图 10-005-11 所示，在弹出的【图层样式】对话框中进行设置，添加【描边】图层样式。

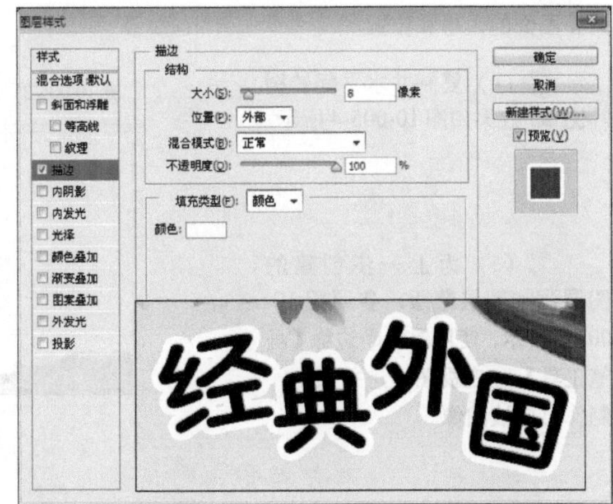

图 10-005-11 添加【描边】图层样式

（12）继续上一步的操作，参照图 10-005-12 所示，在对话框中进行设置，添加【渐变叠加】图层样式。

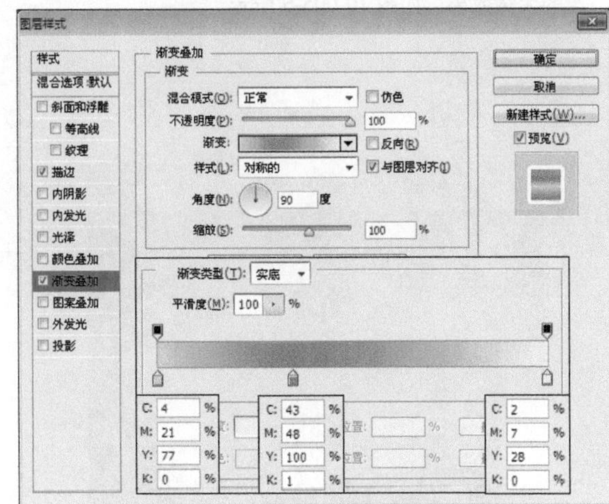

图 10-005-12 添加【渐变叠加】图层样式

(13) 参照图 10-005-13 所示，继续在对话框中进行设置，为图像添加【投影】图层样式，然后单击【确定】按钮，应用图层样式。

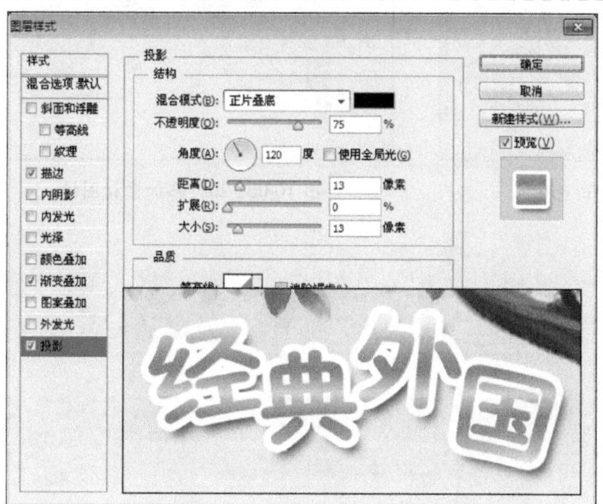

图 10-005-13 添加【投影】图层样式

(14) 参照图 10-005-14 所示，使用【横排文字工具】添加文字。

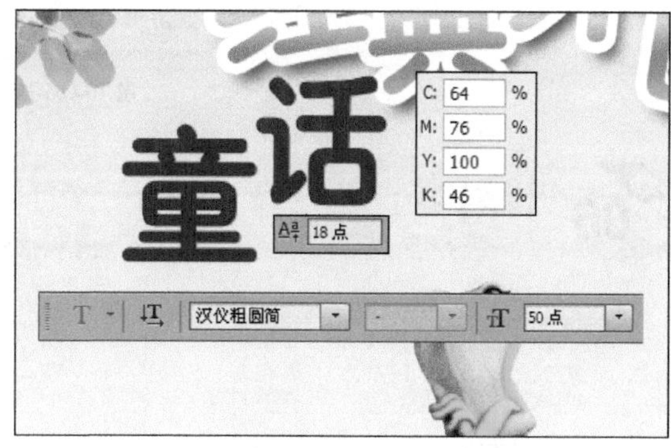

图 10-005-14 添加文字

(15) 单击其选项栏中的【创建文字变形】按钮，参照图 10-005-15 所示，在弹出的【变形文字】对话框中进行设置，然后单击【确定】按钮，创建字体变形效果。

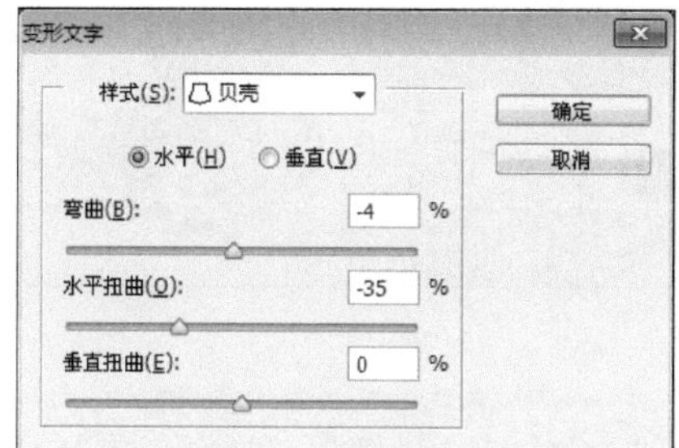

图 10-005-15 【变形文字】对话框

(16) 参照图 10-005-16 所示，使用【横排文字工具】添加文字。

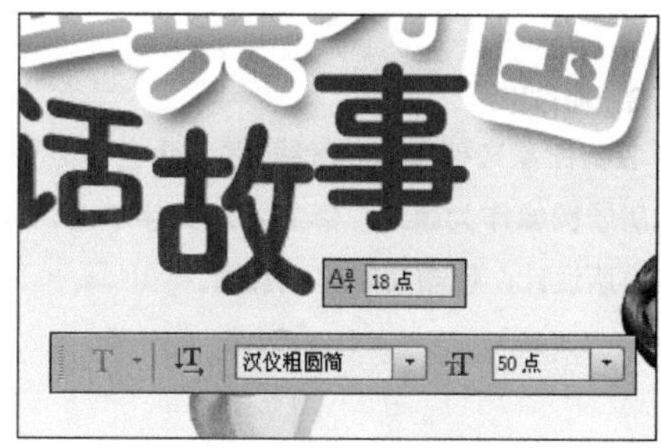

图 10-005-16 添加文字

(17) 单击其选项栏中的【创建文字变形】按钮，参照图 10-005-17 所示，在弹出的【变形文字】对话框中进行设置，然后单击【确定】按钮，创建字体变形效果。

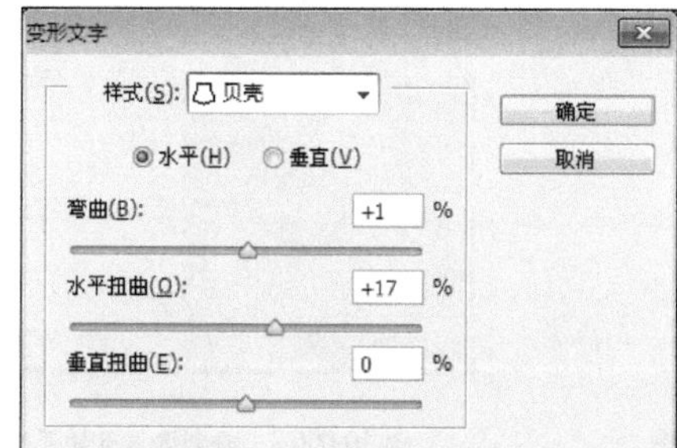

图 10-005-17 【变形文字】对话框

(18) 打开“资源 / 第 10 章 / 素材 / 条形码 .jpg”文件，将其拖至当前正在编辑的文档中，参照图 10-005-18 所示，使用文字工具组，添加文字信息。

图 10-005-18 添加文字

（19）打开“资源 / 第 10 章 / 素材 / 小马 .jpg”文件，参照图 10-005-19 所示，使用【魔棒工具】去除白色背景，将其拖至当前正在编辑的文档中，效果如图 10-005-20 所示。

图 10-005-19　去除白色背景

图 10-005-20　添加素材图像

实例 06　小学生看图作文图书封面设计

1. 实例特点：

画面简洁，利用文字的排版创建出整个画面。

2. 注意事项：

对文字进行排版的时候，要将主要内容放置视觉中心，次要的文字字号一定要小。

3. 操作思路：

首先新建文档添加参考线，绘制大色块分割画面，添加房子图像作为装饰，然后添加文字信息，通过对文字排版设计，使画面看起来舒服。

最终效果图

资源 / 第 10 章 / 源文件 / 小学生看图作文图书封面设计 .psd

具体步骤如下：

（1）创建一个宽度为 27.6 厘米，高度为 19 厘米，分辨率为 150 像素 / 英寸的新文档，参照图 10-006-1 所示，添加参考线。

（2）使用【渐变工具】为背景填充蓝色（C：34，M：0，Y：1，K：0）到透明的线性渐变，效果如图 10-006-2 所示。

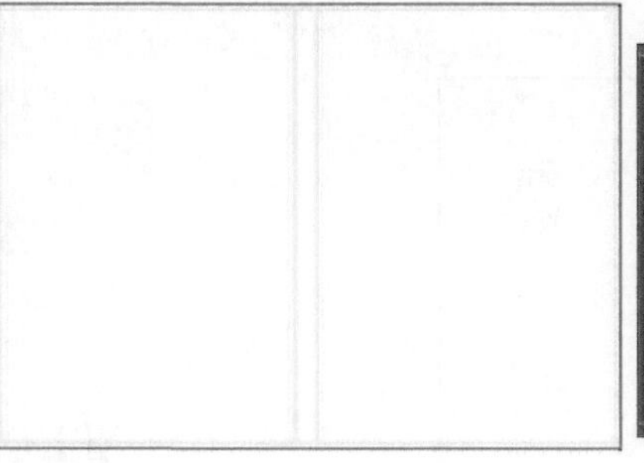

图 10-006-1　添加参考线

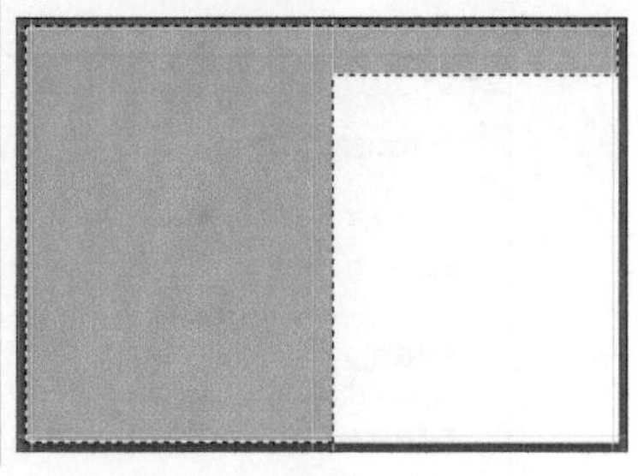

图 10-006-2　绘制选区并填充颜色

(3) 打开“资源 / 第 10 章 / 素材 / 小房子 .jpg”文件，将其拖至当前正在编辑的文档中，放置在封面下方，复制图像，调整图像的位置到封底中央，并调整图层混合模式为【正片叠底】，效果如图 10-006-3 所示。

(4) 新建图层，选择【画笔工具】 在其选项栏中打开【“画笔预设”选取器】并在选取器中选择硬边缘画笔，设置画笔大小为 45 像素，在【画笔】调板中设置画笔间距为 100%，在视图中进行绘制，效果如图 10-006-4 所示。

图 10-006-3 添加素材图像

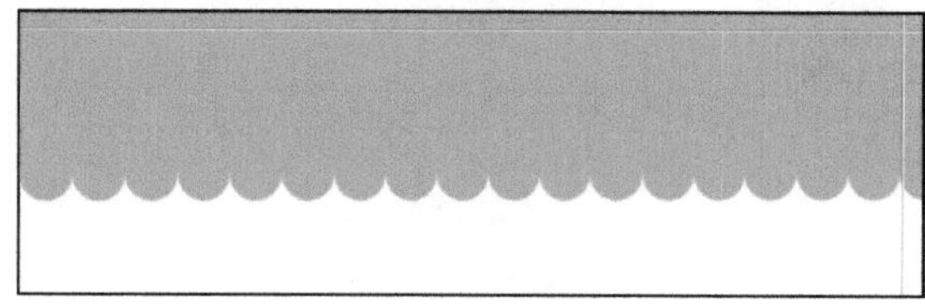

图 10-006-4 绘制点状直线

(5) 打开“资源 / 第 10 章 / 素材 / 标志 .tif”文件，将其拖至当前正在编辑的文档中，参照图 10-006-5 所示，调整图像的大小及位置。

图 10-006-5 添加标志素材

(6) 双击上一步图层缩览图，参照图 10-006-6 所示，在弹出的【图层样式】对话框中进行设置，为图像添加【渐变叠加】图层样式。

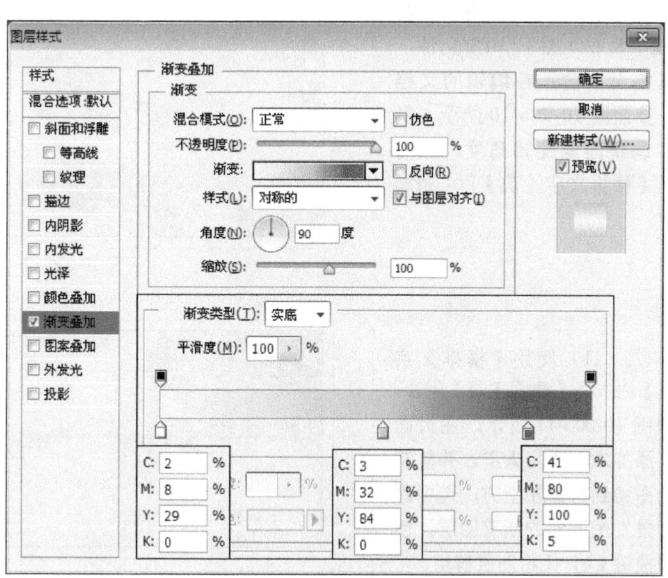

图 10-006-6 添加【渐变叠加】图层样式

（7）参照图 10-006-7 所示，继续在对话框中进行设置，为图像添加【投影】图层样式，然后单击【确定】按钮，关闭对话框。

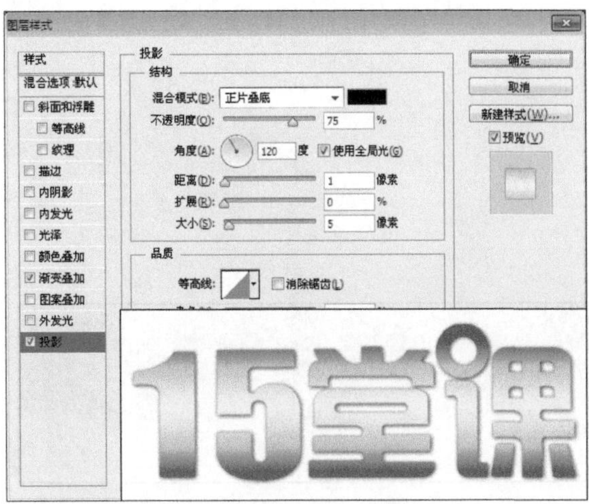

图 10-006-7　添加【投影】图层样式

（8）参照图 10-006-8 所示的效果，使用【横排文字工具】在视图中添加文字信息。

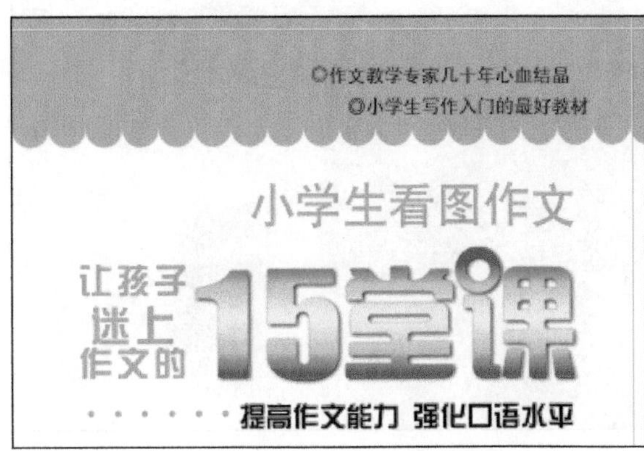

图 10-006-8　添加文字

（9）使用【椭圆工具】绘制正圆形状，并通过复制路径，得到图 10-006-9 所示的效果，然后使用【横排文字工具】添加文字信息。

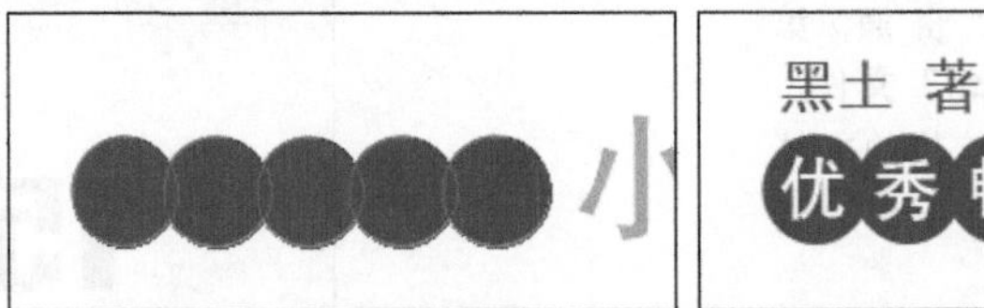

图 10-006-9　制作组合型文字

（10）打开“资源 / 第 10 章 / 素材 / 图标 .tif”文件，将其拖至当前正在编辑的文档中，参照图 10-006-10 所示，复制并调整图像旋转角度，然后使用【横排文字工具】添加文字。

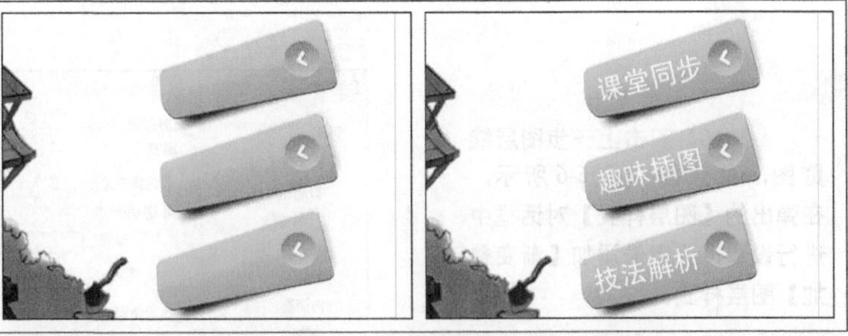

图 10-006-10　添加素材图像及文字信息

（11）使用【横排文字工具】和【椭圆工具】，参照图 10-006-11 所示，在封面下方添加本书适用人群，并复制标志图像到封面左上方，选中除“背景”图层外的所有图层，使用快捷键 Ctrl+G 将图层群组。

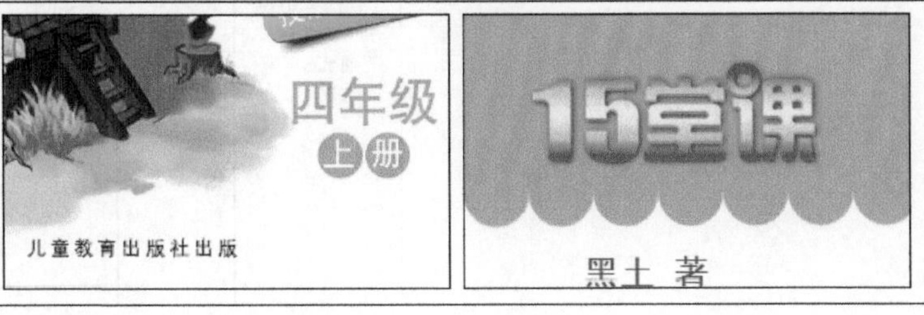

图 10-006-11　复制图像

（12）参照图 006-12 所示，打开“资源 / 第 10 章 / 素材 / 条形码 .tif”文件，将其拖至当前正在编辑的文档中，使用文字工具组，添加封底文字信息。

图 10-006-12　添加封底文字信息

（13）选择【圆角矩形工具】，在其选项栏中设置“半径”为 20 像素，参照图 10-006-13 所示，绘制圆角矩形形状。至此，完成本实例的制作。

图 10-006-13　绘制形状

实例 07　世界名著图书封面设计

1. 实例特点：

画面以金色和暗红色调为主，体现怀旧的感觉。

2. 注意事项：

本书是一本法国小说，所以在进行封面设计的时候采用西方图案纹样作为装饰。

3. 操作思路：

首先新建文档添加参考线，添加皮革纹样作为背景，然后运用金属渐变色和欧式金属花纹作为装饰，使整个作品看起来很厚重，然后添加人物图像，最后添加文字信息，通过对书籍名称的变形处理增强画面的美感。

最终效果图

资源 / 第 10 章 / 源文件 / 世界名著图书封面设计 .psd

具体步骤如下：

(1) 创建一个宽度为 27.6 厘米，高度为 19 厘米，分辨率为 150 像素 / 英寸的新文档，参照图 10-007-1 所示，添加参考线，打开“资源 / 第 10 章 / 素材 / 皮革 .jpg”文件，将其拖至当前正在编辑的文档中。

(2) 打开“资源 / 第 10 章 / 素材 / 贵妇 .jpg”文件，参照图 10-007-2 所示，使用【快速选择工具】创建选区。

图 10-007-1 打开素材图像

图 10-007-2 创建选区

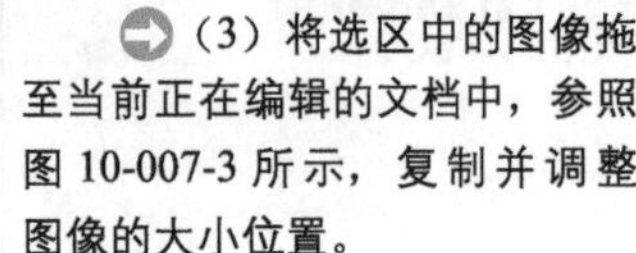

(3) 将选区中的图像拖至当前正在编辑的文档中，参照图 10-007-3 所示，复制并调整图像的大小位置。

图 10-007-3 复制并调整图像

(4) 使用【矩形选框工具】绘制选区，然后单击【图层】调板底部的【创建新的填充或调整图层】按钮，在弹出的菜单中选择【渐变填充】命令，参照图 10-007-4 所示，创建“渐变填充 1”图层。

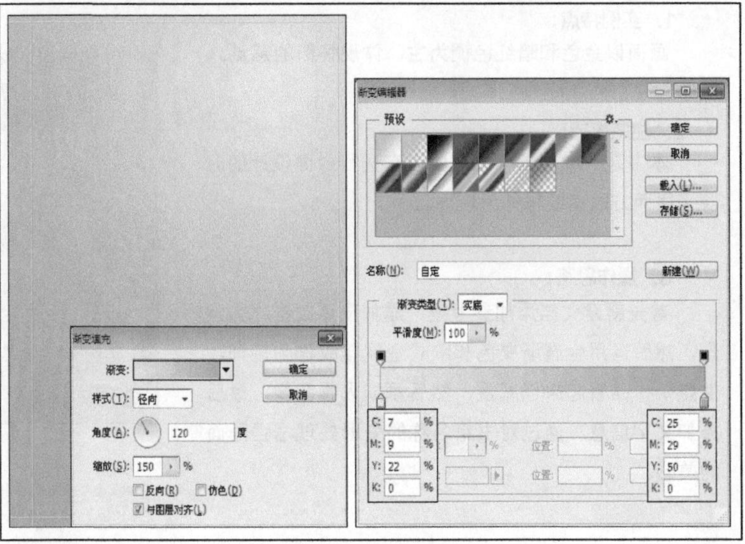

图 10-007-4 创建渐变填充

(5) 使用【钢笔工具】绘制路径，并参照图 10-007-5 所示，将路径载入选区，然后在“渐变填充 1”图层蒙版中填充黑色。

(6) 继续使用【钢笔工具】绘制路径，并参照图 10-007-6 所示，将路径载入选区，然后在“渐变填充 1”图层蒙版中填充黑色。

图 10-007-6 编辑蒙版

图 10-007-5 将路径载入选区

(7) 打开“资源 / 第 10 章 / 素材 / 欧式质感花纹 .jpg”文件，将其拖至当前正在编辑的文档中，参照图 10-007-7 所示，复制并拼合图像缩小图像，将第一次绘制的路径载入选区，并删除选区中的图像。

图 10-007-7 添加素材图像

(8) 双击“渐变填充 1”图层名称后的空白处，参照图 10-007-8 所示，在弹出的【图层样式】对话框中进行设置，为图层添加【投影】图层样式。

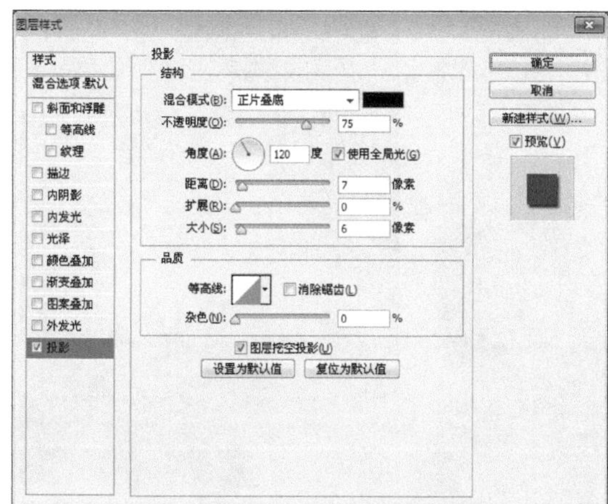

图 10-007-8 添加【投影】图层样式

(9) 参照图 10-007-9 所示，使用【横排文字工具】分别在视图中输入文字“茶花女”，使用【多边形选框工具】绘制选区，为图层添加图层蒙版，隐藏选区中的图像。

图 10-007-9 添加文字

(10) 使用【钢笔工具】 绘制花纹路径，并将路径载入选区，新建图层，填充选区为白色，效果如图 10-007-10 所示。

(11) 选中文字和花纹图像所在图层，使用快捷键 Ctrl+Alt+E 合并图层，参照图 10-007-11 所示，缩小并调整图像的位置。

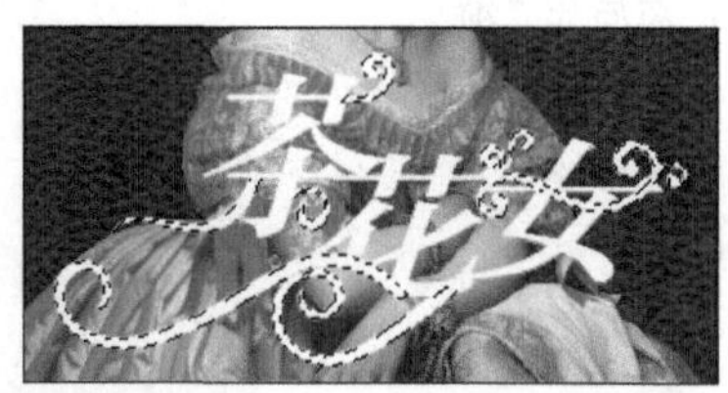

图 10-007-10 绘制花纹图像

图 10-007-11 合并图层

(12) 双击上一步图层缩览图，参照图 10-007-12 所示，在弹出的【图层样式】对话框中进行设置，为图层添加【渐变叠加】图层样式。

(13) 参照图 10-007-13 所示，继续在上一步打开的对话框中进行设置，为图层添加【投影】图层样式。

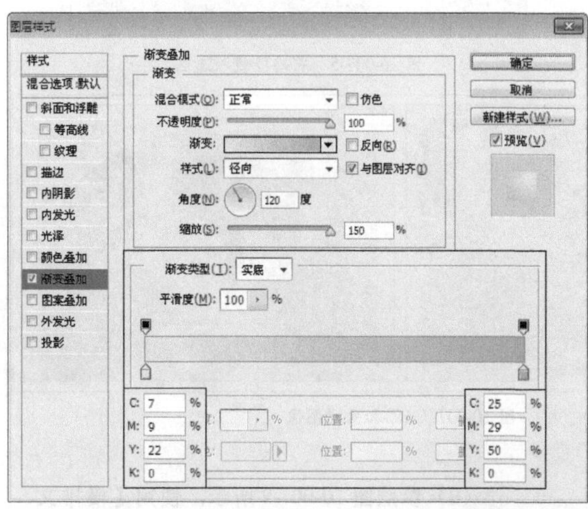

图 10-007-12 添加【渐变叠加】图层样式

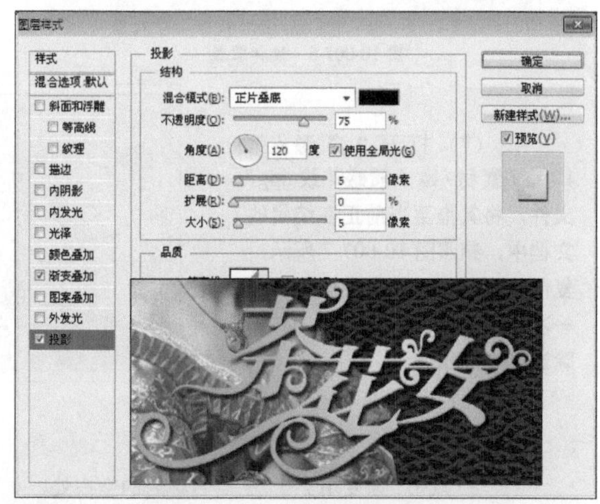

图 10-007-13 添加【投影】图层样式

(14) 打开“资源 / 第 10 章 / 素材 / 条形码 .jpg”文件，将其拖至当前正在编辑的文档中，参照图 10-007-14 所示，使用文字工具组，添加文字信息。至此，完成本实例的制作。

图 10-007-14 添加文字

实例 08 传统文化图书封面设计

最终效果图

资源 / 第 10 章 / 源文件 / 传统文化图书封面设计 .psd

1. 实例特点：

画面简洁时尚，很有中国韵味。

2. 注意事项：

在制作此类中国传统文化书籍的时候，画面上采用中国传统排版设计，更吸引读者眼球。

3. 操作思路：

首先新建文档添加参考线，其次添加剪纸纹样作为背景，使用中国传统图章样式作为封面字体，然后添加文字信息。

具体步骤如下：

（1）创建一个宽度为 27.6 厘米，高度为 19 厘米，分辨率为 150 像素 / 英寸的新文档，参照图 10-008-1 所示，添加参考线。

图 10-008-1　添加参考线

（2）单击【图层】调板底部的【创建新的填充或调整图层】按钮，在弹出的菜单中选择【图案填充】命令，参照图 10-008-2 所示，创建“图案填充 1”图层。

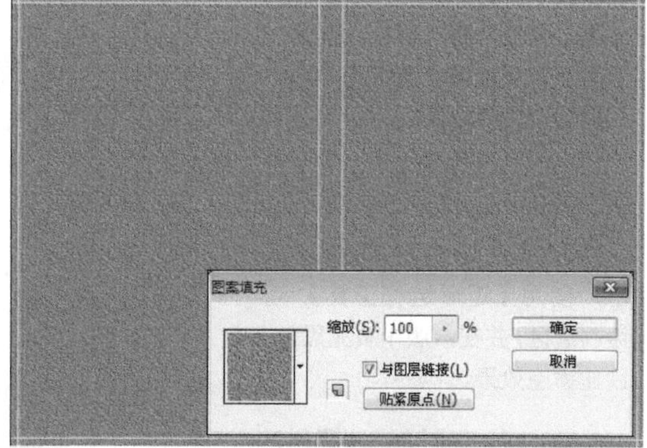

图 10-008-2　创建“图案填充 1”图层

（3）继续单击【创建新的填充或调整图层】按钮 ，在弹出的菜单中选择【色相 / 饱和度】命令，参照图 10-008-3 所示，创建“色相 / 饱和度 1”图层。

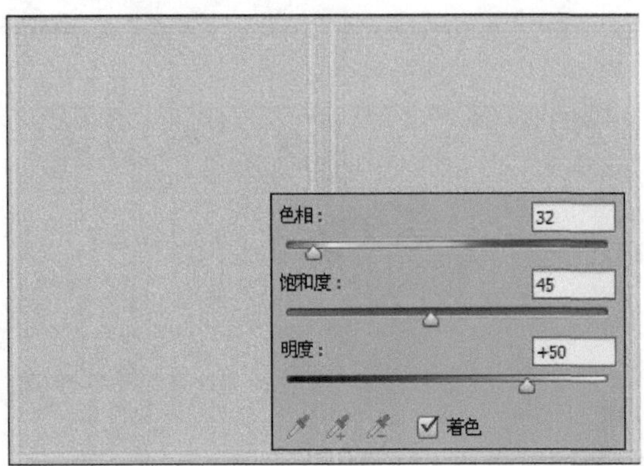

图 10-008-3　创建“色相 / 饱和度 1”图层

（4）打开“资源 / 第 10 章 / 素材 / 剪纸 .jpg”文件，将其拖至当前正在编辑的文档中，参照图 10-008-4 所示，调整图像的大小及位置，并调整图层的混合模式为【正片叠底】。

图 10-008-4　添加素材图像

（5）新建图层，参照图 10-008-5 所示，使用【矩形选框工具】 绘制选区，并填充选区为红色（C：6，M：98，Y：100，K：0）。

（6）新建图层，参照图 10-008-6 所示，继续使用【矩形选框工具】 绘制选区，并填充选区为深红色（C：44，M：100，Y：100，K：13）。

图 10-008-5　填充书脊颜色

图 10-008-6　绘制矩形图像

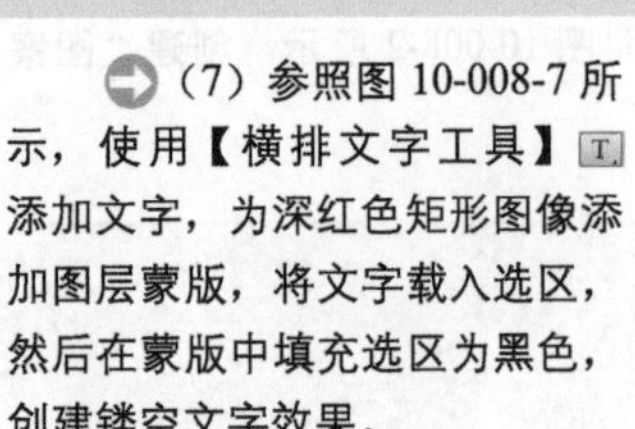

（7）参照图 10-008-7 所示，使用【横排文字工具】 添加文字，为深红色矩形图像添加图层蒙版，将文字载入选区，然后在蒙版中填充选区为黑色，创建镂空文字效果。

图 10-008-7　创建镂空文字效果

（8）参照图 10-008-8 所示，使用【矩形选框工具】 绘制选区，并在蒙版中填充黑色，创建镂空效果。

（9）复制上一步骤创建的图层，移动位置至封底左上角，取消图层图蒙版的链接，参照图 10-008-9 所示，旋转矩形图像。

图 10-008-8　编辑蒙版

图 10-008-9　旋转图像

(10) 参照图 10-008-10 所示，打开“资源 / 第 10 章 / 素材 / 条形码 .jpg”文件，将其拖至当前正在编辑的文档中，并使用文字工具添加文字信息。

(11) 新建图层，在封底上使用【矩形选框工具】绘制灰色（C：19，M：14，Y：14，K：0）矩形装饰，效果如图 10-008-11 所示。

图 10-008-10 添加文字信息

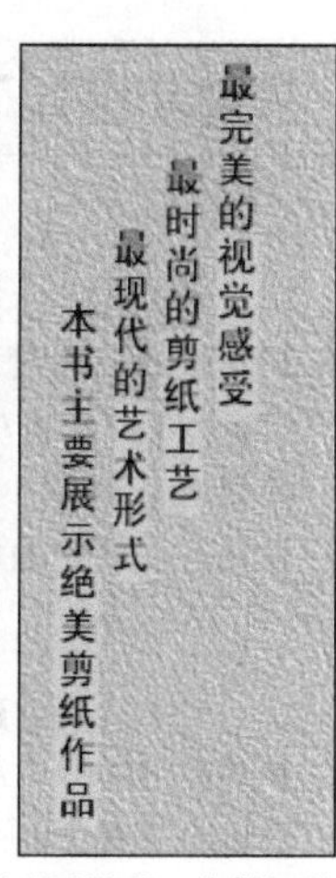

图 10-008-11 绘制矩形

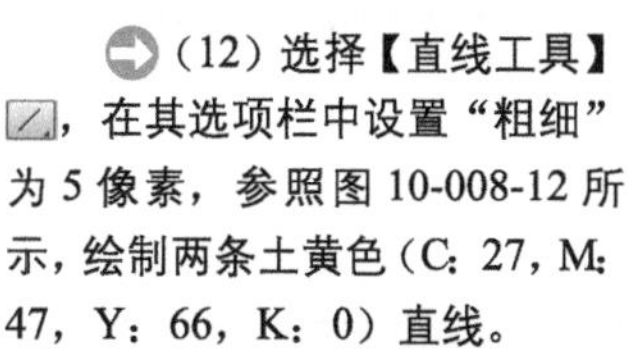

(12) 选择【直线工具】，在其选项栏中设置“粗细”为 5 像素，参照图 10-008-12 所示，绘制两条土黄色（C：27，M：47，Y：66，K：0）直线。

(13) 参照图 10-008-13 所示，使用【椭圆工具】绘制正圆装饰。至此，完成本实例的制作。

图 10-008-12 绘制直线

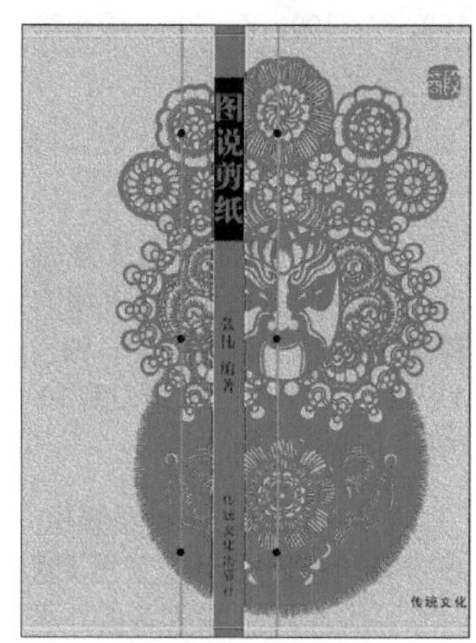

图 10-008-13 绘制正圆装饰

实例 09 戏曲秘笈封面设计

1. 实例特点：
画面时尚简洁，中西设计合璧。

2. 注意事项：
画面中有较多素材时，注意图像的摆放位置。

3. 操作思路：
首先新建文档添加参考线，其次添加矩形色块作为装饰，然后添加文字信息，最后添加戏曲人物，并调整人物的组合方式，添加墨迹柔化图像。

最终效果图

资源 / 第 10 章 / 源文件 / 戏曲秘笈封面设计 .psd

具体步骤如下：

(1) 创建一个宽度为27.6厘米，高度为19厘米，分辨率为150像素/英寸的新文档，参照图10-009-1所示，添加参考线，并填充颜色为灰色（C：14，M：11，Y：10，K：0）。

(2) 新建“图层1”，参照图10-009-2所示，使用【矩形选框工具】绘制选区并填充颜色为暗红色（C：41，M：100，Y：100，K：7），缩小选区，填充颜色为黑色。

图 10-009-1　添加参考线

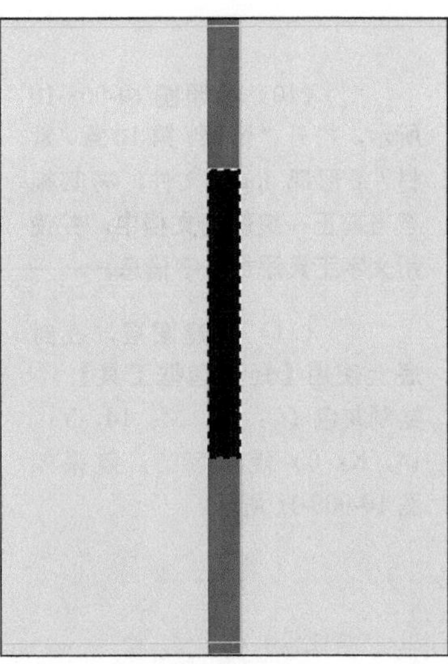
图 10-009-2　绘制矩形

(3) 继续使用【矩形选框工具】绘制选区并填充颜色为红色（C：11，M：98，Y：100，K：0），效果如图10-009-3所示。

(4) 继续上一步的操作，参照图10-009-4所示，使用【矩形选框工具】绘制选区并填充颜色为黑色。

图 10-009-3　绘制红色矩形

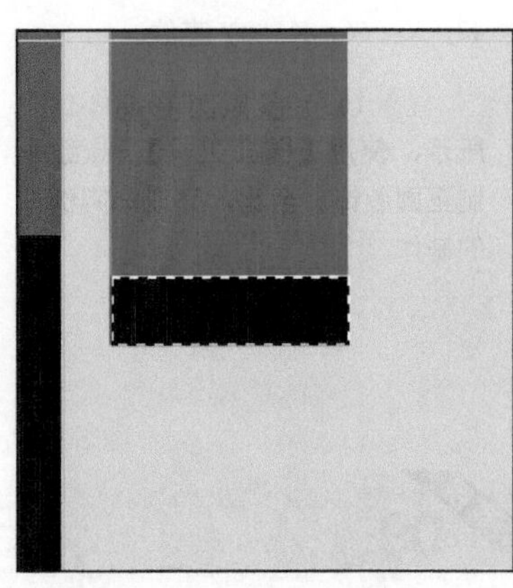
图 10-009-4　绘制黑色图形

(5) 参照图10-009-5所示，使用文字工具组添加文字。

(6) 参照图10-009-6所示，使用【矩形选框工具】绘制选区并填充红色到透明的渐变。打开“资源/第10章/素材/京剧脸谱.tif”文件，将其拖至当前正在编辑的文档中，调整图像的大小及位置。

图 10-009-5　添加文字

图 10-009-6　填充渐变

(7) 新建“组 1”图层组，打开“资源 / 第 10 章 / 素材 / 戏曲人物 .tif”文件，将人物图像拖至当前正在编辑的文档中，参照图 10-009-7 所示，调整图像的大小和摆放顺序。

(8) 选中老生图像，单击【图层】调板底部的【添加矢量蒙版】按钮，添加图层蒙版，并参照图 10-009-8 所示，使用柔边缘黑色【画笔工具】在蒙版中进行绘制，隐藏部分图像。

图 10-009-7 调整图像摆放顺序

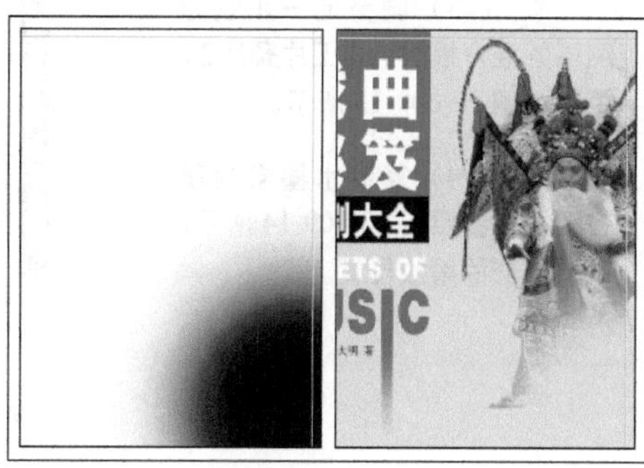

图 10-009-8 添加图层蒙版

(9) 继续为人物图层添加图层蒙版，并参照图 10-009-9 所示，在蒙版中进行绘制。

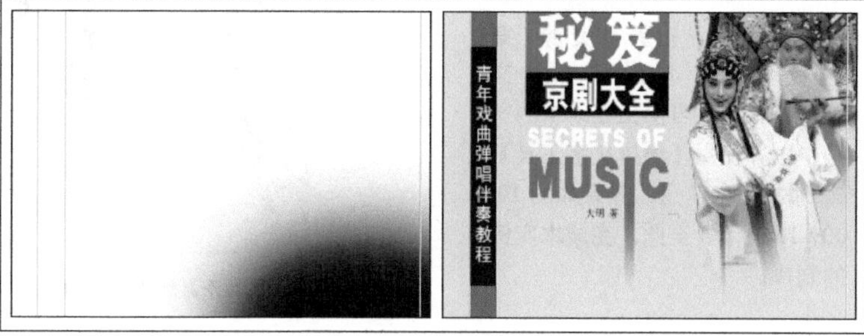

图 10-009-9 添加图层蒙版

(10) 继续为人物图层添加图层蒙版，并参照图 10-009-10 所示，在蒙版中进行绘制。

图 10-009-10 添加图层蒙版

(11) 选中老生图像所在图层，执行【图像】|【调整】|【亮度 / 对比度】命令，参照图 10-009-11 所示，在弹出的对话框中进行设置，调整图像的亮度。

(12) 打开“资源 / 第 10 章 / 素材 / 水墨素材 .jpg”文件，将其拖至当前正在编辑的文档中，参照图 10-009-12 所示，调整图像的大小及位置。

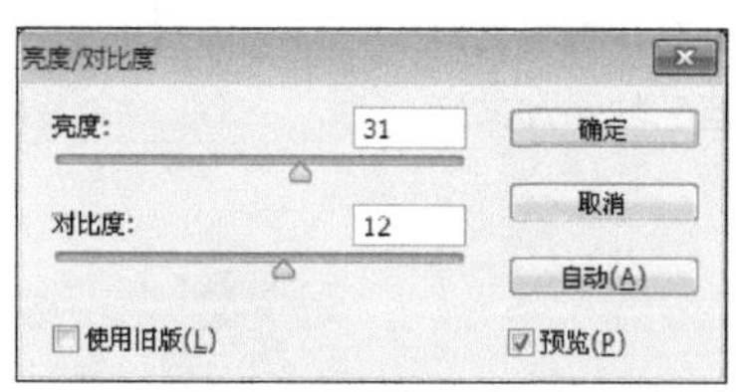

图 10-009-11 【亮度 / 对比度】对话框

图 10-009-12 添加素材图像

(13) 调整上一步创建图层的混合模式为【正片叠底】，效果如图 10-009-13 所示。

(14) 复制水墨素材所在图层，参照图 10-009-14 所示，调整图层的摆放位置。

图 10-009-13 调整图层混合模式

图 10-009-14 复制图像

(15) 复制“组 1”图层组，缩小图像，将其放置在封底中央，效果如图 10-009-15 所示。

(16) 打开“资源 / 第 10 章 / 素材 / 条形码 .jpg” 文件，将其拖至当前正在编辑的文档中，并使用【横排文字工具】 添加文字信息，效果如图 10-009-16 所示。至此，完成本实例的制作。

图 10-009-15 复制并调整“组 1”图层组

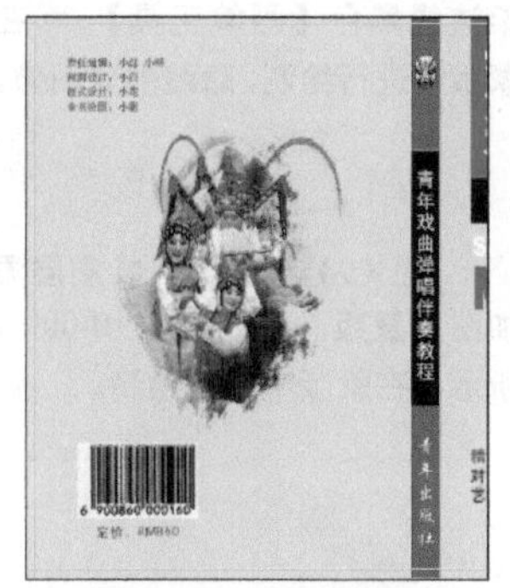

图 10-009-16 添加文字

实例 10 旅游指南封面设计

1. 实例特点：

画面采用旅游景点和地图作为背景，体现书籍内容，信息传递性强。

2. 注意事项：

在使用图案作为背景的时候，为了不让画面看起来焦躁杂乱，这里将图像融于背景色，将字体突出。

3. 操作思路：

首先新建文件添加参考线，添加素材图像作为封底，运用地图的边缘作为切割模具创建色块添加文字信息，最后添加地图作为封底装饰。

最终效果图

资源 / 第 10 章 / 源文件 / 旅游指南封面设计 .psd

具体步骤如下：

(1) 创建一个宽度为 27.6 厘米，高度为 19 厘米，分辨率为 150 像素 / 英寸的新文档，参照图 10-010-1 所示，添加参考线，并填充颜色为灰色（C：14，M：11，Y：10，K：0）。

(2) 新建“图层 1”，参照图 10-010-2 所示，使用【矩形选框工具】绘制选区并填充颜色为暗红色（C：41，M：100，Y：100，K：7），缩小选区，填充颜色为黑色。

图 10-010-1 添加参考线

图 10-010-2 添加素材图像

(3) 打开“资源 / 第 10 章 / 素材 / 龙门石窟.jpg”文件，将其拖至当前正在编辑的文档中，参照图 10-010-3 所示，调整图像的大小及位置。

(4) 为龙门石窟图像所在图层添加图层蒙版，参照图 10-010-4 所示，使用黑色柔边缘【画笔工具】在蒙版中进行绘制。

图 10-010-3 添加素材图像

图 10-010-4 添加图层蒙版

(5) 打开“资源 / 第 10 章 / 素材 / 文峰塔.jpg”文件，将其拖至当前正在编辑的文档中，参照图 10-010-5 所示，调整图像的大小及位置。

(6) 为文峰塔图像所在图层添加图层蒙版，参照图 10-010-6 所示，使用【渐变工具】在蒙版中绘制黑色到透明的渐变，柔化图像。

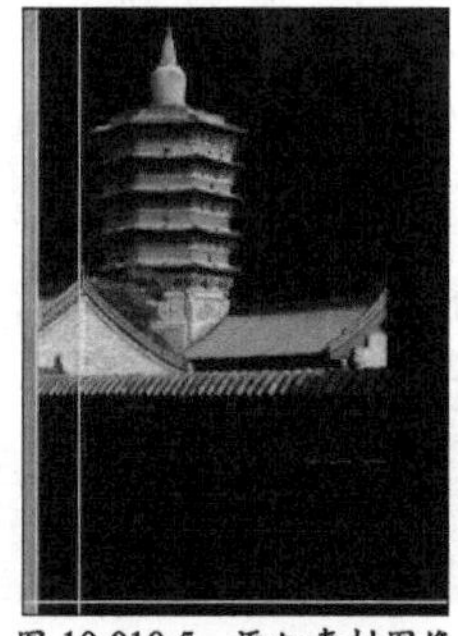

图 10-010-5 添加素材图像

图 10-010-6 添加图层蒙版

（7）打开“资源 / 第 10 章 / 素材 / 开封府 .jpg”文件，将其拖至当前正在编辑的文档中，参照图 10-010-7 所示，调整图像的大小及位置。

（8）为文峰塔图像所在图层添加图层蒙版，参照图 10-010-8 所示，使用【渐变工具】在蒙版中绘制黑色到透明的渐变，柔化图像。

图 10-010-7　添加素材图像

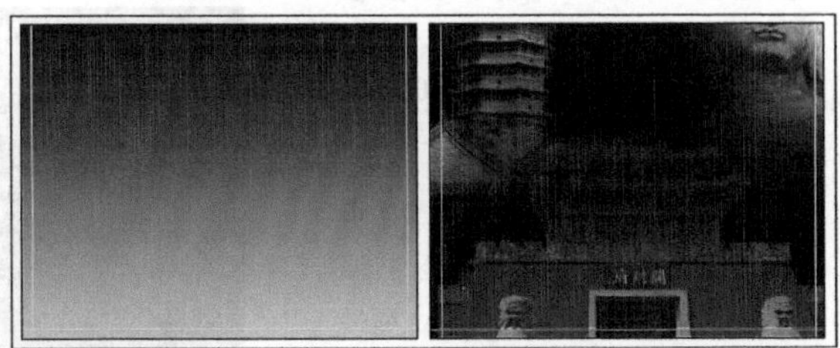

图 10-010-8　添加图层蒙版

（9）新建图层，参照图 10-010-9 所示，使用【矩形选框工具】绘制红色（C：0，M：95，Y：37，K：0）填充矩形。

（10）打开“资源 / 第 10 章 / 素材 / 中国地图 .jpg”文件，将其拖至当前正在编辑的文档中，参照图 10-010-10 所示，调整图像的大小及位置，使用【快速选择工具】将地图载入选区，并在矩形所在图层上删除选区中的图像，效果如图 10-010-10 所示。

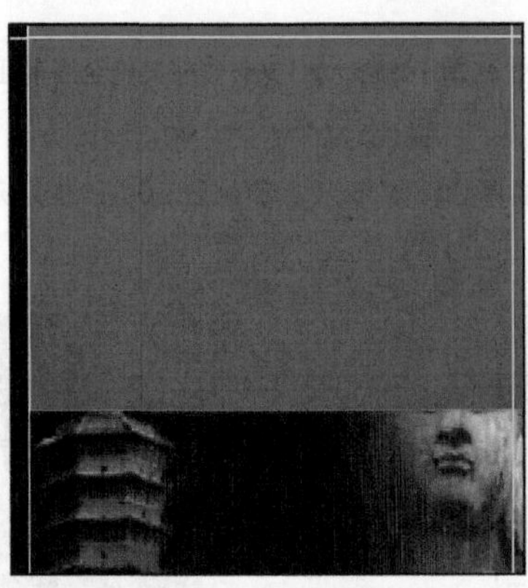

图 10-010-9　绘制矩形

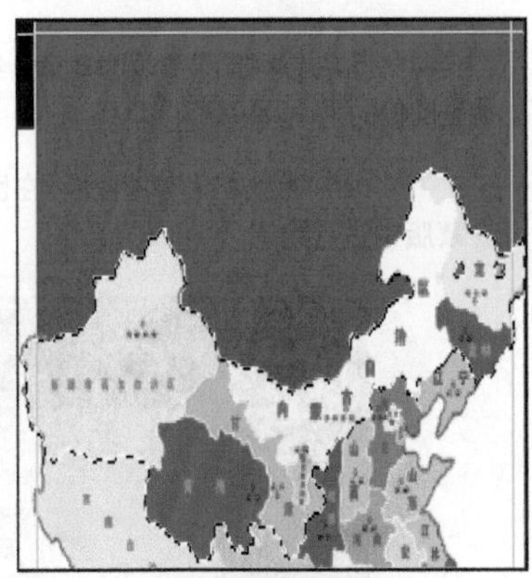

图 10-010-10　删除选区中的图像

（11）复制上一步创建的图像，双击图层缩览图，参照图 10-010-11 所示，在弹出的【图层样式】对话框中进行设置，为图层添加【渐变叠加】图层样式。

（12）向下移动上一图层，打开“资源 / 第 10 章 / 素材 / 旅游字体 .tif”文件，将其拖至当前正在编辑的文档中，并使用【横排文字工具】添加 2012 字体，效果如图 10-010-12 所示。

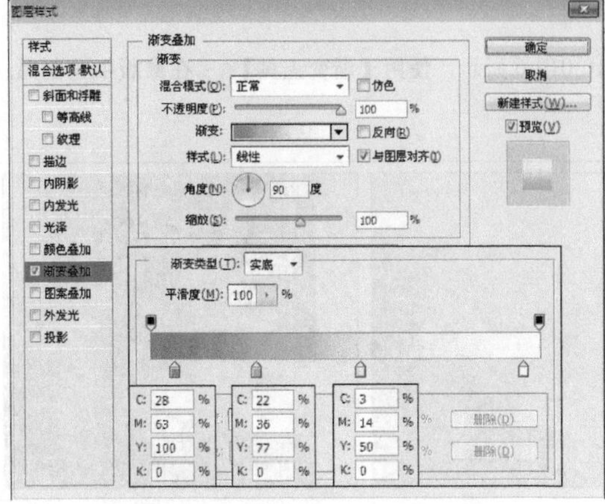

图 10-010-11　添加【渐变叠加】图层样式

图 10-010-12　移动图像

(13) 打开“资源 / 第 10 章 / 素材 / 金属花纹 .jpg”文件，将其拖至当前正在编辑的文档中，参照图 10-010-13 所示，使用【横排文字工具】创建文字。

(14) 将上一步创建的文字图像载入选区，然后选择金属花纹所在图层，删除选区中的图像，使用【圆角矩形工具】绘制路径，并将路径载入选区，参照图 10-010-14 所示，删除选区以外的图像。

图 10-010-13 添加素材图像

图 10-010-14 将路径载入选区

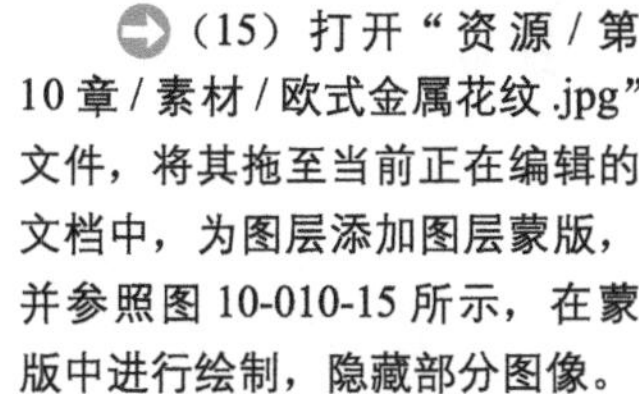

(15) 打开“资源 / 第 10 章 / 素材 / 欧式金属花纹 .jpg”文件，将其拖至当前正在编辑的文档中，为图层添加图层蒙版，并参照图 10-010-15 所示，在蒙版中进行绘制，隐藏部分图像。

图 10-010-15 添加素材图像

(16) 参照图 10-010-16 所示，使用文字工具组添加文字信息。

(17) 打开“资源 / 第 10 章 / 素材 / 河南地图 .jpg”、“资源 / 第 10 章 / 素材 / 条形码 .jpg”文件，将其拖至当前正在编辑的文档中，调整河南地图所在图层的图层混合模式为【正片叠底】，参照图 10-010-17 所示，使用【横排文字工具】添加文字信息。至此，完成本实例的制作。

图 10-010-16 添加文字

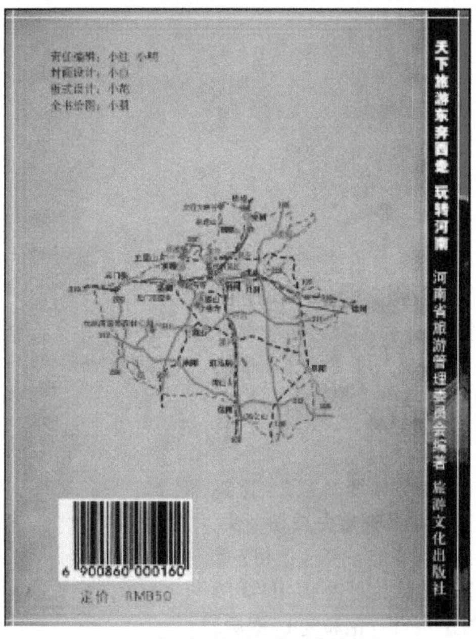

图 10-010-17 添加地图素材

实例 11 精品封面设计赏析

最终效果图

资源 / 第 10 章 / 源文件 / 精品封面设计赏析 .psd

1．实例特点：

画面运用几何图形堆积画面，视觉传达性强，画面更具有视觉冲击力。

2．注意事项：

本案例运用很多图层，注意将图层进行分类群组。

3．操作思路：

首先新建文件添加参考线，添加图案填充丰富背景的质感，调整背景的颜色，然后使用形状工具组绘制形状，添加图案信息，组合成一幅作品，通过对作品的复制调整图层混合模式，创建出封底图像，最后添加色块及文字信息。

具体步骤如下：

（1）新建一个宽度为 43.5 厘米，高度为 21 厘米，分辨率为 150 像素 / 英寸的新文档，并参照图 10-011-1 所示为其添加参考线。

图 10-011-1　添加参考线

（2）单击【图层】调板底部的【创建新的填充或调整图层】按钮 ，在弹出的菜单中选择【图案填充】命令，参照图 10-011-2 所示，创建“图案填充 1”图层。

（3）继续单击【创建新的填充或调整图层】按钮 ，在弹出的菜单中选择【色相 / 饱和度】命令，参照图 10-011-3 所示，创建“色相 / 饱和度 1”图层。

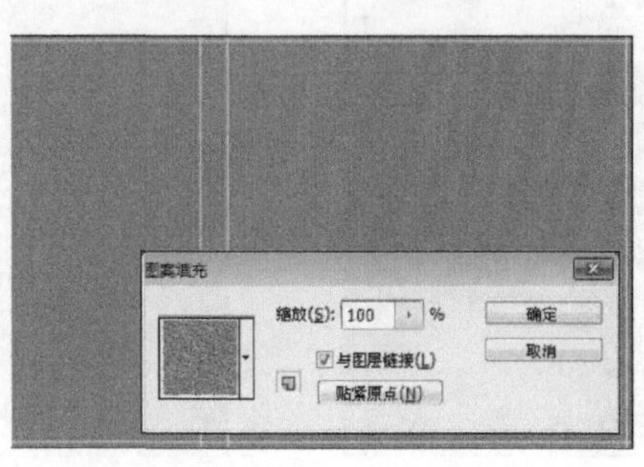

图 10-011-2　创建“图案填充 1”图层

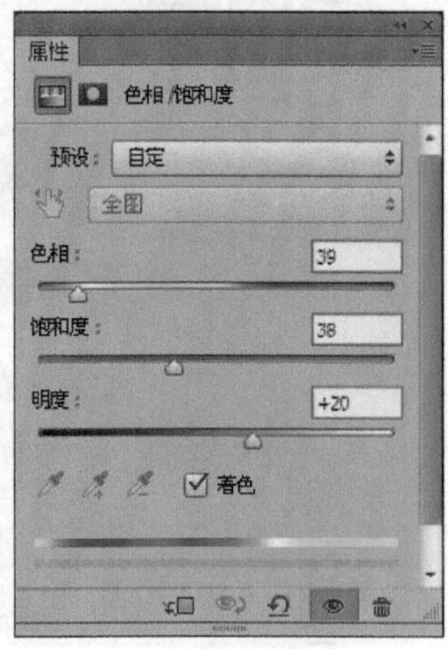

图 10-011-3　调整图像的颜色

(4) 新建“组 1”图层组，参照图 10-011-4 所示，使用【椭圆工具】绘制灰色（C：16，M：12，Y：12，K：0）正圆图形，并调整图层“不透明度”参数为 30%，复制并调整图形的大小，更改颜色为深灰色（C：73，M：66，Y：63，K：19）、白色、绿色（C：47，M：0，Y：97，K：0）和蓝色（C：59，M：8，Y：0，K：0）。

(5) 打开“资源 / 第 10 章 / 素材 / 老鹰 .jpg”文件，使用【快速选择工具】选中老鹰图像，将其拖至当前正在编辑的文档中，参照图 10-011-5 所示，调整图像的大小及位置。

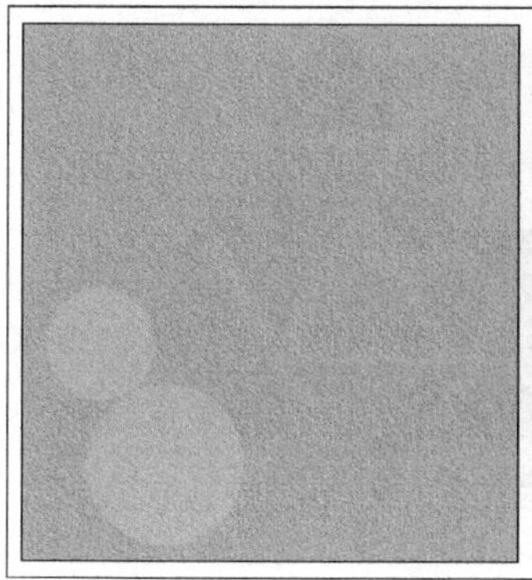

图 10-011-4 绘制正圆图形

图 10-011-5 添加老鹰素材图像

(6) 继续打开“资源 / 第 10 章 / 素材 / 翅膀 .jpg”文件，使用【快速选择工具】选中翅膀图像，将其拖至当前正在编辑的文档中，参照图 10-011-6 所示，复制并调整图像的位置。

(7) 新建“组 2”图层组，选择【多边形工具】，然后在其选项栏中设置“边”为 3，参照图 10-011-7 所示，绘制三角形形状。

图 10-011-6 添加翅膀素材图像

图 10-011-7 绘制三角形形状

(8) 参照图 10-011-8 所示，复制并调整上一步创建的三角形。

图 10-011-8 复制形状

(9) 为白色三角形所在图层添加图层蒙版，将该形状载入选区，缩小选区，在蒙版中将选区填充为黑色，效果如图 10-011-9 所示。

(10) 复制上一步创建的三角形，参照图 10-011-10 所示，调整图像的大小及位置。

图 10-011-9 添加图层蒙版

图 10-011-10 复制图层

(11) 选择【直线工具】，在其选项栏中设置“粗细”为 5 像素，并在视图绘制直线形状，参照图 10-011-11 所示，旋转直线并调整其位置。

(12) 打开“资源 / 第 10 章 / 素材 / 石头 .jpg”文件，将其拖至当前正在编辑的文档中，参照图 10-011-12 所示，旋转图像并调整图像的大小及位置，设置图层“不透明度”参数为 80%。

图 10-011-11 绘制并调整直线

图 10-011-12 添加石头素材图像

(13) 继续上一步的操作，将“多边形 1”图层上的图像载入选区，为图层添加图层蒙版，隐藏选区以外的图像，效果如图 10-011-13 所示。

(14) 新建“组 3”图层组，选择【自定义形状工具】，然后在其选项栏中打开【“自定形状”拾色器】调板，选中雨滴形状，参照图 10-011-14 所示，绘制雨滴形状。

图 10-011-13 添加图层蒙版

图 10-011-14 绘制图形

(15) 新建“组 4”图层组，新建图层，使用白色柔边缘【画笔工具】，绘制一点，并参照图 10-011-15 所示，将点压扁为一直线，复制并调整直线的旋转角度，继续绘制一点作为发光源。

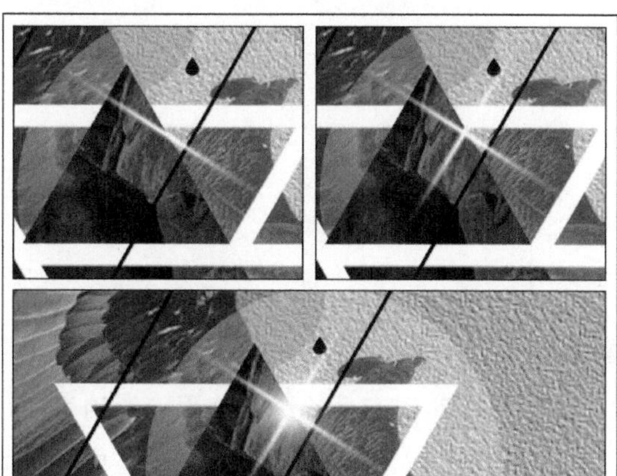

图 10-011-15 绘制星光

(16) 复制上一步创建的星光图像，并参照图 10-011-16 所示，调整图像的位置。

图 10-011-16 复制星光

(17) 新建“组 5”图层组，新建图层使用【多边形套索工具】绘制选区，并使用【渐变工具】填充灰色到透明的渐变，复制多个渐变所在图层，参照图 10-011-17 所示，调整图像的位置。

(18) 使用快捷键 Ctrl+Alt+E 合并除“背景”、“图案填充 1”和“色相 / 饱和度 1”图层外的所有图层，缩小并移动图像至封底处，调整图层混合模式为【强光】，效果如图 10-011-18 所示。

图 10-011-17 添加渐变填充

图 10-011-18 调整图层混合模式

(19) 新建“组 6”图层组，使用【矩形工具】，绘制黑色矩形，并使用【文字工具】添加文字信息，效果如图 10-011-19 所示。至此，完成本实例的制作。

图 10-011-19 添加文字信息

第11章 包装设计

包装是建立产品与消费者亲和力的有力手段，它直接影响到消费者的购买欲。包装作为实现商品价值和使用价值的手段，在生产、流通、销售和消费领域中，发挥着极其重要的作用。包装作为一门综合性学科，具有商品和艺术相结合的双重性。本章将向读者介绍包装设计中需要注意的事项以及包装的设计方法。

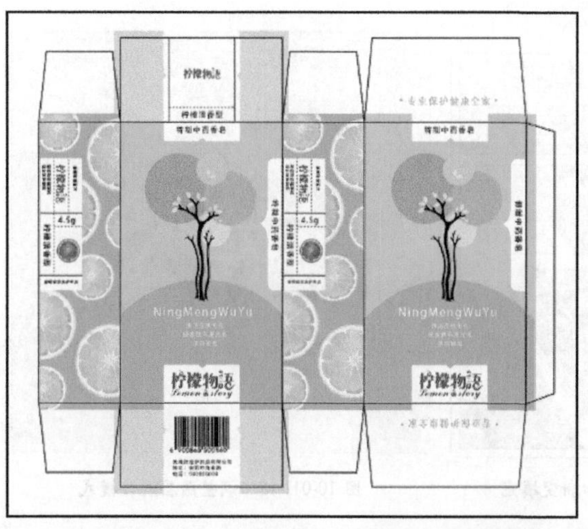

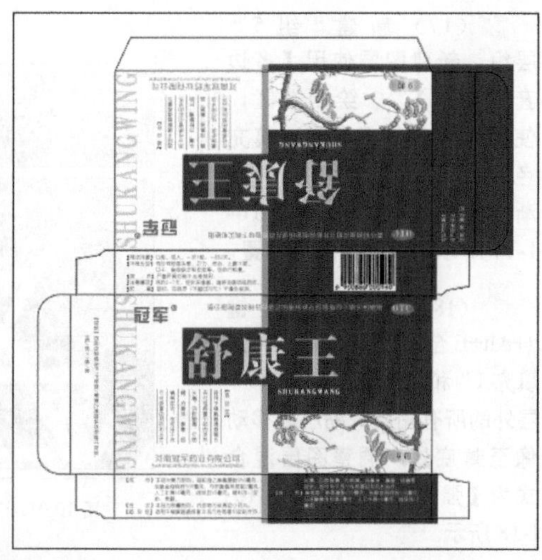

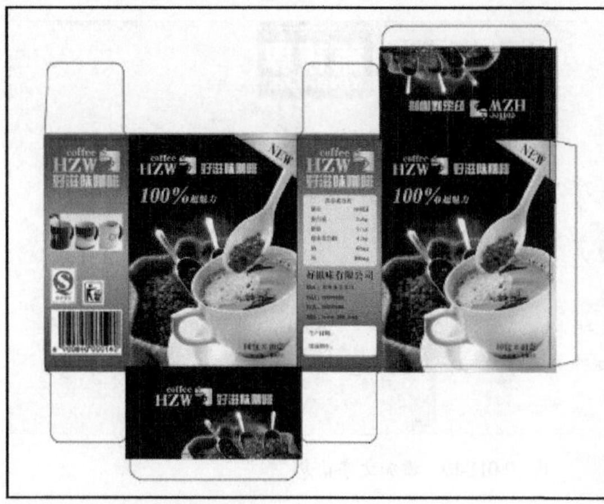

实例 01 袋装薯片包装设计

最终效果图

资源/第 11 章/源文件/袋装薯片包装设计.psd

1. 实例特点：

该案例画面颜色鲜艳，构图饱满，产品名称突出。

2. 注意事项：

在制作袋装休闲食品包装的时候，要将产品名称放置在明显的位置，激发消费者购买欲。

3. 操作思路：

首先创建渐变填充背景，将背景分为几个色块，然后创建产品名称字体，最后添加产品素材及文字信息。

具体步骤如下：

1. 创建背景

（1）执行【文件】|【新建】命令，创建一个宽度为 43 厘米，高度为 30 厘米，分辨率为 150 像素的新文档。

（2）使用快捷键 Alt+V+E，弹出【添加参考线】对话框，分别在 1.5、28.5 厘米处，水平添加参考线，分别在 1.5、11.5、31.5、41.5 处，垂直添加参考线，效果如图 11-001-1 所示。

图 11-001-1 添加参考线

（3）单击【图层】调板底部的【创建新的填充或调整图层】按钮，在弹出的对话框中选择【渐变填充】命令，参照图 11-001-2 所示，创建渐变填充图层。

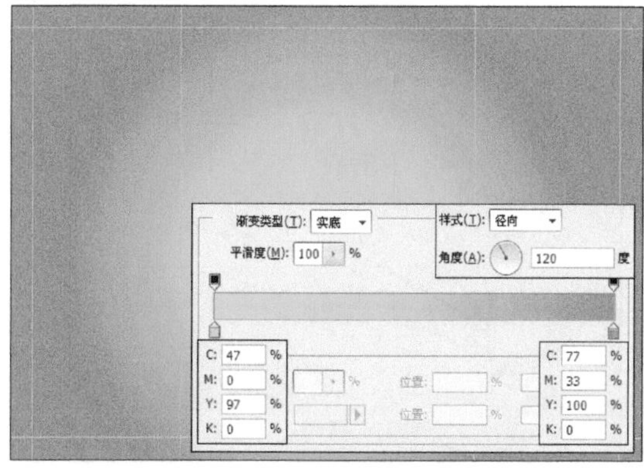

图 11-001-2 创建“渐变填充 1”图层

(4) 参照如图 11-001-3 所示，使用【椭圆工具】绘制椭圆形状。

(5) 新建图层，将上一步的形状载入选区，移动选区的位置，填充颜色为黄色（C: 7, M: 4, Y：86, K：0），效果如图 11-001-4 所示。

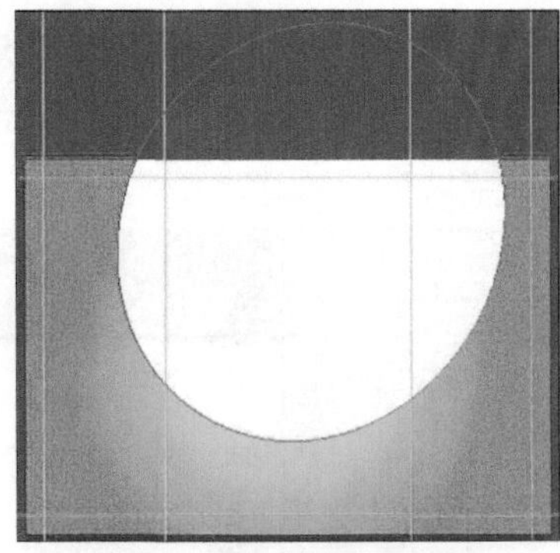

图 11-001-3 绘制椭圆形状

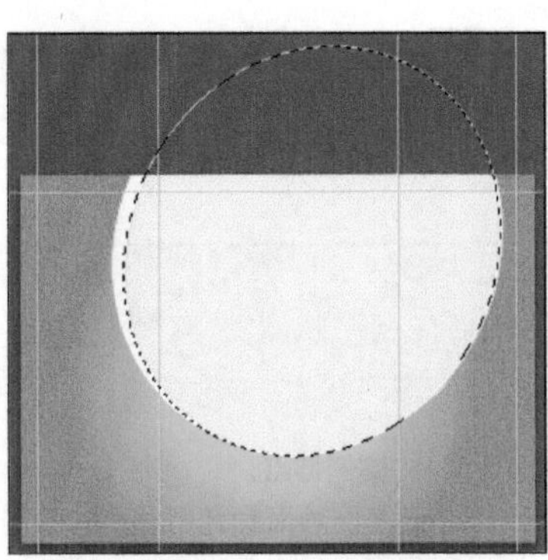

图 11-001-4 将形状载入选区

(6) 使用快捷键 Alt+S+T 扩大选区，移动选区的位置，并参照图 11-001-5 所示，删除选区中的图像。

(7) 使用前面介绍的方法，参照图 11-001-6 所示，创建出其他黄色装饰图像。

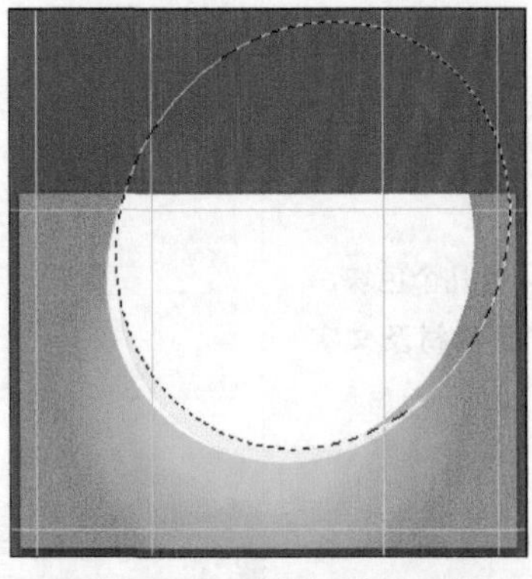

图 11-001-5 删除选区中的图像

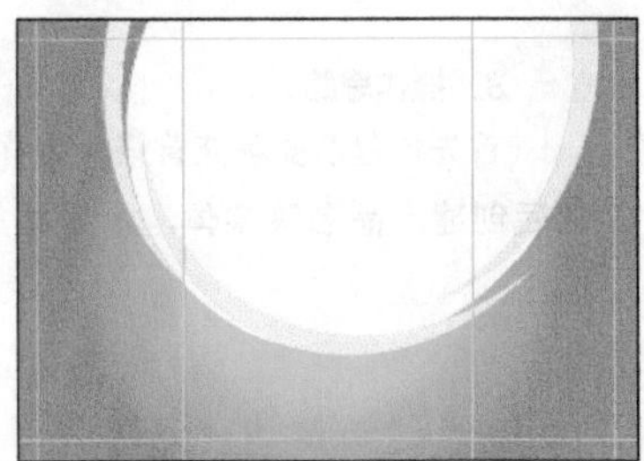

图 11-001-6 创建图像

(8) 新建“组 1”图层组，使用【矩形工具】创建白色矩形，并参照图 11-001-7 所示，配合【钢笔工具】调整矩形形状。

2. 制作产品名称

(1) 双击上一步图层缩览图，参照图 11-001-8 所示，在弹出的【图层样式】对话框中进行设置，为图层添加【渐变叠加】图层样式。

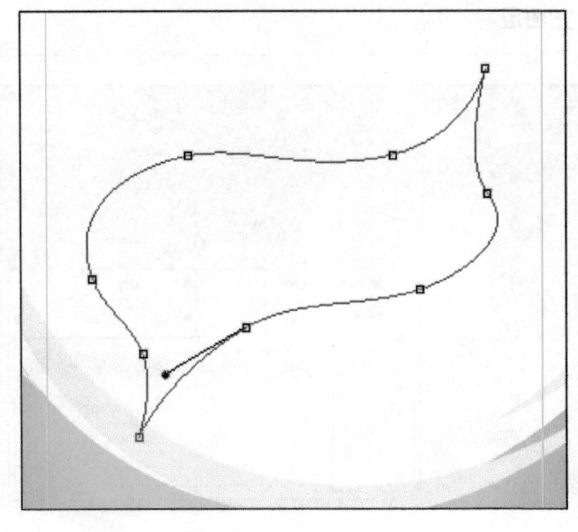

图 11-001-7 调整矩形形状

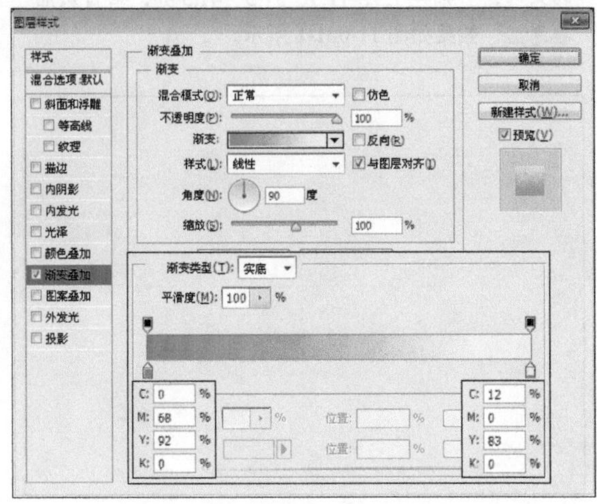

图 11-001-8 添加【渐变叠加】图层样式

(2) 复制上一步创建的图形，调整颜色为蓝色（C：99，M：96，Y：26，K：0），并参照图 11-001-9 所示，使用【钢笔工具】调整图形的形状。

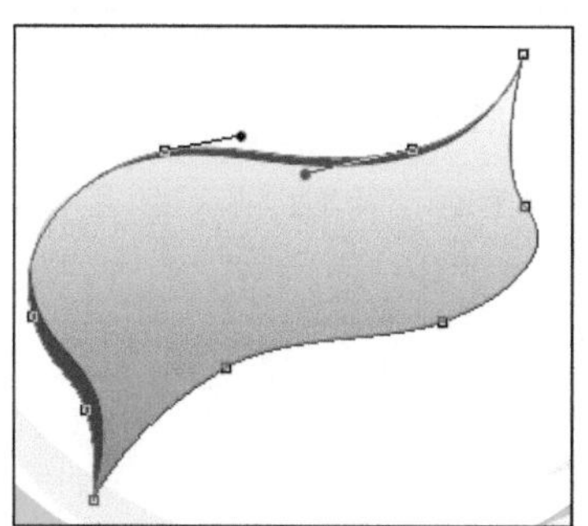

图 11-001-9　复制并调整矩形

(3) 参照图 11-001-10 所示，继续复制图形并调整形状。

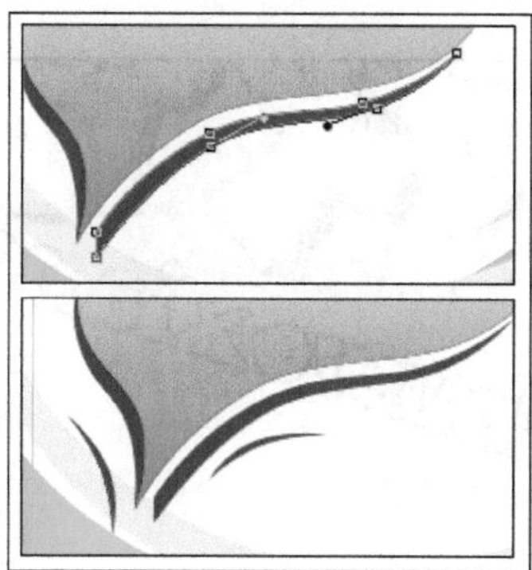

图 11-001-10　调整形状

(4) 新建“组 2”图层组，参照图 11-001-11 所示，使用【横排文字工具】创建产品名称，并分别为其添加【投影】图层样式，效果如图 11-001-11 所示。

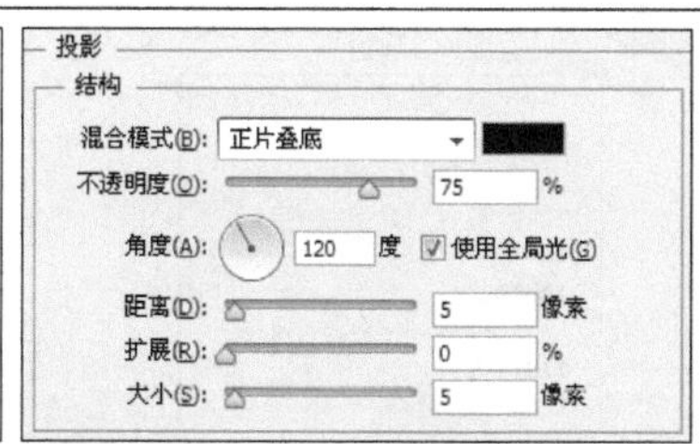

图 11-001-11　添加文字

(5) 复制上文字图层，清除图层样式，然后为其添加 8 像素绿色（C：80，M：22，Y：100，K：0）【描边】图层样式，效果如图 11-001-12 所示。

图 11-001-12　添加【描边】图层样式

(6) 继续复制上一步创建的图层，调整描边为 20 像素，描边颜色为黑色，效果如图 11-001-13 所示。

图 11-001-13　调整【描边】图层样式

(7) 参照图 11-001-14 所示，继续使用【横排文字工具】 添加文字，并为其添加 5 像素黑色【描边】图层样式。

(8) 继续上一步的操作，单击其选项栏中的【创建文字变形】按钮 ，参照图 11-001-15 所示，在打开的【变形文字】对话框中进行设置，创建变形文字。

图 11-001-14 创建文字

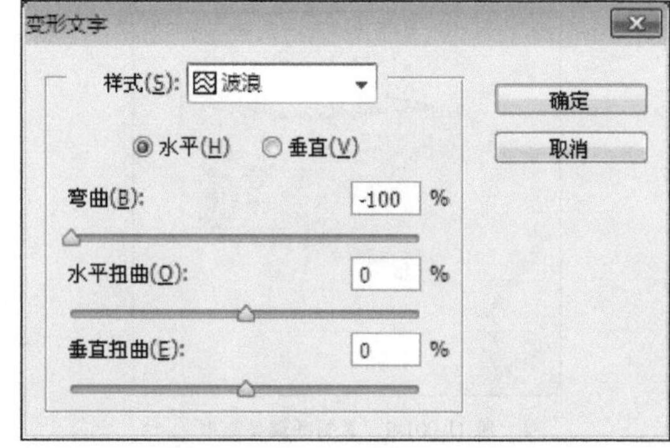

图 11-001-15 【变形文字】对话框

(9) 参照图 11-001-16 所示，继续使用【横排文字工具】 创建变形文字。

(10) 新建“组 3”图层组，打开“资源 / 第 11 章 / 素材 / 薯片 .jpg”、“资源 / 第 11 章 / 素材 / 标志 .tif”文件，将其拖至当前正在编辑的文档中，使用【魔术橡皮擦工具】 去除薯片白色背景，复制并调整薯片的位置，效果如图 11-001-17 所示。

图 11-001-16 创建变形文字

图 11-001-17 添加素材图像

3. 添加素材及文字信息

(1) 打开“资源 / 第 11 章 / 素材 / 龙虾 .jpg”文件，使用【魔术橡皮擦工具】 去除白色背景，将其拖至当前正在编辑的文档中，将图像载入选区，然后单击【图层】调板底部的【创建新的填充或调整图层】按钮，在弹出的菜单中选择【亮度 / 对比度】命令，参照图 11-001-18 所示，调整图像的颜色。

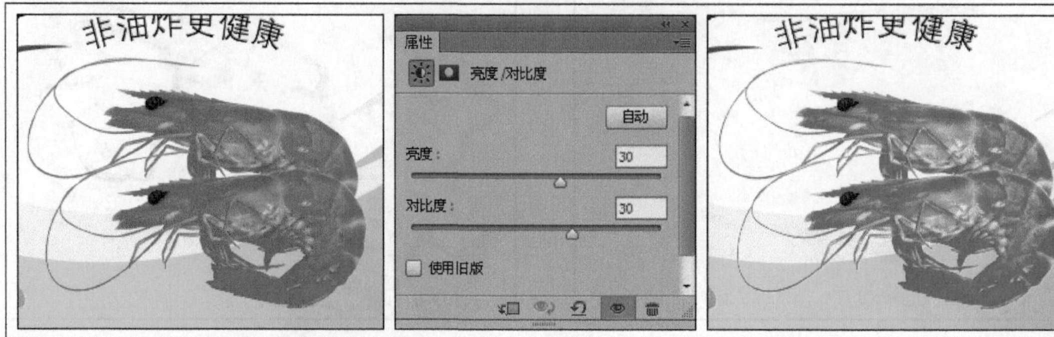

图 11-001-18 添加并调整龙虾图像

➡（2）新建“组 4”图层组，参照图 11-001-19 所示，使用【横排文字工具】 添加文字，复制文字并为其添加描边效果。

➡（3）参照图 11-001-20 所示，使用【圆角矩形工具】 绘制圆角矩形。

图 11-001-19　创建描边文字

图 11-001-20　绘制圆角矩形

⬇（4）打开“资源 /11 章 / 素材 /QS 标志 .jpg”、“资源 / 第 11 章 / 素材 / 条形码 .jpg”文件，将其拖至当前正在编辑的文档中，参照图 11-001-21 所示，调整图像的大小及摆放位置，使用文字工具组添加文字信息。

图 11-001-21　添加文字

实例 02　香脆椒包装设计

1. 实例特点：

将包装分为几个色块，使画面不那么凌乱，内容排列有序，产品及名称突出。

2. 注意事项：

在制作包装顶部和底部画面的时候，调整好文字的方向，确保印刷出来的成品文字不翻转不倒立。

3. 操作思路：

首先新建文件，添加参考线，绘制刀版线，然后制作盒子的各个面。

最终效果图

资源 / 第 11 章 / 源文件 / 香脆椒包装设计 .psd

具体步骤如下：

(1) 创建一个宽度为25厘米，高度为27厘米，分辨率为200像素的新文档，参照图11-002-1所示，在视图中创建参考线。

(2) 选择【矩形工具】，在选项栏中单击【路径】工具模式，使用【矩形工具】根据参考线在视图中绘制矩形，效果如图11-002-2所示。

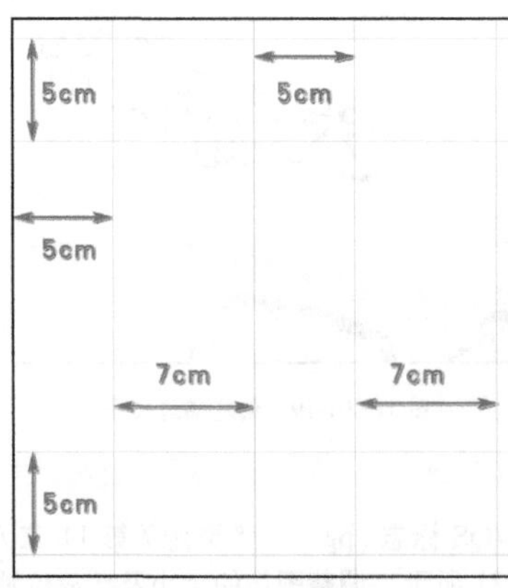

图 11-002-1 创建参考线

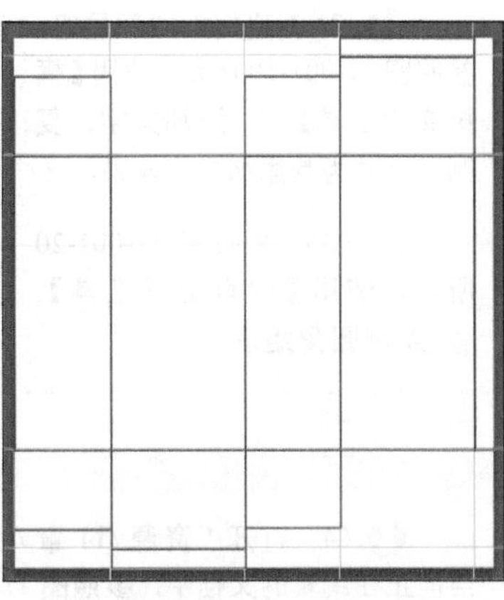

图 11-002-2 绘制路径

(3) 配合【钢笔工具】和【直接选择工具】参照图11-002-3所示，调整路径。

(4) 新建"图层1"，选择硬边缘【画笔工具】，在其选项栏中设置画笔大小为3像素，在【路径】调板中右击"工作路径"图层，在弹出的快捷菜单中选择【描边路径】命令，将路径转换为图像，效果如图11-002-4所示。

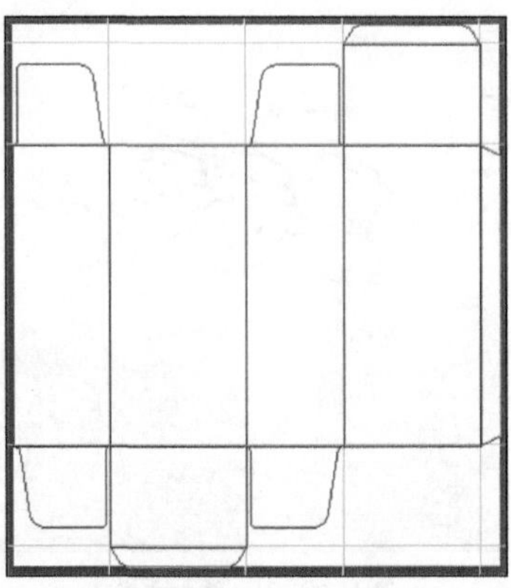

图 11-002-3 调整路径

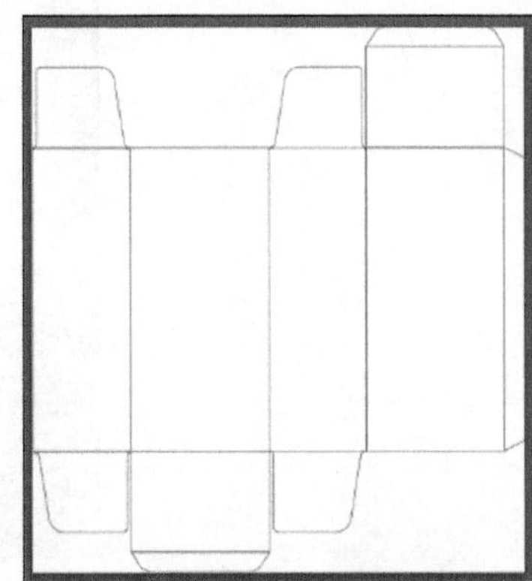

图 11-002-4 创建刀版线

(5) 选择【矩形工具】，然后在其选项栏中选择【形状】工具模式，参照图11-002-5所示，在视图中绘制矩形色块。

(6) 选择【直线工具】，在选项栏中选择【像素】工具模式，设置前景色为褐色，新建"图层2"，然后在视图中绘制四根直线，效果如图11-002-6所示。

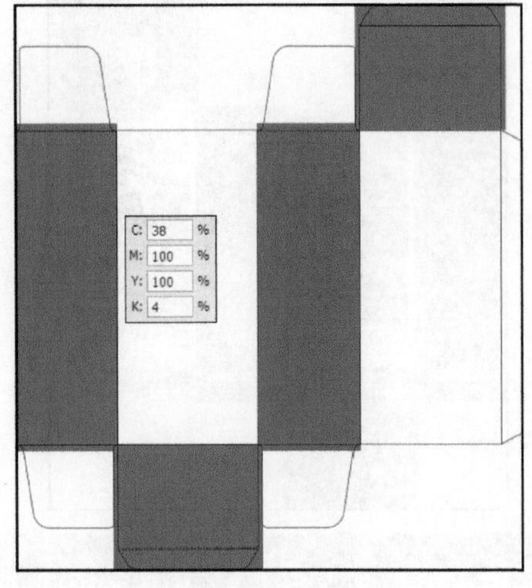

图 11-002-5 绘制矩形图形

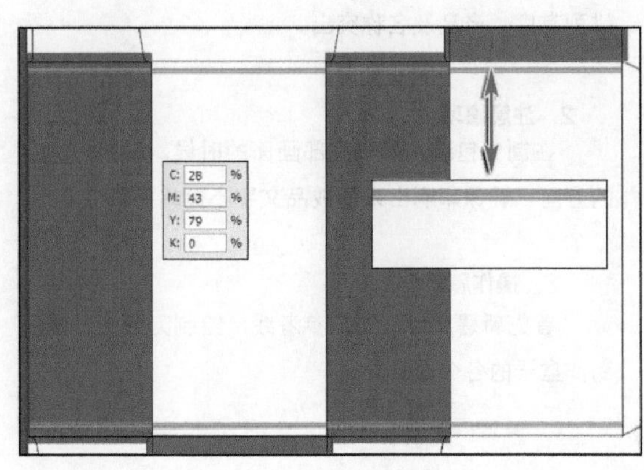

图 11-002-6 绘制直线

(7) 新建"组 1"图层组，打开"资源 / 第 11 章 / 素材 / 香脆椒.jpg"文件，将其拖至当前正在编辑的文档中，复制图像并为图像添加图层蒙版，柔滑交接边缘，使两张图像结合在一起，然后合并图层，继续为图层添加图层蒙版，参照如图 11-002-7 所示，使用【矩形选框工具】绘制选区，反选选区，在蒙版中填充黑色，隐藏选区中的图像。

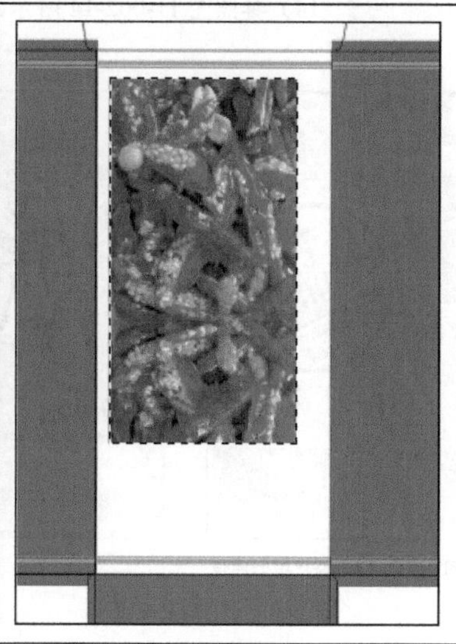

图 11-002-7　绘制路径

(8) 新建图层，使用【矩形选框工具】 绘制矩形选区，并分别填充黄色（C：28，M：43，Y：79，K：0）、红色（C：13，M：99，Y：97，K：0）和黑色，效果如图 11-002-8 所示。

(9) 选择工具箱中的【钢笔工具】，在视图中绘制不规则的图形，作为包装名称的衬底，外缘路径填充为深绿色，小一些的不规则路径填充为白色，效果如图 11-002-9 所示。

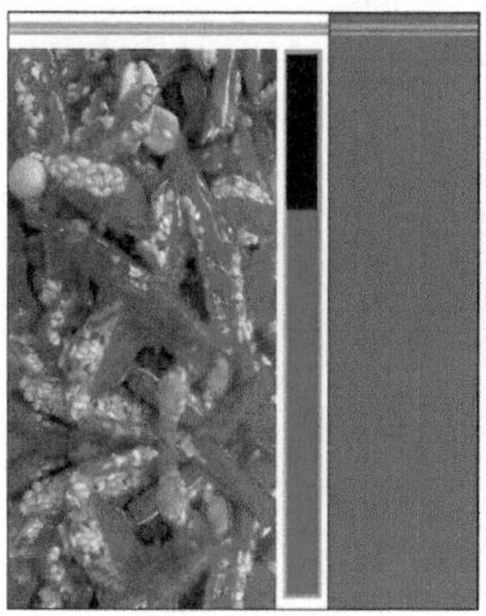

图 11-002-8　绘制矩形图像

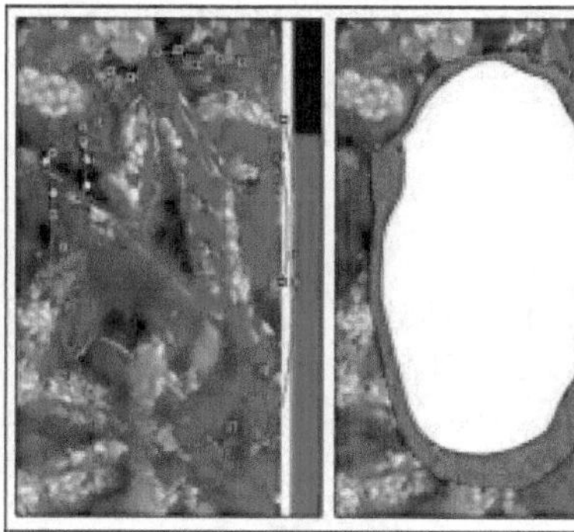

图 11-002-9　绘制不规则图形

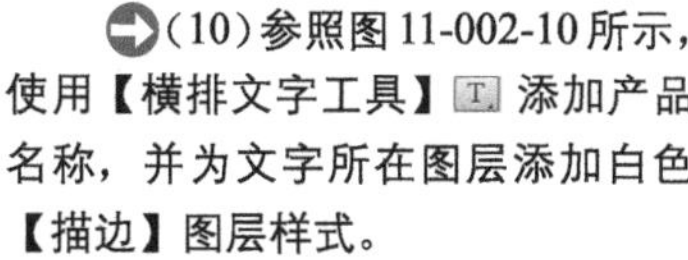

(10) 参照图 11-002-10 所示，使用【横排文字工具】 添加产品名称，并为文字所在图层添加白色【描边】图层样式。

(11) 接下来在包装盒的正面添加其他文本信息，效果如图 11-002-11 所示。

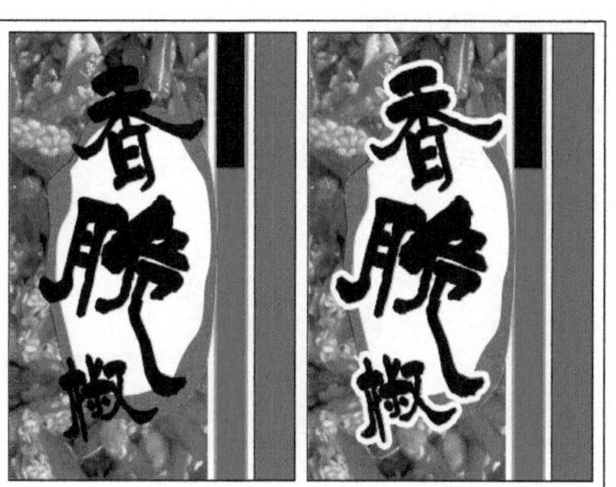

图 11-002-10　添加产品名称

图 11-002-11　添加文字

(12) 打开“资源 / 第 11 章 / 素材 / 标签 .tif”文件，将其拖至当前正在编辑的文档中，参照图 11-002-12 所示调整图像的位置。

(13) 复制“组 1”图层组，参照图 11-002-13 所示，移动“组 1 副本”图层组中图像的位置。

(14) 参照图 11-002-14 所示，在包装盒的其他位置添加更多的商品信息，以完成该包装设计的制作。

图 11-002-12 绘制矩形图像

图 11-002-13 复制图层组

图 11-002-14 添加更多的商品信息

实例 03 瓶装饮料包装设计

1. 实例特点：

该案例画面清新，富有质感和意境，给人以温馨浪漫的感觉。

2. 注意事项：

在使用同一图像作为背景的时候，注意调整好图像的大小和显示位置，避免图像的重复。

3. 操作思路：

首先新建文件添加参考线，将视图分为三个面，然后对每个面进行设计。

最终效果图

资源 / 第 11 章 / 源文件 / 瓶装饮料包装设计 .psd

具体步骤如下：

(1) 创建一个宽度为 18.6 厘米，高度为 17 厘米，分辨率为 300 像素 / 英寸的新文档，参照图 11-003-1 所示，在视图中创建参考线。

(2) 参照图 11-003-2 所示，使用【渐变工具】填充蓝色（C：69，M：15，Y：0，K：0）到白色的线性渐变。

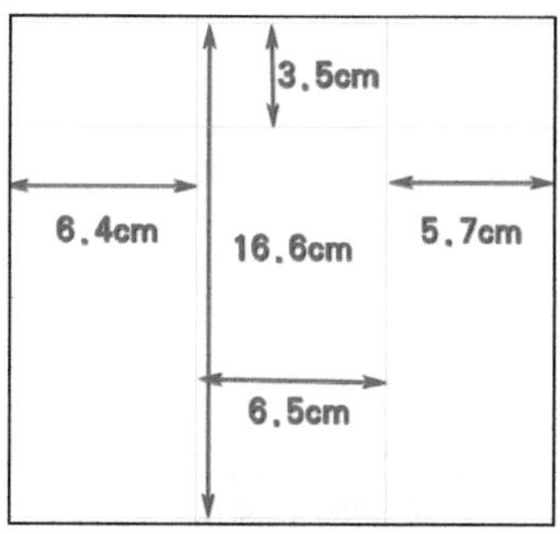

图 11-003-1 添加参考线

图 11-003-2 填充渐变

(3) 新建“组 1”图层组，打开“资源 / 第 11 章 / 素材 / 果汁 .tif”文件，并将其拖至当前正在编辑的文档中，参照图 11-003-3 所示，调整图像的位置，复制并缩小图像，使果汁背景更加有层次感。

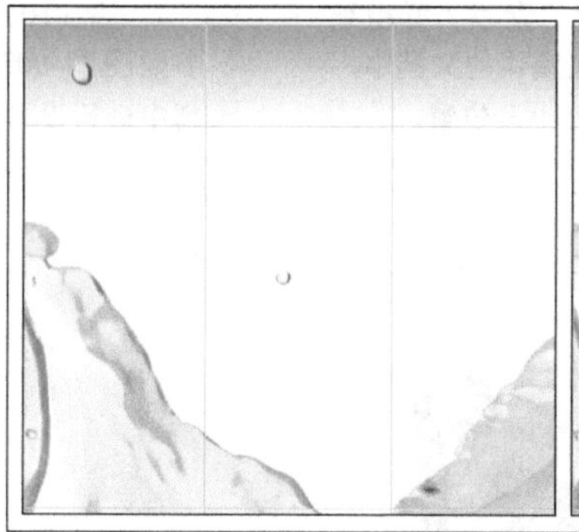

图 11-003-3 添加素材图像

(4) 继续复制迸溅的果汁粒子图像，参照图 11-003-4 所示，调整图像的位置，复制并缩小桔子所在图层，将其放置在果汁中央。

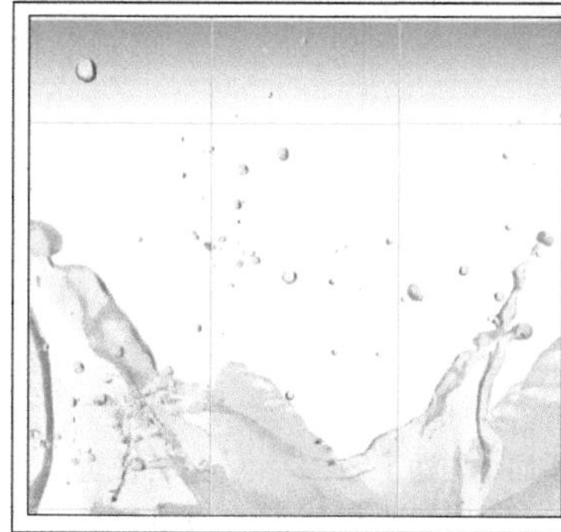
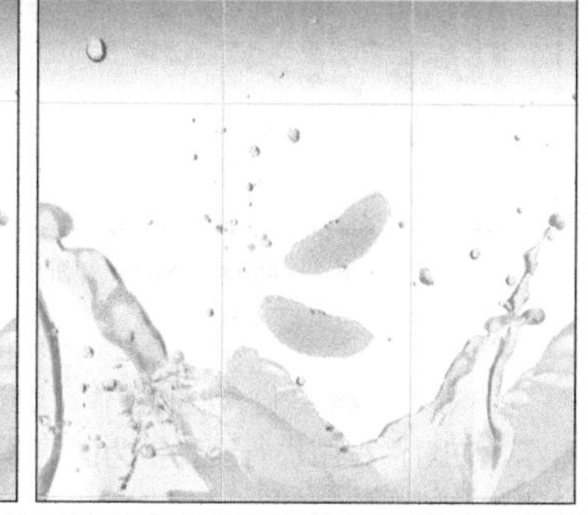

图 11-003-4 复制图像

(5) 新建“组 2”图层组，打开“资源 / 第 11 章 / 源文件 / 果汁的标志设计 .psd”文件，盖印图层，将其拖至当前正在编辑的文档中，参照图 11-003-5 所示，调整图像的大小及位置。

(6) 参照图 11-003-6 所示，使用【椭圆工具】绘制橘红色（C：0，M：64，Y：91，K：0）椭圆形状，复制椭圆图形，调整颜色为橘黄色（C：1，M：41，Y：91，K：0），并向上微移图形。

图 11-003-5 添加素材图像

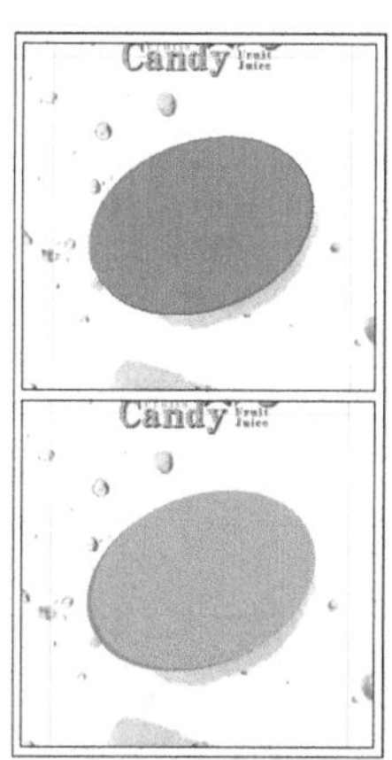

图 11-003-6 绘制椭圆形状

（7）将上一步创建的椭圆形状载入选区，缩小选区，新建图层，使用【渐变工具】填充选区为白色到透明的线性渐变，效果如图 11-003-7 所示。

（8）复制前面创建的桔子所在图层，参照图 11-003-8 所示，缩小并调整图层顺序。

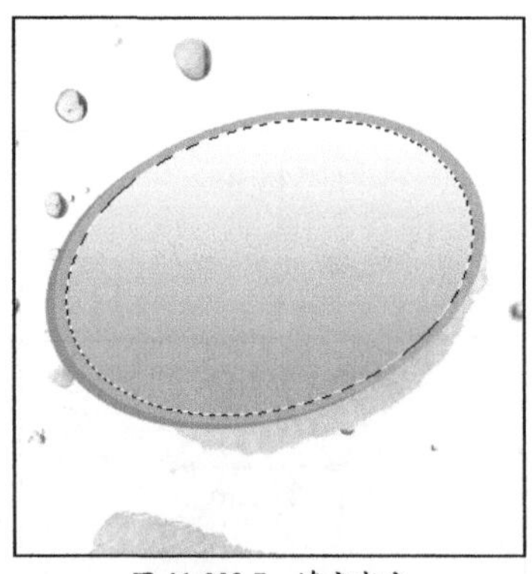

图 11-003-7 填充渐变

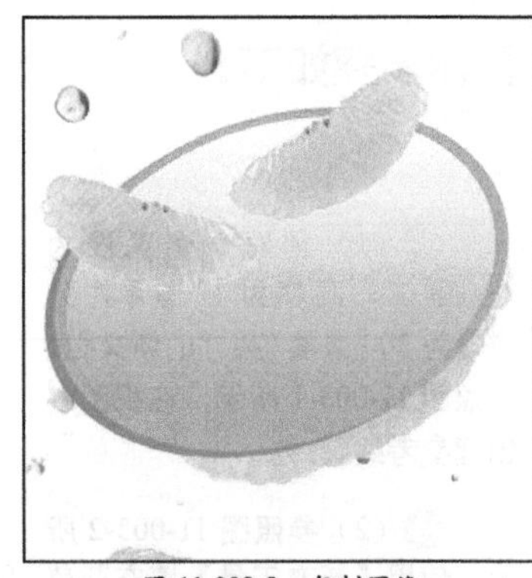

图 11-003-8 复制图像

（9）打开“资源 / 第 11 章 / 素材 / 鲜橙果汁字体 .tif”文件，将其拖至当前正在编辑的文档中，参照图 11-003-9 所示，调整图像的大小及位置。

图 11-003-9 添加素材图像

（10）双击上一步创建图层的图层缩览图，参照图 11-003-10 所示，在弹出的【图层样式】对话框中进行设置，为图层添加【渐变叠加】图层样式。

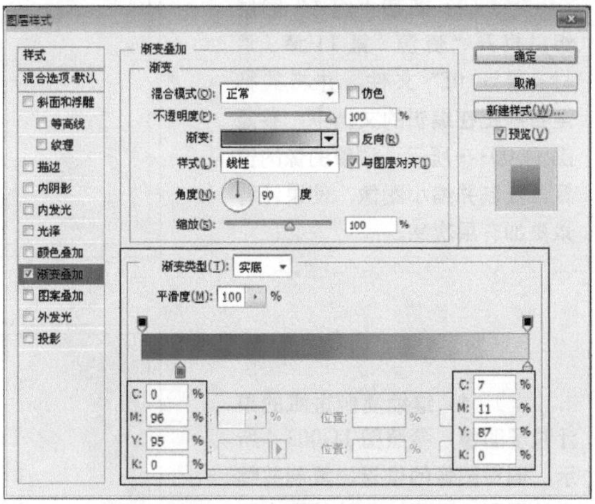

图 11-003-10 添加【渐变叠加】图层样式

（11）继续上一步的操作，参照图 11-003-11 所示，在对话框中进行设置，为图层添加【描边】图层样式。

图 11-003-11 添加【描边】图层样式

（12）参照图 11-003-12 所示，在对话框中进行设置，为图层添加【投影】图层样式，然后单击【确定】按钮，关闭对话框。

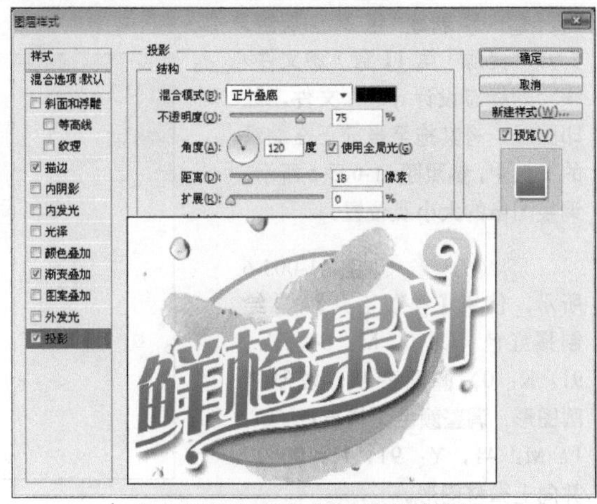

图 11-003-12 添加【投影】图层样式

(13) 参照图 11-003-13 所示，使用【横排文字工具】添加文字信息。

图 11-003-13 添加文字信息

(14) 双击“富含……”文字图层名称后的空白处，参照图 11-003-14 所示，在弹出的【图层样式】对话框中进行设置，为图层添加【斜面和浮雕】图层样式。

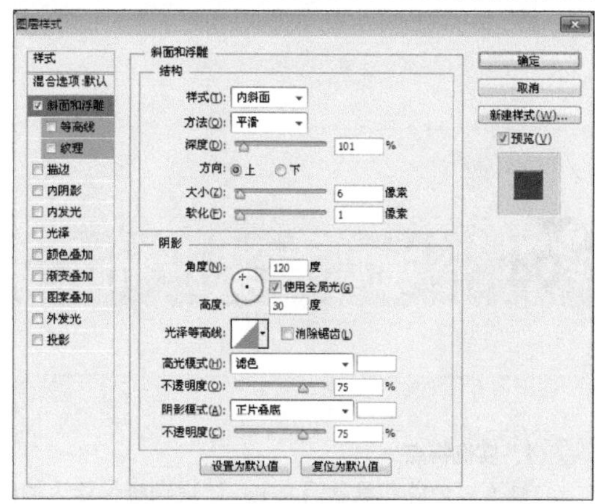

图 11-003-14 添加【斜面和浮雕】图层样式

(15) 单击【横排文字工具】选项栏中的【创建文字变形】按钮，参照图 11-003-15 所示，在弹出的【变形文字】对话框中进行设置，创建变形的文字。

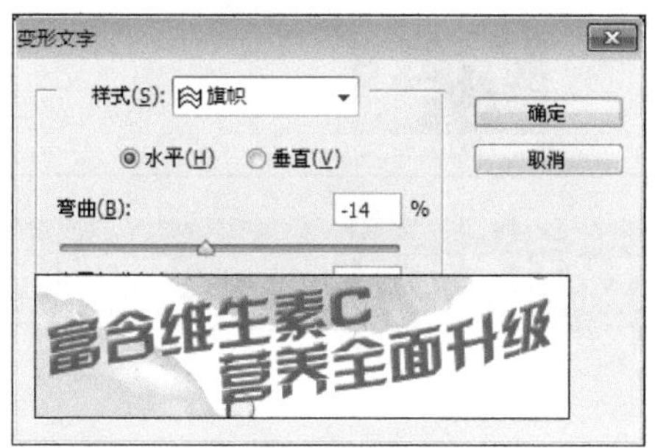

图 11-003-15 创建变形文字

(16) 新建“组 3”图层组，使用【圆角矩形工具】绘制路径，并将路径载入选区，新建图层，填充路径描边效果，如图 11-003-16 所示。

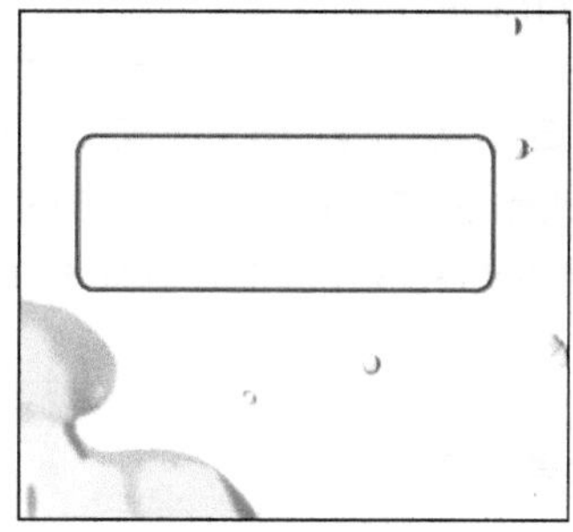

图 11-003-16 添加描边路径效果

(17) 参照图 11-003-17 所示，继续使用【圆角矩形工具】绘制圆角矩形图像，打开“资源 / 第 11 章 / 素材 / 花纹 .tif”文件，将其拖至当前正在编辑的文档中，调整图层“不透明度”参数为 20%，然后使用【椭圆工具】绘制路径，将路径载入选区，填充颜色为土黄色，复制图层调整图像的颜色，并为图层创建高斯模糊效果。

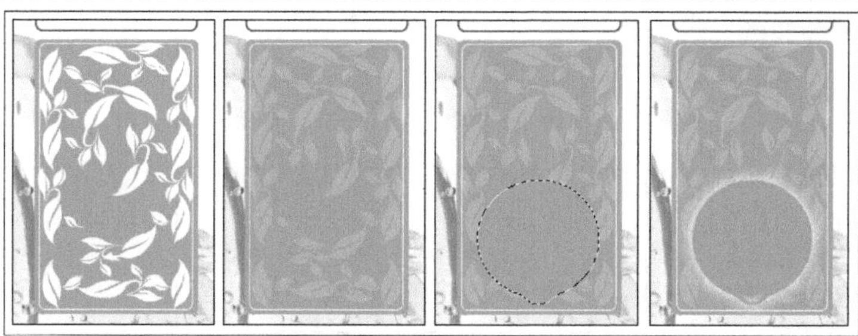

图 11-003-17 添加【描边】图层样式

(18) 打开“资源 / 第 11 章 / 素材 / 标示 .tif”文件，将其拖至当前正在编辑的文档中，并使用文字工具组添加文字信息，效果如图 11-003-18 所示。

图 11-003-18 添加文字信息

实例 04 咖啡包装设计

1. 实例特点：

画面以金色和黑色调为主，体现咖啡带给人的时尚浪漫的感觉。

2. 注意事项：

在进行包装设计的时候要避免图像的杂乱，图像的摆放有序给人的传达性越强。

3. 操作思路：

首先新建文件，添加参考线，根据参考线的位置，创建出刀版线，然后开始设计包装的正面图像，正面图像与包装相对应的面一样，只需要复制图像即可，因为包装上用到的素材及文字相当多，注意将图层群组。

最终效果图

资源 / 第 11 章 / 源文件 / 咖啡包装设计 .psd

具体步骤如下：

1. 创建包装结构

(1) 创建一个宽度为 36 厘米，高度为 28 厘米，分辨率为 200 像素 / 英寸的新文档，参照图 11-004-1 所示，在视图中创建参考线。

(2) 选择【矩形工具】，在选项栏中单击【路径】工具模式，使用【矩形工具】根据参考线在视图中绘制矩形，效果如图 11-004-2 所示。

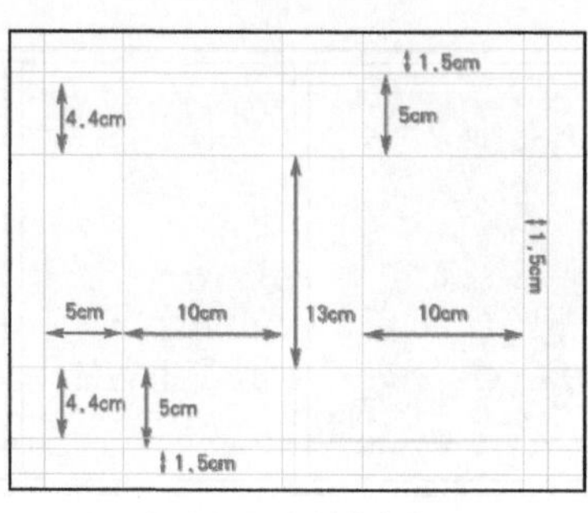

图 11-004-1 创建参考线

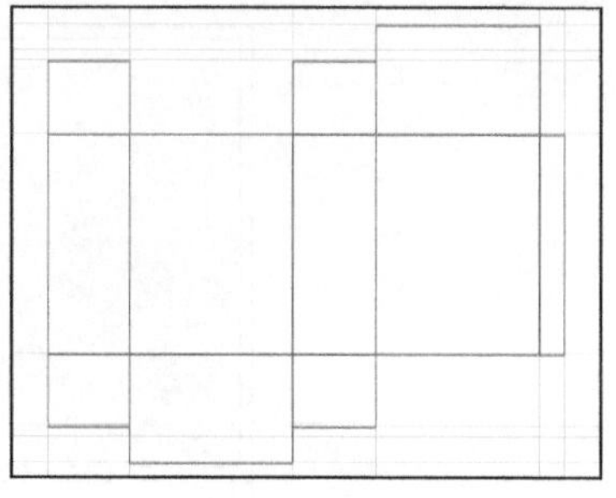

图 11-004-2 绘制路径

➡（3）配合【钢笔工具】和【直接选择工具】参照图 11-004-3 所示，调整路径。

➡（4）新建“图层 1”，选择硬边缘【画笔工具】在其选项栏中设置画笔大小为 3 像素，在【路径】调板中右击“工作路径”图层，在弹出的快捷菜单中选择【描边路径】命令，将路径转换为图像，效果如图 11-004-4 所示。

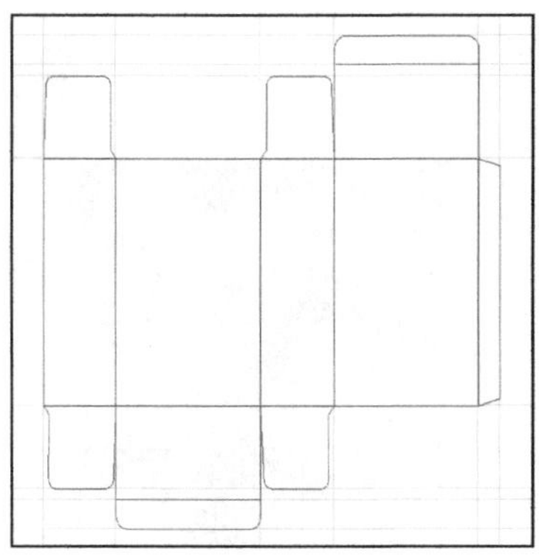
图 11-004-3 调整路径

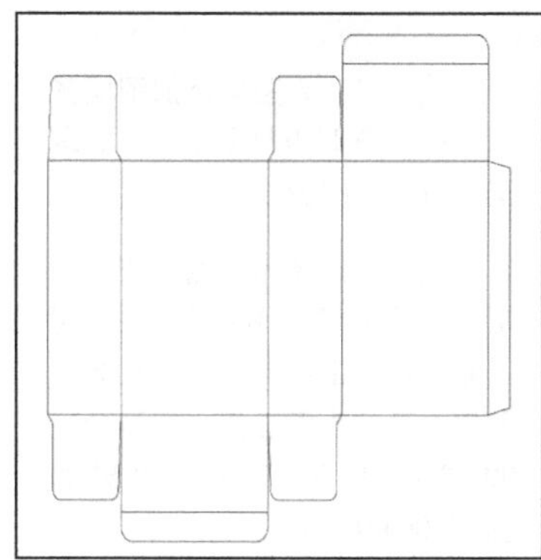
图 11-004-4 创建刀版线

2. 制作包装的各个面

➡（1）参照图 11-004-5 所示，使用【矩形选框工具】绘制矩形选区，然后单击【图层】调板底部的【创建新的填充或调整图层】按钮，在弹出的菜单中选择【渐变填充】命令，创建“渐变填充 1”图层。

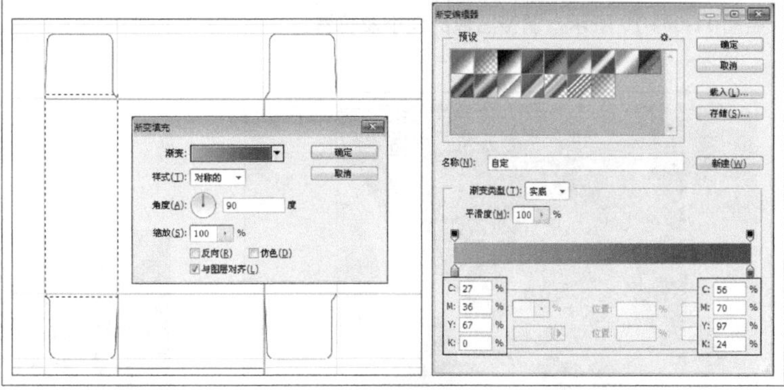
图 11-004-5 创建“渐变填充 1”图层

➡（2）复制上一步创建的渐变填充图像，移动其位置作为包装的侧面，效果如图 11-004-6 所示。

➡（3）新建“组 1”图层组，参照图 11-004-7 所示，打开“资源 / 第 11 章 / 素材 / 咖啡豆.jpg”文件，将其拖至当前正在编辑的文档中，使用【矩形选框工具】绘制选区。

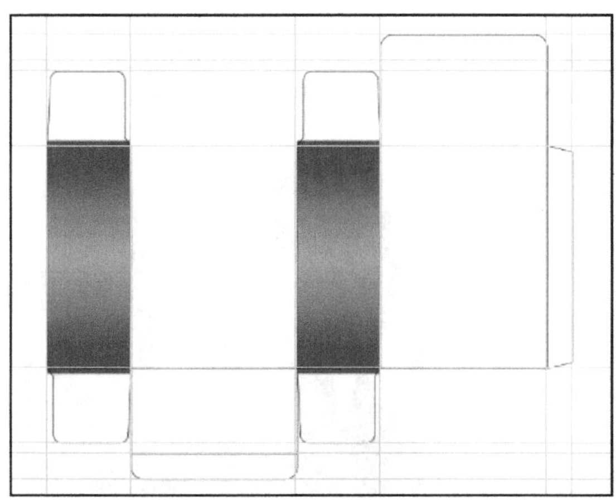
图 11-004-6 复制渐变图像

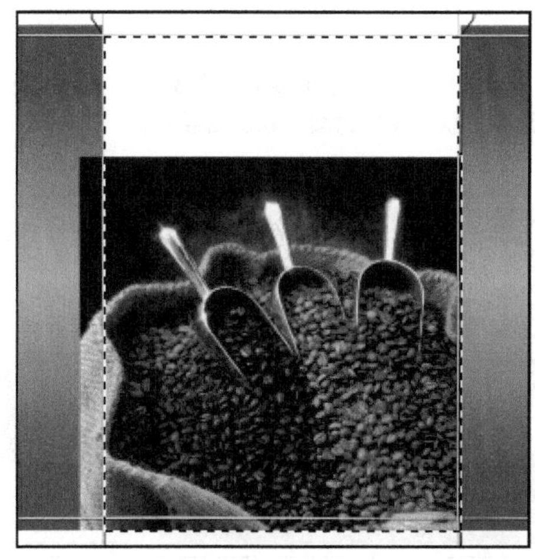
图 11-004-7 绘制选区

（4）为图层添加图层蒙版，参照图 11-004-8 所示，隐藏选区以外的图像。

（5）在咖啡图像所在图层的下面新建“图层 1”，使用【矩形选框工具】绘制选区，并填充颜色为黑红色（C：93，M：90，Y：84，K：77），效果如图 11-004-9 所示。

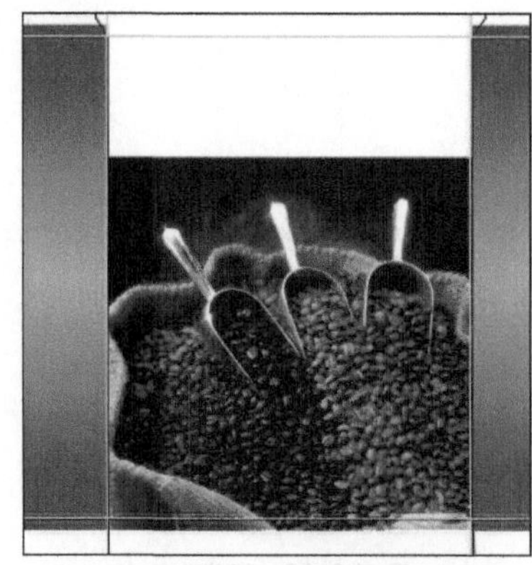

图 11-004-8　添加图层蒙版

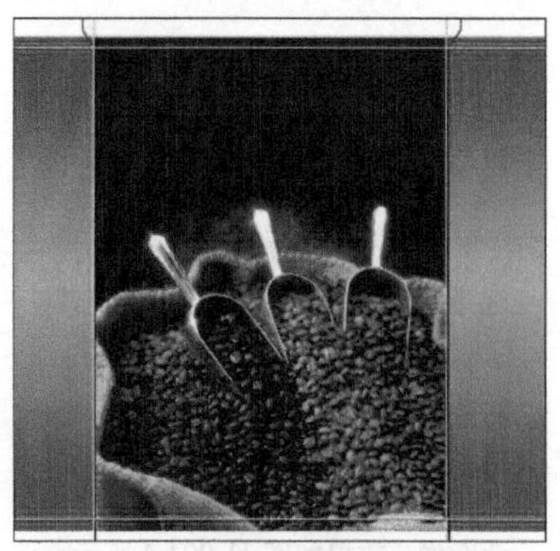

图 11-004-9　绘制矩形

（6）打开“资源 / 第 11 章 / 素材 / 咖啡杯 .tif”文件，将其拖至当前正在编辑的文档中，参照图 11-004-10 所示，调整图像的大小及位置。

（7）参照图 11-004-11 所示，使用【横排文字工具】添加文字。

图 11-004-10　添加素材图像

图 11-004-11　添加文字

（8）选择【圆角矩形工具】，设置“半径”为 5 像素，参照图 11-004-12 所示，使用【圆角矩形工具】绘制形状，其次为图层添加图层蒙版，在蒙版中绘制咖啡杯图像，然后新建图层，绘制白色烟雾图像。

图 11-004-12　绘制图像

(9) 双击上一步创建图层的缩览图，参照图 11-004-13 和图 11-004-14 所示，在弹出的【图层样式】对话框中进行设置，为图层添加【内发光】和【渐变叠加】图层样式。

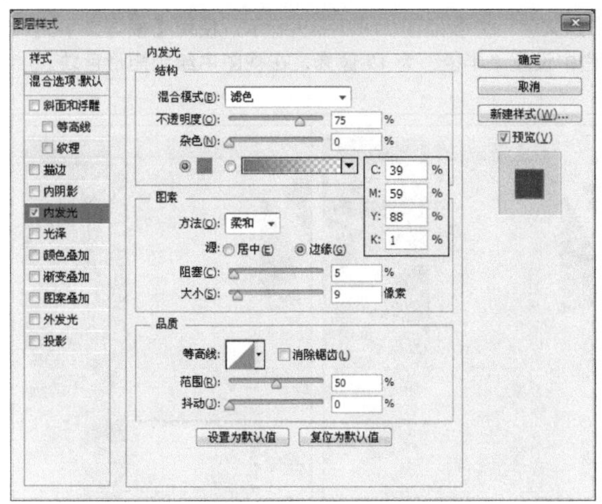

图 11-004-13 添加【内发光】图层样式

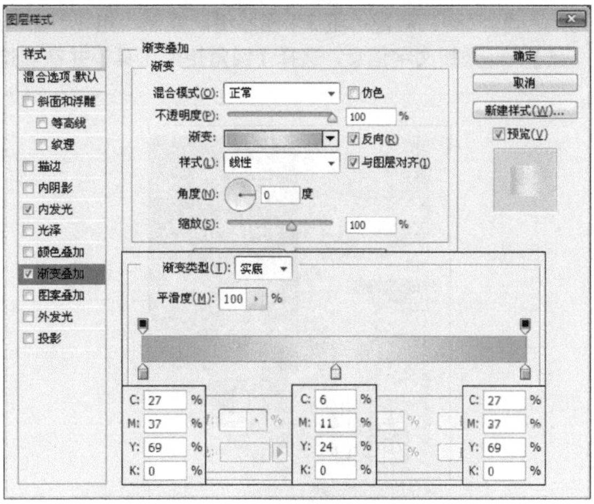

图 11-004-14 添加【渐变叠加】图层样式

(10) 为文字添加与上一步相同的图层样式，效果如图 11-004-15 所示。

图 11-004-15 复制并粘贴图层样式

(11) 新建图层，使用【多边形选框工具】绘制三角图像，并填充与前一步相同的【渐变叠加】图层样式，然后使用【横排文字工具】添加文字，效果如图 11-004-16 所示。

图 11-004-16 添加文字

(12) 继续使用【横排文字工具】添加包装净含量等文字信息，参照图 11-004-17 所示，复制并移动“组 1”中的图像。

图 11-004-17 复制并移动“组 1”中的图像

(13) 新建"组 2"图层组，复制"组 1"图层组中的字体，打开"资源 / 第 11 章 / 素材 / 冲咖啡过程 .jpg"、"资源 / 第 11 章 / 素材 /QS 标志 .jpg"、"资源 / 第 11 章 / 素材 / 垃圾入框标志 .jpg"、"资源 / 第 11 章 / 素材 / 条形码 .jpg"文件，将其拖至当前正在编辑的文档中，参照图 11-004-18 所示，调整图像的大小及位置。

(14) 新建"组 3"图层组，复制"组 1"图层组中的文字，并参照图 11-004-19 所示，使用【横排文字工具】 添加文字信息，选择【圆角矩形工具】并在其选项栏中设置"半径"为 15 像素，在视图中绘制矩形色块。

图 11-004-18 添加素材图像

图 11-004-19 添加文字信息

(15) 新建"组 4"图层组，复制"组 1"图层组中的图像并参照图 11-004-20 所示，进行调整，创建盒盖上的图像。

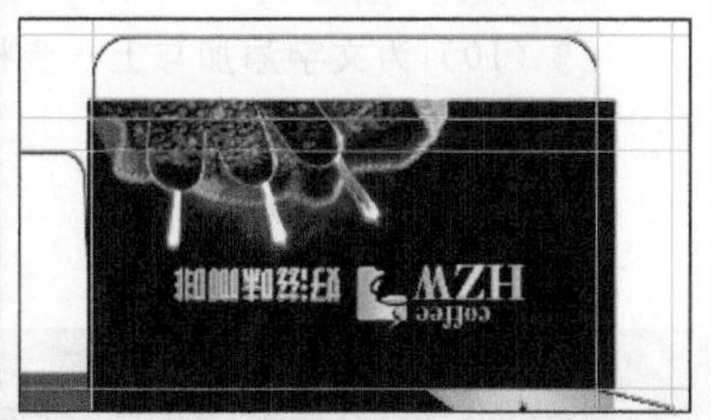

图 11-004-20 创建盒盖上的图像

实例 05 感冒药包装设计

1. 实例特点：

画面简洁，用色块将包装进行分割，使画面有层次感。

2. 注意事项：

运用色块分割结构比较简单的包装盒，可打破千篇一律的包装设计，给人一种比较新鲜的感觉。

3. 操作思路：

首先新建文件添加参考线，运用矩形选框工具创建色块，将盒子分为两部分，然后添加药品图像和产品名称，对产品名称添加图层样式，为了增强视觉传达力度，然后添加包装上的其他文字信息。

最终效果图

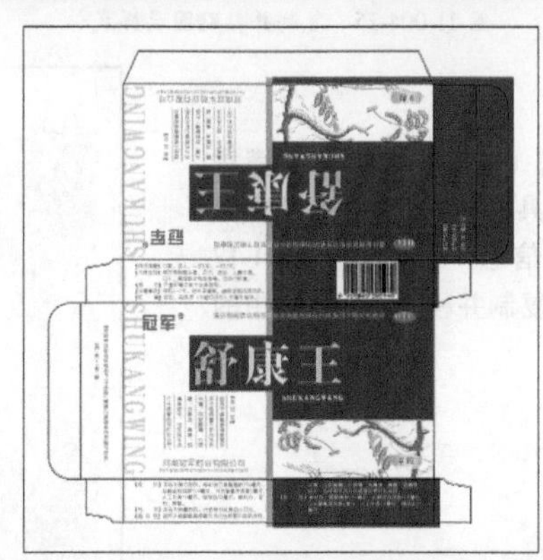

资源 / 第 11 章 / 源文件 / 感冒药包装设计 .psd

具体步骤如下：

1. 创建包装结构

➡（1）创建一个宽度为 24 厘米，高度为 24 厘米，分辨率为 200 像素 / 英寸的新文档，参照图 11-005-1 所示，创建参考线。

➡（2）选择【矩形工具】，在选项栏中单击【路径】工具模式，使用【矩形工具】根据参考线在视图中绘制矩形，效果如图 11-005-2 所示。

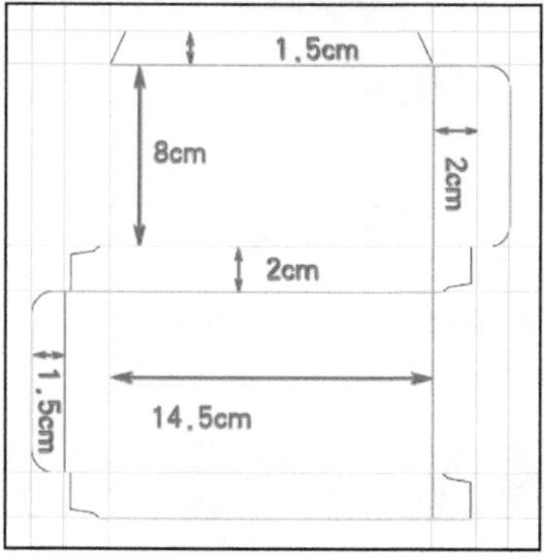

图 11-005-1 创建参考线

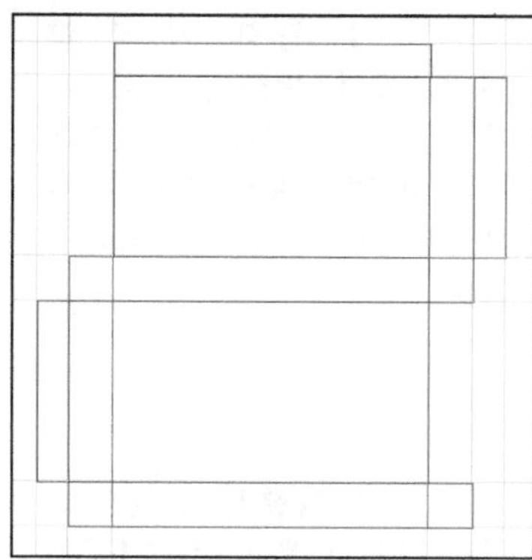

图 11-005-2 绘制路径

➡（3）配合【钢笔工具】和【直接选择工具】参照图 11-005-3 所示，调整路径。

➡（4）新建“图层 1”，选择硬边缘【画笔工具】，在其选项栏中设置画笔大小为 3 像素，在【路径】调板中右击“工作路径”图层，在弹出的快捷菜单中选择【描边路径】命令，将路径转换为图像，效果如图 11-005-4 所示。

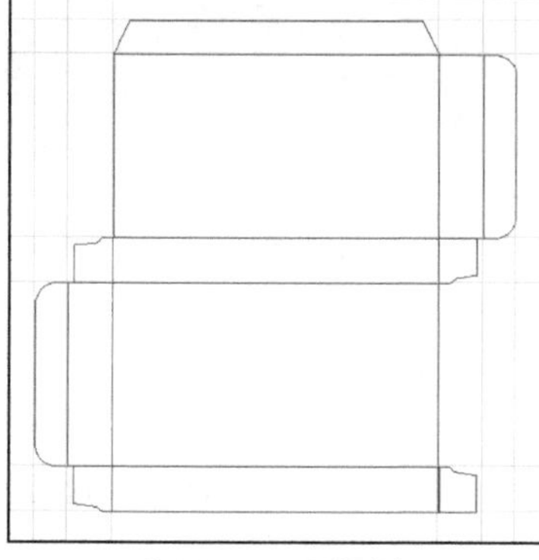

图 11-005-3 调整路径

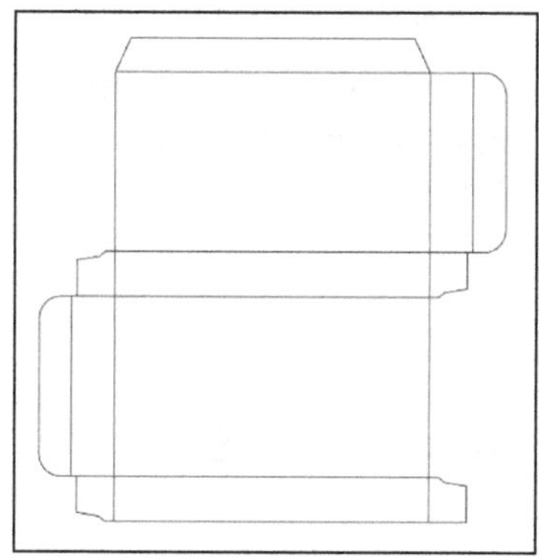

图 11-005-4 创建刀版线

2. 制作包装的各个面

➡（1）新建“图层 2”，选择【矩形选框工具】，然后单击其选项栏中的【添加到选区】按钮，参照图 11-005-5 所示，绘制选区，并填充选区为红色。

➡（2）新建“图层 3”，选择【直线工具】，然后在其选项栏中选择“像素”工具模式，设置“粗细”为 25 像素，参照图 11-005-6 所示，继续使用【矩形选框工具】绘制选区，并填充颜色为灰色（C：38，M：30，Y：29，K：0）。

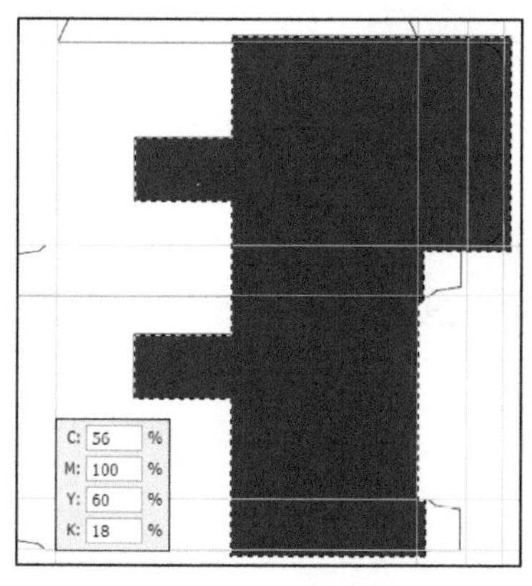

图 11-005-5 绘制不规则矩形图像

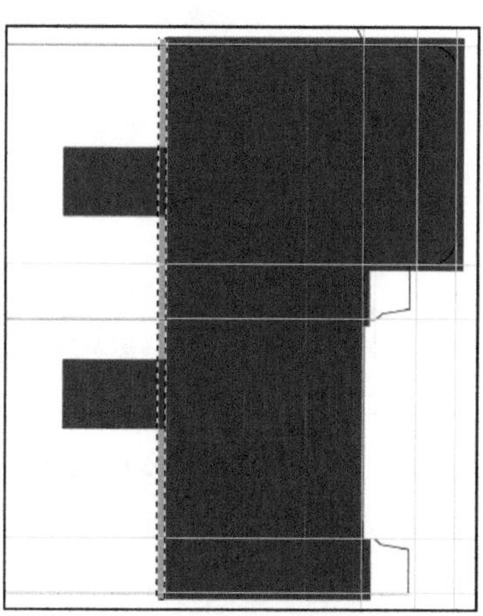

图 11-005-6 绘制灰色矩形图像

(3) 新建“图层 4”，参照图 11-005-7 所示，继续使用【矩形选框工具】绘制白色矩形图像。

(4) 打开“资源 / 第 11 章 / 素材 / 中药.jpg”文件，将其拖至当前正在编辑的文档中，参照图 11-005-8 所示，使用【矩形选框工具】绘制矩形选区。

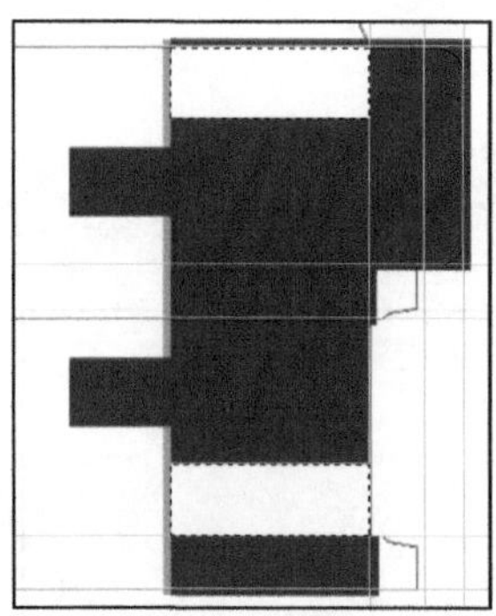

图 11-005-7　绘制白色矩形图像

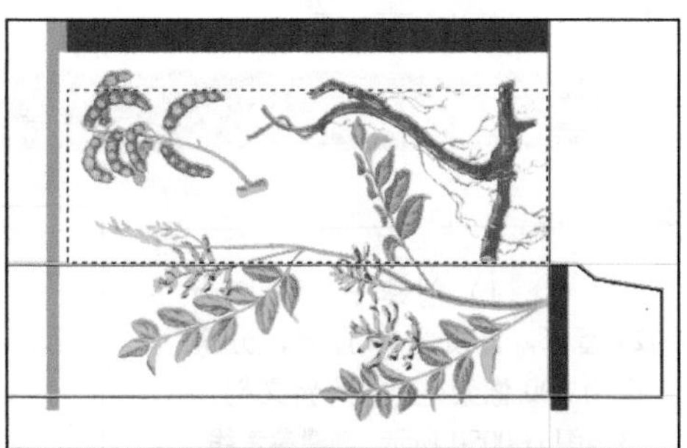

图 11-005-8　添加素材图像

(5) 继续上一步的操作，单击【图层】调板底部的【添加矢量蒙版】按钮，为图层添加蒙版，隐藏选区以外的图像，效果如图 11-005-9 所示。

(6) 复制上一步创建的图像，并参照图 11-005-10 所示，调整图像的位置。

图 11-005-9　添加图层蒙版

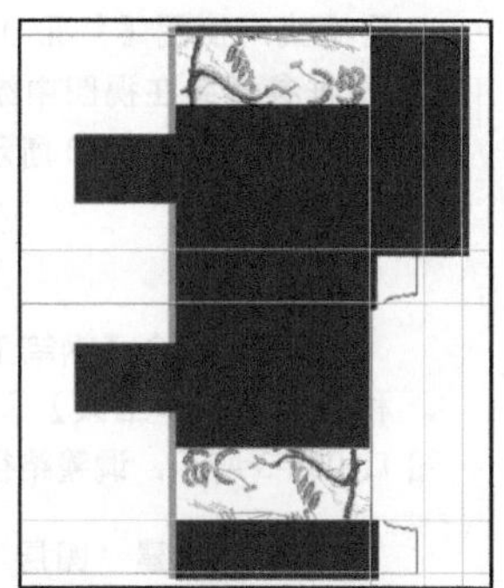

图 11-005-10　复制图像

(7) 参照图 11-005-11 所示，使用【横排文字工具】添加灰色和白色文字。

(8) 双击“舒康王”文字所在图层缩览图，参照图 11-005-12 所示，在弹出的【图层样式】对话框中进行设置，为文字添加【渐变叠加】图层样式。

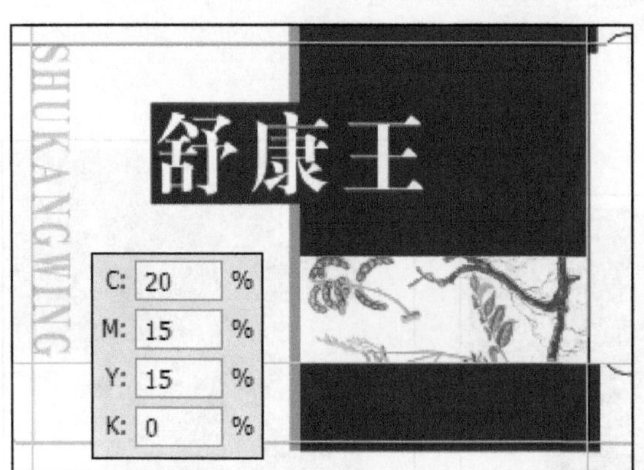

图 11-005-11　添加文字

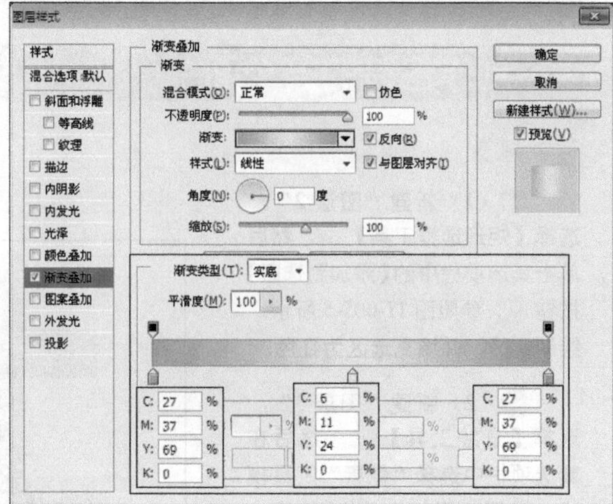

图 11-005-12　添加【渐变叠加】图层样式

(9) 参照图 11-005-13 所示，继续在对话框中进行设置，为文字添加【内发光】图层样式，然后单击【确定】按钮，关闭对话框。

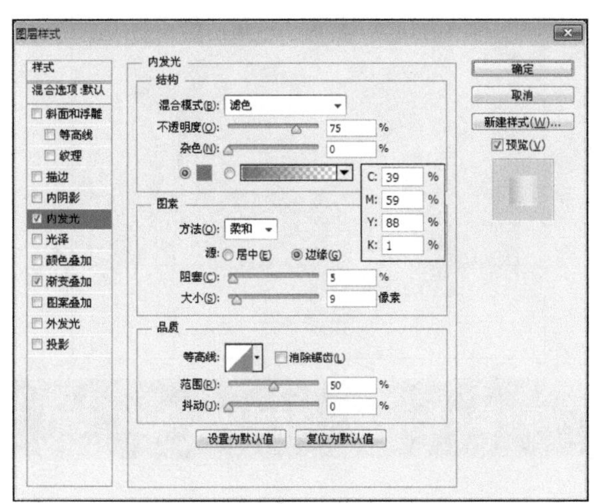

图 11-005-13　添加【内发光】图层样式

(10) 参照图 11-005-14 所示，复制并调整文字垂直翻转和水平翻转。

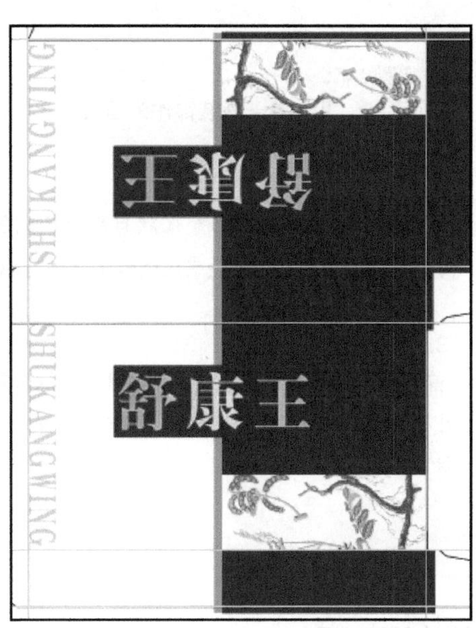

图 11-005-14　复制并调整文字

(11) 打开“资源 / 第 11 章 / 素材 / 文字信息 .psd”文件，按住键盘上的 Shift 键，将“文字信息”图层组拖至当前正在编辑的文档中，如图 11-005-15 所示。

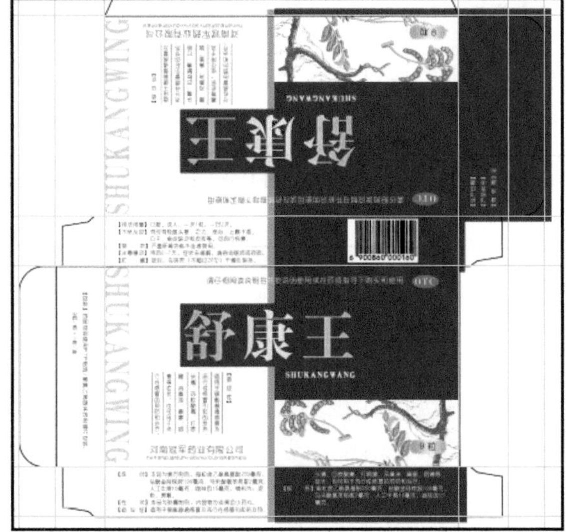

图 11-005-15　添加介绍性文字

(12) 参照图 11-005-16 所示，使用【横排文字工具】添加企业标志名称，选择【自定义形状工具】，并在【“自定义形状”拾色器】调板中选择“已注册”形状，然后使用【自定义形状工具】在视图中进行绘制。

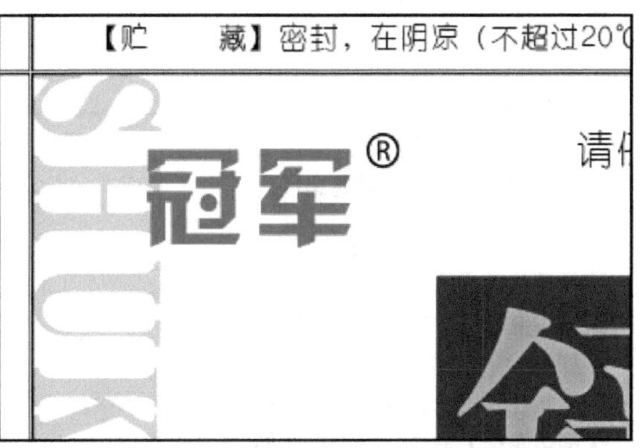

图 11-005-16　添加标志

实例 06 香皂包装设计

最终效果图

资源 / 第 11 章 / 源文件 / 香皂包装设计 .psd

1. 实例特点：

画面清新，用矢量卡通装饰作为画面。

2. 注意事项：

在运用形状工具绘制多个形状且颜色相同的时候，可直接在形状上复制路径或用钢笔工具进行编辑。

3. 操作思路：

首先新建文件添加参考线，通过参考线的位置，创建出刀版线，然后根据刀版线，对盒子的各个面进行设计。

具体步骤如下：

1. 创建包装结构

(1) 创建一个宽度为 21 厘米，高度为 18 厘米，分辨率为 200 像素 / 英寸的新文档，参照图 11-006-1 所示，在视图中创建参考线。

(2) 选择【矩形工具】，在选项栏中单击【路径】工具模式，使用【矩形工具】根据参考线在视图中绘制矩形，效果如图 11-006-2 所示。

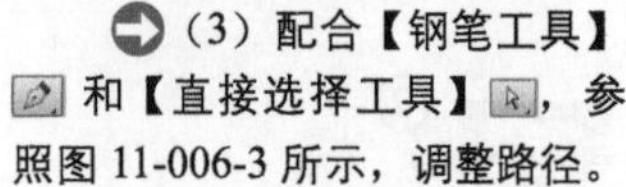

(3) 配合【钢笔工具】和【直接选择工具】，参照图 11-006-3 所示，调整路径。

(4) 新建“图层 1”，选择硬边缘【画笔工具】，在其选项栏中设置画笔大小为 3 像素，在【路径】调板中右击“工作路径”图层，在弹出的快捷菜单中选择【描边路径】命令，将路径转换为图像，效果如图 11-006-4 所示。

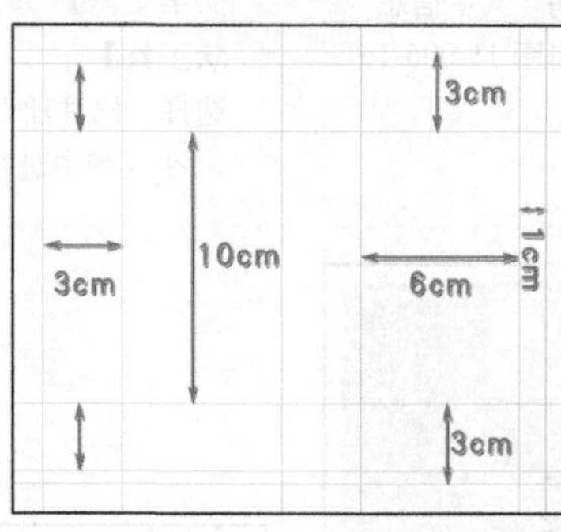

图 11-006-1 创建参考线

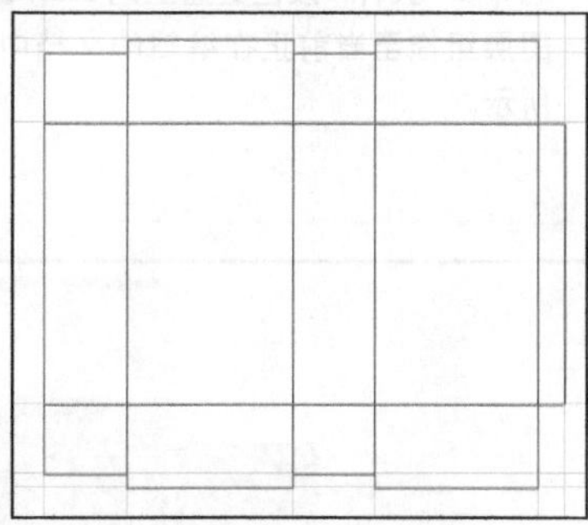

图 11-006-2 绘制路径

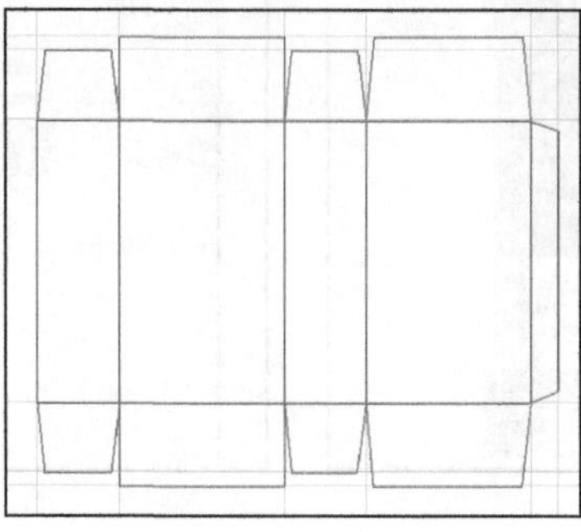

图 11-006-3 调整路径

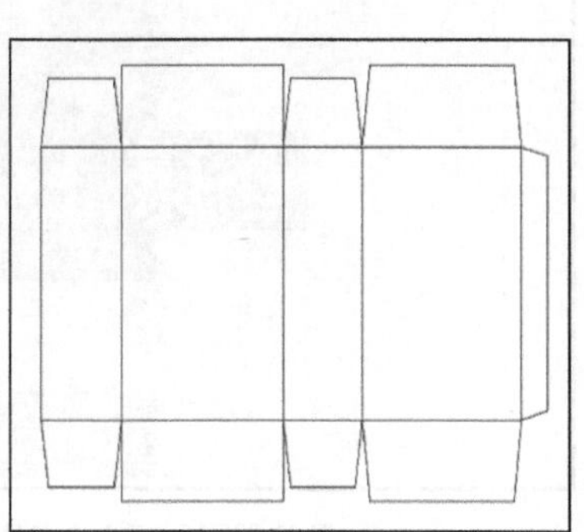

图 11-006-4 创建刀版线

2. 制作包装的各个面

(1) 新建“图层 2”，选择【矩形选框工具】，然后单击其选项栏中的【添加到选区】按钮，参照图 11-006-5 所示，在视图中绘制选区，并填充颜色为黄色。

(2) 新建“图层 3”，参照图 11-006-6 所示，继续使用【矩形选框工具】绘制选区，并填充颜色为蓝色。

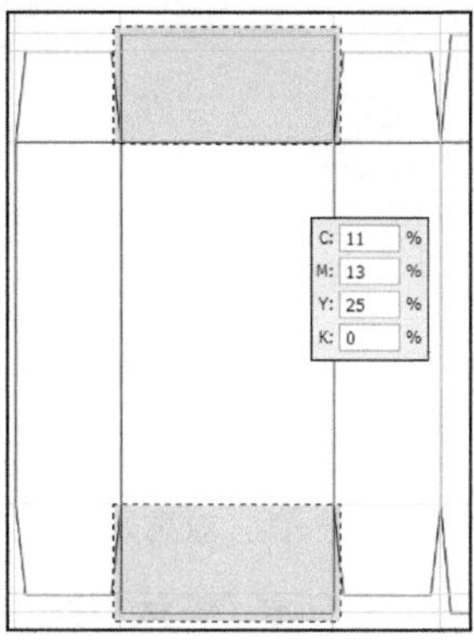

图 11-006-5 绘制矩形色块

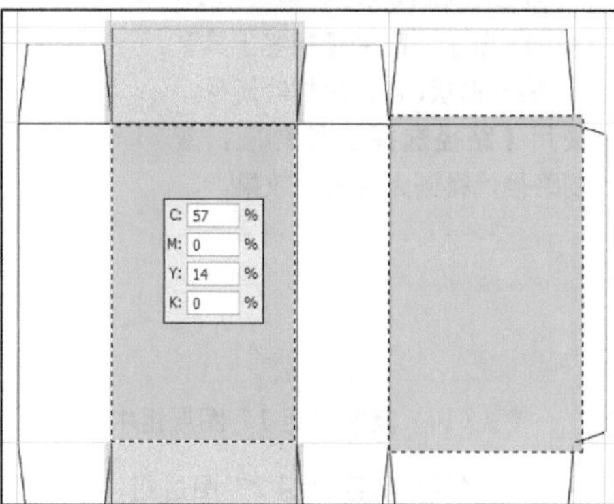

图 11-006-6 绘制矩形图像

(3) 新建“图层 4”，设置颜色为绿色（C：73，M：19，Y：100，K：0），参照图 11-006-7 所示，选择【椭圆选框工具】，然后在其选项栏中选择“像素”工具模式，使用【矩形选框工具】绘制矩形选区，并删除选区中的内容。

(4) 复制上一步创建的图像，并参照图 11-006-8 所示，使用【矩形选框工具】绘制矩形选区，删除选区中的图像。

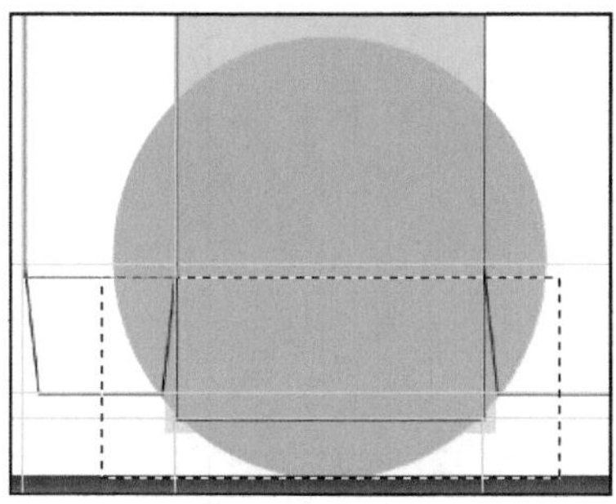
图 11-006-7 绘制矩形色块

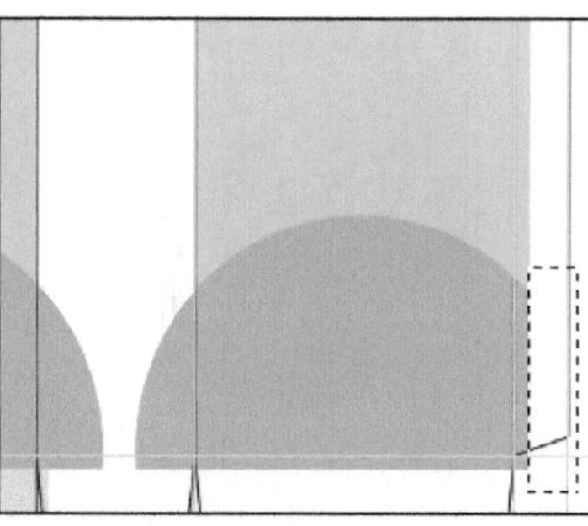
图 11-006-8 删除选区中的图像

(5) 新建“图层 5”继续使用【矩形选框工具】绘制矩形选区，并填充颜色为绿色，效果如图 11-006-9 所示。

(6) 新建“组 1”图层组，选择【椭圆工具】，然后在其选项栏中选择【形状】工具模式，使用【椭圆工具】绘制椭圆形状，效果如图 11-006-10 所示。

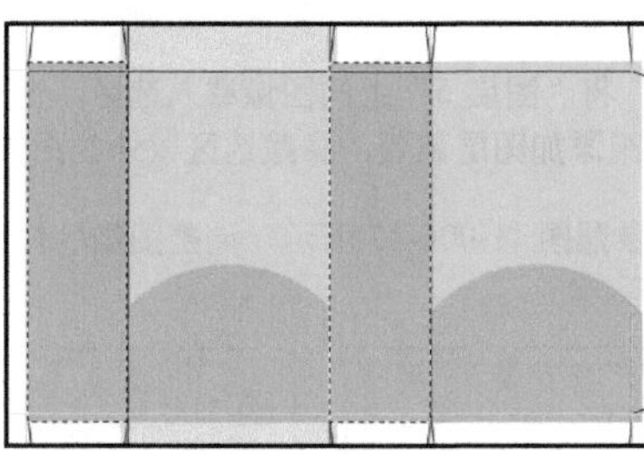
图 11-006-9 绘制矩形图像

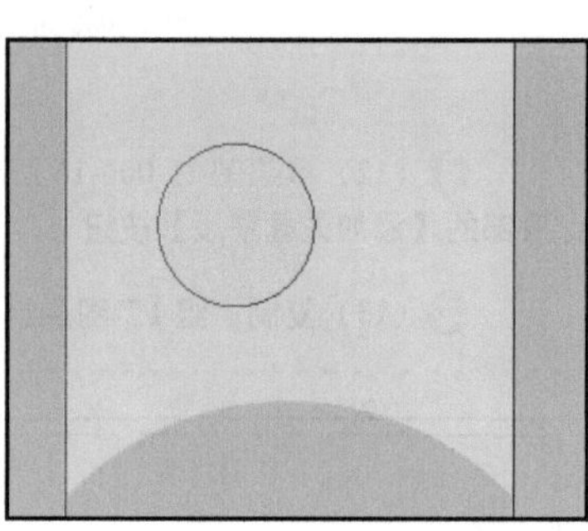
图 11-006-10 绘制椭圆形状

(7) 参照图 11-006-11 所示，复制并调整椭圆的大小及颜色，创建出树冠图像。

(8) 参照图 11-006-12 所示，使用【钢笔工具】绘制路径，将路径载入选区，并填充颜色为黑色，创建出树干图像。

图 11-006-11 绘制树冠

图 11-006-12 绘制树干图像

(9) 使用【椭圆工具】绘制正圆形状，并参照图 11-006-13 所示，配合【钢笔工具】调整形状，创建出树叶图形，使用【路径选择工具】，复制路径，得到大片树叶效果。

图 11-006-13 绘制树叶

(10) 复制“组 1”图层组中的图像到盒子的另一面，效果如图 11-006-14 所示。

(11) 新建“组 2”图层组，打开“资源 / 第 11 章 / 素材 / 柠檬.jpg”文件，使用【椭圆选框工具】绘制椭圆选区，抠出柠檬图像，将其拖至当前正在编辑的文档中，参照图 11-006-15 所示，复制并调整图像的大小及位置。

图 11-006-14 复制图层组

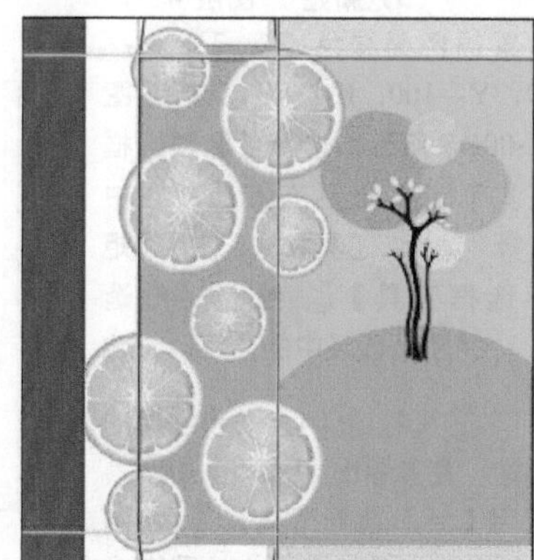
图 11-006-15 添加素材图像

(12) 参照图 11-006-16 所示，将“图层 5”上的图像载入选区，选中“组 2”图层组，单击【图层】调板底部的【添加矢量蒙版】按钮，为组添加图层蒙版，隐藏选区以外的图像。

(13) 复制“组 1”图层组，参照图 11-006-17 所示，调整图像的位置。

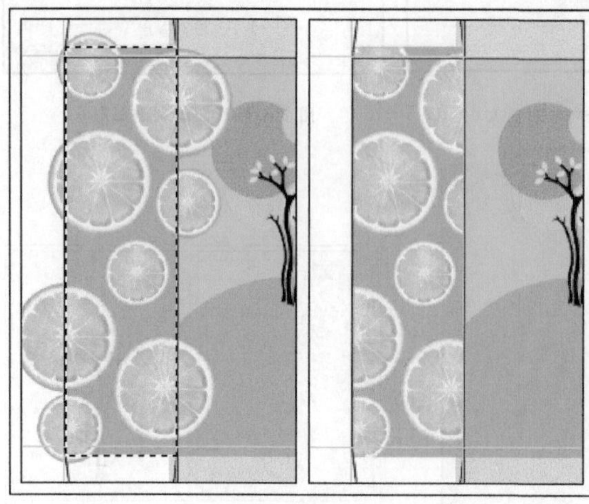
图 11-006-16 添加图层蒙版

图 11-006-17 复制图层组

（14）参照图 11-006-18 所示，使用【横排文字工具】 在两个相同的面上创建文字。

（15）新建“组 3”图层组，选择【圆角矩形工具】，在其选项栏中设置“半径”为 5 像素，然后在视图中绘制圆角矩形形状，参照图 11-006-19 所示，配合【钢笔工具】调整形状。

图 11-006-18 创建文字

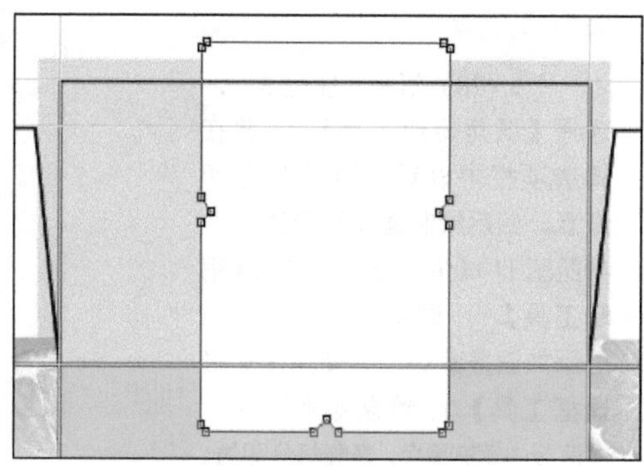

图 11-006-19 绘制并调整圆角矩形形状

（16）打开“资源 / 第 11 章 / 素材 / 标志 .jpg”文件，将其拖至当前正在编辑的文档中，参照图 11-006-20 所示，调制图像的大小及位置，并使用【横排文字工具】 创建文字信息。

（17）复制“组 3”图层组，参照图 11-006-21 所示，调制图像的位置，并删除该图层组中的部分图像。

图 11-006-20 添加素材及文字信息

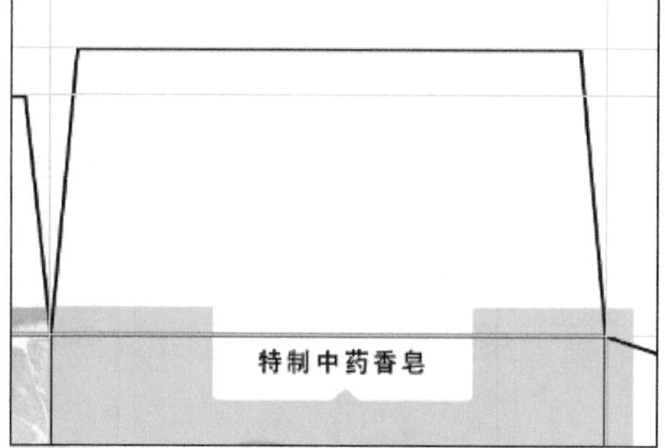

图 11-006-21 复制图层组

（18）新建“组 4”图层组，复制“组 3”中的圆角矩形图像放置在该图层组中，并打开“资源 / 第 11 章 / 素材 / 标志 .jpg”、“资源 / 第 11 章 / 素材 / 条形码 .jpg”文件，参照图 11-006-22 所示，将其拖至当前正在编辑的文档中，并使用【横排文字工具】 添加文字信息。

（19）复制“组 4”图层组，参照图 11-006-23 所示，调制图像的位置，并删除该组中的部分图像。

图 11-006-22 添加素材图像及文字信息

图 11-006-23 复制图层组

（20）新建“图层 5”，选择【圆角矩形工具】并在其选项栏中设置“半径”为 20 像素，然后绘制圆角矩形图形，参照图 11-006-24 所示，使用【钢笔工具】调整形状，为该图层添加图层蒙版，并使用【矩形选框工具】绘制矩形选区，在蒙版中填充黑色，隐藏部分图像。

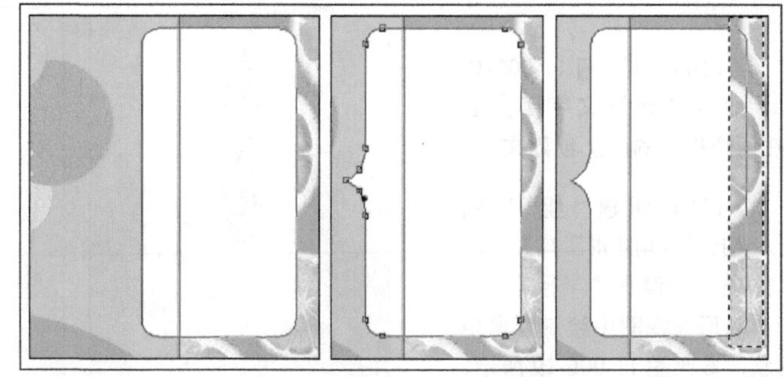

图 11-006-24　绘制圆角矩形图像

（21）新建图层，参照图 11-006-25 所示，使用【直线工具】绘制直线，并配合【橡皮擦工具】擦出虚线效果，然后打开“资源 / 第 11 章 / 素材 / 标志 .jpg”文件，将其拖至当前正在编辑的文档中，使用【横排文字工具】添加文字信息，复制柠檬图像，执行【图像】|【调整】|【去色】命令将图像转换为黑白图像。

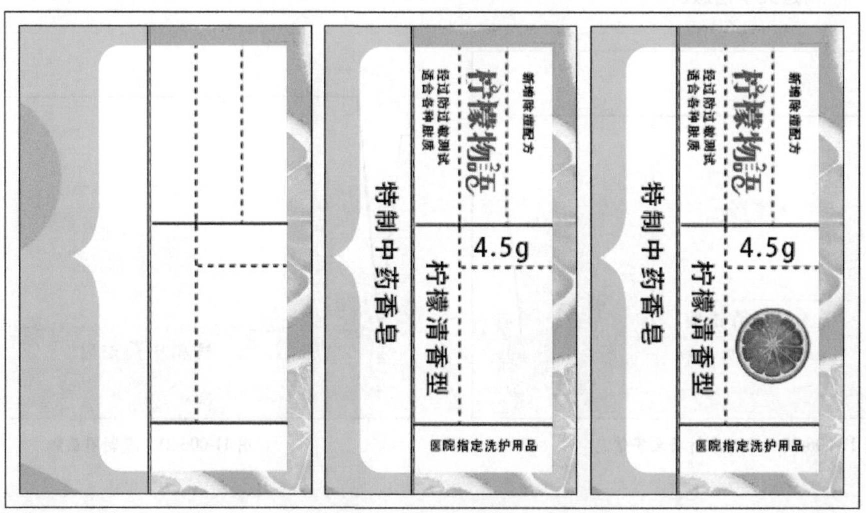

图 11-006-25　添加素材图像及文字信息

（22）复制“组 5”图层组，然后合并组，参照图 11-006-26 所示，将图像拆分分别放在两个面上，并添加文字信息。

图 11-006-26　合并组

实例 07 内衣包装设计

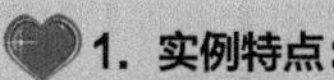

1. 实例特点：

画面颜色清新，符合儿童审美，以卡通背景作为装饰，使包装显得更加活泼可爱。

2. 注意事项：

在制作内衣包装的时候，通常情况下在包装上会有供人们看到样品的天窗，运用包装上固有的图案与天窗结合，使天窗不那么突兀，而且更贴切产品。

3. 操作思路：

首先新建文件添加参考线，根据参考线的位置创建刀版线，创建图案填充背景，然后绘制矢量图案作为包装特有的纹样，最后与图案相结合为盒子开天窗并添加文字信息。

最终效果图

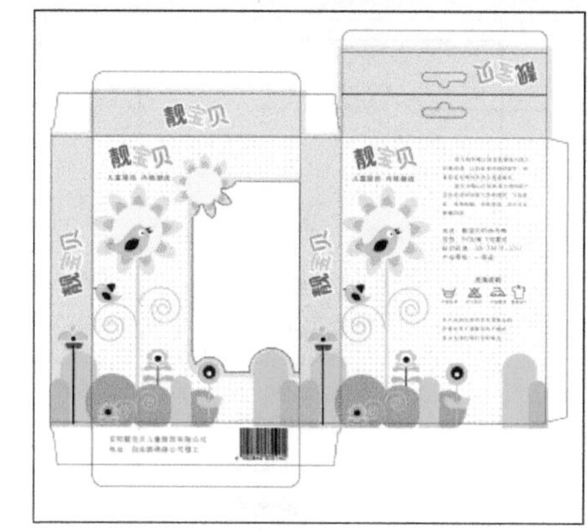

资源 / 第 11 章 / 源文件 / 内衣包装设计 .psd

具体步骤如下：

1. 创建包装结构

(1) 创建一个宽度为 40 厘米，高度为 36 厘米，分辨率为 200 像素 / 英寸的新文档，参照图 11-007-1 所示，在视图中创建参考线。

(2) 选择【矩形工具】，在选项栏中单击【路径】工具模式，使用【矩形工具】根据参考线在视图中绘制矩形，效果如图 11-007-2 所示。

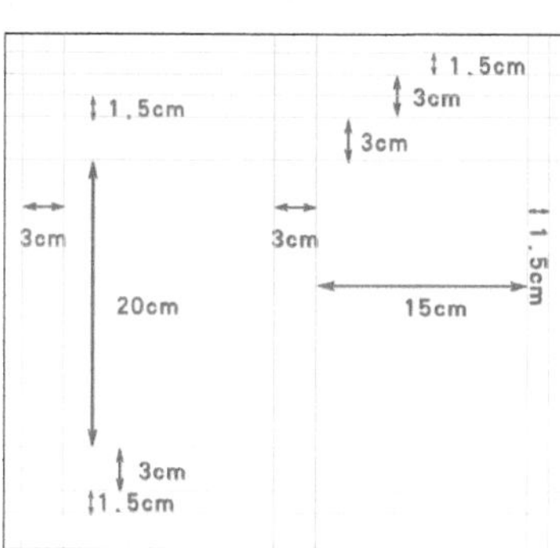

图 11-007-1 创建参考线

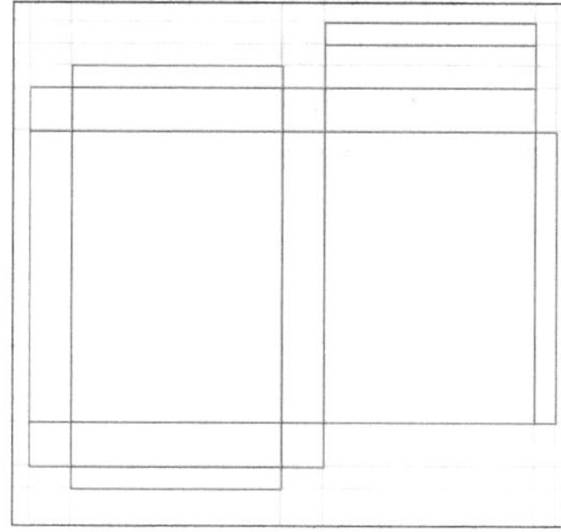

图 11-007-2 绘制路径

(3) 配合【钢笔工具】和【直接选择工具】，参照图 11-007-3 所示，调整路径。

(4) 新建“图层 1”，选择硬边缘【画笔工具】在其选项栏中设置画笔大小为 3 像素，在【路径】调板中右击“工作路径”图层，在弹出的快捷菜单中选择【描边路径】命令，将路径转换为图像，效果如图 11-007-4 所示。

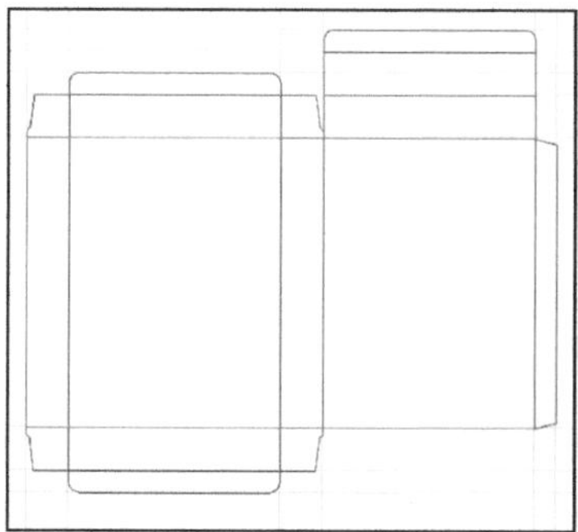

图 11-007-3 调整路径

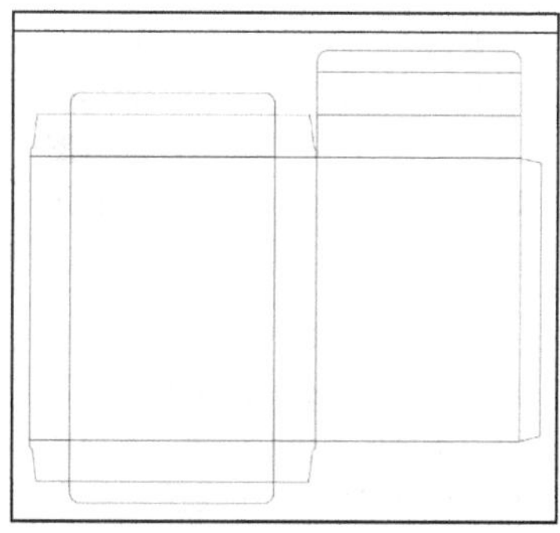

图 11-007-4 创建刀版线

2. 创建大色调

(1) 新建“图层 2”，设置颜色为黄色（C：5，M：18，Y：88，K：0），隐藏“背景”图层，参照图 11-007-5 所示，使用【矩形选框工具】绘制选区。

(2) 执行【编辑】|【定义图案】命令，参照图 11-007-6 所示，在弹出的【图案名称】对话框中进行设置，单击【确定】按钮，创建图案。

图 11-007-5 绘制圆点

图 11-007-6 【图案名称】对话框

(3) 隐藏“图层 2”，选择【矩形选框工具】，配合键盘上的 Shift 键，绘制相加的选区，效果如图 11-007-7 所示。

(4) 单击【图层】调板底部的【创建新的填充或调整图层】按钮，在弹出的菜单中选择【图案填充】命令，然后在弹出的【图案填充】对话框中选择上一步创建的图案，设置“缩放”参数为 80%，效果如图 11-007-8 所示。

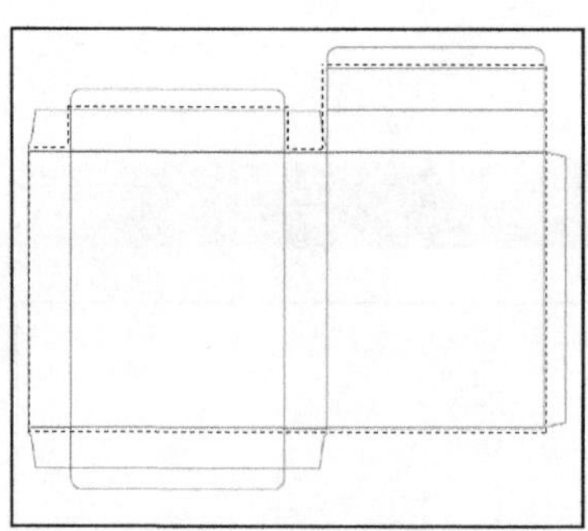

图 11-007-7 绘制选区

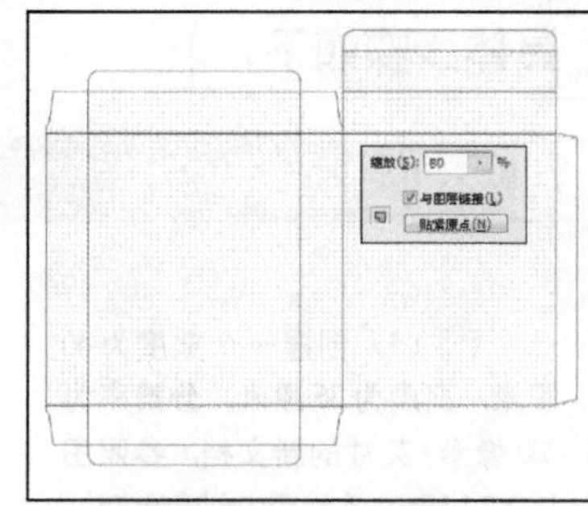

图 11-007-8 添加图案填充

(5) 新建“组 1”图层组，选择【矩形工具】，然后在其选项栏中选择【形状】工具模式，设置填充色为黄色（C：5，M：18，Y：88，K：0，），参照图 11-007-9 所示。在视图中绘制矩形形状。

(6) 选择【圆角矩形工具】，然后在其选项栏中设置“半径”为 100 像素，参照图 11-007-10 所示，在视图中绘制圆角矩形形状。

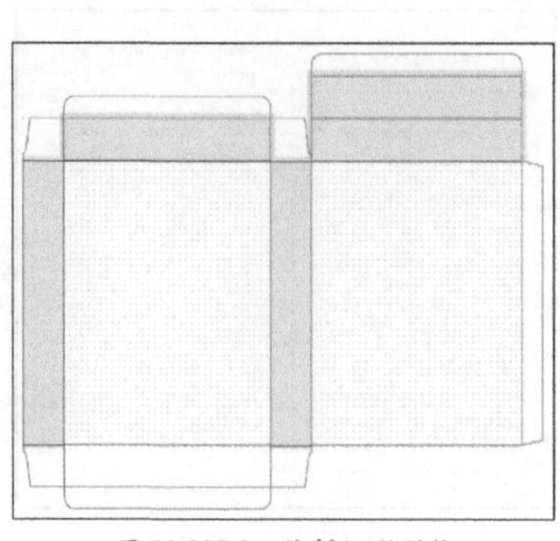

图 11-007-9 绘制矩形形状

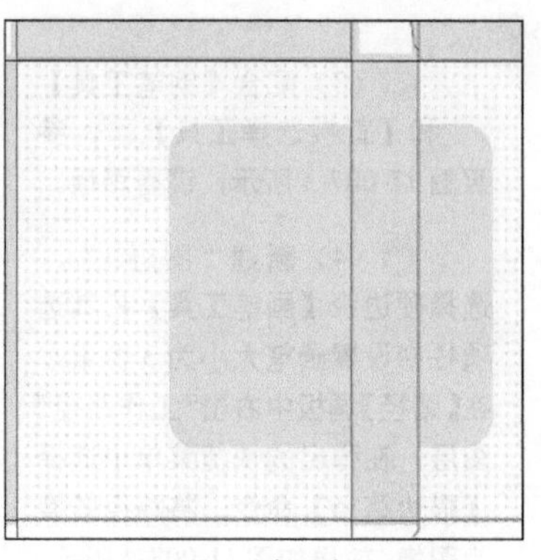

图 11-007-10 绘制圆角矩形形状

➡（7）为上一步创建的图层添加图层蒙版，参照图 11-007-11 所示，使用【矩形选框工具】 绘制选区，并在蒙版中填充选区为黑色，隐藏选区中的图像。

➡（8）参照图 11-007-12 所示，继续使用【圆角矩形工具】 绘制圆角矩形形状，按住 Alt 键拖动上一步创建的图层蒙版到该图层上，隐藏部分图像，并为该图层添加 3 像素【描边】图层样式。

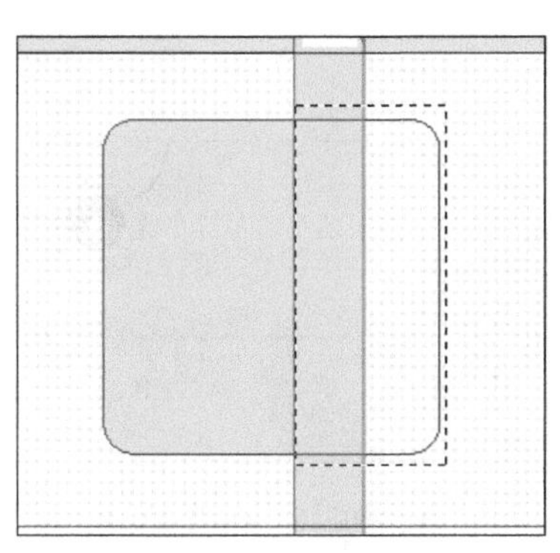

图 11-007-11　添加图层蒙版

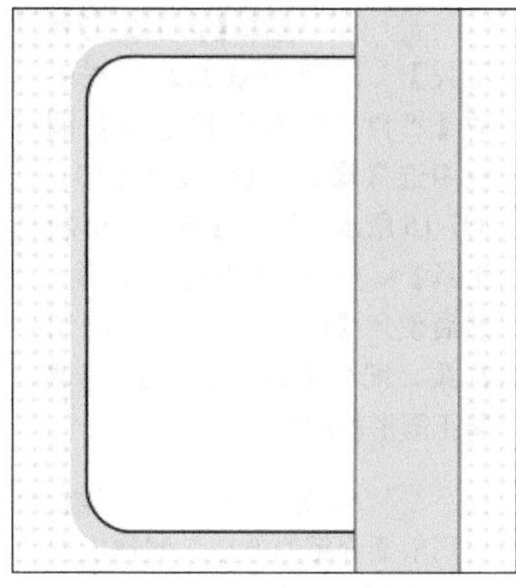

图 11-007-12　绘制圆角矩形形状

3. 绘制包装上的图案

⬇（1）新建“组 2”图层组，使用【圆角矩形工具】 绘制淡绿色（C：59，M：0，Y：100，K：0）和绿色（C：74，M：0，Y：99，K：0）圆角矩形图形，使用【椭圆工具】 绘制墨绿色（C：81，M：26，Y：100，K：0）正圆图形，效果如图 11-007-13 所示。

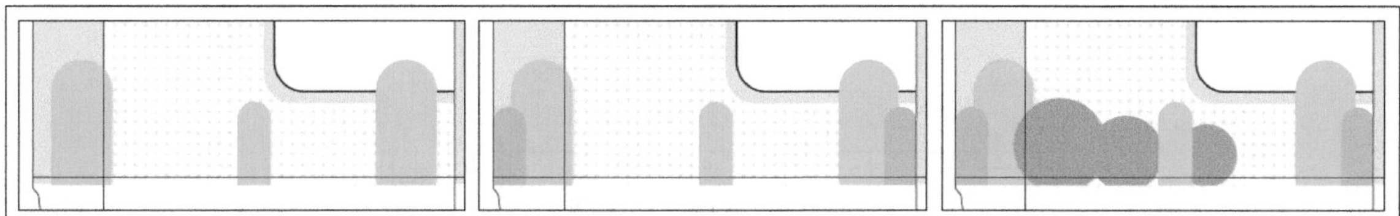

图 11-007-13　绘制形状

⬇（2）新建“组 3”图层组，参照图 11-007-14 所示，使用【椭圆工具】 绘制蓝色（C：63，M：0，Y：9，K：0）正圆，并为该图层添加图层蒙版，使用【矩形选框工具】绘制选区，在蒙版中填充黑色隐藏选区中的图像，复制并调整图形颜色为紫色（C：55，M：96，Y：19，K：0），继续使用【椭圆工具】 绘制正圆图形，然后使用【直线工具】 绘制直线形状。

⬇（3）参照图 11-007-15 所示，继续使用【椭圆工具】 绘制正圆图像，选择【自定义形状工具】，然后在其选项栏中的【“自定形状”拾色器】调板中选择雨滴形状，使用【自定义形状工具】 在视图中进行绘制，配合【钢笔工具】 调整雨滴的形状，制作出叶子图形。

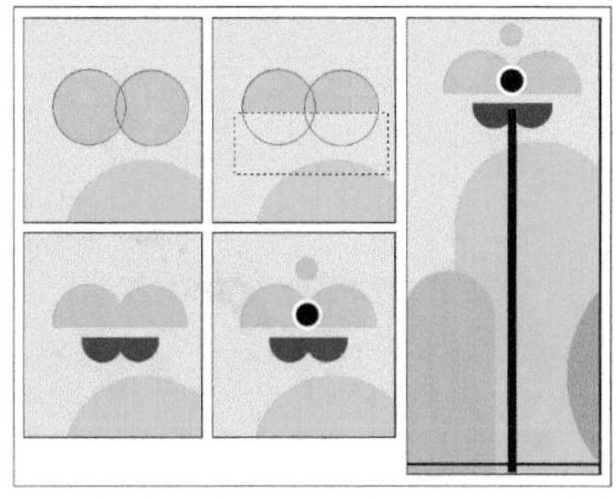

图 11-007-14　绘制花朵图案

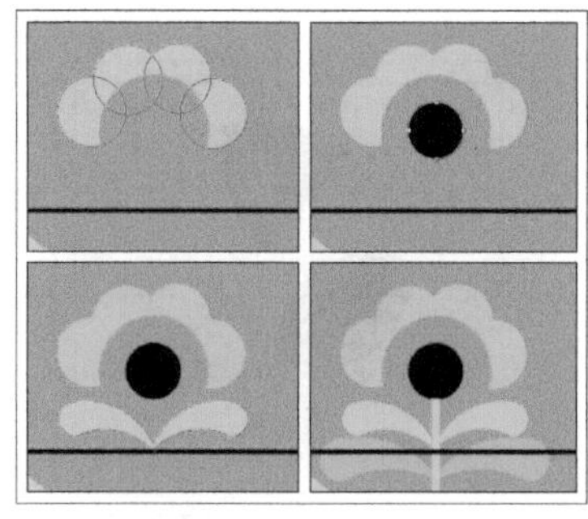

图 11-007-15　绘制花朵图案

(4) 选择【自定义形状工具】，然后在其选项栏中的【"自定形状"拾色器】调板中选择螺线形状，参照图 11-007-16 所示，使用【自定义形状工具】在视图中进行绘制，然后使用【椭圆工具】绘制花朵，配合【钢笔工具】调整正圆形状制作出叶子形状。

(5) 新建"组 4"图层组，使用前面介绍的方法，制作出图 11-007-17 所示的图案。

图 11-007-16 绘制螺旋纹

图 11-007-17 绘制花纹

(6) 参照图 11-007-18 所示，使用【椭圆工具】绘制椭圆形状，并围绕一中心点复制椭圆，创建花瓣，继续使用相同的方法创建一层花瓣，然后绘制正圆图像作为花盘。

图 11-007-18 绘制花朵图案

(7) 新建"组 5"图层组，参照图 11-007-19 所示，使用【椭圆工具】配合【钢笔工具】绘制小鸟图案，复制"组 5"图层组，水平翻转该组中的图像，放大图像将其放置在花朵上方。

图 11-007-19 绘制小鸟

(8) 选中除“组 1”图层组外的所有图层组，使用快捷键 Ctrl+G 群组为“组 6”图层组，移动该组中图案的位置，效果如图 11-007-20 所示。

(9) 复制并缩小花朵图像，合并图层并转换为智能对象，效果如图 11-007-21 所示。

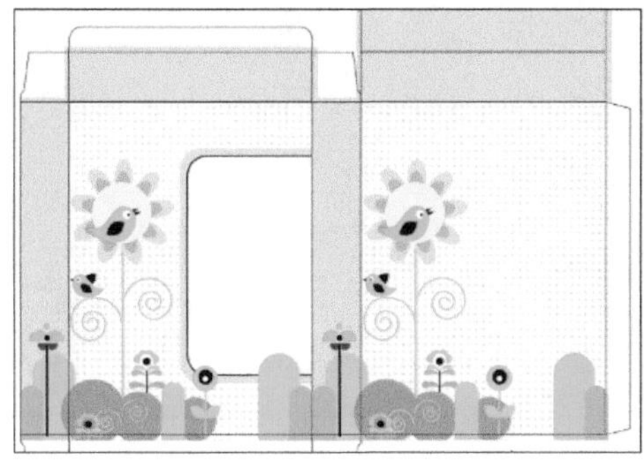

图 11-007-20　复制图层组

图 11-007-21　将图形转换为智能对象

(10) 参照图 11-007-22 所示，在“组 1”中白色圆角矩形所在图层的图层蒙版中进行绘制，创建不规则刀版线。

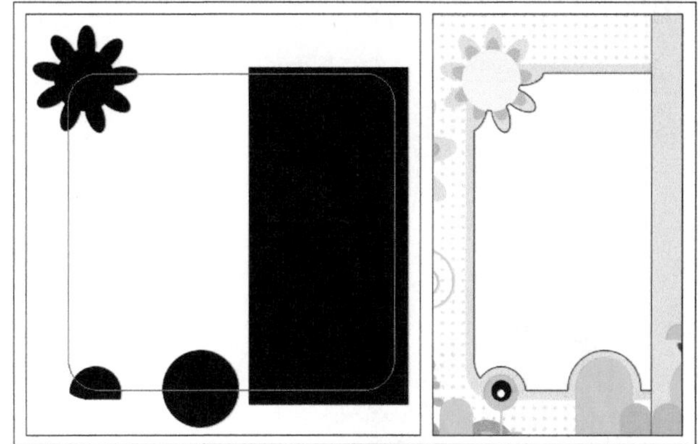

图 11-007-22　编辑图层蒙版

(11) 新建“图层 7”，参照图 11-007-23 所示，使用【横排文字工具】 添加产品名称，并为产品名称所在图层添加【描边】图层样式。

(12) 新建“图层 8”继续使用【横排文字工具】 添加文字信息，并打开“资源 / 第 11 章 / 素材 / 条形码 .jpg”文件，将其拖至当前正在编辑的文档中，效果如图 11-007-24 所示。

(13) 选中“图层 1”使用【圆角矩形工具】 和【椭圆工具】 绘制路径，并将路径载入选区，添加 3 像素黑色描边效果，创建出打孔刀版线，效果如图 11-007-25 所示。

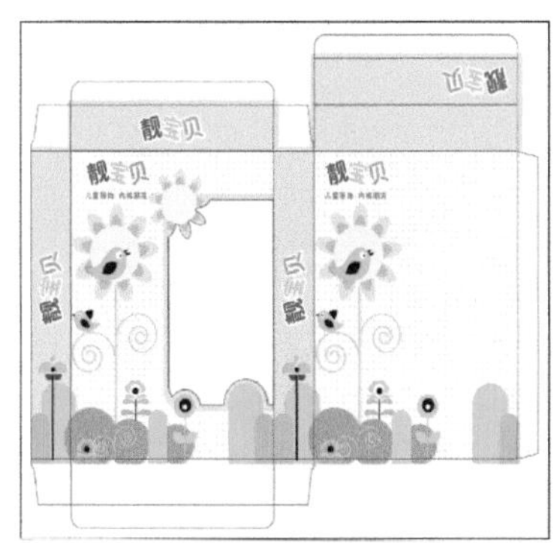

图 11-007-23　绘制矩形形状

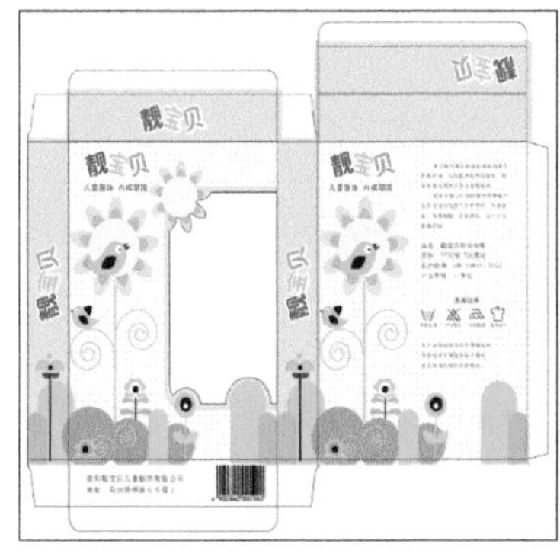

图 11-007-24　绘制圆角矩形形状

图 11-007-25　绘制打孔刀版线

第12章 插画设计

插画设计现在变得越来越主流，在很多设计类别中都可以看到插画设计的影子。它以夸张的造型、海阔天空的形象力受到人们的关注。本章将讲述如何使用 Photoshop 进行插画设计的创作。

实例 01 散文书插画设计

最终效果图

资源 / 第 12 章 / 源文件 / 散文书插画设计 .psd

1. 实例特点：

该实例是散文书中的场景类插画设计，在设计时，色彩和构图要平和、温馨。

2. 注意事项：

在创建图像的过程中，因为需要绘制的内容较多，需注意把握图像的色彩，要与整个插画色调保持和谐。

3. 操作思路：

在制作的过程中，首先要绘制出包括沙发图像的背景，然后再绘制人物图像，最后在图像中加入相关素材图片，丰富画面的效果。

具体步骤如下：

1. 创建包装结构

（1）执行【文件】|【新建】命令，创建一个 A4 大小的新文件。

（2）单击【图层】调板底部的【创建新的填充或调整图层】按钮 ，添加渐变填充，如图 12-001-1 所示。

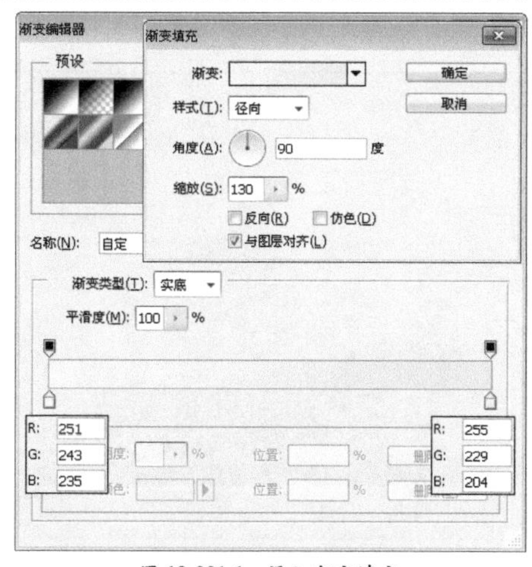

图 12-001-1 添加渐变填充

（3）新建“图层 1”，分别设置前景色为白色和灰色（C：24、M：19、Y：16、K：0），使用【画笔工具】 绘制曲线图像，如图 12-001-2 所示。

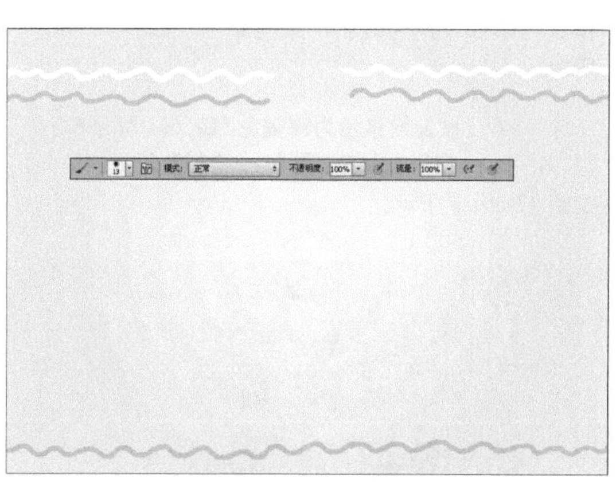

图 12-001-2 绘制曲线

2. 绘制路径图像

(1) 单击【路径】调板底部的【创建新图层】按钮，使用【钢笔工具】绘制路径，如图 12-001-3 所示。

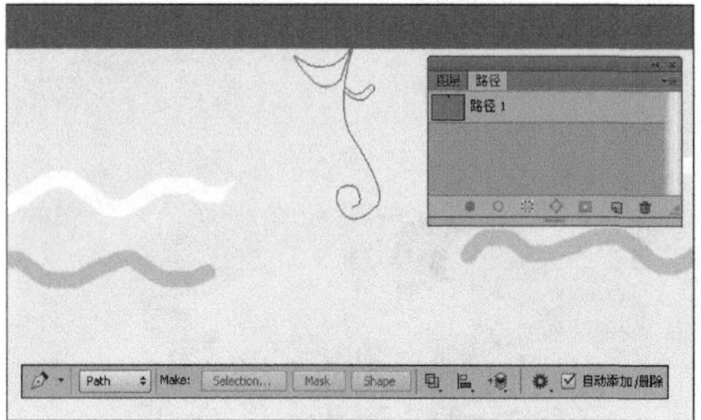

图 12-001-3 钢笔绘制路径

(2) 新建“图层 2”，设置前景色为褐色（C：57、M：91、Y：64、K：22），使用【路径选择工具】选中路径并转为选区，填充颜色如图 12-001-4 所示。

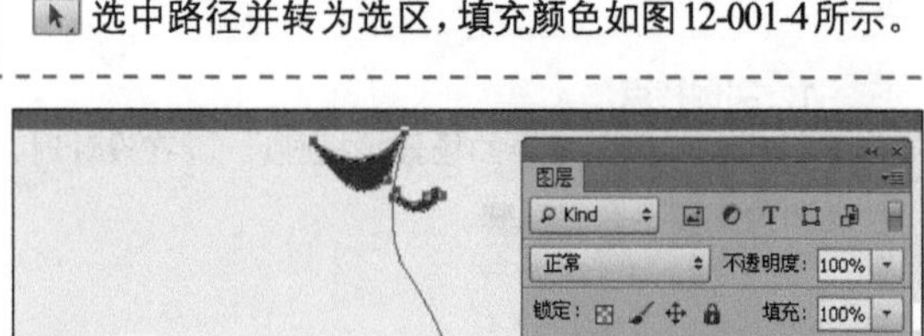

图 12-001-4 填充路径

(3) 单击【铅笔工具】，设置铅笔大小为 2 像素，再使用【路径选择工具】选中弯曲的路径，单击调板右上角的下拉列表按钮选择“描边路径”选项，效果如图 12-001-5 所示。

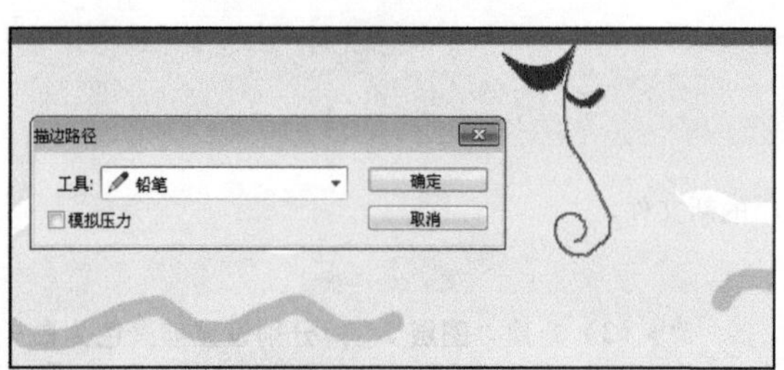

图 12-001-5 铅笔描边路径

(4) 单击【路径】调板底部的【创建新路径】按钮，使用【钢笔工具】继续绘制路径，如图 12-001-6 所示。

图 12-001-6 钢笔绘制路径

(5) 使用【路径选择工具】选择路径并依次将路径转换为选区，填充颜色，如图 12-001-7 所示。

(6) 设置前景色为深褐色（C：66、M：68、Y：73、K：27），使用【画笔工具】绘制沙发上的纹络，如图 12-001-8 所示。

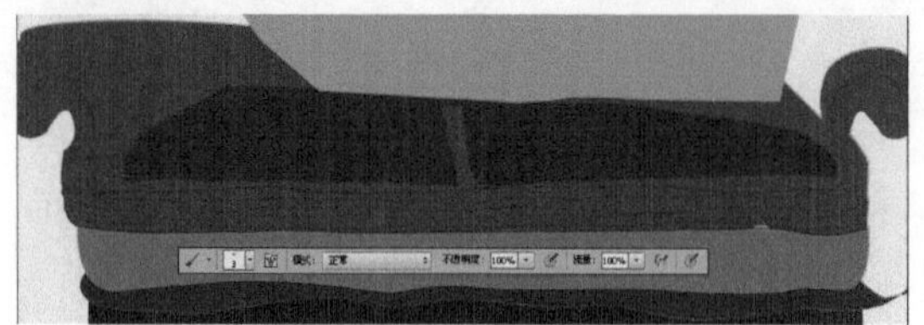

图 12-001-8 画笔绘制线条

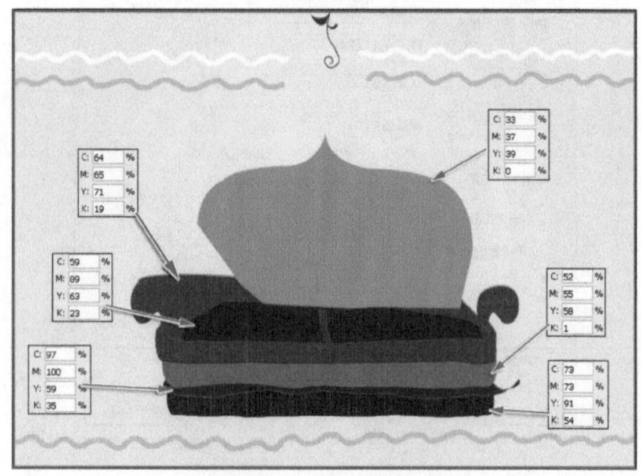

图 12-001-7 填充路径

(7) 使用【钢笔工具】绘制沙发上的花纹路径，将路径进行画笔描边，并复制花纹，如图 12-001-9 所示。

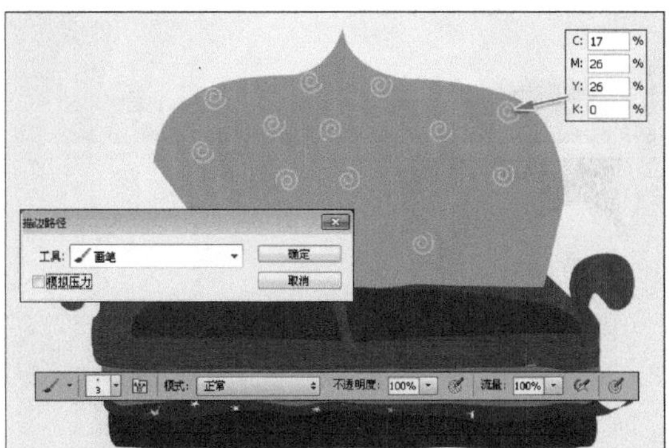

图 12-001-9　画笔描边路径

(8) 创建新路径，使用【钢笔工具】绘制抱枕形状路径，如图 12-001-10 所示。

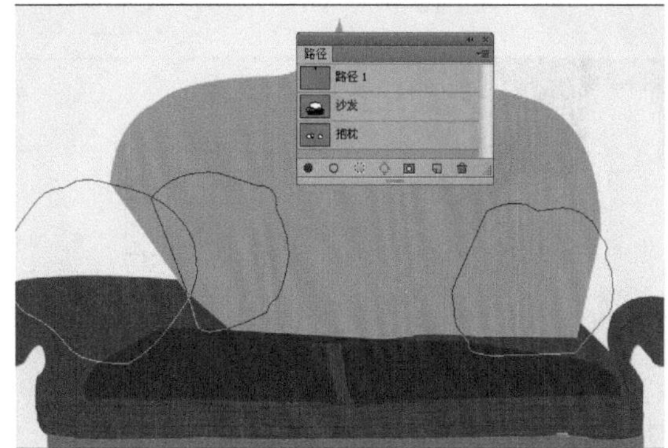

图 12-001-10　绘制路径

(9) 使用【路径选择工具】选中路径，将路径转换为选区后分别填充颜色，效果如图 12-001-11 所示。

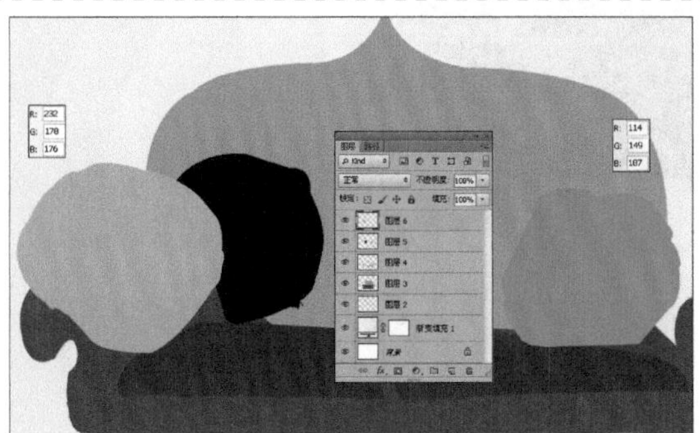

图 12-001-11　填充路径颜色

(10) 单击【路径】调板底部的【创建新路径】按钮，使用【钢笔工具】绘制路径，如图 12-001-12 所示。将路径转换为选区并新建图层填充颜色。

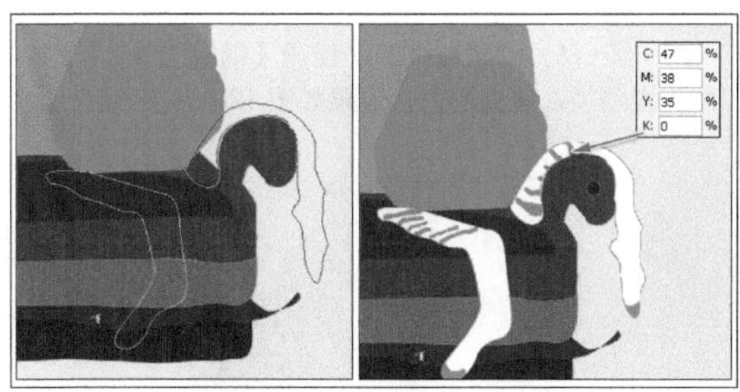

图 12-001-12　填充路径颜色

(11) 继续绘制路径，并进行填充颜色和描边路径，如图 12-001-13 所示。

(12) 使用【钢笔工具】绘制路径并进行画笔描边路径，更加细致地显示出人物的轮廓线，如图 12-001-14 所示。

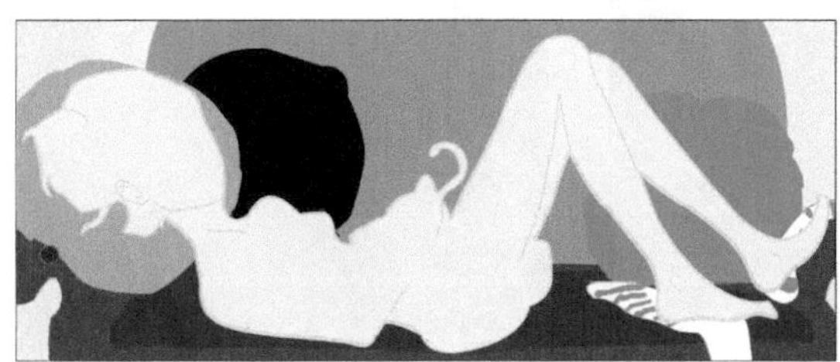

图 12-001-14　添加描边路径

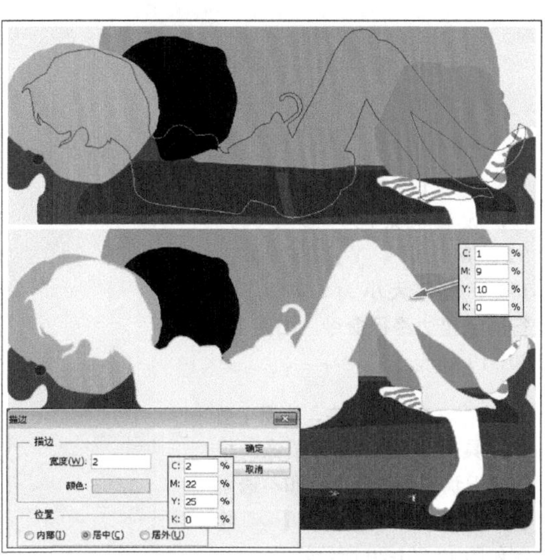

图 12-001-13　填充和描边路径

(13) 接着，使用【钢笔工具】相继为人物添加衣服路径，并填充颜色，如图 12-001-15 所示。

(14) 为衣服添加描边和花纹，如图 12-001-16 所示。

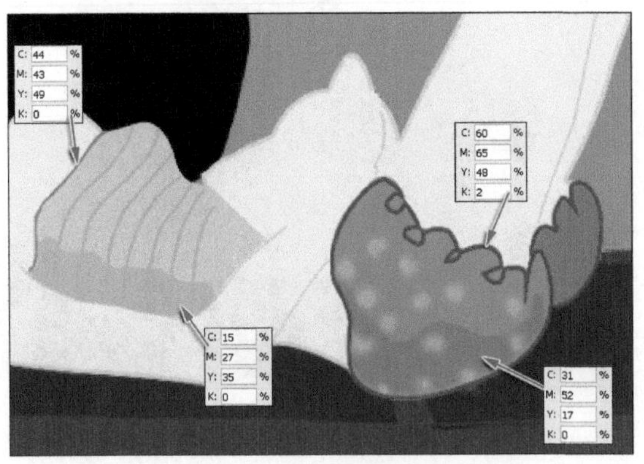

图 12-001-16　添加衣服花纹

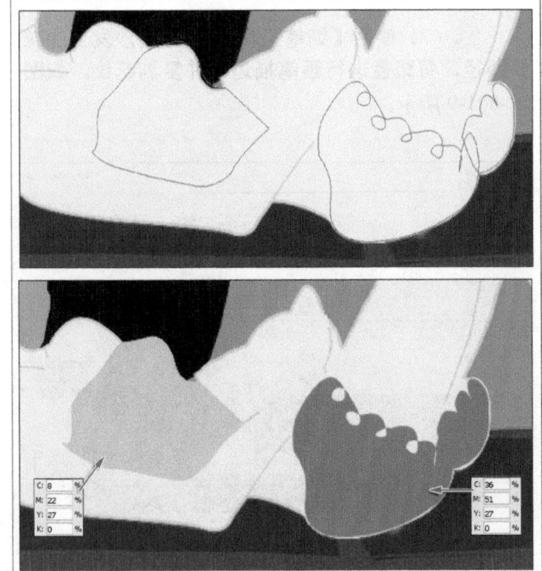

图 12-001-15　绘制路径并填充颜色

(15) 使用【钢笔工具】绘制小猫路径，转换选区并添加颜色和描边，如图 12-001-17 所示。

(16) 创建新路径，使用【钢笔工具】绘制头发路径，填充颜色，效果如图 12-001-18 所示。

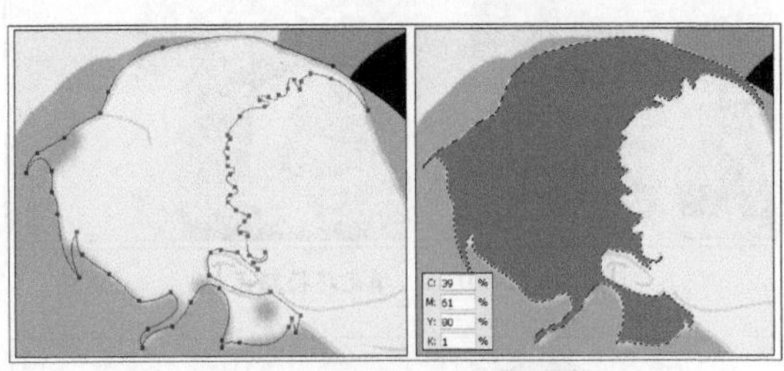

图 12-001-18　添加图层样式

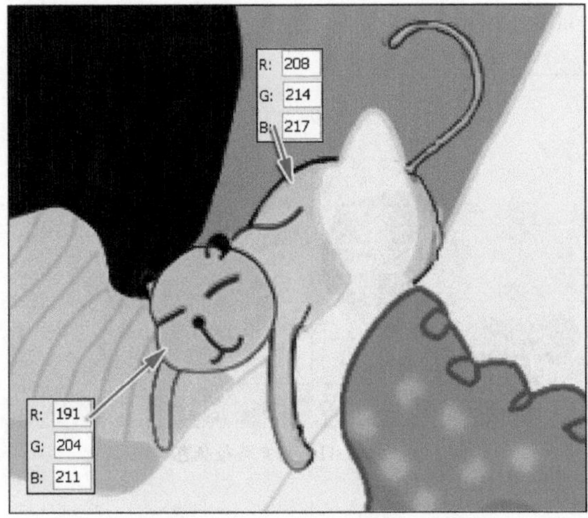

图 12-001-17　绘制小猫

(17) 继续绘制发丝路径，设置前景色为褐色（C：52、M：69、Y：93、K：15），画笔大小为 2 像素，执行画笔描边路径命令，如图 12-001-19 所示。

(18) 接下来，使用【画笔工具】刻画面部图像，根据情况调整画笔的大小和不透明度，配合【橡皮擦工具】绘制如图 12-001-20 所示效果。

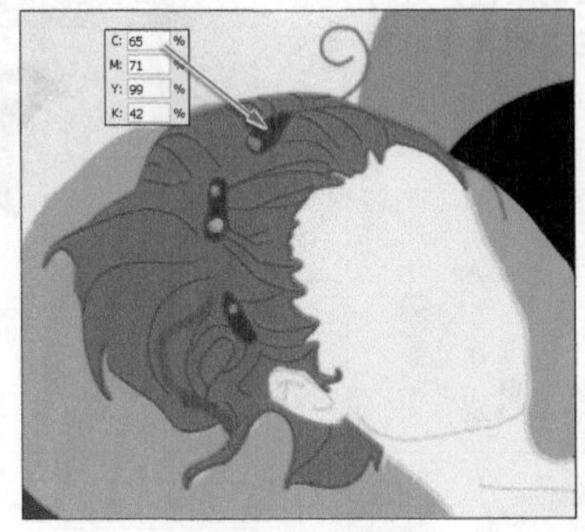

图 12-001-19　描边路径

图 12-001-20　绘制面部图像

（19）单击抱枕图层，在抱枕图层上方创建新图层，使用【画笔工具】为抱枕添加花纹，如图 12-001-21 所示。

图 12-001-21 画笔绘制图像

（20）双击“图层 5”，在弹出的【图层样式】对话框中添加“描边”和“外发光”图层样式，如同 12-001-22 所示。

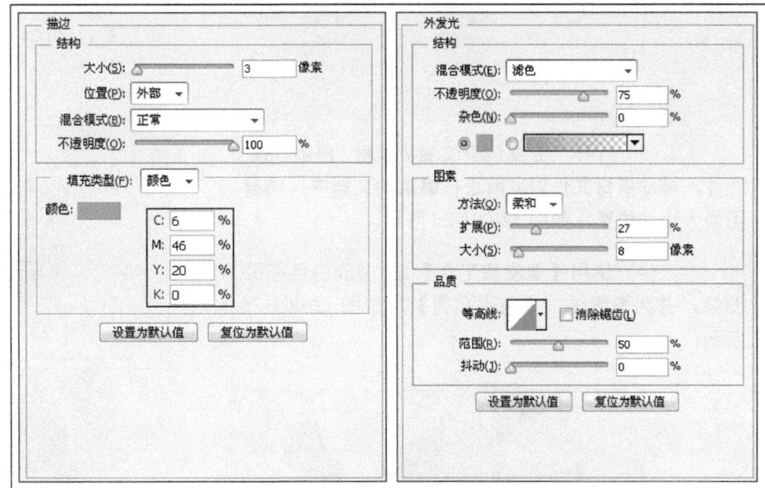

图 12-001-22 添加图层样式

3. 添加素材图像

（1）创建新组，将创建的沙发以及人物图层拖入图层组中，方便图层管理。打开“资源 / 第 12 章 / 素材 / 背景素材 .jpg”文件，拖动素材文件到当前正在编辑的文档中，调整图像大小和位置，如图 12-001-23 所示。

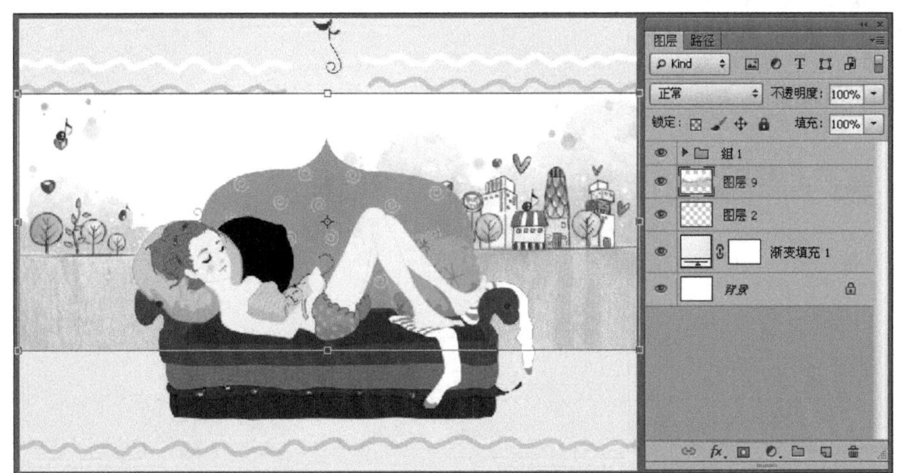

图 12-001-23 调整图像大小和位置

(2) 单击【图层】调板底部的【添加图层蒙版】按钮，使用【画笔工具】绘制蒙版图像，并设置图层【混合模式】，如图 12-001-24 所示。

图 12-001-24 绘制蒙版图像

(3) 打开“资源 / 第 12 章 / 素材 / 墨迹 .jpg”文件，拖动素材文件到当前正在编辑的文档中，调整图像大小和位置，如图 12-001-25 所示。

(4) 使用【橡皮擦工具】擦除白色部分图像，并为图像添加【色彩平衡】，如图 12-001-26 所示。

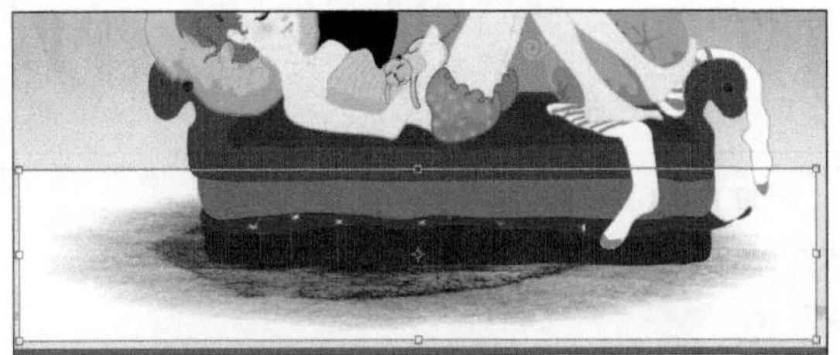

图 12-001-25 调整图像大小和位置

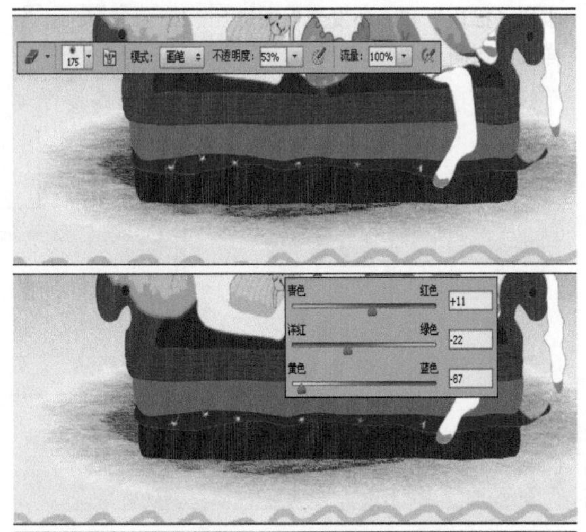

图 12-001-26 添加色彩平衡

(5) 设置图层的【混合模式】为【正片叠底】，接着创建新图层，添加星星和月亮图案，完成本实例的制作。效果如图 12-001-27 所示。

图 12-001-27 完成效果图

实例 02 时尚沙发的插画设计

1. 实例特点：

该插画是商业性质的插画，设计时应时尚、个性，充满时代感，能突显产品的特点。

2. 注意事项：

该实例在制作的过程中，用到的素材相对较多，读者也可以自己搜索素材，但要注意，素材颜色应艳丽一些，挑选花朵要大一点的素材。

3. 操作思路：

首先创建出背景，并将沙发图像放入到画面中，然后逐步添加素材，完善整个画面效果。

最终效果图

资源 / 第 12 章 / 源文件 / 时尚沙发的插画设计 .psd

具体步骤如下：

1. 创建包装结构

（1）执行【文件】|【新建】命令，创建一个 A4 大小的新文件。

（2）设置前景色为黄色（C：11、M：17、Y：46、K：0），单击按钮 拖动鼠标创建背景渐变，如图 12-002-1 所示。

（3）打开“资源 / 第 12 章 / 素材 / 墨滴 .jpg”文件，单击【魔术橡皮擦工具】，设置容差为 10 像素，将白色背景擦除，拖动素材文件到当前正在编辑的文档中，调整图像大小和位置，如图 12-002-2 所示。

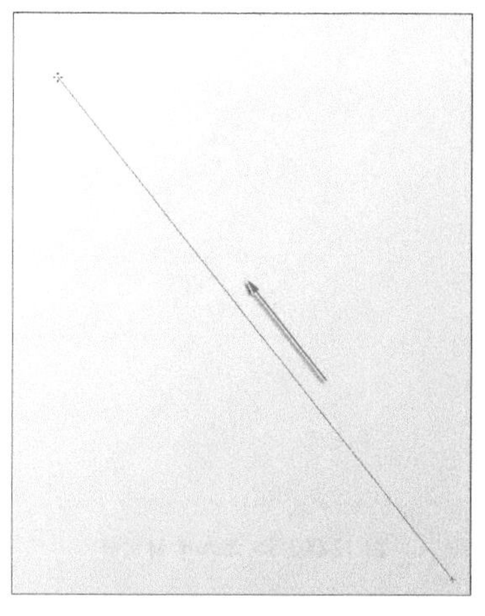

图 12-002-1　添加渐变填充

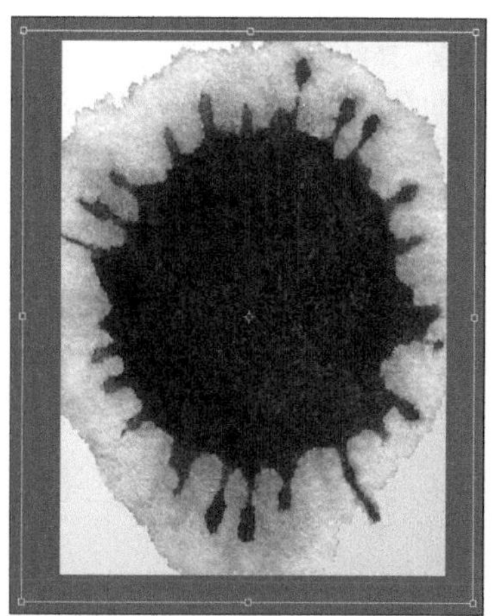

图 12-002-2　调整图像大小和位置

(4) 按住 Ctrl 键将图像载入选区，单击【图层】调板底部的【创建新的填充或调整图层】按钮，添加【色相 / 饱和度】，如图 12-002-3 所示。

(5) 将素材与【色相 / 饱和度】两个图层合并为一个图层，继续为素材图像添加第二个【色相 / 饱和度】，设置图层不透明度为 50%，如图 12-002-4 所示。

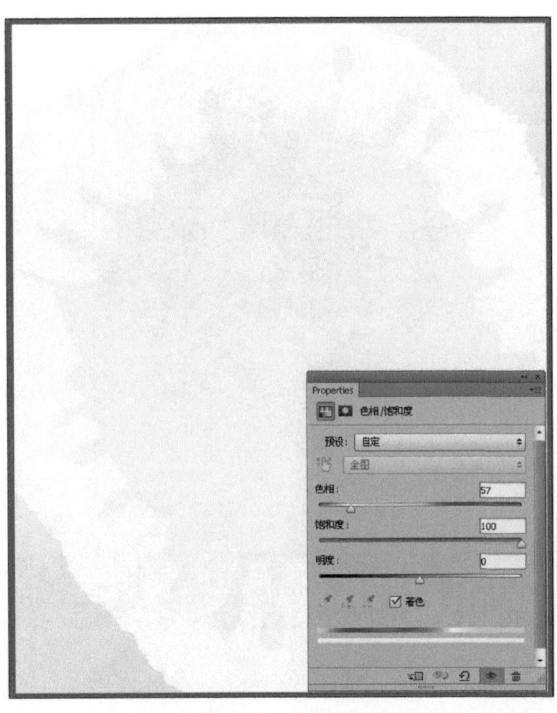

图 12-002-3　添加【色相 / 饱和度】

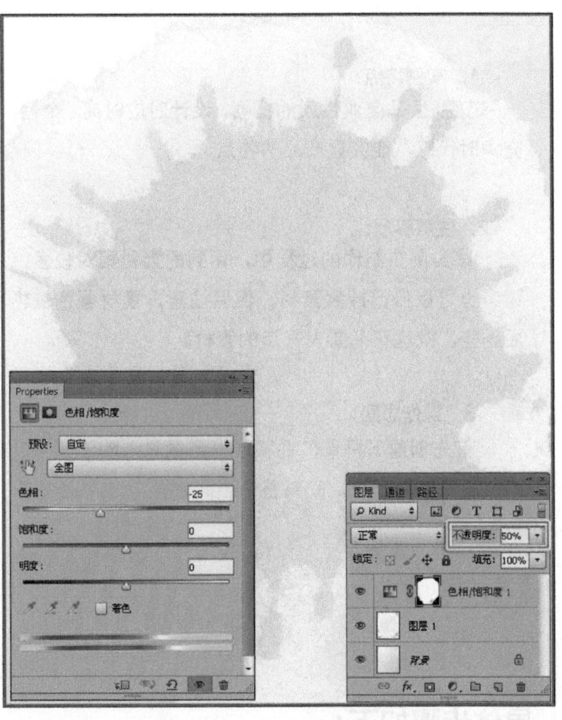

图 12-002-4　添加饱和度

2. 添加素材文件

(1) 打开“资源 / 第 12 章 / 素材 / 沙发 .jpg”文件，使用【快速选择工具】选中沙发图像，拖动素材文件到当前正在编辑的文档中，调整位置，如图 12-002-5 所示。

(2) 新建“路径 1”，使用【钢笔工具】绘制小蘑菇路径，如图 12-002-6 所示。

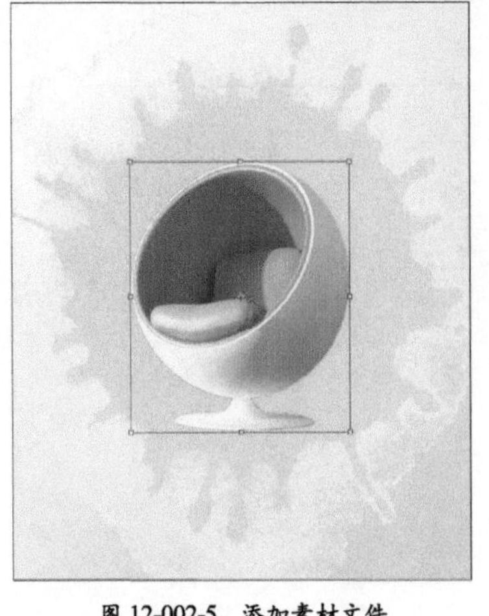

图 12-002-5　添加素材文件

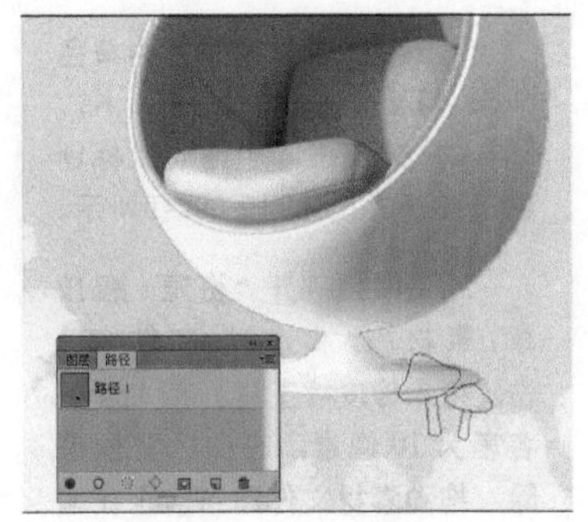

图 12-002-6　绘制路径

(3) 创建新图层，将路径载入选区，填充颜色，接着，单击【画笔工具】，控制画笔不透明度绘制细节，如图 12-002-7 所示。

(4) 创建新图层，设置前景色为褐色（C：43、M：51、Y：62、K：0），使用【画笔工具】绘制其阴影，效果如图 12-002-8 所示。

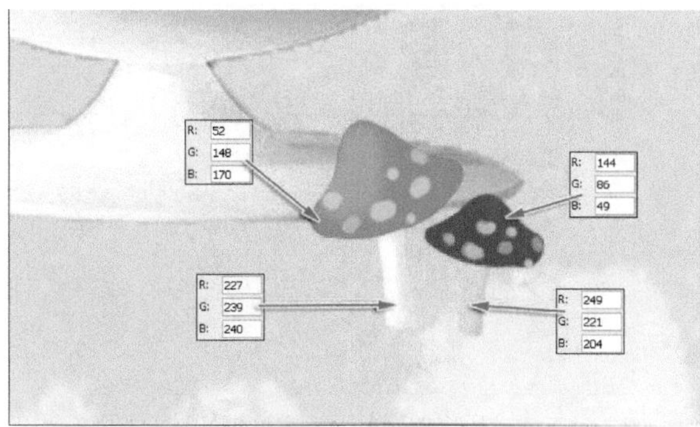

图 12-002-7　填充路径

图 12-002-8 绘制阴影

(5) 打开“资源 / 第 12 章 / 素材 / 蓝色花 .jpg”文件，使用【快速选择工具】将花选中并拖入到视图中，效果如图 12-002-9 所示。

(6) 单击【添加图层蒙版】按钮，使用【画笔工具】绘制图像边缘，显示出图像的渐隐效果，如图 12-002-10 所示。

图 12-002-9　添加素材文件

图 12-002-10　添加图层蒙版

(7) 创建“图层 4 副本”，拖动图层副本到沙发图层下方显示，删除图层蒙版，如图 12-002-11 所示。

(8) 将“图层 4 副本”载入选区，为该图层添加【色相 / 饱和度】，如图 12-002-12 所示。

图 12-002-11　创建图层副本

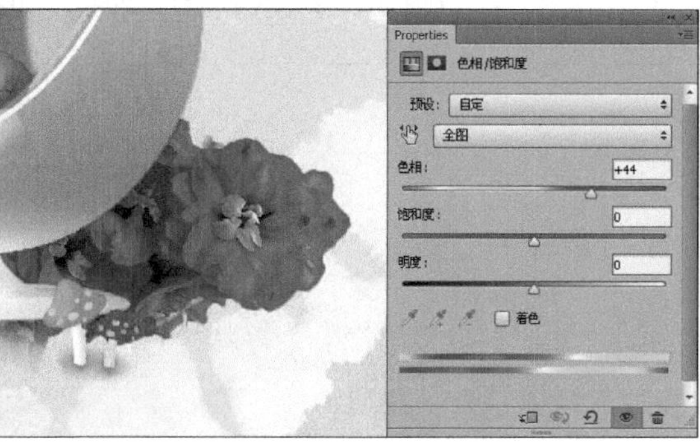

图 12-002-12　添加饱和度

(9) 将副本图层和【色相/饱和度】进行合并，设置其图层【混合模式】和不透明度，单击【添加图层蒙版】按钮，使用【画笔工具】绘制如图 12-002-13 所示效果。

(10) 打开"资源/第 12 章/素材/相机.jpg"文件，使用【快速选择工具】选中沙发图像，拖动素材文件到当前正在编辑的文档中，调整位置，如图 12-002-14 所示。

图 12-002-13 添加图层蒙版

图 12-002-14 添加素材文件

(11) 将"相机"图层载入选区，为其添加【曲线】调整图层，如图 12-002-15 所示。

(12) 继续创建"图层 4 副本"图像，将其图层蒙版删除，调整其大小和位置以及相机的不透明度，单击【链接图层】按钮，将图层进行链接，如图 12-002-16 所示。

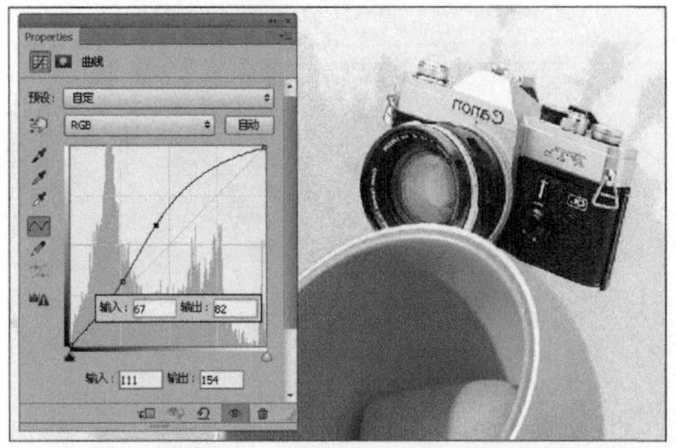

图 12-002-15 添加【曲线】调整图层

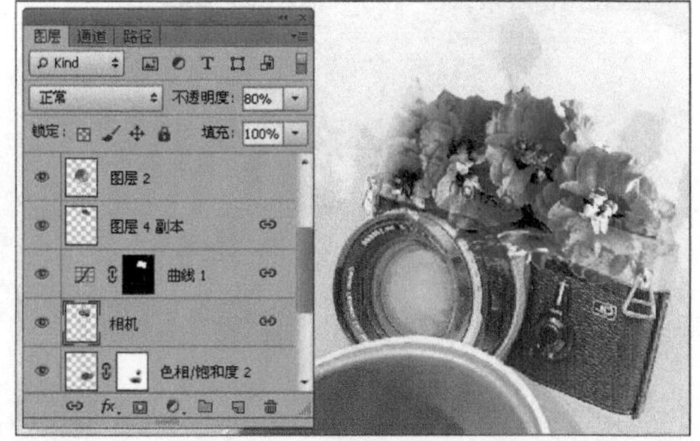

图 12-002-16 链接图层

(13) 打开"资源/第 12 章/素材/音符.jpg"文件，使用【魔术橡皮擦工具】擦除白色背景，拖动素材文件到视图中，调整位置，设置其图层【混合模式】和不透明度，如图 12-002-17 所示。

(14) 新建"组 1"图层组，打开"资源/第 12 章/素材/玫瑰.jpg"文件，使用【快速选择工具】快速选择花朵，拖入视图中调整大小和位置，如图 12-002-18 所示。

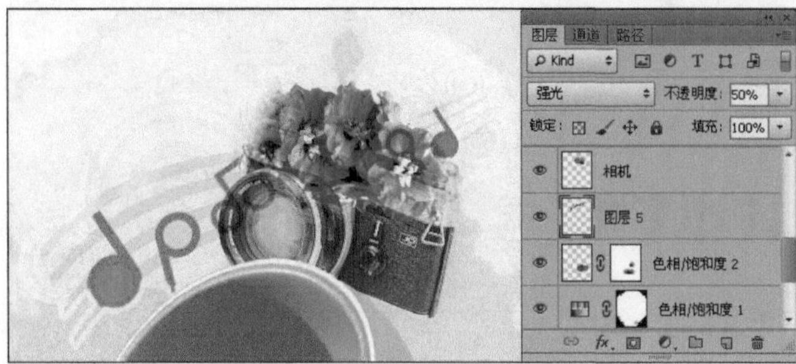

图 12-002-17 添加素材文件

图 12-002-18 添加素材文件

(15）将玫瑰图层载入选区，为该图层添加【色相 / 饱和度】和【曲线】，如图 12-002-19 所示。

(16）将组中的图层全部选中后进行链接图层，然后复制，移动图像到合适的位置，如图 12-002-20 所示。

图 12-002-19 添加曲线和饱和度

图 12-002-20 创建图层副本

(17）打开“资源 / 第 12 章 / 素材 / 小鸟 .jpg”文件，使用【快速选择工具】选择小鸟并拖入文档中，调整大小和位置，如图 12-002-21 所示。

(18）为小鸟图像添加【曲线】和【色相 / 饱和度】，调整小鸟颜色与背景相衬，如图 12-002-22 所示。

图 12-002-21 添加曲线和饱和度

图 12-002-22 添加【曲线】调整图层

3. 绘制图像

(1）新建“组 2 图层组，暂时将其他的素材图层隐藏，单击【自定义形状工具】，选择花的形状，绘制形状并调整其图层【混合模式】以及不透明度，如图 12-002-23 所示。

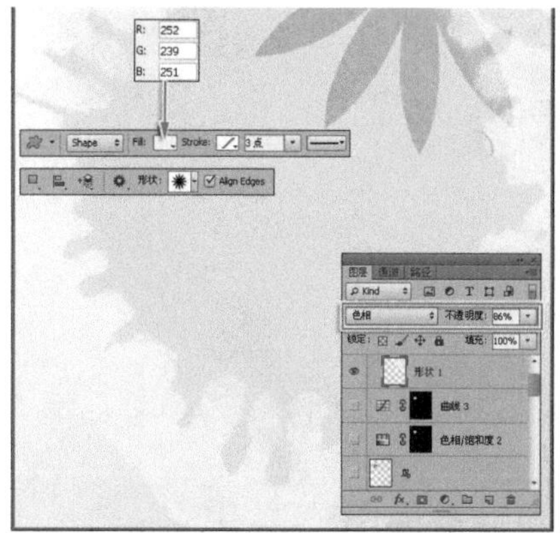

图 12-002-23 绘制形状图形

（2）单击【画笔工具】，设置画笔颜色和大小以及不透明度，绘制如图 12-002-24 所示效果。

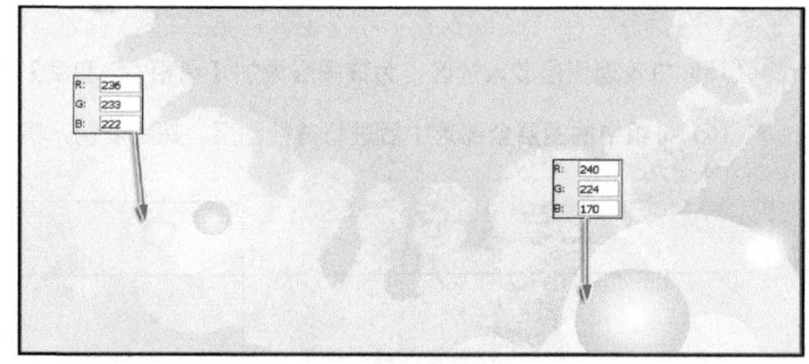

图 12-002-24　画笔绘制图像

（3）拖动该图层创建图层副本图像，调整其大小和位置，如图 12-002-25 所示。

（4）单击【自定义形状工具】中的“泼溅”进行绘制形状，调整形状大小和位置，如图 12-002-26 所示。

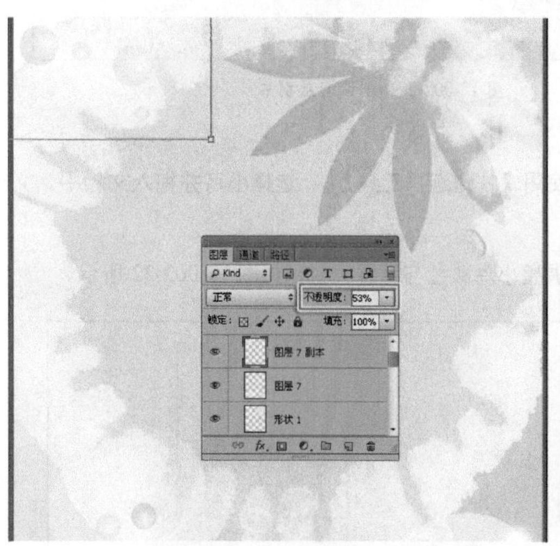

图 12-002-25　创建图层副本

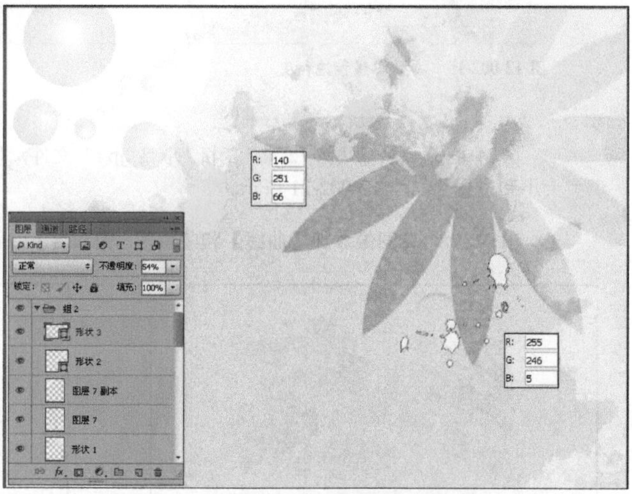

图 12-002-26　绘制形状

（5）新建“组 1”图层组，打开“资源 / 第 12 章 / 素材 / 渲染 .jpg”文件，将素材拖入视图中，调整大小和位置，如图 12-002-27 所示。

（6）使用【橡皮擦工具】擦除多余图像，调整图层不透明度，如图 12-002-28 所示。

图 12-002-27　调整素材位置

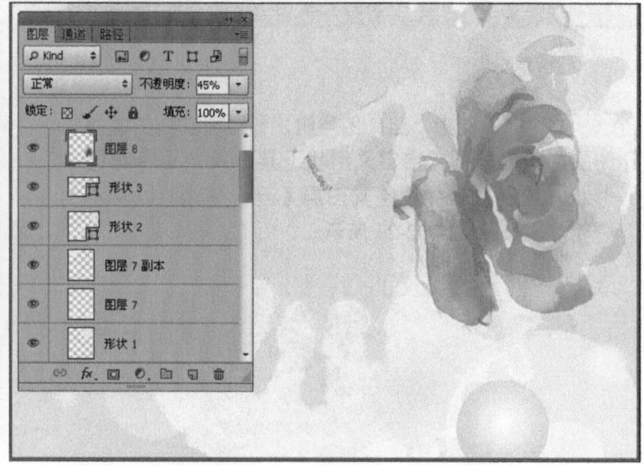

图 12-002-28　调整图层不透明度

（7）按住 Alt 键单击拖动图像创建副本图像，调整副本图像位置，如图 12-002-29 所示。

（8）使用【矩形选框工具】框选素材图片上的小花朵图像，配合【橡皮擦工具】擦除多余图像，然后复制并调整图像大小和位置，分布在视图周围，如图 12-002-30 所示。

图 12-002-29　创建副本图像

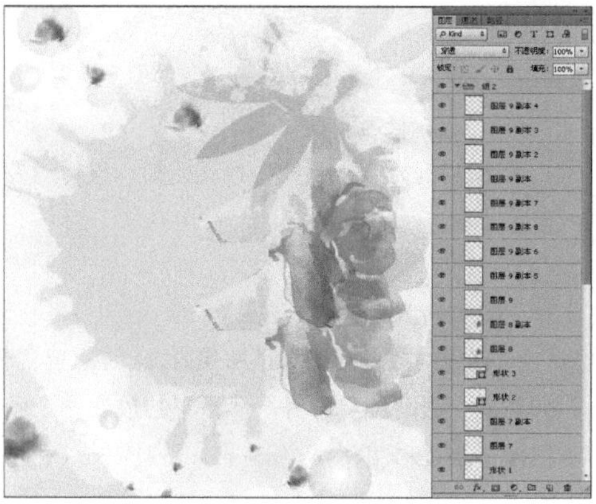

图 12-002-30　创建副本图像

（9）关闭“组 2”图层组，拖动图层组到“图层 5”上方显示，将隐藏图层全部显示，如图 12-002-31 所示。

（10）打开“资源 / 第 12 章 / 素材 / 笔触 .jpg”文件，使用【魔术橡皮擦工具】擦除白色背景，将图像载入选区，添加【色相 / 饱和度】，更改图像颜色，如图 12-002-32 所示。

图 12-002-32　添加色相 / 饱和度

图 12-002-31　调整图层组位置

（11）最后，使用【横排文字工具】添加文字，完成本实例的制作，如图 12-002-33 所示。

图 12-002-33　完成效果图

实例 03 杂志刊物的插画设计

1. 实例特点：

该实例为杂志刊物的插画图形，设计时要注意画面应唯美。

2. 注意事项：

在使用路径绘制女孩头像时，应注意将各个内容，如头发、眼睛、鼻子等，尽量单独放在一个图层中，以便于修改和调整。

3. 操作思路：

整个实例将分为两个部分进行制作，包括背景和主体人物头像的绘制。

最终效果图

资源/第12章/素材/杂志刊物的插画设计.psd

具体步骤如下：

1. 创建背景

（1）启动 Photoshop CS6，新建一个 A4 大小的新文件。

（2）设置前景色为偏黄的灰色（C：12、M：8、Y：18、K：0），按下快捷键 Alt+Delete 键填充背景，效果如图 12-003-1 所示。

（3）打开“资源/第 12 章/素材/彩色背景.jpg”文件，使用【移动工具】拖动素材文件到当前正在编辑的文档中，如图 12-003-2 所示。

图 12-003-1 填充背景色

图 12-003-2 添加素材背景

(4) 单击【添加图层蒙版】按钮，使用【画笔工具】绘制蒙版图像，并设置图层的不透明度，如图 12-003-3 所示。

(5) 隐藏“图层 1”，单击【路径】调板底部的【创建新路径】按钮，使用【椭圆工具】绘制路径，如图 12-003-4 所示。

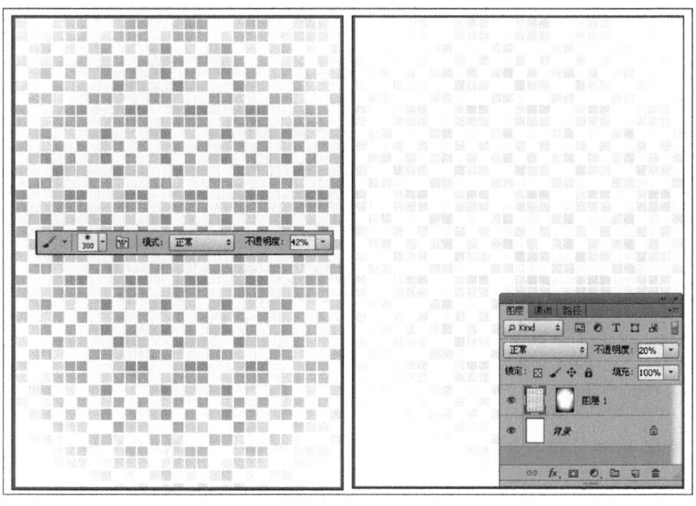

图 12-003-3 添加图层蒙版

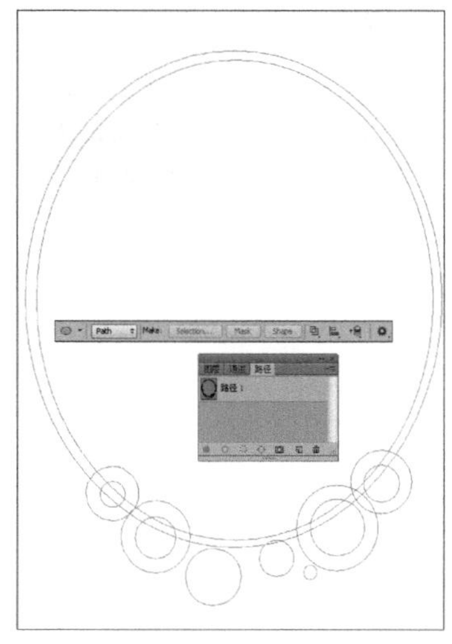

图 12-003-4 绘制路径

(6) 将路径载入选区，创建新图层，填充颜色，如图 12-003-5 所示。

(7) 将大圆内的小圆载入选区，填充渐变色，如图 12-003-6 所示。

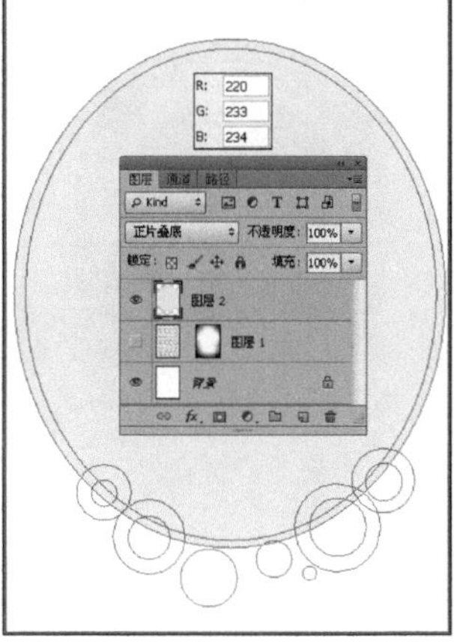

图 12-003-5 填充路径

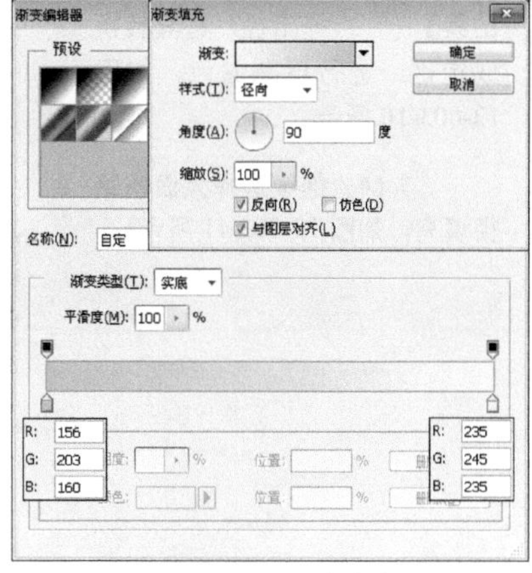

图 12-003-6 添加渐变填充

(8) 依次将剩下的路径填充颜色，如图 12-003-7 所示。

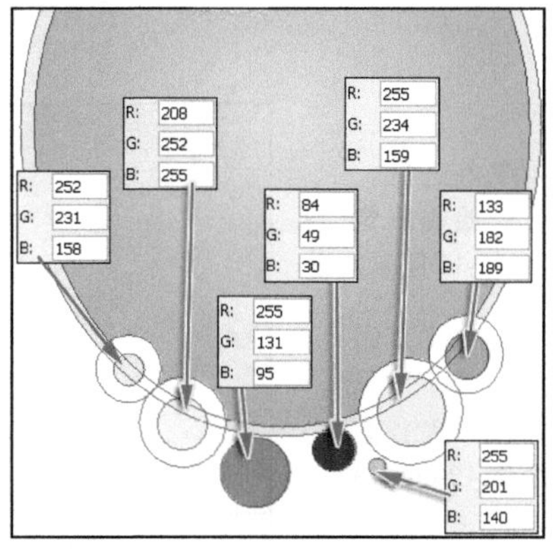

图 12-003-7 填充路径

2. 绘制人物路径

（1）新建“路径 2”，使用【钢笔工具】绘制人物头部路径，如图 12-003-8 所示。

（2）继续创建新路径，使用【钢笔工具】绘制出人物其他部分路径，如图 12-003-9 所示。

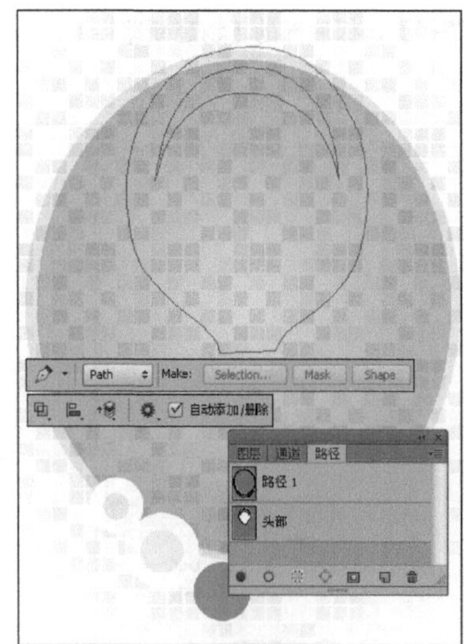

图 12-003-8 钢笔绘制路径

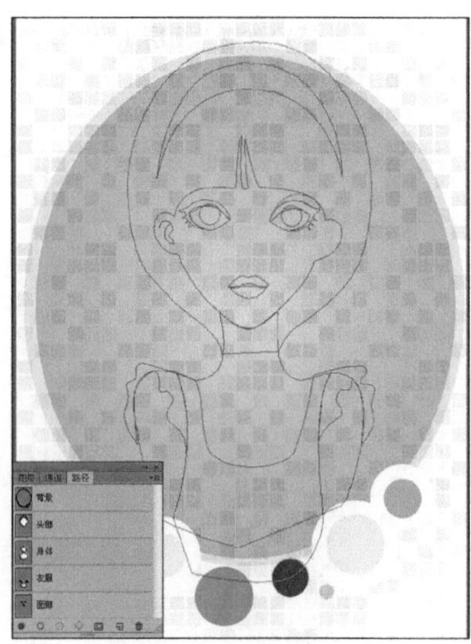

图 12-003-9 钢笔绘制路径

（3）使用【直接选择工具】选择路径，将其转换成选区，进行填充颜色，如图 12-003-10 所示。

（4）继续选择大面积路径填充，如图 12-003-11 所示。

图 12-003-10 填充路径

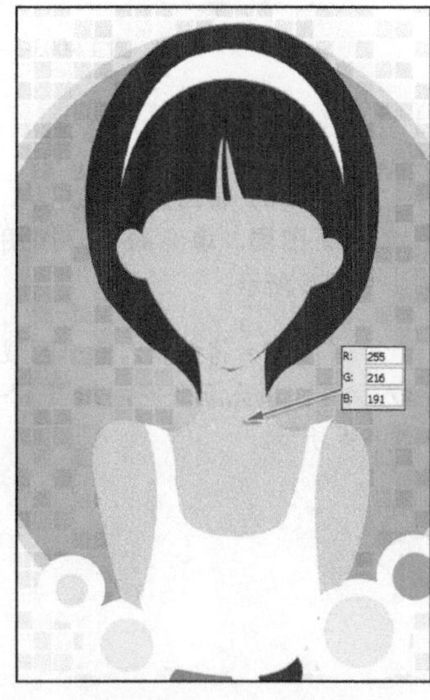

图 12-003-11 填充路径

（5）图层载入选区，使用【画笔工具】绘制图像阴影效果，如图 12-003-12 所示。

（6）为人物脸部添加眼睛和阴影，眼睛可以绘制完一只眼睛后复制并执行【自由变换】水平翻转命令，如图 12-003-13 所示。

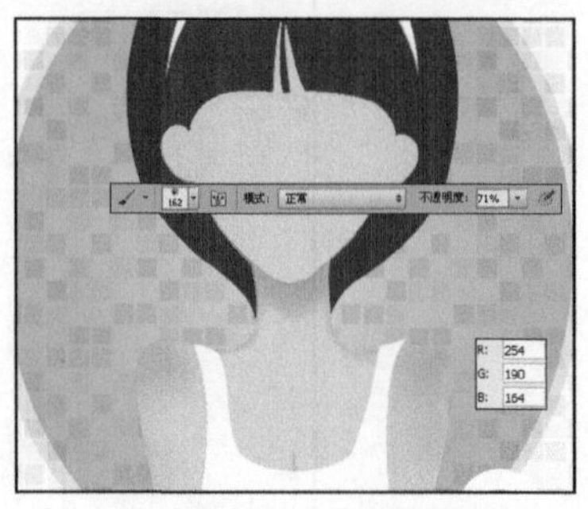

图 12-003-12 绘制图像阴影

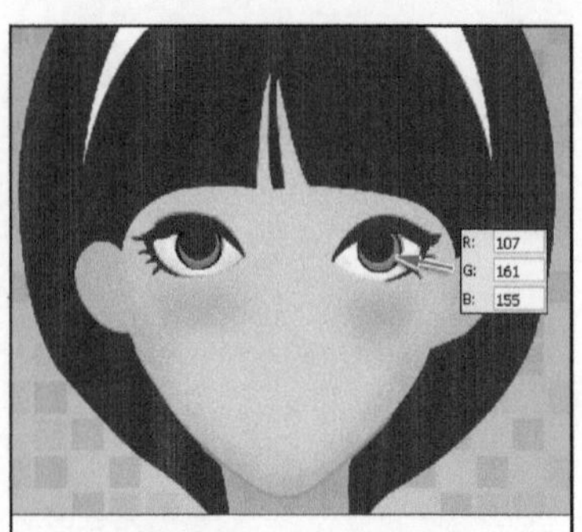

图 12-003-13 填充路径

➡（7）使用【画笔工具】绘制眼影、鼻子和嘴唇，如图 12-003-14 所示。

➡（8）创建新图层，将路径载入选区，填充白色，设置图层的不透明度为 73%，如图 12-003-15 所示。

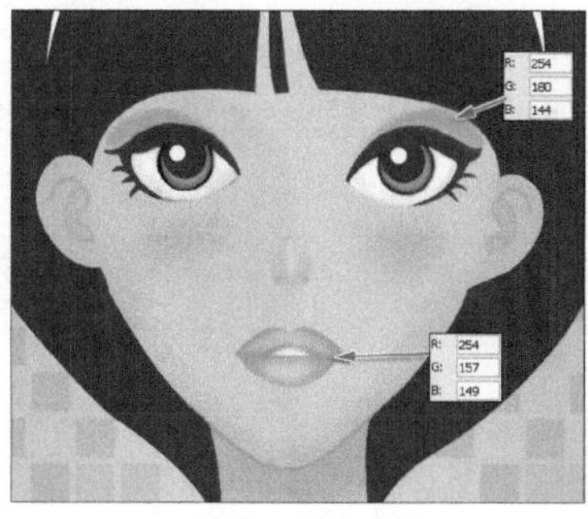

图 12-003-14 画笔绘制

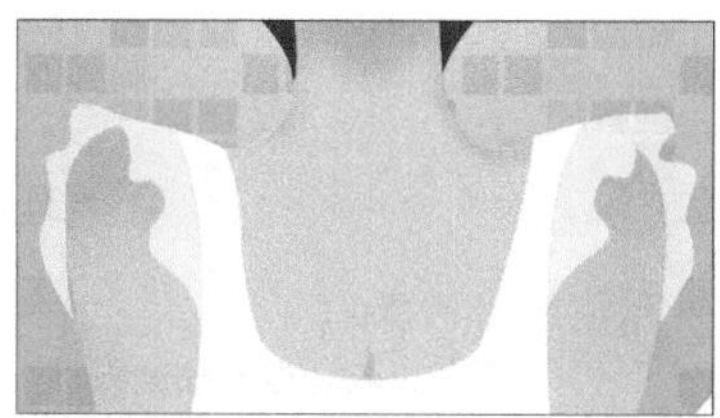

图 12-003-15 填充路径

➡（9）单击【椭圆选框工具】，按住 Shift 的同时拖动鼠标创建正圆图像选区，设置前景色为橙色（C：15、M：75、Y：99、K：0），填充颜色，如图 12-003-16 所示。

➡（10）创建新图层，设置前景色为白色，使用【画笔工具】在该圆形图像上方单击并设置图层【混合模式】为【柔光】，如图 12-003-17 所示。

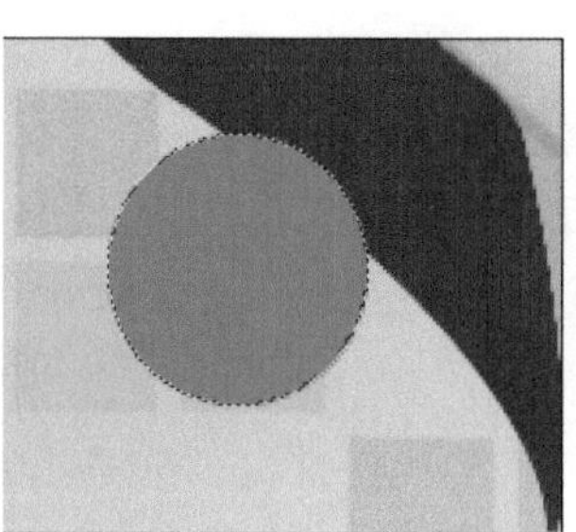

图 12-003-16 绘制图像

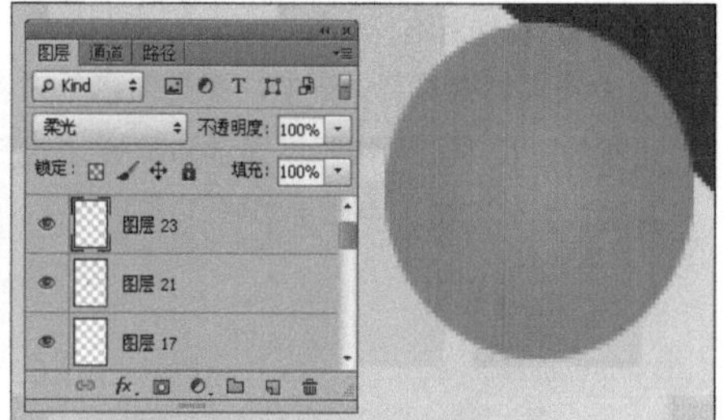

图 12-003-17 设置图层混合模式

⬇（11）继续调整画笔大小绘制出图像的光泽，如图 12-003-18 所示。

⬇（12）将该图像复制并移动到合适位置，接着设置画笔颜色，在发卡上绘制彩色的圆点装饰，完成本实例的制作，如图 12-003-19 所示。

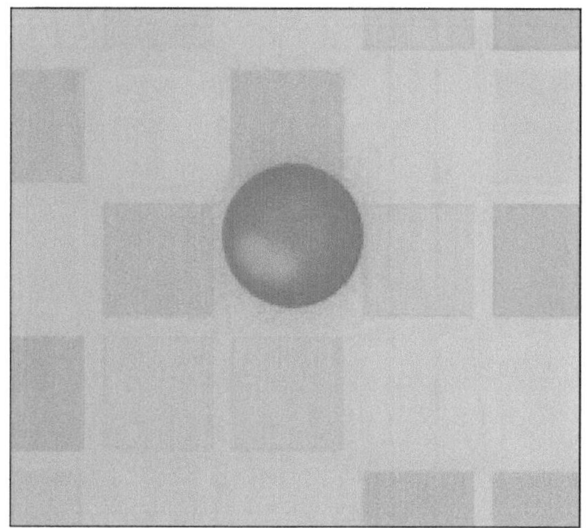

图 12-003-18 绘制图像高光

图 12-003-19 完成效果图

实例 04 个性插画设计

最终效果图

资源 / 第 12 章 / 源文件 / 个性插画设计 .psd

1. 实例特点：

该实例为表现型的插画设计，内容较为抽象、别致。

2. 注意事项：

在绘制主体鱼图案时，应先将路径绘制出来，然后分门别类地创建图层，将鱼身、鱼鳍、鱼鳞依次的创建出来。

3. 操作思路：

该实例相对复杂一些，需要创建的内容较多，在制作的过程中，可按照下面的步骤逐步进行，创建出背景、主体图案、主体文字等。

具体步骤如下：

1. 创建背景

（1）执行【文件】|【新建】命令，创建一个 A4 大小的新文件。

（2）设置前景色为橙色（C：0、M：24、Y：27、K：0），单击【矩形工具】，绘制矩形并执行【编辑】|【变换】|【扭曲】命令，如图 12-004-1 所示。

（3）按下快捷键 Ctrl+J 原位复制粘贴图像，接着，执行【编辑】|【变换】|【旋转】命令，将变换中心点移动在变形框上方中心点位置，如图 12-004-2 所示。

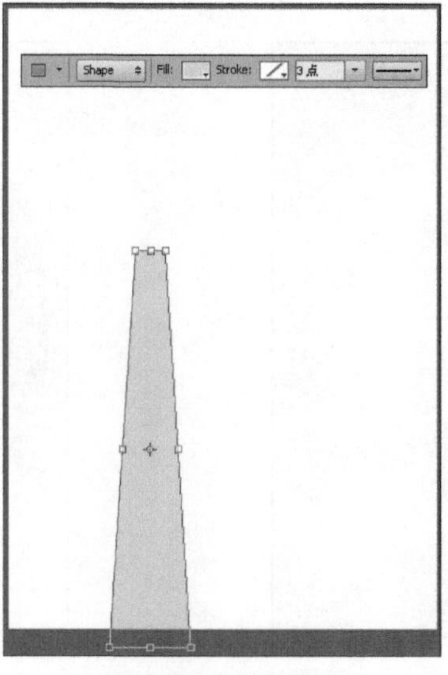

图 12-004-1　绘制矩形

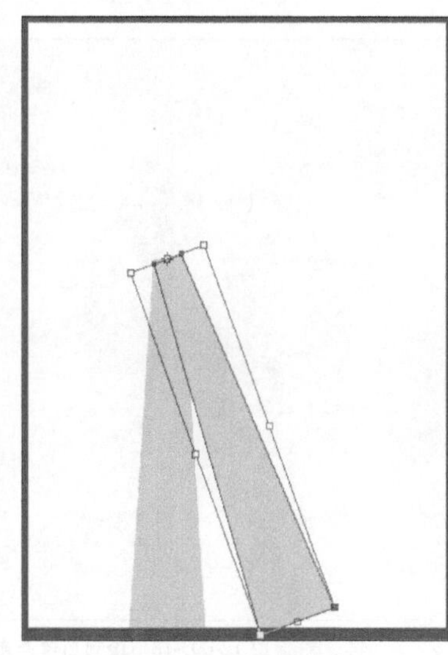

图 12-004-2　自由变换命令

(4) 按下快捷键 Shift+Ctrl+Alt+T，旋转复制图像，将两个形状图层都进行栅格化，然后合并为一个图层，如图 12-004-3 所示。

(5) 单击【添加图层蒙版】按钮，使用【矩形选框工具】绘制选区并填充图层蒙版为黑色，如图 12-004-4 所示。

图 12-004-3 旋转复制形状

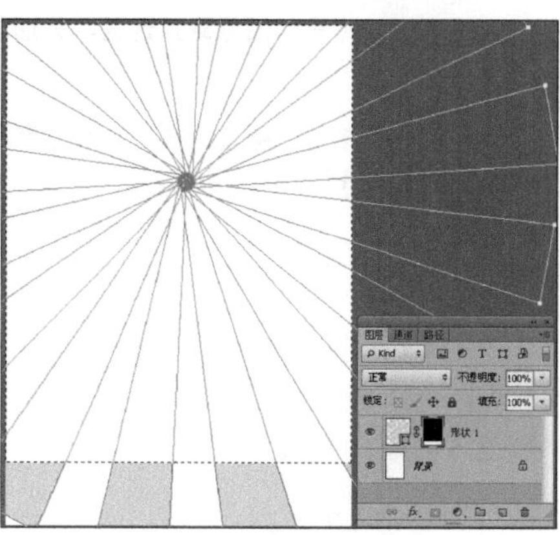

图 12-004-4 添加图层蒙版

(6) 设置前景色为白色，使用【画笔工具】绘制如图 12-004-5 所示效果。

(7) 打开“资源 / 第 12 章 / 素材 / 浪花 .jpg”文件，使用【魔术橡皮擦工具】擦除白色背景，拖动素材文件到当前正在编辑的文档中，调整图像位置。如图 12-004-6 所示。

图 12-004-5 绘制蒙版图像

图 12-004-6 添加素材图片

2. 添加素材文件

(1) 设置前景色为青色（C：61、M：0、Y：100、K：0），使用【椭圆工具】绘制圆形形状，如图 12-004-7 所示。

(2) 打开“资源 / 第 12 章 / 素材 / 海浪 .jpg”文件，使用【钢笔工具】沿图像外轮廓绘制路径，载入选区拖动至文档中，如图 12-004-8 所示。

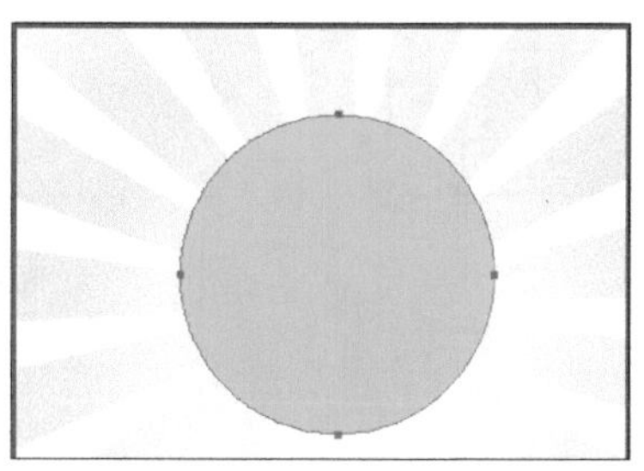

图 12-004-7 绘制圆形形状

图 12-004-8 添加素材图片

(3) 将素材图像载入选区，为形状图层【添加图层蒙版】，设置前景色为黑色，填充图层蒙版颜色，如图 12-004-9 所示。

(4) 接着，继续选择“海浪”素材，使用【魔术橡皮擦工具】擦除白色背景图像，并拖入到视图中合适位置，如图 12-004-10 所示。

图 12-004-9 添加图层蒙版

图 12-004-10 添加素材图像

(5) 将该图像载入选区，双击图层添加【图层样式】，如图 12-004-11 所示。

(6) 拖动“图层 3”到【创建新图层】上，创建“图层 3 副本”，调整该图层位置并更改【图层样式】参数，如图 12-004-12 所示。

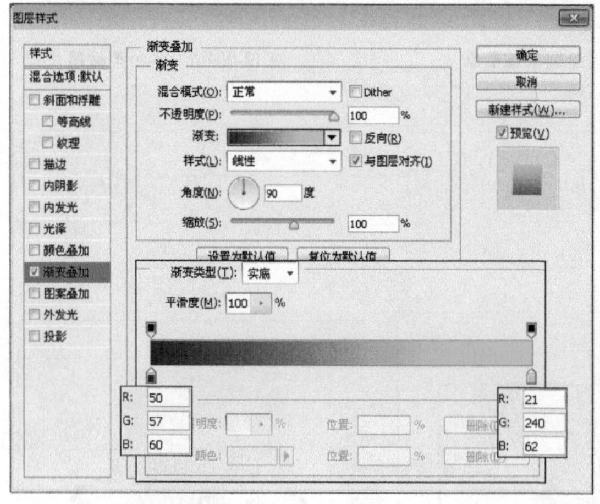

图 12-004-11 添加图层样式

图 12-004-12 创建图层副本

（7）为“图层 4 副本”图层添加图层蒙版，使用【画笔工具】绘制如图 12-004-13 所示效果。

（8）创建“组 1”图层组，将“图层 3”与“图层 3 副本”图层拖放至图层组中方便图层管理。

（9）打开“资源 / 第 12 章 / 素材 / 祥云 .jpg”文件，擦除背景图像并更改祥云颜色，拖放至文档中。如图 12-004-14 所示。

图 12-004-13　添加图层蒙版

图 12-004-14　添加素材图像

3. 绘制图像

（1）新建“组 2”图层组，单击【路径】调板底部的【创建新路径】按钮，使用【钢笔工具】绘制路径，如图 12-004-15 所示。

（2）将类别不同的路径都管理在图层组中，然后分别载入选区，创建新图层并填充颜色，然后使用【画笔工具】调整图像细节部分，如图 12-004-16 所示。

图 12-004-15　绘制路径

图 12-004-16　填充路径

（3）接着填充荷叶与荷花路径，填充荷叶颜色为粉色（C：0、M：69、Y：8、K：0），并使用【画笔工具】调整荷花的颜色，效果如图 12-004-17 所示。

（4）接下来填充荷叶的颜色为绿色（R：0、G：106、B：55），对于荷叶上的纹理则使用【钢笔工具】绘制路径，并执行【路径描边】命令，如图 12-004-18 所示。

图 12-004-17　填充荷花颜色

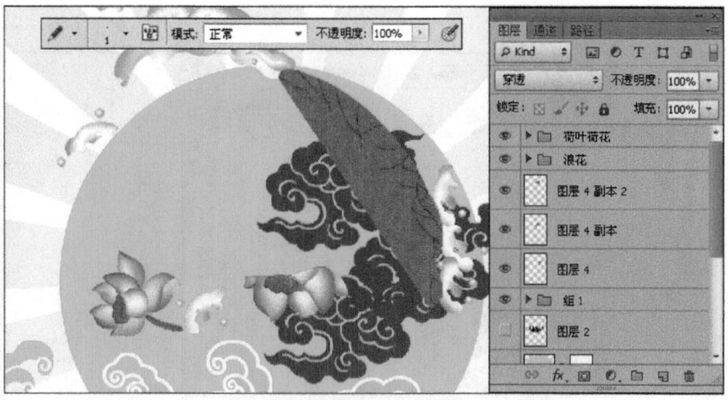

图 12-004-18　填充路径

（5）接下来隐藏“绿色太阳”图案，打开【路径】调板显示出鲤鱼路径，如图 12-004-19 所示。

（6）分别将路径载入选区后填充颜色，鱼鳍的纹路使用【描边路径】命令制作而成，效果如图 12-004-20 所示。

图 12-004-19　钢笔绘制路径

图 12-004-20　填充路径

（7）接下来绘制出鱼鳞路径，并填充颜色，然后通过复制的方法，创建出所有的鱼鳞图像。在绘制的过程中，可配合【橡皮擦工具】对超出鱼身以外的鱼鳞图像进行擦除，如图 12-004-21 所示。

图 12-004-21　绘制并复制调整图像

4. 创建文字

(1) 单击【铅笔工具】，设置前景色为黑色，绘制出如图 12-004-22 所示图像。

图 12-004-22 铅笔绘制图像

(2) 将文字的侧面选中并收缩选区，为其填充绿色，如图 12-004-23 所示。

图 12-004-23 画笔绘制图像

（3）创建新图层，将数字表面填充为嫩绿色，如图 12-004-24 所示。

图 12-004-24 填充颜色

（4）设置前景色为白色，使用【椭圆工具】绘制白色圆形，为该图层添加图层蒙版，然后利用“祥云”图像的选区制作镂空效果，如图 12-004-25 所示。

图 12-004-25 添加图层蒙版

（5）右击“形状 3”图层，选择【创建剪贴蒙版】选项，效果如图 12-004-26 所示。

图 12-004-26 创建剪贴蒙版

(6) 按照以上相同方法，依次创建出“0”、“1”数字，将“组 2”图层组进行复制，移动到合适位置，如图 12-004-27 所示。

图 12-004-27 创建数字

(7) 选择“组 1”图层组，为该图层组添加图层蒙版，使用【画笔工具】绘制图像，将数字上方的祥云擦除，效果如图 12-004-28 所示。

(8) 使用【钢笔工具】沿数字轮廓绘制路径，并在新图层中填充白色，如图 12-004-29 所示。

图 12-004-28 添加图层蒙版

图 12-004-29 添加白色底色

(9) 双击图层为其添加【投影】样式，效果如图 12-004-30 所示。

图 12-004-30 添加图层样式

➡（10）按住快捷键Ctrl+Shift 将每个数字的图层载入选区，然后填充颜色，设置图层的【填充】不透明度为 0，如图 12-004-31 所示。

图 12-004-31　填充选区

➡（11）双击选区图层，为该图层添加【外发光】样式，如图 12-004-32 所示。

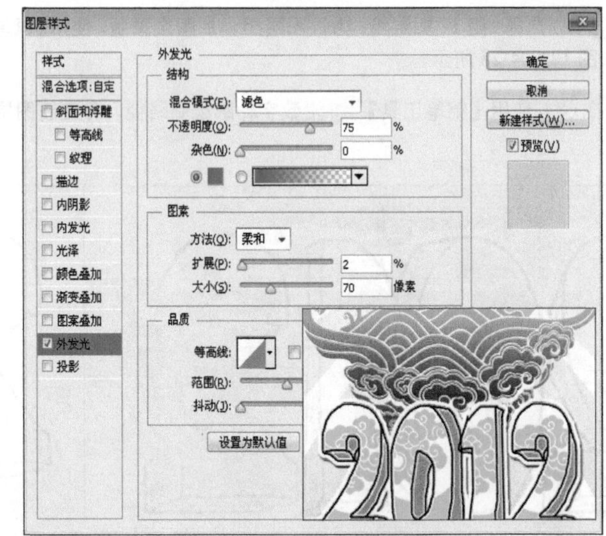

图 12-004-32　添加图层样式

⬇（12）创建新组，打开"资源 / 第 12 章 / 素材 / 素材 01.jpg"、"资源 / 第 12 章 / 素材 / 素材 02.jpg"文件，拖动素材到文档中，调整其大小和位置，并将图层【混合模式】都设置为【正片叠底】，拖动至数字图层组下方，如图 12-004-33 所示。

图 12-004-33　添加素材图像

(13) 打开“资源/第 12 章/素材/纹理背景.jpg”文件，拖动素材到文档中嘴上方显示，调整其大小和位置，设置图层的【混合模式】为【正片叠底】，如图 12-004-34 所示。

(14) 最后，在图像右上方添加所需要的文字信息，完成本实例个性插画的设计制作，如图 12-004-35 所示。

图 12-004-34　设置图层混合模式

图 12-004-35　完成效果图